钢筋混凝土柱牛腿设计手册

国振喜　张树义　编

中国建筑工业出版社

图书在版编目（CIP）数据

钢筋混凝土柱牛腿设计手册/国振喜，张树义编．
北京：中国建筑工业出版社，2005
ISBN 7-112-07838-5

Ⅰ．钢…　Ⅱ．①国…②张…　Ⅲ．钢筋混凝土结构－牛腿（结构构件）－结构设计－手册　Ⅳ．TU375.3－62

中国版本图书馆 CIP 数据核字（2005）第 129322 号

钢筋混凝土柱牛腿设计手册

国振喜　张树义　编

*

中国建筑工业出版社出版、发行（北京西郊百万庄）
新华书店经销
北京华艺制版公司制版
北京蓝海印刷有限公司印刷

*

开本：787×1092 毫米　1/16　印张：30　字数：746 千字
2006 年 1 月第一版　2006 年 1 月第一次印刷
印数：1—4000 册　定价：**56.00** 元

ISBN 7-112-07838-5
（13792）

本社网址：http://www.cabp.com.cn
网上书店：http://www.china-building.com.cn

本书是根据国家标准《混凝土结构设计规范》(GB 50010—2002)及《建筑抗震设计规范》(GB 50011—2001),结合工程实践和有关著述编写的钢筋混凝土柱牛腿设计实用工具书。内容包括:钢筋混凝土柱牛腿的一般规定、截面尺寸确定与承载力计算、构造要求与配筋图例,并编制有大量的钢筋混凝土柱牛腿截面尺寸选择与承载力计算用表。与详细的计算例题等。

本书可供建筑结构设计人员、施工人员及监理人员使用,也可供大专院校土建专业师生应用与参考。

*　　*　　*

责任编辑:赵梦梅
责任设计:董建平
责任校对:李志瑛　张　虹

序　言

在钢筋混凝土单层工业厂房（或其他房屋）中，常采用钢筋混凝土柱侧伸出的牛腿（或称柱牛腿、牛腿）来支承屋架、屋面梁、托架和吊车梁等构件。由于这些构件大多是负荷较大或有动力作用的，所以牛腿虽小，却是一个重要构件。有些工程质量事故，多发生在钢筋混凝土柱侧伸出的牛腿上。其主要原因是牛腿的截面尺寸确定的不合理，或配筋不当所致。

为适应我国建设事业的发展，进一步满足设计工作的需要，我们依据国家标准《混凝土结构设计规范》（GB 50010—2002）等编写了这本《钢筋混凝土柱牛腿设计手册》，奉献给广大的建设工作者！

本书内容包括：钢筋混凝土柱牛腿一般规定，钢筋混凝土柱牛腿的截面尺寸确定与承载力计算，钢筋混凝土柱牛腿构造要求与配筋图例，钢筋混凝土柱牛腿截面尺寸选择与承载力计算用表，钢筋混凝土柱牛腿计算例题等。

本书由国振喜、张树义编写。在编写本书的过程中，李玉芝、国伟、国刚、孙惠琴、孙谌、孙学、陈金霞、曲圣伟、于英文、国英、国华、孙澍宁等参加了部分工作，同时还得到了其他许多同志友好关心、热情支持和帮助，在此一并致谢！

由于编者水平有限，错误、不妥之处在所难免，敬请读者批评指教，以利改进。

国振喜　张树义

目 录

第 1 章　钢筋混凝土柱牛腿一般规定

1.1　牛腿的作用与分类

钢筋混凝土柱牛腿的作用与分类如表 1-1 所示。

牛腿的作用与分类　　表 1-1

序号	项　目	内　容
1	牛腿的作用	柱支承屋架、墙梁和吊车梁等的部位宜设置牛腿，目的是在不增大柱截面的情况下，加大支承面积，保证构件间的可靠连接，又有利于安装时的稳固。因此，牛腿虽小却是房屋建筑结构极为重要的组成部分，它起着支承屋架、墙梁和吊车梁的作用，负荷大，应力状态复杂
2	牛腿的分类	根据牛腿所受竖向力的作用点至下柱边缘的水平距离 a，及牛腿顶面至牛腿与下柱交接处的垂直截面有效高度 h_0 的比值不同，可将牛腿划分为长牛腿和短牛腿，其中 $a>h_0$ 者为长牛腿，$a\leq h_0$ 者为短牛腿，如图 1-1 所示。长牛腿的工作和应力状态与一般悬臂梁极为接近，可按悬臂梁进行设计。柱上牛腿一般均为实腹短牛腿。实腹短牛腿实质上是一个变高截面深梁，由于"短"而"深"，属于短悬臂，其受力性能与普通悬臂梁不同
3	其他说明	（1）本书讲述实腹短牛腿（$a\leq h_0$）的截面尺寸确定、承载力计算、构造要求、配筋图例、计算用表及计算例题等，书中均简称牛腿。 （2）牛腿采用的混凝土强度等级一般宜与钢筋混凝土柱的混凝土强度等级相同

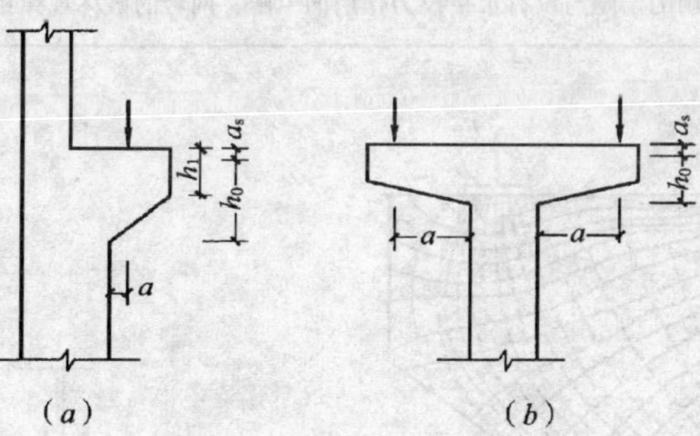

（a）　　（b）

图 1-1　牛腿的分类

（a）短牛腿（$a\leq h_0$）；（b）长牛腿（$a>h_0$）

1.2　牛腿试验研究成果

牛腿试验研究成果如表 1-2 所示。

牛腿试验研究成果　　**表 1-2**

序号	项　目	内　容
1	弹性阶段的应力分布	图 1-2 为对 $a/h_0=0.5$ 的环氧树脂牛腿模型进行光弹性试验得到的主应力迹线。由图可见，在牛腿上部，主拉应力迹线基本上与牛腿上边缘平行，且牛腿上表面的拉应力沿长度方向比较均匀。牛腿下部主压应力迹线大致与从加载点到牛腿下部转角的连线 ab 相平行。牛腿中下部主拉应力迹线是倾斜的，这大致能说明为什么从加载板内侧开始的裂缝有向下倾斜的现象
2	裂缝的出现与展开	钢筋混凝土牛腿在竖向力作用下的试验表明：当荷载加到破坏荷载的 20% ~40% 时，出现竖向裂缝，但其展开很小，对牛腿的受力性能影响不大；当荷载继续加大至破坏荷载的 40% ~60% 时，在加载板内侧附近出现第一条斜裂缝①，如图 1-3 所示；此后，随着荷载的增加，除这条斜裂缝不断发展外，几乎不再出现第二条斜裂缝；最后，当荷载加大至接近破坏时（约为破坏荷载的 80%），突然出现第二条斜裂缝②，预示牛腿即将破坏。在牛腿使用过程中，所谓不允许出现斜裂缝均指裂缝①而言的。它是确定牛腿截面尺寸的主要依据。 试验表明，a/h_0 值是影响斜裂缝出现迟早的主要参数。随 a/h_0 值的增加，出现斜裂缝的荷载不断减小。这是因为 a/h_0 值增加，水平方向的应力 σ_x 也增加，而竖直方向的应力 σ_y 减小，因此主拉应力增大，斜裂缝提早出现
3	破坏形态	牛腿的破坏形态主要取决于 a/h_0 值，主要分三种类型： （1）弯曲破坏。当 $a/h_0>0.75$ 和纵向受力钢筋配筋率较低时，一般发生弯曲破坏。其特征是当出现裂缝①后，随荷载增加，该裂缝不断向受压区延伸，水平纵向钢筋应力也随之增大并逐渐达到屈服强度，这时裂缝①外侧部分绕牛腿下部与柱的交接点转动，致使受压区混凝土压碎而导致破坏，如图 1-4（*a*）所示。 （2）剪切破坏。剪切破坏又分纯剪破坏、斜压破坏和斜拉破坏三种，其中纯剪破坏是当 a/h_0 值很小（≤0.1）或 a/h_0 值虽较大但边缘高度 h_1 较小时，可能发生沿加载板内侧接近竖直截面的剪切破坏。其特征是在牛腿与下柱交接面上出现一系列短斜裂缝，最后牛腿沿此裂缝从柱上切下而遭破坏，如图 1-4（*b*）所示。这时牛腿内纵向钢筋应力较低。 （3）局部受压破坏。当加载板过小或混凝土强度等级过低，由于很大的局部压应力而导致加载板下混凝土局部压碎破坏，如图 1-4（*e*）所示
4	牛腿在竖向力和水平拉力同时作用下的受力情况	对同时作用有竖向力 F_v 和水平拉力 F_h 的牛腿的试验结果表明，由于水平拉力的作用，牛腿截面出现斜裂缝的荷载比仅有竖向力作用的牛腿有不同程度的降低。当 $F_h/F_v=0.2\sim0.5$ 时，开裂荷载下降 36% ~47%，可见影响较大，同时牛腿的承载力亦降低。试验还表明，有水平拉力作用的牛腿与没有水平拉力作用的牛腿，两者的破坏规律相似

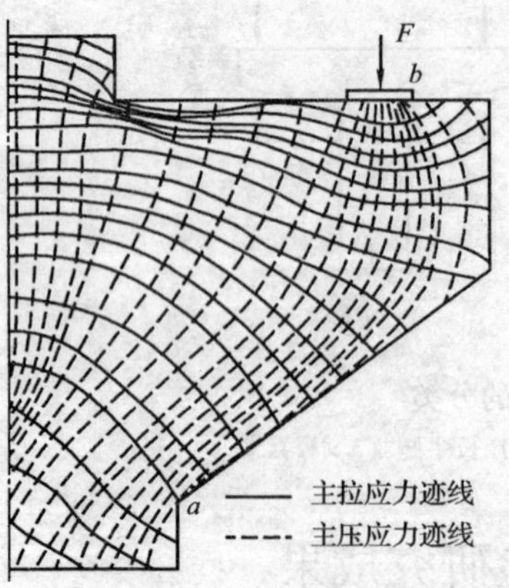

图 1-2　牛腿光弹性试验结果示意图

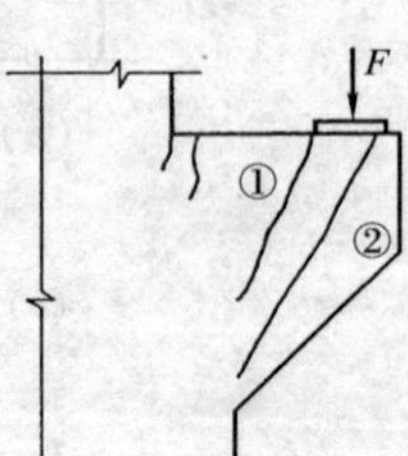

图 1-3　牛腿裂缝示意图

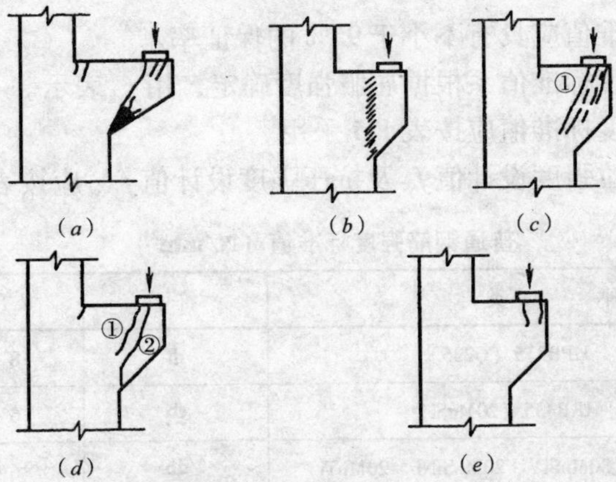

图 1-4 牛腿的破坏形态

(a) 弯曲破坏；(b) 纯剪破坏；(c) 斜压破坏；(d) 斜拉破坏；(e) 局部压坏

1.3 混凝土强度标准值与混凝土强度设计值

混凝土强度标准值应按表 1-3 的规定采用；混凝土强度设计值应按表 1-4 的规定采用。

混凝土强度标准值（N/mm^2） **表 1-3**

序号	强度种类	混凝土强度等级													
		C15	C20	C25	C30	C35	C40	C45	C50	C55	C60	C65	C70	C75	C80
1	轴心抗压 f_{ck}	10.0	13.4	16.7	20.1	23.4	26.8	29.6	32.4	35.5	38.5	41.5	44.5	47.4	50.2
2	轴心抗拉 f_{tk}	1.27	1.54	1.78	2.01	2.20	2.39	2.51	2.64	2.74	2.85	2.93	2.99	3.05	3.11

混凝土强度设计值（N/mm^2） **表 1-4**

序号	强度种类	混凝土强度等级													
		C15	C20	C25	C30	C35	C40	C45	C50	C55	C60	C65	C70	C75	C80
1	轴心抗压 f_c	7.2	9.6	11.9	14.3	16.7	19.1	21.1	23.1	25.3	27.5	29.7	31.8	33.8	35.9
2	轴心抗拉 f_t	0.91	1.10	1.27	1.43	1.57	1.71	1.80	1.89	1.96	2.04	2.09	2.14	2.18	2.22

注：1. 计算现浇钢筋混凝土轴心受压及偏心受压构件时，如截面的长边或直径小于 300mm，则表中混凝土的强度设计值应乘以系数 0.8。当构件质量（如混凝土成型、截面和轴线尺寸等）确有保证时，可不受此限制。

2. 离心混凝土的强度设计值应按有关专门标准取用。

1.4 普通钢筋强度标准值与普通钢筋强度设计值

（1）普通钢筋宜采用 HRB400 级和 HRB335 级钢筋，也可采用 HPB235 级和 RRB400 级钢筋。

（2）普通钢筋系指用于钢筋混凝土结构中的钢筋和预应力混凝土结构中的非预应力钢筋。

（3）钢筋的强度标准值应具有不小于95%的保证率。

（4）热轧钢筋的强度标准值系根据屈服强度确定，用f_{yk}表示。

（5）普通钢筋的强度标准值应按表1-5采用。

（6）普通钢筋的抗拉强度设计值f_y及抗压强度设计值f'_y应按表1-6采用。

普通钢筋强度标准值（N/mm^2）　　**表1-5**

序号	种类		符号	d（mm）	f_{yk}
1	热轧钢筋	HPB235（Q235）	Φ	8～20	235
2		HRB335（20MnSi）	Φ	6～50	335
3		HRB400（20MnSiV、20MnSiNb、20MnTi）	Φ	6～50	400
4		RRB400（K20MnSi）	$Φ^R$	8～40	400

注：1. 热轧钢筋直径d系指公称直径。

2. 当采用直径大于40mm的钢筋时，应有可靠的工程经验。

3. 直径6mm的光面钢筋，可按低碳钢热轧圆盘条（GB/T 701—1997）牌号为Q235的钢筋选用。

普通钢筋强度设计值（N/mm^2）　　**表1-6**

序号	种类		符号	f_y	f'_y
1	热轧钢筋	HPB235（Q235）	Φ	210	210
2		HRB335（20MnSi）	Φ	300	300
3		HRB400（20MnSiV、20MnSiNb、20MnTi）	Φ	360	360
4		RRB400（K20MnSi）	$Φ^R$	360	360

注：在钢筋混凝土结构中，轴心受拉和小偏心受拉构件的钢筋抗拉强度设计值小于300N/mm²时，仍应按300N/mm²取用。

1.5　纵向受拉钢筋的锚固长度计算

当计算中充分利用钢筋的强度时，混凝土结构中纵向受拉钢筋的锚固长度应按下式计算：

$$l_a = \alpha \frac{f_y}{f_t} d \tag{1-1}$$

式中　l_a——受拉钢筋的锚固长度；

f_y——普通钢筋的抗拉强度设计值，按表1-6采用；

f_t——混凝土轴心抗拉强度设计值，按表1-4采用；当混凝土强度等级高于C40时，按C40取值；

d——钢筋的公称直径；

α——钢筋的外形系数，按表1-7取用。

钢筋的外形系数 **表 1-7**

钢筋类型	光圆钢筋	带肋钢筋	刻痕钢丝	螺旋肋钢丝	三股钢绞线	七股钢绞线
外形系数 α	0.16	0.14	0.19	0.13	0.16	0.17

注：光圆钢筋系指 HPB235 级热轧钢筋；带肋钢筋系指 HRB335 级、HRB400 级钢筋及 RRB400 级余热处理钢筋。

1. 当 HRB335、HRB400 和 RRB400 级钢筋的直径大于 25mm 时，按公式（1-1）计算的钢筋的锚固长度应乘以修正系数 1.1；
2. 环氧树脂涂层的 HRB335、HRB400 和 RRB400 级钢筋的锚固长度应再乘以修正系数 1.25；
3. 当锚固钢筋在混凝土施工过程中易受扰动（如滑模施工）时，钢筋的锚固长度应再乘以修正系数 1.1；
4. 当 HRB335、HRB400 和 RRB400 级钢筋锚固区混凝土保护层厚度大于钢筋直径的 3 倍时，锚固长度可乘以修正系数 0.8；
5. 除构造需要的锚固长度外，当受力钢筋的实际配筋面积大于其设计计算值时，锚固长度可乘以配筋余量修正系数。其数值为设计计算面积与实际配筋面积的比值。抗震设计的结构及直接承受动力荷载的结构，不得考虑上述修正；
6. 纵向受拉钢筋的锚固长度在考虑上述修正后不应小于按公式（1-1）计算锚固长度 l_a 的 0.7 倍，且不应小于 250mm。

1.6 考虑地震作用组合的纵向受力钢筋的锚固

考虑地震作用组合的混凝土结构构件，其配置的纵向受力钢筋的锚固长度 l_{aE} 应按下列公式计算：

一、二级抗震等级

$$l_{aE} = 1.15 l_a \tag{1-2}$$

三级抗震等级

$$l_{aE} = 1.05 l_a \tag{1-3}$$

四级抗震等级

$$l_{aE} = 1.0 l_a \tag{1-4}$$

式中 l_a——纵向受拉钢筋的锚固长度，按公式（1-1）确定。

1.7 钢筋锚固长度计算用表

根据公式（1-1）、公式（1-4）及表 1-7 制作的普通受拉钢筋非抗震及四级抗震等级结构钢筋的最小锚固长度 l_a（l_{aE}）如表 1-8 所示。

根据公式（1-1）、公式（1-2）及表 1-7 制作的普通受拉钢筋，当计算中充分利用受拉钢筋的强度时，一、二级抗震等级结构的最小锚固长度 l_{aE} 如表 1-9 所示。

根据公式（1-1）、公式（1-3）及表 1-7 制作的普通受拉钢筋，当计算中充分利用受拉钢筋的强度时，三级抗震等级结构的最小锚固长度 l_{aE} 如表 1-10 所示。

非抗震及四级抗震等级结构钢筋的最小锚固长度 l_a（$l_a = l_{aE}$） **表 1-8**

序号	混凝土强度等级		C20		C25		C30		C35		≥C40	
	钢筋直径 d（mm）		≤25	>25	≤25	>25	≤25	>25	≤25	>25	≤25	>25
1	HRB335 级钢筋（$f_y = 300N/mm^2$）	l_a	38d	42d	33d	36d	29d	32d	27d	29d	25d	27d
		$0.4l_a$	15d	17d	13d	15d	12d	13d	11d	12d	10d	11d
		$1.7l_a$	65d	71d	56d	62d	50d	55d	45d	50d	42d	46d
2	HRB400 级钢筋 RRB400 级钢筋（$f_y = 360N/mm^2$）	l_a	46d	50d	40d	44d	35d	39d	32d	35d	29d	32d
		$0.4l_a$	18d	20d	16d	17d	14d	16d	13d	14d	12d	13d
		$1.7l_a$	78d	86d	67d	74d	60d	66d	55d	60d	50d	55d

一、二级抗震等级结构的最小锚固长度 l_{aE} **表 1-9**

序号	混凝土强度等级		C20		C25		C30		C35		≥C40	
	钢筋直径 d（mm）		≤25	>25	≤25	>25	≤25	>25	≤25	>25	≤25	>25
1	HRB335 级钢筋（$f_y = 300N/mm^2$）	l_{aE}	44d	48d	38d	42d	34d	37d	31d	34d	28d	31d
		$0.4l_{aE}$	18d	19d	15d	17d	14d	15d	12d	14d	11d	12d
		$1.7l_{aE}$	75d	82d	65d	71d	57d	63d	52d	58d	48d	53d
2	HRB400 级钢筋 RRB400 级钢筋（$f_y = 360N/mm^2$）	l_{aE}	53d	58d	46d	50d	41d	45d	37d	41d	34d	37d
		$0.4l_{aE}$	21d	23d	18d	20d	16d	18d	15d	16d	14d	15d
		$1.7l_{aE}$	90d	99d	78d	85d	69d	76d	63d	69d	58d	63d

注：C20、C25 级混凝土仅用于二级抗震等级结构。

三级抗震等级结构的最小锚固长度 l_{aE} **表 1-10**

序号	混凝土强度等级		C20		C25		C30		C35		≥C40	
	钢筋直径 d（mm）		≤25	>25	≤25	>25	≤25	>25	≤25	>25	≤25	>25
1	HRB335 级钢筋（$f_y = 300N/mm^2$）	l_{aE}	40d	44d	35d	38d	31d	34d	28d	31d	26d	28d
		$0.4l_{aE}$	16d	18d	14d	15d	12d	14d	11d	12d	10d	11d
		$1.7l_{aE}$	68d	75d	59d	65d	52d	58d	48d	53d	44d	48d
2	HRB400 级钢筋（$f_y = 360N/mm^2$）	l_{aE}	48d	53d	42d	46d	37d	41d	34d	37d	31d	34d
		$0.4l_{aE}$	19d	21d	17d	18d	15d	16d	13d	15d	12d	14d
		$1.7l_{aE}$	82d	90d	71d	78d	63d	69d	57d	63d	53d	58d

1.8 钢筋的计算截面面积及理论重量

钢筋的计算截面面积及理论重量，如表 1-11 所示。

钢筋的计算截面面积及理论重量 **表 1-11**

公称直径（mm）	不同根数钢筋的计算截面面积（mm^2）									单根钢筋理论重量（kg/m）
	1	2	3	4	5	6	7	8	9	
6	28.3	57	85	113	142	170	198	226	255	0.222
6.5	33.2	66	100	133	166	199	232	265	299	0.260
8	50.3	101	151	201	252	302	352	402	453	0.395

续表 1-11

公称直径（mm）	不同根数钢筋的计算截面面积（mm^2）									单根钢筋理论重量（kg/m）
	1	2	3	4	5	6	7	8	9	
8.2	52.8	106	158	211	264	317	370	423	475	0.432
10	78.5	157	236	314	393	471	550	628	707	0.617
12	113.1	226	339	452	565	678	791	904	1017	0.888
14	153.9	308	461	615	769	923	1077	1231	1385	1.21
16	201.1	402	603	804	1005	1206	1407	1608	1809	1.58
18	254.5	509	763	1018	1272	1527	1781	2036	2290	2.00
20	314.2	628	942	1256	1570	1884	2199	2513	2827	2.47
22	380.1	760	1140	1520	1900	2281	2661	3041	3421	2.98
25	490.9	982	1473	1964	2454	2945	3436	3927	4418	3.85
28	615.8	1232	1847	2463	3079	3695	4310	4926	5542	4.83
32	804.2	1609	2413	3217	4021	4826	5630	6434	7238	6.31
36	1017.9	2036	3054	4072	5089	6107	7125	8143	9161	7.99
40	1256.6	2513	3770	5027	6283	7540	8796	10053	11310	9.87
50	1964	3928	5892	7856	9820	11784	13748	15712	17676	15.42

注：表中直径 $d=8.2$mm 的计算截面面积及理论重量仅适用于有纵肋的热处理钢筋。

第2章 钢筋混凝土柱牛腿的截面尺寸确定与承载力计算

2.1 钢筋混凝土柱牛腿的截面尺寸确定

2.1.1 承受竖向力作用下的柱牛腿截面尺寸确定

由于牛腿的截面宽度通常与柱同宽，因此主要是确定牛腿的截面高度。由上述牛腿试验结果可知，牛腿的破坏都是发生在斜裂缝形成和展开以后。因此，牛腿截面高度的确定，一般以控制其在使用阶段不出现或仅出现细微斜裂缝为准。

如图2-1所示，符合条件 $a \leqslant h_0$ 时的柱牛腿截面尺寸，柱牛腿截面高度 h 主要根据裂缝控制要求确定。

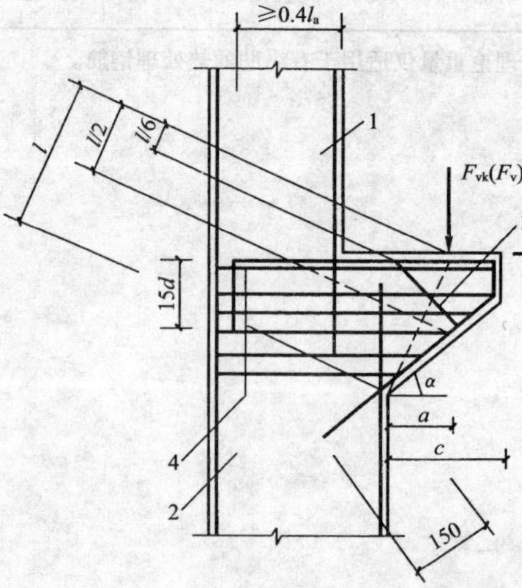

图2-1 牛腿的外形及钢筋配置

注：图中尺寸单位为mm。

1—上柱；2—下柱；3—弯起钢筋；4—水平箍筋

当柱牛腿仅有竖向力 F_{vk} 作用（图2-1，$a \leqslant h_0$）时，柱牛腿的裂缝控制要求计算公式为：

$$F_{vk} = \beta \frac{f_{tk} b h_0}{0.5 + a/h_0} \tag{2-1}$$

或

$$h_0 = \frac{0.5F_{vk} + \sqrt{(0.5F_{vk})^2 + 4\beta ab F_{vk} f_{tk}}}{2\beta b f_{tk}} \tag{2-2}$$

$$h = h_0 + a_s \tag{2-3}$$

式中 F_{vk}——作用于牛腿顶部按荷载效应标准组合计算的竖向力值；

β——裂缝控制系数，对于支承吊车梁的牛腿取0.65，其他牛腿取0.80；

a——竖向力的作用点至下柱边缘的水平距离，此时应考虑安装偏差20mm；当考虑20mm安装偏差后的竖向力作用点仍位于下柱截面以内时，取$a=0$；

b——柱牛腿宽度；一般与柱宽相同；

h_0——牛腿与下柱交接处的垂直截面有效高度：$h_0=h_1-a_s+c\cdot\tan\alpha$，当$\alpha>45°$时，取$\alpha=45°$，$c$为下柱边缘到牛腿外边缘的水平长度；

h_1——柱牛腿的外边缘高度，不应小于$h/3$，且不应小于200mm；

a_s——柱牛腿纵向钢筋的重心至牛腿上边缘的距离。

2.1.2 承受竖向力和水平拉力共同作用下的柱牛腿截面尺寸确定

当柱牛腿同时有F_{vk}、F_{hk}作用(图2-1，$a\leqslant h_0$)时，柱牛腿的裂缝控制要求计算公式为：

$$F_{vk} \leqslant \beta\left(1-0.5\frac{F_{hk}}{F_{vk}}\right)\frac{f_{tk}bh_0}{0.5+\dfrac{a}{h_0}} \tag{2-4}$$

或

$$h_0 = \frac{0.5F_{vk}+\sqrt{(0.5F_{vk})^2+4\beta abF_{vk}f_{tk}(1-0.5F_{hk}/F_{vk})}}{2\beta bf_{tk}(1-0.5F_{hk}/F_{vk})} \tag{2-5}$$

$$h = h_0 + a_s \tag{2-3}$$

式中 F_{hk}——作用于牛腿顶部按荷载效应标准组合计算的水平拉力值。

本书其他公式中符号意义与公式（2-1）、公式（2-2）及公式（2-3）相同。

2.2 钢筋混凝土柱牛腿承载力计算

2.2.1 牛腿承载力计算简图

试验结果指出（图1-4），在荷载作用下，牛腿中纵向钢筋受拉，在斜裂缝①外侧有一个不很宽的压力带。在整个压力带内，斜压力分布比较均匀，如同桁架中的压杆。破坏时混凝土应力可达到抗压强度。由于上述受力特点，计算时可将牛腿简化为一个以纵向钢筋为拉杆和混凝土斜撑为压杆的三角形桁架，其计算简图如图2-2（c）所示。当竖向力和作用在牛腿顶面的水平拉力共同作用时，其计算简图如图2-2（d）所示。

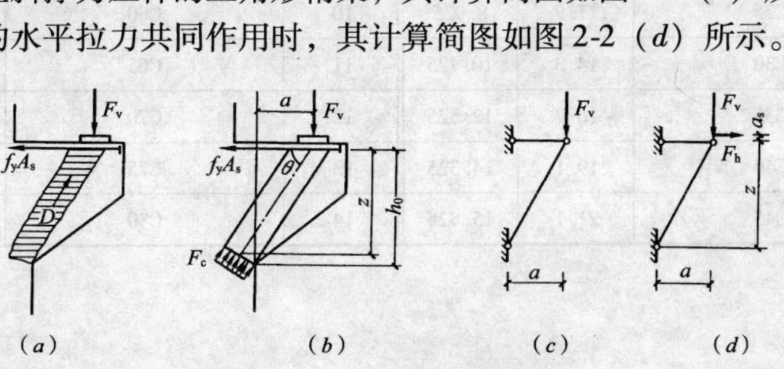

图2-2 牛腿承载力计算简图

2.2.2　纵向受力承载力计算

由图2-2（d），取力矩平衡条件，可得

$$f_y A_s z = F_v a + F_h(z + a_s)$$

若近似取 $z = 0.85h_0$，则得

$$A_s = \frac{F_v a}{0.85 f_y h_0} + \frac{F_h}{f_y}\left(1 + \frac{a_s}{0.85h_0}\right) \tag{2-6}$$

公式（2-6）中的 $a_s/(0.85h_0)$ 可近似取0.2，则得

$$A_s = \frac{F_v a}{0.85 f_y h_0} + 1.2\frac{F_h}{f_y}$$

$$= A_{s1} + A_{s2} \tag{2-7}$$

此处，当 $a < 0.3h_0$ 时，取 $a = 0.3h_0$。

式中　F_v——作用在牛腿顶部的竖向力设计值；

F_h——作用在牛腿顶部的水平拉力设计值。

公式（2-7），即表达在柱牛腿中由承受竖向力所需的受拉钢筋截面面积（A_{s1}）和承受水平拉力所需的锚筋截面面积（A_{s2}）所组成的纵向受力钢筋的总截面面积。

2.2.3　柱牛腿局部受压承载力计算

在柱牛腿顶面的受压面上，在竖向力值 F_{vk} 作用下，其局部受压应力计算公式为

$$\sigma = \frac{F_{vk}}{A} \leqslant 0.75 f_c \tag{2-8}$$

式中　A——局部受压面积，$A = a \times b$，此处 a、b 分别为垫板的长和宽；

f_c——混凝土轴心抗压强度设计值，可由表1-4中查得。

当不满足公式（2-8）要求时，可采取调整垫板尺寸，或提高混凝土强度等级，或在牛腿中加设钢筋网等有效设施。$0.75f_c$ 值，如表2-1所示。

$0.75f_c$ 值计算表（N/mm^2）　　　　**表2-1**

序号	混凝土强度等级	f_c	$0.75f_c$	序号	混凝土强度等级	f_c	$0.75f_c$
1	C15	7.2	5.4	8	C50	23.1	17.325
2	C20	9.6	7.2	9	C55	25.3	18.975
3	C25	11.9	8.925	10	C60	27.5	20.625
4	C30	14.3	10.725	11	C65	29.7	22.275
5	C35	16.7	12.525	12	C70	31.8	23.85
6	C40	19.1	14.325	13	C75	33.8	25.35
7	C45	21.1	15.825	14	C80	35.9	26.925

第3章　钢筋混凝土柱牛腿构造要求与配筋图例

3.1　钢筋混凝土柱牛腿构造要求

钢筋混凝土柱牛腿构造要求如表3-1所示。

钢筋混凝土柱牛腿构造要求　　**表3-1**

序号	项　目	内　　容
1	钢筋的选用及锚固	沿牛腿顶部配置的纵向受力钢筋，宜采用HRB335级或HRB400级钢筋。全部纵向受力钢筋及弯起钢筋宜沿牛腿外边缘向下伸入下柱内150mm后截断（图2-1）。纵向受力钢筋及弯起钢筋伸入上柱的锚固长度，当采用直线锚固时不应小于公式（1.1）规定的受拉钢筋锚固长度l_a；当上柱尺寸不足时，钢筋的锚固应符合图2-1所示，从上柱内边算起，长度≥$0.4l_a$，并带90°向下弯折$15d$（d为牛腿的纵向受力钢筋及弯起钢筋的直径）的锚固要求。 $0.4l_a$的长度计算值如表1-8所示。 $15d$的长度计算值如表3-2所示
2	配筋率	承受竖向力所需的纵向受力钢筋的配筋率，按牛腿有效截面计算不应小于0.2%及$0.45f_t/f_y$（表3-3），也不宜大于0.6%（表3-3），钢筋数量不宜少于4根，直径不宜小于12mm
3	锚筋焊接	承受水平拉力的锚筋应焊在牛腿顶面外端的预埋件上，且不应少于2根，直径不应小于12mm，如图3-1所示
4	牛腿设于上柱柱顶时的钢筋锚固	当柱牛腿设于上柱柱顶时，宜将牛腿对边的柱外侧纵向受力钢筋沿柱顶水平弯入牛腿，作为柱牛腿纵向受拉钢筋使用；当柱牛腿顶面纵向受拉钢筋与柱牛腿对边的柱外侧纵向钢筋分开配置时，柱牛腿顶面纵向受拉钢筋应弯入柱外侧，如图3-2所示；此时，搭接长度竖直段不应小于$1.7l_a$。柱外侧纵向钢筋伸至柱顶后宜向牛腿内水平弯折，弯折段的水平投影长度不宜小于$12d$，d为柱外侧纵向钢筋的直径。 $1.7l_a$的长度计算值如表1-8所示。 $12d$的长度计算值如表3-2所示
5	水平箍筋	如图2-1所示，牛腿应设置水平箍筋，水平箍筋的直径宜为6～12mm，间距宜为100～150mm，且在上部$2h_0/3$范围内的水平箍筋总截面面积不宜小于承受竖向力的受拉钢筋截面面积的二分之一。 牛腿设置水平箍筋的钢筋种类宜与钢筋混凝土柱箍筋的钢筋种类相同
6	弯起钢筋	当柱牛腿的剪跨比$a/h_0 \geqslant 0.3$时，宜设置弯起钢筋。弯起钢筋宜采用HRB335级或HRB400级钢筋，并宜使其与集中荷载作用点到牛腿斜边下端点连线的交点位于牛腿上部$l/6$至$l/2$之间的范围内，l为该连接线的长度（图2-1），其截面面积不宜小于承受竖向力的受拉钢筋截面面积的二分之一，根数不宜少于2根，直径不宜小于12mm。如图3-4（b）所示，当$c>h_1$时宜设置第二层弯起筋。纵向受拉钢筋不得兼作弯起钢筋

续表 3-1

序号	项　目	内　　容
7	屋架与柱的连接	抗震等级三级及以下的厂房，屋架与柱的连接可采用焊接（图 3-3a）；二级时，宜采用螺栓连接（图 3-3b）；一级时，也可采用螺栓连接，有条件时，宜采用钢板铰连接（图 3-3c）。 （1）焊接连接。在屋架吊装前，先将支承垫板 B-1 与屋架支承底板焊牢。屋架就位后，再将垫板与柱顶预埋件 M-1 焊牢。垫板的宽度应满足柱顶和屋架混凝土局部受压承载力的要求，板厚不宜小于 16mm。 （2）螺栓连接。连接用螺栓的直径按弯剪强度计算，但不小于 ϕ25。螺栓应与柱顶预埋件 M-2 焊接，以便将螺栓承担的地震剪力通过钢板传至锚筋。螺帽下加垫板 B-3，并与支承垫板 B-2 焊接。支承垫板的厚度不宜小于 16mm。B-2 不与 M-2 焊接。 （3）板铰连接。这种连接方式的特点是采用双层支承垫板，垫板比柱宽每边长出 80mm 并在垫板的悬出部分采用螺栓将两块垫板连牢。下层垫板在柱子吊装前焊于柱顶预埋件M-3上，再将上层垫板用螺栓与下层垫板拧牢。待柱和屋架先后吊装就位后，将屋架端头底面的预埋钢板与上层垫板焊牢。为使垫板具有一定的转动能力，以耗散地震能量，垫板不能太厚，一般取 10～12mm。连接两层垫板的螺栓直径按抗剪强度确定，但不宜小于 ϕ25mm。垫板上的孔径宜比螺栓直径大 1mm，不宜过大
8	抗震要求	（1）牛腿的抗震等级应与柱的抗震等级一致。 （2）牛腿的承载力抗震调整系数，可采用 $\gamma_{RE}=1.0$。 （3）考虑抗震要求的钢筋锚固长度可将本书图中的 l_a 改为 l_{aE}，l_{aE} 计算如公式（1-2）、公式（1-3）及公式（1-4）所示。 （4）$0.4l_{aE}$ 及 $1.7l_{aE}$ 计算长度值如表 1-9 及表 1-10 所示。 （5）如图 3-1 所示，承受水平拉力的锚筋 A_{s2}：一级抗震等级时，不应少于 2 根直径 16mm 的钢筋；二级抗震等级时，不应少于 2 根直径 14mm 的钢筋；三、四级抗震等级时，不应少于 2 根直径 12mm 的钢筋。 （6）牛腿水平箍筋最小直径为 8mm，最大间距为 100mm。 （7）其他要求同非抗震设计规定

12*d*、15*d* 长度值计算用表（mm）　　表 3-2

序号	钢筋直径 *d*（mm）	12	14	16	18	20	22	25
1	12*d*	144	168	192	216	240	264	300
2	15*d*	180	210	240	270	300	330	375

牛腿承受竖向力所需的最小受力钢筋的配筋百分率（%）　　表 3-3

混凝土确定等级		C20	C25	C30	C35	C40	C45	C50	C55	C60	C65	C70	C75	C80
轴心抗拉 f_t（N/mm²）		1.10	1.27	1.43	1.57	1.71	1.80	1.89	1.96	2.04	2.09	2.14	2.18	2.22
最小配筋百分率 ρ_{min}（%）	$f_y=300$N/mm²	0.200	0.200	0.214	0.236	0.256	0.270	0.284	0.294	0.306	0.314	0.321	0.327	0.333
	$f_y=360$N/mm²	0.200	0.200	0.200	0.200	0.214	0.225	0.236	0.245	0.255	0.261	0.268	0.272	0.278
最大配筋百分率 ρ_{max}（%）		0.6												

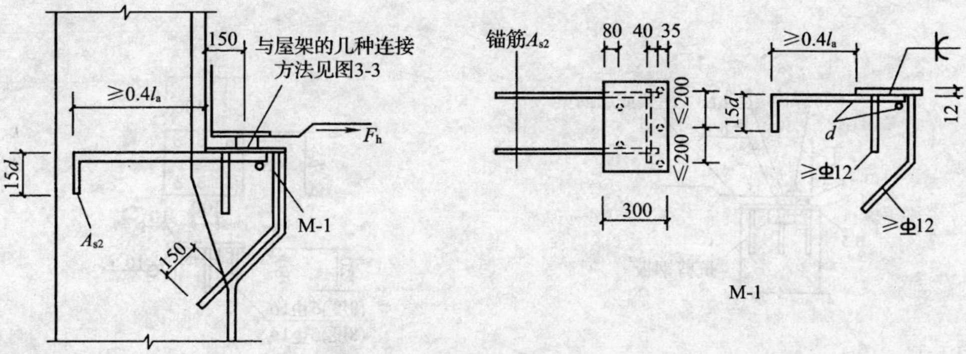

图 3-1　有水平拉力的柱牛腿锚筋

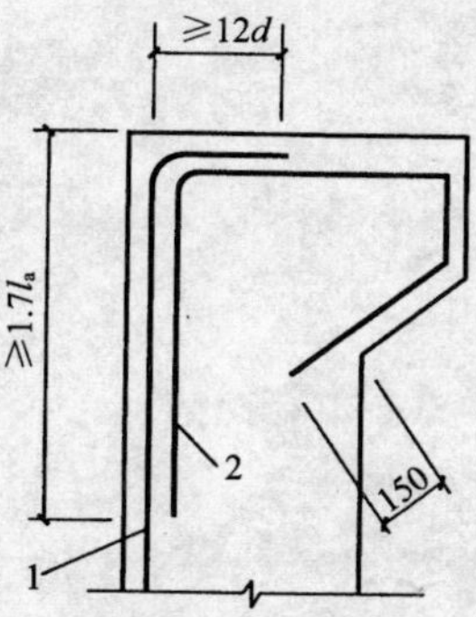

图 3-2　柱牛腿顶面纵向受拉钢筋弯入柱外侧的搭接

1—柱外侧纵向钢筋伸至柱顶后向牛腿内水平弯折，弯折段的水平投影长度不宜小于 12d（d 为柱外侧纵向钢筋的直径）；

2—牛腿的纵向受拉钢筋弯入柱外侧的搭接长度，不应小于 1.7l_a

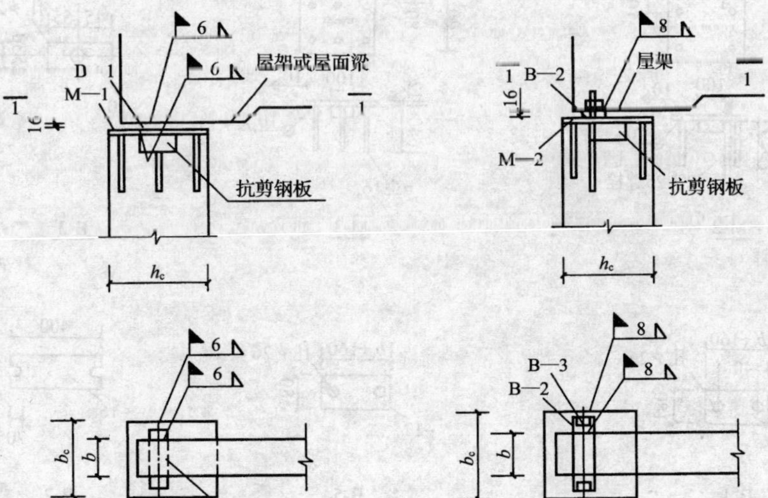

图 3-3　屋架与柱的连接

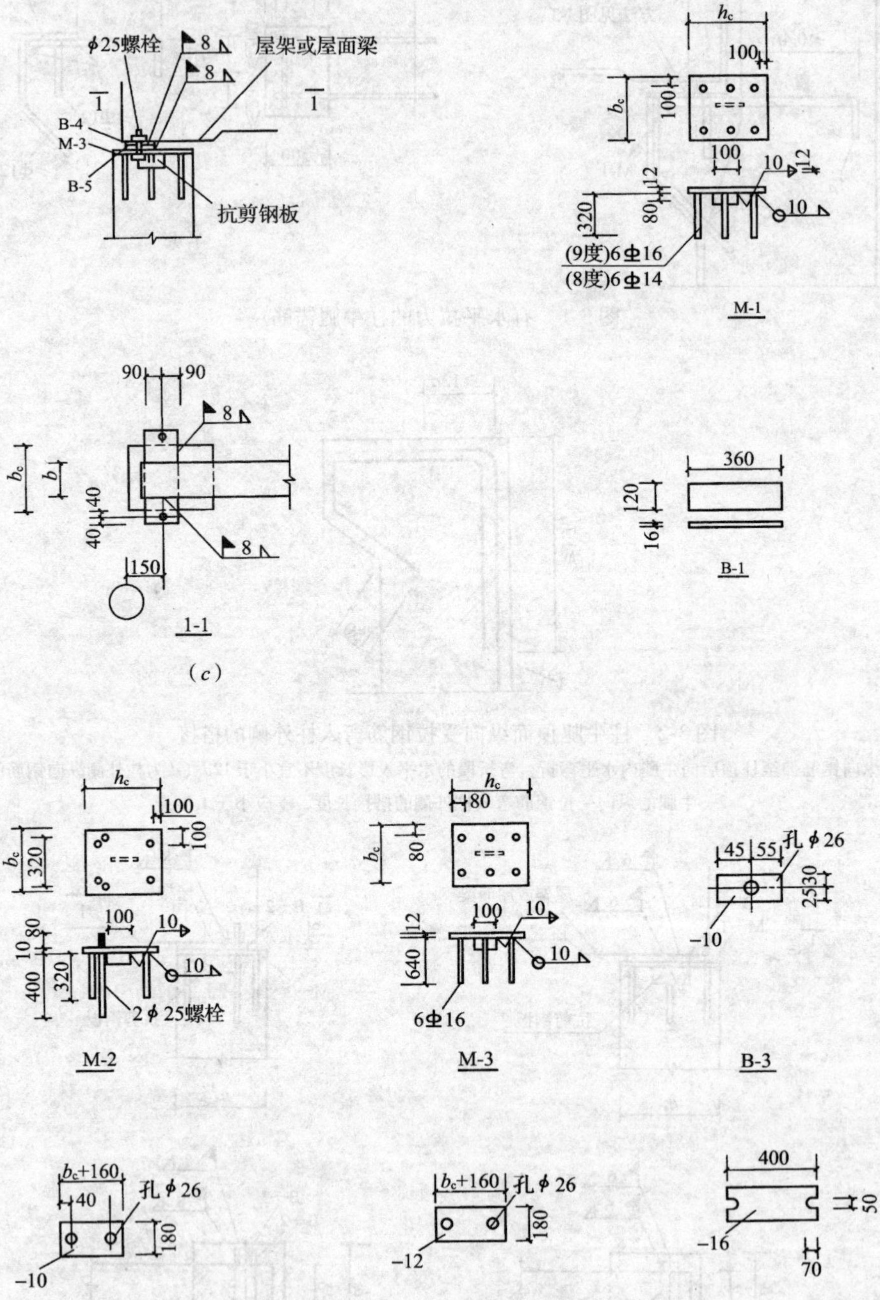

图 3-3　屋架与柱的连接

(a) 焊接方案；(b) 螺栓方案；(c) 钢板铰方案

注：在有柱间支撑的柱顶预埋件 M-1 ~ M-3 中应设抗剪钢板

3.2 钢筋混凝土柱牛腿配筋图例

（1）柱中部牛腿配筋图例如图 3-4 所示。

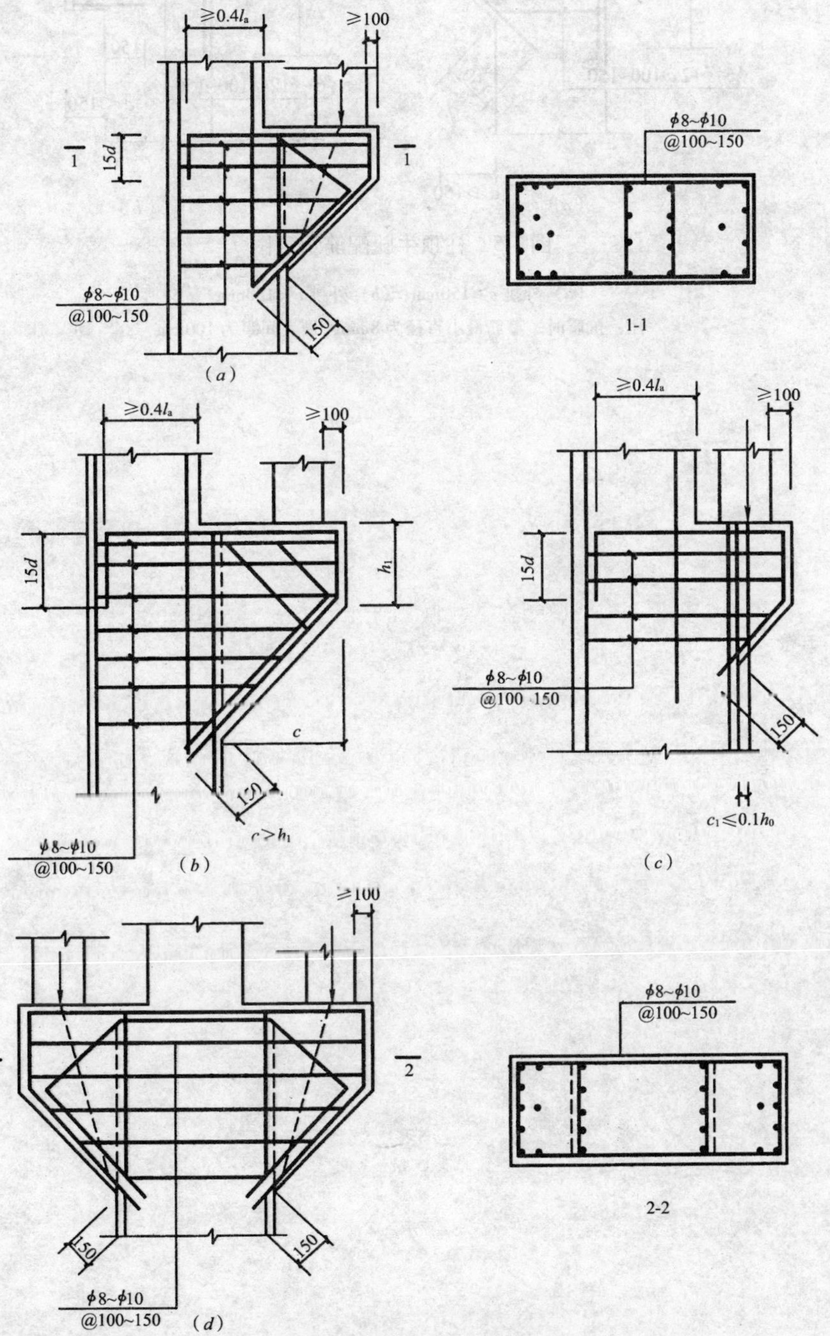

图 3-4　柱中部牛腿配筋图例

（a）牛腿形式一；（b）牛腿形式二；（c）牛腿形式三；（d）牛腿形式四

注：抗震时，箍筋最小直径为 8mm，最大间距为 100mm

（2）柱顶牛腿配筋图例，如图 3-5 所示。

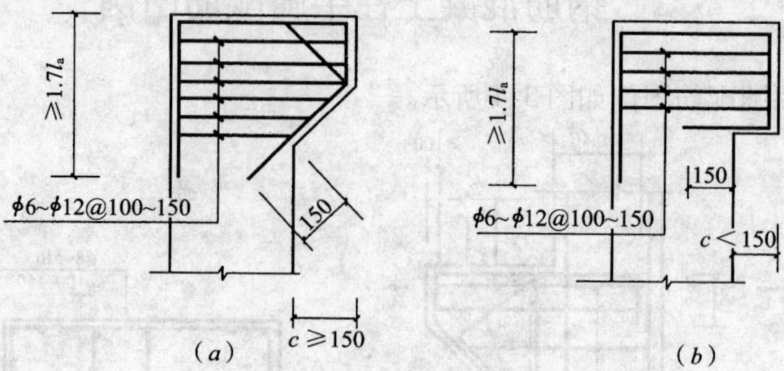

图 3-5 柱顶牛腿配筋示意图

（*a*）外挑 $c \geqslant 150$mm；（*b*）外挑 $c < 150$mm

注：抗震时，箍筋最小直径为 8mm，最大间距为 100mm

第4章　钢筋混凝土柱牛腿截面尺寸选择与承载力计算用表

4.1　柱牛腿截面尺寸选择计算用表

4.1.1　制表公式

如图2-1所示，柱牛腿 $a \leqslant h_0$ 时（以下简称牛腿）截面尺寸符合裂缝控制要求的基本计算公式为

$$F_{vk} = \beta\left(1 - 0.5\frac{F_{hk}}{F_{vk}}\right)\frac{f_{tk}bh_0}{0.5 + \dfrac{a}{h_0}} \tag{4-1}$$

式中符号意义与要求同前。

4.1.2　计算用表与适用范围

牛腿（$a \leqslant h_0$ 时）截面选择计算用表与适用范围，如表4-1所示。

柱牛腿截面尺寸选择与适用范围　　表4-1

序号	计算用表编号	混凝土强度等级	F_{hk}/F_{vk}
1	表4-2	C20，$f_{tk}=1.54\text{N/mm}^2$	0
2	表4-3	C20，$f_{tk}=1.54\text{N/mm}^2$	0.1
3	表4-4	C20，$f_{tk}=1.54\text{N/mm}^2$	0.2
4	表4-5	C20，$f_{tk}=1.54\text{N/mm}^2$	0.3
5	表4-6	C20，$f_{tk}=1.54\text{N/mm}^2$	0.4
6	表4-7	C20，$f_{tk}=1.54\text{N/mm}^2$	0.5
7	表4-8	C25，$f_{tk}=1.78\text{N/mm}^2$	0
8	表4-9	C25，$f_{tk}=1.78\text{N/mm}^2$	0.1
9	表4-10	C25，$f_{tk}=1.78\text{N/mm}^2$	0.2
10	表4-11	C25，$f_{tk}=1.78\text{N/mm}^2$	0.3
11	表4-12	C25，$f_{tk}=1.78\text{N/mm}^2$	0.4
12	表4-13	C25，$f_{tk}=1.78\text{N/mm}^2$	0.5
13	表4-14	C30，$f_{tk}=2.01\text{N/mm}^2$	0
14	表4-15	C30，$f_{tk}=2.01\text{N/mm}^2$	0.1
15	表4-16	C30，$f_{tk}=2.01\text{N/mm}^2$	0.2
16	表4-17	C30，$f_{tk}=2.01\text{N/mm}^2$	0.3
17	表4-18	C30，$f_{tk}=2.01\text{N/mm}^2$	0.4

续表 4-1

序号	计算用表编号	混凝土强度等级	F_{hk}/F_{vk}
18	表 4-19	C30，$f_{tk}=2.01N/mm^2$	0.5
19	表 4-20	C35，$f_{tk}=2.20N/mm^2$	0
20	表 4-21	C35，$f_{tk}=2.20N/mm^2$	0.1
21	表 4-22	C35，$f_{tk}=2.20N/mm^2$	0.2
22	表 4-23	C35，$f_{tk}=2.20N/mm^2$	0.3
23	表 4-24	C35，$f_{tk}=2.20N/mm^2$	0.4
24	表 4-25	C35，$f_{tk}=2.20N/mm^2$	0.5
25	表 4-26	C40，$f_{tk}=2.39N/mm^2$	0
26	表 4-27	C40，$f_{tk}=2.39N/mm^2$	0.1
27	表 4-28	C40，$f_{tk}=2.39N/mm^2$	0.2
28	表 4-29	C40，$f_{tk}=2.39N/mm^2$	0.3
29	表 4-30	C40，$f_{tk}=2.39N/mm^2$	0.4
30	表 4-31	C40，$f_{tk}=2.39N/mm^2$	0.5
31	表 4-32	C45，$f_{tk}=2.51N/mm^2$	0
32	表 4-33	C45，$f_{tk}=2.51N/mm^2$	0.1
33	表 4-34	C45，$f_{tk}=2.51N/mm^2$	0.2
34	表 4-35	C45，$f_{tk}=2.51N/mm^2$	0.3
35	表 4-36	C45，$f_{tk}=2.51N/mm^2$	0.4
36	表 4-37	C45，$f_{tk}=2.51N/mm^2$	0.5
37	表 4-38	C50，$f_{tk}=2.64N/mm^2$	0
38	表 4-39	C50，$f_{tk}=2.64N/mm^2$	0.1
39	表 4-40	C50，$f_{tk}=2.64N/mm^2$	0.2
40	表 4-41	C50，$f_{tk}=2.64N/mm^2$	0.3
41	表 4-42	C50，$f_{tk}=2.64N/mm^2$	0.4
42	表 4-43	C50，$f_{tk}=2.64N/mm^2$	0.5
43	表 4-44	C55，$f_{tk}=2.74N/mm^2$	0
44	表 4-45	C55，$f_{tk}=2.74N/mm^2$	0.1
45	表 4-46	C55，$f_{tk}=2.74N/mm^2$	0.2
46	表 4-47	C55，$f_{tk}=2.74N/mm^2$	0.3
47	表 4-48	C55，$f_{tk}=2.74N/mm^2$	0.4
48	表 4-49	C55，$f_{tk}=2.74N/mm^2$	0.5
49	表 4-50	C60，$f_{tk}=2.85N/mm^2$	0
50	表 4-51	C60，$f_{tk}=2.85N/mm^2$	0.1
51	表 4-52	C60，$f_{tk}=2.85N/mm^2$	0.2
52	表 4-53	C60，$f_{tk}=2.85N/mm^2$	0.3
53	表 4-54	C60，$f_{tk}=2.85N/mm^2$	0.4

续表 4-1

序号	计算用表编号	混凝土强度等级	F_{hk}/F_{vk}
54	表 4-55	C60，$f_{tk}=2.85\text{N/mm}^2$	0.5
55	表 4-56	C65，$f_{tk}=2.93\text{N/mm}^2$	0
56	表 4-57	C65，$f_{tk}=2.93\text{N/mm}^2$	0.1
57	表 4-58	C65，$f_{tk}=2.93\text{N/mm}^2$	0.2
58	表 4-59	C65，$f_{tk}=2.93\text{N/mm}^2$	0.3
59	表 4-60	C65，$f_{tk}=2.93\text{N/mm}^2$	0.4
60	表 4-61	C65，$f_{tk}=2.93\text{N/mm}^2$	0.5
61	表 4-62	C70，$f_{tk}=2.99\text{N/mm}^2$	0
62	表 4-63	C70，$f_{tk}=2.99\text{N/mm}^2$	0.1
63	表 4-64	C70，$f_{tk}=2.99\text{N/mm}^2$	0.2
64	表 4-65	C70，$f_{tk}=2.99\text{N/mm}^2$	0.3
65	表 4-66	C70，$f_{tk}=2.99\text{N/mm}^2$	0.4
66	表 4-67	C70，$f_{tk}=2.99\text{N/mm}^2$	0.5
67	表 4-68	C75，$f_{tk}=3.05\text{N/mm}^2$	0
68	表 4-69	C75，$f_{tk}=3.05\text{N/mm}^2$	0.1
69	表 4-70	C75，$f_{tk}=3.05\text{N/mm}^2$	0.2
70	表 4-71	C75，$f_{tk}=3.05\text{N/mm}^2$	0.3
71	表 4-72	C75，$f_{tk}=3.05\text{N/mm}^2$	0.4
72	表 4-73	C75，$f_{tk}=3.05\text{N/mm}^2$	0.5
73	表 4-74	C80，$f_{tk}=3.11\text{N/mm}^2$	0
74	表 4-75	C80，$f_{tk}=3.11\text{N/mm}^2$	0.1
75	表 4-76	C80，$f_{tk}=3.11\text{N/mm}^2$	0.2
76	表 4-77	C80，$f_{tk}=3.11\text{N/mm}^2$	0.3
77	表 4-78	C80，$f_{tk}=3.11\text{N/mm}^2$	0.4
78	表 4-79	C80，$f_{tk}=3.11\text{N/mm}^2$	0.5

注：1. 表 4-2 至表 4-79 适用于牛腿下边缘的倾角 $\alpha \leqslant 45°$ 的情况，表中 b 为牛腿的宽度，单位 mm；h 为牛腿和下柱交接处的垂直截面的高度（简称牛腿高度），单位 mm。

2. 表 4-2 至表 4-79 中查得数值为牛腿所能承受的竖向力 F_{vk} 值，单位 kN。

3. 表 4-2 至表 4-79 中 h_0 的取法：当 $F_{hk}/F_{vk}=0$ 时，取 $h_0=h-40\text{mm}$；当 $F_{hk}/F_{vk}>0$ 时，取 $h_0=\text{h}-70\text{mm}$。

4. 表 4-2 至表 4-79 中 a 为竖向力的作用点至下柱边缘的水平距离，单位 mm，计算时尚应考虑安装偏差 20mm。当竖向力的作用点位于下柱截面边缘时，取 $a=0+20\text{mm}$；当竖向力的作用点位于下柱截面以内时，取 $a=0$。

5. 表 4-2 至表 4-79 中当 F_{hk}/F_{vk} 值与表中所示数值不同时，可按线性分布规律推算出相应的 F_{vk} 值。

6. 表 4-2 至表 4-79 中当牛腿实际的宽度（b）及（F_{vk}）与表中的宽度 b 及 F_{vk} 不一致时，则按 $F_{vk}=\frac{(F_{vk})}{(b)}\times b$ 查表中的 b 值，即为满足（b）的 h 值。

牛腿截面尺寸选择表（1）　表4-2

（混凝土强度等级：C20　$F_{hk}/F_{vk}=0.0$）

b	a:	0+0		0+20		100+20		150+20	
	h \ β	0.65	0.80	0.65	0.80	0.65	0.80	0.65	0.80
300	300	156.16	192.19	135.34	166.57	81.20	99.94	67.67	83.28
	350	186.19	229.15	164.91	202.96	104.94	129.16	88.80	109.29
	400	216.22	266.11	194.59	239.50	129.73	159.67	111.20	136.86
	450	246.25	303.07	224.36	276.13	155.32	191.17	134.61	165.68
	500	276.28	340.03	254.17	312.83	181.55	223.45	158.86	195.52
	550	306.31	376.99	284.03	349.57	208.29	256.35	183.78	226.20
	600	336.34	413.95	313.91	386.36	235.44	289.77	209.28	257.57
	700	396.40	487.87	373.74	459.99	290.69	357.77	261.62	322.00
	800	456.46	561.79	433.63	533.70	346.91	426.96	315.37	388.15
	900	516.52	635.71	493.56	607.46	403.82	497.01	370.17	455.59
	1000	576.58	709.63	553.51	681.25	461.26	567.71	425.78	524.04
400	350	248.25	305.54	219.88	270.62	139.92	172.21	118.40	145.72
	400	288.29	354.82	259.46	319.33	172.97	212.89	148.26	182.48
	450	328.33	404.10	299.14	368.18	207.10	254.89	179.49	220.91
	500	368.37	453.38	338.90	417.11	242.07	297.93	211.81	260.69
	550	408.41	502.66	378.71	466.10	277.72	341.81	245.04	301.59
	600	448.45	551.94	418.55	515.14	313.91	386.36	279.03	343.43
	650	488.49	601.22	458.43	564.22	350.56	431.46	313.66	386.04
	700	528.53	650.50	498.33	613.32	387.59	477.03	348.83	429.33
	800	608.61	749.06	578.18	711.60	462.54	569.28	420.49	517.53
	900	688.69	847.62	658.08	809.94	538.43	662.68	493.56	607.46
	1000	768.77	946.18	738.02	908.33	615.01	756.94	567.71	698.71
450	400	324.32	399.17	291.89	359.25	194.59	239.50	166.80	205.29
	450	369.37	454.61	336.54	414.20	232.99	286.75	201.92	248.52
	500	414.41	510.05	381.26	469.24	272.33	335.17	238.29	293.28
	550	459.46	565.49	426.04	524.36	312.43	384.53	275.68	339.29
	600	504.50	620.93	470.87	579.53	353.15	434.65	313.91	386.36
	650	549.55	676.37	515.73	634.75	394.38	485.39	352.87	434.30
	700	594.59	731.81	560.62	689.99	436.04	536.66	392.43	482.99
	800	684.68	842.69	650.45	800.55	520.36	640.44	473.05	582.22
	900	774.77	953.57	740.34	911.19	605.73	745.52	555.25	683.39
	1000	864.86	1064.45	830.27	1021.87	691.89	851.56	638.67	786.05
	1100	954.95	1175.33	920.23	1132.59	778.65	958.34	723.04	889.89

续表 4-2

b	a / β / h	0+0		0+20		100+20		150+20	
		0.65	0.80	0.65	0.80	0.65	0.80	0.65	0.80
500	450	410.41	505.12	373.93	460.22	258.87	318.61	224.36	276.13
	500	460.46	566.72	423.62	521.38	302.59	372.42	264.76	325.86
	550	510.51	628.32	473.38	582.62	347.15	427.26	306.31	376.99
	600	560.56	689.92	523.19	643.93	392.39	482.94	348.79	429.28
	650	610.61	751.52	573.03	705.27	438.20	539.33	392.08	482.55
	700	660.66	813.12	622.91	766.66	484.48	596.29	436.04	536.66
	800	760.76	936.32	722.72	889.50	578.18	711.60	525.62	646.91
	900	860.86	1059.52	822.60	1012.43	673.04	828.35	616.95	759.32
	1000	960.96	1182.72	922.52	1135.41	768.77	946.18	709.63	873.39
	1100	1061.06	1305.92	1022.48	1258.43	865.17	1064.83	803.37	988.77
	1200	1161.16	1429.12	1122.45	1381.48	962.10	1184.13	897.96	1105.19
600	550	612.61	753.98	568.06	699.15	416.58	512.71	367.57	452.39
	600	672.67	827.90	627.83	772.71	470.87	579.53	418.55	515.14
	650	732.73	901.82	687.64	846.33	525.84	647.19	470.49	579.07
	700	792.79	975.74	747.49	919.99	581.38	715.55	523.24	643.99
	750	852.85	1049.66	807.37	993.68	637.39	784.49	576.69	709.77
	800	912.91	1123.58	867.27	1067.40	693.81	853.92	630.74	776.29
	900	1033.03	1271.42	987.12	1214.92	807.64	994.02	740.34	911.19
	1000	1153.15	1419.26	1107.03	1362.49	922.52	1135.41	851.56	1048.07
	1100	1273.27	1567.10	1226.97	1510.12	1038.21	1277.79	964.05	1186.52
	1200	1393.39	1714.94	1346.95	1657.78	1154.52	1420.95	1077.56	1326.22
	1300	1513.51	1862.78	1466.94	1805.47	1271.35	1564.74	1191.89	1466.94

b	a / β / h	200+20		250+20		300+20		350+20	
		0.65	0.80	0.65	0.80	0.65	0.80	0.65	0.80
300	300	58.00	71.39						
	350	76.96	94.72	67.90	83.57				
	400	97.30	119.75	86.49	106.44	77.84	95.80		
	450	118.78	146.19	106.27	130.80	96.15	118.34	87.79	108.05
	500	141.21	173.79	127.09	156.41	115.53	142.20	105.91	130.35
	550	164.44	202.39	148.78	183.11	135.84	167.19	124.97	153.81
	600	188.35	231.81	171.23	210.74	156.96	193.18	144.88	178.32
	700	237.84	292.72	218.02	268.33	201.25	247.69	186.87	230.00
	800	289.09	355.80	266.85	328.43	247.79	304.97	231.27	284.64
	900	341.70	420.55	317.29	390.51	296.14	364.47	277.63	341.70
	1000	395.37	486.60	369.01	454.16	345.95	425.78	325.60	400.73

续表 4-2

b	a / β / h	200+20 0.65	200+20 0.80	250+20 0.65	250+20 0.80	300+20 0.65	300+20 0.80	350+20 0.65	350+20 0.80
400	350	102.61	126.29	90.54	111.43				
	400	129.73	159.67	115.32	141.93	103.78	127.73		
	450	158.37	194.92	141.70	174.40	128.20	157.79	117.06	144.07
	500	188.28	231.73	169.45	208.55	154.04	189.59	141.21	173.79
	550	219.25	269.85	198.37	244.15	181.12	222.92	166.63	205.08
	600	251.13	309.08	228.30	280.99	209.28	257.57	193.18	237.76
	650	283.79	349.28	259.11	318.91	238.38	293.39	220.72	271.66
	700	317.12	390.30	290.69	357.77	268.33	330.25	249.16	306.66
	800	385.45	474.40	355.80	437.91	330.39	406.63	308.36	379.52
	900	455.59	560.73	423.05	520.68	394.85	485.97	370.17	455.59
	1000	527.16	648.81	492.01	605.55	461.26	567.71	434.13	534.31
450	400	145.95	179.63	129.73	159.67	116.76	143.70		
	450	178.17	219.28	159.41	196.20	144.23	177.51	131.69	162.08
	500	211.81	260.69	190.63	234.62	173.30	213.29	158.86	195.52
	550	246.66	303.58	223.17	274.67	203.76	250.78	187.46	230.72
	600	282.52	347.72	256.84	316.11	235.44	289.77	217.32	267.48
	650	319.26	392.94	291.50	358.77	268.18	330.07	248.31	305.62
	700	356.76	439.08	327.03	402.49	301.87	371.53	280.31	345.00
	800	433.63	533.70	400.28	492.65	371.69	457.46	346.91	426.96
	900	512.54	630.82	475.93	585.76	444.20	546.71	416.44	512.54
	1000	593.05	729.91	553.51	681.25	518.92	638.67	488.39	601.10
	1100	674.83	830.57	632.66	778.65	595.44	732.85	562.36	692.14
500	450	197.96	243.65	177.12	218.00	160.26	197.24	146.32	180.09
	500	235.35	289.66	211.81	260.69	192.56	236.99	176.51	217.24
	550	274.06	337.31	247.96	305.18	226.40	278.65	208.29	256.35
	600	313.91	386.36	285.38	351.23	261.59	321.96	241.47	297.20
	650	354.74	436.60	323.89	398.63	297.98	366.74	275.91	339.58
	700	396.40	487.87	363.36	447.22	335.41	412.81	311.45	383.33
	800	481.81	593.00	444.75	547.39	412.98	508.29	385.45	474.40
	900	569.49	700.91	528.81	650.85	493.56	607.46	462.71	569.49
	1000	658.94	811.01	615.01	756.94	576.58	709.63	542.66	667.89
	1100	749.82	922.85	702.95	865.17	661.60	814.28	624.85	769.04
	1200	841.84	1036.11	792.32	975.16	748.30	920.99	708.92	872.52

续表 4-2

b	h \ a, β	200+20		250+20		300+20		350+20	
		0.65	0.80	0.65	0.80	0.65	0.80	0.65	0.80
600	550	328.88	404.77	297.55	366.22	271.68	334.38	249.95	307.63
	600	376.70	463.63	342.45	421.48	313.91	386.36	289.77	356.64
	650	425.68	523.92	388.67	478.36	357.57	440.09	331.09	407.49
	700	475.68	585.45	436.04	536.66	402.49	495.38	373.74	459.99
	750	526.54	648.05	484.42	596.21	448.54	552.05	417.60	513.97
	800	578.18	711.60	533.70	656.86	495.58	609.95	462.54	569.28
	900	683.39	841.10	634.58	781.02	592.27	728.95	555.25	683.39
	1000	790.73	973.21	738.02	908.33	691.89	851.56	651.19	801.47
	1100	899.78	1107.42	843.54	1038.21	793.92	977.14	749.82	922.85
	1200	1010.21	1243.33	950.79	1170.20	897.96	1105.19	850.70	1047.02
	1300	1121.78	1380.65	1059.46	1303.95	1003.70	1235.32	953.51	1173.55

b	h \ a, β	400+20		450+20		500+20		600+20	
		0.65	0.80	0.65	0.80	0.65	0.80	0.65	0.80
300	300								
	350								
	400								
	450								
	500	97.76	120.32						
	550	115.72	142.42	107.74	132.60				
	600	134.53	165.58	125.57	154.54	117.72	144.88		
	700	174.41	214.66	163.51	201.25	153.89	189.41	137.70	169.47
	800	216.82	266.85	204.06	251.15	192.73	237.20	173.45	213.48
	900	261.30	321.60	246.78	303.73	233.79	287.74	211.53	260.34
	1000	307.51	378.47	291.32	358.55	276.76	340.62	251.60	309.66
400	350								
	400								
	450								
	500	130.35	160.43						
	550	154.29	189.89	143.65	176.80				
	600	179.38	220.77	167.42	206.06	156.96	193.18		
	650	205.50	252.93	192.24	236.61	180.59	222.27		
	700	232.55	286.22	218.02	268.33	205.19	252.55	183.59	225.96
	800	289.09	355.80	272.08	334.87	256.97	316.27	231.27	284.64
	900	348.40	428.79	329.04	404.97	311.72	383.66	282.03	347.12
	1000	410.01	504.63	388.43	478.07	369.01	454.16	335.46	412.88

续表 4-2

b	a	400+20		450+20		500+20		600+20	
	h \ β	0.65	0.80	0.65	0.80	0.65	0.80	0.65	0.80
450	400								
	450								
	500	146.64	180.48						
	550	173.57	213.63	161.60	198.90				
	600	201.80	248.37	188.35	231.81	176.58	217.32		
	650	231.19	284.54	216.27	266.18	203.17	250.05		
	700	261.62	322.00	245.27	301.87	230.84	284.11	206.54	254.21
	800	325.22	400.28	306.09	376.73	289.09	355.80	260.18	320.22
	900	391.94	482.39	370.17	455.59	350.69	431.61	317.29	390.51
	1000	461.26	567.71	436.98	537.83	415.13	510.94	377.40	464.49
	1100	532.76	655.71	506.13	622.92	482.02	593.26	440.11	541.67
500	450								
	500	162.93	200.53						
	550	192.86	237.37	179.56	221.00				
	600	224.22	275.97	209.28	257.57	196.20	241.47		
	650	256.88	316.16	240.30	295.76	225.74	277.83		
	700	290.69	357.77	272.52	335.41	256.49	315.68	229.49	282.45
	800	361.36	444.75	340.10	418.59	321.21	395.34	289.09	355.80
	900	435.49	535.99	411.30	506.22	389.65	479.57	352.54	433.90
	1000	512.51	630.78	485.54	597.58	461.26	567.71	419.33	516.10
	1100	591.96	728.57	562.36	692.14	535.58	659.18	489.01	601.86
	1200	673.47	828.89	641.40	789.42	612.25	753.54	561.23	690.74
600	550	231.43	284.84	215.47	265.19				
	600	269.07	331.16	251.13	309.08	235.44	289.77		
	650	308.25	379.39	288.37	354.91	270.89	333.40		
	700	348.83	429.33	327.03	402.49	307.79	378.82	275.39	338.94
	750	390.66	480.81	366.98	451.67	346.01	425.86	310.53	382.19
	800	433.63	533.70	408.13	502.31	385.45	474.40	346.91	426.96
	900	522.59	643.19	493.56	607.46	467.58	575.49	423.05	520.68
	1000	615.01	756.94	582.65	717.10	553.51	681.25	503.19	619.32
	1100	710.35	874.28	674.83	830.57	642.70	791.01	586.81	722.23
	1200	808.17	994.67	769.68	947.30	734.70	904.24	673.47	828.89
	1300	908.11	1117.67	866.83	1066.87	829.14	1020.48	762.81	938.84

牛腿截面尺寸选择表（2） 表 4-3

（混凝土强度等级：C20 $F_{hk}/F_{vk}=0.1$）

b	h \ a / β	0+0 0.65	0+0 0.80	0+20 0.65	0+20 0.80	100+20 0.65	100+20 0.80	150+20 0.65	150+20 0.80
300	300	131.23	161.52	111.79	137.59	64.22	79.04	52.95	65.17
	350	159.76	196.63	139.79	172.05	86.02	105.88	72.15	88.80
	400	188.29	231.74	167.93	206.69	109.01	134.16	92.74	114.14
	450	216.82	266.85	196.17	241.44	132.89	163.55	114.43	140.84
	500	245.35	301.96	224.46	276.26	157.46	193.80	137.01	168.63
	550	273.87	337.08	252.81	311.15	182.58	224.72	160.32	197.31
	600	302.40	372.19	281.18	346.07	208.15	256.18	184.22	226.73
	700	359.46	442.41	338.00	416.00	260.30	320.37	233.46	287.34
	800	416.52	512.64	394.88	486.00	313.46	385.80	284.17	349.74
	900	473.57	582.86	451.80	556.06	367.35	452.12	335.95	413.48
	1000	530.63	653.08	508.75	626.15	421.78	519.12	388.57	478.24
400	350	213.01	262.17	186.39	229.40	114.70	141.17	96.20	118.40
	400	251.05	308.99	223.91	275.58	145.35	178.89	123.65	152.19
	450	289.09	355.80	261.56	321.92	177.18	218.07	152.57	187.78
	500	327.13	402.62	299.29	368.35	209.95	258.40	182.68	224.84
	550	365.16	449.43	337.08	414.86	243.44	299.62	213.75	263.08
	600	403.20	496.25	374.91	461.43	277.53	341.57	245.63	302.31
	650	441.24	543.07	412.77	508.03	312.10	384.12	278.17	342.37
	700	479.28	589.88	450.67	554.66	347.06	427.16	311.28	383.12
	800	555.35	683.51	526.51	648.01	417.95	514.40	378.89	466.32
	900	631.43	777.15	602.40	741.41	489.80	602.83	447.94	551.31
	1000	707.51	870.78	678.33	834.87	562.38	692.16	518.10	637.66
450	400	282.43	347.61	251.90	310.03	163.51	201.25	139.11	171.21
	450	325.22	400.28	294.25	362.16	199.33	245.33	171.65	211.26
	500	368.02	452.94	336.70	414.40	236.19	290.70	205.52	252.94
	550	410.81	505.61	379.21	466.72	273.87	337.08	240.47	295.97
	600	453.60	558.28	421.77	519.10	312.22	384.27	276.33	340.10
	650	496.40	610.95	464.37	571.53	351.11	432.13	312.95	385.16
	700	539.19	663.62	507.00	624.00	390.45	480.55	350.19	431.01
	800	624.77	768.95	592.32	729.01	470.19	578.70	426.25	524.61
	900	710.36	874.29	677.70	834.09	551.03	678.19	503.93	620.22
	1000	795.95	979.62	763.12	939.23	632.67	778.68	582.86	717.36
	1100	881.53	1084.96	848.58	1044.40	714.94	879.93	662.76	815.70

续表 4-3

b	a	0+0		0+20		100+20		150+20	
	h ＼ β	0.65	0.80	0.65	0.80	0.65	0.80	0.65	0.80
500	450	361.36	444.75	326.95	402.39	221.48	272.59	190.72	234.73
	500	408.91	503.27	374.11	460.44	262.43	323.00	228.35	281.05
	550	456.46	561.79	421.34	518.58	304.30	374.53	267.19	328.85
	600	504.00	620.31	468.63	576.78	346.91	426.97	307.04	377.89
	650	551.55	678.83	515.97	635.04	390.12	480.15	347.72	427.96
	700	599.10	737.35	563.33	693.33	433.83	533.94	389.11	478.90
	800	694.19	854.39	658.13	810.01	522.43	643.00	473.61	582.90
	900	789.29	971.43	753.00	926.77	612.25	753.54	559.92	689.14
	1000	884.38	1088.47	847.91	1043.59	702.97	865.20	647.62	797.07
	1100	979.48	1205.51	942.86	1160.45	794.38	977.70	736.40	906.33
	1200	1074.57	1322.55	1037.84	1277.34	886.33	1090.86	826.03	1016.66
600	550	547.75	674.15	505.61	622.29	365.16	449.43	320.63	394.62
	600	604.80	744.37	562.36	692.14	416.29	512.36	368.44	453.47
	650	661.86	814.60	619.16	762.04	468.15	576.18	417.26	513.55
	700	718.92	884.82	676.00	832.00	520.60	640.73	466.93	574.68
	750	775.98	955.05	732.87	901.99	573.55	705.90	517.32	636.70
	800	833.03	1025.27	789.76	972.01	626.92	771.60	568.33	699.48
	900	947.15	1165.72	903.60	1112.12	734.70	904.25	671.91	826.96
	1000	1061.26	1306.17	1017.50	1252.30	843.57	1038.23	777.14	956.48
	1100	1175.37	1446.61	1131.43	1392.54	953.26	1173.24	883.68	1087.60
	1200	1289.49	1587.06	1245.40	1532.80	1063.59	1309.04	991.24	1219.99
	1300	1403.60	1727.51	1359.39	1673.10	1174.44	1445.47	1099.64	1353.40
b	a	200+20		250+20		300+20		350+20	
	h ＼ β	0.65	0.80	0.65	0.80	0.65	0.80	0.65	0.80
300	300	45.05	55.45						
	350	62.13	76.47	54.55	67.14				
	400	80.69	99.32	71.42	87.90	64.06	78.84		
	450	100.48	123.66	89.55	110.22	80.77	99.42	73.56	90.54
	500	121.26	149.25	108.76	133.86	98.60	121.35	90.17	110.98
	550	142.89	175.87	128.88	158.62	117.37	144.46	107.75	132.62
	600	165.23	203.36	149.79	184.35	136.99	168.60	126.20	155.32
	700	211.64	260.49	193.55	238.22	178.31	219.46	165.30	203.44
	800	259.88	319.85	239.41	294.66	221.94	273.16	206.84	254.57
	900	309.50	380.92	286.91	353.12	267.39	329.10	250.36	308.14
	1000	360.21	443.33	335.70	413.18	314.32	386.86	295.50	363.69

续表 4-3

b	a / β / h	200+20		250+20		300+20		350+20	
		0.65	0.80	0.65	0.80	0.65	0.80	0.65	0.80
400	350	82.84	101.95	72.74	89.52				
	400	107.59	132.42	95.23	117.20	85.41	105.12		
	450	133.97	164.88	119.41	146.96	107.70	132.55	98.08	120.72
	500	161.68	198.99	145.01	178.48	131.46	161.80	120.23	147.97
	550	190.52	234.49	171.84	211.50	156.50	192.61	143.67	176.83
	600	220.31	271.15	199.72	245.81	182.65	224.80	168.27	207.10
	650	250.90	308.80	228.50	281.23	209.77	258.18	193.88	238.62
	700	282.19	347.31	258.07	317.63	237.75	292.62	220.40	271.26
	800	346.50	426.47	319.22	392.89	295.92	364.21	275.79	339.43
	900	412.67	507.90	382.55	470.83	356.52	438.80	333.81	410.85
	1000	480.28	591.11	447.61	550.90	419.10	515.81	394.00	484.92
450	400	121.04	148.98	107.13	131.85	96.09	118.26		
	450	150.71	185.49	134.33	165.33	121.16	149.12	110.34	135.81
	500	181.89	223.87	163.14	200.79	147.89	182.02	135.25	166.47
	550	214.34	263.80	193.32	237.94	176.06	216.69	161.63	198.93
	600	247.85	305.04	224.68	276.53	205.48	252.90	189.30	232.98
	650	282.26	347.40	257.06	316.38	235.99	290.45	218.11	268.43
	700	317.47	390.73	290.33	357.33	267.47	329.20	247.95	305.17
	800	389.82	479.77	359.12	442.00	332.91	409.73	310.26	381.86
	900	464.25	571.39	430.36	529.68	401.09	493.65	375.54	462.20
	1000	540.31	665.00	503.56	619.76	471.48	580.29	443.25	545.54
	1100	617.67	760.21	578.33	711.79	543.70	669.17	512.98	631.36
500	450	167.46	206.10	149.26	183.70	134.62	165.69	122.60	150.90
	500	202.10	248.74	181.27	223.10	164.33	202.25	150.28	184.96
	550	238.15	293.11	214.80	264.37	195.62	240.77	179.59	221.03
	600	275.38	338.93	249.65	307.26	228.31	281.00	210.33	258.87
	650	313.63	386.00	285.62	351.54	262.21	322.72	242.35	298.27
	700	352.74	434.14	322.59	397.04	297.19	365.77	275.50	339.07
	800	433.13	533.08	399.02	491.11	369.90	455.26	344.74	424.29
	900	515.83	634.87	478.18	588.53	445.65	548.50	417.27	513.56
	1000	600.35	738.89	559.51	688.63	523.87	644.76	492.50	606.16
	1100	686.30	844.68	642.59	790.88	604.11	743.52	569.98	701.51
	1200	773.42	951.90	727.11	894.90	686.03	844.34	649.34	799.19

续表 4-3

b	h \ a / β	200 + 20		250 + 20		300 + 20		350 + 20	
		0.65	0.80	0.65	0.80	0.65	0.80	0.65	0.80
600	550	285.78	351.73	257.76	317.25	234.75	288.92	215.51	265.24
	600	330.46	406.72	299.58	368.71	273.97	337.20	252.40	310.64
	650	376.35	463.20	342.75	421.85	314.66	387.27	290.82	357.93
	700	423.29	520.97	387.11	476.44	356.63	438.93	330.60	406.89
	750	471.13	579.85	432.51	532.32	399.74	491.99	371.59	457.35
	800	519.76	639.70	478.83	589.33	443.88	546.31	413.68	509.15
	900	619.00	761.85	573.82	706.24	534.78	658.19	500.72	616.27
	1000	720.42	886.67	671.41	826.35	628.64	773.72	591.00	727.39
	1100	823.56	1013.61	771.11	949.05	724.93	892.22	683.97	841.82
	1200	928.10	1142.28	872.53	1073.88	823.23	1013.21	779.21	959.03
	1300	1033.79	1272.36	975.38	1200.47	923.22	1136.28	876.36	1078.60

b	h \ a / β	400 + 20		450 + 20		500 + 20		600 + 20	
		0.65	0.80	0.65	0.80	0.65	0.80	0.65	0.80
300	300								
	350								
	400								
	450								
	500	83.07	102.24						
	550	99.59	122.57	92.58	113.94				
	600	116.99	143.98	109.03	134.19	102.08	125.64		
	700	154.05	189.60	144.24	177.53	135.60	166.90	121.10	149.05
	800	193.67	238.36	182.07	224.09	171.78	211.43	154.34	189.96
	900	235.37	289.68	222.07	273.32	210.20	258.70	189.89	233.71
	1000	278.81	343.15	263.90	324.80	250.50	308.31	227.41	279.89
400	350								
	400								
	450								
	500	110.76	136.32						
	550	132.79	163.43	123.44	151.92				
	600	155.98	191.98	145.37	178.92	136.11	167.52		
	650	180.23	221.82	168.37	207.22	157.98	194.43		
	700	205.41	252.81	192.32	236.70	180.81	222.53	161.47	198.73
	800	258.22	317.81	242.76	298.78	229.04	281.90	205.79	253.28
	900	313.82	386.25	296.09	364.42	280.26	344.94	253.18	311.61
	1000	371.74	457.53	351.86	433.06	334.00	411.08	303.22	373.19

续表 4-3

b	h \ a, β	400+20 0.65	400+20 0.80	450+20 0.65	450+20 0.80	500+20 0.65	500+20 0.80	600+20 0.65	600+20 0.80
450	400								
	450								
	500	124.60	153.36						
	550	149.39	183.86	138.87	170.91				
	600	175.48	215.98	163.54	201.28	153.13	188.46		
	650	202.75	249.54	189.41	233.13	177.72	218.73		
	700	231.08	284.41	216.36	266.29	203.41	250.35	181.65	223.57
	800	290.50	357.54	273.10	336.13	257.68	317.14	231.52	284.94
	900	353.05	434.53	333.11	409.98	315.29	388.05	284.83	350.56
	1000	418.21	514.72	395.84	487.19	375.75	462.46	341.12	419.84
	1100	485.55	597.60	460.90	567.26	438.64	539.86	399.99	492.29
500	450								
	500	138.45	170.40						
	550	165.98	204.29	154.29	189.90				
	600	194.98	239.97	181.72	223.65	170.14	209.40		
	650	225.28	277.27	210.46	259.03	197.47	243.04		
	700	256.76	316.01	240.40	295.88	226.01	278.16	201.84	248.41
	800	322.78	397.27	303.45	373.48	286.31	352.38	257.24	316.60
	900	392.28	482.81	370.12	455.53	350.33	431.17	316.48	389.51
	1000	464.68	571.91	439.83	541.33	417.50	513.85	379.02	466.49
	1100	539.50	664.00	512.11	630.29	487.37	599.84	444.43	546.99
	1200	616.38	758.62	586.60	721.97	559.57	688.70	512.35	630.58
600	550	199.18	245.15	185.15	227.88				
	600	233.98	287.97	218.06	268.38	204.17	251.29		
	650	270.34	332.72	252.55	310.83	236.96	291.65		
	700	308.11	379.21	288.48	355.06	271.21	333.80	242.20	298.10
	750	347.15	427.26	325.72	400.88	306.78	377.58	274.82	338.25
	800	387.33	476.72	364.14	448.17	343.57	422.85	308.69	379.92
	900	470.74	579.37	444.14	546.64	420.39	517.40	379.77	467.41
	1000	557.61	686.29	527.79	649.59	501.00	616.62	454.83	559.79
	1100	647.40	796.80	614.54	756.35	584.85	719.81	533.32	656.39
	1200	739.66	910.35	703.92	866.37	671.48	826.44	614.82	756.70
	1300	834.02	1026.49	795.59	979.19	760.54	936.05	698.96	860.26

牛腿截面尺寸选择表（3） 表4-4

（混凝土强度等级：C20 $F_{hk}/F_{vk}=0.2$）

b	h \ a / β	0+0 0.65	0+0 0.80	0+20 0.65	0+20 0.80	100+20 0.65	100+20 0.80	150+20 0.65	150+20 0.80
300	300	124.32	153.01	105.91	130.35	60.84	74.88	50.17	61.74
	350	151.35	186.28	132.43	162.99	81.50	100.30	68.35	84.13
	400	178.38	219.54	159.09	195.81	103.27	127.10	87.86	108.13
	450	205.41	252.81	185.84	228.73	125.89	154.95	108.41	133.43
	500	232.43	286.07	212.65	261.72	149.17	183.60	129.80	159.75
	550	259.46	319.33	239.50	294.77	172.97	212.89	151.88	186.93
	600	286.49	352.60	266.38	327.85	197.19	242.70	174.53	214.80
	700	340.54	419.13	320.21	394.10	246.60	303.51	221.18	272.22
	800	394.59	485.65	374.10	460.43	296.96	365.49	269.21	331.33
	900	448.65	552.18	428.02	526.79	348.02	428.33	318.27	391.72
	1000	502.70	618.71	481.97	593.20	399.58	491.80	368.12	453.07
400	350	201.80	248.37	176.58	217.32	108.66	133.74	91.14	112.17
	400	237.84	292.72	212.13	261.08	137.70	169.47	117.14	144.18
	450	273.87	337.08	247.79	304.97	167.86	206.59	144.54	177.90
	500	309.91	381.43	283.53	348.97	198.90	244.80	173.07	213.00
	550	345.95	425.78	319.33	393.03	230.63	283.85	202.50	249.24
	600	381.98	470.13	355.18	437.14	262.92	323.60	232.70	286.40
	650	418.02	514.48	391.05	481.29	295.67	363.90	263.53	324.35
	700	454.05	558.84	426.95	525.47	328.80	404.67	294.90	362.95
	800	526.13	647.54	498.79	613.90	395.95	487.32	358.95	441.78
	900	598.20	736.24	570.69	702.39	464.02	571.10	424.36	522.29
	1000	670.27	824.95	642.63	790.93	532.78	655.73	490.83	604.10
450	400	267.57	329.31	238.64	293.71	154.91	190.66	131.79	162.20
	450	308.11	379.21	278.76	343.09	188.84	232.42	162.61	200.14
	500	348.65	429.11	318.98	392.59	223.76	275.40	194.70	239.63
	550	389.19	479.00	359.25	442.16	259.46	319.33	227.82	280.39
	600	429.73	528.90	399.57	491.78	295.79	364.05	261.79	322.20
	650	470.27	578.79	439.93	541.45	332.63	409.39	296.47	364.89
	700	510.81	628.69	480.31	591.16	369.90	455.26	331.76	408.32
	800	591.89	728.48	561.14	690.64	445.44	548.24	403.81	497.00
	900	672.97	828.27	642.03	790.19	522.03	642.49	477.41	587.58
	1000	754.05	928.07	722.96	889.79	599.38	737.69	552.18	679.61
	1100	835.13	1027.86	803.91	989.43	677.31	833.62	627.87	772.77

续表 4-4

b	a / β / h	0+0		0+20		100+20		150+20	
		0.65	0.80	0.65	0.80	0.65	0.80	0.65	0.80
500	450	342.34	421.34	309.74	381.22	209.82	258.24	180.68	222.38
	500	387.39	476.78	354.42	436.21	248.62	306.00	216.33	266.26
	550	432.43	532.22	399.17	491.28	288.29	354.82	253.13	311.55
	600	477.48	587.66	443.97	546.42	328.65	404.50	290.88	358.00
	650	522.52	643.10	488.81	601.61	369.59	454.88	329.42	405.44
	700	567.57	698.54	533.68	656.84	411.00	505.84	368.63	453.69
	800	657.66	809.42	623.49	767.38	494.94	609.15	448.68	552.22
	900	747.75	920.30	713.37	877.99	580.03	713.88	530.45	652.87
	1000	837.84	1031.18	803.29	988.66	665.97	819.66	613.53	755.12
	1100	927.93	1142.06	893.24	1099.37	752.57	926.24	697.64	858.63
	1200	1018.02	1252.94	983.21	1210.11	839.68	1033.45	782.56	963.15
600	550	518.92	638.67	479.00	589.54	345.95	425.78	303.76	373.85
	600	572.97	705.20	532.76	655.71	394.38	485.40	349.05	429.60
	650	627.03	771.72	586.57	721.94	443.51	545.85	395.30	486.52
	700	681.08	838.25	640.42	788.21	493.20	607.01	442.35	544.43
	750	735.13	904.78	694.29	854.52	543.36	668.75	490.09	603.19
	800	789.19	971.31	748.19	920.85	593.93	730.98	538.42	662.67
	900	897.30	1104.36	856.04	1053.59	696.03	856.66	636.54	783.44
	1000	1005.40	1237.42	963.94	1186.39	799.17	983.59	736.24	906.14
	1100	1113.51	1370.48	1071.89	1319.24	903.08	1111.49	837.17	1030.36
	1200	1221.62	1503.53	1179.86	1452.13	1007.61	1240.14	939.07	1155.78
	1300	1329.73	1636.59	1287.85	1585.04	1112.63	1369.39	1041.76	1282.17

b	a / β / h	200+20		250+20		300+20		350+20	
		0.65	0.80	0.65	0.80	0.65	0.80	0.65	0.80
300	300	42.68	52.53						
	350	58.86	72.44	51.68	63.61				
	400	76.45	94.09	67.66	83.27	60.69	74.69		
	450	95.19	117.15	84.84	104.42	76.52	94.18	69.69	85.77
	500	114.88	141.39	103.04	126.81	93.41	114.96	85.42	105.14
	550	135.37	166.61	122.10	150.28	111.20	136.86	102.08	125.64
	600	156.53	192.66	141.90	174.65	129.78	159.72	119.56	147.15
	700	200.50	246.78	183.37	225.68	168.93	207.91	156.60	192.74
	800	246.20	303.02	226.81	279.16	210.26	258.78	195.95	241.18
	900	293.21	360.88	271.81	334.53	253.32	311.78	237.18	291.92
	1000	341.25	420.00	318.04	391.43	297.78	366.50	279.95	344.55

续表 4-4

b	a \ β \ h	200+20 0.65	200+20 0.80	250+20 0.65	250+20 0.80	300+20 0.65	300+20 0.80	350+20 0.65	350+20 0.80
400	350	78.48	96.59	68.91	84.81				
	400	101.93	125.45	90.21	111.03	80.91	99.59		
	450	126.92	156.21	113.12	139.23	102.03	125.58	92.92	114.36
	500	153.17	188.52	137.38	169.09	124.54	153.28	113.90	140.18
	550	180.49	222.15	162.80	200.37	148.26	182.48	136.11	167.52
	600	208.71	256.88	189.21	232.87	173.03	212.97	159.41	196.20
	650	237.70	292.55	216.47	266.43	198.73	244.59	183.67	226.06
	700	267.34	329.03	244.49	300.91	225.24	277.22	208.80	256.98
	800	328.27	404.02	302.42	372.21	280.34	345.04	261.27	321.57
	900	390.95	481.17	362.41	446.05	337.76	415.70	316.24	389.22
	1000	455.00	560.00	424.05	521.91	397.04	488.66	373.26	459.40
450	400	114.67	141.13	101.49	124.91	91.03	112.03		
	450	142.78	175.73	127.26	156.63	114.79	141.27	104.54	128.66
	500	172.32	212.09	154.56	190.22	140.11	172.44	128.14	157.71
	550	203.06	249.91	183.15	225.41	166.80	205.29	153.12	188.46
	600	234.80	288.99	212.86	261.98	194.66	239.59	179.34	220.72
	650	267.41	329.12	243.53	299.73	223.57	275.16	206.63	254.32
	700	300.76	370.16	275.05	338.53	253.39	311.87	234.90	289.11
	800	369.30	454.52	340.22	418.73	315.39	388.17	293.93	361.76
	900	439.82	541.31	407.71	501.80	379.98	467.66	355.78	437.88
	1000	511.88	630.00	477.05	587.14	446.67	549.75	419.92	516.83
	1100	585.16	720.20	547.89	674.33	515.08	633.95	485.98	598.13
500	450	158.65	195.26	141.40	174.03	127.54	156.97	116.15	142.96
	500	191.47	235.65	171.73	211.36	155.68	191.60	142.37	175.23
	550	225.62	277.68	203.50	250.46	185.33	228.10	170.14	209.40
	600	260.89	321.09	236.51	291.09	216.29	266.21	199.26	245.25
	650	297.12	365.69	270.59	333.04	248.41	305.74	229.59	282.58
	700	334.17	411.29	305.61	376.14	281.55	346.52	261.00	321.23
	800	410.33	505.03	378.02	465.26	350.43	431.30	326.59	401.96
	900	488.69	601.46	453.01	557.56	422.20	519.63	395.31	486.53
	1000	568.75	700.00	530.06	652.38	496.30	610.83	466.58	574.25
	1100	650.18	800.22	608.77	749.25	572.31	704.39	539.98	664.59
	1200	732.71	901.80	688.84	847.80	649.92	799.90	615.17	757.13

续表 4-4

b	a / β / h	200+20		250+20		300+20		350+20	
		0.65	0.80	0.65	0.80	0.65	0.80	0.65	0.80
600	550	270.74	333.22	244.20	300.55	222.39	273.72	204.16	251.28
	600	313.07	385.31	283.81	349.30	259.55	319.45	239.11	294.29
	650	356.54	438.82	324.71	399.64	298.09	366.89	275.51	339.09
	700	401.01	493.55	366.74	451.37	337.86	415.83	313.20	385.47
	750	446.33	549.33	409.75	504.30	378.71	466.10	352.04	433.28
	800	492.40	606.03	453.63	558.31	420.52	517.56	391.91	482.35
	900	586.42	721.75	543.62	669.07	506.64	623.55	474.37	583.84
	1000	682.50	840.00	636.07	782.86	595.56	732.99	559.90	689.10
	1100	780.22	960.27	730.52	899.10	686.78	845.26	647.98	797.51
	1200	879.26	1082.16	826.61	1017.36	779.90	959.88	738.20	908.55
	1300	979.38	1205.39	924.05	1137.29	874.63	1076.47	830.24	1021.83
b	a / β / h	400+20		450+20		500+20		600+20	
		0.65	0.80	0.65	0.80	0.65	0.80	0.65	0.80
300	300								
	350								
	400								
	450								
	500	78.70	96.86						
	550	94.35	116.12	87.70	107.94				
	600	110.83	136.41	103.29	127.13	96.71	119.03		
	700	145.95	179.63	136.65	168.18	128.47	158.11	114.73	141.20
	800	183.47	225.81	172.49	212.29	162.74	200.30	146.22	179.96
	900	222.98	274.44	210.38	258.93	199.13	245.09	179.89	221.41
	1000	264.13	325.09	250.01	307.70	237.32	292.08	215.44	265.16
400	350								
	400								
	450								
	500	104.93	129.14						
	550	125.80	154.83	116.94	143.93				
	600	147.77	181.88	137.72	169.50	128.95	158.71		
	650	170.74	210.14	159.51	196.32	149.66	184.20		
	700	194.59	239.50	182.20	224.25	171.29	210.82	152.97	188.27
	800	244.63	301.09	229.98	283.06	216.99	267.06	194.96	239.95
	900	297.31	365.92	280.51	345.24	265.51	326.78	239.86	295.21
	1000	352.18	433.45	333.34	410.27	316.42	389.44	287.26	353.55

续表 4-4

a	h \ a / β	400+20 0.65	400+20 0.80	450+20 0.65	450+20 0.80	500+20 0.65	500+20 0.80	600+20 0.65	600+20 0.80
450	400								
	450								
	500	118.05	145.29						
	550	141.52	174.18	131.56	161.92				
	600	166.25	204.61	154.94	190.69	145.07	178.55		
	650	192.08	236.41	179.45	220.86	168.37	207.22		
	700	218.92	269.44	204.97	252.28	192.70	237.17	172.09	211.80
	800	275.21	338.72	258.73	318.44	244.11	300.45	219.33	269.94
	900	334.47	411.66	315.57	388.40	298.70	367.63	269.84	332.11
	1000	396.20	487.63	375.01	461.55	355.97	438.12	323.17	397.74
	1100	459.99	566.15	436.64	537.41	415.55	511.45	378.94	466.38
500	450								
	500	131.16	161.43						
	550	157.25	193.54	146.17	179.91				
	600	184.72	227.34	172.15	211.88	161.19	198.38		
	650	213.42	262.68	199.38	245.39	187.08	230.25		
	700	243.24	299.38	227.75	280.31	214.11	263.52	191.21	235.34
	800	305.79	376.36	287.48	353.82	271.24	333.83	243.70	299.94
	900	371.63	457.40	350.64	431.55	331.89	408.48	299.82	369.01
	1000	440.22	541.81	416.68	512.83	395.53	486.80	359.07	441.94
	1100	511.10	629.05	485.16	597.12	461.72	568.27	421.04	518.21
	1200	583.94	718.69	555.73	683.97	530.12	652.45	485.38	597.40
600	550	188.70	232.24	175.41	215.89				
	600	221.66	272.81	206.58	254.25	193.42	238.06		
	650	256.11	315.21	239.26	294.47	224.49	276.30		
	700	291.89	359.25	273.30	336.37	256.93	316.23	229.45	282.41
	750	328.88	404.77	308.57	379.78	290.63	357.70	260.36	320.44
	800	366.95	451.63	344.97	424.58	325.48	400.60	292.44	359.93
	900	445.96	548.88	420.77	517.87	398.27	490.17	359.79	442.81
	1000	528.26	650.17	500.01	615.40	474.63	584.16	430.89	530.32
	1100	613.32	754.86	582.19	716.54	554.07	681.93	505.25	621.85
	1200	700.73	862.43	666.87	820.77	636.14	782.95	582.46	716.87
	1300	790.13	972.47	753.72	927.65	720.51	886.79	662.17	814.98

牛腿截面尺寸选择表（4）

表 4-5

（混凝土强度等级：C20　$F_{hk}/F_{vk}=0.3$）

b	a	0+0		0+20		100+20		150+20	
	h \ β	0.65	0.80	0.65	0.80	0.65	0.80	0.65	0.80
300	300	117.42	144.51	100.02	123.10	57.46	70.72	47.38	58.31
	350	142.94	175.93	125.07	153.94	76.97	94.73	64.55	79.45
	400	168.47	207.35	150.26	184.93	97.53	120.04	82.98	102.13
	450	193.99	238.76	175.52	216.02	118.90	146.34	102.39	126.01
	500	219.52	270.18	200.84	247.18	140.89	173.40	122.59	150.88
	550	245.04	301.59	226.20	278.39	163.36	201.06	143.44	176.54
	600	270.57	333.01	251.58	309.64	186.24	229.21	164.83	202.87
	700	321.62	395.84	302.42	372.21	232.90	286.64	208.89	257.09
	800	372.67	458.67	353.31	434.85	280.46	345.19	254.25	312.93
	900	423.72	521.51	404.24	497.53	328.68	404.53	300.59	369.96
	1000	474.77	584.34	455.20	560.24	377.38	464.47	347.67	427.90
400	350	190.59	234.57	166.77	205.25	102.63	126.31	86.07	105.94
	400	224.62	276.46	200.34	246.57	130.05	160.06	110.64	136.17
	450	258.66	318.35	234.02	288.03	158.53	195.12	136.51	168.02
	500	292.69	360.24	267.78	329.58	187.85	231.20	163.45	201.17
	550	326.73	402.12	301.59	371.19	217.82	268.08	191.25	235.39
	600	360.76	444.01	335.44	412.85	248.32	305.62	219.77	270.49
	650	394.79	485.90	369.32	454.55	279.24	343.69	248.89	306.33
	700	428.83	527.79	403.23	496.28	310.53	382.19	278.52	342.79
	800	496.90	611.56	471.08	579.80	373.95	460.25	339.00	417.24
	900	564.96	695.34	538.99	663.37	438.24	539.38	400.79	493.28
	1000	633.03	779.12	606.93	746.99	503.18	619.30	463.56	570.53
450	400	252.70	311.02	225.38	277.39	146.30	180.06	124.47	153.19
	450	290.99	358.14	263.28	324.03	178.35	219.51	153.58	189.02
	500	329.28	405.27	301.26	370.78	211.33	260.10	183.88	226.32
	550	367.57	452.39	339.29	417.59	245.04	301.59	215.16	264.81
	600	405.86	499.51	377.37	464.46	279.36	343.82	247.25	304.30
	650	444.14	546.64	415.49	511.37	314.15	386.65	280.00	344.62
	700	482.43	593.76	453.63	558.31	349.35	429.97	313.33	385.64
	800	559.01	688.01	529.97	652.27	420.70	517.78	381.38	469.39
	900	635.58	782.26	606.36	746.29	493.02	606.80	450.89	554.94
	1000	712.16	876.51	682.79	840.36	566.08	696.71	521.50	641.85
	1100	788.74	970.75	759.25	934.46	639.69	787.30	592.99	729.84

续表 4-5

b	a / β / h	0+0 0.65	0+0 0.80	0+20 0.65	0+20 0.80	100+20 0.65	100+20 0.80	150+20 0.65	150+20 0.80
500	450	323.32	397.94	292.53	360.04	198.17	243.90	170.64	210.02
	500	365.87	450.30	334.73	411.97	234.81	289.00	204.31	251.46
	550	408.41	502.66	376.99	463.99	272.27	335.10	239.07	294.24
	600	450.95	555.02	419.30	516.07	310.39	382.02	274.72	338.11
	650	493.49	607.38	461.65	568.19	349.06	429.61	311.12	382.91
	700	536.04	659.74	504.03	620.35	388.16	477.74	348.15	428.49
	800	621.12	764.46	588.85	724.74	467.44	575.31	423.76	521.54
	900	706.21	869.18	673.74	829.21	547.80	674.22	500.98	616.59
	1000	791.29	973.90	758.66	933.74	628.97	774.12	579.45	713.17
	1100	876.38	1078.62	843.61	1038.29	710.76	874.78	658.88	810.93
	1200	961.46	1183.34	928.59	1142.88	793.03	976.04	739.08	909.64
600	550	490.09	603.19	452.39	556.79	326.73	402.12	286.88	353.09
	600	541.14	666.02	503.17	619.28	372.47	458.43	329.66	405.74
	650	592.19	728.85	553.99	681.83	418.87	515.53	373.34	459.49
	700	643.24	791.68	604.84	744.42	465.80	573.29	417.78	514.19
	750	694.29	854.52	655.72	807.04	513.17	631.60	462.86	569.69
	800	745.34	917.35	706.63	869.69	560.93	690.37	508.51	625.85
	900	847.45	1043.01	808.48	995.06	657.37	809.06	601.18	739.91
	1000	949.55	1168.68	910.39	1120.48	754.77	928.95	695.34	855.80
	1100	1051.65	1294.34	1012.34	1245.95	852.91	1049.74	790.66	973.12
	1200	1153.75	1420.00	1114.31	1371.46	951.64	1171.24	886.90	1091.57
	1300	1255.85	1545.67	1216.30	1496.98	1050.82	1293.31	983.89	1210.94

b	a / β / h	200+20 0.65	200+20 0.80	250+20 0.65	250+20 0.80	300+20 0.65	300+20 0.80	350+20 0.65	350+20 0.80
300	300	40.31	49.61						
	350	55.59	68.42	48.81	60.07				
	400	72.20	88.86	63.90	78.65	57.31	70.54		
	450	89.90	110.65	80.13	98.62	72.27	88.95	65.82	81.01
	500	108.50	133.54	97.31	119.77	88.22	108.58	80.68	99.30
	550	127.85	157.35	115.32	141.93	105.02	129.25	96.41	118.66
	600	147.84	181.95	134.02	164.95	122.57	150.85	112.92	138.97
	700	189.37	233.07	173.18	213.15	159.54	196.36	147.90	182.03
	800	232.52	286.18	214.21	263.65	198.58	244.40	185.07	227.78
	900	276.92	340.83	256.71	315.95	239.25	294.46	224.01	275.70
	1000	322.29	396.67	300.37	369.68	281.24	346.14	264.40	325.41

续表 4-5

b	a / β / h	200+20		250+20		300+20		350+20	
		0.65	0.80	0.65	0.80	0.65	0.80	0.65	0.80
400	350	74.12	91.22	65.08	80.10				
	400	96.27	118.48	85.20	104.86	76.42	94.05		
	450	119.87	147.53	106.84	131.49	96.36	118.60	87.76	108.01
	500	144.66	178.05	129.75	159.69	117.62	144.77	107.57	132.39
	550	170.47	209.80	153.75	189.24	140.03	172.34	128.55	158.21
	600	197.12	242.60	178.69	219.93	163.42	201.13	150.55	185.30
	650	224.49	276.30	204.45	251.63	187.69	231.00	173.47	213.50
	700	252.49	310.75	230.91	284.19	212.73	261.82	197.20	242.71
	800	310.03	381.57	285.62	351.53	264.77	325.87	246.76	303.70
	900	369.23	454.44	342.28	421.26	318.99	392.61	298.68	367.60
	1000	429.72	528.89	400.49	492.91	374.98	461.52	352.53	433.88
450	400	108.30	133.29	95.85	117.97	85.97	105.81		
	450	134.85	165.97	120.19	147.93	108.41	133.43	98.73	121.51
	500	162.75	200.30	145.97	179.65	132.33	162.86	121.02	148.94
	550	191.77	236.03	172.97	212.89	157.53	193.88	144.62	177.99
	600	221.76	272.93	201.03	247.42	183.85	226.28	169.37	208.46
	650	252.55	310.83	230.00	283.08	211.15	259.88	195.15	240.19
	700	284.05	349.60	259.77	319.72	239.32	294.54	221.85	273.04
	800	348.78	429.27	321.32	395.47	297.87	366.60	277.60	341.67
	900	415.38	511.24	385.06	473.92	358.87	441.68	336.01	413.55
	1000	483.44	595.00	450.55	554.52	421.85	519.20	396.59	488.11
	1100	552.65	680.19	517.45	636.86	486.47	598.73	458.98	564.90
500	450	149.83	184.41	133.55	164.36	120.45	148.25	109.70	135.01
	500	180.83	222.56	162.19	199.62	147.03	180.96	134.46	165.49
	550	213.08	262.26	192.19	236.54	175.03	215.42	160.69	197.77
	600	246.40	303.26	223.37	274.91	204.28	251.42	188.19	231.62
	650	280.61	345.37	255.56	314.53	234.61	288.75	216.84	266.88
	700	315.61	388.44	288.63	355.24	265.91	327.27	246.50	303.38
	800	387.54	476.97	357.02	439.41	330.96	407.34	308.45	379.63
	900	461.54	568.04	427.85	526.58	398.74	490.76	373.34	459.50
	1000	537.15	661.11	500.61	616.14	468.73	576.89	440.66	542.35
	1100	614.06	755.76	574.95	707.63	540.52	665.25	509.98	627.67
	1200	692.01	851.70	650.57	800.70	613.81	755.46	580.99	715.06

续表 4-5

b	a	200+20		250+20		300+20		350+20	
	h \ β	0.65	0.80	0.65	0.80	0.65	0.80	0.65	0.80
600	550	255.70	314.71	230.63	283.85	210.04	258.51	192.82	237.32
	600	295.67	363.91	268.04	329.90	245.13	301.70	225.83	277.95
	650	336.74	414.44	306.67	377.44	281.53	346.50	260.21	320.25
	700	378.73	466.13	346.36	426.29	319.09	392.72	295.80	364.06
	750	421.54	518.81	386.98	476.29	357.67	440.20	332.48	409.20
	800	465.04	572.36	428.43	527.29	397.15	488.81	370.14	455.55
	900	553.84	681.65	513.42	631.90	478.49	588.91	448.01	551.40
	1000	644.58	793.33	600.73	739.37	562.47	692.27	528.79	650.82
	1100	736.87	906.92	689.94	849.15	648.62	798.30	611.98	753.20
	1200	830.41	1022.04	780.68	960.84	736.58	906.56	697.19	858.08
	1300	924.97	1138.43	872.71	1074.11	826.04	1016.67	784.11	965.06

b	a	400+20		450+20		500+20		600+20	
	h \ β	0.65	0.80	0.65	0.80	0.65	0.80	0.65	0.80
300	300								
	350								
	400								
	450								
	500	74.33	91.48						
	550	89.11	109.67	82.83	101.95				
	600	104.67	128.83	97.55	120.06	91.34	112.42		
	700	137.84	169.65	129.06	158.84	121.33	149.33	108.35	133.36
	800	173.28	213.27	162.90	200.50	153.70	189.17	138.10	169.97
	900	210.59	259.19	198.70	244.55	188.07	231.47	169.90	209.11
	1000	249.46	307.02	236.12	290.61	224.13	275.85	203.47	250.43
400	350								
	400								
	450								
	500	99.10	121.97						
	550	118.81	146.23	110.44	135.93				
	600	139.56	171.77	130.07	160.09	121.79	149.89		
	650	161.25	198.47	150.65	185.41	141.35	173.96		
	700	183.78	226.20	172.08	211.79	161.77	199.11	144.47	177.81
	800	231.04	284.36	217.21	267.33	204.93	252.23	184.13	226.62
	900	280.79	345.59	264.93	326.06	250.76	308.63	226.53	278.81
	1000	332.61	409.37	314.82	387.48	298.84	367.81	271.30	333.91

续表 4-5

b	a / β / h	400+20		450+20		500+20		600+20	
		0.65	0.80	0.65	0.80	0.65	0.80	0.65	0.80
450	400								
	450								
	500	111.49	137.22						
	550	133.66	164.51	124.25	152.92				
	600	157.01	193.24	146.33	180.10	137.01	168.63		
	650	181.41	223.27	169.48	208.59	159.01	195.71		
	700	206.76	254.47	193.59	238.26	182.00	223.99	162.53	200.04
	800	259.92	319.90	244.36	300.75	230.55	283.76	207.15	254.95
	900	315.89	388.79	298.04	366.82	282.10	347.21	254.85	313.66
	1000	374.19	460.54	354.18	435.91	336.20	413.78	305.21	375.65
	1100	434.44	534.69	412.39	507.55	392.46	483.03	357.89	440.47
500	450								
	500	123.88	152.46						
	550	148.51	182.78	138.05	169.91				
	600	174.46	214.71	162.59	200.11	152.23	187.36		
	650	201.57	248.08	188.31	231.76	176.68	217.46		
	700	229.73	282.74	215.10	264.73	202.22	248.88	180.59	222.26
	800	288.80	355.45	271.51	334.16	256.17	315.28	230.16	283.28
	900	350.99	431.99	331.16	407.58	313.45	385.78	283.16	348.51
	1000	415.76	511.71	393.53	484.34	373.55	459.76	339.12	417.38
	1100	482.71	594.10	458.21	563.95	436.07	536.70	397.65	489.42
	1200	551.50	678.77	524.86	645.98	500.67	616.21	458.42	564.21
600	550	178.21	219.34	165.66	203.89				
	600	209.35	257.66	195.11	240.13	182.68	224.83		
	650	241.88	297.70	225.97	278.11	212.02	260.95		
	700	275.68	339.29	258.12	317.68	242.66	298.66	216.71	266.72
	750	310.61	382.28	291.43	358.69	274.49	337.83	245.90	302.64
	800	346.56	426.54	325.81	401.00	307.40	378.34	276.19	339.93
	900	421.19	518.38	397.39	489.10	376.14	462.94	339.80	418.21
	1000	498.92	614.05	472.24	581.21	448.26	551.71	406.95	500.86
	1100	579.25	712.92	549.85	676.74	523.29	644.04	477.18	587.30
	1200	661.80	814.52	629.83	775.17	600.80	739.45	550.10	677.05
	1300	746.23	918.44	711.84	876.12	680.49	837.52	625.39	769.70

牛腿截面尺寸选择表（5）　　**表4-6**

（混凝土强度等级：C20　$F_{hk}/F_{vk}=0.4$）

b	a / β / h	0+0		0+20		100+20		150+20	
		0.65	0.80	0.65	0.80	0.65	0.80	0.65	0.80
300	300	110.51	136.01	94.14	115.86	54.08	66.56	44.59	54.88
	350	134.53	165.58	117.72	144.88	72.44	89.16	60.76	74.78
	400	158.56	195.15	141.42	174.05	91.80	112.98	78.10	96.12
	450	182.58	224.72	165.19	203.32	111.91	137.73	96.36	118.60
	500	206.61	254.28	189.02	232.64	132.60	163.20	115.38	142.00
	550	230.63	283.85	212.89	262.02	153.75	189.24	135.00	166.16
	600	254.65	313.42	236.78	291.43	175.28	215.73	155.13	190.93
	700	302.70	372.56	284.63	350.31	219.20	269.78	196.60	241.97
	800	350.75	431.69	332.53	409.27	263.97	324.88	239.30	294.52
	900	398.80	490.83	380.46	468.26	309.35	380.74	282.91	348.19
	1000	446.85	549.96	428.42	527.29	355.19	437.15	327.22	402.73
400	350	179.38	220.77	156.96	193.18	96.59	118.88	81.01	99.70
	400	211.41	260.20	188.56	232.07	122.40	150.64	104.13	128.16
	450	243.44	299.62	220.26	271.09	149.21	183.64	128.48	158.13
	500	275.48	339.05	252.03	310.19	176.80	217.60	153.84	189.34
	550	307.51	378.47	283.85	349.36	205.00	252.31	180.00	221.54
	600	339.54	417.89	315.71	388.57	233.71	287.64	206.85	254.58
	650	371.57	457.32	347.60	427.81	262.82	323.47	234.25	288.31
	700	403.60	496.74	379.51	467.09	292.26	359.71	262.13	322.63
	800	467.67	575.59	443.37	545.69	351.96	433.18	319.06	392.69
	900	531.73	654.44	507.28	624.35	412.46	507.65	377.21	464.26
	1000	595.80	733.29	571.23	703.05	473.58	582.87	436.29	536.97
450	400	237.84	292.72	212.13	261.08	137.70	169.47	117.14	144.18
	450	273.87	337.08	247.79	304.97	167.86	206.59	144.54	177.90
	500	309.91	381.43	283.53	348.97	198.90	244.80	173.07	213.00
	550	345.95	425.78	319.33	393.03	230.63	283.85	202.50	249.24
	600	381.98	470.13	355.18	437.14	262.92	323.60	232.70	286.40
	650	418.02	514.48	391.05	481.29	295.67	363.90	263.53	324.35
	700	454.05	558.84	426.95	525.47	328.80	404.67	294.90	362.95
	800	526.13	647.54	498.79	613.90	395.95	487.32	358.95	441.78
	900	598.20	736.24	570.69	702.39	464.02	571.10	424.36	522.29
	1000	670.27	824.95	642.63	790.93	532.78	655.73	490.83	604.10
	1100	742.34	913.65	714.59	879.50	602.06	740.99	558.11	686.91

续表 4-6

b	h \ a / β	0+0 0.65	0+0 0.80	0+20 0.65	0+20 0.80	100+20 0.65	100+20 0.80	150+20 0.65	150+20 0.80
500	450	304.30	374.53	275.32	338.86	186.51	229.55	160.60	197.67
	500	344.34	423.81	315.04	387.74	221.00	272.00	192.30	236.67
	550	384.38	473.09	354.82	436.70	256.26	315.39	225.01	276.93
	600	424.42	522.37	394.64	485.71	292.14	359.55	258.56	318.22
	650	464.46	571.65	434.50	534.77	328.52	404.34	292.81	360.39
	700	504.50	620.93	474.38	583.86	365.33	449.64	327.67	403.28
	800	584.58	719.49	554.22	682.11	439.94	541.47	398.83	490.87
	900	664.66	818.05	634.10	780.44	515.58	634.56	471.51	580.32
	1000	744.74	916.61	714.03	878.81	591.98	728.59	545.36	671.22
	1100	824.82	1015.17	793.99	977.22	668.95	823.33	620.12	763.23
	1200	904.90	1113.73	873.97	1075.65	746.38	918.62	695.61	856.13
600	550	461.26	567.71	425.78	524.04	307.51	378.47	270.01	332.32
	600	509.31	626.84	473.57	582.85	350.56	431.46	310.27	381.87
	650	557.36	685.98	521.40	641.72	394.23	485.20	351.38	432.46
	700	605.40	745.11	569.26	700.63	438.40	539.57	393.20	483.94
	750	653.45	804.25	617.15	759.57	482.99	594.45	435.64	536.17
	800	701.50	863.39	665.06	818.53	527.93	649.76	478.59	589.04
	900	797.60	981.66	760.93	936.52	618.70	761.47	565.82	696.39
	1000	893.69	1099.93	856.84	1054.57	710.37	874.30	654.44	805.46
	1100	989.79	1218.20	952.79	1172.66	802.74	987.99	744.15	915.87
	1200	1085.88	1336.47	1048.76	1290.78	895.66	1102.35	834.73	1027.36
	1300	1181.98	1454.75	1144.75	1408.93	989.00	1217.24	926.01	1139.71

b	h \ a / β	200+20 0.65	200+20 0.80	250+20 0.65	250+20 0.80	300+20 0.65	300+20 0.80	350+20 0.65	350+20 0.80
300	300	37.94	46.69						
	350	52.32	64.39	45.94	56.54				
	400	67.95	83.64	60.14	74.02	53.94	66.39		
	450	84.61	104.14	75.41	92.82	68.02	83.72	61.95	76.24
	500	102.12	125.68	91.59	112.72	83.03	102.19	75.93	93.46
	550	120.33	148.10	108.53	133.58	98.84	121.65	90.74	111.68
	600	139.14	171.25	126.14	155.25	115.36	141.98	106.27	130.80
	700	178.23	219.36	162.99	200.61	150.16	184.81	139.20	171.32
	800	218.84	269.35	201.61	248.14	186.90	230.03	174.18	214.38
	900	260.63	320.78	241.61	297.36	225.17	277.13	210.83	259.48
	1000	303.33	373.33	282.70	347.94	264.69	325.78	248.84	306.27

续表 4-6

b	h \ a / β	200+20 0.65	200+20 0.80	250+20 0.65	250+20 0.80	300+20 0.65	300+20 0.80	350+20 0.65	350+20 0.80
400	350	69.76	85.86	61.25	75.39				
	400	90.60	111.51	80.19	98.70	71.92	88.52		
	450	112.82	138.85	100.55	123.76	90.69	111.62	82.60	101.66
	500	136.15	167.57	122.12	150.30	110.70	136.25	101.24	124.61
	550	160.44	197.46	144.71	178.10	131.79	162.20	120.99	148.91
	600	185.52	228.33	168.18	206.99	153.81	189.30	141.70	174.40
	650	211.29	260.04	192.42	236.83	176.65	217.41	163.27	200.94
	700	237.64	292.47	217.32	267.48	200.21	246.42	185.60	228.43
	800	291.79	359.13	268.82	330.85	249.19	306.70	232.24	285.84
	900	347.51	427.70	322.14	396.48	300.23	369.51	281.11	345.98
	1000	404.44	497.78	376.93	463.92	352.92	434.37	331.79	408.36
450	400	101.93	125.45	90.21	111.03	80.91	99.59		
	450	126.92	156.21	113.12	139.23	102.03	125.58	92.92	114.36
	500	153.17	188.52	137.38	169.09	124.54	153.28	113.90	140.18
	550	180.49	222.15	162.80	200.37	148.26	182.48	136.11	167.52
	600	208.71	256.88	189.21	232.87	173.03	212.97	159.41	196.20
	650	237.70	292.55	216.47	266.43	198.73	244.59	183.67	226.06
	700	267.34	329.03	244.49	300.91	225.24	277.22	208.80	256.98
	800	328.27	404.02	302.42	372.21	280.34	345.04	261.27	321.57
	900	390.95	481.17	362.41	446.05	337.76	415.70	316.24	389.22
	1000	455.00	560.00	424.05	521.91	397.04	488.66	373.26	459.40
	1100	520.14	640.18	487.01	599.40	457.85	563.51	431.98	531.67
500	450	141.02	173.56	125.69	154.70	113.37	139.53	103.25	127.07
	500	170.19	209.47	152.65	187.87	138.38	170.32	126.55	155.76
	550	200.55	246.83	180.89	222.63	164.74	202.75	151.23	186.13
	600	231.90	285.42	210.23	258.74	192.26	236.63	177.12	218.00
	650	264.11	325.05	240.53	296.03	220.81	271.77	204.08	251.18
	700	297.04	365.59	271.66	334.35	250.27	308.02	232.00	285.54
	800	364.74	448.91	336.02	413.56	311.49	383.38	290.30	357.30
	900	434.39	534.63	402.68	495.61	375.29	461.89	351.38	432.47
	1000	505.56	622.22	471.16	579.89	441.15	542.96	414.74	510.45
	1100	577.94	711.31	541.13	666.00	508.72	626.12	479.98	590.75
	1200	651.30	801.60	612.30	753.60	577.71	711.02	546.81	673.00

续表 4-6

b	a	200+20		250+20		300+20		350+20	
	h \ β	0.65	0.80	0.65	0.80	0.65	0.80	0.65	0.80
600	550	240.66	296.19	217.06	267.16	197.68	243.30	181.48	223.36
	600	278.28	342.50	252.27	310.49	230.71	283.95	212.55	261.60
	650	316.93	390.07	288.63	355.24	264.97	326.12	244.90	301.41
	700	356.45	438.71	325.99	401.21	300.32	369.62	278.40	342.64
	750	396.74	488.29	364.22	448.27	336.63	414.31	312.92	385.13
	800	437.69	538.69	403.22	496.28	373.79	460.05	348.36	428.76
	900	521.26	641.56	483.22	594.73	450.34	554.27	421.66	518.97
	1000	606.67	746.67	565.40	695.87	529.38	651.55	497.69	612.54
	1100	693.53	853.57	649.35	799.20	610.47	751.35	575.98	708.90
	1200	781.56	961.92	734.76	904.32	693.25	853.23	656.18	807.60
	1300	870.56	1071.46	821.38	1010.92	777.45	956.86	737.99	908.29

b	a	400+20		450+20		500+20		600+20	
	h \ β	0.65	0.80	0.65	0.80	0.65	0.80	0.65	0.80
300	300								
	350								
	400								
	450								
	500	69.95	86.10						
	550	83.87	103.22	77.96	95.95				
	600	98.52	121.25	91.81	113.00	85.97	105.80		
	700	129.73	159.67	121.47	149.50	114.19	140.55	101.98	125.51
	800	163.09	200.72	153.32	188.70	144.66	178.04	129.97	159.97
	900	198.21	243.94	187.01	230.16	177.01	217.85	159.90	196.81
	1000	234.78	288.96	222.23	273.51	210.95	259.63	191.51	235.70
400	350								
	400								
	450								
	500	93.27	114.80						
	550	111.82	137.63	103.95	127.93				
	600	131.35	161.67	122.42	150.67	114.62	141.07		
	650	151.77	186.79	141.78	174.50	133.03	163.73		
	700	172.97	212.89	161.96	199.33	152.26	187.39	135.97	167.35
	800	217.45	267.63	204.43	251.61	192.88	237.39	173.30	213.29
	900	264.27	325.26	249.34	306.88	236.01	290.47	213.21	262.41
	1000	313.04	385.29	296.30	364.68	281.26	346.17	255.34	314.27

续表 4-6

b	a / β / h	400+20		450+20		500+20		600+20	
		0.65	0.80	0.65	0.80	0.65	0.80	0.65	0.80
450	400								
	450								
	500	104.93	129.14						
	550	125.80	154.83	116.94	143.93				
	600	147.77	181.88	137.72	169.50	128.95	158.71		
	650	170.74	210.14	159.51	196.32	149.66	184.20		
	700	194.59	239.50	182.20	224.25	171.29	210.82	152.97	188.27
	800	244.63	301.09	229.98	283.06	216.99	267.06	194.96	239.95
	900	297.31	365.92	280.51	345.24	265.51	326.78	239.86	295.21
	1000	352.18	433.45	333.34	410.27	316.42	389.44	287.26	353.55
	1100	408.88	503.24	388.13	477.70	369.38	454.62	336.83	414.56
500	450								
	500	116.59	143.49						
	550	139.78	172.03	129.93	159.92				
	600	164.19	202.08	153.02	188.34	143.28	176.34		
	650	189.71	233.49	177.23	218.13	166.29	204.66		
	700	216.22	266.11	202.44	249.16	190.32	234.24	169.97	209.19
	800	271.81	334.54	255.54	314.51	241.10	296.74	216.62	266.61
	900	330.34	406.57	311.68	383.60	295.01	363.09	266.51	328.01
	1000	391.31	481.61	370.38	455.85	351.58	432.71	319.18	392.83
	1100	454.31	559.16	431.25	530.77	410.42	505.13	374.26	460.63
	1200	519.06	638.84	493.98	607.98	471.22	579.96	431.45	531.02
600	550	167.73	206.44	155.92	191.90				
	600	197.03	242.50	183.63	226.00	171.93	211.61		
	650	227.65	280.19	212.68	261.75	199.55	245.60		
	700	259.46	319.33	242.93	298.99	228.39	281.09	203.96	251.03
	750	292.33	359.80	274.29	337.59	258.34	317.96	231.43	284.84
	800	326.18	401.45	306.64	377.41	289.32	356.09	259.95	319.93
	900	396.41	487.89	374.01	460.33	354.01	435.71	319.81	393.61
	1000	469.57	577.93	444.46	547.02	421.90	519.26	383.01	471.40
	1100	545.18	670.99	517.50	636.93	492.50	606.16	449.11	552.75
	1200	622.87	766.61	592.78	729.57	565.46	695.95	517.74	637.22
	1300	702.34	864.41	669.97	824.58	640.46	788.25	588.60	724.43

牛腿截面尺寸选择表（6） 表4-7

（混凝土强度等级：C20 $F_{hk}/F_{vk}=0.5$）

b	a / β / h	0+0 0.65	0+0 0.80	0+20 0.65	0+20 0.80	100+20 0.65	100+20 0.80	150+20 0.65	150+20 0.80
300	300	103.60	127.51	88.25	108.62	50.70	62.40	41.80	51.45
	350	126.13	155.23	110.36	135.83	67.91	83.59	56.96	70.10
	400	148.65	182.95	132.58	163.17	86.06	105.92	73.21	90.11
	450	171.17	210.67	154.87	190.61	104.91	129.12	90.34	111.19
	500	193.69	238.39	177.21	218.10	124.31	153.00	108.17	133.13
	550	216.22	266.11	199.58	245.64	144.14	177.41	126.57	155.77
	600	238.74	293.83	221.98	273.21	164.33	202.25	145.44	179.00
	700	283.78	349.27	266.84	328.42	205.50	252.92	184.31	226.85
	800	328.83	404.71	311.75	383.69	247.47	304.58	224.34	276.11
	900	373.87	460.15	356.68	439.00	290.01	356.94	265.23	326.43
	1000	418.92	515.59	401.64	494.33	332.99	409.83	306.77	377.56
400	350	168.17	206.98	147.15	181.10	90.55	111.45	75.95	93.47
	400	198.20	243.94	176.77	217.56	114.75	141.23	97.62	120.15
	450	228.23	280.90	206.49	254.14	139.88	172.16	120.45	148.25
	500	258.26	317.86	236.28	290.80	165.75	204.00	144.22	177.50
	550	288.29	354.82	266.11	327.52	192.19	236.54	168.75	207.70
	600	318.32	391.78	295.98	364.28	219.10	269.66	193.92	238.67
	650	348.35	428.74	325.87	401.08	246.39	303.25	219.61	270.29
	700	378.38	465.70	355.79	437.89	274.00	337.23	245.75	302.46
	800	438.44	539.62	415.66	511.58	329.96	406.10	299.12	368.15
	900	498.50	613.54	475.58	585.33	386.69	475.92	353.64	435.24
	1000	558.56	687.46	535.52	659.11	443.98	546.44	409.02	503.41
450	400	222.97	274.43	198.87	244.76	129.09	158.88	109.82	135.17
	450	256.76	316.01	232.30	285.91	157.37	193.68	135.51	166.78
	500	290.54	357.59	265.81	327.15	186.47	229.50	162.25	199.69
	550	324.32	399.17	299.38	368.46	216.22	266.11	189.85	233.66
	600	358.11	440.75	332.98	409.82	246.49	303.37	218.16	268.50
	650	391.89	482.33	366.61	451.21	277.19	341.16	247.06	304.08
	700	425.68	523.91	400.26	492.63	308.25	379.38	276.47	340.27
	800	493.24	607.07	467.62	575.53	371.20	456.87	336.51	414.17
	900	560.81	690.23	535.03	658.49	435.02	535.41	397.84	489.65
	1000	628.38	773.39	602.47	741.50	499.48	614.74	460.15	566.34
	1100	695.95	856.55	669.93	824.53	564.43	694.68	523.23	643.97

续表 4-7

b	a	0+0		0+20		100+20		150+20	
	β / h	0.65	0.80	0.65	0.80	0.65	0.80	0.65	0.80
500	450	285.28	351.12	258.11	317.68	174.85	215.20	150.57	185.31
	500	322.82	397.32	295.35	363.51	207.18	255.00	180.28	221.88
	550	360.36	443.52	332.64	409.40	240.24	295.68	210.94	259.62
	600	397.90	489.72	369.97	455.35	273.88	337.08	242.40	298.34
	650	435.43	535.92	407.34	501.34	307.99	379.07	274.51	337.86
	700	472.97	582.12	444.74	547.37	342.50	421.54	307.19	378.08
	800	548.05	674.52	519.58	639.48	412.45	507.63	373.90	460.19
	900	623.12	766.92	594.47	731.66	483.36	594.90	442.04	544.05
	1000	698.20	859.32	669.41	823.88	554.98	683.05	511.28	629.27
	1100	773.27	951.72	744.37	916.14	627.14	771.87	581.37	715.53
	1200	848.35	1044.12	819.34	1008.42	699.73	861.21	652.13	802.62
600	550	432.43	532.22	399.17	491.28	288.29	354.82	253.13	311.55
	600	477.48	587.66	443.97	546.42	328.65	404.50	290.88	358.00
	650	522.52	643.10	488.81	601.61	369.59	454.88	329.42	405.44
	700	567.57	698.54	533.68	656.84	411.00	505.84	368.63	453.69
	750	612.61	753.98	578.58	712.10	452.80	557.29	408.41	502.66
	800	657.66	809.42	623.49	767.38	494.94	609.15	448.68	552.22
	900	747.75	920.30	713.37	877.99	580.03	713.88	530.45	652.87
	1000	837.84	1031.18	803.29	988.66	665.97	819.66	613.53	755.12
	1100	927.93	1142.06	893.24	1099.37	752.57	926.24	697.64	858.63
	1200	1018.02	1252.94	983.21	1210.11	839.68	1033.45	782.56	963.15
	1300	1108.11	1363.82	1073.21	1320.87	927.19	1141.16	868.13	1068.47

b	a	200+20		250+20		300+20		350+20	
	β / h	0.65	0.80	0.65	0.80	0.65	0.80	0.65	0.80
300	300	35.57	43.77						
	350	49.05	60.37	43.07	53.01				
	400	63.71	78.41	56.38	69.40	50.57	62.24		
	450	79.32	97.63	70.70	87.02	63.77	78.49	58.08	71.48
	500	95.73	117.83	85.86	105.68	77.84	95.80	71.19	87.61
	550	112.81	138.84	101.75	125.23	92.66	114.05	85.07	104.70
	600	130.44	160.55	118.25	145.54	108.15	133.10	99.63	122.62
	700	167.09	205.65	152.81	188.07	140.77	173.26	130.50	160.61
	800	205.17	252.51	189.01	232.63	175.22	215.65	163.30	200.98
	900	244.34	300.73	226.51	278.78	211.10	259.81	197.65	243.27
	1000	284.38	350.00	265.03	326.19	248.15	305.41	233.29	287.13

续表4-7

b	a / β / h	200+20		250+20		300+20		350+20	
		0.65	0.80	0.65	0.80	0.65	0.80	0.65	0.80
400	350	65.40	80.49	57.42	70.67				
	400	84.94	104.54	75.18	92.53	67.43	82.99		
	450	105.76	130.17	94.27	116.02	85.03	104.65	77.43	95.30
	500	127.64	157.10	114.49	140.91	103.79	127.74	94.92	116.82
	550	150.41	185.12	135.66	166.97	123.55	152.06	113.42	139.60
	600	173.93	214.06	157.67	194.06	144.20	177.47	132.84	163.50
	650	198.08	243.79	180.39	222.02	165.61	203.83	153.06	188.38
	700	222.78	274.19	203.74	250.76	187.70	231.01	174.00	214.15
	800	273.56	336.68	252.02	310.17	233.62	287.53	217.73	267.97
	900	325.79	400.97	302.01	371.70	281.46	346.42	263.54	324.35
	1000	379.17	466.67	353.37	434.92	330.87	407.22	311.05	382.83
450	400	95.56	117.61	84.58	104.09	75.86	93.36		
	450	118.98	146.44	106.05	130.53	95.65	117.73	87.11	107.22
	500	143.60	176.74	128.80	158.52	116.76	143.70	106.78	131.42
	550	169.21	208.26	152.62	187.84	139.00	171.07	127.60	157.05
	600	195.67	240.82	177.38	218.31	162.22	199.66	149.45	183.93
	650	222.84	274.26	202.94	249.78	186.31	229.30	172.19	211.93
	700	250.63	308.47	229.21	282.10	211.16	259.89	195.75	240.92
	800	307.75	378.77	283.52	348.94	262.82	323.47	244.94	301.47
	900	366.51	451.09	339.76	418.17	316.65	389.72	296.48	364.90
	1000	426.56	525.00	397.55	489.29	372.22	458.12	349.93	430.69
	1100	487.64	600.17	456.58	561.94	429.24	528.29	404.99	498.44
500	450	132.21	162.71	117.84	145.03	106.28	130.81	96.79	119.13
	500	159.56	196.38	143.11	176.13	129.73	159.67	118.64	146.02
	550	188.01	231.40	169.58	208.72	154.44	190.08	141.78	174.50
	600	217.41	267.58	197.09	242.57	180.24	221.84	166.05	204.37
	650	247.60	304.74	225.49	277.53	207.01	254.78	191.33	235.48
	700	278.48	342.74	254.68	313.45	234.62	288.77	217.50	267.69
	800	341.94	420.85	315.02	387.72	292.03	359.42	272.16	334.97
	900	407.24	501.22	377.51	464.63	351.83	433.02	329.42	405.44
	1000	473.96	583.33	441.72	543.65	413.58	509.02	388.82	478.54
	1100	541.82	666.85	507.31	624.38	476.93	586.99	449.98	553.83
	1200	610.59	751.50	574.03	706.50	541.60	666.59	512.64	630.94

续表 4-7

b	a / β / h	200 + 20		250 + 20		300 + 20		350 + 20	
		0.65	0.80	0.65	0.80	0.65	0.80	0.65	0.80
600	550	225.62	277.68	203.50	250.46	185.33	228.10	170.14	209.40
	600	260.89	321.09	236.51	291.09	216.29	266.21	199.26	245.25
	650	297.12	365.69	270.59	333.04	248.41	305.74	229.59	282.58
	700	334.17	411.29	305.61	376.14	281.55	346.52	261.00	321.23
	750	371.94	457.78	341.46	420.25	315.59	388.42	293.36	361.06
	800	410.33	505.03	378.02	465.26	350.43	431.30	326.59	401.96
	900	488.69	601.46	453.01	557.56	422.20	519.63	395.31	486.53
	1000	568.75	700.00	530.06	652.38	496.30	610.83	466.58	574.25
	1100	650.18	800.22	608.77	749.25	572.31	704.39	539.98	664.59
	1200	732.71	901.80	688.84	847.80	649.92	799.90	615.17	757.13
	1300	816.15	1004.49	770.04	947.74	728.86	897.06	691.86	851.52

b	a / β / h	400 + 20		450 + 20		500 + 20		600 + 20	
		0.65	0.80	0.65	0.80	0.65	0.80	0.65	0.80
300	300								
	350								
	400								
	450								
	500	65.58	80.72						
	550	78.62	96.77	73.09	89.95				
	600	92.36	113.67	86.08	105.94	80.59	99.19		
	700	121.62	149.69	113.87	140.15	107.06	131.76	95.61	117.67
	800	152.89	188.18	143.74	176.91	135.62	166.92	121.85	149.97
	900	185.82	228.70	175.32	215.78	165.94	204.24	149.91	184.51
	1000	220.11	270.90	208.34	256.42	197.76	243.40	179.54	220.97
400	350								
	400								
	450								
	500	87.44	107.62						
	550	104.83	129.02	97.45	119.94				
	600	123.14	151.56	114.77	141.25	107.46	132.26		
	650	142.28	175.12	132.92	163.60	124.72	153.50		
	700	162.16	199.58	151.83	186.87	142.74	175.68	127.47	156.89
	800	203.86	250.90	191.65	235.88	180.82	222.55	162.47	199.96
	900	247.76	304.93	233.76	287.70	221.26	272.32	199.88	246.01
	1000	293.48	361.21	277.79	341.89	263.68	324.54	239.38	294.62

续表 4-7

b	a / β / h	400+20		450+20		500+20		600+20	
		0.65	0.80	0.65	0.80	0.65	0.80	0.65	0.80
450	400								
	450								
	500	98.37	121.07						
	550	117.94	145.15	109.63	134.93				
	600	138.54	170.51	129.11	158.91	120.89	148.79		
	650	160.07	197.01	149.54	184.05	140.31	172.69		
	700	182.43	224.53	170.81	210.23	160.58	197.64	143.41	176.50
	800	229.34	282.27	215.61	265.37	203.43	250.37	182.78	224.95
	900	278.73	343.05	262.98	323.67	248.92	306.36	224.87	276.76
	1000	330.16	406.36	312.51	384.63	296.65	365.10	269.30	331.45
	1100	383.33	471.79	363.87	447.84	346.29	426.21	315.78	388.65
500	450								
	500	109.30	134.53						
	550	131.04	161.28	121.81	149.92				
	600	153.93	189.45	143.46	176.57	134.32	165.32		
	650	177.85	218.90	166.15	201.50	155.90	191.87		
	700	202.70	249.48	189.79	233.59	178.43	219.60	159.34	196.12
	800	254.82	313.63	239.57	294.85	226.03	278.19	203.08	249.95
	900	309.70	381.16	292.20	359.63	276.57	340.40	249.85	307.51
	1000	366.85	451.51	347.23	427.36	329.61	405.67	299.23	368.28
	1100	425.92	524.21	404.30	497.60	384.77	473.56	350.87	431.84
	1200	486.62	598.91	463.11	569.98	441.77	543.71	404.49	497.83
600	550	157.25	193.54	146.17	179.91				
	600	184.72	227.34	172.15	211.88	161.19	198.38		
	650	213.42	262.68	199.38	245.39	187.08	230.25		
	700	243.24	299.38	227.75	280.31	214.11	263.52	191.21	235.34
	750	274.06	337.31	257.15	316.49	242.20	298.09	216.97	267.04
	800	305.79	376.36	287.48	353.82	271.24	333.83	243.70	299.94
	900	371.63	457.40	350.64	431.55	331.89	408.48	299.82	369.01
	1000	440.22	541.81	416.68	512.83	395.53	486.80	359.07	441.94
	1100	511.10	629.05	485.16	597.12	461.72	568.27	421.04	518.21
	1200	583.94	718.69	555.73	683.97	530.12	652.45	485.38	597.40
	1300	658.44	810.39	628.10	773.04	600.43	738.99	551.81	679.15

牛腿截面尺寸选择表（7）　　表4-8

（混凝土强度等级：C25　$F_{hk}/F_{vk}=0.0$）

b	a	0+0		0+20		100+20		150+20	
	β / h	0.65	0.80	0.65	0.80	0.65	0.80	0.65	0.80
300	300	180.49	222.14	156.43	192.52	93.86	115.51	78.21	96.26
	350	215.20	264.86	190.61	234.59	121.30	149.29	102.63	126.32
	400	249.91	307.58	224.92	276.83	149.95	184.55	128.53	158.19
	450	284.62	350.30	259.32	319.17	179.53	220.96	155.59	191.50
	500	319.33	393.02	293.79	361.58	209.85	258.27	183.62	225.99
	550	354.04	435.74	328.29	404.05	240.75	296.31	212.43	261.45
	600	388.75	478.46	362.84	446.57	272.13	334.92	241.89	297.71
	700	458.17	563.90	431.99	531.68	335.99	413.53	302.39	372.18
	800	527.59	649.34	501.21	616.88	400.97	493.50	364.52	448.64
	900	597.01	734.78	570.48	702.13	466.75	574.47	427.86	526.60
	1000	666.43	820.22	639.77	787.42	533.15	656.18	492.13	605.70
400	350	286.94	353.15	254.14	312.79	161.73	199.05	136.85	168.43
	400	333.22	410.11	299.89	369.10	199.93	246.07	171.37	210.91
	450	379.50	467.07	345.76	425.55	239.37	294.61	207.46	255.33
	500	425.78	524.03	391.71	482.11	279.80	344.36	244.82	301.32
	550	472.06	580.99	437.72	538.74	321.00	395.07	283.23	348.60
	600	518.34	637.95	483.78	595.42	362.84	446.57	322.52	396.95
	650	564.62	694.91	529.87	652.15	405.19	498.70	362.54	446.21
	700	610.90	751.87	575.99	708.91	447.99	551.37	403.19	496.24
	800	703.46	865.79	668.28	822.50	534.63	658.00	486.02	598.18
	900	796.02	979.71	760.64	936.17	622.34	765.96	570.48	702.13
	1000	888.58	1093.63	853.03	1049.89	710.86	874.91	656.18	807.61
450	400	374.87	461.38	337.38	415.24	224.92	276.83	192.79	237.28
	450	426.93	525.46	388.98	478.75	269.30	331.44	233.39	287.25
	500	479.00	589.54	440.68	542.37	314.77	387.41	275.42	338.98
	550	531.06	653.62	492.44	606.08	361.12	444.46	318.64	392.17
	600	583.13	717.70	544.25	669.85	408.19	502.39	362.84	446.57
	650	635.19	781.78	596.10	733.67	455.84	561.04	407.86	501.98
	700	687.26	845.86	647.99	797.52	503.99	620.29	453.59	558.26
	800	791.39	974.02	751.82	925.32	601.45	740.25	546.78	672.96
	900	895.52	1102.18	855.72	1053.19	700.13	861.70	641.79	789.89
	1000	999.65	1230.34	959.66	1181.12	799.72	984.27	738.20	908.56
	1100	1103.78	1358.50	1063.64	1309.10	900.00	1107.70	835.72	1028.58

续表 4-8

b	h \ a / β	0+0 0.65	0+0 0.80	0+20 0.65	0+20 0.80	100+20 0.65	100+20 0.80	150+20 0.65	150+20 0.80
500	450	474.37	583.84	432.20	531.94	299.22	368.27	259.32	319.17
	500	532.22	655.04	489.64	602.64	349.74	430.45	306.03	376.65
	550	590.07	726.24	547.16	673.42	401.25	493.84	354.04	435.74
	600	647.92	797.44	604.73	744.28	453.54	558.21	403.15	496.18
	650	705.77	868.64	662.34	815.19	506.49	623.38	453.18	557.76
	700	763.62	939.84	719.98	886.13	559.99	689.22	503.99	620.29
	800	879.32	1082.24	835.35	1028.13	668.28	822.50	607.53	747.73
	900	995.02	1224.64	950.80	1170.21	777.92	957.45	713.10	877.66
	1000	1110.72	1367.04	1066.29	1312.36	888.58	1093.63	820.22	1009.51
	1100	1226.42	1509.44	1181.82	1454.55	1000.00	1230.77	928.58	1142.86
	1200	1342.12	1651.84	1297.38	1596.78	1112.04	1368.67	1037.91	1277.42
600	550	708.08	871.49	656.59	808.11	481.50	592.61	424.85	522.89
	600	777.50	956.93	725.67	893.13	544.25	669.85	483.78	595.42
	650	846.92	1042.37	794.81	978.22	607.79	748.05	543.81	669.31
	700	916.34	1127.81	863.98	1063.36	671.99	827.06	604.79	744.35
	750	985.76	1213.25	933.19	1148.54	736.73	906.74	666.56	820.39
	800	1055.18	1298.69	1002.42	1233.75	801.94	987.00	729.04	897.28
	900	1194.02	1469.57	1140.96	1404.25	933.51	1148.93	855.72	1053.19
	1000	1332.86	1640.45	1279.55	1574.83	1066.29	1312.36	984.27	1211.41
	1100	1471.70	1811.33	1418.19	1745.46	1200.00	1476.93	1114.29	1371.43
	1200	1610.54	1982.21	1556.86	1916.13	1334.45	1642.40	1245.49	1532.91
	1300	1749.38	2153.09	1695.56	2086.84	1469.48	1808.59	1377.64	1695.56

b	h \ a / β	200+20 0.65	200+20 0.80	250+20 0.65	250+20 0.80	300+20 0.65	300+20 0.80	350+20 0.65	350+20 0.80
300	300	67.04	82.51						
	350	88.95	109.48	78.49	96.60				
	400	112.46	138.41	99.96	123.03	89.97	110.73		
	450	137.29	168.97	122.84	151.18	111.14	136.79	101.47	124.89
	500	163.21	200.88	146.89	180.79	133.54	164.36	122.41	150.66
	550	190.06	233.93	171.96	211.65	157.01	193.24	144.45	177.78
	600	217.70	267.94	197.91	243.58	181.42	223.28	167.46	206.11
	700	274.90	338.34	251.99	310.15	232.61	286.29	216.00	265.84
	800	334.14	411.25	308.44	379.62	286.41	352.50	267.31	329.00
	900	394.95	486.09	366.74	451.37	342.29	421.28	320.89	394.95
	1000	456.98	562.44	426.52	524.94	399.86	492.13	376.34	463.19

续表 4-8

b	h \ a / β	200+20 0.65	200+20 0.80	250+20 0.65	250+20 0.80	300+20 0.65	300+20 0.80	350+20 0.65	350+20 0.80
400	350	118.60	145.97	104.65	128.80				
	400	149.95	184.55	133.29	164.04	119.96	147.64		
	450	183.05	225.29	163.78	201.58	148.18	182.38	135.30	166.52
	500	217.62	267.84	195.86	241.05	178.05	219.14	163.21	200.88
	550	253.42	311.90	229.28	282.20	209.35	257.66	192.60	237.04
	600	290.27	357.25	263.88	324.78	241.89	297.71	223.28	274.81
	650	328.01	403.71	299.49	368.61	275.53	339.12	255.12	314.00
	700	366.54	451.12	335.99	413.53	310.15	381.72	287.99	354.45
	800	445.52	548.33	411.25	506.16	381.88	470.00	356.42	438.67
	900	526.60	648.12	488.98	601.82	456.38	561.70	427.86	526.60
	1000	609.31	749.92	568.69	699.92	533.15	656.18	501.78	617.58
450	400	168.69	207.62	149.95	184.55	134.95	166.10		
	450	205.93	253.46	184.26	226.78	166.71	205.18	152.21	187.34
	500	244.82	301.32	220.34	271.19	200.31	246.53	183.62	225.99
	550	285.10	350.89	257.94	317.47	235.51	289.86	216.67	266.68
	600	326.55	401.91	296.87	365.37	272.13	334.92	251.19	309.16
	650	369.02	454.17	336.93	414.68	309.97	381.51	287.01	353.25
	700	412.35	507.51	377.99	465.22	348.92	429.43	323.99	398.76
	800	501.21	616.88	462.66	569.42	429.61	528.75	400.97	493.50
	900	592.42	729.13	550.10	677.05	513.43	631.91	481.34	592.42
	1000	685.47	843.66	639.77	787.42	599.79	738.20	564.51	694.78
	1100	780.00	960.00	731.25	900.00	688.24	847.06	650.00	800.00
500	450	228.81	281.62	204.73	251.97	185.23	227.98	169.12	208.15
	500	272.02	334.80	244.82	301.32	222.56	273.93	204.02	251.10
	550	316.77	389.88	286.61	352.75	261.68	322.07	240.75	296.31
	600	362.84	446.57	329.85	405.97	302.36	372.14	279.10	343.51
	650	410.02	504.64	374.36	460.76	344.42	423.90	318.90	392.50
	700	458.17	563.90	419.99	516.91	387.68	477.15	359.99	443.07
	800	556.90	685.42	514.06	632.69	477.35	587.50	445.52	548.33
	900	658.24	810.15	611.23	752.28	570.48	702.13	534.82	658.24
	1000	761.64	937.40	710.86	874.91	666.43	820.22	627.23	771.98
	1100	866.67	1066.67	812.50	1000.00	764.71	941.18	722.23	888.89
	1200	973.04	1197.58	915.80	1127.14	864.92	1064.52	819.40	1008.49

续表 4-8

b	a	200+20		250+20		300+20		350+20	
	h \ β	0.65	0.80	0.65	0.80	0.65	0.80	0.65	0.80
600	550	380.13	467.85	343.93	423.29	314.02	386.49	288.90	355.57
	600	435.40	535.88	395.82	487.16	362.84	446.57	334.92	412.22
	650	492.02	605.57	449.24	552.91	413.30	508.68	382.68	471.00
	700	549.81	676.68	503.99	620.29	465.22	572.58	431.99	531.68
	750	608.60	749.05	559.91	689.12	518.44	638.08	482.68	594.07
	800	668.28	822.50	616.88	759.23	572.81	705.00	534.63	658.00
	900	789.89	972.18	733.47	902.73	684.57	842.55	641.79	789.89
	1000	913.96	1124.88	853.03	1049.89	799.72	984.27	752.68	926.37
	1100	1040.00	1280.01	975.00	1200.00	917.65	1129.42	866.67	1066.67
	1200	1167.64	1437.10	1098.96	1352.57	1037.91	1277.42	983.28	1210.19
	1300	1296.60	1595.82	1224.57	1507.16	1160.12	1427.84	1102.11	1356.45

b	a	400+20		450+20		500+20		600+20	
	h \ β	0.65	0.80	0.65	0.80	0.65	0.80	0.65	0.80
300	300								
	350								
	400								
	450								
	500	112.99	139.07						
	550	133.75	164.61	124.53	153.26				
	600	155.50	191.39	145.13	178.63	136.06	167.46		
	700	201.60	248.12	189.00	232.61	177.88	218.93	159.15	195.88
	800	250.61	308.44	235.86	290.29	222.76	274.17	200.48	246.75
	900	302.02	371.71	285.24	351.06	270.23	332.59	244.49	300.91
	1000	355.43	437.45	336.72	414.43	319.89	393.71	290.81	357.92
400	350								
	400								
	450								
	500	150.66	185.43						
	550	178.33	219.49	166.03	204.35				
	600	207.33	255.18	193.51	238.17	181.42	223.28		
	650	237.53	292.34	222.20	273.48	208.74	256.91		
	700	268.79	330.82	251.99	310.15	237.17	291.90	212.21	261.18
	800	334.14	411.25	314.49	387.06	297.01	365.56	267.31	329.00
	900	402.69	495.62	380.32	468.08	360.30	443.45	325.99	401.22
	1000	473.91	583.27	448.96	552.57	426.52	524.94	387.74	477.22

续表 4-8

b	a / β / h	400+20		450+20		500+20		600+20	
		0.65	0.80	0.65	0.80	0.65	0.80	0.65	0.80
450	400								
	450								
	500	169.49	208.61						
	550	200.62	246.92	186.79	229.89				
	600	233.25	287.08	217.70	267.94	204.09	251.19		
	650	267.22	328.89	249.98	307.67	234.83	289.02		
	700	302.39	372.18	283.49	348.92	266.82	328.39	238.73	293.82
	800	375.91	462.66	353.80	435.44	334.14	411.25	300.73	370.13
	900	453.03	557.57	427.86	526.60	405.34	498.88	366.74	451.37
	1000	533.15	656.18	505.09	621.64	479.83	590.56	436.21	536.87
	1100	615.79	757.90	585.00	720.00	557.15	685.72	508.70	626.09
500	450								
	500	188.32	231.78						
	550	222.92	274.36	207.54	255.44				
	600	259.17	318.98	241.89	297.71	226.77	279.10		
	650	296.91	365.43	277.75	341.85	260.92	321.13		
	700	335.99	413.53	314.99	387.68	296.46	364.88	265.26	326.47
	800	417.68	514.06	393.11	483.82	371.27	456.95	334.14	411.25
	900	503.36	619.52	475.40	585.11	450.38	554.31	407.48	501.52
	1000	592.38	729.09	561.21	690.71	533.15	656.18	484.68	596.53
	1100	684.21	842.11	650.00	800.00	619.05	761.91	565.22	695.65
	1200	778.43	958.07	741.36	912.44	707.66	870.97	648.69	798.39
600	550	267.50	329.23	249.05	306.52				
	600	311.00	382.77	290.27	357.25	272.13	334.92		
	650	356.29	438.51	333.31	410.22	313.11	385.36		
	700	403.19	496.24	377.99	465.22	355.76	437.85	318.31	391.76
	750	451.54	555.75	424.18	522.06	399.94	492.23	358.92	441.75
	800	501.21	616.88	471.73	580.59	445.52	548.33	400.97	493.50
	900	604.04	743.43	570.48	702.13	540.45	665.17	488.98	601.82
	1000	710.86	874.91	673.45	828.86	639.77	787.42	581.61	715.83
	1100	821.06	1010.53	780.00	960.00	742.86	914.29	678.26	834.79
	1200	934.12	1149.68	889.63	1094.93	849.20	1045.16	778.43	958.07
	1300	1049.63	1291.85	1001.92	1233.13	958.36	1179.52	881.69	1085.16

牛腿截面尺寸选择表（8）

表 4-9

（混凝土强度等级：C25 $F_{hk}/F_{vk}=0.1$）

b	h ＼ a / β	0+0 0.65	0+0 0.80	0+20 0.65	0+20 0.80	100+20 0.65	100+20 0.80	150+20 0.65	150+20 0.80
300	300	151.68	186.69	129.21	159.03	74.23	91.36	61.21	75.33
	350	184.66	227.27	161.58	198.86	99.43	122.38	83.39	102.64
	400	217.63	267.85	194.10	238.90	126.00	155.07	107.19	131.93
	450	250.61	308.44	226.74	279.06	153.60	189.04	132.26	162.79
	500	283.58	349.02	259.45	319.32	182.00	224.00	158.36	194.91
	550	316.56	389.61	292.20	359.64	211.04	259.74	185.30	228.06
	600	349.53	430.19	325.00	400.00	240.59	296.11	212.93	262.07
	700	415.48	511.36	390.67	480.83	300.86	370.29	269.85	332.12
	800	481.43	592.53	456.42	561.75	362.31	445.92	328.45	404.25
	900	547.38	673.69	522.21	642.72	424.60	522.59	388.31	477.92
	1000	613.33	754.86	588.03	723.73	487.52	600.02	449.13	552.77
400	350	246.21	303.03	215.43	265.15	132.57	163.17	111.19	136.85
	400	290.18	357.14	258.81	318.53	168.00	206.76	142.92	175.90
	450	334.14	411.25	302.32	372.08	204.80	252.06	176.35	217.05
	500	378.11	465.36	345.93	425.76	242.67	298.67	211.15	259.88
	550	422.07	519.48	389.61	479.52	281.38	346.32	247.07	304.08
	600	466.04	573.59	433.34	533.34	320.78	394.81	283.91	349.43
	650	510.01	627.70	477.10	587.20	360.74	443.98	321.53	395.72
	700	553.97	681.81	520.90	641.11	401.15	493.73	359.80	442.83
	800	641.90	790.04	608.56	748.99	483.08	594.56	437.93	539.00
	900	729.84	898.26	696.28	856.96	566.13	696.78	517.75	637.23
	1000	817.77	1006.48	784.05	964.98	650.02	800.03	598.84	737.03
450	400	326.45	401.78	291.16	358.35	189.00	232.61	160.79	197.89
	450	375.91	462.66	340.11	418.59	230.40	283.56	198.40	244.18
	500	425.37	523.53	389.17	478.98	273.00	336.00	237.54	292.36
	550	474.83	584.41	438.31	539.46	316.56	389.61	277.95	342.09
	600	524.29	645.29	487.50	600.00	360.88	444.16	319.40	393.11
	650	573.76	706.16	536.74	660.60	405.83	499.48	361.72	445.19
	700	623.22	767.04	586.01	721.24	451.30	555.44	404.77	498.18
	800	722.14	888.79	684.63	842.62	543.47	668.88	492.68	606.37
	900	821.07	1010.54	783.31	964.08	636.90	783.88	582.46	716.88
	1000	919.99	1132.29	882.05	1085.60	731.27	900.03	673.69	829.16
	1100	1018.91	1254.05	980.82	1207.17	826.36	1017.06	766.04	942.82

续表 4-9

b	a \ β \ h	0+0		0+20		100+20		150+20	
		0.65	0.80	0.65	0.80	0.65	0.80	0.65	0.80
500	450	417.68	514.06	377.90	465.11	256.00	315.07	220.44	271.31
	500	472.63	581.70	432.41	532.20	303.33	373.33	263.94	324.85
	550	527.59	649.34	487.01	599.39	351.73	432.90	308.83	380.10
	600	582.55	716.98	541.67	666.67	400.98	493.51	354.89	436.78
	650	637.51	784.62	596.38	734.00	450.92	554.98	401.91	494.65
	700	692.46	852.26	651.12	801.38	501.44	617.16	449.74	553.53
	800	802.38	987.54	760.70	936.24	603.85	743.20	547.42	673.74
	900	912.29	1122.82	870.35	1071.20	707.67	870.98	647.18	796.53
	1000	1022.21	1258.10	980.06	1206.22	812.53	1000.03	748.55	921.29
	1100	1132.12	1393.38	1089.80	1341.29	918.18	1130.07	851.16	1047.58
	1200	1242.04	1528.66	1199.58	1476.40	1024.46	1260.87	954.77	1175.10
600	550	633.11	779.21	584.41	719.27	422.07	519.48	370.60	456.12
	600	699.06	860.38	650.00	800.00	481.17	592.21	425.86	524.14
	650	765.01	941.55	715.65	880.80	541.10	665.97	482.29	593.59
	700	830.96	1022.72	781.35	961.66	601.73	740.59	539.69	664.24
	750	896.91	1103.88	847.08	1042.56	662.93	815.91	597.94	735.92
	800	962.86	1185.05	912.84	1123.49	724.62	891.84	656.90	808.49
	900	1094.75	1347.39	1044.42	1285.44	849.20	1045.17	776.62	955.84
	1000	1226.65	1509.72	1176.07	1447.47	975.03	1200.04	898.26	1105.55
	1100	1358.55	1672.06	1307.76	1609.55	1101.82	1356.08	1021.39	1257.10
	1200	1490.45	1834.40	1439.49	1771.68	1229.35	1513.04	1145.72	1410.11
	1300	1622.35	1996.73	1571.25	1933.84	1357.47	1670.74	1271.01	1564.32

b	a \ β \ h	200+20		250+20		300+20		350+20	
		0.65	0.80	0.65	0.80	0.65	0.80	0.65	0.80
300	300	52.07	64.09						
	350	71.81	88.38	63.05	77.60				
	400	93.27	114.79	82.55	101.60	74.04	91.13		
	450	116.13	142.93	103.51	127.40	93.36	114.91	85.03	104.65
	500	140.16	172.51	125.71	154.72	113.96	140.26	104.22	128.27
	550	165.16	203.27	148.97	183.34	135.67	166.97	124.55	153.29
	600	190.98	235.05	173.13	213.08	158.33	194.87	145.87	179.53
	700	244.63	301.08	223.72	275.35	206.10	253.67	191.06	235.15
	800	300.38	369.70	276.73	340.59	256.53	315.73	239.08	294.25
	900	357.73	440.29	331.62	408.15	309.06	380.39	289.38	356.16
	1000	416.35	512.42	388.02	477.57	363.31	447.15	341.55	420.37

续表 4-9

b	a / β / h	200 + 20		250 + 20		300 + 20		350 + 20	
		0.65	0.80	0.65	0.80	0.65	0.80	0.65	0.80
400	350	95.75	117.84	84.07	103.47				
	400	124.36	153.06	110.07	135.47	98.72	121.50		
	450	154.85	190.58	138.01	169.86	124.48	153.21	113.37	139.53
	500	186.88	230.01	167.61	206.30	151.95	187.02	138.96	171.03
	550	220.21	271.03	198.62	244.46	180.89	222.63	166.06	204.38
	600	254.64	313.40	230.84	284.11	211.11	259.83	194.49	239.37
	650	290.00	356.93	264.11	325.06	242.46	298.41	224.09	275.81
	700	326.17	401.44	298.29	367.13	274.80	338.22	254.75	313.53
	800	400.50	492.93	368.97	454.11	342.04	420.97	318.77	392.33
	900	476.98	587.05	442.16	544.20	412.08	507.18	385.84	474.88
	1000	555.13	683.23	517.36	636.75	484.41	596.20	455.40	560.50
450	400	139.91	172.19	123.82	152.40	111.06	136.69		
	450	174.20	214.40	155.27	191.10	140.04	172.36	127.54	156.97
	500	210.24	258.76	188.57	232.08	170.94	210.39	156.33	192.41
	550	247.74	304.91	223.45	275.02	203.50	250.46	186.82	229.93
	600	286.47	352.58	259.70	319.63	237.50	292.31	218.80	269.29
	650	326.25	401.54	297.12	365.69	272.77	335.72	252.11	310.28
	700	366.94	451.62	335.58	413.02	309.16	380.50	286.59	352.73
	800	450.57	554.54	415.09	510.88	384.79	473.59	358.61	441.37
	900	536.60	660.43	497.43	612.23	463.59	570.58	434.07	534.24
	1000	624.52	768.64	582.03	716.35	544.96	670.72	512.33	630.56
	1100	713.93	878.68	668.46	822.72	628.43	773.45	592.93	729.76
500	450	193.56	238.22	172.52	212.33	155.61	191.51	141.71	174.41
	500	233.60	287.51	209.52	257.87	189.94	233.77	173.70	213.79
	550	275.27	338.79	248.28	305.57	226.11	278.29	207.58	255.48
	600	318.30	391.75	288.55	355.14	263.89	324.79	243.11	299.21
	650	362.50	446.16	330.14	406.32	303.08	373.02	280.12	344.76
	700	407.71	501.80	372.87	458.91	343.51	422.78	318.43	391.92
	800	500.63	616.16	461.21	567.64	427.55	526.21	398.46	490.41
	900	596.22	733.81	552.70	680.25	515.11	633.98	482.30	593.59
	1000	693.91	854.04	646.70	795.94	605.51	745.25	569.25	700.62
	1100	793.26	976.32	742.73	914.13	698.26	859.39	658.81	810.84
	1200	893.95	1100.25	840.42	1034.37	792.94	975.93	750.54	923.74

续表 4-9

b	h \ a / β	200+20 0.65	200+20 0.80	250+20 0.65	250+20 0.80	300+20 0.65	300+20 0.80	350+20 0.65	350+20 0.80
600	550	330.32	406.55	297.93	366.69	271.33	333.95	249.09	306.58
	600	381.96	470.10	346.26	426.17	316.67	389.75	291.73	359.06
	650	435.00	535.39	396.17	487.59	363.69	447.62	336.14	413.71
	700	489.26	602.16	447.44	550.69	412.21	507.33	382.12	470.30
	750	544.55	670.22	499.92	615.28	462.04	568.67	429.50	528.62
	800	600.76	739.39	553.45	681.17	513.05	631.45	478.15	588.50
	900	715.47	880.58	663.24	816.30	618.13	760.77	578.75	712.31
	1000	832.69	1024.85	776.04	955.13	726.62	894.30	683.11	840.74
	1100	951.91	1171.58	891.28	1096.96	837.91	1031.27	790.57	973.01
	1200	1072.74	1320.30	1008.51	1241.24	951.53	1171.11	900.64	1108.49
	1300	1194.90	1470.65	1127.39	1387.56	1067.10	1313.36	1012.94	1246.69

b	h \ a / β	400+20 0.65	400+20 0.80	450+20 0.65	450+20 0.80	500+20 0.65	500+20 0.80	600+20 0.65	600+20 0.80
300	300								
	350								
	400								
	450								
	500	96.02	118.17						
	550	115.11	141.68	107.00	131.70				
	600	135.22	166.42	126.02	155.10	117.99	145.22		
	700	178.06	219.15	166.72	205.19	156.74	192.91	139.97	172.28
	800	223.85	275.51	210.44	259.01	198.55	244.38	178.40	219.57
	900	272.05	334.83	256.68	315.91	242.95	299.02	219.48	270.13
	1000	322.26	396.62	305.02	375.41	289.54	356.36	262.85	323.51
400	350								
	400								
	450								
	500	128.02	157.56						
	550	153.48	188.90	142.67	175.60				
	600	180.29	221.90	168.03	206.80	157.33	193.63		
	650	208.31	256.38	194.61	239.52	182.59	224.73		
	700	237.42	292.20	222.29	273.59	208.98	257.21	186.63	229.70
	800	298.46	367.34	280.59	345.34	264.74	325.83	237.86	292.75
	900	362.73	446.44	342.24	421.22	323.94	398.69	292.64	360.17
	1000	429.67	528.83	406.70	500.55	386.05	475.14	350.47	431.35

续表 4-9

b	a	400+20		450+20		500+20		600+20	
	h \ β	0.65	0.80	0.65	0.80	0.65	0.80	0.65	0.80
450	400								
	450								
	500	144.02	177.26						
	550	172.67	212.51	160.51	197.55				
	600	202.83	249.64	189.03	232.65	176.99	217.84		
	650	234.35	288.43	218.93	269.46	205.42	252.82		
	700	267.09	328.73	250.08	307.79	235.11	289.36	209.96	258.41
	800	335.77	413.26	315.67	388.51	297.83	366.56	267.60	329.35
	900	408.07	502.25	385.02	473.87	364.43	448.53	329.22	405.19
	1000	483.38	594.93	457.53	563.12	434.31	534.53	394.28	485.27
	1100	561.22	690.73	532.73	655.67	506.99	623.99	462.33	569.02
500	450								
	500	160.03	196.95						
	550	191.85	236.13	178.34	219.50				
	600	225.37	277.37	210.03	258.50	196.66	242.04		
	650	260.39	320.48	243.26	299.40	228.24	280.91		
	700	296.77	365.26	277.87	341.99	261.23	321.51	233.29	287.13
	800	373.08	459.18	350.74	431.68	330.92	407.29	297.33	365.94
	900	453.42	558.05	427.80	526.52	404.92	498.37	365.80	450.21
	1000	537.09	661.04	508.37	625.69	482.57	593.93	438.09	539.19
	1100	623.58	767.48	591.92	728.52	563.33	693.33	513.70	632.24
	1200	712.44	876.85	678.02	834.49	646.78	796.03	592.20	728.86
600	550	230.22	283.35	214.01	263.40				
	600	270.44	332.85	252.04	310.21	235.99	290.45		
	650	312.47	384.58	291.91	359.28	273.89	337.10		
	700	356.12	438.31	333.44	410.39	313.47	385.82	279.95	344.55
	750	401.25	493.84	376.48	463.36	354.59	436.42	317.65	390.96
	800	447.70	551.01	420.89	518.02	397.11	488.75	356.79	439.13
	900	544.10	669.66	513.36	631.83	485.91	598.04	438.96	540.26
	1000	644.51	793.25	610.05	750.83	579.08	712.71	525.71	647.02
	1100	748.29	920.97	710.31	874.22	675.99	831.99	616.43	758.69
	1200	854.93	1052.22	813.63	1001.39	776.13	955.24	710.64	874.63
	1300	964.00	1186.46	919.58	1131.79	879.07	1081.93	807.89	994.32

牛腿截面尺寸选择表（9）　　**表 4-10**

（混凝土强度等级：C25　$F_{hk}/F_{vk}=0.2$）

b	a / h \ β	0+0		0+20		100+20		150+20	
		0.65	0.80	0.65	0.80	0.65	0.80	0.65	0.80
300	300	143.70	176.86	122.41	150.66	70.32	86.55	57.98	71.36
	350	174.94	215.31	153.07	188.40	94.20	115.94	79.00	97.24
	400	206.18	253.76	183.89	226.32	119.37	146.91	101.55	124.98
	450	237.42	292.20	214.81	264.38	145.51	179.09	125.30	154.22
	500	268.66	330.65	245.79	302.51	172.42	212.21	150.03	184.65
	550	299.89	369.10	276.83	340.71	199.93	246.07	175.55	216.06
	600	331.13	407.55	307.90	378.95	227.92	280.52	201.72	248.28
	700	393.61	484.44	370.11	455.52	285.03	350.80	255.64	314.64
	800	456.09	561.34	432.40	532.18	343.24	422.45	311.16	382.97
	900	518.57	638.24	494.73	608.89	402.25	495.08	367.87	452.77
	1000	581.05	715.13	557.08	685.64	461.86	568.44	425.49	523.68
400	350	233.25	287.08	204.09	251.19	125.60	154.58	105.34	129.65
	400	274.90	338.34	245.18	301.76	159.15	195.88	135.40	166.65
	450	316.56	389.61	286.41	352.50	194.02	238.79	167.07	205.63
	500	358.21	440.87	327.72	403.35	229.89	282.95	200.04	246.20
	550	399.86	492.13	369.10	454.28	266.57	328.09	234.06	288.08
	600	441.51	543.40	410.53	505.27	303.90	374.03	268.97	331.04
	650	483.16	594.66	451.99	556.30	341.75	420.61	304.60	374.90
	700	524.82	645.93	493.48	607.36	380.04	467.74	340.86	419.52
	800	608.12	748.45	576.53	709.57	457.66	563.27	414.89	510.63
	900	691.42	850.98	659.63	811.86	536.34	660.11	490.50	603.69
	1000	774.73	953.51	742.78	914.19	615.81	757.92	567.32	698.24
450	400	309.27	380.64	275.83	339.49	179.05	220.37	152.33	187.48
	450	356.12	438.31	322.21	396.56	218.27	268.64	187.95	231.33
	500	402.98	495.98	368.69	453.77	258.63	318.32	225.04	276.98
	550	449.84	553.65	415.24	511.06	299.89	369.10	263.32	324.09
	600	496.70	611.32	461.84	568.42	341.88	420.78	302.59	372.42
	650	543.56	669.00	508.49	625.83	384.47	473.19	342.68	421.76
	700	590.42	726.67	555.17	683.28	427.54	526.21	383.47	471.96
	800	684.13	842.01	648.59	798.27	514.86	633.68	466.75	574.46
	900	777.85	957.36	742.09	913.34	603.38	742.62	551.81	679.15
	1000	871.57	1072.70	835.63	1028.46	692.78	852.66	638.23	785.52
	1100	965.29	1188.04	929.20	1143.63	782.87	963.53	725.73	893.20

续表 4-10

b	h \ a, β	0+0 0.65	0+0 0.80	0+20 0.65	0+20 0.80	100+20 0.65	100+20 0.80	150+20 0.65	150+20 0.80
500	450	395.69	487.01	358.01	440.63	242.52	298.49	208.84	257.03
	500	447.76	551.09	409.65	504.19	287.37	353.68	250.05	307.75
	550	499.82	615.17	461.38	567.85	333.22	410.11	292.58	360.10
	600	551.89	679.25	513.16	631.58	379.87	467.53	336.21	413.79
	650	603.95	743.33	564.99	695.37	427.19	525.77	380.75	468.62
	700	656.02	807.41	616.85	759.20	475.05	584.67	426.07	524.40
	800	760.15	935.57	720.66	886.97	572.07	704.09	518.61	638.28
	900	864.28	1063.73	824.54	1014.82	670.42	825.13	613.12	754.61
	1000	968.41	1191.89	928.47	1142.74	769.76	947.40	709.15	872.80
	1100	1072.54	1320.05	1032.44	1270.70	869.85	1070.59	806.36	992.44
	1200	1176.67	1448.21	1136.44	1398.70	970.54	1194.51	904.51	1113.25
600	550	599.79	738.20	553.65	681.42	399.86	492.13	351.10	432.12
	600	662.27	815.10	615.79	757.90	455.85	561.04	403.45	496.55
	650	724.74	891.99	677.99	834.45	512.62	630.92	456.90	562.34
	700	787.22	968.89	740.22	911.05	570.06	701.61	511.29	629.28
	750	849.70	1045.79	802.50	987.69	628.04	772.97	566.47	697.19
	800	912.18	1122.68	864.79	1064.36	686.49	844.90	622.33	765.94
	900	1037.13	1276.47	989.45	1217.79	804.51	990.16	735.75	905.53
	1000	1162.09	1430.27	1114.17	1371.29	923.71	1136.88	850.98	1047.36
	1100	1287.05	1584.06	1238.93	1524.84	1043.83	1284.71	967.63	1190.93
	1200	1412.00	1737.85	1363.73	1678.44	1164.64	1433.41	1085.42	1335.90
	1300	1536.96	1891.64	1488.55	1832.06	1286.03	1582.80	1204.11	1481.99

b	h \ a, β	200+20 0.65	200+20 0.80	250+20 0.65	250+20 0.80	300+20 0.65	300+20 0.80	350+20 0.65	350+20 0.80
300	300	49.33	60.71						
	350	68.03	83.73	59.74	73.52				
	400	88.36	108.75	78.21	96.25	70.14	86.33		
	450	110.02	135.41	98.06	120.69	88.45	108.86	80.55	99.14
	500	132.78	163.43	119.09	146.58	107.96	132.88	98.74	121.52
	550	156.47	192.57	141.13	173.69	128.53	158.19	117.99	145.22
	600	180.93	222.68	164.02	201.87	150.00	184.62	138.19	170.08
	700	231.75	285.23	211.94	260.85	195.26	240.32	181.00	222.77
	800	284.57	350.24	262.16	322.66	243.03	299.11	226.49	278.76
	900	338.91	417.12	314.17	386.67	292.80	360.36	274.15	337.41
	1000	394.43	485.46	367.60	452.43	344.19	423.61	323.58	398.25

续表 4-10

b	h \ a, β	200+20 0.65	200+20 0.80	250+20 0.65	250+20 0.80	300+20 0.65	300+20 0.80	350+20 0.65	350+20 0.80
400	350	90.71	111.64	79.65	98.03				
	400	117.82	145.00	104.27	128.34	93.52	115.11		
	450	146.70	180.55	130.75	160.92	117.93	145.15	107.40	132.19
	500	177.04	217.90	158.79	195.44	143.95	177.17	131.65	162.03
	550	208.62	256.77	188.17	231.59	171.37	210.91	157.32	193.63
	600	241.24	296.91	218.69	269.16	200.00	246.15	184.25	226.77
	650	274.74	338.14	250.21	307.95	229.70	282.71	212.30	261.29
	700	309.00	380.31	282.59	347.81	260.34	320.42	241.34	297.03
	800	379.42	466.98	349.55	430.21	324.03	398.81	301.99	371.68
	900	451.87	556.15	418.89	515.56	390.40	480.49	365.53	449.88
	1000	525.91	647.27	490.13	603.24	458.91	564.82	431.43	531.00
450	400	132.54	163.13	117.31	144.38	105.21	129.49		
	450	165.03	203.12	147.09	181.04	132.67	163.29	120.83	148.71
	500	199.18	245.14	178.64	219.87	161.95	199.32	148.10	182.28
	550	234.70	288.86	211.69	260.54	192.79	237.28	176.99	217.83
	600	271.39	334.02	246.03	302.80	225.00	276.92	207.28	255.12
	650	309.08	380.41	281.49	346.44	258.41	318.05	238.84	293.95
	700	347.63	427.85	317.92	391.28	292.88	360.47	271.51	334.16
	800	426.85	525.36	393.24	483.99	364.54	448.66	339.74	418.14
	900	508.36	625.67	471.25	580.00	439.19	540.55	411.22	506.12
	1000	591.65	728.18	551.40	678.65	516.28	635.42	485.36	597.37
	1100	676.36	832.44	633.28	779.42	595.36	732.75	561.72	691.35
500	450	183.37	225.69	163.44	201.16	147.42	181.43	134.25	165.23
	500	221.31	272.38	198.49	244.30	179.94	221.47	164.56	202.54
	550	260.78	320.96	235.21	289.49	214.21	263.64	196.65	242.03
	600	301.55	371.14	273.37	336.45	250.00	307.69	230.32	283.47
	650	343.42	422.68	312.76	384.94	287.13	353.39	265.37	326.61
	700	386.25	475.39	353.24	434.76	325.43	400.53	301.67	371.29
	800	474.28	583.73	436.94	537.77	405.04	498.51	377.49	464.60
	900	564.84	695.19	523.61	644.45	487.99	600.61	456.91	562.35
	1000	657.39	809.09	612.67	754.05	573.64	706.02	539.29	663.75
	1100	751.51	924.93	703.64	866.02	661.51	814.16	624.13	768.16
	1200	846.90	1042.34	796.19	979.93	751.21	924.56	711.04	875.12

续表 4-10

b	a \ β / h	200+20 0.65	200+20 0.80	250+20 0.65	250+20 0.80	300+20 0.65	300+20 0.80	350+20 0.65	350+20 0.80
600	550	312.93	385.15	282.25	347.39	257.05	316.37	235.98	290.44
	600	361.86	445.36	328.04	403.74	300.00	369.23	276.38	340.16
	650	412.11	507.21	375.31	461.93	344.55	424.06	318.45	391.94
	700	463.50	570.47	423.89	521.71	390.51	480.63	362.01	445.55
	750	515.89	634.94	473.60	582.90	437.72	538.74	406.90	500.80
	800	569.14	700.48	524.32	645.32	486.05	598.22	452.99	557.52
	900	677.81	834.23	628.34	773.34	585.59	720.73	548.29	674.82
	1000	788.86	970.91	735.20	904.86	688.37	847.23	647.15	796.50
	1100	901.81	1109.92	844.37	1039.22	793.81	976.99	748.96	921.80
	1200	1016.28	1250.81	955.43	1175.91	901.45	1109.47	853.24	1050.14
	1300	1132.01	1393.24	1068.06	1314.53	1010.94	1244.23	959.62	1181.08
b	**a \ β / h**	**400+20 0.65**	**400+20 0.80**	**450+20 0.65**	**450+20 0.80**	**500+20 0.65**	**500+20 0.80**	**600+20 0.65**	**600+20 0.80**
300	300								
	350								
	400								
	450								
	500	90.96	111.95						
	550	109.05	134.22	101.37	124.77				
	600	128.10	157.66	119.39	146.94	111.78	137.58		
	700	168.69	207.62	157.95	194.40	148.49	182.75	132.61	163.21
	800	212.07	261.01	199.37	245.38	188.10	231.51	169.01	208.01
	900	257.73	317.21	243.17	299.29	230.17	283.28	207.93	255.91
	1000	305.30	375.75	288.97	355.65	274.30	337.60	249.02	306.49
400	350								
	400								
	450								
	500	121.28	149.27						
	550	145.40	178.96	135.16	166.36				
	600	170.80	210.22	159.18	195.92	149.05	183.44		
	650	197.35	242.89	184.36	226.91	172.98	212.90		
	700	224.92	276.83	210.59	259.19	197.98	243.67	176.81	217.61
	800	282.76	348.01	265.82	327.17	250.81	308.68	225.34	277.35
	900	343.64	422.94	324.23	399.05	306.89	377.71	277.24	341.22
	1000	407.06	501.00	385.29	474.21	365.73	450.13	332.03	408.65

续表 4-10

b	h \ a / β	400+20 0.65	400+20 0.80	450+20 0.65	450+20 0.80	500+20 0.65	500+20 0.80	600+20 0.65	600+20 0.80
450	400								
	450								
	500	136.44	167.93						
	550	163.58	201.33	152.06	187.15				
	600	192.15	236.50	179.08	220.41	167.68	206.37		
	650	222.02	273.25	207.41	255.27	194.61	239.52		
	700	253.04	311.43	236.92	291.59	222.73	274.13	198.91	244.81
	800	318.10	391.51	299.05	368.06	282.16	347.27	253.51	312.01
	900	386.60	475.81	364.76	448.93	345.25	424.92	311.89	383.87
	1000	457.94	563.62	433.45	533.48	411.45	506.40	373.53	459.73
	1100	531.68	654.38	504.69	621.16	480.31	591.15	437.99	539.07
500	450								
	500	151.60	186.59						
	550	181.75	223.70	168.95	207.94				
	600	213.50	262.77	198.98	244.90	186.31	229.30		
	650	246.69	303.61	230.46	283.64	216.23	266.13		
	700	281.15	346.03	263.24	323.99	247.48	304.59	221.01	272.01
	800	353.45	435.01	332.28	408.96	313.51	385.86	281.68	346.68
	900	429.55	528.68	405.28	498.81	383.61	472.14	346.55	426.52
	1000	508.83	626.25	481.62	592.76	457.17	562.67	415.03	510.81
	1100	590.76	727.09	560.77	690.18	533.68	656.84	486.66	598.96
	1200	674.94	830.70	642.34	790.57	612.74	754.14	561.03	690.50
600	550	218.11	268.44	202.75	249.53				
	600	256.21	315.33	238.78	293.88	223.57	275.16		
	650	296.02	364.34	276.55	340.37	259.48	319.36		
	700	337.38	415.24	315.89	388.79	296.98	365.51	265.21	326.42
	750	380.13	467.85	356.66	438.97	335.93	413.45	300.94	370.38
	800	424.13	522.01	398.74	490.75	376.21	463.03	338.02	416.02
	900	515.46	634.42	486.34	598.57	460.33	566.56	415.86	511.82
	1000	610.59	751.50	577.94	711.31	548.60	675.20	498.04	612.97
	1100	708.91	872.50	672.92	828.21	640.41	788.20	583.99	718.76
	1200	809.93	996.84	770.80	948.68	735.28	904.96	673.23	828.59
	1300	913.27	1124.02	871.18	1072.22	832.80	1024.99	765.37	941.99

牛腿截面尺寸选择表（10） 表 4-11

（混凝土强度等级：C25 $F_{hk}/F_{vk}=0.3$）

b	h \ a / β	0+0 0.65	0+0 0.80	0+20 0.65	0+20 0.80	100+20 0.65	100+20 0.80	150+20 0.65	150+20 0.80
300	300	135.72	167.04	115.61	142.29	66.41	81.74	54.76	67.40
	350	165.22	203.35	144.57	177.93	88.96	109.49	74.62	91.83
	400	194.72	239.66	173.67	213.75	112.73	138.75	95.91	118.04
	450	224.23	275.97	202.87	249.69	137.43	169.14	118.34	145.65
	500	253.73	312.28	232.14	285.71	162.84	200.42	141.69	174.39
	550	283.23	348.60	261.45	321.78	188.82	232.40	165.80	204.06
	600	312.74	384.91	290.79	357.90	215.26	264.94	190.52	234.48
	700	371.74	457.53	349.55	430.22	269.19	331.32	241.44	297.16
	800	430.75	530.16	408.37	502.61	324.17	398.98	293.88	361.69
	900	489.76	602.78	467.24	575.07	379.91	467.58	347.44	427.61
	1000	548.77	675.40	526.14	647.55	436.20	536.86	401.85	494.59
400	350	220.29	271.13	192.76	237.24	118.62	145.99	99.49	122.45
	400	259.63	319.55	231.56	285.00	150.31	185.00	127.88	157.39
	450	298.97	367.96	270.50	332.92	183.24	225.52	157.79	194.20
	500	338.31	416.38	309.51	380.94	217.12	267.23	188.92	232.52
	550	377.64	464.79	348.60	429.04	251.76	309.86	221.06	272.07
	600	416.98	513.21	387.72	477.19	287.01	353.25	254.02	312.64
	650	456.32	561.63	426.88	525.39	322.76	397.25	287.68	354.07
	700	495.66	610.04	466.07	573.62	358.93	441.75	321.92	396.21
	800	574.33	706.87	544.50	670.15	432.23	531.98	391.84	482.26
	900	653.01	803.71	622.99	766.75	506.54	623.44	463.25	570.15
	1000	731.69	900.54	701.51	863.40	581.60	715.81	535.80	659.45
450	400	292.08	359.49	260.51	320.63	169.10	208.13	143.86	177.06
	450	336.34	413.96	304.31	374.53	206.14	253.72	177.51	218.48
	500	380.60	468.42	348.20	428.56	244.26	300.63	212.54	261.59
	550	424.85	522.89	392.17	482.67	283.23	348.60	248.69	306.08
	600	469.11	577.36	436.19	536.84	322.89	397.40	285.78	351.73
	650	513.36	631.83	480.24	591.07	363.11	446.90	323.64	398.33
	700	557.62	686.30	524.33	645.32	403.79	496.97	362.16	445.74
	800	646.13	795.23	612.56	753.92	486.26	598.47	440.82	542.54
	900	734.64	904.17	700.86	862.60	569.86	701.36	521.15	641.42
	1000	823.15	1013.10	789.20	971.33	654.30	805.29	602.78	741.88
	1100	911.66	1122.04	877.58	1080.10	739.38	910.00	685.41	843.58

续表 4-11

b	a / β / h	0+0		0+20		100+20		150+20	
		0.65	0.80	0.65	0.80	0.65	0.80	0.65	0.80
500	450	373.71	459.95	338.12	416.15	229.05	281.91	197.24	242.75
	500	422.88	520.47	386.89	476.18	271.40	334.03	236.16	290.65
	550	472.06	580.99	435.74	536.30	314.70	387.33	276.33	340.09
	600	521.23	641.51	484.65	596.49	358.77	441.56	317.53	390.81
	650	570.40	702.03	533.60	656.74	403.45	496.56	359.60	442.59
	700	619.57	762.55	582.58	717.03	448.66	552.19	402.40	495.27
	800	717.92	883.59	680.62	837.69	540.29	664.97	489.79	602.82
	900	816.26	1004.63	778.73	958.44	633.18	779.29	579.06	712.69
	1000	914.61	1125.67	876.89	1079.25	727.00	894.76	669.75	824.31
	1100	1012.95	1246.71	975.09	1200.11	821.53	1011.11	761.56	937.31
	1200	1111.30	1367.75	1073.31	1320.99	916.62	1128.15	854.26	1051.40
600	550	566.47	697.19	522.89	643.56	377.64	464.79	331.59	408.11
	600	625.47	769.81	581.58	715.79	430.52	529.87	381.04	468.97
	650	684.48	842.44	640.32	788.09	484.15	595.87	431.52	531.10
	700	743.49	915.06	699.10	860.43	538.39	662.63	482.88	594.32
	750	802.50	987.69	757.91	932.81	593.15	730.03	535.00	658.46
	800	861.50	1060.31	816.75	1005.23	648.35	797.97	587.75	723.39
	900	979.52	1205.56	934.48	1150.13	759.81	935.15	694.87	855.23
	1000	1097.53	1350.81	1052.27	1295.10	872.40	1073.72	803.70	989.17
	1100	1215.54	1496.05	1170.10	1440.13	985.84	1213.34	913.88	1124.77
	1200	1333.56	1641.30	1287.97	1585.19	1099.94	1353.77	1025.12	1261.68
	1300	1451.57	1786.55	1405.85	1730.28	1214.58	1494.87	1137.22	1399.65

b	a / β / h	200+20		250+20		300+20		350+20	
		0.65	0.80	0.65	0.80	0.65	0.80	0.65	0.80
300	300	46.59	57.34						
	350	64.25	79.08	56.42	69.44				
	400	83.45	102.71	73.86	90.91	66.25	81.53		
	450	103.91	127.89	92.62	113.99	83.54	102.81	76.08	93.63
	500	125.41	154.35	112.48	138.43	101.97	125.50	93.25	114.77
	550	147.77	181.88	133.29	164.04	121.39	149.40	111.44	137.15
	600	170.88	210.31	154.91	190.65	141.67	174.36	130.51	160.63
	700	218.88	269.39	200.17	246.36	184.41	226.96	170.95	210.40
	800	268.76	330.78	247.60	304.73	229.52	282.49	213.91	263.27
	900	320.08	393.94	296.71	365.19	276.53	340.34	258.92	318.67
	1000	372.52	458.49	347.18	427.30	325.06	400.08	305.60	376.12

续表 4-11

b	a	200+20		250+20		300+20		350+20	
	h \ β	0.65	0.80	0.65	0.80	0.65	0.80	0.65	0.80
400	350	85.67	105.44	75.22	92.58				
	400	111.27	136.95	98.48	121.21	88.33	108.71		
	450	138.55	170.52	123.49	151.98	111.38	137.08	101.44	124.84
	500	167.21	205.80	149.97	184.58	135.96	167.33	124.33	153.03
	550	197.03	242.50	177.72	218.73	161.85	199.20	148.58	182.87
	600	227.84	280.41	206.54	254.21	188.89	232.48	174.02	214.17
	650	259.48	319.36	236.31	290.84	216.94	267.00	200.50	246.77
	700	291.84	359.18	266.89	328.48	245.88	302.62	227.93	280.53
	800	358.35	441.04	330.13	406.31	306.03	376.66	285.21	351.03
	900	426.77	525.26	395.62	486.92	368.71	453.79	345.22	424.89
	1000	496.69	611.31	462.90	569.73	433.42	533.44	407.47	501.50
450	400	125.18	154.07	110.79	136.36	99.37	122.30		
	450	155.86	191.83	138.92	170.98	125.30	154.22	114.12	140.45
	500	188.11	231.52	168.72	207.65	152.95	188.25	139.88	172.16
	550	221.66	272.81	199.93	246.07	182.08	224.10	167.15	205.73
	600	256.32	315.47	232.36	285.98	212.50	261.54	195.77	240.95
	650	291.91	359.28	265.85	327.20	244.06	300.38	225.57	277.62
	700	328.32	404.08	300.25	369.54	276.61	340.45	256.42	315.60
	800	403.14	496.17	371.40	457.10	344.29	423.74	320.87	394.91
	900	480.12	590.91	445.07	547.78	414.80	510.52	388.38	478.00
	1000	558.78	687.73	520.77	640.94	487.60	600.12	458.40	564.18
	1100	638.78	786.19	598.09	736.12	562.28	692.04	530.51	652.94
500	450	173.18	213.15	154.36	189.98	139.23	171.35	126.79	156.06
	500	209.01	257.24	187.46	230.72	169.94	209.16	155.42	191.28
	550	246.29	303.13	222.14	273.41	202.31	249.00	185.73	228.59
	600	284.79	350.52	258.18	317.76	236.11	290.60	217.52	267.72
	650	324.35	399.19	295.39	363.55	271.17	333.75	250.63	308.47
	700	364.80	448.98	333.62	410.60	307.35	378.27	284.91	350.66
	800	447.93	551.30	412.66	507.89	382.54	470.82	356.52	438.79
	900	533.46	656.57	494.52	608.65	460.88	567.24	431.53	531.11
	1000	620.87	764.14	578.63	712.16	541.77	666.80	509.33	626.87
	1100	709.76	873.55	664.55	817.91	624.76	768.93	589.46	725.49
	1200	799.85	984.43	751.96	925.48	709.47	873.20	671.53	826.50

续表 4-11

b	a / β / h	200+20		250+20		300+20		350+20	
		0.65	0.80	0.65	0.80	0.65	0.80	0.65	0.80
600	550	295.55	363.75	266.57	328.09	242.77	298.80	222.87	274.30
	600	341.75	420.62	309.81	381.31	283.33	348.72	261.02	321.26
	650	389.21	479.03	354.46	436.26	325.41	400.50	300.76	370.16
	700	437.75	538.78	400.34	492.73	368.82	453.93	341.90	420.80
	750	487.23	599.67	447.29	550.51	413.41	508.81	384.29	472.98
	800	537.52	661.56	495.19	609.47	459.05	564.98	427.82	526.55
	900	640.16	787.88	593.43	730.37	553.06	680.69	517.83	637.33
	1000	745.04	916.97	694.36	854.59	650.13	800.16	611.20	752.25
	1100	851.71	1048.26	797.46	981.49	749.71	922.72	707.35	870.59
	1200	959.82	1181.32	902.35	1110.58	851.37	1047.84	805.84	991.80
	1300	1069.12	1315.84	1008.72	1241.50	954.78	1175.11	906.31	1115.46

b	a / β / h	400+20		450+20		500+20		600+20	
		0.65	0.80	0.65	0.80	0.65	0.80	0.65	0.80
300	300								
	350								
	400								
	450								
	500	85.91	105.73						
	550	102.99	126.76	95.74	117.83				
	600	120.99	148.91	112.76	138.78	105.57	129.94		
	700	159.32	196.08	149.17	183.60	140.24	172.60	125.24	154.14
	800	200.29	246.51	188.29	231.74	177.65	218.65	159.62	196.45
	900	243.41	299.58	229.66	282.66	217.38	267.54	196.38	241.69
	1000	288.33	354.87	272.92	335.90	259.06	318.85	235.19	289.46
400	350								
	400								
	450								
	500	114.54	140.98						
	550	137.33	169.02	127.65	157.11				
	600	161.31	198.54	150.34	185.03	140.76	173.25		
	650	186.38	229.40	174.12	214.30	163.37	201.08		
	700	212.43	261.45	198.89	244.79	186.99	230.14	166.99	205.52
	800	267.05	328.67	251.06	308.99	236.87	291.54	212.82	261.94
	900	324.55	399.45	306.21	376.88	289.84	356.72	261.84	322.26
	1000	384.45	473.16	363.89	447.86	345.42	425.13	313.58	385.94

续表 4-11

b	a	400+20		450+20		500+20		600+20	
	β / h	0.65	0.80	0.65	0.80	0.65	0.80	0.65	0.80
450	400								
	450								
	500	128.86	158.60						
	550	154.49	190.14	143.61	176.75				
	600	181.48	223.36	169.13	208.16	158.36	194.91		
	650	209.68	258.07	195.89	241.09	183.80	226.21		
	700	238.98	294.13	223.76	275.39	210.36	258.90	187.86	231.21
	800	300.43	369.76	282.44	347.62	266.48	327.98	239.43	294.68
	900	365.12	449.38	344.49	423.99	326.07	401.32	294.56	362.54
	1000	432.50	532.31	409.37	503.84	388.59	478.27	352.78	434.19
	1100	502.14	618.02	476.65	586.65	453.63	558.31	413.66	509.12
500	450								
	500	143.18	176.22						
	550	171.66	211.27	159.57	196.39				
	600	201.64	248.18	187.93	231.29	175.96	216.56		
	650	232.98	286.75	217.65	267.88	204.22	251.34		
	700	265.53	326.81	248.62	305.99	233.73	287.67	208.73	256.90
	800	333.81	410.84	313.82	386.24	296.09	364.42	266.03	327.42
	900	405.69	499.31	382.77	471.10	362.30	445.91	327.29	402.82
	1000	480.56	591.45	454.86	559.83	431.77	531.41	391.98	482.43
	1100	557.94	686.69	529.62	651.83	504.03	620.34	459.62	565.69
	1200	637.45	784.55	606.65	746.65	578.69	712.24	529.86	652.13
600	550	205.99	253.52	191.48	235.67				
	600	241.97	297.81	225.51	277.55	211.15	259.87		
	650	279.58	344.09	261.18	321.46	245.06	301.61		
	700	318.64	392.17	298.34	367.19	280.48	345.20	250.48	308.28
	750	359.01	441.86	336.85	414.58	317.27	390.48	284.22	349.81
	800	400.57	493.01	376.58	463.49	355.31	437.30	319.24	392.91
	900	486.83	599.17	459.32	565.32	434.76	535.09	392.75	483.39
	1000	576.67	709.75	545.83	671.79	518.12	637.69	470.37	578.92
	1100	669.52	824.03	635.54	782.20	604.84	744.41	551.55	678.83
	1200	764.93	941.46	727.98	895.98	694.43	854.69	635.83	782.56
	1300	862.53	1061.57	822.78	1012.65	786.53	968.04	722.85	889.66

牛腿截面尺寸选择表（11） **表4-12**

（混凝土强度等级：C25 $F_{hk}/F_{vk}=0.4$）

b	a / β / h	0+0		0+20		100+20		150+20	
		0.65	0.80	0.65	0.80	0.65	0.80	0.65	0.80
300	300	127.73	157.21	108.81	133.92	62.51	76.93	51.54	63.44
	350	155.50	191.39	136.06	167.46	83.73	103.05	70.23	86.43
	400	183.27	225.56	163.46	201.18	106.10	130.59	90.27	111.10
	450	211.04	259.74	190.94	235.00	129.35	159.19	111.38	137.08
	500	238.80	293.91	218.48	268.90	153.26	188.63	133.36	164.13
	550	266.57	328.09	246.07	302.85	177.72	218.73	156.04	192.05
	600	294.34	362.27	273.69	336.84	202.60	249.35	179.31	220.69
	700	349.88	430.62	328.99	404.91	253.36	311.83	227.24	279.68
	800	405.41	498.97	384.35	473.05	305.10	375.51	276.59	340.42
	900	460.95	567.32	439.76	541.24	357.56	440.07	327.00	402.46
	1000	516.48	635.67	495.19	609.46	410.54	505.28	378.21	465.49
400	350	207.33	255.18	181.42	223.28	111.64	137.41	93.63	115.24
	400	244.36	300.75	217.94	268.24	141.47	174.12	120.36	148.13
	450	281.38	346.32	254.58	313.33	172.46	212.26	148.51	182.78
	500	318.41	391.88	291.31	358.53	204.35	251.51	177.81	218.84
	550	355.43	437.45	328.09	403.80	236.95	291.64	208.06	256.07
	600	392.45	483.02	364.91	449.12	270.13	332.47	239.08	294.25
	650	429.48	528.59	401.77	494.49	303.78	373.88	270.76	333.24
	700	466.50	574.16	438.65	539.88	337.81	415.77	302.99	372.91
	800	540.55	665.29	512.47	630.73	406.81	500.68	368.79	453.89
	900	614.60	756.43	586.34	721.65	476.74	586.76	436.00	536.61
	1000	688.65	847.56	660.25	812.61	547.39	673.71	504.28	620.66
450	400	274.90	338.34	245.18	301.76	159.15	195.88	135.40	166.65
	450	316.56	389.61	286.41	352.50	194.02	238.79	167.07	205.63
	500	358.21	440.87	327.72	403.35	229.89	282.95	200.04	246.20
	550	399.86	492.13	369.10	454.28	266.57	328.09	234.06	288.08
	600	441.51	543.40	410.53	505.27	303.90	374.03	268.97	331.04
	650	483.16	594.66	451.99	556.30	341.75	420.61	304.60	374.90
	700	524.82	645.93	493.48	607.36	380.04	467.74	340.86	419.52
	800	608.12	748.45	576.53	709.57	457.66	563.27	414.89	510.63
	900	691.42	850.98	659.63	811.86	536.34	660.11	490.50	603.69
	1000	774.73	953.51	742.78	914.19	615.81	757.92	567.32	698.24
	1100	858.03	1056.04	825.96	1016.56	695.88	856.47	645.09	793.96

续表 4-12

b	a \ β / h	0+0		0+20		100+20		150+20	
		0.65	0.80	0.65	0.80	0.65	0.80	0.65	0.80
500	450	351.73	432.90	318.23	391.67	215.58	265.32	185.63	228.47
	500	398.01	489.86	364.13	448.17	255.44	314.39	222.26	273.56
	550	444.29	546.82	410.11	504.75	296.19	364.54	260.07	320.09
	600	490.57	603.78	456.14	561.41	337.66	415.59	298.85	367.82
	650	536.85	660.74	502.21	618.11	379.72	467.35	338.45	416.55
	700	583.13	717.70	548.31	674.85	422.27	519.71	378.73	466.13
	800	675.69	831.62	640.59	788.42	508.51	625.86	460.98	567.36
	900	768.25	945.54	732.93	902.06	595.93	733.45	545.00	670.76
	1000	860.81	1059.46	825.31	1015.77	684.23	842.13	630.36	775.82
	1100	953.37	1173.38	917.73	1129.51	773.20	951.64	716.77	882.17
	1200	1045.93	1287.30	1010.17	1243.29	862.70	1061.78	804.01	989.55
600	550	533.15	656.18	492.13	605.70	355.43	437.45	312.09	384.10
	600	588.68	724.53	547.37	673.69	405.20	498.70	358.62	441.38
	650	644.22	792.88	602.66	741.73	455.67	560.82	406.14	499.86
	700	699.75	861.24	657.98	809.82	506.72	623.65	454.48	559.36
	750	755.29	929.59	713.33	877.94	558.26	687.09	503.53	619.72
	800	810.83	997.94	768.70	946.10	610.21	751.03	553.18	680.84
	900	921.90	1134.64	879.51	1082.48	715.12	880.14	654.00	804.92
	1000	1032.97	1271.35	990.37	1218.92	821.08	1010.56	756.43	930.99
	1100	1144.04	1408.05	1101.27	1355.41	927.84	1141.96	860.12	1058.61
	1200	1255.11	1544.76	1212.20	1491.94	1035.24	1274.14	964.82	1187.46
	1300	1366.19	1681.46	1323.16	1628.50	1143.13	1406.94	1070.32	1317.32

b	a \ β / h	200+20		250+20		300+20		350+20	
		0.65	0.80	0.65	0.80	0.65	0.80	0.65	0.80
300	300	43.85	53.97						
	350	60.47	74.43	53.10	65.35				
	400	78.54	96.67	69.52	85.56	62.35	76.74		
	450	97.80	120.37	87.17	107.28	78.62	96.76	71.60	88.13
	500	118.03	145.27	105.86	130.29	95.97	118.11	87.77	108.02
	550	139.08	171.18	125.45	154.40	114.25	140.61	104.88	129.08
	600	160.83	197.94	145.79	179.44	133.33	164.10	122.84	151.18
	700	206.00	253.54	188.40	231.87	173.56	213.61	160.89	198.02
	800	252.95	311.32	233.03	286.81	216.02	265.87	201.33	247.79
	900	301.25	370.77	279.26	343.71	260.26	320.32	243.69	299.92
	1000	350.61	431.52	326.76	402.16	305.94	376.55	287.62	354.00

续表 4-12

b	a / β / h	200+20		250+20		300+20		350+20	
		0.65	0.80	0.65	0.80	0.65	0.80	0.65	0.80
400	350	80.63	99.24	70.80	87.13				
	400	104.73	128.89	92.69	114.08	83.13	102.32		
	450	130.40	160.49	116.22	143.04	104.83	129.02	95.47	117.50
	500	157.37	193.69	141.15	173.72	127.96	157.49	117.02	144.03
	550	185.44	228.24	167.26	205.86	152.33	187.48	139.84	172.11
	600	214.43	263.92	194.39	239.25	177.78	218.80	163.78	201.58
	650	244.21	300.57	222.41	273.73	204.18	251.30	188.71	232.26
	700	274.67	338.05	251.19	309.16	231.41	284.82	214.52	264.03
	800	337.27	415.10	310.71	382.41	288.03	354.50	268.44	330.38
	900	401.67	494.36	372.35	458.27	347.02	427.10	324.92	399.90
	1000	467.48	575.35	435.67	536.21	407.92	502.06	383.50	472.00
450	400	117.82	145.00	104.27	128.34	93.52	115.11		
	450	146.70	180.55	130.75	160.92	117.93	145.15	107.40	132.19
	500	177.04	217.90	158.79	195.44	143.95	177.17	131.65	162.03
	550	208.62	256.77	188.17	231.59	171.37	210.91	157.32	193.63
	600	241.24	296.91	218.69	269.16	200.00	246.15	184.25	226.77
	650	274.74	338.14	250.21	307.95	229.70	282.71	212.30	261.29
	700	309.00	380.31	282.59	347.81	260.34	320.42	241.34	297.03
	800	379.42	466.98	349.55	430.21	324.03	398.81	301.99	371.68
	900	451.87	556.15	418.89	515.56	390.40	480.49	365.53	449.88
	1000	525.91	647.27	490.13	603.24	458.91	564.82	431.43	531.00
	1100	601.21	739.95	562.91	692.82	529.20	651.33	499.31	614.53
500	450	163.00	200.61	145.28	178.80	131.04	161.27	119.34	146.88
	500	196.72	242.11	176.44	217.15	159.95	196.86	146.28	180.03
	550	231.80	285.30	209.08	257.33	190.41	234.35	174.80	215.14
	600	268.04	329.90	242.99	299.07	222.22	273.51	204.73	251.97
	650	305.27	375.71	278.01	342.17	255.22	314.12	235.89	290.32
	700	343.34	422.57	313.99	386.45	289.27	356.02	268.15	330.04
	800	421.58	518.87	388.39	478.02	360.04	443.12	335.55	412.98
	900	502.08	617.95	465.43	572.84	433.77	533.87	406.14	499.87
	1000	584.34	719.19	544.59	670.27	509.91	627.58	479.37	590.00
	1100	668.01	822.16	625.46	769.79	588.01	723.70	554.78	682.81
	1200	752.80	926.53	707.72	871.04	667.74	821.83	632.03	777.88

续表 4-12

b	a / β / h	200+20		250+20		300+20		350+20	
		0.65	0.80	0.65	0.80	0.65	0.80	0.65	0.80
600	550	278.16	342.35	250.89	308.79	228.49	281.22	209.76	258.17
	600	321.65	395.88	291.59	358.88	266.67	328.21	245.67	302.36
	650	366.32	450.86	333.61	410.60	306.27	376.94	283.07	348.39
	700	412.00	507.08	376.79	463.74	347.12	427.23	321.78	396.04
	750	458.57	564.39	420.98	518.13	389.09	478.88	361.69	445.15
	800	505.90	622.65	466.07	573.62	432.05	531.75	402.65	495.58
	900	602.50	741.54	558.52	687.41	520.53	640.65	487.37	599.84
	1000	701.21	863.03	653.51	804.32	611.89	753.09	575.25	708.00
	1100	801.61	986.59	750.55	923.75、	705.61	868.44	665.74	819.37
	1200	903.36	1111.83	849.27	1045.25	801.29	986.20	758.44	933.46
	1300	1006.23	1238.44	949.38	1168.47	898.61	1105.99	853.00	1049.85

b	a / β / h	400+20		450+20		500+20		600+20	
		0.65	0.80	0.65	0.80	0.65	0.80	0.65	0.80
300	300								
	350								
	400								
	450								
	500	80.86	99.51						
	550	96.94	119.31	90.11	110.90				
	600	113.87	140.15	106.12	130.61	99.36	122.29		
	700	149.95	184.55	140.40	172.80	131.99	162.45	117.87	145.07
	800	188.50	232.00	177.22	218.11	167.20	205.79	150.23	184.90
	900	229.09	281.96	216.15	266.03	204.59	251.81	184.82	227.48
	1000	271.37	334.00	256.86	316.14	243.82	300.09	221.35	272.43
400	350								
	400								
	450								
	500	107.81	132.69						
	550	129.25	159.07	120.15	147.87				
	600	151.83	186.86	141.50	174.15	132.48	163.06		
	650	175.42	215.90	163.88	201.70	153.76	189.25		
	700	199.93	246.07	187.20	230.39	175.99	216.60	157.16	193.43
	800	251.34	309.34	236.29	290.82	222.94	274.39	200.31	246.53
	900	305.46	375.95	288.20	354.71	272.79	335.74	246.43	303.30
	1000	361.83	445.33	342.48	421.52	325.10	400.12	295.13	363.24

续表 4-12

b	a / β / h	400+20		450+20		500+20		600+20	
		0.65	0.80	0.65	0.80	0.65	0.80	0.65	0.80
450	400								
	450								
	500	121.28	149.27						
	550	145.40	178.96	135.16	166.36				
	600	170.80	210.22	159.18	195.92	149.05	183.44		
	650	197.35	242.89	184.36	226.91	172.98	212.90		
	700	224.92	276.83	210.59	259.19	197.98	243.67	176.81	217.61
	800	282.76	348.01	265.82	327.17	250.81	308.68	225.34	277.35
	900	343.64	422.94	324.23	399.05	306.89	377.71	277.24	341.22
	1000	407.06	501.00	385.29	474.21	365.73	450.13	332.03	408.65
	1100	472.61	581.67	448.62	552.14	426.94	525.47	389.33	479.17
500	450								
	500	134.76	165.86						
	550	161.56	198.84	150.18	184.84				
	600	189.78	233.58	176.87	217.69	165.61	203.82		
	650	219.28	269.88	204.85	252.12	192.20	236.56		
	700	249.91	307.58	233.99	287.99	219.98	270.75	196.45	241.79
	800	314.17	386.67	295.36	363.52	278.67	342.98	250.38	308.16
	900	381.82	469.94	360.25	443.39	340.99	419.68	308.04	379.13
	1000	452.29	556.66	428.10	526.90	406.37	500.15	368.92	454.05
	1100	525.12	646.30	498.46	613.49	474.38	583.85	432.59	532.41
	1200	599.95	738.40	570.97	702.73	544.65	670.34	498.69	613.77
600	550	193.87	238.61	180.22	221.81				
	600	227.74	280.29	212.25	261.23	198.73	244.59		
	650	263.13	323.85	245.82	302.55	230.65	283.87		
	700	299.89	369.10	280.79	345.59	263.98	324.90	235.75	290.15
	750	337.89	415.87	317.04	390.20	298.60	367.51	267.50	329.23
	800	377.01	464.01	354.43	436.22	334.41	411.58	300.46	369.79
	900	458.19	563.92	432.30	532.06	409.18	503.61	369.65	454.95
	1000	542.75	668.00	513.72	632.27	487.65	600.18	442.70	544.86
	1100	630.14	775.56	598.15	736.19	569.26	700.62	519.10	638.90
	1200	719.94	886.08	685.16	843.27	653.58	804.41	598.43	736.53
	1300	811.79	999.13	774.38	953.09	740.27	911.10	680.33	837.33

牛腿截面尺寸选择表（12） 表 4-13

（混凝土强度等级：C25 $F_{hk}/F_{vk}=0.5$）

b	a	0+0		0+20		100+20		150+20	
	h \ β	0.65	0.80	0.65	0.80	0.65	0.80	0.65	0.80
300	300	119.75	147.38	102.01	125.55	58.60	72.12	48.32	59.47
	350	145.78	179.42	127.56	157.00	78.50	96.61	65.84	81.03
	400	171.81	211.46	153.24	188.60	99.47	122.43	84.63	104.15
	450	197.85	243.50	179.00	220.31	121.26	149.24	104.42	128.52
	500	223.88	275.54	204.83	252.09	143.68	176.84	125.02	153.88
	550	249.91	307.58	230.69	283.92	166.61	205.06	146.29	180.05
	600	275.94	339.62	256.58	315.79	189.94	233.77	168.10	206.90
	700	328.01	403.70	308.43	379.60	237.52	292.34	213.04	262.20
	800	380.07	467.78	360.33	443.48	286.04	352.04	259.30	319.14
	900	432.14	531.86	412.27	507.41	335.21	412.57	306.56	377.31
	1000	484.20	595.94	464.24	571.37	384.88	473.70	354.57	436.40
400	350	194.38	239.23	170.08	209.33	104.66	128.82	87.78	108.04
	400	229.09	281.95	204.32	251.47	132.63	163.24	112.83	138.87
	450	263.80	324.67	238.67	293.75	161.68	198.99	139.23	171.35
	500	298.51	367.39	273.10	336.12	191.58	235.79	166.70	205.17
	550	333.22	410.11	307.58	378.56	222.14	273.41	195.05	240.07
	600	367.93	452.83	342.11	421.05	253.25	311.69	224.14	275.86
	650	402.64	495.55	376.66	463.58	284.79	350.51	253.84	312.41
	700	437.35	538.27	411.24	506.14	316.70	389.78	284.05	349.60
	800	506.77	623.71	480.44	591.31	381.38	469.39	345.74	425.52
	900	576.19	709.15	549.69	676.55	446.95	550.09	408.75	503.07
	1000	645.61	794.59	618.98	761.83	513.17	631.60	472.77	581.87
450	400	257.72	317.20	229.86	282.90	149.21	183.64	126.94	156.23
	450	296.77	365.26	268.51	330.47	181.89	223.87	156.63	192.77
	500	335.82	413.32	307.24	378.14	215.53	265.26	187.54	230.81
	550	374.87	461.38	346.03	425.89	249.91	307.58	219.43	270.07
	600	413.92	509.44	384.87	473.69	284.90	350.65	252.16	310.35
	650	452.97	557.50	423.74	521.53	320.39	394.33	285.57	351.46
	700	492.01	605.56	462.64	569.40	356.29	438.51	319.56	393.30
	800	570.11	701.68	540.50	665.23	429.05	528.07	388.95	478.71
	900	648.21	797.80	618.41	761.12	502.82	618.85	459.84	565.96
	1000	726.31	893.92	696.36	857.05	577.32	710.55	531.86	654.60
	1100	804.40	990.04	774.33	953.03	652.39	802.94	604.77	744.33

续表 4-13

b	a	0+0		0+20		100+20		150+20	
	h \ β	0.65	0.80	0.65	0.80	0.65	0.80	0.65	0.80
500	450	329.74	405.84	298.34	367.19	202.10	248.74	174.03	214.19
	500	373.13	459.24	341.38	420.16	239.47	294.74	208.37	256.46
	550	416.52	512.64	384.48	473.21	277.68	341.76	243.82	300.08
	600	459.91	566.04	427.63	526.32	316.56	389.61	280.17	344.83
	650	503.29	619.44	470.82	579.48	355.99	438.14	317.29	390.52
	700	546.68	672.84	514.04	632.67	395.87	487.23	355.06	437.00
	800	633.46	779.64	600.55	739.14	476.73	586.74	432.17	531.90
	900	720.23	886.44	687.12	845.68	558.68	687.61	510.93	628.84
	1000	807.01	993.24	773.73	952.28	641.47	789.50	590.96	727.33
	1100	893.78	1100.04	860.37	1058.92	724.88	892.16	671.97	827.04
	1200	980.56	1206.84	947.03	1165.58	808.78	995.42	753.76	927.71
600	550	499.82	615.17	461.38	567.85	333.22	410.11	292.58	360.10
	600	551.89	679.25	513.16	631.58	379.87	467.53	336.21	413.79
	650	603.95	743.33	564.99	695.37	427.19	525.77	380.75	468.62
	700	656.02	807.41	616.85	759.20	475.05	584.67	426.07	524.40
	750	708.08	871.49	668.75	823.07	523.37	644.14	472.06	580.99
	800	760.15	935.57	720.66	886.97	572.07	704.09	518.61	638.28
	900	864.28	1063.73	824.54	1014.82	670.42	825.13	613.12	754.61
	1000	968.41	1191.89	928.47	1142.74	769.76	947.40	709.15	872.80
	1100	1072.54	1320.05	1032.44	1270.70	869.85	1070.59	806.36	992.44
	1200	1176.67	1448.21	1136.44	1398.70	970.54	1194.51	904.51	1113.25
	1300	1280.80	1576.37	1240.46	1526.72	1071.69	1319.00	1003.43	1234.99

b	a	200+20		250+20		300+20		350+20	
	h \ β	0.65	0.80	0.65	0.80	0.65	0.80	0.65	0.80
300	300	41.11	50.59						
	350	56.69	69.78	49.78	61.27				
	400	73.63	90.63	65.17	80.21	58.45	71.94		
	450	91.69	112.84	81.72	100.58	73.71	90.72	67.13	82.62
	500	110.65	136.19	99.25	122.15	89.97	110.73	82.28	101.27
	550	130.39	160.48	117.61	144.75	107.11	131.82	98.33	121.02
	600	150.77	185.57	136.68	168.22	125.00	153.85	115.16	141.73
	700	193.13	237.69	176.62	217.38	162.71	200.26	150.84	185.64
	800	237.14	291.87	218.47	268.88	202.52	249.26	188.74	232.30
	900	282.42	347.60	261.81	322.22	244.00	300.30	228.46	281.18
	1000	328.69	404.55	306.33	377.03	286.82	353.01	269.65	331.87

续表 4-13

b	h \ a, β	200+20		250+20		300+20		350+20	
		0.65	0.80	0.65	0.80	0.65	0.80	0.65	0.80
400	350	75.59	93.03	66.37	81.69				
	400	98.18	120.84	86.89	106.95	77.94	95.92		
	450	122.25	150.46	108.96	134.10	98.28	120.96	89.50	110.16
	500	147.54	181.58	132.33	162.86	119.96	147.64	109.71	135.02
	550	173.85	213.97	156.81	192.99	142.81	175.76	131.10	161.36
	600	201.03	247.42	182.24	224.30	166.67	205.13	153.54	188.98
	650	228.95	281.78	208.51	256.63	191.42	235.59	176.92	217.74
	700	257.50	316.93	235.49	289.84	216.95	267.02	201.12	247.53
	800	316.19	389.15	291.29	358.51	270.03	332.34	251.66	309.73
	900	376.56	463.46	349.08	429.63	325.33	400.41	304.61	374.90
	1000	438.26	539.39	408.44	502.70	382.43	470.68	359.53	442.50
450	400	110.45	135.94	97.76	120.32	87.68	107.91		
	450	137.53	169.26	122.58	150.87	110.56	136.08	100.69	123.93
	500	165.98	204.28	148.87	183.22	134.96	166.10	123.42	151.90
	550	195.58	240.72	176.41	217.12	160.66	197.73	147.49	181.52
	600	226.16	278.35	205.02	252.34	187.50	230.77	172.74	212.60
	650	257.57	317.01	234.57	288.70	215.34	265.04	199.03	244.96
	700	289.69	356.54	264.93	326.07	244.07	300.39	226.25	278.47
	800	355.71	437.80	327.70	403.33	303.78	373.89	283.12	348.45
	900	423.63	521.39	392.71	483.34	366.00	450.46	342.68	421.76
	1000	493.04	606.82	459.50	565.54	430.23	529.52	404.47	497.81
	1100	563.63	693.70	527.73	649.51	496.13	610.62	468.10	576.12
500	450	152.81	188.07	136.20	167.63	122.85	151.20	111.88	137.70
	500	184.42	226.98	165.41	203.58	149.95	184.55	137.13	168.78
	550	217.31	267.46	196.01	241.24	178.51	219.70	163.88	201.69
	600	251.29	309.28	227.80	280.37	208.33	256.41	191.93	236.22
	650	286.19	352.23	260.63	320.78	239.27	294.49	221.14	272.18
	700	321.88	396.16	294.37	362.30	271.19	333.77	251.39	309.41
	800	395.23	486.44	364.11	448.14	337.54	415.43	314.57	387.17
	900	470.70	579.33	436.35	537.04	406.66	500.51	380.76	468.63
	1000	547.82	674.24	510.56	628.38	478.04	588.35	449.41	553.12
	1100	626.26	770.78	586.37	721.68	551.26	678.47	520.11	640.14
	1200	705.75	868.62	663.49	816.60	626.01	770.47	592.53	729.27

续表 4-13

b	a	200+20		250+20		300+20		350+20	
	h　β	0.65	0.80	0.65	0.80	0.65	0.80	0.65	0.80
600	550	260.78	320.96	235.21	289.49	214.21	263.64	196.65	242.03
	600	301.55	371.14	273.37	336.45	250.00	307.69	230.32	283.47
	650	343.42	422.68	312.76	384.94	287.13	353.39	265.37	326.61
	700	386.25	475.39	353.24	434.76	325.43	400.53	301.67	371.29
	750	429.91	529.12	394.67	485.75	364.77	448.95	339.08	417.33
	800	474.28	583.73	436.94	537.77	405.04	498.51	377.49	464.60
	900	564.84	695.19	523.61	644.45	487.99	600.61	456.91	562.35
	1000	657.39	809.09	612.67	754.05	573.64	706.02	539.29	663.75
	1100	751.51	924.93	703.64	866.02	661.51	814.16	624.13	768.16
	1200	846.90	1042.34	796.19	979.93	751.21	924.56	711.04	875.12
	1300	943.34	1161.04	890.05	1095.44	842.45	1036.86	799.69	984.23

b	a	400+20		450+20		500+20		600+20	
	h　β	0.65	0.80	0.65	0.80	0.65	0.80	0.65	0.80
300	300								
	350								
	400								
	450								
	500	75.80	93.29						
	550	90.88	111.85	84.48	103.97				
	600	106.75	131.39	99.49	122.45	93.15	114.65		
	700	140.58	173.02	131.62	162.00	123.74	152.30	110.51	136.01
	800	176.72	217.50	166.14	204.48	156.75	192.93	140.84	173.34
	900	214.78	264.34	202.64	249.41	191.81	236.07	173.27	213.26
	1000	254.41	313.12	240.81	296.38	228.58	281.33	207.52	255.40
400	350								
	400								
	450								
	500	101.07	124.39						
	550	121.17	149.13	112.64	138.63				
	600	142.34	175.18	132.65	163.27	124.20	152.87		
	650	164.46	202.41	153.64	189.09	144.15	177.42		
	700	187.43	230.69	175.50	215.99	164.99	203.06	147.34	181.34
	800	235.63	290.01	221.52	272.64	209.01	257.24	187.79	231.12
	900	286.37	352.45	270.19	332.54	255.74	314.76	231.03	284.35
	1000	339.22	417.50	321.08	395.17	304.78	375.11	276.69	340.54

续表 4-13

b	a / β / h	400+20 0.65	400+20 0.80	450+20 0.65	450+20 0.80	500+20 0.65	500+20 0.80	600+20 0.65	600+20 0.80
450	400								
	450								
	500	113.70	139.94						
	550	136.32	167.77	126.72	155.96				
	600	160.13	197.08	149.24	183.67	139.73	171.98		
	650	185.01	227.71	172.84	212.73	162.17	199.60		
	700	210.86	259.52	197.43	242.99	185.61	228.44	165.76	204.01
	800	265.08	326.26	249.21	306.72	235.13	289.39	211.26	260.01
	900	322.16	396.51	303.96	374.11	287.71	354.10	259.91	319.89
	1000	381.62	469.68	361.21	444.57	342.88	422.00	311.27	383.11
	1100	443.07	545.31	420.58	517.63	400.26	492.63	364.99	449.22
500	450								
	500	126.34	155.49						
	550	151.46	186.41	140.80	173.29				
	600	177.92	218.98	165.82	204.08	155.26	191.08		
	650	205.57	253.01	192.05	236.37	180.19	221.77		
	700	234.29	288.36	219.37	269.99	206.23	253.83	184.18	226.68
	800	294.54	362.51	276.90	340.80	261.26	321.55	234.73	288.90
	900	357.96	440.57	337.74	415.68	319.68	393.45	288.79	355.43
	1000	424.02	521.87	401.35	493.96	380.97	468.89	345.86	425.67
	1100	492.30	605.90	467.31	575.15	444.73	547.36	405.55	499.14
	1200	562.45	692.25	535.28	658.81	510.61	628.45	467.52	575.41
600	550	181.75	223.70	168.95	207.94				
	600	213.50	262.77	198.98	244.90	186.31	229.30		
	650	246.69	303.61	230.46	283.64	216.23	266.13		
	700	281.15	346.03	263.24	323.99	247.48	304.59	221.01	272.01
	750	316.77	389.88	297.22	365.81	279.94	344.54	250.78	308.65
	800	353.45	435.01	332.28	408.96	313.51	385.86	281.68	346.68
	900	429.55	528.68	405.28	498.81	383.61	472.14	346.55	426.52
	1000	508.83	626.25	481.62	592.76	457.17	562.67	415.03	510.81
	1100	590.76	727.09	560.77	690.18	533.68	656.84	486.66	598.96
	1200	674.94	830.70	642.34	790.57	612.74	754.14	561.03	690.50
	1300	761.05	936.68	725.98	893.52	694.00	854.16	637.81	784.99

牛腿截面尺寸选择表（13）　表 4-14

（混凝土强度等级：C30　$F_{hk}/F_{vk}=0.0$）

b	a / h \ β	0+0		0+20		100+20		150+20	
		0.65	0.80	0.65	0.80	0.65	0.80	0.65	0.80
300	300	203.81	250.85	176.64	217.40	105.98	130.44	88.32	108.70
	350	243.01	299.09	215.24	264.91	136.97	168.58	115.90	142.64
	400	282.20	347.33	253.98	312.60	169.32	208.40	145.13	178.63
	450	321.40	395.57	292.83	360.41	202.73	249.51	175.70	216.24
	500	360.59	443.81	331.75	408.30	236.96	291.65	207.34	255.19
	550	399.79	492.05	370.71	456.26	271.86	334.59	239.87	295.23
	600	438.98	540.29	409.72	504.27	307.29	378.20	273.15	336.18
	700	517.37	636.77	487.81	600.38	379.41	466.96	341.47	420.27
	800	595.76	733.25	565.98	696.59	452.78	557.27	411.62	506.61
	900	674.15	829.73	644.19	792.85	527.07	648.70	483.14	594.64
	1000	752.54	926.21	722.44	889.16	602.04	740.97	555.72	683.97
400	350	324.01	398.78	286.98	353.21	182.62	224.77	154.53	190.19
	400	376.27	463.10	338.64	416.79	225.76	277.86	193.51	238.17
	450	428.53	527.42	390.44	480.54	270.30	332.68	234.26	288.33
	500	480.79	591.74	442.33	544.40	315.95	388.86	276.46	340.25
	550	533.05	656.06	494.28	608.35	362.48	446.12	319.83	393.64
	600	585.31	720.38	546.29	672.36	409.72	504.27	364.19	448.24
	650	637.57	784.70	598.34	736.41	457.55	563.14	409.39	503.86
	700	689.83	849.02	650.41	800.51	505.88	622.62	455.29	560.36
	800	794.35	977.66	754.63	928.78	603.71	743.02	548.83	675.48
	900	898.87	1106.30	858.92	1057.13	702.75	864.93	644.19	792.85
	1000	1003.39	1234.94	963.26	1185.55	802.71	987.96	740.97	911.96
450	400	423.31	520.99	380.98	468.89	253.98	312.60	217.70	267.94
	450	482.10	593.35	439.25	540.61	304.09	374.27	263.55	324.37
	500	540.89	665.71	497.62	612.46	355.44	437.47	311.01	382.78
	550	599.68	738.07	556.07	684.39	407.78	501.89	359.81	442.84
	600	658.48	810.43	614.58	756.40	460.93	567.30	409.72	504.27
	650	717.27	882.79	673.13	828.47	514.75	633.53	460.56	566.85
	700	776.06	955.15	731.71	900.57	569.11	700.44	512.20	630.40
	800	893.65	1099.87	848.96	1044.88	679.17	835.90	617.43	759.91
	900	1011.23	1244.59	966.29	1189.28	790.60	973.04	724.72	891.96
	1000	1128.82	1389.31	1083.66	1333.74	903.05	1111.45	833.59	1025.95
	1100	1246.40	1534.03	1201.08	1478.25	1016.30	1250.83	943.70	1161.48

续表 4-14

b	h \ a, β	0+0 0.65	0+0 0.80	0+20 0.65	0+20 0.80	100+20 0.65	100+20 0.80	150+20 0.65	150+20 0.80
500	450	535.66	659.28	488.05	600.68	337.88	415.85	292.83	360.41
	500	600.99	739.68	552.91	680.51	394.94	486.08	345.57	425.32
	550	666.32	820.08	617.86	760.44	453.09	557.65	399.79	492.05
	600	731.64	900.48	682.86	840.45	512.15	630.34	455.24	560.30
	650	796.96	980.88	747.92	920.52	571.94	703.93	511.74	629.83
	700	862.29	1061.28	813.02	1000.64	632.35	778.27	569.11	700.44
	800	992.94	1222.08	943.29	1160.98	754.63	928.78	686.03	844.35
	900	1123.59	1382.88	1073.65	1321.42	878.44	1081.16	805.24	991.06
	1000	1254.24	1543.68	1204.07	1481.93	1003.39	1234.94	926.21	1139.95
	1100	1384.89	1704.48	1334.53	1642.50	1129.22	1389.81	1048.56	1290.53
	1200	1515.54	1865.28	1465.02	1803.10	1255.73	1545.52	1172.02	1442.48
600	550	799.58	984.10	741.43	912.53	543.71	669.19	479.75	590.46
	600	877.97	1080.58	819.44	1008.54	614.58	756.40	546.29	672.36
	650	956.36	1177.06	897.51	1104.62	686.33	844.71	614.08	755.79
	700	1034.75	1273.54	975.62	1200.76	758.82	933.93	682.93	840.53
	750	1113.14	1370.02	1053.77	1296.95	831.92	1023.91	752.69	926.39
	800	1191.53	1466.50	1131.95	1393.17	905.56	1114.54	823.24	1013.22
	900	1348.31	1659.46	1288.38	1585.70	1054.13	1297.39	966.29	1189.28
	1000	1505.09	1852.42	1444.88	1778.32	1204.07	1481.93	1111.45	1367.94
	1100	1661.87	2045.38	1601.44	1971.00	1355.06	1667.77	1258.27	1548.64
	1200	1818.65	2238.34	1758.03	2163.72	1506.88	1854.62	1406.42	1730.98
	1300	1975.43	2431.30	1914.65	2356.49	1659.36	2042.29	1555.65	1914.65

b	h \ a, β	200+20 0.65	200+20 0.80	250+20 0.65	250+20 0.80	300+20 0.65	300+20 0.80	350+20 0.65	350+20 0.80
300	300	75.70	93.17						
	350	100.44	123.62	88.63	109.08				
	400	126.99	156.30	112.88	138.93	101.59	125.04		
	450	155.03	190.80	138.71	170.72	125.50	154.46	114.59	141.03
	500	184.30	226.84	165.87	204.15	150.79	185.59	138.23	170.13
	550	214.62	264.15	194.18	238.99	177.30	218.21	163.11	200.76
	600	245.83	302.56	223.48	275.06	204.86	252.13	189.10	232.74
	700	310.42	382.06	284.56	350.22	262.67	323.28	243.90	300.19
	800	377.32	464.39	348.29	428.67	323.41	398.05	301.85	371.51
	900	445.98	548.90	414.12	509.69	386.51	475.71	362.36	445.98
	1000	516.03	635.11	481.63	592.77	451.53	555.72	424.97	523.04

续表 4-14

b	a \ h β	200+20 0.65	200+20 0.80	250+20 0.65	250+20 0.80	300+20 0.65	300+20 0.80	350+20 0.65	350+20 0.80
400	350	133.92	164.83	118.17	145.44				
	400	169.32	208.40	150.51	185.24	135.46	166.72		
	450	206.70	254.40	184.95	227.63	167.33	205.95	152.78	188.04
	500	245.74	302.45	221.16	272.20	201.06	247.46	184.30	226.84
	550	286.16	352.20	258.91	318.66	236.40	290.95	217.49	267.67
	600	327.77	403.42	297.98	366.74	273.15	336.18	252.13	310.32
	650	370.40	455.88	338.19	416.23	311.14	382.94	288.09	354.57
	700	413.90	509.41	379.41	466.96	350.22	431.04	325.21	400.25
	800	503.09	619.19	464.39	571.56	431.22	530.73	402.47	495.35
	900	594.64	731.86	552.16	679.59	515.35	634.28	483.14	594.64
	1000	688.04	846.82	642.17	790.36	602.04	740.97	566.62	697.38
450	400	190.49	234.45	169.32	208.40	152.39	187.56		
	450	232.54	286.21	208.06	256.08	188.25	231.69	171.88	211.54
	500	276.46	340.25	248.81	306.23	226.19	278.39	207.34	255.19
	550	321.94	396.23	291.27	358.49	265.95	327.32	244.67	301.13
	600	368.75	453.84	335.22	412.58	307.29	378.20	283.65	349.11
	650	416.70	512.86	380.46	468.26	350.03	430.80	324.10	398.89
	700	465.64	573.09	426.83	525.33	394.00	484.92	365.86	450.29
	800	565.98	696.59	522.44	643.00	485.12	597.07	452.78	557.27
	900	668.97	823.35	621.18	764.54	579.77	713.57	543.54	668.97
	1000	774.05	952.67	722.44	889.16	677.29	833.59	637.45	784.55
	1100	880.79	1084.05	825.74	1016.30	777.17	956.51	733.99	903.37
500	450	258.38	318.01	231.18	284.53	209.16	257.43	190.98	235.05
	500	307.17	378.06	276.46	340.25	251.32	309.32	230.38	283.54
	550	357.71	440.25	323.64	398.32	295.50	363.69	271.86	334.59
	600	409.72	504.27	372.47	458.43	341.43	420.22	315.17	387.90
	650	463.00	569.84	422.74	520.29	388.92	478.67	360.11	443.21
	700	517.37	636.77	474.26	583.70	437.78	538.80	406.51	500.32
	800	628.86	773.98	580.49	714.45	539.02	663.41	503.09	619.19
	900	743.30	914.83	690.21	849.48	644.19	792.85	603.93	743.30
	1000	860.05	1058.52	802.71	987.96	752.54	926.21	708.28	871.73
	1100	978.66	1204.50	917.49	1129.22	863.52	1062.79	815.55	1003.75
	1200	1098.77	1352.33	1034.13	1272.78	976.68	1202.07	925.28	1138.80

续表 4-14

b	h \ a	200+20		250+20		300+20		350+20	
	β	0.65	0.80	0.65	0.80	0.65	0.80	0.65	0.80
600	550	429.25	528.30	388.37	477.99	354.60	436.43	326.23	401.51
	600	491.66	605.12	446.97	550.11	409.72	504.27	378.20	465.48
	650	555.60	683.81	507.29	624.35	466.70	574.40	432.13	531.85
	700	620.85	764.12	569.11	700.44	525.33	646.56	487.81	600.38
	750	687.24	845.84	632.26	778.17	585.43	720.53	545.05	670.84
	800	754.63	928.78	696.59	857.34	646.83	796.10	603.71	743.02
	900	891.96	1097.79	828.25	1019.38	773.03	951.42	724.72	891.96
	1000	1032.06	1270.23	963.26	1185.55	903.05	1111.45	849.93	1046.07
	1100	1174.39	1445.40	1100.99	1355.06	1036.22	1275.35	978.66	1204.50
	1200	1318.52	1622.79	1240.96	1527.34	1172.02	1442.48	1110.33	1366.56
	1300	1464.14	1802.02	1382.80	1701.91	1310.02	1612.33	1244.52	1531.72

b	h \ a	400+20		450+20		500+20		600+20	
	β	0.65	0.80	0.65	0.80	0.65	0.80	0.65	0.80
300	300								
	350								
	400								
	450								
	500	127.59	157.04						
	550	151.03	185.88	140.62	173.07				
	600	175.59	216.12	163.89	201.71	153.64	189.10		
	700	227.64	280.18	213.42	262.67	200.86	247.22	179.72	221.19
	800	282.99	348.29	266.34	327.80	251.54	309.59	226.39	278.63
	900	341.04	419.74	322.10	396.43	305.14	375.56	276.08	339.79
	1000	401.36	493.98	380.23	467.98	361.22	444.58	328.38	404.16
400	350								
	400								
	450								
	500	170.13	209.39						
	550	201.38	247.85	187.49	230.75				
	600	234.12	288.15	218.52	268.94	204.86	252.13		
	650	268.22	330.12	250.92	308.82	235.71	290.10		
	700	303.53	373.57	284.56	350.22	267.82	329.62	239.63	294.92
	800	377.32	464.39	355.12	437.07	335.39	412.79	301.85	371.51
	900	454.72	559.66	429.46	528.57	406.86	500.75	368.11	453.06
	1000	535.14	658.64	506.98	623.97	481.63	592.77	437.84	538.88

续表 4-14

b	h \ a, β	400+20		450+20		500+20		600+20	
		0.65	0.80	0.65	0.80	0.65	0.80	0.65	0.80
450	400								
	450								
	500	191.39	235.56						
	550	226.55	278.83	210.92	259.60				
	600	263.39	324.17	245.83	302.56	230.47	283.65		
	650	301.75	371.38	282.28	347.42	265.17	326.37		
	700	341.47	420.27	320.13	394.00	301.29	370.82	269.58	331.79
	800	424.48	522.44	399.51	491.71	377.32	464.39	339.59	417.95
	900	511.56	629.62	483.14	594.64	457.72	563.34	414.12	509.69
	1000	602.04	740.97	570.35	701.97	541.83	666.87	492.57	606.25
	1100	695.36	855.83	660.59	813.04	629.14	774.32	574.43	706.99
500	450								
	500	212.66	261.73						
	550	251.72	309.81	234.36	288.44				
	600	292.66	360.19	273.15	336.18	256.07	315.17		
	650	335.27	412.65	313.64	386.02	294.64	362.63		
	700	379.41	466.96	355.69	437.78	334.77	412.03	299.53	368.66
	800	471.65	580.49	443.90	546.34	419.24	515.99	377.32	464.39
	900	568.40	699.57	536.83	660.71	508.57	625.94	460.14	566.32
	1000	668.93	823.30	633.72	779.96	602.04	740.97	547.30	673.61
	1100	772.62	950.92	733.99	903.37	699.04	860.36	638.25	785.54
	1200	879.01	1081.86	837.16	1030.35	799.10	983.51	732.51	901.55
600	550	302.06	371.77	281.23	346.13				
	600	351.19	432.23	327.77	403.42	307.29	378.20		
	650	402.33	495.18	376.37	463.23	353.56	435.15		
	700	455.29	560.36	426.83	525.33	401.73	494.43	359.44	442.39
	750	509.89	627.56	478.99	589.52	451.62	555.84	405.30	498.83
	800	565.98	696.59	532.68	655.61	503.09	619.19	452.78	557.27
	900	682.09	839.49	644.19	792.85	610.29	751.12	552.16	679.59
	1000	802.71	987.96	760.47	935.96	722.44	889.16	656.77	808.33
	1100	927.15	1141.10	880.79	1084.05	838.85	1032.43	765.90	942.65
	1200	1054.82	1298.23	1004.59	1236.41	958.92	1180.21	879.01	1081.86
	1300	1185.26	1458.78	1131.38	1392.47	1082.19	1331.93	995.62	1225.37

牛腿截面尺寸选择表（14） **表 4-15**

（混凝土强度等级：C30　$F_{hk}/F_{vk}=0.1$）

b	h \ a, β	0+0		0+20		100+20		150+20	
		0.65	0.80	0.65	0.80	0.65	0.80	0.65	0.80
300	300	171.28	210.81	145.91	179.58	83.82	103.16	69.11	85.06
	350	208.52	256.64	182.45	224.56	112.28	138.19	94.17	115.90
	400	245.75	302.46	219.18	269.77	142.28	175.11	121.04	148.98
	450	282.99	348.29	256.04	315.12	173.44	213.47	149.35	183.82
	500	320.22	394.12	292.97	360.58	205.52	252.94	178.83	220.09
	550	357.46	439.95	329.96	406.11	238.31	293.30	209.24	257.53
	600	394.69	485.78	367.00	451.69	271.67	334.37	240.45	295.93
	700	469.16	577.43	441.15	542.96	339.74	418.14	304.71	375.03
	800	543.63	669.09	515.39	634.33	409.13	503.54	370.89	456.48
	900	618.11	760.74	589.69	725.77	479.46	590.11	438.48	539.67
	1000	692.58	852.40	664.02	817.25	550.51	677.55	507.16	624.20
400	350	278.02	342.18	243.27	299.41	149.70	184.25	125.56	154.53
	400	327.67	403.29	292.25	359.69	189.70	233.48	161.39	198.63
	450	377.32	464.39	341.38	420.16	231.26	284.63	199.14	245.09
	500	426.96	525.49	390.63	480.77	274.02	337.26	238.43	293.46
	550	476.61	586.60	439.95	541.48	317.74	391.07	278.99	343.37
	600	526.26	647.70	489.33	602.25	362.23	445.82	320.59	394.58
	650	575.91	708.81	538.75	663.08	407.35	501.35	363.07	446.86
	700	625.55	769.91	588.21	723.95	452.99	557.52	406.29	500.04
	800	724.85	892.12	687.19	845.77	545.50	671.39	494.52	608.64
	900	824.14	1014.33	786.25	967.69	639.29	786.81	584.65	719.56
	1000	923.43	1136.53	885.35	1089.67	734.01	903.40	676.22	832.27
450	400	368.63	453.70	328.78	404.65	213.42	262.67	181.56	223.46
	450	424.48	522.44	384.05	472.68	260.17	320.20	224.03	275.73
	500	480.33	591.18	439.46	540.87	308.27	379.41	268.24	330.14
	550	536.19	659.92	494.94	609.16	357.46	439.95	313.87	386.30
	600	592.04	728.67	550.49	677.53	407.51	501.55	360.67	443.90
	650	647.89	797.41	606.09	745.96	458.27	564.02	408.45	502.71
	700	703.75	866.15	661.73	814.44	509.61	627.21	457.07	562.55
	800	815.45	1003.63	773.09	951.50	613.69	755.31	556.34	684.72
	900	927.16	1141.12	884.53	1088.65	719.20	885.17	657.73	809.51
	1000	1038.86	1278.60	996.02	1225.88	825.76	1016.32	760.74	936.30
	1100	1150.57	1416.09	1107.56	1363.15	933.14	1148.48	865.03	1064.65

续表 4-15

b	a \ h β	0+0		0+20		100+20		150+20	
		0.65	0.80	0.65	0.80	0.65	0.80	0.65	0.80
500	450	471.65	580.49	426.73	525.20	289.07	355.78	248.92	306.37
	500	533.71	656.87	488.28	600.96	342.53	421.57	298.04	366.82
	550	595.76	733.25	549.94	676.84	397.18	488.83	348.74	429.22
	600	657.82	809.63	611.66	752.81	452.79	557.28	400.74	493.22
	650	719.88	886.01	673.44	828.85	509.18	626.69	453.84	558.57
	700	781.94	962.39	735.26	904.93	566.23	696.90	507.86	625.06
	800	906.06	1115.15	858.99	1057.22	681.88	839.24	618.15	760.80
	900	1030.18	1267.91	982.81	1209.61	799.11	983.52	730.81	899.46
	1000	1154.29	1420.67	1106.69	1362.08	917.51	1129.25	845.27	1040.33
	1100	1278.41	1573.43	1230.62	1514.61	1036.82	1276.09	961.14	1182.94
	1200	1402.53	1726.19	1354.58	1667.17	1156.83	1423.79	1078.13	1326.93
600	550	714.92	879.90	659.92	812.21	476.61	586.60	418.49	515.06
	600	789.39	971.55	733.99	903.37	543.34	668.73	480.89	591.87
	650	863.86	1063.21	808.13	994.62	611.02	752.03	544.61	670.28
	700	938.33	1154.87	882.31	1085.92	679.48	836.28	609.43	750.07
	750	1012.80	1246.52	956.53	1177.27	748.59	921.34	675.20	831.01
	800	1087.27	1338.18	1030.79	1268.66	818.25	1007.08	741.78	912.96
	900	1236.21	1521.49	1179.37	1451.54	958.93	1180.22	876.97	1079.35
	1000	1385.15	1704.80	1328.03	1634.50	1101.02	1355.10	1014.32	1248.40
	1100	1534.09	1888.11	1476.74	1817.53	1244.19	1531.30	1153.37	1419.53
	1200	1683.03	2071.43	1625.49	2000.61	1388.20	1708.55	1293.76	1592.32
	1300	1831.97	2254.74	1774.27	2183.72	1532.88	1886.62	1435.24	1766.45

b	a \ h β	200+20		250+20		300+20		350+20	
		0.65	0.80	0.65	0.80	0.65	0.80	0.65	0.80
300	300	58.80	72.37						
	350	81.09	99.80	71.20	87.63				
	400	105.32	129.63	93.22	114.73	83.61	102.90		
	450	131.14	161.40	116.89	143.86	105.43	129.76	96.01	118.17
	500	158.27	194.80	141.95	174.71	128.69	158.38	117.69	144.85
	550	186.50	229.54	168.22	207.03	153.20	188.55	140.64	173.09
	600	215.66	265.42	195.50	240.62	178.79	220.05	164.71	202.73
	700	276.24	339.98	252.63	310.93	232.73	286.44	215.75	265.53
	800	339.19	417.47	312.48	384.59	289.67	356.52	269.97	332.27
	900	403.96	497.18	374.47	460.89	349.00	429.54	326.77	402.18
	1000	470.14	578.64	438.16	539.27	410.25	504.93	385.69	474.69

续表 4-15

b	h \ a, β	200+20		250+20		300+20		350+20	
		0.65	0.80	0.65	0.80	0.65	0.80	0.65	0.80
400	350	108.12	133.07	94.93	116.84				
	400	140.43	172.84	124.29	152.97	111.48	137.20		
	450	174.85	215.21	155.85	191.81	140.57	173.01	128.02	157.56
	500	211.03	259.73	189.27	232.95	171.58	211.18	156.92	193.13
	550	248.67	306.05	224.29	276.05	204.26	251.40	187.52	230.79
	600	287.54	353.90	260.67	320.82	238.39	293.40	219.62	270.30
	650	327.48	403.05	298.24	367.06	273.79	336.97	253.05	311.45
	700	368.32	453.31	336.84	414.57	310.31	381.92	287.66	354.05
	800	452.25	556.62	416.64	512.79	386.23	475.36	359.96	443.02
	900	538.61	662.91	499.30	614.52	465.33	572.71	435.69	536.24
	1000	626.86	771.52	584.21	719.03	547.00	673.23	514.25	632.92
450	400	157.98	194.44	139.82	172.09	125.41	154.35		
	450	196.71	242.11	175.33	215.79	158.14	194.63	144.02	177.26
	500	237.41	292.19	212.93	262.07	193.03	237.58	176.53	217.27
	550	279.75	344.31	252.32	310.55	229.79	282.82	210.96	259.64
	600	323.49	398.14	293.25	360.93	268.19	330.08	247.07	304.09
	650	368.41	453.43	335.52	412.94	308.01	379.10	284.68	350.38
	700	414.36	509.98	378.94	466.39	349.10	429.66	323.62	398.30
	800	508.79	626.20	468.72	576.89	434.51	534.78	404.95	498.40
	900	605.94	745.77	561.71	691.33	523.50	644.30	490.15	603.27
	1000	705.21	867.96	657.24	808.91	615.38	757.39	578.53	712.04
	1100	806.18	992.22	754.83	929.02	709.63	873.39	669.54	824.05
500	450	218.57	269.01	194.81	239.77	175.71	216.26	160.02	196.95
	500	263.79	324.66	236.59	291.19	214.48	263.98	196.15	241.41
	550	310.83	382.56	280.36	345.06	255.33	314.25	234.40	288.49
	600	359.43	442.37	325.84	401.03	297.99	366.75	274.52	337.88
	650	409.34	503.81	372.80	458.83	342.24	421.22	316.31	389.31
	700	460.39	566.64	421.04	518.21	387.89	477.41	359.58	442.56
	800	565.32	695.78	520.80	640.99	482.79	594.20	449.95	553.78
	900	673.26	828.63	624.12	768.15	581.66	715.89	544.61	670.30
	1000	783.57	964.40	730.27	898.79	683.75	841.54	642.81	791.15
	1100	895.76	1102.47	838.70	1032.25	788.48	970.44	743.93	915.61
	1200	1009.46	1242.42	949.02	1168.02	895.40	1102.03	847.52	1043.10

续表 4-15

b	a	200+20		250+20		300+20		350+20	
	h \ β	0.65	0.80	0.65	0.80	0.65	0.80	0.65	0.80
600	550	373.00	459.08	336.43	414.07	306.39	377.10	281.28	346.19
	600	431.31	530.85	391.00	48124	357.59	440.11	329.43	405.45
	650	491.21	604.57	447.35	550.59	410.69	505.46	379.57	467.17
	700	552.47	679.97	505.25	621.85	465.47	572.89	431.49	531.07
	750	614.91	756.82	564.51	694.78	521.74	642.15	485.00	596.93
	800	678.38	834.93	624.97	769.19	579.35	713.04	539.94	664.54
	900	807.92	994.36	748.94	921.78	698.00	859.07	653.54	804.35
	1000	940.29	1157.27	876.32	1078.55	820.50	1009.85	771.37	949.38
	1100	1074.91	1322.96	1006.44	1238.70	946.18	1164.53	892.72	1098.73
	1200	1211.36	1490.90	1138.82	1401.62	1074.48	1322.44	1017.02	1251.72
	1300	1349.30	1660.68	1273.07	1566.85	1204.99	1483.06	1143.82	1407.78

b	a	400+20		450+20		500+20		600+20	
	h \ β	0.65	0.80	0.65	0.80	0.65	0.80	0.65	0.80
300	300								
	350								
	400								
	450								
	500	108.42	133.44						
	550	129.98	159.98	120.83	148.72				
	600	152.69	187.93	142.30	175.14	133.24	163.99		
	700	201.07	247.47	188.26	231.71	176.99	217.83	158.06	194.54
	800	252.77	311.10	237.64	292.48	224.21	275.95	201.45	247.94
	900	307.20	378.09	289.85	356.73	274.35	337.66	247.84	305.03
	1000	363.90	447.87	344.44	423.92	326.95	402.40	296.82	365.31
400	350								
	400								
	450								
	500	144.56	177.92						
	550	173.31	213.31	161.11	198.29				
	600	203.59	250.57	189.74	233.53	177.65	218.65		
	650	235.23	289.51	219.75	270.47	206.19	253.77		
	700	268.09	329.96	251.02	308.94	235.99	290.45	210.75	259.38
	800	337.03	414.81	316.85	389.97	298.95	367.94	268.60	330.58
	900	409.60	504.13	386.46	475.64	365.79	450.21	330.45	406.71
	1000	485.19	597.16	459.25	565.23	435.94	536.54	395.76	487.09

续表 4-15

b	a \ β \ h	400+20 0.65	400+20 0.80	450+20 0.65	450+20 0.80	500+20 0.65	500+20 0.80	600+20 0.65	600+20 0.80
450	400								
	450								
	500	162.63	200.16						
	550	194.98	239.97	181.25	223.07				
	600	229.04	281.89	213.46	262.72	199.86	245.98		
	650	264.63	325.70	247.22	304.27	231.96	285.49		
	700	301.61	371.21	282.39	347.56	265.49	326.75	237.09	291.80
	800	379.16	466.66	356.46	438.71	336.32	413.93	302.17	371.90
	900	460.80	567.14	434.77	535.10	411.52	506.49	371.76	457.55
	1000	545.84	671.81	516.65	635.88	490.43	603.60	445.23	547.97
	1100	633.74	779.98	601.57	740.39	572.51	704.62	522.06	642.54
500	450								
	500	180.70	222.40						
	550	216.64	266.64	201.39	247.86				
	600	254.49	313.21	237.17	291.91	222.07	273.31		
	650	294.04	361.89	274.69	338.08	257.74	317.21		
	700	335.12	412.45	313.77	386.18	294.98	363.06	263.43	324.23
	800	421.29	518.51	396.06	487.46	373.68	459.92	335.75	413.23
	900	512.00	630.16	483.08	594.56	457.24	562.76	413.07	508.39
	1000	606.49	746.45	574.06	706.54	544.92	670.67	494.70	608.86
	1100	704.15	866.65	668.41	822.66	636.12	782.91	580.07	713.93
	1200	804.50	990.15	765.63	942.32	730.35	898.89	668.72	823.03
600	550	259.97	319.96	241.66	297.43				
	600	305.38	375.86	284.61	350.29	266.48	327.98		
	650	352.84	434.27	329.63	405.70	309.28	380.66		
	700	402.14	494.94	376.53	463.42	353.98	435.67	316.12	389.07
	750	453.09	557.65	425.13	523.23	400.41	492.81	358.70	441.48
	800	505.55	622.21	475.27	584.95	448.42	551.90	402.90	495.87
	900	614.40	756.19	579.69	713.47	548.69	675.31	495.68	610.07
	1000	727.79	895.74	688.87	847.84	653.90	804.80	593.64	730.63
	1100	844.98	1039.98	802.09	987.19	763.34	939.50	696.09	856.72
	1200	965.39	1188.18	918.76	1130.78	876.42	1078.67	802.46	987.64
	1300	1088.56	1339.77	1038.40	1278.03	992.66	1221.73	912.28	1122.80

牛腿截面尺寸选择（15）　**表4-16**

（混凝土强度等级：C30　$F_{hk}/F_{vk}=0.2$）

b	a:	0+0		0+20		100+20		150+20	
	h \ β	0.65	0.80	0.65	0.80	0.65	0.80	0.65	0.80
300	300	162.27	199.71	138.23	170.13	79.41	97.73	65.48	80.59
	350	197.54	243.13	172.85	212.74	106.37	130.92	89.21	109.80
	400	232.82	286.55	207.65	255.57	134.79	165.89	114.67	141.13
	450	268.09	329.96	242.56	298.54	164.32	202.23	141.49	174.15
	500	303.37	373.38	277.55	341.60	194.70	239.63	169.41	208.51
	550	338.64	416.79	312.60	384.73	225.76	277.86	198.23	243.98
	600	373.92	460.21	347.68	427.91	257.37	316.77	227.79	280.36
	700	444.47	547.04	417.94	514.38	321.86	396.13	288.68	355.30
	800	515.02	633.87	488.27	600.95	387.59	477.04	351.37	432.46
	900	585.57	720.71	558.65	687.57	454.23	559.05	415.41	511.27
	1000	656.12	807.54	629.07	774.24	521.53	641.89	480.47	591.35
400	350	263.39	324.17	230.47	283.65	141.83	174.55	118.95	146.40
	400	310.42	382.06	276.86	340.76	179.72	221.19	152.90	188.18
	450	357.46	439.95	323.41	398.05	219.09	269.65	188.66	232.20
	500	404.49	497.84	370.07	455.47	259.60	319.51	225.89	278.01
	550	451.53	555.72	416.79	512.98	301.02	370.48	264.31	325.30
	600	498.56	613.61	463.57	570.55	343.16	422.36	303.72	373.81
	650	545.59	671.50	510.39	628.18	385.91	474.96	343.96	423.34
	700	592.63	729.39	557.25	685.84	429.14	528.18	384.90	473.73
	800	686.70	845.16	651.02	801.26	516.79	636.05	468.49	576.61
	900	780.76	960.94	744.87	916.76	605.64	745.40	553.88	681.69
	1000	874.83	1076.72	838.76	1032.32	695.38	855.85	640.63	788.46
450	400	349.23	429.82	311.47	383.35	202.18	248.84	172.01	211.70
	450	402.14	494.94	363.84	447.81	246.47	303.35	212.24	261.22
	500	455.05	560.07	416.33	512.40	292.05	359.45	254.12	312.76
	550	507.97	625.19	468.89	577.10	338.64	416.79	297.35	365.97
	600	560.88	690.31	521.52	641.87	386.06	475.15	341.69	420.54
	650	613.79	755.44	574.19	706.70	434.15	534.33	386.96	476.25
	700	666.71	820.56	626.90	771.57	482.79	594.20	433.02	532.94
	800	772.53	950.81	732.40	901.42	581.39	715.56	527.06	648.68
	900	878.36	1081.06	837.98	1031.35	681.34	838.58	623.11	766.90
	1000	984.19	1211.31	943.60	1161.36	782.30	962.83	720.70	887.02
	1100	1090.01	1341.55	1049.26	1291.40	884.03	1088.03	819.50	1008.61

续表 4-16

b	a / h \ β	0+0 0.65	0+0 0.80	0+20 0.65	0+20 0.80	100+20 0.65	100+20 0.80	150+20 0.65	150+20 0.80
500	450	446.82	549.94	404.27	497.56	273.86	337.06	235.82	290.24
	500	505.62	622.30	462.58	569.33	324.50	399.38	282.36	347.52
	550	564.41	694.66	520.99	641.22	376.27	463.10	330.39	406.63
	600	623.20	767.02	579.47	713.19	428.96	527.95	379.65	467.26
	650	681.99	839.38	637.99	785.22	482.39	593.70	429.95	529.17
	700	740.79	911.74	696.56	857.30	536.43	660.22	481.13	592.16
	800	858.37	1056.46	813.78	1001.58	645.99	795.06	585.62	720.76
	900	975.96	1201.18	931.08	1145.95	757.05	931.75	692.34	852.12
	1000	1093.54	1345.90	1048.45	1290.40	869.22	1069.81	800.78	985.58
	1100	1211.13	1490.62	1165.85	1434.89	982.25	1208.92	910.55	1120.68
	1200	1328.71	1635.34	1283.28	1579.43	1095.94	1348.85	1021.39	1257.09
600	550	677.29	833.59	625.19	769.47	451.53	555.72	396.46	487.95
	600	747.84	920.42	695.36	855.83	514.75	633.54	455.58	560.72
	650	818.39	1007.25	765.59	942.27	578.86	712.45	515.94	635.01
	700	888.94	1094.08	835.87	1028.76	643.72	792.27	577.35	710.59
	750	959.49	1180.92	906.19	1115.31	709.19	872.85	639.66	787.28
	800	1030.04	1267.75	976.54	1201.89	775.19	954.08	702.74	864.91
	900	1171.15	1441.41	1117.30	1375.14	908.46	1118.10	830.81	1022.54
	1000	1312.25	1615.08	1258.14	1548.47	1043.07	1283.78	960.94	1182.69
	1100	1453.35	1788.74	1399.02	1721.87	1178.70	1450.71	1092.67	1344.82
	1200	1594.45	1962.40	1539.94	1895.31	1315.13	1618.62	1225.67	1508.51
	1300	1735.55	2136.07	1680.89	2068.79	1452.20	1787.32	1359.70	1673.48

b	a / h \ β	200+20 0.65	200+20 0.80	250+20 0.65	250+20 0.80	300+20 0.65	300+20 0.80	350+20 0.65	350+20 0.80
300	300	55.70	68.56						
	350	76.82	94.55	67.45	83.02				
	400	99.78	122.81	88.31	108.69	79.21	97.48		
	450	124.24	152.91	110.73	136.29	99.88	122.93	90.96	111.95
	500	149.94	184.54	134.48	165.52	121.91	150.05	111.49	137.22
	550	176.68	217.46	159.36	196.14	145.13	178.63	133.24	163.98
	600	204.31	251.45	185.21	227.95	169.38	208.47	156.05	192.06
	700	261.70	322.09	239.33	294.56	220.49	271.37	204.39	251.56
	800	321.34	395.49	296.04	364.35	274.43	337.76	255.76	314.78
	900	382.70	471.01	354.76	436.63	330.63	406.93	309.57	381.01
	1000	445.40	548.18	415.10	510.89	388.66	478.35	365.39	449.71

续表 4-16

b	a \ h β	200+20 0.65	200+20 0.80	250+20 0.65	250+20 0.80	300+20 0.65	300+20 0.80	350+20 0.65	350+20 0.80
400	350	102.43	126.07	89.94	110.69				
	400	133.04	163.74	117.75	144.92	105.61	129.98		
	450	165.65	203.88	147.65	181.72	133.17	163.90	121.28	149.27
	500	199.92	246.06	179.31	220.69	162.55	200.07	148.66	182.97
	550	235.58	289.94	212.48	261.52	193.51	238.17	177.65	218.65
	600	272.41	335.27	246.95	303.94	225.84	277.96	208.06	256.07
	650	310.24	381.83	282.54	347.74	259.38	319.24	239.73	295.05
	700	348.93	429.45	319.11	392.75	293.98	361.82	272.52	335.41
	800	428.45	527.33	394.72	485.80	365.90	450.34	341.01	419.71
	900	510.26	628.02	473.02	582.18	440.84	542.57	412.76	508.01
	1000	593.86	730.91	553.47	681.19	518.21	637.80	487.18	599.61
450	400	149.67	184.21	132.47	163.03	118.81	146.23		
	450	186.36	229.36	166.10	204.43	149.82	184.39	136.44	167.93
	500	224.91	276.81	201.72	248.28	182.87	225.07	167.24	205.84
	550	265.03	326.19	239.04	294.21	217.70	267.94	199.86	245.98
	600	306.46	377.18	277.82	341.93	254.07	312.71	234.07	288.08
	650	349.02	429.56	317.86	391.21	291.80	359.14	269.70	331.94
	700	392.55	483.13	359.00	441.84	330.73	407.05	306.59	377.34
	800	482.01	593.24	444.05	546.53	411.64	506.64	383.64	472.17
	900	574.05	706.52	532.15	654.95	495.94	610.39	464.36	571.51
	1000	668.10	822.27	622.65	766.34	582.99	717.53	548.08	674.56
	1100	763.75	940.00	715.10	880.13	672.28	827.43	634.30	780.68
500	450	207.06	254.85	184.56	227.15	166.46	204.88	151.60	186.59
	500	249.90	307.57	224.14	275.86	203.19	250.08	185.82	228.71
	550	294.47	362.43	265.60	326.90	241.89	297.71	222.06	273.31
	600	340.51	419.09	308.69	379.92	282.30	347.45	260.08	320.09
	650	387.80	477.29	353.17	434.68	324.23	399.05	299.66	368.82
	700	436.16	536.82	398.88	490.93	367.48	452.28	340.65	419.27
	800	535.56	659.16	493.39	607.25	457.38	562.93	426.27	524.63
	900	637.83	785.02	591.27	727.72	551.05	678.22	515.95	635.02
	1000	742.33	913.64	691.83	851.49	647.77	797.25	608.98	749.51
	1100	848.61	1044.45	794.56	977.92	746.98	919.36	704.78	867.42
	1200	956.33	1177.03	899.07	1106.54	848.27	1044.03	802.91	988.20

续表 4-16

b	a / h \ β	200+20 0.65	200+20 0.80	250+20 0.65	250+20 0.80	300+20 0.65	300+20 0.80	350+20 0.65	350+20 0.80
600	550	353.37	434.92	318.72	392.28	290.27	357.25	266.47	327.97
	600	408.61	502.91	370.43	455.91	338.77	416.94	312.09	384.11
	650	465.36	572.75	423.81	521.61	389.07	478.86	359.60	442.58
	700	523.40	644.18	478.66	589.12	440.97	542.73	408.78	503.12
	750	582.55	716.98	534.80	658.22	494.28	608.35	459.48	565.51
	800	642.68	790.99	592.07	728.71	548.86	675.51	511.52	629.56
	900	765.40	942.02	709.53	873.26	661.26	813.86	619.14	762.02
	1000	890.80	1096.36	830.20	1021.78	777.32	956.70	730.77	899.41
	1100	1018.33	1253.33	953.47	1173.50	896.38	1103.23	845.74	1040.90
	1200	1147.60	1412.43	1078.88	1327.85	1017.93	1252.83	963.49	1185.84
	1300	1278.28	1573.27	1206.06	1484.39	1141.57	1405.01	1083.62	1333.69

b	a / h \ β	400+20 0.65	400+20 0.80	450+20 0.65	450+20 0.80	500+20 0.65	500+20 0.80	600+20 0.65	600+20 0.80
300	300								
	350								
	400								
	450								
	500	102.72	126.42						
	550	123.14	151.56	114.47	140.89				
	600	144.66	178.04	134.81	165.93	126.23	155.36		
	700	190.49	234.45	178.35	219.51	167.67	206.37	149.74	184.30
	800	239.47	294.73	225.13	277.08	212.41	261.43	190.85	234.89
	900	291.03	358.20	274.59	337.96	259.91	319.89	234.80	288.98
	1000	344.74	424.30	326.31	401.61	309.74	381.22	281.20	346.09
400	350								
	400								
	450								
	500	136.95	168.56						
	550	164.19	202.08	152.63	187.85				
	600	192.87	237.38	179.75	221.23	168.30	207.14		
	650	222.85	274.27	208.19	256.23	195.34	240.41		
	700	253.98	312.60	237.81	292.68	223.57	275.16	199.66	245.73
	800	319.29	392.97	300.17	369.44	283.21	348.57	254.46	313.18
	900	388.04	477.59	366.12	450.61	346.54	426.51	313.06	385.30
	1000	459.66	565.73	435.08	535.48	412.99	508.30	374.93	461.45

续表 4-16

b	a / h \ β	400+20		450+20		500+20		600+20	
		0.65	0.80	0.65	0.80	0.65	0.80	0.65	0.80
450	400								
	450								
	500	154.07	189.63						
	550	184.72	227.34	171.71	211.33				
	600	216.98	267.06	202.22	248.89	189.34	233.04		
	650	250.70	308.56	234.21	288.26	219.75	270.47		
	700	285.73	351.67	267.53	329.27	251.51	309.55	224.61	276.45
	800	359.20	442.10	337.69	415.62	318.62	392.14	286.27	352.33
	900	436.55	537.29	411.89	506.94	389.86	479.83	352.19	433.47
	1000	517.11	636.45	489.46	602.41	464.62	571.84	421.79	519.13
	1100	600.38	738.93	569.91	701.42	542.37	667.54	494.59	608.72
500	450								
	500	171.19	210.70						
	550	205.24	252.60	190.79	234.81				
	600	241.09	296.73	224.69	276.54	210.38	258.93		
	650	278.56	342.84	260.23	320.29	244.17	300.52		
	700	317.48	390.74	297.26	365.86	279.46	343.95	249.57	307.16
	800	399.11	491.22	375.22	461.80	354.02	435.71	318.08	391.48
	900	485.06	596.99	457.65	563.26	433.18	533.14	391.33	481.63
	1000	574.57	707.17	543.85	669.35	516.24	635.37	468.66	576.81
	1100	667.09	821.03	633.23	779.36	602.64	741.71	549.54	676.36
	1200	762.15	938.04	725.33	892.72	691.91	851.58	633.52	779.72
600	550	246.29	303.12	228.94	281.78				
	600	289.31	356.07	269.63	331.85	252.46	310.71		
	650	334.27	411.41	312.28	384.35	293.00	360.62		
	700	380.98	468.89	356.71	439.03	335.35	412.74	299.48	368.59
	750	429.25	528.30	402.75	495.69	379.33	466.87	339.82	418.24
	800	478.94	589.46	450.26	554.16	424.82	522.86	381.69	469.77
	900	582.07	716.39	549.18	675.92	519.81	639.77	469.59	577.96
	1000	689.49	848.60	652.62	803.22	619.49	762.45	562.39	692.18
	1100	800.51	985.24	759.87	935.23	723.16	890.05	659.45	811.63
	1200	914.58	1125.64	870.40	1071.26	830.29	1021.90	760.22	935.66
	1300	1031.27	1269.26	983.75	1210.77	940.41	1157.43	864.26	1063.71

牛腿截面尺寸选择表（16） **表 4-17**

（混凝土强度等级：C30　$F_{hk}/F_{vk}=0.3$）

b	h \ a / β	0+0 0.65	0+0 0.80	0+20 0.65	0+20 0.80	100+20 0.65	100+20 0.80	150+20 0.65	150+20 0.80
300	300	153.25	188.62	130.55	160.67	75.00	92.30	61.84	76.11
	350	186.57	229.62	163.25	200.92	100.46	123.64	84.26	103.70
	400	219.88	270.63	196.11	241.37	127.30	156.68	108.30	133.29
	450	253.20	311.63	229.09	281.95	155.19	191.00	133.63	164.47
	500	286.52	352.63	262.13	322.62	183.88	226.32	160.00	196.93
	550	319.83	393.64	295.23	363.36	213.22	262.43	187.22	230.42
	600	353.15	434.64	328.36	404.14	243.08	299.17	215.14	264.78
	700	419.78	516.65	394.72	485.81	303.98	374.13	272.64	335.56
	800	486.41	598.66	461.14	567.56	366.06	450.54	331.85	408.43
	900	553.04	680.67	527.61	649.37	428.99	527.99	392.33	482.87
	1000	619.67	762.67	594.12	731.22	492.56	606.23	453.78	558.49
400	350	248.76	306.16	217.66	267.89	133.95	164.86	112.34	138.27
	400	293.18	360.84	261.48	321.83	169.73	208.90	144.40	177.72
	450	337.60	415.51	305.45	375.94	206.92	254.67	178.18	219.30
	500	382.02	470.18	349.51	430.16	245.18	301.76	213.34	262.57
	550	426.44	524.85	393.64	484.48	284.29	349.90	249.62	307.23
	600	470.86	579.52	437.82	538.85	324.10	398.89	286.85	353.04
	650	515.28	634.20	482.04	593.28	364.47	448.58	324.85	399.82
	700	559.70	688.87	526.29	647.74	405.30	498.83	363.52	447.41
	800	648.55	798.21	614.86	756.75	488.08	600.72	442.47	544.57
	900	737.39	907.56	703.49	865.83	571.99	703.99	523.10	643.82
	1000	826.23	1016.90	792.16	974.97	656.75	808.30	605.03	744.66
450	400	329.83	405.94	294.17	362.05	190.95	235.02	162.45	199.94
	450	379.80	467.45	343.63	422.93	232.78	286.50	200.45	246.71
	500	429.77	528.95	393.20	483.93	275.82	339.48	240.00	295.39
	550	479.75	590.46	442.84	545.04	319.83	393.64	280.83	345.63
	600	529.72	651.96	492.55	606.21	364.61	448.75	322.70	397.17
	650	579.69	713.47	542.29	667.44	410.03	504.65	365.46	449.80
	700	629.67	774.98	592.08	728.71	455.97	561.19	408.96	503.33
	800	729.61	897.99	691.71	851.34	549.09	675.81	497.77	612.65
	900	829.56	1021.00	791.42	974.06	643.49	791.99	588.49	724.30
	1000	929.51	1144.01	891.18	1096.84	738.84	909.34	680.66	837.74
	1100	1029.46	1267.02	990.97	1219.66	834.91	1027.59	773.97	952.58

续表 4-17

b	a \ h β	0+0 0.65	0+0 0.80	0+20 0.65	0+20 0.80	100+20 0.65	100+20 0.80	150+20 0.65	150+20 0.80
500	450	422.00	519.38	381.81	469.92	258.64	318.33	222.72	274.12
	500	477.53	587.72	436.89	537.70	306.47	377.20	266.67	328.21
	550	533.05	656.06	492.05	605.60	355.37	437.38	312.03	384.04
	600	588.58	724.40	547.27	673.57	405.13	498.62	358.56	441.30
	650	644.10	792.74	602.55	741.60	455.59	560.72	406.07	499.77
	700	699.63	861.08	657.86	809.68	506.63	623.54	454.40	559.26
	800	810.68	997.76	768.57	945.93	610.10	750.89	553.08	680.72
	900	921.74	1134.44	879.36	1082.29	714.99	879.99	653.88	804.78
	1000	1032.79	1271.12	990.20	1218.71	820.93	1010.38	756.29	930.82
	1100	1143.84	1407.80	1101.08	1355.18	927.68	1141.76	859.97	1058.42
	1200	1254.89	1544.48	1211.99	1491.68	1035.06	1273.92	964.65	1187.26
600	550	639.66	787.28	590.46	726.72	426.44	524.85	374.44	460.84
	600	706.29	869.28	656.73	808.28	486.15	598.34	430.27	529.56
	650	772.93	951.29	723.06	889.92	546.70	672.87	487.28	599.73
	700	839.56	1033.30	789.43	971.61	607.95	748.25	545.28	671.11
	750	906.19	1115.31	855.84	1053.35	669.79	824.36	604.13	743.54
	800	972.82	1197.32	922.28	1135.12	732.12	901.07	663.70	816.86
	900	1106.08	1361.33	1055.23	1298.74	857.99	1055.99	784.66	965.73
	1000	1239.35	1525.35	1188.24	1462.45	985.12	1212.46	907.55	1116.99
	1100	1372.61	1689.36	1321.30	1626.21	1113.22	1370.11	1031.96	1270.11
	1200	1505.87	1853.38	1454.39	1790.02	1242.07	1528.70	1157.57	1424.71
	1300	1639.13	2017.40	1587.51	1953.86	1371.52	1688.03	1284.16	1580.51

b	a \ h β	200+20 0.65	200+20 0.80	250+20 0.65	250+20 0.80	300+20 0.65	300+20 0.80	350+20 0.65	350+20 0.80
300	300	52.61	64.75						
	350	72.55	89.30	63.71	78.41				
	400	94.24	115.98	83.40	102.65	74.81	92.07		
	450	117.34	144.41	104.58	128.72	94.33	116.10	85.91	105.73
	500	141.61	174.29	127.01	156.32	115.14	141.71	105.30	129.60
	550	166.87	205.38	150.51	185.24	137.07	168.70	125.84	154.87
	600	192.96	237.49	174.92	215.29	159.97	196.89	147.38	181.39
	700	247.16	304.20	226.03	278.20	208.24	256.29	193.04	237.58
	800	303.49	373.52	279.59	344.11	259.18	318.99	241.55	297.29
	900	361.44	444.84	335.05	412.37	312.26	384.32	292.37	359.84
	1000	420.65	517.73	392.04	482.51	367.07	451.78	345.09	424.72

续表 4-17

b	h \ a / β	200+20		250+20		300+20		350+20	
		0.65	0.80	0.65	0.80	0.65	0.80	0.65	0.80
400	350	96.74	119.06	84.94	104.54				
	400	125.65	154.64	111.21	136.87	99.74	122.76		
	450	156.45	192.55	139.44	171.62	125.77	154.80	114.54	140.98
	500	188.81	232.39	169.35	208.43	153.52	188.95	140.40	172.80
	550	222.49	273.84	200.68	246.99	182.76	224.94	167.78	206.50
	600	257.28	316.65	233.23	287.05	213.30	262.52	196.50	241.85
	650	293.00	360.62	266.84	328.42	244.97	301.50	226.41	278.66
	700	329.55	405.59	301.38	370.93	277.65	341.72	257.38	316.78
	800	404.65	498.03	372.79	458.81	345.58	425.32	322.07	396.39
	900	481.92	593.13	446.74	549.83	416.35	512.43	389.83	479.79
	1000	560.87	690.30	522.72	643.34	489.42	602.37	460.12	566.30
450	400	141.35	173.97	125.11	153.98	112.21	138.10		
	450	176.00	216.62	156.87	193.08	141.49	174.15	128.86	158.60
	500	212.42	261.44	190.52	234.48	172.71	212.57	157.95	194.40
	550	250.30	308.06	225.76	277.86	205.61	253.05	188.75	232.31
	600	289.43	356.23	262.38	322.94	239.96	295.33	221.06	272.08
	650	329.63	405.70	300.20	369.48	275.59	339.19	254.71	313.49
	700	370.74	456.29	339.05	417.29	312.35	384.44	289.56	356.38
	800	455.23	560.28	419.38	516.17	388.77	478.49	362.33	445.94
	900	542.15	667.27	502.58	618.56	468.39	576.48	438.56	539.76
	1000	630.98	776.59	588.06	723.76	550.60	677.66	517.63	637.08
	1100	721.32	887.78	675.38	831.23	634.93	781.46	599.06	737.31
500	450	195.56	240.69	174.30	214.53	157.22	193.50	143.18	176.22
	500	236.02	290.48	211.69	260.54	191.90	236.19	175.50	216.00
	550	278.11	342.29	250.85	308.74	228.45	281.17	209.73	258.12
	600	321.59	395.81	291.54	358.82	266.62	328.15	245.63	302.31
	650	366.26	450.78	333.55	410.53	306.21	376.88	283.02	348.33
	700	411.93	506.99	376.72	463.66	347.06	427.15	321.73	395.97
	800	505.81	622.54	465.98	573.52	431.97	531.66	402.58	495.49
	900	602.39	741.41	558.42	687.29	520.44	640.54	487.29	599.74
	1000	701.09	862.88	653.40	804.18	611.78	752.96	575.15	707.87
	1100	801.47	986.42	750.42	923.59	705.48	868.29	665.62	819.23
	1200	903.20	1111.64	849.12	1045.07	801.15	986.03	758.30	933.30

续表 4-17

b	h \ a	200+20		250+20		300+20		350+20	
	β	0.65	0.80	0.65	0.80	0.65	0.80	0.65	0.80
600	550	333.74	410.75	301.02	370.48	274.14	337.40	251.67	309.75
	600	385.91	474.97	349.85	430.58	319.95	393.78	294.75	362.77
	650	439.51	540.93	400.26	492.63	367.46	452.25	339.62	417.99
	700	494.32	608.39	452.07	556.39	416.47	512.58	386.07	475.17
	750	550.19	677.15	505.09	621.65	466.82	574.55	433.95	534.09
	800	606.97	747.04	559.18	688.22	518.36	637.99	483.10	594.59
	900	722.87	889.69	670.11	824.75	624.52	768.64	584.74	719.69
	1000	841.31	1035.46	784.08	965.02	734.13	903.55	690.17	849.45
	1100	961.76	1183.70	900.50	1108.31	846.58	1041.94	798.75	983.08
	1200	1083.84	1333.96	1018.94	1254.08	961.38	1183.23	909.97	1119.96
	1300	1207.27	1485.87	1139.06	1401.92	1078.15	1326.95	1023.42	1259.59

b	h \ a	400+20		450+20		500+20		600+20	
	β	0.65	0.80	0.65	0.80	0.65	0.80	0.65	0.80
300	300								
	350								
	400								
	450								
	500	97.01	119.40						
	550	116.30	143.14	108.11	133.06				
	600	136.62	168.15	127.33	156.71	119.22	146.73		
	700	179.91	221.42	168.45	207.32	158.36	194.90	141.42	174.06
	800	226.17	278.36	212.62	261.69	200.61	246.90	180.24	221.84
	900	274.86	338.30	259.34	319.18	245.47	302.11	221.75	272.92
	1000	325.59	400.73	308.18	379.30	292.54	360.04	265.57	326.86
400	350								
	400								
	450								
	500	129.35	159.19						
	550	155.07	190.85	144.15	177.41				
	600	182.16	224.20	169.77	208.94	158.95	195.64		
	650	210.47	259.04	196.62	242.00	184.48	227.06		
	700	239.87	295.23	224.59	276.42	211.15	259.87	188.56	232.08
	800	301.55	371.14	283.50	348.92	267.48	329.21	240.32	295.78
	900	366.49	451.06	345.78	425.58	327.29	402.82	295.67	363.90
	1000	434.12	534.30	410.91	505.73	390.05	480.06	354.10	435.81

续表 4-17

b	a	400+20		450+20		500+20		600+20	
	h \ β	0.65	0.80	0.65	0.80	0.65	0.80	0.65	0.80
450	400								
	450								
	500	145.51	179.09						
	550	174.45	214.71	162.17	199.59				
	600	204.93	252.22	190.99	235.06	178.82	220.09		
	650	236.78	291.42	221.20	272.24	207.54	255.44		
	700	269.86	332.13	252.67	310.98	237.54	292.36	212.13	261.09
	800	339.25	417.54	318.93	392.53	300.91	370.36	270.36	332.76
	900	412.30	507.44	389.00	478.77	368.20	453.17	332.63	409.39
	1000	488.39	601.09	462.27	568.95	438.80	540.07	398.36	490.29
	1100	567.03	697.88	538.24	662.45	512.24	630.45	467.11	574.90
500	450								
	500	161.68	198.99						
	550	193.84	238.57	180.19	221.77				
	600	227.70	280.24	212.21	261.18	198.69	244.54		
	650	263.08	323.80	245.78	302.49	230.61	283.82		
	700	299.84	369.04	280.74	345.53	263.93	324.84	235.70	290.10
	800	376.94	463.93	354.37	436.15	334.35	411.51	300.41	369.73
	900	458.11	563.83	432.23	531.97	409.11	503.52	369.58	454.87
	1000	542.65	667.88	513.63	632.16	487.56	600.07	442.62	544.77
	1100	630.03	775.42	598.05	736.06	569.16	700.50	519.01	638.78
	1200	719.81	885.92	685.04	843.12	653.47	801.27	598.32	736.40
600	550	232.60	286.28	216.22	266.12				
	600	273.24	336.29	254.65	313.42	238.43	293.45		
	650	315.70	388.56	294.93	362.99	276.73	340.59		
	700	359.81	442.84	336.89	414.64	316.72	389.81	282.85	348.12
	750	405.40	498.95	380.38	468.15	358.26	440.94	320.94	395.01
	800	452.33	556.71	425.24	523.38	401.22	493.81	360.49	443.68
	900	549.73	676.59	518.67	638.37	490.94	604.23	443.50	545.85
	1000	651.18	801.45	616.36	758.60	585.07	720.09	531.15	653.72
	1100	756.04	930.51	717.66	883.27	682.99	840.60	622.81	766.54
	1200	863.77	1063.11	822.05	1011.75	784.16	965.12	717.99	883.68
	1300	973.98	1198.74	929.09	1143.50	888.17	1093.13	816.25	1004.61

牛腿截面尺寸选择表（17）　　表 4-18

（混凝土强度等级：C30　　$F_{hk}/F_{vk}=0.4$）

b	h \ a	0+0		0+20		100+20		150+20	
	β	0.65	0.80	0.65	0.80	0.65	0.80	0.65	0.80
300	300	144.24	177.52	122.87	151.22	70.58	86.87	58.20	71.63
	350	175.59	216.12	153.64	189.10	94.55	116.37	79.30	97.60
	400	206.95	254.71	184.58	227.17	119.81	147.46	101.93	125.45
	450	238.31	293.30	215.61	265.37	146.06	179.76	125.77	154.80
	500	269.66	331.89	246.71	303.65	173.07	213.00	150.59	185.34
	550	301.02	370.48	277.86	341.98	200.68	246.99	176.21	216.87
	600	332.37	409.08	309.05	380.37	228.78	281.57	202.48	249.21
	700	395.09	486.26	371.50	457.23	286.10	352.12	256.60	315.82
	800	457.80	563.44	434.02	534.17	344.53	424.03	312.33	384.41
	900	520.51	640.63	496.58	611.17	403.76	496.94	369.25	454.46
	1000	583.22	717.81	559.17	688.21	463.59	570.57	427.08	525.64
400	350	234.12	288.15	204.86	252.13	126.07	155.16	105.73	130.13
	400	275.93	339.61	246.10	302.90	159.75	196.62	135.91	167.27
	450	317.74	391.07	287.48	353.82	194.74	239.69	167.70	206.40
	500	359.55	442.52	328.95	404.86	230.76	284.01	200.79	247.12
	550	401.36	493.98	370.48	455.98	267.57	329.32	234.94	289.16
	600	443.16	545.43	412.07	507.16	305.04	375.43	269.97	332.28
	650	484.97	596.89	453.68	558.38	343.03	422.19	305.74	376.30
	700	526.78	648.35	495.33	609.64	381.46	469.49	342.14	421.09
	800	610.40	751.26	578.69	712.23	459.37	565.38	416.44	512.54
	900	694.01	854.17	662.10	814.90	538.35	662.58	492.33	605.95
	1000	777.63	957.08	745.56	917.61	618.12	760.76	569.44	700.86
450	400	310.42	382.06	276.86	340.76	179.72	221.19	152.90	188.18
	450	357.46	439.95	323.41	398.05	219.09	269.65	188.66	232.20
	500	404.49	497.84	370.07	455.47	259.60	319.51	225.89	278.01
	550	451.53	555.72	416.79	512.98	301.02	370.48	264.31	325.30
	600	498.56	613.61	463.57	570.55	343.16	422.36	303.72	373.81
	650	545.59	671.50	510.39	628.18	385.91	474.96	343.96	423.34
	700	592.63	729.39	557.25	685.84	429.14	528.18	384.90	473.73
	800	686.70	845.16	651.02	801.26	516.79	636.05	468.49	576.61
	900	780.76	960.94	744.87	916.76	605.64	745.40	553.88	681.69
	1000	874.83	1076.72	838.76	1032.32	695.38	855.85	640.63	788.46
	1100	968.90	1192.49	932.68	1147.91	785.80	967.14	728.44	896.55

续表 4-18

b	a	0+0		0+20		100+20		150+20	
	h \ β	0.65	0.80	0.65	0.80	0.65	0.80	0.65	0.80
500	450	397.18	488.83	359.35	442.28	243.43	299.61	209.62	257.99
	500	449.44	553.15	411.19	506.08	288.44	355.01	250.98	308.90
	550	501.70	617.47	463.10	569.97	334.46	411.65	293.68	361.45
	600	553.96	681.79	515.08	633.95	381.29	469.29	337.47	415.34
	650	606.22	746.11	567.11	697.98	428.79	527.74	382.18	470.37
	700	658.48	810.43	619.16	762.05	476.83	586.86	427.67	526.36
	800	763.00	939.07	723.36	890.29	574.21	706.72	520.55	640.68
	900	867.52	1067.71	827.63	1018.62	672.93	828.23	615.42	757.44
	1000	972.04	1196.35	931.95	1147.02	772.64	950.95	711.81	876.07
	1100	1076.56	1324.99	1036.31	1275.46	873.11	1074.60	809.38	996.16
	1200	1181.08	1453.63	1140.70	1403.94	974.17	1198.98	907.90	1117.42
600	550	602.04	740.97	555.72	683.97	401.36	493.98	352.41	433.74
	600	664.75	818.15	618.10	760.74	457.55	563.14	404.96	498.41
	650	727.46	895.33	680.53	837.57	514.54	633.29	458.62	564.45
	700	790.17	972.52	743.00	914.46	572.19	704.24	513.20	631.64
	750	852.88	1049.70	805.50	991.39	630.39	775.87	568.59	699.80
	800	915.60	1126.89	868.03	1068.35	689.06	848.07	624.66	768.81
	900	1041.02	1281.25	993.16	1222.35	807.52	993.87	738.50	908.92
	1000	1166.44	1435.62	1118.34	1376.42	927.17	1141.14	854.17	1051.28
	1100	1291.87	1589.99	1243.57	1530.55	1047.73	1289.52	971.26	1195.39
	1200	1417.29	1744.36	1368.84	1684.72	1169.01	1438.78	1089.48	1340.90
	1300	1542.72	1898.73	1494.13	1838.92	1290.84	1588.73	1208.62	1487.54

b	a	200+20		250+20		300+20		350+20	
	h \ β	0.65	0.80	0.65	0.80	0.65	0.80	0.65	0.80
300	300	49.51	60.94						
	350	68.29	84.04	59.96	73.80				
	400	88.69	109.16	78.50	96.61	70.41	86.65		
	450	110.43	135.92	98.43	121.15	88.78	109.27	80.85	99.51
	500	133.28	164.04	119.54	147.13	108.37	133.38	99.11	121.98
	550	157.05	193.30	141.66	174.35	129.01	158.78	118.43	145.76
	600	181.61	223.52	164.63	202.63	150.56	185.31	138.71	170.72
	700	232.62	286.30	212.74	261.83	195.99	241.22	181.68	223.61
	800	285.63	351.55	263.14	323.87	243.94	300.23	227.34	279.81
	900	340.18	418.68	315.35	388.12	293.89	361.71	275.17	338.68
	1000	395.91	487.27	368.98	454.13	345.48	425.20	324.79	399.74

续表 4-18

b	a	200 + 20		250 + 20		300 + 20		350 + 20	
	h \ β	0.65	0.80	0.65	0.80	0.65	0.80	0.65	0.80
400	350	91.05	112.06	79.95	98.39				
	400	118.26	145.55	104.66	128.82	93.87	115.54		
	450	147.25	181.23	131.24	161.53	118.37	145.69	107.80	132.68
	500	177.71	218.72	159.39	196.17	144.49	177.84	132.14	162.64
	550	209.40	257.73	188.87	232.46	172.01	211.70	157.91	194.35
	600	242.14	298.02	219.51	270.17	200.75	247.08	184.94	227.62
	650	275.77	339.41	251.15	309.10	230.56	283.77	213.09	262.27
	700	310.16	381.74	283.65	349.11	261.32	321.62	242.24	298.14
	800	380.85	468.73	350.86	431.83	325.25	400.31	303.12	373.07
	900	453.57	558.24	420.46	517.49	391.86	482.29	366.90	451.57
	1000	527.88	649.70	491.97	605.50	460.63	566.93	433.05	532.99
450	400	133.04	163.74	117.75	144.92	105.61	129.98		
	450	165.65	203.88	147.65	181.72	133.17	163.90	121.28	149.27
	500	199.92	246.06	179.31	220.69	162.55	200.07	148.66	182.97
	550	235.58	289.94	212.48	261.52	193.51	238.17	177.65	218.65
	600	272.41	335.27	246.95	303.94	225.84	277.96	208.06	256.07
	650	310.24	381.83	282.54	347.74	259.38	319.24	239.73	295.05
	700	348.93	429.45	319.11	392.75	293.98	361.82	272.52	335.41
	800	428.45	527.33	394.72	485.80	365.90	450.34	341.01	419.71
	900	510.26	628.02	473.02	582.18	440.84	542.57	412.76	508.01
	1000	593.86	730.91	553.47	681.19	518.21	637.80	487.18	599.61
	1100	678.89	835.56	635.65	782.34	597.59	735.49	563.82	693.94
500	450	184.06	226.53	164.05	201.91	147.97	182.11	134.76	165.85
	500	222.14	273.40	199.23	245.21	180.61	222.29	165.18	203.30
	550	261.75	322.16	236.09	290.58	215.01	264.63	197.39	242.94
	600	302.68	372.53	274.39	337.71	250.94	308.85	231.18	284.53
	650	344.71	424.26	313.93	386.38	288.20	354.71	266.37	327.84
	700	387.70	477.17	354.56	436.39	326.65	402.03	302.80	372.68
	800	476.06	585.92	438.57	539.78	406.56	500.38	378.90	466.34
	900	566.96	697.80	525.58	646.86	489.82	602.86	458.62	564.46
	1000	659.85	812.12	614.96	756.88	575.79	708.67	541.31	666.23
	1100	754.32	928.40	706.28	869.26	663.98	817.21	626.47	771.04
	1200	850.07	1046.24	799.17	983.60	754.02	928.02	713.70	878.40

续表 4-18

b	a	200+20		250+20		300+20		350+20	
	h \ β	0.65	0.80	0.65	0.80	0.65	0.80	0.65	0.80
600	550	314.11	386.59	283.31	348.69	258.02	317.56	236.87	291.53
	600	363.21	447.03	329.27	405.25	301.12	370.62	277.41	341.43
	650	413.65	509.11	376.72	463.66	345.84	425.65	319.64	393.40
	700	465.24	572.60	425.48	523.66	391.97	482.43	363.36	447.22
	750	517.82	637.32	475.38	585.08	439.36	540.76	408.42	502.67
	800	571.27	703.10	526.29	647.74	487.87	600.46	454.68	559.61
	900	680.35	837.36	630.69	776.23	587.79	723.43	550.35	677.35
	1000	791.82	974.55	737.95	908.25	690.95	850.40	649.58	799.48
	1100	905.19	1114.07	847.53	1043.11	796.78	980.65	751.76	925.25
	1200	1020.09	1255.49	959.01	1180.31	904.82	1113.63	856.44	1054.08
	1300	1136.25	1398.46	1072.06	1319.45	1014.73	1248.89	963.22	1185.50

b	a	400+20		450+20		500+20		600+20	
	h \ β	0.65	0.80	0.65	0.80	0.65	0.80	0.65	0.80
300	300								
	350								
	400								
	450								
	500	91.30	112.37						
	550	109.46	134.72	101.75	125.23				
	600	128.58	158.26	119.84	147.49	112.20	138.10		
	700	169.32	208.40	158.54	195.12	149.04	183.44	133.10	163.82
	800	212.86	261.98	200.12	246.30	188.81	232.38	169.64	208.79
	900	258.70	318.40	244.08	300.41	231.03	284.34	208.71	256.87
	1000	306.44	377.16	290.05	356.99	275.33	338.87	249.95	307.63
400	350								
	400								
	450								
	500	121.74	149.83						
	550	145.95	179.63	135.67	166.98				
	600	171.44	211.01	159.78	196.65	149.60	184.13		
	650	198.09	243.80	185.06	227.76	173.63	213.70		
	700	225.76	277.86	211.38	260.16	198.73	244.59	177.47	218.43
	800	283.82	349.31	266.82	328.39	251.75	309.84	226.19	278.38
	900	344.93	424.53	325.44	400.54	308.04	379.12	278.28	342.49
	1000	408.58	502.87	386.74	475.98	367.10	451.82	333.27	410.18

续表4-18

b	h \ a / β	400+20 0.65	400+20 0.80	450+20 0.65	450+20 0.80	500+20 0.65	500+20 0.80	600+20 0.65	600+20 0.80
450	400								
	450								
	500	136.95	168.56						
	550	164.19	202.08	152.63	187.85				
	600	192.87	237.38	179.75	221.23	168.30	207.14		
	650	222.85	274.27	208.19	256.23	195.34	240.41		
	700	253.98	312.60	237.81	292.68	223.57	275.16	199.66	245.73
	800	319.29	392.97	300.17	369.44	283.21	348.57	254.46	313.18
	900	388.04	477.59	366.12	450.61	346.54	426.51	313.06	385.30
	1000	459.66	565.73	435.08	535.48	412.99	508.30	374.93	461.45
	1100	533.67	656.83	506.58	623.49	482.11	593.37	439.63	541.09
500	450								
	500	152.17	187.29						
	550	182.43	224.54	169.59	208.72				
	600	214.30	263.76	199.73	245.82	187.00	230.16		
	650	247.61	304.75	231.32	284.70	217.04	267.13		
	700	282.20	347.33	264.23	325.21	248.41	305.73	221.84	273.03
	800	354.77	436.64	333.53	410.49	314.68	387.30	282.73	347.98
	900	431.16	530.66	406.80	500.68	385.05	473.90	347.84	428.12
	1000	510.73	628.59	483.42	594.98	458.88	564.78	416.59	512.72
	1100	592.97	729.81	562.87	692.76	535.68	659.30	488.48	601.21
	1200	677.47	833.81	644.74	793.53	615.03	756.96	563.13	693.08
600	550	218.92	269.44	203.50	250.47				
	600	257.16	316.51	239.67	294.98	224.41	276.19		
	650	297.13	365.70	277.58	341.64	260.45	320.55		
	700	338.64	416.79	317.08	390.25	298.09	366.88	266.21	327.64
	750	381.55	469.60	358.00	440.62	337.19	415.00	302.06	371.77
	800	425.72	523.97	400.23	492.59	377.62	464.76	339.28	417.58
	900	517.39	636.79	488.16	600.81	462.06	568.69	417.41	513.74
	1000	612.88	754.31	580.10	713.97	550.66	677.73	499.90	615.27
	1100	711.56	875.77	675.44	831.31	642.81	791.15	586.18	721.45
	1200	812.96	1000.57	773.69	952.23	738.04	908.35	675.75	831.70
	1300	916.69	1128.23	874.44	1076.24	835.92	1028.83	768.23	945.52

牛腿截面尺寸选择表（18） 表 4-19

（混凝土强度等级：C30 $F_{hk}/F_{vk}=0.5$）

b	h \ a / β	0+0 0.65	0+0 0.80	0+20 0.65	0+20 0.80	100+20 0.65	100+20 0.80	150+20 0.65	150+20 0.80
300	300	135.22	166.43	115.19	141.77	66.17	81.44	54.56	67.16
	350	164.62	202.61	144.04	177.28	88.64	109.10	74.34	91.50
	400	194.02	238.79	173.04	212.97	112.32	138.25	95.56	117.61
	450	223.41	274.97	202.13	248.78	136.93	168.53	117.91	145.12
	500	252.81	311.15	231.29	284.67	162.25	199.69	141.18	173.76
	550	282.20	347.33	260.50	320.61	188.14	231.55	165.19	203.31
	600	311.60	383.51	289.73	356.60	214.48	263.97	189.83	233.63
	700	370.39	455.87	348.28	428.65	268.22	330.11	240.56	296.08
	800	429.19	528.23	406.89	500.79	323.00	397.53	292.81	360.38
	900	487.98	600.59	465.54	572.97	378.52	465.88	346.17	426.06
	1000	546.77	672.95	524.22	645.20	434.61	534.91	400.39	492.79
400	350	219.49	270.14	192.06	236.38	118.19	145.46	99.13	122.00
	400	258.69	318.38	230.72	283.96	149.77	184.33	127.41	156.82
	450	297.88	366.62	269.51	331.71	182.57	224.71	157.22	193.50
	500	337.08	414.86	308.39	379.56	216.33	266.26	188.24	231.68
	550	376.27	463.10	347.33	427.48	250.85	308.74	220.26	271.09
	600	415.47	511.34	386.31	475.46	285.97	351.96	253.10	311.51
	650	454.66	559.58	425.33	523.48	321.59	395.80	286.63	352.78
	700	493.86	607.82	464.37	571.54	357.62	440.15	320.75	394.77
	800	572.25	704.30	542.52	667.72	430.66	530.04	390.41	480.51
	900	650.64	800.78	620.72	763.97	504.70	621.17	461.56	568.08
	1000	729.03	897.26	698.96	860.26	579.48	713.21	533.85	657.05
450	400	291.02	358.18	259.56	319.46	168.49	207.37	143.34	176.42
	450	335.12	412.45	303.20	373.17	205.39	252.79	176.87	217.68
	500	379.21	466.72	346.94	427.00	243.37	299.54	211.77	260.64
	550	423.31	520.99	390.74	480.92	282.20	347.33	247.79	304.97
	600	467.40	575.26	434.60	534.89	321.72	395.96	284.74	350.45
	650	511.49	629.53	478.50	588.92	361.79	445.28	322.46	396.88
	700	555.59	683.80	522.42	642.98	402.32	495.17	360.85	444.12
	800	643.78	792.34	610.33	751.18	484.49	596.30	439.21	540.57
	900	731.97	900.88	698.31	859.46	567.79	698.82	519.26	639.09
	1000	820.16	1009.42	786.33	967.80	651.92	802.36	600.59	739.18
	1100	908.34	1117.96	874.39	1076.17	736.69	906.69	682.92	840.51

续表 4-19

b	a / h \ β	0+0 0.65	0+0 0.80	0+20 0.65	0+20 0.80	100+20 0.65	100+20 0.80	150+20 0.65	150+20 0.80
500	450	372.35	458.28	336.89	414.63	228.22	280.88	196.52	241.87
	500	421.35	518.58	385.49	474.45	270.42	332.82	235.30	289.60
	550	470.34	578.88	434.16	534.35	313.56	385.92	275.32	338.86
	600	519.33	639.18	482.89	594.33	357.46	439.96	316.38	389.39
	650	568.33	699.48	531.66	654.35	401.99	494.75	358.29	440.98
	700	617.32	759.78	580.47	714.42	447.03	550.19	400.94	493.47
	800	715.31	880.38	678.15	834.65	538.33	662.55	488.01	600.63
	900	813.30	1000.98	775.90	954.96	630.87	776.46	576.95	710.10
	1000	911.28	1121.58	873.71	1075.33	724.35	891.51	667.32	821.31
	1100	1009.27	1242.18	971.54	1195.74	818.54	1007.44	758.80	933.90
	1200	1107.26	1362.78	1069.40	1316.19	913.29	1124.04	851.16	1047.58
600	550	564.41	694.66	520.99	641.22	376.27	463.10	330.39	406.63
	600	623.20	767.02	579.47	713.19	428.96	527.95	379.65	467.26
	650	681.99	839.38	637.99	785.22	482.39	593.70	429.95	529.17
	700	740.79	911.74	696.56	857.30	536.43	660.22	481.13	592.16
	750	799.58	984.10	755.16	929.42	590.99	727.38	533.05	656.06
	800	858.37	1056.46	813.78	1001.58	645.99	795.06	585.62	720.76
	900	975.96	1201.18	931.08	1145.95	757.05	931.75	692.34	852.12
	1000	1093.54	1345.90	1048.45	1290.40	869.22	1069.81	800.78	985.58
	1100	1211.13	1490.62	1165.85	1434.89	982.25	1208.92	910.55	1120.68
	1200	1328.71	1635.34	1283.28	1579.43	1095.94	1348.85	1021.39	1257.10
	1300	1446.30	1780.06	1400.74	1723.99	1210.17	1489.43	1133.08	1394.57

b	a / h \ β	200+20 0.65	200+20 0.80	250+20 0.65	250+20 0.80	300+20 0.65	300+20 0.80	350+20 0.65	350+20 0.80
300	300	46.42	57.13						
	350	64.02	78.79	56.21	69.18				
	400	83.15	102.34	73.59	90.57	66.01	81.24		
	450	103.53	127.42	92.28	113.57	83.23	102.44	75.80	93.29
	500	124.95	153.79	112.07	137.93	101.60	125.04	92.91	114.35
	550	147.24	181.21	132.80	163.45	120.94	148.85	111.03	136.65
	600	170.26	209.55	154.34	189.96	141.15	173.73	130.04	160.05
	700	218.08	268.41	199.44	245.47	183.74	226.14	170.33	209.63
	800	267.78	329.58	246.70	303.63	228.69	281.46	213.13	262.32
	900	318.91	392.51	295.64	363.86	275.52	339.11	257.98	317.51
	1000	371.17	456.82	345.92	425.74	323.88	398.63	304.49	374.76

续表 4-19

b	h \ a / β	200+20		250+20		300+20		350+20	
		0.65	0.80	0.65	0.80	0.65	0.80	0.65	0.80
400	350	85.36	105.06	74.95	92.24				
	400	110.87	136.45	98.12	120.77	88.01	108.32		
	450	138.04	169.90	123.04	151.43	110.98	136.59	101.07	124.39
	500	166.60	205.05	149.43	183.91	135.46	166.72	123.88	152.47
	550	196.32	241.62	177.07	217.93	161.26	198.47	148.04	182.20
	600	227.01	279.39	205.79	253.28	188.20	231.63	173.38	213.40
	650	258.53	318.19	235.45	289.78	216.15	266.03	199.78	245.88
	700	290.78	357.88	265.92	327.29	244.98	301.52	227.10	279.51
	800	357.04	439.44	328.93	404.84	304.92	375.29	284.18	349.76
	900	425.22	523.35	394.18	485.15	367.37	452.14	343.97	423.34
	1000	494.89	609.09	461.22	567.66	431.84	531.50	405.99	499.67
450	400	124.72	153.51	110.39	135.86	99.01	121.86		
	450	155.30	191.14	138.42	170.36	124.85	153.66	113.70	139.94
	500	187.43	230.68	168.10	206.90	152.39	187.56	139.37	171.53
	550	220.86	271.82	199.20	245.17	181.42	223.28	166.55	204.98
	600	255.38	314.32	231.52	284.94	211.73	260.59	195.06	240.07
	650	290.85	357.97	264.88	326.01	243.17	299.29	224.75	276.61
	700	327.12	402.61	299.16	368.20	275.61	339.21	255.49	314.45
	800	401.67	494.37	370.05	455.44	343.03	422.20	319.70	393.48
	900	478.37	588.77	443.45	545.79	413.29	508.66	386.96	476.26
	1000	556.75	685.23	518.87	638.61	485.82	597.94	456.73	562.13
	1100	636.46	783.33	595.92	733.44	560.24	689.52	528.58	650.57
500	450	172.55	212.37	153.80	189.29	138.72	170.73	126.33	155.49
	500	208.25	256.31	186.78	229.89	169.33	208.40	154.85	190.59
	550	245.39	302.02	221.34	272.41	201.57	248.09	185.05	227.76
	600	283.76	349.24	257.24	316.60	235.25	289.54	216.73	266.74
	650	323.17	397.74	294.31	362.23	270.19	332.54	249.72	307.35
	700	363.47	447.35	332.40	409.11	306.23	376.90	283.88	349.39
	800	446.30	549.30	411.16	506.05	381.15	469.11	355.22	437.20
	900	531.52	654.18	492.73	606.43	459.21	565.18	429.96	529.18
	1000	618.61	761.36	576.53	709.57	539.80	664.38	507.48	624.59
	1100	707.18	870.37	662.13	814.93	622.48	766.13	587.32	722.85
	1200	796.94	980.85	749.22	922.12	706.89	870.02	669.09	823.50

续表 4-49

b	a	200+20		250+20		300+20		350+20	
	h \ β	0.65	0.80	0.65	0.80	0.65	0.80	0.65	0.80
600	550	294.47	362.43	265.60	326.90	241.89	297.71	222.06	273.31
	600	340.51	419.09	308.69	379.92	282.30	347.45	260.08	320.09
	650	387.80	477.29	353.17	434.68	324.23	399.05	299.66	368.82
	700	436.16	536.82	398.88	490.93	367.48	452.28	340.65	419.27
	750	485.46	597.49	445.67	548.51	411.90	506.96	382.90	471.26
	800	535.56	659.16	493.39	607.25	457.38	562.93	426.27	524.63
	900	637.83	785.02	591.27	727.72	551.05	678.22	515.95	635.02
	1000	742.33	913.64	691.83	851.49	647.77	797.25	608.98	749.51
	1100	848.61	1044.45	794.56	977.92	746.98	919.36	704.78	867.42
	1200	956.33	1177.03	899.07	1106.54	848.27	1044.03	802.91	988.20
	1300	1065.24	1311.06	1005.05	1236.99	951.31	1170.84	903.02	1111.41

b	a	400+20		450+20		500+20		600+20	
	h \ β	0.65	0.80	0.65	0.80	0.65	0.80	0.65	0.80
300	300								
	350								
	400								
	450								
	500	85.60	105.35						
	550	102.62	126.30	95.39	117.41				
	600	120.55	148.36	112.35	138.27	105.19	129.46		
	700	158.74	195.37	148.63	182.93	139.73	171.97	124.78	153.58
	800	199.56	245.61	187.61	230.90	177.01	217.86	159.04	195.74
	900	242.53	298.50	228.83	281.63	216.59	266.57	195.66	240.82
	1000	287.29	353.58	271.92	334.67	258.12	317.69	234.33	288.41
400	350								
	400								
	450								
	500	114.13	140.47						
	550	136.83	168.40	127.19	156.54				
	600	160.73	197.82	149.79	184.36	140.25	172.62		
	650	185.71	228.56	173.49	213.53	162.78	200.34		
	700	211.65	260.50	198.17	243.90	186.31	229.30	166.38	204.77
	800	266.08	327.48	250.14	307.87	236.01	290.48	212.05	260.99
	900	323.37	397.99	305.10	375.51	288.79	355.43	260.88	321.09
	1000	383.05	471.44	362.56	446.23	344.16	423.58	312.44	384.54

续表 4-49

b	a / h β	400+20 0.65	400+20 0.80	450+20 0.65	450+20 0.80	500+20 0.65	500+20 0.80	600+20 0.65	600+20 0.80
450	400								
	450								
	500	128.39	158.02						
	550	153.93	189.45	143.09	176.11				
	600	180.82	222.55	168.52	207.41	157.78	194.20		
	650	208.92	257.13	195.18	240.22	183.13	225.39		
	700	238.11	293.06	222.94	274.39	209.59	257.96	187.18	230.37
	800	299.34	368.41	281.41	346.35	265.51	326.79	238.56	293.61
	900	363.79	447.74	343.24	422.45	324.88	399.86	293.49	361.22
	1000	430.93	530.37	407.88	502.01	387.18	476.53	351.50	432.61
	1100	500.32	615.78	474.92	584.52	451.98	556.28	412.16	507.27
500	450								
	500	142.66	175.58						
	550	171.03	210.50	158.99	195.68				
	600	200.91	247.27	187.24	230.45	175.32	215.77		
	650	232.13	285.70	216.86	266.91	203.48	250.43		
	700	264.57	325.62	247.71	304.88	232.88	286.62	207.97	255.97
	800	332.60	409.35	312.68	384.84	295.01	363.09	265.06	326.23
	900	404.21	497.49	381.38	469.39	360.98	444.29	326.10	401.36
	1000	478.81	589.30	453.21	557.79	430.20	529.48	390.55	480.68
	1100	555.91	684.20	527.69	649.46	502.20	618.09	457.95	563.63
	1200	635.13	781.70	604.45	743.93	576.59	709.65	527.93	649.76
600	550	205.24	252.60	190.79	234.81				
	600	241.09	296.73	224.69	276.54	210.38	258.93		
	650	278.56	342.84	260.23	320.29	244.17	300.52		
	700	317.48	390.74	297.26	365.86	279.46	343.95	249.57	307.16
	750	357.71	440.25	335.63	413.08	316.11	389.06	283.18	348.53
	800	399.11	491.22	375.22	461.80	354.02	435.71	318.08	391.48
	900	485.06	596.99	457.65	563.26	433.18	533.14	391.33	481.63
	1000	574.57	707.17	543.85	669.35	516.24	635.37	468.66	576.81
	1100	667.09	821.03	633.23	779.36	602.64	741.71	549.54	676.36
	1200	762.15	938.04	725.33	892.72	691.91	851.58	633.52	779.72
	1300	859.39	1057.71	819.79	1008.97	783.68	964.52	720.22	886.42

牛腿截面尺寸选择表（19）

表 4-20

（混凝土强度等级：C35　$F_{hk}/F_{vk}=0.0$）

b	a / h \ β	0+0		0+20		100+20		150+20	
		0.65	0.80	0.65	0.80	0.65	0.80	0.65	0.80
300	300	223.08	274.56	193.34	237.95	116.00	142.77	96.67	118.98
	350	265.98	327.36	235.58	289.95	149.92	184.51	126.85	156.13
	400	308.88	380.16	277.99	342.14	185.33	228.10	158.85	195.51
	450	351.78	432.96	320.51	394.47	221.89	273.10	192.31	236.68
	500	394.68	485.76	363.11	446.90	259.36	319.21	226.94	279.31
	550	437.58	538.56	405.76	499.39	297.55	366.22	262.55	323.14
	600	480.48	591.36	448.45	551.94	336.34	413.95	298.97	367.96
	700	566.28	696.96	533.92	657.13	415.27	511.10	373.74	459.99
	800	652.08	802.56	619.48	762.43	495.58	609.95	450.53	554.50
	900	737.88	908.16	705.09	867.80	576.89	710.02	528.81	650.85
	1000	823.68	1013.76	790.73	973.21	658.94	811.01	608.26	748.62
400	350	354.64	436.48	314.11	386.60	199.89	246.02	169.14	208.17
	400	411.84	506.88	370.66	456.19	247.10	304.13	211.80	260.68
	450	469.04	577.28	427.35	525.97	295.86	364.13	256.41	315.58
	500	526.24	647.68	484.14	595.87	345.81	425.62	302.59	372.42
	550	583.44	718.08	541.01	665.86	396.74	488.29	350.06	430.85
	600	640.64	788.48	597.93	735.91	448.45	551.94	398.62	490.61
	650	697.84	858.88	654.90	806.03	500.80	616.37	448.09	551.49
	700	755.04	929.28	711.89	876.18	553.70	681.47	498.33	613.32
	800	869.44	1070.08	825.97	1016.58	660.77	813.26	600.70	739.33
	900	983.84	1210.88	940.11	1157.06	769.18	946.69	705.09	867.80
	1000	1098.24	1351.68	1054.31	1297.61	878.59	1081.34	811.01	998.16
450	400	463.32	570.24	416.99	513.22	277.99	342.14	238.28	293.27
	450	527.67	649.44	480.77	591.71	332.84	409.65	288.46	355.03
	500	592.02	728.64	544.66	670.35	389.04	478.82	340.41	418.97
	550	656.37	807.84	608.63	749.09	446.33	549.33	393.82	484.70
	600	720.72	887.04	672.67	827.90	504.50	620.93	448.45	551.94
	650	785.07	966.24	736.76	906.78	563.40	693.42	504.10	620.43
	700	849.42	1045.44	800.88	985.70	622.91	766.66	560.62	689.99
	800	978.12	1203.84	929.21	1143.65	743.37	914.92	675.79	831.74
	900	1106.82	1362.24	1057.63	1301.70	865.33	1065.02	793.22	976.27
	1000	1235.52	1520.64	1186.10	1459.81	988.42	1216.51	912.38	1122.93
	1100	1364.22	1679.04	1314.61	1617.98	1112.36	1369.06	1032.91	1271.27

续表 4-20

b	h \ β (a)	0+0 0.65	0+0 0.80	0+20 0.65	0+20 0.80	100+20 0.65	100+20 0.80	150+20 0.65	150+20 0.80
500	450	586.30	721.60	534.18	657.46	369.82	455.16	320.51	394.47
	500	657.80	809.60	605.18	744.83	432.27	532.02	378.23	465.52
	550	729.30	897.60	676.26	832.32	495.92	610.37	437.58	538.56
	600	800.80	985.60	747.41	919.89	560.56	689.92	498.28	613.26
	650	872.30	1073.60	818.62	1007.53	626.00	770.47	560.11	689.36
	700	943.80	1161.60	889.87	1095.22	692.12	851.84	622.91	766.66
	800	1086.80	1337.60	1032.46	1270.72	825.97	1016.58	750.88	924.16
	900	1229.80	1513.60	1175.14	1446.33	961.48	1183.36	881.36	1084.75
	1000	1372.80	1689.60	1317.89	1622.02	1098.24	1351.68	1013.76	1247.70
	1100	1515.80	1865.60	1460.68	1797.76	1235.96	1521.18	1147.68	1412.53
	1200	1658.80	2041.60	1603.51	1973.55	1374.43	1691.61	1282.81	1578.84
600	550	875.16	1077.12	811.51	998.78	595.11	732.44	525.10	646.27
	600	960.96	1182.72	896.90	1103.87	672.67	827.90	597.93	735.91
	650	1046.76	1288.32	982.34	1209.04	751.20	924.56	672.13	827.24
	700	1132.56	1393.92	1067.84	1314.27	830.54	1022.21	747.49	919.99
	750	1218.36	1499.52	1153.38	1419.55	910.56	1120.69	823.84	1013.96
	800	1304.16	1605.12	1238.95	1524.86	991.16	1219.89	901.06	1108.99
	900	1475.76	1816.32	1410.17	1735.59	1153.78	1420.03	1057.63	1301.70
	1000	1647.36	2027.52	1581.47	1946.42	1317.89	1622.02	1216.51	1497.25
	1100	1818.96	2238.72	1752.82	2157.31	1483.15	1825.42	1377.21	1695.03
	1200	1990.56	2449.92	1924.21	2368.26	1649.32	2029.93	1539.37	1894.60
	1300	2162.16	2661.12	2095.63	2579.24	1816.21	2235.34	1702.70	2095.63

b	h \ β (a)	200+20 0.65	200+20 0.80	250+20 0.65	250+20 0.80	300+20 0.65	300+20 0.80	350+20 0.65	350+20 0.80
300	300	82.86	101.98						
	350	109.94	135.31	97.00	119.39				
	400	139.00	171.07	123.55	152.06	111.20	136.86		
	450	169.68	208.84	151.82	186.86	137.36	169.06	125.42	154.36
	500	201.73	248.28	181.55	223.45	165.05	203.14	151.29	186.21
	550	234.91	289.12	212.54	261.59	194.06	238.84	178.53	219.73
	600	269.07	331.16	244.61	301.06	224.22	275.97	206.98	254.74
	700	339.77	418.18	311.45	383.33	287.50	353.84	266.96	328.57
	800	412.98	508.29	381.22	469.19	353.99	435.68	330.39	406.63
	900	488.14	600.78	453.27	557.87	423.05	520.68	396.61	488.14
	1000	564.81	695.15	527.16	648.81	494.21	608.26	465.14	572.48

续表 4-20

b	h \ a / β	200+20		250+20		300+20		350+20	
		0.65	0.80	0.65	0.80	0.65	0.80	0.65	0.80
400	350	146.58	180.41	129.34	159.19				
	400	185.33	228.10	164.74	202.75	148.26	182.48		
	450	226.24	278.45	202.43	249.14	183.15	225.41	167.22	205.81
	500	268.97	331.04	242.07	297.93	220.06	270.85	201.73	248.28
	550	313.22	385.50	283.39	348.78	258.74	318.45	238.04	292.98
	600	358.76	441.55	326.14	401.41	298.97	367.96	275.97	339.65
	650	405.41	498.97	370.16	455.58	340.55	419.13	315.32	388.09
	700	453.02	557.57	415.27	511.10	383.33	471.79	355.95	438.09
	800	550.65	677.72	508.29	625.59	471.98	580.90	440.52	542.17
	900	650.85	801.04	604.36	743.83	564.07	694.24	528.81	650.85
	1000	753.08	926.87	702.87	865.08	658.94	811.01	620.18	763.30
450	400	208.49	256.61	185.33	228.10	166.80	205.29		
	450	254.52	313.26	227.73	280.28	206.04	253.59	188.13	231.54
	500	302.59	372.42	272.33	335.17	247.57	304.70	226.94	279.31
	550	352.37	433.68	318.81	392.38	291.09	358.26	267.80	329.60
	600	403.60	496.74	366.91	451.58	336.34	413.95	310.46	382.11
	650	456.09	561.34	416.43	512.53	383.11	471.53	354.74	436.60
	700	509.65	627.26	467.18	574.99	431.24	530.76	400.44	492.85
	800	619.48	762.43	571.82	703.78	530.98	653.51	495.58	609.95
	900	732.20	901.17	679.90	836.80	634.58	781.02	594.92	732.20
	1000	847.21	1042.72	790.73	973.21	741.31	912.38	697.71	858.71
	1100	964.05	1186.52	903.80	1112.36	850.63	1046.93	803.37	988.77
500	450	282.80	348.07	253.03	311.43	228.94	281.77	209.03	257.27
	500	336.21	413.80	302.59	372.42	275.08	338.56	252.16	310.35
	550	391.52	481.87	354.23	435.98	323.43	398.07	297.55	366.22
	600	448.45	551.94	407.68	501.76	373.71	459.95	344.96	424.57
	650	506.76	623.71	462.70	569.47	425.68	523.92	394.15	485.11
	700	566.28	696.96	519.09	638.88	479.16	589.74	444.93	547.61
	800	688.31	847.15	635.36	781.98	589.98	726.13	550.65	677.72
	900	813.56	1001.30	755.45	929.78	705.09	867.80	661.02	813.56
	1000	941.35	1158.58	878.59	1081.34	823.68	1013.76	775.23	954.13
	1100	1071.17	1318.36	1004.22	1235.96	945.15	1163.26	892.64	1098.63
	1200	1202.63	1480.16	1131.89	1393.09	1069.00	1315.70	1012.74	1246.45

续表 4-20

b	a h \ β	200+20 0.65	200+20 0.80	250+20 0.65	250+20 0.80	300+20 0.65	300+20 0.80	350+20 0.65	350+20 0.80
600	550	469.82	578.24	425.08	523.17	388.11	477.68	357.07	439.46
	600	538.14	662.32	489.22	602.11	448.45	551.94	413.95	509.48
	650	608.12	748.45	555.24	683.37	510.82	628.70	472.98	582.13
	700	679.54	836.35	622.91	766.66	574.99	707.68	533.92	657.13
	750	752.20	925.79	692.03	851.73	640.77	788.64	596.58	734.25
	800	825.97	1016.58	762.43	938.38	707.97	871.35	660.77	813.26
	900	976.27	1201.57	906.54	1115.74	846.10	1041.36	793.22	976.27
	1000	1129.62	1390.30	1054.31	1297.61	988.42	1216.51	930.27	1144.95
	1100	1285.40	1582.03	1205.06	1483.15	1134.18	1395.91	1071.17	1318.36
	1200	1443.16	1776.19	1358.26	1671.71	1282.81	1578.84	1215.29	1495.74
	1300	1602.54	1972.36	1513.51	1862.78	1433.85	1764.74	1362.16	1676.51

b	a h \ β	400+20 0.65	400+20 0.80	450+20 0.65	450+20 0.80	500+20 0.65	500+20 0.80	600+20 0.65	600+20 0.80
300	300								
	350								
	400								
	450								
	500	139.66	171.88						
	550	165.31	203.46	153.91	189.42				
	600	192.19	236.54	179.38	220.77	168.17	206.98		
	700	249.16	306.66	233.59	287.50	219.85	270.58	196.71	242.10
	800	309.74	381.22	291.52	358.79	275.32	338.86	247.79	304.97
	900	373.28	459.42	352.54	433.90	333.99	411.06	302.18	371.91
	1000	439.30	540.67	416.18	512.22	395.37	486.60	359.42	442.37
400	350								
	400								
	450								
	500	186.21	229.18						
	550	220.41	271.27	205.21	252.57				
	600	256.26	315.39	239.17	294.37	224.22	275.97		
	650	293.57	361.32	274.63	338.01	257.99	317.53		
	700	332.22	408.88	311.45	383.33	293.13	360.78	262.28	322.80
	800	412.98	508.29	388.69	478.39	367.10	451.81	330.39	406.63
	900	497.71	612.56	470.06	578.53	445.32	548.08	402.91	495.88
	1000	585.73	720.90	554.90	682.95	527.16	648.81	479.23	589.82

续表 4-20

b	a	400 + 20		450 + 20		500 + 20		600 + 20	
	h \ β	0.65	0.80	0.65	0.80	0.65	0.80	0.65	0.80
450	400								
	450								
	500	209.48	257.83						
	550	247.96	305.18	230.86	284.14				
	600	288.29	354.82	269.07	331.16	252.25	310.46		
	650	330.27	406.49	308.96	380.26	290.24	357.22		
	700	373.74	459.99	350.39	431.24	329.77	405.88	295.06	363.15
	800	464.61	571.82	437.28	538.19	412.98	508.29	371.69	457.46
	900	559.92	689.13	528.81	650.85	500.98	616.59	453.27	557.87
	1000	658.94	811.01	624.26	768.32	593.05	729.91	539.14	663.55
	1100	761.09	936.73	723.04	889.89	688.61	847.52	628.73	773.82
500	450								
	500	232.76	286.47						
	550	275.51	339.09	256.51	315.71				
	600	320.32	394.24	298.97	367.96	280.28	344.96		
	650	366.97	451.65	343.29	422.51	322.49	396.91		
	700	415.27	511.10	389.32	479.16	366.42	450.97	327.85	403.50
	800	516.23	635.36	485.86	597.99	458.87	564.76	412.98	508.29
	900	622.13	765.70	587.57	723.16	556.65	685.10	503.63	619.86
	1000	732.16	901.12	693.63	853.69	658.94	811.01	599.04	737.28
	1100	845.66	1040.81	803.37	988.77	765.12	941.68	698.59	859.80
	1200	962.10	1184.13	916.29	1127.74	874.64	1076.48	801.75	986.77
600	550	330.62	406.91	307.81	378.85				
	600	384.38	473.09	358.76	441.55	336.34	413.95		
	650	440.36	541.98	411.95	507.02	386.98	476.29		
	700	498.33	613.32	467.18	574.99	439.70	541.17	393.42	484.20
	750	558.09	686.88	524.26	645.25	494.31	608.38	443.61	545.98
	800	619.48	762.43	583.04	717.58	550.65	677.72	495.58	609.95
	900	746.56	918.84	705.09	867.80	667.98	822.12	604.36	743.83
	1000	878.59	1081.34	832.35	1024.43	790.73	973.21	718.85	884.74
	1100	1014.79	1248.97	964.05	1186.52	918.14	1130.02	838.30	1031.76
	1200	1154.52	1420.95	1099.55	1353.29	1049.57	1291.78	962.10	1184.13
	1300	1297.30	1596.67	1238.33	1524.10	1184.49	1457.83	1089.73	1341.20

牛腿截面尺寸选择表（20） **表 4-21**

（混凝土强度等级：C35 $F_{hk}/F_{vk}=0.1$）

b	h \ a, β	0+0 0.65	0+0 0.80	0+20 0.65	0+20 0.80	100+20 0.65	100+20 0.80	150+20 0.65	150+20 0.80
300	300	187.47	230.74	159.70	196.55	91.74	112.91	75.65	93.10
	350	228.23	280.90	199.70	245.78	122.89	151.25	103.07	126.86
	400	268.98	331.06	239.90	295.27	155.73	191.66	132.48	163.06
	450	309.74	381.22	280.24	344.91	189.84	233.65	163.47	201.20
	500	350.49	431.38	320.66	394.66	224.94	276.85	195.73	240.90
	550	391.25	481.54	361.15	444.49	260.83	321.02	229.02	281.87
	600	432.00	531.70	401.69	494.38	297.35	365.97	263.17	323.91
	700	513.51	632.02	482.86	594.28	371.85	457.67	333.52	410.48
	800	595.02	732.34	564.11	694.29	447.80	551.14	405.95	499.63
	900	676.53	832.66	645.43	794.37	524.79	645.89	479.93	590.69
	1000	758.04	932.98	726.78	894.50	602.55	741.60	555.10	683.20
400	350	304.30	374.53	266.27	327.71	163.86	201.67	137.43	169.14
	400	358.64	441.41	319.87	393.69	207.64	255.55	176.65	217.41
	450	412.98	508.29	373.65	459.88	253.12	311.53	217.96	268.26
	500	467.32	575.17	427.55	526.22	299.92	369.14	260.97	321.20
	550	521.66	642.05	481.54	592.66	347.78	428.03	305.36	375.83
	600	576.00	708.93	535.58	659.18	396.47	487.96	350.90	431.88
	650	630.34	775.81	589.68	725.76	445.85	548.74	397.39	489.10
	700	684.68	842.69	643.81	792.38	495.81	610.22	444.69	547.31
	800	793.36	976.45	752.15	925.72	597.07	734.85	541.27	666.17
	900	902.04	1110.21	860.57	1059.16	699.72	861.19	639.91	787.58
	1000	1010.72	1243.97	969.04	1192.67	803.40	988.80	740.14	910.94
450	400	403.47	496.58	359.86	442.90	233.59	287.50	198.73	244.59
	450	464.61	571.82	420.36	517.36	284.76	350.47	245.21	301.80
	500	525.74	647.06	481.00	591.99	337.41	415.28	293.59	361.35
	550	586.87	722.30	541.73	666.74	391.25	481.54	343.53	422.81
	600	648.00	797.54	602.53	741.58	446.03	548.96	394.76	485.86
	650	709.14	872.78	663.39	816.48	501.58	617.34	447.06	550.23
	700	770.27	948.02	724.28	891.43	557.78	686.50	500.28	615.73
	800	892.53	1098.50	846.17	1041.44	671.70	826.71	608.93	749.45
	900	1014.80	1248.98	968.14	1191.56	787.18	968.84	719.90	886.03
	1000	1137.06	1399.46	1090.18	1341.75	903.82	1112.39	832.65	1024.80
	1100	1259.33	1549.94	1212.25	1492.00	1021.35	1257.04	946.80	1165.29

续表 4-21

b	a / h β	0+0 0.65	0+0 0.80	0+20 0.65	0+20 0.80	100+20 0.65	100+20 0.80	150+20 0.65	150+20 0.80
500	450	516.23	635.36	467.07	574.85	316.40	389.41	272.45	335.33
	500	584.15	718.96	534.44	657.77	374.91	461.42	326.22	401.50
	550	652.08	802.56	601.92	740.82	434.72	535.04	381.71	469.79
	600	720.01	886.16	669.48	823.97	495.59	609.95	438.62	539.84
	650	787.93	969.76	737.10	907.19	557.32	685.93	496.74	611.37
	700	855.85	1053.36	804.76	990.47	619.76	762.78	555.86	684.14
	800	991.70	1220.56	940.19	1157.15	746.33	918.57	676.58	832.72
	900	1127.55	1387.76	1075.71	1323.95	874.65	1076.49	799.89	984.48
	1000	1263.41	1554.96	1211.31	1490.84	1004.24	1235.99	925.17	1138.67
	1100	1399.26	1722.16	1346.95	1657.78	1134.83	1396.71	1051.99	1294.76
	1200	1535.10	1889.36	1482.62	1824.77	1266.18	1558.38	1180.05	1452.37
600	550	782.50	963.07	722.30	888.99	521.66	642.05	458.05	563.75
	600	864.01	1063.39	803.37	988.77	594.71	731.95	526.35	647.81
	650	945.52	1163.71	884.51	1088.63	668.78	823.11	596.09	733.64
	700	1027.03	1264.03	965.71	1188.57	743.71	915.33	667.04	820.97
	750	1108.54	1364.35	1046.95	1288.55	819.35	1008.43	739.02	909.57
	800	1190.05	1464.67	1128.23	1388.59	895.60	1102.28	811.90	999.26
	900	1353.07	1665.31	1290.86	1588.75	1049.57	1291.78	959.87	1181.38
	1000	1516.09	1865.95	1453.57	1789.01	1205.09	1483.19	1110.20	1366.41
	1100	1679.11	2066.59	1616.34	1989.34	1361.79	1676.05	1262.39	1553.72
	1200	1842.13	2267.23	1779.15	2189.72	1519.42	1870.05	1416.06	1742.84
	1300	2005.15	2467.87	1941.99	2390.14	1677.78	2064.95	1570.91	1933.43

b	a / h β	200+20 0.65	200+20 0.80	250+20 0.65	250+20 0.80	300+20 0.65	300+20 0.80	350+20 0.65	350+20 0.80
300	300	64.36	79.21						
	350	88.76	109.24	77.93	95.92				
	400	115.28	141.88	102.03	125.57	91.51	112.63		
	450	143.54	176.66	127.94	157.46	115.39	142.02	105.09	129.34
	500	173.23	213.21	155.37	191.23	140.85	173.36	128.81	158.54
	550	204.13	251.24	184.12	226.61	167.68	206.37	153.93	189.46
	600	236.04	290.51	213.98	263.36	195.69	240.85	180.28	221.89
	700	302.35	372.12	276.51	340.32	254.73	313.52	236.14	290.64
	800	371.25	456.93	342.02	420.95	317.06	390.22	295.49	363.68
	900	442.14	544.18	409.87	504.46	381.99	470.14	357.66	440.19
	1000	514.58	633.33	479.58	590.25	449.03	552.65	422.14	519.56

续表 4-21

b	a / β / h	200+20		250+20		300+20		350+20	
		0.65	0.80	0.65	0.80	0.65	0.80	0.65	0.80
400	350	118.34	145.65	103.91	127.89				
	400	153.70	189.17	136.04	167.43	122.01	150.17		
	450	191.38	235.55	170.58	209.95	153.86	189.36	140.12	172.45
	500	230.98	284.28	207.16	254.97	187.80	231.14	171.75	211.39
	550	272.17	334.98	245.49	302.14	223.57	275.16	205.24	252.61
	600	314.72	387.35	285.31	351.15	260.92	321.14	240.38	295.85
	650	358.43	441.15	326.43	401.76	299.67	368.83	276.97	340.89
	700	403.13	496.16	368.68	453.76	339.65	418.03	314.85	387.51
	800	495.00	609.24	456.03	561.27	422.74	520.30	393.98	484.90
	900	589.52	725.57	546.49	672.61	509.32	626.85	476.88	586.93
	1000	686.11	844.45	639.44	787.00	598.71	736.87	562.86	692.75
450	400	172.92	212.82	153.04	188.36	137.26	168.94		
	450	215.31	264.99	191.90	236.19	173.09	213.03	157.63	194.01
	500	259.85	319.81	233.06	286.84	211.28	260.04	193.22	237.81
	550	306.19	376.85	276.18	339.91	251.52	309.56	230.90	284.19
	600	354.06	435.77	320.97	395.05	293.54	361.28	270.43	332.83
	650	403.23	496.29	367.23	451.98	337.13	414.93	311.39	383.50
	700	453.52	558.18	414.76	510.47	382.10	470.28	354.21	435.95
	800	556.88	685.39	513.03	631.42	473.38	585.00	443.23	545.52
	900	663.22	816.27	614.81	756.68	572.98	705.21	536.49	660.29
	1000	771.88	950.00	719.37	885.38	673.55	828.98	633.22	779.34
	1100	882.39	1086.02	826.18	1016.84	776.71	955.95	732.83	901.94
500	450	239.23	294.44	213.23	262.43	192.32	236.70	175.15	215.57
	500	288.72	355.35	258.96	318.71	234.75	288.93	214.69	264.23
	550	340.22	418.73	306.86	377.68	279.46	343.95	256.56	315.76
	600	393.40	484.19	356.64	438.94	326.16	401.42	300.47	369.81
	650	448.04	551.43	408.04	502.20	374.59	461.03	346.21	426.11
	700	503.91	620.20	460.85	567.19	424.56	522.53	393.57	484.39
	800	618.76	761.55	570.04	701.58	528.43	650.37	492.48	606.13
	900	736.91	906.96	683.12	840.76	636.65	783.57	596.10	733.66
	1000	857.64	1055.56	799.30	983.75	748.39	921.09	703.57	865.94
	1100	980.43	1206.68	917.98	1129.82	863.01	1062.17	814.26	1002.16
	1200	1104.88	1359.86	1038.72	1278.43	980.04	1206.20	927.63	1141.70

续表 4-21

b	a	200 + 20		250 + 20		300 + 20		350 + 20	
	h　β	0.65	0.80	0.65	0.80	0.65	0.80	0.65	0.80
600	550	408.26	502.47	368.23	453.21	335.36	412.75	307.87	378.91
	600	472.09	581.03	427.97	526.73	391.39	481.71	360.57	443.78
	650	537.65	661.72	489.64	602.64	449.51	553.24	415.45	511.33
	700	604.70	744.24	553.01	680.63	509.47	627.04	472.28	581.27
	750	673.04	828.36	617.87	760.46	571.06	702.85	530.85	653.35
	800	742.51	913.86	684.04	841.90	634.11	780.45	590.98	727.35
	900	884.29	1088.35	819.74	1008.91	763.98	940.28	715.32	880.39
	1000	1029.17	1266.67	959.16	1180.50	898.06	1105.31	844.29	1039.12
	1100	1176.52	1448.02	1101.58	1355.79	1035.62	1274.60	977.11	1202.59
	1200	1325.86	1631.83	1246.47	1534.12	1176.05	1447.44	1113.16	1370.04
	1300	1476.84	1817.65	1393.41	1714.96	1318.89	1623.25	1251.94	1540.85

b	a	400 + 20		450 + 20		500 + 20		600 + 20	
	h　β	0.65	0.80	0.65	0.80	0.65	0.80	0.65	0.80
300	300								
	350								
	400								
	450								
	500	118.67	146.06						
	550	142.27	175.10	132.25	162.77				
	600	167.13	205.69	155.76	191.70	145.84	179.49		
	700	220.08	270.86	206.06	253.61	193.72	238.43	173.00	212.93
	800	276.67	340.51	260.10	320.12	245.40	302.04	220.49	271.37
	900	336.24	413.84	317.24	390.45	300.28	369.57	271.27	333.87
	1000	398.29	490.21	376.99	463.99	357.86	440.44	324.88	399.85
400	350								
	400								
	450								
	500	158.23	194.74						
	550	189.70	233.47	176.34	217.03				
	600	222.83	274.26	207.67	255.60	194.45	239.32		
	650	257.46	316.88	240.53	296.03	225.68	277.76		
	700	293.44	361.15	274.75	338.15	258.29	317.90	230.67	283.90
	800	368.89	454.02	346.80	426.83	327.21	402.72	293.99	361.83
	900	448.32	551.78	422.99	520.61	400.37	492.77	361.69	445.16
	1000	531.06	653.61	502.66	618.66	477.14	587.25	433.17	533.13

续表 4-21

b	a	400+20		450+20		500+20		600+20	
	h \ β	0.65	0.80	0.65	0.80	0.65	0.80	0.65	0.80
450	400								
	450								
	500	178.01	219.08						
	550	213.41	262.66	198.38	244.16				
	600	250.69	308.54	233.63	287.55	218.75	269.23		
	650	289.65	356.49	270.59	333.04	253.89	312.48		
	700	330.12	406.30	309.09	380.42	290.58	357.64	259.50	319.39
	800	415.00	510.77	390.15	480.18	368.11	453.06	330.74	407.06
	900	504.36	620.75	475.87	585.68	450.42	554.36	406.90	500.80
	1000	597.44	735.31	565.49	695.99	536.79	660.66	487.31	599.77
	1100	693.64	853.71	658.43	810.38	626.62	771.23	571.41	703.28
500	450								
	500	197.78	243.43						
	550	237.12	291.84	220.42	271.29				
	600	278.54	342.82	259.59	319.50	243.06	299.15		
	650	321.83	396.10	300.66	370.04	282.10	347.20		
	700	366.79	451.44	343.43	422.69	322.87	397.38	288.34	354.88
	800	461.11	567.52	433.50	533.54	409.01	503.39	367.48	452.29
	900	560.40	689.73	528.74	650.76	500.47	615.96	452.11	556.44
	1000	663.82	817.01	628.32	773.32	596.43	734.07	541.46	666.41
	1100	770.71	948.57	731.59	900.42	696.25	856.92	634.90	781.42
	1200	880.54	1083.74	838.00	1031.39	799.39	983.86	731.93	900.83
600	550	284.54	350.21	264.51	325.55				
	600	334.25	411.39	311.51	383.40	291.67	358.98		
	650	386.20	475.32	360.79	444.05	338.52	416.64		
	700	440.15	541.73	412.12	507.22	387.44	476.85	346.00	425.85
	750	495.92	610.37	465.31	572.69	438.26	539.40	392.61	483.21
	800	553.33	681.03	520.20	640.25	490.81	604.07	440.98	542.75
	900	672.48	827.67	634.49	780.91	600.56	739.15	542.53	667.73
	1000	796.59	980.42	753.99	927.99	715.72	880.88	649.75	799.69
	1100	924.86	1138.28	877.91	1080.50	835.50	1028.30	761.89	937.70
	1200	1056.65	1300.49	1005.60	1237.67	959.26	1180.63	878.31	1081.00
	1300	1191.46	1466.42	1136.56	1398.84	1086.49	1337.22	998.51	1228.94

牛腿截面尺寸选择表（21）　　**表4-22**

（混凝土强度等级：C35　$F_{hk}/F_{vk}=0.2$）

b	h \ a / β	0+0 0.65	0+0 0.80	0+20 0.65	0+20 0.80	100+20 0.65	100+20 0.80	150+20 0.65	150+20 0.80
300	300	177.61	218.59	151.29	186.21	86.91	106.97	71.67	88.20
	350	216.22	266.11	189.19	232.85	116.42	143.29	97.65	120.18
	400	254.83	313.63	227.28	279.73	147.53	181.58	125.51	154.48
	450	293.44	361.15	265.49	326.76	179.85	221.35	154.87	190.61
	500	332.05	408.67	303.79	373.89	213.10	262.28	185.43	228.22
	550	370.66	456.19	342.14	421.10	247.10	304.13	216.97	267.04
	600	409.27	503.71	380.55	468.36	281.70	346.71	249.32	306.86
	700	486.49	598.75	457.44	563.01	352.28	433.58	315.97	388.88
	800	563.71	693.79	534.42	657.75	424.23	522.13	384.58	473.33
	900	640.93	788.83	611.46	752.56	497.17	611.90	454.67	559.60
	1000	718.15	883.87	688.53	847.42	570.83	702.56	525.89	647.24
400	350	288.29	354.82	252.25	310.46	155.23	191.05	130.19	160.24
	400	339.77	418.18	303.04	372.97	196.71	242.10	167.35	205.97
	450	391.25	481.54	353.99	435.68	239.80	295.13	206.49	254.14
	500	442.73	544.90	405.05	498.52	284.14	349.71	247.24	304.29
	550	494.21	608.26	456.19	561.47	329.47	405.50	289.29	356.05
	600	545.69	671.62	507.39	624.49	375.60	462.28	332.43	409.15
	650	597.17	734.98	558.64	687.56	422.39	519.86	376.48	463.35
	700	648.65	798.34	609.92	750.67	469.71	578.11	421.29	518.51
	800	751.61	925.06	712.56	877.00	565.64	696.18	512.78	631.11
	900	854.57	1051.78	815.28	1003.42	662.89	815.86	606.23	746.13
	1000	957.53	1178.50	918.04	1129.90	761.11	936.75	701.18	862.99
450	400	382.24	470.45	340.92	419.59	221.30	272.36	188.27	231.71
	450	440.15	541.73	398.23	490.13	269.77	332.03	232.30	285.91
	500	498.07	613.01	455.68	560.84	319.66	393.42	278.14	342.33
	550	555.98	684.29	513.22	631.65	370.66	456.19	325.45	400.56
	600	613.90	755.57	570.82	702.55	422.55	520.07	373.98	460.29
	650	671.81	826.85	628.47	773.50	475.19	584.84	423.53	521.27
	700	729.73	898.13	686.16	844.51	528.42	650.37	473.95	583.32
	800	845.56	1040.69	801.63	986.63	636.35	783.20	576.88	710.00
	900	961.39	1183.25	917.19	1128.85	745.75	917.85	682.01	839.40
	1000	1077.22	1325.81	1032.80	1271.14	856.25	1053.85	788.83	970.87
	1100	1193.05	1468.37	1148.45	1413.48	967.59	1190.88	896.96	1103.96

续表 4-22

b	h \ a β	0+0 0.65	0+0 0.80	0+20 0.65	0+20 0.80	100+20 0.65	100+20 0.80	150+20 0.65	150+20 0.80
500	450	489.06	601.92	442.48	544.59	299.75	368.92	258.11	317.68
	500	553.41	681.12	506.31	623.15	355.17	437.14	309.05	380.37
	550	617.76	760.32	570.24	701.83	411.84	506.88	361.62	445.07
	600	682.11	839.52	634.24	780.61	469.50	577.85	415.54	511.43
	650	746.46	918.72	698.30	859.45	527.98	649.83	470.59	579.19
	700	810.81	997.92	762.40	938.34	587.14	722.63	526.61	648.13
	800	939.51	1156.32	890.70	1096.25	707.05	870.22	640.97	788.89
	900	1068.21	1314.72	1019.10	1254.27	828.61	1019.83	757.79	932.66
	1000	1196.91	1473.12	1147.55	1412.37	951.39	1170.94	876.48	1078.74
	1100	1325.61	1631.52	1276.05	1570.53	1075.10	1323.20	996.63	1226.62
	1200	1454.31	1789.92	1404.59	1728.73	1199.54	1476.36	1117.94	1375.92
600	550	741.31	912.38	684.29	842.20	494.21	608.26	433.94	534.08
	600	818.53	1007.42	761.09	936.73	563.41	693.42	498.65	613.72
	650	895.75	1102.46	837.96	1031.34	633.58	779.79	564.71	695.03
	700	972.97	1197.50	914.88	1126.01	704.57	867.16	631.93	777.76
	750	1050.19	1292.54	991.85	1220.74	776.23	955.36	700.13	861.70
	800	1127.41	1387.58	1068.85	1315.50	848.46	1044.26	769.17	946.67
	900	1281.85	1577.66	1222.92	1505.13	994.33	1223.80	909.35	1119.20
	1000	1436.29	1767.74	1377.06	1694.85	1141.67	1405.13	1051.77	1294.49
	1100	1590.73	1957.82	1531.27	1884.63	1290.12	1587.84	1195.95	1471.94
	1200	1745.17	2147.90	1685.51	2074.47	1439.45	1771.63	1341.53	1651.11
	1300	1899.61	2337.98	1839.78	2264.35	1589.47	1956.27	1488.23	1831.67

b	h \ a β	200+20 0.65	200+20 0.80	250+20 0.65	250+20 0.80	300+20 0.65	300+20 0.80	350+20 0.65	350+20 0.80
300	300	60.97	75.04						
	350	84.08	103.49	73.83	90.87				
	400	109.21	134.41	96.66	118.96	86.69	106.70		
	450	135.98	167.36	121.20	149.17	109.32	134.55	99.56	122.53
	500	164.11	201.99	147.20	181.16	133.44	164.23	122.03	150.20
	550	193.39	238.01	174.43	214.68	158.85	195.51	145.83	179.49
	600	223.62	275.22	202.72	249.50	185.39	228.18	170.80	210.21
	700	286.44	352.54	261.95	322.40	241.33	297.02	223.71	275.34
	800	351.71	432.88	324.02	398.79	300.37	369.68	279.94	344.54
	900	418.87	515.54	388.30	477.91	361.88	445.39	338.83	417.03
	1000	487.50	600.00	454.34	559.18	425.40	523.57	399.93	492.22

续表 4-22

b	a	200 + 20		250 + 20		300 + 20		350 + 20	
	h \ β	0.65	0.80	0.65	0.80	0.65	0.80	0.65	0.80
400	350	112.11	137.98	98.44	121.16				
	400	145.61	179.22	128.88	158.62	115.59	142.27		
	450	181.31	223.15	161.60	198.90	145.76	179.40	132.74	163.38
	500	218.82	269.32	196.26	241.55	177.92	218.98	162.71	200.26
	550	257.85	317.35	232.57	286.24	211.80	260.68	194.44	239.31
	600	298.16	366.97	270.29	332.67	247.19	304.24	227.73	280.28
	650	339.57	417.93	309.25	380.61	283.90	349.41	262.39	322.94
	700	381.91	470.05	349.27	429.87	321.77	396.02	298.28	367.12
	800	468.95	577.17	432.03	531.73	400.49	492.91	373.25	459.38
	900	558.50	687.38	517.73	637.21	482.51	593.86	451.78	556.03
	1000	650.00	800.00	605.78	745.58	567.20	698.09	533.23	656.29
450	400	163.82	201.62	144.99	178.45	130.04	160.05		
	450	203.97	251.04	181.80	223.76	163.98	201.82	149.34	183.80
	500	246.17	302.98	220.79	271.75	200.16	246.35	183.05	225.29
	550	290.08	357.02	261.64	322.02	238.28	293.27	218.75	269.23
	600	335.43	412.84	304.08	374.25	278.09	342.27	256.19	315.32
	650	382.01	470.17	347.90	428.19	319.39	393.09	295.19	363.31
	700	429.65	528.80	392.93	483.61	361.99	445.53	335.57	413.01
	800	527.57	649.32	486.03	598.19	450.55	554.53	419.90	516.80
	900	628.31	773.30	582.45	716.86	542.83	668.09	508.25	625.54
	1000	731.25	900.00	681.51	838.78	638.10	785.35	599.89	738.32
	1100	835.95	1028.86	782.70	963.32	735.83	905.64	694.26	854.47
500	450	226.64	278.94	202.00	248.62	182.20	224.24	165.93	204.22
	500	273.52	336.65	245.33	301.94	222.40	273.72	203.39	250.33
	550	322.31	396.69	290.71	357.80	264.75	325.85	243.05	299.14
	600	372.70	458.71	337.87	415.84	308.99	380.30	284.66	350.35
	650	424.46	522.41	386.56	475.77	354.87	436.77	327.99	403.68
	700	477.39	587.56	436.59	537.34	402.21	495.03	372.85	458.90
	800	586.19	721.46	540.03	664.66	500.61	616.14	466.56	574.23
	900	698.12	859.23	647.16	796.51	603.14	742.32	564.72	695.04
	1000	812.50	1000.00	757.23	931.97	709.00	872.61	666.54	820.36
	1100	928.83	1143.17	869.67	1070.36	817.59	1006.27	771.40	949.42
	1200	1046.73	1288.29	984.05	1211.14	928.46	1142.72	878.81	1081.61

续表 4-22

b	a	200 + 20		250 + 20		300 + 20		350 + 20	
	h \ β	0.65	0.80	0.65	0.80	0.65	0.80	0.65	0.80
600	550	386.77	476.03	348.85	429.36	317.71	391.02	291.66	358.97
	600	447.24	550.45	405.44	499.00	370.79	456.35	341.59	420.42
	650	509.35	626.89	463.87	570.92	425.85	524.12	393.59	484.42
	700	572.87	705.07	523.91	644.81	482.66	594.04	447.43	550.68
	750	637.62	784.76	585.35	720.43	541.01	665.86	502.91	618.96
	800	703.43	865.76	648.04	797.59	600.74	739.37	559.87	689.07
	900	837.75	1031.07	776.60	955.81	723.77	890.79	677.67	834.05
	1000	975.00	1200.00	908.67	1118.37	850.80	1047.14	799.85	984.43
	1100	1114.59	1371.81	1043.60	1284.43	981.11	1207.52	925.68	1139.30
	1200	1256.08	1545.94	1180.86	1453.37	1114.15	1371.26	1054.57	1297.93
	1300	1399.12	1721.99	1320.07	1624.70	1249.48	1537.82	1186.05	1459.76

b	a	400 + 20		450 + 20		500 + 20		600 + 20	
	h \ β	0.65	0.80	0.65	0.80	0.65	0.80	0.65	0.80
300	300								
	350								
	400								
	450								
	500	112.43	138.37						
	550	134.78	165.89	125.29	154.21				
	600	158.33	194.87	147.56	181.61	138.16	170.04		
	700	208.49	256.61	195.21	240.26	183.52	225.88	163.90	201.72
	800	262.11	322.59	246.41	303.27	232.49	286.14	208.89	257.09
	900	318.54	392.05	300.55	369.90	284.48	350.12	256.99	316.29
	1000	377.33	464.41	357.15	439.57	339.02	417.26	307.78	378.80
400	350								
	400								
	450								
	500	149.90	184.49						
	550	179.71	221.18	167.06	205.61				
	600	211.11	259.82	196.74	242.15	184.21	226.72		
	650	243.91	300.20	227.87	280.45	213.80	263.14		
	700	277.99	342.14	260.29	320.35	244.70	301.17	218.53	268.96
	800	349.47	430.12	328.55	404.37	309.99	381.52	278.51	342.79
	900	424.73	522.74	400.73	493.21	379.30	466.83	342.65	421.73
	1000	503.11	619.21	476.20	586.10	452.03	556.35	410.37	505.07

续表 4-22

b	h \ a / β	400+20 0.65	400+20 0.80	450+20 0.65	450+20 0.80	500+20 0.65	500+20 0.80	600+20 0.65	600+20 0.80
450	400								
	450								
	500	168.64	207.55						
	550	202.18	248.83	187.94	231.31				
	600	237.49	292.30	221.34	272.42	207.24	255.06		
	650	274.40	337.73	256.35	315.51	240.53	296.03		
	700	312.74	384.91	292.82	360.40	275.29	338.81	245.84	302.58
	800	393.16	483.89	369.62	454.91	348.73	429.21	313.33	385.64
	900	477.82	588.08	450.82	554.86	426.71	525.18	385.48	474.44
	1000	566.00	696.61	535.73	659.36	508.53	625.89	461.67	568.20
	1100	657.13	808.78	623.78	767.73	593.64	730.64	541.34	666.26
500	450								
	500	187.38	230.62						
	550	224.64	276.48	208.82	257.01				
	600	263.88	324.78	245.93	302.68	230.27	283.40		
	650	304.89	375.25	284.83	350.56	267.25	328.92		
	700	347.49	427.68	325.36	400.44	305.87	376.46	273.16	336.20
	800	436.84	537.65	410.68	505.46	387.48	476.90	348.14	428.48
	900	530.91	653.42	500.91	616.51	474.13	583.54	428.32	527.16
	1000	628.88	774.01	595.25	732.62	565.04	695.43	512.96	631.34
	1100	730.15	898.64	693.09	853.03	659.60	811.82	601.49	740.29
	1200	834.20	1026.71	793.90	977.11	757.31	932.08	693.41	853.42
600	550	269.57	331.78	250.58	308.41				
	600	316.66	389.73	295.12	363.22	276.32	340.09		
	650	365.87	450.30	341.80	420.68	320.70	394.71		
	700	416.99	513.22	390.43	480.53	367.05	451.75	327.79	403.44
	750	469.82	578.24	440.82	542.55	415.19	511.01	371.94	457.78
	800	524.21	645.18	492.82	606.55	464.98	572.28	417.77	514.18
	900	637.09	784.11	601.09	739.81	568.95	700.25	513.98	632.59
	1000	754.66	928.81	714.31	879.15	678.05	834.52	615.55	757.60
	1100	876.18	1078.37	831.70	1023.63	791.52	974.18	721.79	888.35
	1200	1001.04	1232.05	952.68	1172.53	908.78	1118.49	832.09	1024.11
	1300	1128.75	1389.24	1076.74	1325.22	1029.31	1266.84	945.96	1164.26

牛腿截面尺寸选择表（22） **表 4-23**

（混凝土强度等级：C35 $F_{hk}/F_{vk}=0.3$）

b	a / h β	0+0		0+20		100+20		150+20	
		0.65	0.80	0.65	0.80	0.65	0.80	0.65	0.80
300	300	167.74	206.45	142.89	175.86	82.09	101.03	67.68	83.30
	350	204.20	251.33	178.68	219.91	109.96	135.33	92.22	113.50
	400	240.67	296.21	214.65	264.19	139.33	171.49	118.54	145.89
	450	277.13	341.09	250.74	308.60	169.86	209.05	146.27	180.02
	500	313.60	385.97	286.91	353.12	201.27	247.71	175.13	215.54
	550	350.06	430.85	323.14	397.71	233.38	287.23	204.92	252.20
	600	386.53	475.73	359.40	442.34	266.05	327.45	235.47	289.81
	700	459.46	565.49	432.03	531.73	332.71	409.49	298.41	367.28
	800	532.39	655.25	504.73	621.21	400.66	493.12	363.22	447.04
	900	605.32	745.01	577.49	710.75	469.55	577.90	429.41	528.51
	1000	678.25	834.77	650.28	800.34	539.12	663.53	496.67	611.29
400	350	272.27	335.10	238.24	293.22	146.61	180.44	122.96	151.34
	400	320.89	394.94	286.20	352.25	185.78	228.65	158.05	194.52
	450	369.51	454.78	334.32	411.47	226.48	278.74	195.02	240.02
	500	418.13	514.62	382.55	470.83	268.35	330.28	233.50	287.39
	550	466.75	574.46	430.85	530.27	311.17	382.98	273.22	336.27
	600	515.37	634.30	479.21	589.79	354.74	436.60	313.96	386.42
	650	563.99	694.14	527.61	649.36	398.92	490.98	355.56	437.61
	700	612.61	753.98	576.04	708.97	443.62	545.99	397.88	489.70
	800	709.85	873.66	672.98	828.28	534.22	657.50	484.29	596.05
	900	807.09	993.34	769.98	947.67	626.06	770.54	572.55	704.68
	1000	904.33	1113.02	867.04	1067.13	718.83	884.71	662.23	815.05
450	400	361.00	444.31	321.98	396.28	209.00	257.23	177.81	218.84
	450	415.70	511.63	376.11	462.91	254.78	313.58	219.40	270.03
	500	470.40	578.95	430.36	529.68	301.90	371.57	262.69	323.31
	550	525.10	646.27	484.70	596.56	350.06	430.85	307.37	378.31
	600	579.79	713.59	539.11	663.52	399.08	491.17	353.21	434.72
	650	634.49	780.91	593.56	730.53	448.79	552.35	400.01	492.31
	700	689.19	848.23	648.04	797.59	499.07	614.24	447.62	550.91
	800	798.58	982.87	757.10	931.81	601.00	739.69	544.83	670.56
	900	907.98	1117.51	866.23	1066.13	704.32	866.86	644.12	792.76
	1000	1017.37	1252.15	975.42	1200.52	808.68	995.30	745.01	916.93
	1100	1126.77	1386.79	1084.65	1334.95	913.84	1124.72	847.13	1042.62

续表 4-23

b	a / h β	0+0 0.65	0+0 0.80	0+20 0.65	0+20 0.80	100+20 0.65	100+20 0.80	150+20 0.65	150+20 0.80
500	450	461.89	568.48	417.90	514.34	283.09	348.42	243.78	300.03
	500	522.66	643.28	478.18	588.53	335.44	412.85	291.88	359.23
	550	583.44	718.08	538.56	662.84	388.96	478.72	341.53	420.34
	600	644.21	792.88	599.01	737.24	443.42	545.75	392.45	483.02
	650	704.99	867.68	659.51	811.70	498.65	613.72	444.45	547.02
	700	765.76	942.48	720.05	886.21	554.52	682.49	497.35	612.13
	800	887.32	1092.08	841.22	1035.35	667.77	821.87	605.36	745.06
	900	1008.86	1241.68	962.48	1184.59	782.58	963.17	715.69	880.85
	1000	1130.41	1391.28	1083.80	1333.91	898.53	1105.89	827.78	1018.81
	1100	1251.96	1540.88	1205.16	1483.28	1015.37	1249.69	941.26	1158.47
	1200	1373.52	1690.48	1326.56	1632.69	1132.90	1394.34	1055.83	1299.48
600	550	700.13	861.70	646.27	795.41	466.75	574.46	409.83	504.41
	600	773.06	951.46	718.81	884.69	532.10	654.90	470.94	579.62
	650	845.99	1041.22	791.41	974.04	598.38	736.47	533.34	656.42
	700	918.92	1130.98	864.06	1063.46	665.42	818.98	596.82	734.55
	750	991.85	1220.74	936.75	1152.92	733.11	902.28	661.23	813.82
	800	1064.78	1310.50	1009.46	1242.42	801.33	986.25	726.44	894.08
	900	1210.64	1490.02	1154.98	1421.51	939.09	1155.81	858.83	1057.02
	1000	1356.50	1669.54	1300.56	1600.69	1078.24	1327.07	993.34	1222.57
	1100	1502.36	1849.06	1446.20	1779.93	1218.45	1499.63	1129.51	1390.17
	1200	1648.22	2028.58	1591.87	1959.22	1359.48	1673.21	1267.00	1559.38
	1300	1794.08	2208.10	1737.57	2138.55	1501.17	1847.59	1405.55	1729.91

b	a / h β	200+20 0.65	200+20 0.80	250+20 0.65	250+20 0.80	300+20 0.65	300+20 0.80	350+20 0.65	350+20 0.80
300	300	57.58	70.87						
	350	79.41	97.74	69.73	85.82				
	400	103.14	126.95	91.29	112.35	81.88	100.77		
	450	128.43	158.07	114.47	140.88	103.25	127.07	94.03	115.73
	500	155.00	190.77	139.02	171.10	126.03	155.11	115.25	141.85
	550	182.64	224.79	164.74	202.75	150.03	184.65	137.73	169.51
	600	211.20	259.93	191.46	235.64	175.09	215.50	161.31	198.53
	700	270.52	332.95	247.40	304.49	227.92	280.52	211.28	260.04
	800	332.17	408.83	306.02	376.64	283.68	349.15	264.38	325.40
	900	395.60	486.90	366.73	451.36	341.78	420.65	320.01	393.86
	1000	460.42	566.67	429.10	528.12	401.77	494.48	377.71	464.87

续表 4-23

b	a / h \ β	200+20		250+20		300+20		350+20	
		0.65	0.80	0.65	0.80	0.65	0.80	0.65	0.80
400	350	105.88	130.32	92.97	114.43				
	400	137.53	169.26	121.72	149.81	109.17	134.36		
	450	171.24	210.75	152.62	187.85	137.66	169.43	125.37	154.30
	500	206.66	254.35	185.36	228.13	168.03	206.81	153.67	189.14
	550	243.52	299.72	219.65	270.34	200.04	246.20	183.64	226.02
	600	281.60	346.58	255.28	314.19	233.46	287.33	215.08	264.71
	650	320.70	394.71	292.07	359.47	268.13	330.00	247.81	305.00
	700	360.70	443.93	329.87	405.99	303.89	374.02	281.71	346.72
	800	442.90	545.11	408.03	502.18	378.24	465.53	352.51	433.86
	900	527.47	649.19	488.97	601.81	455.70	560.87	426.68	525.14
	1000	613.89	755.56	572.13	704.16	535.69	659.31	503.61	619.83
450	400	154.72	190.42	136.93	168.53	122.82	151.16		
	450	192.64	237.10	171.70	211.33	154.87	190.61	141.04	173.59
	500	232.50	286.15	208.53	256.65	189.04	232.66	172.88	212.78
	550	273.96	337.19	247.10	304.13	225.04	276.97	206.60	254.27
	600	316.79	389.90	287.19	353.46	262.64	323.25	241.96	297.80
	650	360.79	444.05	328.58	404.40	301.64	371.25	278.79	343.13
	700	405.78	499.43	371.10	456.74	341.88	420.78	316.93	390.06
	800	498.26	613.24	459.03	561.96	425.52	523.72	396.58	488.09
	900	593.40	730.34	550.09	677.03	512.67	630.98	480.01	590.79
	1000	690.63	850.00	643.64	792.18	602.65	741.72	566.56	697.31
	1100	789.50	971.70	739.22	909.81	694.95	855.33	655.69	807.00
500	450	214.05	263.44	190.78	234.81	172.08	211.79	156.71	192.88
	500	258.33	317.94	231.70	285.17	210.04	258.51	192.09	236.42
	550	304.40	374.65	274.56	337.92	250.05	307.75	229.55	282.52
	600	351.99	433.22	319.10	392.73	291.82	359.17	268.85	330.89
	650	400.88	493.39	365.08	449.33	335.16	412.50	309.77	381.25
	700	450.87	554.92	412.33	507.49	379.87	467.53	352.14	433.40
	800	553.62	681.38	510.03	627.73	472.80	581.91	440.64	542.33
	900	659.34	811.49	611.21	752.26	569.63	701.08	533.35	656.43
	1000	767.36	944.45	715.16	880.20	669.61	824.13	629.51	774.78
	1100	877.23	1079.66	821.35	1010.90	772.17	950.36	728.54	896.67
	1200	988.58	1216.71	929.38	1143.86	876.88	1079.23	829.98	1021.52

续表 4-23

b	a / h＼β	200+20		250+20		300+20		350+20	
		0.65	0.80	0.65	0.80	0.65	0.80	0.65	0.80
600	550	365.28	449.58	329.47	405.50	300.05	369.30	275.46	339.03
	600	422.39	519.87	382.92	471.28	350.19	431.00	322.61	397.06
	650	481.05	592.06	438.10	539.20	402.19	495.00	371.72	457.50
	700	541.05	665.90	494.80	608.99	455.84	561.04	422.57	520.08
	750	602.19	741.16	552.83	680.41	510.95	628.86	474.97	584.58
	800	664.35	817.66	612.04	753.28	567.36	698.29	528.77	650.79
	900	791.20	973.79	733.45	902.71	683.56	841.30	640.02	787.72
	1000	920.83	1133.33	858.19	1056.24	803.53	988.96	755.42	929.74
	1100	1052.67	1295.60	985.62	1213.07	926.60	1140.44	874.25	1076.00
	1200	1186.30	1460.06	1115.26	1372.63	1052.25	1295.08	995.98	1225.82
	1300	1321.39	1626.32	1246.73	1534.44	1180.06	1452.38	1120.16	1378.66

b	a / h＼β	400+20		450+20		500+20		600+20	
		0.65	0.80	0.65	0.80	0.65	0.80	0.65	0.80
300	300								
	350								
	400								
	450								
	500	106.18	130.68						
	550	127.30	156.67	118.33	145.64				
	600	149.53	184.04	139.36	171.52	130.48	160.60		
	700	196.91	242.35	184.37	226.92	173.33	213.33	154.79	190.51
	800	247.54	304.67	232.72	286.43	219.57	270.24	197.28	242.81
	900	300.85	370.27	283.85	349.35	268.67	330.67	242.71	298.72
	1000	356.37	438.61	337.31	415.15	320.19	394.08	290.68	357.76
400	350								
	400								
	450								
	500	141.57	174.24						
	550	169.73	208.90	157.78	194.19				
	600	199.38	245.39	185.81	228.69	173.98	214.13		
	650	230.36	283.52	215.21	264.87	201.92	248.52		
	700	262.55	323.14	245.83	302.55	231.11	284.44	206.39	254.02
	800	330.06	406.23	310.29	381.90	292.76	360.32	263.04	323.74
	900	401.13	493.70	378.47	465.81	358.23	440.90	323.62	398.30
	1000	475.16	584.81	449.75	553.54	426.92	525.44	387.57	477.01

续表 4-23

b	a	400+20		450+20		500+20		600+20	
	h \ β	0.65	0.80	0.65	0.80	0.65	0.80	0.65	0.80
450	400								
	450								
	500	159.27	196.02						
	550	190.94	235.01	177.50	218.46				
	600	224.30	276.06	209.04	257.28	195.73	240.89		
	650	259.16	318.96	242.11	297.98	227.16	279.59		
	700	295.37	363.53	276.55	340.37	259.99	319.99	232.19	285.77
	800	371.32	457.00	349.08	429.64	329.36	405.37	295.92	364.21
	900	451.27	555.41	425.78	524.03	403.01	496.01	364.07	448.08
	1000	534.55	657.91	505.97	622.73	480.28	591.12	436.02	536.64
	1100	620.63	763.85	589.12	725.07	560.66	690.05	511.26	629.25
500	450								
	500	176.97	217.80						
	550	212.16	261.12	197.22	242.73				
	600	249.22	306.73	232.27	285.87	217.47	267.66		
	650	287.95	354.40	269.01	331.09	252.40	310.65		
	700	328.18	403.92	307.28	378.19	288.88	355.55	257.98	317.52
	800	412.57	507.78	387.87	477.38	365.95	450.41	328.80	404.68
	900	501.41	617.12	473.08	582.26	447.79	551.12	404.52	497.87
	1000	593.95	731.01	562.18	691.92	533.65	656.80	484.46	596.26
	1100	689.58	848.72	654.58	805.64	622.96	766.72	568.07	699.17
	1200	787.85	969.67	749.79	922.82	715.24	880.30	654.88	806.01
600	550	254.59	313.34	236.66	291.28				
	600	299.07	368.08	278.72	343.04	260.97	321.19		
	650	345.54	425.29	322.81	397.31	302.88	372.78		
	700	393.82	484.70	368.74	453.83	346.66	426.66	309.58	381.02
	750	443.72	546.12	416.33	512.41	392.13	482.62	351.28	432.34
	800	495.09	609.34	465.44	572.85	439.15	540.49	394.56	485.62
	900	601.69	740.55	567.70	698.71	537.34	661.34	485.42	597.45
	1000	712.74	877.21	674.62	830.30	640.38	788.16	581.36	715.52
	1100	827.50	1018.46	785.50	966.77	747.55	920.06	681.69	839.00
	1200	945.42	1163.60	899.75	1107.39	858.29	1056.36	785.86	967.21
	1300	1066.05	1312.06	1016.92	1251.59	972.12	1196.46	893.41	1099.58

牛腿截面尺寸选择表（23）　　**表4-24**

（混凝土强度等级：C35　　$F_{hk}/F_{vk}=0.4$）

b	a / h \ β	0+0 0.65	0+0 0.80	0+20 0.65	0+20 0.80	100+20 0.65	100+20 0.80	150+20 0.65	150+20 0.80
300	300	157.87	194.30	134.48	165.52	77.26	95.08	63.70	78.40
	350	192.19	236.54	168.17	206.98	103.49	127.37	86.80	106.83
	400	226.51	278.78	202.02	248.65	131.14	161.40	111.57	137.31
	450	260.83	321.02	235.99	290.45	159.86	196.76	137.66	169.43
	500	295.15	363.26	270.03	332.35	189.43	233.14	164.83	202.86
	550	329.47	405.50	304.13	374.31	219.65	270.34	192.86	237.37
	600	363.79	447.74	338.26	416.32	250.40	308.19	221.62	272.76
	700	432.43	532.22	406.62	500.45	313.14	385.40	280.86	345.67
	800	501.07	616.70	475.04	584.67	377.10	464.12	341.85	420.74
	900	569.71	701.18	543.52	668.95	441.93	543.91	404.15	497.42
	1000	638.35	785.66	612.03	753.27	507.41	624.50	467.45	575.33
400	350	256.26	315.39	224.22	275.97	137.98	169.83	115.73	142.44
	400	302.02	371.71	269.37	331.53	174.85	215.20	148.75	183.08
	450	347.78	428.03	314.65	387.27	213.15	262.34	183.55	225.91
	500	393.54	484.35	360.04	443.13	252.57	310.85	219.77	270.48
	550	439.30	540.67	405.50	499.08	292.86	360.45	257.15	316.49
	600	485.06	596.99	451.02	555.10	333.87	410.92	295.49	363.68
	650	530.82	653.31	496.57	611.16	375.46	462.10	334.64	411.87
	700	576.58	709.63	542.15	667.27	417.52	513.87	374.48	460.90
	800	668.10	822.27	633.39	779.56	502.79	618.82	455.80	560.99
	900	759.62	934.91	724.69	891.93	589.23	725.21	538.87	663.23
	1000	851.14	1047.55	816.04	1004.35	676.54	832.67	623.27	767.11
450	400	339.77	418.18	303.04	372.97	196.71	242.10	167.35	205.97
	450	391.25	481.54	353.99	435.68	239.80	295.13	206.49	254.14
	500	442.73	544.90	405.05	498.52	284.14	349.71	247.24	304.29
	550	494.21	608.26	456.19	561.47	329.47	405.50	289.29	356.05
	600	545.69	671.62	507.39	624.49	375.60	462.28	332.43	409.15
	650	597.17	734.98	558.64	687.56	422.39	519.86	376.48	463.35
	700	648.65	798.34	609.92	750.67	469.71	578.11	421.29	518.51
	800	751.61	925.06	712.56	877.00	565.64	696.18	512.78	631.11
	900	854.57	1051.78	815.28	1003.42	662.89	815.86	606.23	746.13
	1000	957.53	1178.50	918.04	1129.90	761.11	936.75	701.18	862.99
	1100	1060.49	1305.22	1020.84	1256.42	860.08	1058.56	797.30	981.29

续表 4-24

b	h \ a / β	0+0		0+20		100+20		150+20	
		0.65	0.80	0.65	0.80	0.65	0.80	0.65	0.80
500	450	434.72	535.04	393.32	484.08	266.44	327.93	229.44	282.38
	500	491.92	605.44	450.05	553.91	315.71	388.57	274.71	338.10
	550	549.12	675.84	506.88	623.85	366.08	450.56	321.44	395.61
	600	606.32	746.24	563.77	693.87	417.34	513.65	369.37	454.61
	650	663.52	816.64	620.71	763.95	469.32	577.62	418.31	514.84
	700	720.72	887.04	677.69	834.08	521.90	642.34	468.10	576.12
	800	835.12	1027.84	791.74	974.45	628.49	773.53	569.75	701.24
	900	949.52	1168.64	905.86	1114.91	736.54	906.52	673.59	829.04
	1000	1063.92	1309.44	1020.05	1255.44	845.68	1040.84	779.09	958.88
	1100	1178.32	1450.24	1134.27	1396.03	955.65	1176.18	885.89	1090.33
	1200	1292.72	1591.04	1248.52	1536.65	1066.26	1312.32	993.72	1223.04
600	550	658.94	811.01	608.26	748.62	439.30	540.67	385.72	474.74
	600	727.58	895.49	676.53	832.65	500.80	616.37	443.24	545.53
	650	796.22	979.97	744.85	916.74	563.18	693.15	501.97	617.81
	700	864.86	1064.45	813.23	1000.90	626.28	770.81	561.72	691.34
	750	933.50	1148.93	881.64	1085.10	689.98	849.21	622.34	765.95
	800	1002.14	1233.41	950.08	1169.33	754.19	928.23	683.71	841.48
	900	1139.42	1402.37	1087.04	1337.89	883.85	1087.82	808.31	994.84
	1000	1276.70	1571.33	1224.06	1506.53	1014.82	1249.00	934.91	1150.66
	1100	1413.98	1740.29	1361.12	1675.23	1146.77	1411.41	1063.07	1308.39
	1200	1551.26	1909.25	1498.23	1843.97	1279.51	1574.78	1192.47	1467.65
	1300	1688.54	2078.21	1635.36	2012.75	1412.86	1738.91	1322.87	1628.15

b	h \ a / β	200+20		250+20		300+20		350+20	
		0.65	0.80	0.65	0.80	0.65	0.80	0.65	0.80
300	300	54.19	66.70						
	350	74.74	91.99	65.63	80.77				
	400	97.08	119.48	85.92	105.75	77.06	94.84		
	450	120.87	148.77	107.73	132.60	97.17	119.60	88.50	108.92
	500	145.88	179.54	130.84	161.03	118.61	145.98	108.47	133.51
	550	171.90	211.57	155.05	190.83	141.20	173.79	129.63	159.54
	600	198.77	244.64	180.20	221.78	164.79	202.82	151.82	186.85
	700	254.61	313.37	232.85	286.58	214.51	264.02	198.86	244.75
	800	312.63	384.78	288.02	354.48	266.99	328.61	248.83	306.25
	900	372.33	458.25	345.15	424.80	321.67	395.91	301.19	370.69
	1000	433.33	533.33	403.86	497.05	378.13	465.39	355.49	437.53

续表 4-24

b	a / h β	200+20		250+20		300+20		350+20	
		0.65	0.80	0.65	0.80	0.65	0.80	0.65	0.80
400	350	99.66	122.65	87.50	107.69				
	400	129.44	159.31	114.56	140.99	102.75	126.46		
	450	161.16	198.36	143.65	176.80	129.56	159.46	118.00	145.23
	500	194.51	239.39	174.45	214.71	158.15	194.65	144.63	178.01
	550	229.20	282.09	206.73	254.43	188.27	231.72	172.84	212.72
	600	265.03	326.19	240.26	295.71	219.73	270.43	202.42	249.14
	650	301.84	371.49	274.89	338.32	252.36	310.59	233.24	287.06
	700	339.48	417.82	310.46	382.11	286.02	352.02	265.14	326.33
	800	416.85	513.04	384.02	472.64	355.99	438.14	331.78	408.34
	900	496.44	611.01	460.21	566.41	428.90	527.88	401.58	494.25
	1000	577.78	711.11	538.47	662.74	504.18	620.52	473.99	583.37
450	400	145.61	179.22	128.88	158.62	115.59	142.27		
	450	181.31	223.15	161.60	198.90	145.76	179.40	132.74	163.38
	500	218.82	269.32	196.26	241.55	177.92	218.98	162.71	200.26
	550	257.85	317.35	232.57	286.24	211.80	260.68	194.44	239.31
	600	298.16	366.97	270.29	332.67	247.19	304.24	227.73	280.28
	650	339.57	417.93	309.25	380.61	283.90	349.41	262.39	322.94
	700	381.91	470.05	349.27	429.87	321.77	396.02	298.28	367.12
	800	468.95	577.17	432.03	531.73	400.49	492.91	373.25	459.38
	900	558.50	687.38	517.73	637.21	482.51	593.86	451.78	556.03
	1000	650.00	800.00	605.78	745.58	567.20	698.09	533.23	656.29
	1100	743.06	914.54	695.73	856.29	654.07	805.01	617.12	759.53
500	450	201.46	247.95	179.56	220.99	161.95	199.33	147.49	181.53
	500	243.13	299.24	218.07	268.39	197.69	243.31	180.79	222.51
	550	286.50	352.61	258.41	318.04	235.34	289.65	216.05	265.90
	600	331.29	407.74	300.33	369.63	274.66	338.04	253.03	311.42
	650	377.30	464.36	343.61	422.90	315.44	388.24	291.55	358.83
	700	424.35	522.28	388.08	477.64	357.52	440.03	331.43	407.91
	800	521.06	641.30	480.03	590.81	444.99	547.68	414.72	510.42
	900	620.55	763.76	575.26	708.01	536.12	659.84	501.98	617.82
	1000	722.22	888.89	673.09	828.42	630.22	775.66	592.48	729.21
	1100	825.63	1016.15	773.04	951.43	726.75	894.46	685.69	843.92
	1200	930.43	1145.14	874.71	1076.57	825.30	1015.75	781.16	961.43

续表 4-24

b	a / h β	200+20		250+20		300+20		350+20	
		0.65	0.80	0.65	0.80	0.65	0.80	0.65	0.80
600	550	343.80	423.13	310.09	381.65	282.40	347.57	259.26	319.09
	600	397.55	489.29	360.39	443.56	329.59	405.65	303.64	373.71
	650	452.75	557.24	412.33	507.48	378.53	465.89	349.86	430.59
	700	509.22	626.73	465.70	573.16	429.03	528.03	397.71	489.49
	750	566.77	697.56	520.31	640.39	480.90	591.87	447.03	550.19
	800	625.27	769.56	576.04	708.97	533.99	657.22	497.66	612.51
	900	744.66	916.51	690.31	849.61	643.35	791.81	602.37	741.38
	1000	866.67	1066.67	807.71	994.11	756.26	930.79	710.98	875.05
	1100	990.75	1219.39	927.65	1141.72	872.10	1073.35	822.83	1012.71
	1200	1116.51	1374.17	1049.66	1291.89	990.35	1218.90	937.39	1153.72
	1300	1243.66	1530.66	1173.40	1444.18	1110.65	1366.95	1054.27	1297.56

b	a / h β	400+20		450+20		500+20		600+20	
		0.65	0.80	0.65	0.80	0.65	0.80	0.65	0.80
300	300								
	350								
	400								
	450								
	500	99.93	122.99						
	550	119.81	147.46	111.37	137.07				
	600	140.74	173.21	131.16	161.43	122.81	151.15		
	700	185.33	228.10	173.52	213.57	163.13	200.78	145.69	179.31
	800	232.98	286.75	219.03	269.58	206.66	254.35	185.68	228.52
	900	283.15	348.49	267.15	328.80	252.87	311.22	228.44	281.15
	1000	335.41	412.81	317.47	390.73	301.35	370.90	273.58	336.71
400	350								
	400								
	450								
	500	133.24	163.99						
	550	159.74	196.61	148.49	182.76				
	600	187.65	230.95	174.88	215.24	163.75	201.53		
	650	216.81	266.85	202.55	249.29	190.05	233.90		
	700	247.10	304.13	231.36	284.76	217.51	267.71	194.25	239.07
	800	310.64	382.33	292.04	359.44	275.54	339.13	247.57	304.70
	900	377.53	464.66	356.20	438.41	337.16	414.96	304.58	374.87
	1000	447.21	550.41	423.29	520.98	401.81	494.53	364.77	448.95

续表 4-24

b	h \ a / β	400 + 20		450 + 20		500 + 20		600 + 20	
		0.65	0.80	0.65	0.80	0.65	0.80	0.65	0.80
450	400								
	450								
	500	149.90	184.49						
	550	179.71	221.18	167.06	205.61				
	600	211.11	259.82	196.74	242.15	184.21	226.72		
	650	243.91	300.20	227.87	280.45	213.80	263.14		
	700	277.99	342.14	260.29	320.35	244.70	301.17	218.53	268.96
	800	349.47	430.12	328.55	404.37	309.99	381.52	278.51	342.79
	900	424.73	522.74	400.73	493.21	379.30	466.83	342.65	421.73
	1000	503.11	619.21	476.20	586.10	452.03	556.35	410.37	505.07
	1100	584.12	718.92	554.47	682.42	527.68	649.46	481.19	592.23
500	450								
	500	166.56	204.99						
	550	199.68	245.76	185.62	228.45				
	600	234.56	288.69	218.61	269.05	204.68	251.92		
	650	271.02	333.56	253.19	311.61	237.56	292.38		
	700	308.88	380.16	289.21	355.95	271.89	334.63	242.81	298.84
	800	388.30	477.91	365.05	449.30	344.43	423.91	309.46	380.87
	900	471.92	580.82	445.26	548.01	421.44	518.70	380.73	468.59
	1000	559.01	688.01	529.12	651.22	502.26	618.16	455.97	561.19
	1100	649.02	798.80	616.08	758.25	586.31	721.62	534.66	658.04
	1200	741.51	912.63	705.69	868.54	673.17	828.51	616.36	758.60
600	550	239.62	294.91	222.74	274.14				
	600	281.47	346.43	262.33	322.86	245.62	302.30		
	650	325.22	400.27	303.82	373.94	285.07	350.85		
	700	370.66	456.19	347.05	427.14	326.27	401.56	291.37	358.61
	750	417.62	513.99	391.84	482.27	369.06	454.23	330.62	406.91
	800	465.97	573.50	438.06	539.15	413.31	508.69	371.35	457.05
	900	566.30	696.99	534.31	657.61	505.73	622.44	456.87	562.30
	1000	670.81	825.61	634.94	781.46	602.71	741.79	547.16	673.43
	1100	778.83	958.55	739.29	909.90	703.58	865.94	641.59	789.65
	1200	889.81	1095.15	846.83	1042.25	807.80	994.22	739.63	910.32
	1300	1003.34	1234.88	957.10	1177.97	914.94	1126.08	840.85	1034.90

牛腿截面尺寸选择表（24） 表 4-25

（混凝土强度等级：C35 $F_{hk}/F_{vk}=0.5$）

b	a	0+0		0+20		100+20		150+20	
	h \ β	0.65	0.80	0.65	0.80	0.65	0.80	0.65	0.80
300	300	148.01	182.16	126.08	155.17	72.43	89.14	59.72	73.50
	350	180.18	221.76	157.66	194.04	97.02	119.41	81.37	100.15
	400	212.35	261.36	189.40	233.10	122.94	151.31	104.59	128.73
	450	244.53	300.96	221.24	272.30	149.87	184.46	129.06	158.84
	500	276.70	340.56	253.16	311.58	177.59	218.57	154.52	190.18
	550	308.88	380.16	285.12	350.92	205.92	253.44	180.81	222.53
	600	341.05	419.76	317.12	390.30	234.75	288.93	207.77	255.72
	700	405.40	498.96	381.20	469.17	293.57	361.32	263.30	324.07
	800	469.76	578.16	445.35	548.13	353.53	435.11	320.49	394.45
	900	534.10	657.36	509.55	627.14	414.31	509.91	378.89	466.33
	1000	598.46	736.56	573.78	706.19	475.70	585.47	438.24	539.37
400	350	240.24	295.68	210.21	258.72	129.36	159.21	108.50	133.53
	400	283.14	348.48	252.53	310.81	163.92	201.75	139.46	171.64
	450	326.04	401.28	294.99	363.06	199.83	245.95	172.08	211.79
	500	368.94	454.08	337.54	415.43	236.78	291.42	206.03	253.58
	550	411.84	506.88	380.16	467.89	274.56	337.92	241.08	296.71
	600	454.74	559.68	422.83	520.40	313.00	385.23	277.03	340.95
	650	497.64	612.48	465.53	572.97	351.99	433.22	313.73	386.13
	700	540.54	665.28	508.27	625.56	391.43	481.75	351.07	432.09
	800	626.34	770.88	593.80	730.83	471.37	580.15	427.32	525.93
	900	712.14	876.48	679.40	836.18	552.41	679.89	505.19	621.78
	1000	797.94	982.08	765.04	941.58	634.26	780.63	584.32	719.16
450	400	318.53	392.04	284.10	349.66	184.41	226.97	156.89	193.09
	450	366.79	451.44	331.86	408.45	224.81	276.69	193.59	238.26
	500	415.06	510.84	379.73	467.36	266.38	327.85	231.79	285.27
	550	463.32	570.24	427.68	526.38	308.88	380.16	271.21	333.80
	600	511.58	629.64	475.68	585.45	352.13	433.39	311.65	383.57
	650	559.84	689.04	523.73	644.59	395.99	487.37	352.95	434.39
	700	608.11	748.44	571.80	703.76	440.35	541.97	394.96	486.10
	800	704.63	867.24	668.03	822.19	530.29	652.67	480.73	591.67
	900	801.16	986.04	764.32	940.70	621.46	764.87	568.34	699.50
	1000	897.68	1104.84	860.66	1059.28	713.54	878.21	657.36	809.06
	1100	994.21	1223.64	957.04	1177.90	806.33	992.40	747.47	919.96

续表 4-25

b	a	0+0		0+20		100+20		150+20	
	h \ β	0.65	0.80	0.65	0.80	0.65	0.80	0.65	0.80
500	450	407.55	501.60	368.74	453.83	249.79	307.43	215.10	264.73
	500	461.17	567.60	421.93	519.29	295.98	364.28	257.54	316.97
	550	514.80	633.60	475.20	584.86	343.20	422.40	301.35	370.89
	600	568.42	699.60	528.54	650.51	391.25	481.54	346.28	426.19
	650	622.05	765.60	581.92	716.21	439.99	541.52	392.16	482.66
	700	675.67	831.60	635.34	781.95	489.28	602.19	438.84	540.11
	800	782.92	963.60	742.25	913.54	589.21	725.18	534.15	657.41
	900	890.17	1095.60	849.25	1045.23	690.51	849.86	631.49	777.22
	1000	997.42	1227.60	956.29	1176.98	792.83	975.78	730.40	898.95
	1100	1104.67	1359.60	1063.38	1308.77	895.92	1102.67	830.52	1022.18
	1200	1211.92	1491.60	1170.49	1440.61	999.62	1230.30	931.62	1146.60
600	550	617.76	760.32	570.24	701.83	411.84	506.88	361.62	445.07
	600	682.11	839.52	634.24	780.61	469.50	577.85	415.54	511.43
	650	746.46	918.72	698.30	859.45	527.98	649.83	470.59	579.19
	700	810.81	997.92	762.40	938.34	587.14	722.63	526.61	648.13
	750	875.16	1077.12	826.54	1017.28	646.86	796.13	583.44	718.08
	800	939.51	1156.32	890.70	1096.25	707.05	870.22	640.97	788.89
	900	1068.21	1314.72	1019.10	1254.27	828.61	1019.83	757.79	932.66
	1000	1196.91	1473.12	1147.55	1412.37	951.39	1170.94	876.48	1078.74
	1100	1325.61	1631.52	1276.05	1570.53	1075.10	1323.20	996.63	1226.62
	1200	1454.31	1789.92	1404.59	1728.73	1199.54	1476.36	1117.94	1375.92
	1300	1583.01	1948.32	1533.15	1886.96	1324.56	1630.23	1240.19	1526.39

b	a	200+20		250+20		300+20		350+20	
	h \ β	0.65	0.80	0.65	0.80	0.65	0.80	0.65	0.80
300	300	50.81	62.53						
	350	70.07	86.24	61.52	75.72				
	400	91.01	112.01	80.55	99.14	72.24	88.92		
	450	113.32	139.47	101.00	124.31	91.10	112.12	82.97	102.11
	500	136.76	168.32	122.66	150.97	111.20	136.86	101.69	125.16
	550	161.15	198.34	145.36	178.90	132.38	162.93	121.53	149.57
	600	186.35	229.35	168.93	207.92	154.49	190.15	142.33	175.18
	700	238.70	293.78	218.29	268.67	201.11	247.52	186.43	229.45
	800	293.10	360.73	270.02	332.33	250.31	308.07	233.28	287.11
	900	349.06	429.61	323.58	398.25	301.57	371.16	282.36	347.52
	1000	406.25	500.00	378.61	465.99	354.50	436.31	333.27	410.18

续表 4-25

b	a	200+20		250+20		300+20		350+20	
	h \ β	0.65	0.80	0.65	0.80	0.65	0.80	0.65	0.80
400	350	93.43	114.99	82.03	100.96				
	400	121.35	149.35	107.40	132.18	96.33	118.56		
	450	151.09	185.96	134.67	165.75	121.47	149.50	110.62	136.15
	500	182.35	224.43	163.55	201.29	148.27	182.48	135.59	166.88
	550	214.87	264.46	193.81	238.53	176.50	217.23	162.04	199.43
	600	248.47	305.80	225.25	277.22	205.99	253.53	189.77	233.57
	650	282.97	348.27	257.71	317.18	236.58	291.18	218.66	269.12
	700	318.26	391.71	291.06	358.23	268.14	330.02	248.57	305.93
	800	390.79	480.98	360.02	443.10	333.74	410.76	311.04	382.82
	900	465.41	572.82	431.44	531.01	402.09	494.88	376.48	463.36
	1000	541.67	666.67	504.82	621.32	472.67	581.74	444.36	546.91
450	400	136.51	168.02	120.82	148.70	108.37	133.37		
	450	169.98	209.20	151.50	186.46	136.65	168.18	124.45	153.17
	500	205.14	252.48	183.99	226.45	166.80	205.29	152.54	187.74
	550	241.73	297.52	218.03	268.35	198.57	244.39	182.29	224.36
	600	279.52	344.03	253.40	311.88	231.74	285.22	213.50	262.76
	650	318.34	391.81	289.92	356.82	266.16	327.58	245.99	302.76
	700	358.04	440.67	327.44	403.01	301.66	371.27	279.64	344.17
	800	439.64	541.10	405.02	498.49	375.46	462.11	349.92	430.67
	900	523.59	644.42	485.37	597.38	452.35	556.74	423.54	521.28
	1000	609.38	750.00	567.92	698.98	531.75	654.46	499.91	615.27
	1100	696.62	857.38	652.25	802.77	613.19	754.70	578.55	712.06
500	450	188.86	232.45	168.34	207.18	151.83	186.87	138.28	170.19
	500	227.94	280.54	204.44	251.62	185.33	228.10	169.49	208.61
	550	268.59	330.57	242.26	298.16	220.63	271.54	202.54	249.29
	600	310.58	382.26	281.56	346.53	257.49	316.91	237.22	291.96
	650	353.71	435.34	322.13	396.47	295.73	363.97	273.32	336.40
	700	397.83	489.63	363.82	447.78	335.18	412.53	310.71	382.41
	800	488.49	601.22	450.03	553.88	417.18	513.45	388.80	478.52
	900	581.77	716.02	539.30	663.76	502.62	618.60	470.60	579.20
	1000	677.08	833.33	631.02	776.64	590.83	727.18	555.45	683.63
	1100	774.02	952.64	724.72	891.97	681.33	838.56	642.83	791.18
	1200	872.28	1073.57	820.05	1009.29	773.71	952.26	732.34	901.34

续表 4-25

b	a	200+20		250+20		300+20		350+20	
	h ＼ β	0.65	0.80	0.65	0.80	0.65	0.80	0.65	0.80
600	550	322.31	396.69	290.71	357.80	264.75	325.85	243.05	299.14
	600	372.70	458.71	337.87	415.84	308.99	380.30	284.66	350.35
	650	424.46	522.41	386.56	475.77	354.87	436.77	327.99	403.68
	700	477.39	587.56	436.59	537.34	402.21	495.03	372.85	458.90
	750	531.35	653.97	487.79	600.36	450.84	554.88	419.09	515.80
	800	586.19	721.46	540.03	664.66	500.61	616.14	466.56	574.23
	900	698.12	859.23	647.16	796.51	603.14	742.32	564.72	695.04
	1000	812.50	1000.00	757.23	931.97	709.00	872.61	666.54	820.36
	1100	928.83	1143.17	869.67	1070.36	817.59	1006.27	771.40	949.42
	1200	1046.73	1288.29	984.05	1211.14	928.46	1142.72	878.81	1081.61
	1300	1165.93	1434.99	1100.06	1353.92	1041.23	1281.52	988.38	1216.46

b	a	400+20		450+20		500+20		600+20	
	h ＼ β	0.65	0.80	0.65	0.80	0.65	0.80	0.65	0.80
300	300								
	350								
	400								
	450								
	500	93.69	115.31						
	550	112.32	138.24	104.41	128.50				
	600	131.94	162.39	122.97	151.34	115.13	141.70		
	700	173.74	213.84	162.68	200.22	152.94	188.23	136.58	168.10
	800	218.42	268.83	205.34	252.73	193.74	238.45	174.07	214.24
	900	265.45	326.71	250.46	308.25	237.06	291.77	214.16	263.58
	1000	314.44	387.01	297.63	366.31	282.52	347.72	256.48	315.67
400	350								
	400								
	450								
	500	124.92	153.74						
	550	149.76	184.32	139.21	171.34				
	600	175.92	216.52	163.95	201.79	153.51	188.94		
	650	203.26	250.17	189.89	233.71	178.17	219.28		
	700	231.66	285.12	216.90	266.96	203.92	250.97	182.11	224.13
	800	291.23	358.43	273.79	336.97	258.32	317.93	232.10	285.66
	900	353.94	435.62	333.94	411.00	316.08	389.03	285.54	351.44
	1000	419.26	516.01	396.84	488.41	376.69	463.62	341.97	420.89

续表 4-25

b	a	400+20		450+20		500+20		600+20	
	h \ β	0.65	0.80	0.65	0.80	0.65	0.80	0.65	0.80
450	400								
	450								
	500	140.53	172.96						
	550	168.48	207.36	156.62	192.76				
	600	197.91	243.58	184.45	227.01	172.70	212.55		
	650	228.67	281.44	213.63	262.92	200.44	246.69		
	700	260.62	320.76	244.02	300.33	229.41	282.35	204.87	252.15
	800	327.63	403.24	308.01	379.09	290.61	357.68	261.11	321.36
	900	398.18	490.07	375.68	462.38	355.59	437.65	321.24	395.37
	1000	471.66	580.51	446.44	549.47	423.78	521.57	384.72	473.50
	1100	547.61	673.98	519.81	639.77	494.70	608.86	451.12	555.22
500	450								
	500	156.15	192.18						
	550	187.20	230.40	174.02	214.17				
	600	219.90	270.65	204.94	252.24	191.89	236.17		
	650	254.08	312.71	237.36	292.14	222.71	274.10		
	700	289.57	356.40	271.13	333.70	254.90	313.72	227.63	280.16
	800	364.04	448.04	342.24	421.21	322.90	397.42	290.12	357.07
	900	442.42	544.52	417.43	513.76	395.10	486.28	356.93	439.30
	1000	524.07	645.01	496.05	610.52	470.87	579.53	427.47	526.11
	1100	608.46	748.87	577.57	710.86	549.67	676.52	501.24	616.91
	1200	695.17	855.59	661.58	814.26	631.09	776.73	577.84	711.18
600	550	224.64	276.48	208.82	257.01				
	600	263.88	324.78	245.93	302.68	230.27	283.40		
	650	304.89	375.25	284.83	350.56	267.25	328.92		
	700	347.49	427.68	325.36	400.44	305.87	376.46	273.16	336.20
	750	391.52	481.87	367.35	452.12	345.99	425.84	309.95	381.48
	800	436.84	537.65	410.68	505.46	387.48	476.90	348.14	428.48
	900	530.91	653.42	500.91	616.51	474.13	583.54	428.32	527.16
	1000	628.88	774.01	595.25	732.62	565.04	695.43	512.96	631.34
	1100	730.15	898.64	693.09	853.03	659.60	811.82	601.49	740.29
	1200	834.20	1026.71	793.90	977.11	757.31	932.08	693.41	853.42
	1300	940.63	1157.70	897.28	1104.35	857.75	1055.70	788.30	970.22

牛腿截面尺寸选择表（25）　表4-26

（混凝土强度等级：C40　$F_{hk}/F_{vk}=0.0$）

b	a: h \ β	0+0		0+20		100+20		150+20	
		0.65	0.80	0.65	0.80	0.65	0.80	0.65	0.80
300	300	242.35	298.27	210.03	258.50	126.02	155.10	105.02	129.25
	350	288.95	355.63	255.93	314.99	162.86	200.45	137.81	169.61
	400	335.56	412.99	302.00	371.69	201.33	247.80	172.57	212.40
	450	382.16	470.35	348.19	428.54	241.06	296.68	208.91	257.13
	500	428.77	527.71	394.46	485.50	281.76	346.78	246.54	303.43
	550	475.37	585.07	440.80	542.52	323.25	397.85	285.22	351.04
	600	521.98	642.43	487.18	599.60	365.38	449.70	324.79	399.74
	700	615.19	757.15	580.03	713.89	451.14	555.24	406.02	499.72
	800	708.40	871.87	672.98	828.28	538.38	662.62	489.44	602.38
	900	801.61	986.59	765.98	942.74	626.71	771.34	574.48	707.06
	1000	894.82	1101.31	859.02	1057.26	715.85	881.05	660.79	813.28
400	350	385.27	474.18	341.24	419.98	217.15	267.26	183.74	226.15
	400	447.41	550.66	402.67	495.59	268.44	330.39	230.10	283.19
	450	509.55	627.14	464.25	571.39	321.41	395.58	278.55	342.83
	500	571.69	703.62	525.95	647.33	375.68	462.38	328.72	404.58
	550	633.83	780.10	587.73	723.36	431.00	530.47	380.30	468.06
	600	695.97	856.58	649.57	799.47	487.18	599.60	433.05	532.98
	650	758.11	933.06	711.46	875.64	544.05	669.60	486.79	599.12
	700	820.25	1009.54	773.38	951.85	601.52	740.33	541.36	666.29
	800	944.53	1162.50	897.30	1104.37	717.84	883.50	652.58	803.18
	900	1068.81	1315.46	1021.31	1256.99	835.61	1028.45	765.98	942.74
	1000	1193.09	1468.42	1145.36	1409.68	954.47	1174.73	881.05	1084.37
450	400	503.33	619.49	453.00	557.54	302.00	371.69	258.86	318.59
	450	573.24	705.53	522.29	642.81	361.58	445.03	313.37	385.69
	500	643.15	791.57	591.70	728.24	422.64	520.17	369.81	455.15
	550	713.06	877.61	661.20	813.78	484.88	596.77	427.83	526.56
	600	782.96	963.65	730.77	899.40	548.07	674.55	487.18	599.60
	650	852.87	1049.69	800.39	985.09	612.06	753.31	547.63	674.01
	700	922.78	1135.73	870.05	1070.83	676.70	832.87	609.03	749.58
	800	1062.59	1307.81	1009.46	1242.42	807.57	993.93	734.16	903.58
	900	1202.41	1479.89	1148.97	1414.12	940.07	1157.00	861.73	1060.59
	1000	1342.22	1651.97	1288.54	1585.89	1073.78	1321.57	991.18	1219.91
	1100	1482.04	1824.05	1428.15	1757.72	1208.43	1487.30	1122.12	1381.06

续表 4-26

b	h \ a β	0+0 0.65	0+0 0.80	0+20 0.65	0+20 0.80	100+20 0.65	100+20 0.80	150+20 0.65	150+20 0.80
500	450	636.93	783.92	580.32	714.24	401.76	494.47	348.19	428.54
	500	714.61	879.52	657.44	809.16	469.60	577.97	410.90	505.72
	550	792.29	975.12	734.66	904.20	538.75	663.08	475.37	585.07
	600	869.96	1070.72	811.96	999.34	608.97	749.50	541.31	666.23
	650	947.64	1166.32	889.32	1094.55	680.07	837.01	608.48	748.90
	700	1025.31	1261.92	966.72	1189.81	751.89	925.41	676.70	832.87
	800	1180.66	1453.12	1121.63	1380.46	897.30	1104.37	815.73	1003.97
	900	1336.01	1644.32	1276.63	1571.24	1044.52	1285.56	957.47	1178.43
	1000	1491.36	1835.52	1431.71	1762.10	1193.09	1468.42	1101.31	1355.46
	1100	1646.71	2026.72	1586.83	1953.02	1342.70	1652.56	1246.79	1534.52
	1200	1802.06	2217.92	1741.99	2143.99	1493.14	1837.71	1393.59	1715.19
600	550	950.74	1170.14	881.60	1085.04	646.50	795.70	570.45	702.09
	600	1043.95	1284.86	974.36	1199.21	730.77	899.40	649.57	799.47
	650	1137.16	1399.58	1067.18	1313.46	816.08	1004.41	730.18	898.68
	700	1230.37	1514.30	1160.07	1427.77	902.27	1110.49	812.05	999.44
	750	1323.58	1629.02	1252.99	1542.14	989.20	1217.48	894.99	1101.53
	800	1416.79	1743.74	1345.95	1656.56	1076.76	1325.25	978.87	1204.77
	900	1603.21	1973.18	1531.96	1885.49	1253.42	1542.67	1148.97	1414.12
	1000	1789.63	2202.62	1718.05	2114.52	1431.71	1762.10	1321.57	1626.55
	1100	1976.05	2432.06	1904.20	2343.63	1611.24	1983.07	1496.15	1841.42
	1200	2162.47	2661.50	2090.39	2572.79	1791.76	2205.25	1672.31	2058.23
	1300	2348.89	2890.94	2276.62	2801.99	1973.07	2428.39	1849.75	2276.62

b	h \ a β	200+20 0.65	200+20 0.80	250+20 0.65	250+20 0.80	300+20 0.65	300+20 0.80	350+20 0.65	350+20 0.80
300	300	90.01	110.79						
	350	119.43	146.99	105.38	129.70				
	400	151.00	185.85	134.22	165.20	120.80	148.68		
	450	184.34	226.88	164.93	202.99	149.22	183.66	136.25	167.69
	500	219.15	269.72	197.23	242.75	179.30	220.68	164.36	202.29
	550	255.20	314.09	230.89	284.18	210.82	259.47	193.95	238.71
	600	292.31	359.76	265.73	327.06	243.59	299.80	224.85	276.74
	700	369.11	454.29	338.35	416.43	312.33	384.40	290.02	356.94
	800	448.65	552.19	414.14	509.71	384.56	473.30	358.92	441.75
	900	530.29	652.67	492.42	606.05	459.59	565.65	430.86	530.29
	1000	613.59	755.19	572.68	704.84	536.89	660.79	505.31	621.92

续表 4-26

b	a	200+20		250+20		300+20		350+20	
	h \ β	0.65	0.80	0.65	0.80	0.65	0.80	0.65	0.80
400	350	159.24	195.99	140.51	172.93				
	400	201.33	247.80	178.96	220.26	161.07	198.24		
	450	245.78	302.50	219.91	270.66	198.97	244.88	181.66	223.59
	500	292.20	359.63	262.98	323.66	239.07	294.24	219.15	269.72
	550	340.27	418.79	307.86	378.90	281.09	345.96	258.60	318.28
	600	389.74	479.68	354.31	436.08	324.79	399.74	299.80	368.99
	650	440.42	542.06	402.13	494.93	369.96	455.33	342.55	421.60
	700	492.15	605.72	451.14	555.24	416.43	512.53	386.69	475.92
	800	598.20	736.25	552.19	679.61	512.74	631.07	478.56	589.00
	900	707.06	870.22	656.55	808.07	612.78	754.19	574.48	707.06
	1000	818.12	1006.91	763.58	939.79	715.85	881.05	673.74	829.22
450	400	226.50	278.77	201.33	247.80	181.20	223.02		
	450	276.50	340.31	247.40	304.49	223.84	275.49	204.37	251.54
	500	328.72	404.58	295.85	364.12	268.95	331.02	246.54	303.43
	550	382.80	471.14	346.34	426.27	316.23	389.20	290.93	358.06
	600	438.46	539.64	398.60	490.58	365.38	449.70	337.28	415.11
	650	495.48	609.82	452.39	556.79	416.20	512.25	385.37	474.30
	700	553.67	681.44	507.53	624.65	468.49	576.60	435.02	535.41
	800	672.98	828.28	621.21	764.56	576.84	709.95	538.38	662.62
	900	795.44	979.00	738.62	909.07	689.38	848.47	646.29	795.44
	1000	920.38	1132.78	859.02	1057.26	805.33	991.18	757.96	932.88
	1100	1047.31	1288.99	981.85	1208.43	924.09	1137.35	872.76	1074.16
500	450	307.23	378.13	274.89	338.32	248.71	306.10	227.08	279.48
	500	365.25	449.53	328.72	404.58	298.84	367.80	273.93	337.15
	550	425.33	523.49	384.82	473.63	351.36	432.44	323.25	397.85
	600	487.18	599.60	442.89	545.09	405.98	499.67	374.75	461.23
	650	550.53	677.58	502.66	618.66	462.45	569.16	428.19	527.00
	700	615.19	757.15	563.92	694.06	520.54	640.67	483.36	594.91
	800	747.75	920.31	690.23	849.52	640.93	788.84	598.20	736.25
	900	883.82	1087.78	820.69	1010.08	765.98	942.74	718.11	883.82
	1000	1022.65	1258.64	954.47	1174.73	894.82	1101.31	842.18	1036.53
	1100	1163.68	1432.22	1090.95	1342.70	1026.77	1263.72	969.73	1193.51
	1200	1306.49	1607.99	1229.64	1513.40	1161.33	1429.33	1100.21	1354.10

续表 4-26

b	h \ a / β	200+20 0.65	200+20 0.80	250+20 0.65	250+20 0.80	300+20 0.65	300+20 0.80	350+20 0.65	350+20 0.80
600	550	510.40	628.18	461.79	568.36	421.63	518.93	387.90	477.42
	600	584.61	719.52	531.47	654.11	487.18	599.60	449.70	553.48
	650	660.64	813.09	603.19	742.39	554.94	683.00	513.83	632.40
	700	738.22	908.58	676.70	832.87	624.65	768.80	580.03	713.89
	750	817.17	1005.75	751.79	925.29	696.11	856.75	648.10	797.66
	800	897.30	1104.37	828.28	1019.42	769.12	946.60	717.84	883.50
	900	1060.59	1305.34	984.83	1212.10	919.17	1131.29	861.73	1060.59
	1000	1227.18	1510.37	1145.36	1409.68	1073.78	1321.57	1010.62	1243.83
	1100	1396.41	1718.66	1309.13	1611.24	1232.13	1516.46	1163.68	1432.22
	1200	1567.79	1929.59	1475.57	1816.09	1393.59	1715.19	1320.25	1624.92
	1300	1740.94	2142.70	1644.22	2023.66	1557.69	1917.15	1479.80	1821.29

b	h \ a / β	400+20 0.65	400+20 0.80	450+20 0.65	450+20 0.80	500+20 0.65	500+20 0.80	600+20 0.65	600+20 0.80
300	300								
	350								
	400								
	450								
	500	151.72	186.73						
	550	179.58	221.03	167.20	205.78				
	600	208.79	256.97	194.87	239.84	182.69	224.85		
	700	270.68	333.15	253.76	312.33	238.84	293.95	213.70	263.01
	800	336.49	414.14	316.69	389.78	299.10	368.12	269.19	331.31
	900	405.52	499.10	382.99	471.37	362.83	446.56	328.28	404.03
	1000	477.24	587.37	452.12	556.45	429.51	528.63	390.47	480.57
400	350								
	400								
	450								
	500	202.29	248.97						
	550	239.45	294.70	222.93	274.38				
	600	278.39	342.63	259.83	319.79	243.59	299.80		
	650	318.93	392.53	298.35	367.20	280.27	344.95		
	700	360.91	444.20	338.35	416.43	318.45	391.94	284.93	350.68
	800	448.65	552.19	422.26	519.70	398.80	490.83	358.92	441.75
	900	540.69	665.47	510.65	628.50	483.78	595.42	437.70	538.71
	1000	636.31	783.16	602.82	741.94	572.68	704.84	520.62	640.76

续表 4-26

b	h \ a, β	400+20 0.65	400+20 0.80	450+20 0.65	450+20 0.80	500+20 0.65	500+20 0.80	600+20 0.65	600+20 0.80
450	400								
	450								
	500	227.58	280.09						
	550	269.38	331.54	250.80	308.68				
	600	313.19	385.46	292.31	359.76	274.04	337.28		
	650	358.79	441.59	335.65	413.10	315.30	388.07		
	700	406.02	499.72	380.65	468.49	358.26	440.93	320.54	394.52
	800	504.73	621.21	475.04	584.67	448.65	552.19	403.79	496.97
	900	608.28	748.65	574.48	707.06	544.25	669.84	492.42	606.05
	1000	715.85	881.05	678.18	834.68	644.27	792.94	585.70	720.86
	1100	826.82	1017.63	785.48	966.75	748.08	920.71	683.03	840.65
500	450								
	500	252.86	311.21						
	550	299.31	368.38	278.67	342.97				
	600	347.98	428.29	324.79	399.74	304.49	374.75		
	650	398.66	490.66	372.94	459.00	350.34	431.18		
	700	451.14	555.24	422.94	520.54	398.06	489.92	356.16	438.35
	800	560.81	690.23	527.82	649.63	498.50	613.54	448.65	552.19
	900	675.86	831.83	638.32	785.62	604.72	744.27	547.13	673.39
	1000	795.39	978.94	753.53	927.42	715.85	881.05	650.78	800.95
	1100	918.69	1130.70	872.76	1074.16	831.20	1023.01	758.92	934.05
	1200	1045.19	1286.39	995.42	1225.14	950.18	1169.45	871.00	1071.99
600	550	359.17	442.05	334.40	411.57				
	600	417.58	513.95	389.74	479.68	365.38	449.70		
	650	478.39	588.79	447.53	550.80	420.41	517.42		
	700	541.36	666.29	507.53	624.65	477.67	587.91	427.39	526.02
	750	606.29	746.20	569.54	700.97	537.00	660.92	481.92	593.13
	800	672.98	828.28	633.39	779.56	598.20	736.25	538.38	662.62
	900	811.04	998.20	765.98	942.74	725.66	893.13	656.55	808.07
	1000	954.47	1174.73	904.24	1112.90	859.02	1057.26	780.93	961.15
	1100	1102.43	1356.84	1047.31	1288.99	997.44	1227.61	910.70	1120.86
	1200	1254.23	1543.67	1194.51	1470.16	1140.21	1403.34	1045.19	1286.39
	1300	1409.34	1734.57	1345.27	1655.72	1286.78	1583.73	1183.84	1457.04

牛腿截面尺寸选择表（26） **表 4-27**

（混凝土强度等级：C40 $F_{hk}/F_{vk}=0.1$）

b	h \ a / β	0+0		0+20		100+20		150+20	
		0.65	0.80	0.65	0.80	0.65	0.80	0.65	0.80
300	300	203.66	250.66	173.49	213.53	99.67	122.66	82.18	101.14
	350	247.94	305.16	216.95	267.01	133.51	164.31	111.97	137.81
	400	292.21	359.65	260.62	320.77	169.18	208.22	143.93	177.14
	450	336.49	414.14	304.44	374.70	206.23	253.83	177.59	218.57
	500	380.76	468.63	348.36	428.75	244.37	300.76	212.63	261.70
	550	425.04	523.12	392.34	482.88	283.36	348.75	248.80	306.22
	600	469.31	577.62	436.38	537.08	323.03	397.58	285.90	351.88
	700	557.86	686.60	524.56	645.61	403.97	497.19	362.32	445.94
	800	646.41	795.58	612.83	754.25	486.47	598.74	441.01	542.78
	900	734.96	904.57	701.17	862.98	570.11	701.67	521.38	641.70
	1000	823.51	1013.55	789.55	971.76	654.59	805.64	603.04	742.21
400	350	330.58	406.87	289.26	356.01	178.01	219.09	149.30	183.75
	400	389.62	479.53	347.50	427.69	225.57	277.62	191.90	236.19
	450	448.65	552.19	405.92	499.60	274.98	338.44	236.79	291.43
	500	507.68	624.84	464.48	571.66	325.83	401.02	283.51	348.94
	550	566.72	697.50	523.12	643.84	377.81	465.00	331.74	408.29
	600	625.75	770.15	581.84	716.11	430.71	530.11	381.20	469.17
	650	684.78	842.81	640.60	788.43	484.36	596.13	431.71	531.34
	700	743.82	915.47	699.41	860.81	538.63	662.92	483.10	594.58
	800	861.88	1060.78	817.11	1005.67	648.63	798.32	588.01	723.71
	900	979.95	1206.09	934.89	1150.64	760.15	935.56	695.18	855.60
	1000	1098.01	1351.40	1052.73	1295.67	872.78	1074.19	804.06	989.61
450	400	438.32	539.47	390.93	481.15	253.76	312.33	215.89	265.71
	450	504.73	621.21	456.66	562.05	309.35	380.74	266.39	327.86
	500	571.14	702.95	522.54	643.12	366.56	451.14	318.95	392.55
	550	637.56	784.68	588.51	724.32	425.04	523.12	373.20	459.33
	600	703.97	866.42	654.57	805.62	484.55	596.37	428.85	527.82
	650	770.38	948.16	720.68	886.99	544.90	670.65	485.67	597.75
	700	836.79	1029.90	786.84	968.41	605.95	745.79	543.48	668.90
	800	969.62	1193.37	919.25	1131.38	729.71	898.11	661.51	814.17
	900	1102.44	1356.85	1051.75	1294.47	855.16	1052.51	782.07	962.55
	1000	1235.27	1520.33	1184.33	1457.63	981.88	1208.46	904.56	1113.31
	1100	1368.09	1683.80	1316.95	1620.86	1109.55	1365.60	1028.56	1265.92

续表 4-27

b	h ＼ a / β	0+0 0.65	0+0 0.80	0+20 0.65	0+20 0.80	100+20 0.65	100+20 0.80	150+20 0.65	150+20 0.80
500	450	560.81	690.23	507.40	624.50	343.72	423.05	295.98	364.29
	500	634.60	781.05	580.60	714.58	407.28	501.27	354.39	436.17
	550	708.40	871.87	653.90	804.80	472.26	581.25	414.67	510.36
	600	782.19	962.69	727.30	895.13	538.39	662.63	476.50	586.47
	650	855.98	1053.51	800.75	985.54	605.45	745.17	539.64	664.17
	700	929.77	1144.33	874.26	1076.01	673.28	828.65	603.87	743.23
	800	1077.35	1325.97	1021.39	1257.09	810.79	997.90	735.02	904.64
	900	1224.93	1507.61	1168.62	1438.30	950.18	1169.46	868.97	1069.50
	1000	1372.52	1689.25	1315.92	1619.59	1090.98	1342.74	1005.07	1237.01
	1100	1520.10	1870.89	1463.27	1800.95	1232.84	1517.34	1142.85	1406.58
	1200	1667.68	2052.53	1610.67	1982.36	1375.53	1692.96	1281.96	1577.80
600	550	850.08	1046.25	784.68	965.77	566.72	697.50	497.61	612.44
	600	938.62	1155.23	872.76	1074.16	646.07	795.16	571.81	703.76
	650	1027.17	1264.21	960.90	1182.65	726.54	894.20	647.57	797.00
	700	1115.72	1373.20	1049.11	1291.22	807.94	994.39	724.65	891.87
	750	1204.27	1482.18	1137.37	1399.84	890.11	1095.53	802.85	988.12
	800	1292.82	1591.17	1225.66	1508.51	972.95	1197.48	882.02	1085.56
	900	1469.92	1809.13	1402.34	1725.96	1140.22	1403.35	1042.77	1283.40
	1000	1647.02	2027.10	1579.10	1943.51	1309.17	1611.29	1206.09	1484.41
	1100	1824.12	2245.07	1755.93	2161.14	1479.40	1820.81	1371.42	1687.90
	1200	2001.22	2463.04	1932.80	2378.83	1650.64	2031.56	1538.35	1893.36
	1300	2178.32	2681.01	2109.71	2596.57	1822.67	2243.29	1706.58	2100.41

b	h ＼ a / β	200+20 0.65	200+20 0.80	250+20 0.65	250+20 0.80	300+20 0.65	300+20 0.80	350+20 0.65	350+20 0.80
300	300	69.91	86.05						
	350	96.42	118.67	84.66	104.20				
	400	125.23	154.13	110.84	136.42	99.41	122.35		
	450	155.93	191.92	138.98	171.06	125.36	154.29	114.17	140.51
	500	188.19	231.62	168.79	207.74	153.02	188.33	139.94	172.23
	550	221.76	272.93	200.02	246.18	182.16	224.20	167.23	205.82
	600	256.43	315.60	232.46	286.11	212.59	261.65	195.85	241.05
	700	328.46	404.26	300.39	369.71	276.73	340.60	256.54	315.74
	800	403.32	496.39	371.56	457.30	344.44	423.92	321.01	395.09
	900	480.33	591.17	445.27	548.02	414.98	510.74	388.55	478.21
	1000	559.03	688.03	521.00	641.23	487.81	600.38	458.60	564.43

续表 4-27

b	a	200+20		250+20		300+20		350+20	
	h \ β	0.65	0.80	0.65	0.80	0.65	0.80	0.65	0.80
400	350	128.56	158.23	112.88	138.93				
	400	166.98	205.51	147.79	181.89	132.55	163.14		
	450	207.91	255.89	185.31	228.08	167.14	205.72	152.22	187.35
	500	250.92	308.83	225.06	276.99	204.02	251.10	186.58	229.64
	550	295.68	363.91	266.69	328.23	242.88	298.93	222.97	274.43
	600	341.90	420.81	309.95	381.48	283.46	348.87	261.14	321.40
	650	389.39	479.24	354.62	436.45	325.55	400.68	300.89	370.33
	700	437.95	539.01	400.52	492.94	368.98	454.13	342.05	420.98
	800	537.76	661.85	495.41	609.74	459.25	565.23	428.01	526.78
	900	640.44	788.23	593.69	730.70	553.30	680.99	518.06	637.61
	1000	745.37	917.37	694.66	854.97	650.42	800.51	611.47	752.58
450	400	187.85	231.20	166.26	204.63	149.12	183.53		
	450	233.90	287.88	208.48	256.59	188.04	231.43	171.25	210.77
	500	282.29	347.43	253.19	311.62	229.53	282.49	209.91	258.35
	550	332.64	409.40	300.03	369.26	273.24	336.29	250.84	308.73
	600	384.64	473.41	348.69	429.16	318.89	392.48	293.78	361.58
	650	438.06	539.15	398.95	491.01	366.25	450.76	338.50	416.62
	700	492.69	606.39	450.58	554.56	415.10	510.89	384.80	473.60
	800	604.97	744.58	557.34	685.96	516.66	635.89	481.51	592.63
	900	720.49	886.76	667.90	822.03	622.47	766.11	582.82	717.32
	1000	838.54	1032.05	781.49	961.84	731.72	900.58	687.90	846.65
	1100	958.59	1179.81	897.54	1104.66	843.79	1038.51	796.12	979.84
500	450	259.89	319.86	231.64	285.10	208.93	257.15	190.28	234.19
	500	313.66	386.04	281.32	346.24	255.03	313.88	233.23	287.05
	550	369.60	454.89	333.36	410.29	303.60	373.66	278.71	343.03
	600	427.38	526.01	387.44	476.85	354.32	436.09	326.42	401.75
	650	486.73	599.06	443.27	545.57	406.94	500.85	376.11	462.91
	700	547.43	673.77	500.65	616.18	461.22	567.66	427.56	526.23
	800	672.19	827.32	619.27	762.17	574.06	706.54	535.01	658.48
	900	800.55	985.29	742.11	913.37	691.63	851.24	647.58	797.02
	1000	931.71	1146.72	868.33	1068.71	813.02	1000.64	764.34	940.72
	1100	1065.10	1310.90	997.26	1227.40	937.55	1153.90	884.58	1088.71
	1200	1200.31	1477.30	1128.43	1388.84	1064.68	1310.37	1007.74	1240.30

续表 4-27

b	a	200 + 20		250 + 20		300 + 20		350 + 20	
	h \ β	0.65	0.80	0.65	0.80	0.65	0.80	0.65	0.80
600	550	443.52	545.87	400.04	492.35	364.32	448.39	334.46	411.64
	600	512.86	631.21	464.93	572.22	425.19	523.31	391.71	482.10
	650	584.08	718.87	531.93	654.68	488.33	601.02	451.33	555.49
	700	656.92	808.52	600.77	739.41	553.47	681.19	513.07	631.47
	750	731.17	899.90	671.23	826.13	620.38	763.55	576.69	709.78
	800	806.63	992.78	743.12	914.61	688.88	847.85	642.01	790.17
	900	960.66	1182.35	890.54	1096.05	829.96	1021.48	777.09	956.42
	1000	1118.05	1376.06	1041.99	1282.45	975.62	1200.77	917.20	1128.87
	1100	1278.12	1573.08	1196.72	1472.88	1125.06	1384.68	1061.49	1306.45
	1200	1440.37	1772.76	1354.12	1666.61	1277.61	1572.45	1209.29	1488.36
	1300	1604.39	1974.63	1513.75	1863.07	1432.80	1763.44	1360.07	1673.93
b	a	400 + 20		450 + 20		500 + 20		600 + 20	
	h \ β	0.65	0.80	0.65	0.80	0.65	0.80	0.65	0.80
300	300								
	350								
	400								
	450								
	500	128.92	158.67						
	550	154.56	190.23	143.67	176.83				
	600	181.56	223.46	169.21	208.26	158.43	194.99		
	700	239.08	294.26	223.86	275.51	210.45	259.02	187.94	231.31
	800	300.56	369.92	282.56	347.77	266.60	328.12	239.53	294.81
	900	365.28	449.58	344.64	424.18	326.21	401.49	294.69	362.70
	1000	432.69	532.54	409.55	504.07	388.76	478.48	352.93	434.38
400	350								
	400								
	450								
	500	171.89	211.56						
	550	206.08	253.64	191.57	235.77				
	600	242.08	297.94	225.61	277.67	211.24	259.99		
	650	279.70	344.25	261.30	321.60	245.17	301.75		
	700	318.78	392.34	298.47	367.35	280.60	345.36	250.59	308.42
	800	400.75	493.23	376.75	463.69	355.47	437.50	319.38	393.08
	900	487.04	599.43	459.52	565.57	434.95	535.32	392.93	483.60
	1000	576.92	710.06	546.07	672.09	518.35	637.97	470.58	579.17

续表 4-27

b	a / β / h	400+20 0.65	400+20 0.80	450+20 0.65	450+20 0.80	500+20 0.65	500+20 0.80	600+20 0.65	600+20 0.80
450	400								
	450								
	500	193.38	238.01						
	550	231.84	285.34	215.51	265.25				
	600	272.34	335.19	253.81	312.38	237.65	292.49		
	650	314.66	387.28	293.96	361.80	275.82	339.46		
	700	358.63	441.39	335.78	413.27	315.68	388.52	281.91	346.97
	800	450.84	554.88	423.84	521.65	399.90	492.18	359.30	442.22
	900	547.92	674.36	516.96	636.26	489.32	602.24	442.04	544.05
	1000	649.04	798.82	614.33	756.10	583.15	717.72	529.40	651.57
	1100	753.55	927.44	715.30	880.36	680.74	837.83	620.76	764.02
500	450								
	500	214.87	264.45						
	550	257.60	317.04	239.46	294.72				
	600	302.60	372.43	282.01	347.09	264.05	324.99		
	650	349.63	430.31	326.62	402.00	306.46	377.18		
	700	398.47	490.43	373.09	459.19	350.75	431.69	313.24	385.52
	800	500.93	616.53	470.94	579.62	444.33	546.87	399.22	491.35
	900	608.80	749.29	574.40	706.96	543.69	669.15	491.16	604.50
	1000	721.15	887.57	682.59	840.11	647.91	797.46	588.22	723.97
	1100	837.27	1030.49	794.77	978.18	756.38	930.93	689.74	848.91
	1200	956.59	1177.34	910.38	1120.46	868.42	1068.83	795.14	978.63
600	550	309.12	380.45	287.35	353.66				
	600	363.12	446.91	338.42	416.51	316.86	389.98		
	650	419.55	516.37	391.95	482.40	367.75	452.62		
	700	478.17	588.51	447.71	551.03	420.90	518.03	375.89	462.63
	750	538.75	663.08	505.50	622.15	476.11	585.98	426.51	524.94
	800	601.12	739.84	565.13	695.54	533.20	656.24	479.07	589.62
	900	730.56	899.15	689.29	848.35	652.43	802.98	589.39	725.40
	1000	865.38	1065.09	819.11	1008.13	777.53	956.96	705.87	868.76
	1100	1004.73	1236.59	953.73	1173.82	907.65	1117.11	827.68	1018.69
	1200	1147.91	1412.81	1092.45	1344.56	1042.11	1282.60	954.17	1174.36
	1300	1294.36	1593.06	1234.71	1519.65	1180.32	1452.70	1084.75	1335.08

牛腿截面尺寸选择表（27） 表4-28

（混凝土强度等级：C40 $F_{hk}/F_{vk}=0.2$）

b	a / h \ β	0+0		0+20		100+20		150+20	
		0.65	0.80	0.65	0.80	0.65	0.80	0.65	0.80
300	300	192.94	237.47	164.36	202.29	94.42	116.21	77.85	95.82
	350	234.89	289.09	205.53	252.96	126.48	155.67	106.08	130.56
	400	276.83	340.72	246.91	303.88	160.27	197.26	136.35	167.82
	450	318.78	392.34	288.42	354.98	195.38	240.47	168.24	207.07
	500	360.72	443.97	330.02	406.18	231.51	284.93	201.44	247.93
	550	402.67	495.59	371.69	457.47	268.44	330.39	235.71	290.10
	600	444.61	547.21	413.41	508.81	306.03	376.65	270.86	333.36
	700	528.50	650.46	496.95	611.63	382.71	471.02	343.25	422.47
	800	612.39	753.71	580.58	714.56	460.87	567.23	417.80	514.21
	900	696.28	856.96	664.27	817.56	540.10	664.74	493.94	607.93
	1000	780.17	960.21	748.00	920.61	620.13	763.24	571.30	703.14
400	350	313.19	385.46	274.04	337.28	168.64	207.55	141.44	174.08
	400	369.11	454.29	329.21	405.18	213.70	263.01	181.80	223.76
	450	425.04	523.12	384.56	473.30	260.51	320.62	224.33	276.09
	500	480.96	591.96	440.03	541.58	308.68	379.91	268.59	330.57
	550	536.89	660.79	495.59	609.96	357.93	440.52	314.28	386.80
	600	592.82	729.62	551.21	678.42	408.04	502.21	361.14	444.48
	650	648.74	798.45	606.89	746.94	458.87	564.76	408.99	503.37
	700	704.67	867.28	662.60	815.51	510.28	628.03	457.67	563.29
	800	816.52	1004.95	774.10	952.74	614.49	756.30	557.06	685.62
	900	928.37	1142.61	885.69	1090.08	720.14	886.32	658.59	810.57
	1000	1040.22	1280.28	997.33	1227.48	826.84	1017.65	761.74	937.52
450	400	415.25	511.08	370.36	455.83	240.41	295.89	204.53	251.72
	450	478.17	588.51	432.63	532.46	293.07	360.70	252.37	310.60
	500	541.08	665.95	495.03	609.27	347.26	427.40	302.16	371.89
	550	604.00	743.39	557.54	686.20	402.67	495.59	353.56	435.15
	600	666.92	820.82	620.12	763.22	459.05	564.98	406.28	500.04
	650	729.83	898.26	682.75	840.31	516.22	635.35	460.11	566.29
	700	792.75	975.69	745.42	917.44	574.06	706.54	514.88	633.70
	800	918.58	1130.57	870.87	1071.83	691.31	850.84	626.70	771.32
	900	1044.42	1285.44	996.40	1226.34	810.16	997.12	740.91	911.89
	1000	1170.25	1440.31	1121.99	1380.92	930.20	1144.86	856.96	1054.71
	1100	1296.09	1595.18	1247.63	1535.55	1051.16	1293.73	974.43	1199.30

续表 4-28

b	a	0+0		0+20		100+20		150+20	
	h　β	0.65	0.80	0.65	0.80	0.65	0.80	0.65	0.80
500	450	531.30	653.90	480.70	591.63	325.63	400.78	280.41	345.12
	500	601.20	739.94	550.04	676.97	385.85	474.89	335.74	413.22
	550	671.11	825.98	619.49	762.45	447.41	550.66	392.85	483.50
	600	741.02	912.02	689.02	848.02	510.05	627.76	451.43	555.60
	650	810.93	998.06	758.61	933.67	573.58	705.95	511.24	629.21
	700	880.83	1084.10	828.25	1019.38	637.85	785.04	572.09	704.11
	800	1020.65	1256.18	967.63	1190.93	768.12	945.38	696.33	857.02
	900	1160.46	1428.26	1107.11	1362.60	900.17	1107.91	823.24	1013.21
	1000	1300.28	1600.34	1246.66	1534.35	1033.56	1272.07	952.17	1171.91
	1100	1440.09	1772.42	1386.26	1706.17	1167.95	1437.48	1082.70	1332.55
	1200	1579.91	1944.50	1525.90	1878.03	1303.14	1603.86	1214.49	1494.75
600	550	805.33	991.18	743.39	914.94	536.89	660.79	471.42	580.20
	600	889.22	1094.43	826.82	1017.63	612.06	753.31	541.71	666.72
	650	973.11	1197.68	910.33	1120.41	688.30	847.14	613.48	755.06
	700	1057.00	1300.92	993.90	1223.26	765.41	942.05	686.51	844.93
	750	1140.89	1404.17	1077.51	1326.16	843.27	1037.87	760.59	936.12
	800	1224.78	1507.42	1161.15	1429.11	921.74	1134.45	835.60	1028.43
	900	1392.56	1713.92	1328.53	1635.12	1080.21	1329.49	987.88	1215.86
	1000	1560.34	1920.41	1495.99	1841.22	1240.27	1526.48	1142.61	1406.29
	1100	1728.11	2126.91	1663.51	2047.40	1401.54	1724.97	1299.24	1599.06
	1200	1895.89	2333.41	1831.07	2253.63	1563.76	1924.63	1457.39	1793.71
	1300	2063.67	2539.90	1998.67	2459.90	1726.74	2125.22	1616.76	1989.86

b	a	200+20		250+20		300+20		350+20	
	h　β	0.65	0.80	0.65	0.80	0.65	0.80	0.65	0.80
300	300	66.23	81.52						
	350	91.35	112.43	80.21	98.72				
	400	118.64	146.02	105.01	129.24	94.18	115.91		
	450	147.73	181.82	131.67	162.05	118.76	146.17	108.16	133.12
	500	178.29	219.43	159.91	196.81	144.96	178.42	132.57	163.17
	550	210.09	258.57	189.49	233.22	172.57	212.40	158.43	194.99
	600	242.93	298.99	220.23	271.05	201.41	247.88	185.55	228.37
	700	311.17	382.98	284.58	350.25	262.17	322.67	243.03	299.12
	800	382.09	470.26	352.00	433.24	326.31	401.61	304.11	374.29
	900	455.05	560.06	421.83	519.18	393.14	483.86	368.10	453.04
	1000	529.60	651.82	493.58	607.48	462.14	568.78	434.46	534.73

续表 4-28

b	h \ a, β	200 + 20		250 + 20		300 + 20		350 + 20	
		0.65	0.80	0.65	0.80	0.65	0.80	0.65	0.80
400	350	121.79	149.90	106.94	131.62				
	400	158.19	194.70	140.01	172.32	125.57	154.55		
	450	196.97	242.42	175.56	216.07	158.35	194.89	144.21	177.49
	500	237.72	292.58	213.21	262.41	193.28	237.89	176.76	217.56
	550	280.12	344.76	252.65	310.96	230.10	283.19	211.24	259.98
	600	323.91	398.66	293.64	361.40	268.54	330.51	247.40	304.49
	650	368.89	454.02	335.96	413.48	308.42	379.59	285.05	350.83
	700	414.90	510.64	379.44	467.00	349.56	430.23	324.04	398.82
	800	509.45	627.02	469.34	577.65	435.08	535.48	405.48	499.06
	900	606.73	746.75	562.44	692.24	524.18	645.15	490.80	604.06
	1000	706.14	869.09	658.10	809.97	616.18	758.38	579.29	712.97
450	400	177.96	219.03	157.51	193.86	141.27	173.87		
	450	221.59	272.73	197.50	243.08	178.14	219.25	162.24	199.67
	500	267.43	329.15	239.86	295.21	217.44	267.62	198.86	244.75
	550	315.13	387.85	284.24	349.83	258.86	318.59	237.64	292.48
	600	364.40	448.49	330.34	406.58	302.11	371.83	278.32	342.55
	650	415.00	510.77	377.95	465.17	346.97	427.04	320.68	394.69
	700	466.76	574.47	426.87	525.37	393.25	484.01	364.55	448.68
	800	573.13	705.40	528.01	649.85	489.46	602.42	456.17	561.44
	900	682.57	840.09	632.75	778.77	589.71	725.79	552.14	679.56
	1000	794.40	977.73	740.36	911.22	693.21	853.18	651.70	802.09
	1100	908.14	1117.71	850.30	1046.52	799.38	983.85	754.22	928.27
500	450	246.21	303.03	219.45	270.09	197.93	243.61	180.26	221.86
	500	297.15	365.72	266.51	328.02	241.61	297.36	220.96	271.95
	550	350.15	430.95	315.82	388.70	287.62	353.99	264.04	324.98
	600	404.89	498.32	367.05	451.75	335.68	413.14	309.24	380.61
	650	461.12	567.53	419.94	516.85	385.52	474.49	356.32	438.54
	700	518.62	638.30	474.30	583.75	436.95	537.78	405.06	498.53
	800	636.82	783.77	586.67	722.06	543.85	669.35	506.85	623.82
	900	758.41	933.43	703.06	865.30	655.23	806.43	613.49	755.07
	1000	882.67	1086.36	822.63	1012.46	770.23	947.97	724.11	891.21
	1100	1009.05	1241.90	944.78	1162.80	888.20	1093.17	838.02	1031.41
	1200	1137.13	1399.55	1069.04	1315.74	1008.64	1241.41	954.70	1175.02

续表 4-28

b	a	200 + 20		250 + 20		300 + 20		350 + 20	
	h \ β	0.65	0.80	0.65	0.80	0.65	0.80	0.65	0.80
600	550	420.17	517.14	378.98	466.44	345.14	424.79	316.85	389.97
	600	485.86	597.99	440.46	542.10	402.81	495.77	371.09	456.73
	650	553.34	681.03	503.93	620.23	462.63	569.39	427.58	526.25
	700	622.35	765.97	569.15	700.50	524.34	645.34	486.07	598.24
	750	692.68	852.53	635.91	782.65	587.73	723.36	546.34	672.42
	800	764.18	940.53	704.01	866.47	652.62	803.22	608.22	748.58
	900	910.10	1120.12	843.67	1038.36	786.27	967.72	736.19	906.08
	1000	1059.21	1303.64	987.15	1214.96	924.28	1137.57	868.93	1069.45
	1100	1210.85	1490.28	1133.73	1395.36	1065.84	1311.81	1005.63	1237.69
	1200	1364.56	1679.46	1282.85	1578.89	1210.37	1489.69	1145.65	1410.03
	1300	1519.95	1870.71	1434.08	1765.02	1357.39	1670.63	1288.48	1585.83

b	a	400 + 20		450 + 20		500 + 20		600 + 20	
	h \ β	0.65	0.80	0.65	0.80	0.65	0.80	0.65	0.80
300	300								
	350								
	400								
	450								
	500	122.13	150.32						
	550	146.42	180.21	136.11	167.52				
	600	172.00	211.70	160.30	197.29	150.09	184.73		
	700	226.50	278.77	212.07	261.01	199.37	245.38	178.05	219.14
	800	284.74	350.45	267.69	329.47	252.57	310.85	226.93	279.29
	900	346.05	425.91	326.50	401.85	309.04	380.36	279.18	343.61
	1000	409.92	504.52	388.00	477.54	368.30	453.30	334.36	411.52
400	350								
	400								
	450								
	500	162.85	200.43						
	550	195.23	240.29	181.48	223.36				
	600	229.34	282.26	213.74	263.06	200.12	246.30		
	650	264.98	326.13	247.55	304.67	232.27	285.87		
	700	302.00	371.69	282.76	348.02	265.83	327.18	237.40	292.19
	800	379.66	467.27	356.92	439.29	336.76	414.47	302.57	372.39
	900	461.41	567.88	435.34	535.80	412.06	507.15	372.25	458.15
	1000	546.56	672.69	517.33	636.71	491.07	604.39	445.81	548.69

续表4-28

b	a / h β	400+20		450+20		500+20		600+20	
		0.65	0.80	0.65	0.80	0.65	0.80	0.65	0.80
450	400								
	450								
	500	183.20	225.48						
	550	219.64	270.32	204.17	251.29				
	600	258.00	317.54	240.45	295.94	225.14	277.09		
	650	298.10	366.89	278.49	342.76	261.30	321.60		
	700	339.75	418.15	318.11	391.52	299.06	368.08	267.08	328.71
	800	427.11	525.68	401.54	494.20	378.85	466.28	340.39	418.94
	900	519.08	638.87	489.76	602.78	463.57	570.54	418.78	515.42
	1000	614.88	756.77	582.00	716.30	552.45	679.94	501.54	617.28
	1100	713.89	878.63	677.65	834.03	644.91	793.74	588.09	723.80
500	450								
	500	203.56	250.53						
	550	244.04	300.36	226.85	279.21				
	600	286.67	352.83	267.17	328.83	250.15	307.88		
	650	331.22	407.66	309.43	380.84	290.33	357.33		
	700	377.50	464.62	353.46	435.02	332.29	408.97	296.75	365.23
	800	474.57	584.09	446.15	549.11	420.95	518.09	378.21	465.49
	900	576.76	709.86	544.17	669.75	515.07	633.94	465.31	572.69
	1000	683.20	840.86	646.66	795.89	613.84	755.49	557.26	685.86
	1100	793.21	976.26	752.94	926.70	716.57	881.93	653.43	804.23
	1200	906.24	1115.38	862.46	1061.49	822.72	1012.58	753.29	927.13
600	550	292.85	360.43	272.23	335.05				
	600	344.01	423.39	320.60	394.59	300.18	369.46		
	650	397.47	489.19	371.32	457.01	348.40	428.80		
	700	453.00	557.54	424.15	522.03	398.75	490.77	356.10	438.28
	750	510.40	628.18	478.89	589.41	451.05	555.14	404.07	497.31
	800	569.48	700.90	535.38	658.93	505.14	621.70	453.85	558.59
	900	692.11	851.83	653.01	803.70	618.09	760.72	558.37	687.22
	1000	819.84	1009.03	776.00	955.07	736.61	906.59	668.72	823.03
	1100	951.85	1171.51	903.53	1112.04	859.88	1058.32	784.12	965.07
	1200	1087.49	1338.45	1034.96	1273.79	987.26	1215.09	903.95	1112.55
	1300	1226.24	1509.22	1169.73	1439.67	1118.20	1376.25	1027.66	1264.81

牛腿截面尺寸选择表（28） **表 4-29**

（混凝土强度等级：C40 $F_{hk}/F_{vk}=0.3$）

b	h \ a, β	0+0 0.65	0+0 0.80	0+20 0.65	0+20 0.80	100+20 0.65	100+20 0.80	150+20 0.65	150+20 0.80
300	300	182.23	224.28	155.23	191.05	89.17	109.75	73.53	90.50
	350	221.84	273.03	194.11	238.90	119.45	147.02	100.19	123.31
	400	261.45	321.79	233.19	287.00	151.37	186.30	128.78	158.49
	450	301.07	370.55	272.40	335.26	184.53	227.11	158.90	195.57
	500	340.68	419.30	311.69	383.62	218.65	269.10	190.25	234.16
	550	380.30	468.06	351.04	432.05	253.53	312.04	222.61	273.98
	600	419.91	516.81	390.44	480.55	289.03	355.73	255.81	314.84
	700	499.14	614.33	469.34	577.65	361.45	444.86	324.18	398.99
	800	578.37	711.84	548.32	674.86	435.27	535.71	394.59	485.65
	900	657.60	809.35	627.36	772.14	510.10	627.81	466.50	574.15
	1000	736.83	906.86	706.44	869.47	585.68	720.84	539.56	664.08
400	350	295.79	364.04	258.81	318.54	159.27	196.02	133.58	164.41
	400	348.61	429.05	310.92	382.67	201.82	248.40	171.70	211.32
	450	401.42	494.06	363.19	447.01	246.03	302.81	211.86	260.75
	500	454.24	559.07	415.58	511.49	291.53	358.81	253.67	312.21
	550	507.06	624.08	468.06	576.07	338.04	416.05	296.82	365.31
	600	559.88	689.08	520.59	640.73	385.37	474.31	341.08	419.79
	650	612.70	754.09	573.17	705.44	433.37	533.38	386.27	475.41
	700	665.52	819.10	625.79	770.20	481.93	593.14	432.24	531.99
	800	771.16	949.12	731.10	899.81	580.36	714.28	526.12	647.53
	900	876.80	1079.13	836.48	1029.52	680.13	837.08	622.00	765.54
	1000	982.43	1209.15	941.92	1159.29	780.91	961.12	719.42	885.44
450	400	392.18	482.68	349.78	430.50	227.05	279.45	193.16	237.74
	450	451.60	555.82	408.59	502.88	276.79	340.66	238.35	293.35
	500	511.02	628.95	467.53	575.42	327.97	403.66	285.38	351.23
	550	570.45	702.09	526.56	648.08	380.30	468.06	333.92	410.98
	600	629.87	775.22	585.67	720.82	433.54	533.59	383.71	472.26
	650	689.29	848.35	644.82	793.62	487.55	600.06	434.55	534.83
	700	748.71	921.49	704.01	866.47	542.17	667.28	486.28	598.49
	800	867.55	1067.76	822.48	1012.29	652.90	803.57	591.88	728.47
	900	986.39	1214.02	941.04	1158.21	765.15	941.72	699.75	861.23
	1000	1105.24	1360.29	1059.66	1304.20	878.52	1081.26	809.35	996.12
	1100	1224.08	1506.56	1178.32	1450.24	992.76	1221.86	920.29	1132.67

续表 4-29

b	a	0 + 0		0 + 20		100 + 20		150 + 20	
	h \ β	0.65	0.80	0.65	0.80	0.65	0.80	0.65	0.80
500	450	501.78	617.58	453.99	558.76	307.54	378.51	264.83	325.94
	500	567.80	698.84	519.48	639.36	364.41	448.51	317.09	390.26
	550	633.83	780.10	585.07	720.09	422.55	520.06	371.02	456.64
	600	699.85	861.36	650.74	800.91	481.72	592.88	426.35	524.73
	650	765.88	942.62	716.46	881.80	541.72	666.73	482.83	594.26
	700	831.90	1023.88	782.23	962.75	602.41	741.43	540.31	664.99
	800	963.95	1186.40	913.87	1124.77	725.44	892.85	657.65	809.41
	900	1095.99	1348.92	1045.60	1286.90	850.16	1046.36	777.50	956.92
	1000	1228.04	1511.44	1177.40	1449.11	976.14	1201.40	899.27	1106.80
	1100	1360.09	1673.96	1309.24	1611.38	1103.06	1357.62	1022.55	1258.52
	1200	1492.14	1836.48	1441.12	1773.69	1230.74	1514.76	1147.02	1411.71
600	550	760.59	936.12	702.09	864.11	507.06	624.08	445.23	547.97
	600	839.82	1033.63	780.89	961.09	578.06	711.46	511.62	629.68
	650	919.05	1131.14	859.76	1058.16	650.06	800.07	579.40	713.11
	700	998.28	1228.65	938.68	1155.30	722.89	889.71	648.37	797.99
	750	1077.51	1326.16	1017.65	1252.49	796.42	980.21	718.34	884.11
	800	1156.74	1423.68	1096.65	1349.72	870.53	1071.43	789.18	971.29
	900	1315.19	1618.70	1254.72	1544.28	1020.20	1255.63	933.00	1148.31
	1000	1473.65	1813.72	1412.88	1738.93	1171.36	1441.68	1079.13	1328.16
	1100	1632.11	2008.75	1571.09	1933.65	1323.68	1629.14	1227.06	1510.23
	1200	1790.56	2203.77	1729.35	2128.43	1476.89	1817.71	1376.42	1694.06
	1300	1949.02	2398.80	1887.63	2323.24	1630.81	2007.16	1526.94	1879.31

b	a	200 + 20		250 + 20		300 + 20		350 + 20	
	h \ β	0.65	0.80	0.65	0.80	0.65	0.80	0.65	0.80
300	300	62.56	76.99						
	350	86.27	106.18	75.75	93.23				
	400	112.05	137.91	99.17	122.06	88.95	109.47		
	450	139.52	171.72	124.35	153.05	112.16	138.05	102.15	125.72
	500	168.38	207.24	151.02	185.88	136.91	168.50	125.21	154.10
	550	198.42	244.20	178.96	220.26	162.98	200.60	149.62	184.15
	600	229.44	282.38	207.99	255.99	190.22	234.11	175.24	215.68
	700	293.89	361.71	268.77	330.79	247.60	304.74	229.53	282.50
	800	360.86	444.14	332.45	409.17	308.18	379.30	287.22	353.50
	900	429.77	528.95	398.40	490.34	371.30	456.98	347.65	427.87
	1000	500.18	615.61	466.15	573.73	436.46	537.19	410.33	505.02

续表 4-29

b	a / h \ β	200+20		250+20		300+20		350+20	
		0.65	0.80	0.65	0.80	0.65	0.80	0.65	0.80
400	350	115.03	141.57	101.00	124.31				
	400	149.40	183.88	132.23	162.74	118.60	145.97		
	450	186.03	228.96	165.81	204.07	149.55	184.06	136.20	167.63
	500	224.51	276.32	201.37	247.83	182.55	224.67	166.94	205.47
	550	264.55	325.61	238.62	293.68	217.31	267.46	199.50	245.54
	600	305.91	376.51	277.32	341.32	253.62	312.15	233.65	287.57
	650	348.40	428.80	317.29	390.51	291.28	358.50	269.22	331.34
	700	391.85	482.27	358.36	441.05	330.14	406.33	306.04	376.67
	800	481.15	592.18	443.26	545.56	410.91	505.73	382.96	471.33
	900	573.02	705.26	531.20	653.78	495.06	609.31	463.53	570.50
	1000	666.91	820.81	621.54	764.97	581.95	716.25	547.10	673.36
450	400	168.08	206.86	148.76	183.09	133.42	164.21		
	450	209.28	257.57	186.53	229.58	168.24	207.07	153.22	188.58
	500	252.57	310.86	226.54	278.81	205.36	252.76	187.81	231.15
	550	297.62	366.31	268.44	330.39	244.48	300.89	224.44	276.23
	600	344.15	423.57	311.99	383.99	285.32	351.17	262.86	323.52
	650	391.95	482.40	356.95	439.33	327.69	403.32	302.87	372.76
	700	440.83	542.56	403.15	496.19	371.41	457.12	344.30	423.75
	800	541.29	666.21	498.67	613.75	462.27	568.95	430.83	530.25
	900	644.65	793.42	597.60	735.50	556.94	685.47	521.47	641.81
	1000	750.27	923.41	699.23	860.59	654.69	805.78	615.49	757.53
	1100	857.69	1055.62	803.06	988.38	754.97	929.20	712.32	876.70
500	450	232.53	286.19	207.26	255.09	186.94	230.08	170.25	209.53
	500	280.64	345.40	251.71	309.79	228.18	280.84	208.68	256.84
	550	330.69	407.01	298.27	367.10	271.64	334.33	249.37	306.92
	600	382.39	470.64	346.66	426.65	317.03	390.19	292.06	359.46
	650	435.50	536.00	396.61	488.14	364.10	448.13	336.52	414.18
	700	489.81	602.84	447.95	551.32	412.67	507.91	382.55	470.83
	800	601.44	740.23	554.08	681.94	513.64	632.17	478.69	589.16
	900	716.28	881.58	664.00	817.23	618.83	761.63	579.41	713.12
	1000	833.63	1026.01	776.92	956.21	727.44	895.31	683.88	841.70
	1100	952.99	1172.91	892.29	1098.20	838.86	1032.44	791.46	974.11
	1200	1073.96	1321.79	1009.65	1242.65	952.61	1172.44	901.67	1109.74

续表 4-29

b	h \ a / β	200+20 0.65	200+20 0.80	250+20 0.65	250+20 0.80	300+20 0.65	300+20 0.80	350+20 0.65	350+20 0.80
600	550	396.83	488.41	357.93	440.52	325.97	401.19	299.25	368.31
	600	458.87	564.77	415.99	511.98	380.43	468.22	350.48	431.36
	650	522.60	643.20	475.94	585.77	436.93	537.75	403.83	497.02
	700	587.77	723.41	537.53	661.58	495.21	609.49	459.06	565.00
	750	654.20	805.17	600.58	739.17	555.08	683.17	515.99	635.06
	800	721.72	888.28	664.90	818.33	616.36	758.60	574.43	707.00
	900	859.54	1057.89	796.80	980.67	742.59	913.96	695.29	855.75
	1000	1000.36	1231.21	932.31	1147.46	872.93	1074.37	820.66	1010.04
	1100	1143.59	1407.49	1070.75	1317.84	1006.63	1238.93	949.76	1168.93
	1200	1288.75	1586.15	1211.58	1491.17	1143.13	1406.93	1082.00	1331.69
	1300	1435.51	1766.78	1354.40	1666.96	1281.98	1577.82	1216.90	1497.72

b	h \ a / β	400+20 0.65	400+20 0.80	450+20 0.65	450+20 0.80	500+20 0.65	500+20 0.80	600+20 0.65	600+20 0.80
300	300								
	350								
	400								
	450								
	500	115.35	141.97						
	550	138.29	170.20	128.55	158.22				
	600	162.45	199.94	151.40	186.33	141.75	174.47		
	700	213.92	263.28	200.29	246.51	188.30	231.75	168.16	206.97
	800	268.92	330.98	252.82	311.16	238.54	293.58	214.32	263.78
	900	326.83	402.25	308.36	379.53	291.87	359.23	263.67	324.52
	1000	387.15	476.49	366.44	451.01	347.84	428.11	315.78	388.65
400	350								
	400								
	450								
	500	153.80	189.29						
	550	184.39	226.94	171.40	210.96				
	600	216.60	266.58	201.86	248.45	189.00	232.62		
	650	250.26	308.01	233.79	287.75	219.36	269.98		
	700	285.22	351.04	267.06	328.68	251.06	309.00	224.21	275.95
	800	358.56	441.31	337.09	414.88	318.05	391.44	285.76	351.70
	900	435.77	536.34	411.15	506.03	389.17	478.97	351.57	432.70
	1000	516.19	635.32	488.59	601.34	463.79	570.82	421.04	518.21

续表 4-29

b	a \ β h	400+20 0.65	400+20 0.80	450+20 0.65	450+20 0.80	500+20 0.65	500+20 0.80	600+20 0.65	600+20 0.80
450	400								
	450								
	500	173.02	212.95						
	550	207.43	255.30	192.83	237.32				
	600	243.67	299.90	227.09	279.50	212.63	261.70		
	650	281.54	346.51	263.02	323.71	246.78	303.73		
	700	320.88	394.92	300.44	369.77	282.45	347.63	252.24	310.45
	800	403.38	496.47	379.23	466.74	357.80	440.37	321.48	395.67
	900	490.24	603.38	462.55	569.29	437.81	538.85	395.51	486.78
	1000	580.72	714.73	549.66	676.51	521.76	642.17	473.67	582.98
	1100	674.23	829.82	640.00	787.69	609.08	749.64	555.42	683.59
500	450								
	500	192.25	236.61						
	550	230.48	283.67	214.25	263.69				
	600	270.75	333.23	252.33	310.56	236.26	290.78		
	650	312.82	385.01	292.24	359.68	274.20	337.48		
	700	356.53	438.80	333.82	410.85	313.83	386.25	280.27	344.94
	800	448.20	551.64	421.37	518.60	397.56	489.30	357.20	439.63
	900	544.72	670.42	513.94	632.54	486.46	598.72	439.46	540.87
	1000	645.24	794.14	610.74	751.68	579.74	713.52	526.30	647.76
	1100	749.14	922.02	711.11	875.22	676.76	832.93	617.13	759.55
	1200	855.90	1053.41	814.55	1002.52	777.01	956.32	711.44	875.62
600	550	276.58	340.41	257.10	316.43				
	600	324.89	399.87	302.79	372.67	283.51	348.93		
	650	375.39	462.01	350.69	431.62	329.04	404.98		
	700	427.83	526.56	400.58	493.03	376.60	463.50	336.32	413.93
	750	482.04	593.28	452.29	556.66	425.99	524.30	381.62	469.68
	800	537.85	661.96	505.64	622.33	477.07	587.17	428.64	527.55
	900	653.66	804.50	616.73	759.05	583.75	718.46	527.35	649.04
	1000	774.29	952.97	732.88	902.01	695.68	856.22	631.56	777.31
	1100	898.97	1106.42	853.34	1050.26	812.11	999.52	740.56	911.46
	1200	1027.07	1264.09	977.46	1203.02	932.41	1147.59	853.73	1050.74
	1300	1158.11	1425.37	1104.74	1359.69	1056.08	1299.79	970.57	1194.54

牛腿截面尺寸选择表（29） **表4-30**

（混凝土强度等级：C40 $F_{hk}/F_{vk}=0.4$）

b	a \ h β	0+0 0.65	0+0 0.80	0+20 0.65	0+20 0.80	100+20 0.65	100+20 0.80	150+20 0.65	150+20 0.80
300	300	171.51	211.08	146.10	179.81	83.93	103.30	69.20	85.17
	350	208.79	256.97	182.69	224.85	112.43	138.37	94.29	116.05
	400	246.07	302.86	219.47	270.12	142.46	175.34	121.20	149.17
	450	283.36	348.75	256.37	315.53	173.67	213.75	149.55	184.06
	500	320.64	394.64	293.35	361.05	205.79	253.27	179.06	220.38
	550	357.93	440.52	330.39	406.64	238.62	293.68	209.52	257.87
	600	395.21	486.41	367.48	452.28	272.03	334.80	240.76	296.32
	700	469.78	578.19	441.73	543.67	340.18	418.69	305.11	375.52
	800	544.35	669.96	516.07	635.16	409.66	504.20	371.38	457.08
	900	618.91	761.74	590.46	726.72	480.09	590.88	439.06	540.38
	1000	693.48	853.52	664.89	818.32	551.23	678.44	507.83	625.02
400	350	278.39	342.63	243.59	299.80	149.90	184.49	125.72	154.74
	400	328.10	403.81	292.63	360.16	189.95	233.79	161.60	198.89
	450	377.81	465.00	341.83	420.71	231.56	285.00	199.40	245.42
	500	427.52	526.18	391.14	481.40	274.38	337.70	238.75	293.84
	550	477.24	587.37	440.52	542.18	318.16	391.58	279.36	343.82
	600	526.95	648.55	489.97	603.04	362.70	446.40	321.01	395.09
	650	576.66	709.73	539.46	663.95	407.88	502.01	363.55	447.44
	700	626.37	770.92	588.98	724.89	453.58	558.25	406.82	500.70
	800	725.80	893.29	688.09	846.88	546.22	672.27	495.17	609.44
	900	825.22	1015.65	787.28	968.96	640.12	787.84	585.41	720.51
	1000	924.64	1138.02	886.51	1091.09	734.97	904.58	677.10	833.36
450	400	369.11	454.29	329.21	405.18	213.70	263.01	181.80	223.76
	450	425.04	523.12	384.56	473.30	260.51	320.62	224.33	276.09
	500	480.96	591.96	440.03	541.58	308.68	379.91	268.59	330.57
	550	536.89	660.79	495.59	609.96	357.93	440.52	314.28	386.80
	600	592.82	729.62	551.21	678.42	408.04	502.21	361.14	444.48
	650	648.74	798.45	606.89	746.94	458.87	564.76	408.99	503.37
	700	704.67	867.28	662.60	815.51	510.28	628.03	457.67	563.29
	800	816.52	1004.95	774.10	952.74	614.49	756.30	557.06	685.62
	900	928.37	1142.61	885.69	1090.08	720.14	886.32	658.59	810.57
	1000	1040.22	1280.28	997.33	1227.48	826.84	1017.65	761.74	937.52
	1100	1152.08	1417.94	1109.01	1364.93	934.36	1149.98	866.16	1066.04

续表 4-30

b	a	0 + 0		0 + 20		100 + 20		150 + 20	
	h \ β	0.65	0.80	0.65	0.80	0.65	0.80	0.65	0.80
500	450	472.26	581.25	427.29	525.89	289.45	356.25	249.25	306.77
	500	534.40	657.73	488.92	601.75	342.98	422.12	298.43	367.30
	550	596.54	734.21	550.66	677.73	397.70	489.47	349.20	429.78
	600	658.68	810.69	612.46	753.80	453.38	558.01	401.27	493.87
	650	720.82	887.17	674.32	829.93	509.85	627.51	454.43	559.30
	700	782.96	963.65	736.22	906.12	566.97	697.81	508.52	625.87
	800	907.24	1116.61	860.11	1058.60	682.77	840.33	618.96	761.80
	900	1031.52	1269.57	984.10	1211.20	800.15	984.81	731.76	900.63
	1000	1155.80	1422.53	1108.14	1363.87	918.72	1130.73	846.38	1041.69
	1100	1280.08	1575.49	1232.23	1516.59	1038.18	1277.76	962.40	1184.49
	1200	1404.36	1728.45	1356.35	1669.36	1158.34	1425.65	1079.55	1328.67
600	550	715.85	881.05	660.79	813.28	477.24	587.37	419.04	515.74
	600	790.42	972.83	734.95	904.56	544.06	669.61	481.52	592.64
	650	864.99	1064.60	809.18	995.92	611.82	753.01	545.32	671.16
	700	939.56	1156.38	883.46	1087.34	680.37	837.38	610.23	751.05
	750	1014.12	1248.15	957.78	1178.81	749.57	922.55	676.08	832.10
	800	1088.69	1339.93	1032.14	1270.32	819.33	1008.40	742.75	914.16
	900	1237.83	1523.48	1180.92	1453.44	960.18	1181.77	878.12	1080.76
	1000	1386.96	1707.03	1329.77	1636.64	1102.46	1356.87	1015.65	1250.03
	1100	1536.10	1890.59	1478.68	1819.91	1245.81	1533.31	1154.88	1421.39
	1200	1685.24	2074.14	1627.62	2003.23	1390.01	1710.79	1295.45	1594.41
	1300	1834.37	2257.69	1776.60	2186.58	1534.88	1889.09	1437.12	1768.76

b	a	200 + 20		250 + 20		300 + 20		350 + 20	
	h \ β	0.65	0.80	0.65	0.80	0.65	0.80	0.65	0.80
300	300	58.88	72.46						
	350	81.20	99.93	71.29	87.75				
	400	105.46	129.80	93.34	114.88	83.72	103.04		
	450	131.31	161.62	117.04	144.05	105.56	129.93	96.14	118.33
	500	158.48	195.05	142.14	174.94	128.86	158.59	117.84	145.04
	550	186.74	229.84	168.44	207.31	153.40	188.80	140.82	173.32
	600	215.94	265.77	195.76	240.93	179.03	220.34	164.93	202.99
	700	276.60	340.43	252.96	311.33	233.04	286.82	216.03	265.88
	800	339.63	418.01	312.89	385.10	290.05	356.99	270.32	332.70
	900	404.49	497.83	374.96	461.49	349.46	430.10	327.20	402.70
	1000	470.76	579.39	438.73	539.98	410.79	505.59	386.19	475.31

续表 4-30

b	h \ a / β	200+20		250+20		300+20		350+20	
		0.65	0.80	0.65	0.80	0.65	0.80	0.65	0.80
400	350	108.26	133.25	95.06	117.00				
	400	140.61	173.06	124.45	153.17	111.62	137.38		
	450	175.08	215.49	156.05	192.06	140.75	173.23	128.19	157.77
	500	211.30	260.07	189.52	233.26	171.81	211.46	157.12	193.38
	550	248.99	306.45	224.58	276.41	204.53	251.73	187.76	231.09
	600	287.92	354.36	261.01	321.24	238.70	293.79	219.91	270.65
	650	327.90	403.57	298.63	367.54	274.15	337.41	253.38	311.85
	700	368.80	453.91	337.28	415.11	310.72	382.42	288.04	354.51
	800	452.85	557.35	417.19	513.46	386.74	475.98	360.43	443.60
	900	539.32	663.77	499.95	615.32	465.94	573.46	436.26	536.94
	1000	627.68	772.53	584.98	719.97	547.72	674.12	514.92	633.75
450	400	158.19	194.70	140.01	172.32	125.57	154.55		
	450	196.97	242.42	175.56	216.07	158.35	194.89	144.21	177.49
	500	237.72	292.58	213.21	262.41	193.28	237.89	176.76	217.56
	550	280.12	344.76	252.65	310.96	230.10	283.19	211.24	259.98
	600	323.91	398.66	293.64	361.40	268.54	330.51	247.40	304.49
	650	368.89	454.02	335.96	413.48	308.42	379.59	285.05	350.83
	700	414.90	510.64	379.44	467.00	349.56	430.23	324.04	398.82
	800	509.45	627.02	469.34	577.65	435.08	535.48	405.48	499.06
	900	606.73	746.75	562.44	692.24	524.18	645.15	490.80	604.06
	1000	706.14	869.09	658.10	809.97	616.18	758.38	579.29	712.97
	1100	807.24	993.52	755.82	930.24	710.56	874.54	670.42	825.13
500	450	218.85	269.36	195.07	240.08	175.94	216.54	160.23	197.21
	500	264.13	325.08	236.90	291.57	214.76	264.32	196.40	241.73
	550	311.24	383.07	280.73	345.51	255.66	314.66	234.71	288.87
	600	359.90	442.95	326.26	401.56	298.38	367.23	274.88	338.32
	650	409.88	504.47	373.28	459.43	342.69	421.77	316.73	389.82
	700	461.00	567.38	421.60	518.89	388.40	478.03	360.05	443.14
	800	566.06	696.69	521.49	641.83	483.42	594.98	450.54	554.51
	900	674.15	829.72	624.94	769.15	582.43	716.83	545.33	671.17
	1000	784.60	965.66	731.22	899.97	684.65	842.64	643.65	792.19
	1100	896.93	1103.91	839.80	1033.60	789.51	971.71	744.91	916.81
	1200	1010.78	1244.04	950.26	1169.55	896.57	1103.47	848.63	1044.46

续表 4-30

b	a	200+20		250+20		300+20		350+20	
	h \ β	0.65	0.80	0.65	0.80	0.65	0.80	0.65	0.80
600	550	373.49	459.68	336.87	414.61	306.79	377.59	281.65	346.64
	600	431.88	531.54	391.52	481.87	358.05	440.68	329.86	405.98
	650	491.86	605.36	447.94	551.31	411.22	506.12	380.07	467.78
	700	553.20	680.86	505.92	622.66	466.08	573.64	432.06	531.76
	750	615.72	757.81	565.25	695.69	522.43	642.99	485.64	597.71
	800	679.27	836.02	625.78	770.20	580.11	713.98	540.64	665.41
	900	808.97	995.66	749.93	922.99	698.91	860.20	654.39	805.41
	1000	941.52	1158.79	877.47	1079.96	821.58	1011.17	772.38	950.62
	1100	1076.32	1324.70	1007.76	1240.32	947.42	1166.05	893.89	1100.17
	1200	1212.94	1492.85	1140.31	1403.46	1075.89	1324.17	1018.35	1253.36
	1300	1351.06	1662.85	1274.73	1568.90	1206.57	1485.00	1145.32	1409.62

b	a	400+20		450+20		500+20		600+20	
	h \ β	0.65	0.80	0.65	0.80	0.65	0.80	0.65	0.80
300	300								
	350								
	400								
	450								
	500	108.56	133.62						
	550	130.16	160.19	120.99	148.91				
	600	152.89	188.17	142.49	175.37	133.41	164.20		
	700	201.33	247.80	188.51	232.01	177.22	218.12	158.27	194.79
	800	253.10	311.51	237.95	292.86	224.50	276.31	201.71	248.26
	900	307.60	378.59	290.23	357.20	274.71	338.10	248.16	305.43
	1000	364.37	448.46	344.89	424.48	327.38	402.93	297.21	365.79
400	350								
	400								
	450								
	500	144.75	178.16						
	550	173.54	213.59	161.32	198.55				
	600	203.86	250.90	189.99	233.83	177.89	218.94		
	650	235.54	289.89	220.04	270.82	206.46	254.10		
	700	268.44	330.39	251.35	309.35	236.30	290.83	211.02	259.72
	800	337.47	415.35	317.26	390.48	299.34	368.42	268.95	331.01
	900	410.14	504.79	386.97	476.27	366.27	450.80	330.88	407.24
	1000	485.83	597.94	459.85	565.97	436.51	537.24	396.28	487.72

续表 4-30

b	a h \ β	400+20		450+20		500+20		600+20	
		0.65	0.80	0.65	0.80	0.65	0.80	0.65	0.80
450	400								
	450								
	500	162.85	200.43						
	550	195.23	240.29	181.48	223.36				
	600	229.34	282.26	213.74	263.06	200.12	246.30		
	650	264.98	326.13	247.55	304.67	232.27	285.87		
	700	302.00	371.69	282.76	348.02	265.83	327.18	237.40	292.19
	800	379.66	467.27	356.92	439.29	336.76	414.47	302.57	372.39
	900	461.41	567.88	435.34	535.80	412.06	507.15	372.25	458.15
	1000	546.56	672.69	517.33	636.71	491.07	604.39	445.81	548.69
	1100	634.57	781.00	602.35	741.36	573.26	705.54	522.75	643.38
500	450								
	500	180.94	222.70						
	550	216.93	266.98	201.65	248.18				
	600	254.82	313.62	237.48	292.29	222.36	273.67		
	650	294.42	362.36	275.05	338.52	258.07	317.63		
	700	335.56	412.99	314.18	386.69	295.37	363.53	263.78	324.65
	800	421.84	519.19	396.58	488.10	374.17	460.52	336.19	413.77
	900	512.67	630.98	483.71	595.33	457.84	563.50	413.61	509.05
	1000	607.29	747.43	574.81	707.46	545.63	671.55	495.34	609.65
	1100	705.07	867.78	669.28	823.73	636.95	783.94	580.83	714.87
	1200	805.55	991.44	766.63	943.55	731.30	900.07	669.59	824.11
600	550	260.31	320.38	241.98	297.82				
	600	305.78	376.35	284.98	350.75	266.83	328.41		
	650	353.31	434.84	330.06	406.23	309.69	381.15		
	700	402.67	495.59	377.02	464.02	354.44	436.24	316.54	389.58
	750	453.69	558.38	425.68	523.92	400.93	493.46	359.17	442.05
	800	506.21	623.02	475.90	585.72	449.01	552.63	403.42	496.52
	900	615.21	757.18	580.45	714.40	549.41	676.20	496.33	610.86
	1000	728.74	896.92	689.77	848.95	654.76	805.86	594.41	731.59
	1100	846.09	1041.34	803.14	988.48	764.34	940.73	697.00	857.84
	1200	966.66	1189.73	919.96	1132.26	877.57	1080.08	803.51	988.93
	1300	1089.99	1341.53	1039.76	1279.70	993.96	1223.33	913.47	1124.27

牛腿截面尺寸选择表（30） 表 4-31

（混凝土强度等级：C40 $F_{hk}/F_{vk}=0.5$）

b	h \ a, β	0+0		0+20		100+20		150+20	
		0.65	0.80	0.65	0.80	0.65	0.80	0.65	0.80
300	300	160.79	197.89	136.97	168.57	78.68	96.84	64.88	79.85
	350	195.74	240.91	171.27	210.80	105.40	129.72	88.40	108.80
	400	230.69	283.93	205.75	253.24	133.56	164.38	113.63	139.85
	450	265.65	326.95	240.35	295.81	162.82	200.39	140.20	172.56
	500	300.60	369.97	275.02	338.49	192.92	237.44	167.87	206.61
	550	335.56	412.99	309.74	381.22	223.70	275.33	196.42	241.75
	600	370.51	456.01	344.51	424.01	255.03	313.88	225.71	277.80
	700	440.42	542.05	414.12	509.69	318.92	392.52	286.04	352.05
	800	510.32	628.09	483.81	595.46	384.06	472.69	348.17	428.51
	900	580.23	714.13	553.55	681.30	450.09	553.95	411.62	506.61
	1000	650.14	800.17	623.33	767.18	516.78	636.03	476.09	585.95
400	350	260.99	321.22	228.36	281.06	140.53	172.96	117.87	145.07
	400	307.59	378.58	274.34	337.65	178.08	219.18	151.50	186.46
	450	354.20	435.94	320.46	394.42	217.09	267.19	186.94	230.08
	500	400.80	493.30	366.69	451.31	257.23	316.59	223.83	275.48
	550	447.41	550.66	412.99	508.30	298.27	367.10	261.90	322.34
	600	494.01	608.02	459.35	565.35	340.03	418.50	300.95	370.40
	650	540.62	665.38	505.74	622.45	382.39	470.63	340.82	419.48
	700	587.22	722.74	552.16	679.59	425.23	523.36	381.39	469.41
	800	680.43	837.46	645.09	793.95	512.08	630.25	464.22	571.35
	900	773.64	952.18	738.07	908.40	600.12	738.60	548.82	675.48
	1000	866.85	1066.90	831.11	1022.90	689.04	848.05	634.78	781.27
450	400	346.04	425.90	308.63	379.85	200.34	246.57	170.44	209.77
	450	398.47	490.43	360.52	443.72	244.23	300.58	210.31	258.84
	500	450.90	554.96	412.53	507.73	289.39	356.17	251.80	309.91
	550	503.33	619.49	464.62	571.84	335.56	412.99	294.63	362.63
	600	555.76	684.02	516.76	636.02	382.54	470.82	338.57	416.70
	650	608.20	748.55	568.96	700.25	430.19	529.46	383.43	471.91
	700	660.63	813.08	621.19	764.54	478.38	588.78	429.07	528.08
	800	765.49	942.14	725.72	893.20	576.09	709.03	522.25	642.77
	900	870.35	1071.20	830.33	1021.95	675.13	830.93	617.43	759.91
	1000	975.21	1200.26	934.99	1150.76	775.17	954.05	714.13	878.93
	1100	1080.07	1329.32	1039.69	1279.62	875.96	1078.11	812.02	999.41

续表 4-31

b	a	0 + 0		0 + 20		100 + 20		150 + 20	
	h　β	0.65	0.80	0.65	0.80	0.65	0.80	0.65	0.80
500	450	442.75	544.92	400.58	493.02	271.36	333.98	233.67	287.60
	500	501.00	616.62	458.37	564.14	321.54	395.74	279.78	344.35
	550	559.26	688.32	516.24	635.37	372.84	458.88	327.37	402.92
	600	617.52	760.02	574.18	706.69	425.04	523.13	376.19	463.00
	650	675.77	831.72	632.17	778.06	477.99	588.29	426.03	524.35
	700	734.03	903.42	690.21	849.48	531.54	654.20	476.74	586.76
	800	850.54	1046.82	806.36	992.44	640.10	787.81	580.28	714.19
	900	967.05	1190.22	922.59	1135.50	750.14	923.25	686.03	844.34
	1000	1083.57	1333.62	1038.88	1278.63	861.30	1060.06	793.48	976.59
	1100	1200.08	1477.02	1155.22	1421.80	973.29	1197.90	902.25	1110.46
	1200	1316.59	1620.42	1271.58	1565.02	1085.95	1336.55	1012.07	1245.63
600	550	671.11	825.98	619.49	762.45	447.41	550.66	392.85	483.50
	600	741.02	912.02	689.02	848.02	510.05	627.76	451.43	555.60
	650	810.93	998.06	758.61	933.67	573.58	705.95	511.24	629.21
	700	880.83	1084.10	828.25	1019.38	637.85	785.04	572.09	704.11
	750	950.74	1170.14	897.92	1105.14	702.72	864.89	633.83	780.10
	800	1020.65	1256.18	967.63	1190.93	768.12	945.38	696.33	857.02
	900	1160.46	1428.26	1107.11	1362.60	900.17	1107.91	823.24	1013.21
	1000	1300.28	1600.34	1246.66	1534.35	1033.56	1272.07	952.17	1171.91
	1100	1440.09	1772.42	1386.26	1706.17	1167.95	1437.48	1082.70	1332.55
	1200	1579.91	1944.50	1525.90	1878.03	1303.14	1603.86	1214.49	1494.75
	1300	1719.72	2116.58	1665.56	2049.92	1438.95	1771.02	1347.30	1658.22

b	a	200 + 20		250 + 20		300 + 20		350 + 20	
	h　β	0.65	0.80	0.65	0.80	0.65	0.80	0.65	0.80
300	300	55.20	67.93						
	350	76.12	93.69	66.84	82.26				
	400	98.87	121.69	87.50	107.70	78.48	96.60		
	450	123.11	151.51	109.72	135.05	98.97	121.81	90.13	110.93
	500	148.57	182.86	133.26	164.01	120.80	148.68	110.48	135.97
	550	175.07	215.47	157.91	194.35	143.81	177.00	132.02	162.49
	600	202.44	249.16	183.52	225.88	167.84	206.57	154.62	190.30
	700	259.31	319.15	237.15	291.87	218.47	268.89	202.53	249.26
	800	318.41	391.89	293.34	361.03	271.92	334.68	253.43	311.91
	900	379.21	466.72	351.53	432.65	327.61	403.22	306.75	377.53
	1000	441.34	543.18	411.31	506.23	385.11	473.99	362.05	445.60

续表 4-31

b	h \ a / β	200+20 0.65	200+20 0.80	250+20 0.65	250+20 0.80	300+20 0.65	300+20 0.80	350+20 0.65	350+20 0.80
400	350	101.50	124.92	89.12	109.68				
	400	131.83	162.25	116.67	143.60	104.65	128.79		
	450	164.14	202.02	146.30	180.06	131.96	162.41	120.17	147.91
	500	198.10	243.81	177.68	218.68	161.07	198.24	147.30	181.30
	550	233.43	287.30	210.54	259.13	191.75	236.00	176.03	216.65
	600	269.92	332.21	244.70	301.17	223.78	275.43	206.16	253.74
	650	307.41	378.35	279.96	344.57	257.02	316.33	237.54	292.36
	700	345.75	425.54	316.20	389.17	291.30	358.52	270.04	332.35
	800	424.54	522.52	391.12	481.37	362.57	446.24	337.90	415.88
	900	505.61	622.29	468.70	576.87	436.82	537.62	409.00	503.38
	1000	588.45	724.24	548.42	674.98	513.49	631.98	482.74	594.14
450	400	148.30	182.53	131.26	161.55	117.73	144.89		
	450	184.66	227.27	164.59	202.57	148.45	182.71	135.20	166.40
	500	222.86	274.29	199.89	246.01	181.20	223.02	165.72	203.96
	550	262.61	323.21	236.86	291.52	215.71	265.49	198.03	243.73
	600	303.67	373.74	275.29	338.81	251.76	309.85	231.93	285.46
	650	345.84	425.64	314.96	387.64	289.14	355.87	267.24	328.91
	700	388.97	478.73	355.72	437.81	327.71	403.34	303.79	373.90
	800	477.61	587.83	440.00	541.54	407.89	502.02	380.14	467.86
	900	568.81	700.07	527.29	648.97	491.42	604.83	460.12	566.30
	1000	662.00	814.77	616.97	759.35	577.67	710.98	543.08	668.41
	1100	756.78	931.43	708.58	872.10	666.15	819.88	628.52	773.56
500	450	205.18	252.52	182.87	225.08	164.95	203.01	150.22	184.88
	500	247.62	304.77	222.09	273.35	201.34	247.80	184.13	226.62
	550	291.79	359.12	263.18	323.92	239.68	294.99	220.04	270.81
	600	337.41	415.27	305.87	376.46	279.73	344.28	257.70	317.17
	650	384.26	472.94	349.95	430.71	321.27	395.41	296.93	365.45
	700	432.19	531.92	395.25	486.46	364.12	448.15	337.55	415.44
	800	530.68	653.14	488.89	601.72	453.21	557.79	422.38	519.85
	900	632.01	777.86	585.88	721.08	546.02	672.03	511.24	629.22
	1000	735.56	905.30	685.52	843.72	641.86	789.98	603.42	742.67
	1100	840.87	1034.92	787.31	969.00	740.17	910.98	698.35	859.51
	1200	947.61	1166.29	890.87	1096.45	840.54	1034.51	795.59	979.18

续表 4-31

b	a \ h β	200+20		250+20		300+20		350+20	
		0.65	0.80	0.65	0.80	0.65	0.80	0.65	0.80
600	550	350.15	430.95	315.82	388.70	287.62	353.99	264.04	324.98
	600	404.89	498.32	367.05	451.75	335.68	413.14	309.24	380.61
	650	461.12	567.53	419.94	516.85	385.52	474.49	356.32	438.54
	700	518.62	638.30	474.30	583.75	436.95	537.78	405.06	498.53
	750	577.24	710.44	529.92	652.21	489.78	602.80	455.28	560.35
	800	636.82	783.77	586.67	722.06	543.85	669.35	506.85	623.82
	900	758.41	933.43	703.06	865.30	655.23	806.43	613.49	755.07
	1000	882.67	1086.36	822.63	1012.46	770.23	947.97	724.11	891.21
	1100	1009.05	1241.90	944.78	1162.80	888.20	1093.17	838.02	1031.41
	1200	1137.13	1399.55	1069.04	1315.74	1008.64	1241.41	954.70	1175.02
	1300	1266.62	1558.92	1195.06	1470.85	1131.16	1392.19	1073.74	1321.52

b	a \ h β	400+20		450+20		500+20		600+20	
		0.65	0.80	0.65	0.80	0.65	0.80	0.65	0.80
300	300								
	350								
	400								
	450								
	500	101.78	125.27						
	550	122.02	150.18	113.43	139.60				
	600	143.34	176.41	133.59	164.41	125.08	153.94		
	700	188.75	232.31	176.73	217.51	166.15	204.49	148.38	182.62
	800	237.28	292.04	223.08	274.56	210.47	259.04	189.11	232.74
	900	288.38	354.93	272.09	334.88	257.54	316.97	232.65	286.34
	1000	341.60	420.43	323.33	397.95	306.92	377.75	278.63	342.93
400	350								
	400								
	450								
	500	135.70	167.02						
	550	162.69	200.24	151.24	186.14				
	600	191.11	235.22	178.11	219.22	166.77	205.25		
	650	220.82	271.77	206.29	253.89	193.55	238.22		
	700	251.67	309.74	235.64	290.02	221.53	272.65	197.83	243.49
	800	316.38	389.39	297.43	366.07	280.63	345.39	252.14	310.33
	900	384.51	473.24	362.78	446.50	343.38	422.62	310.20	381.79
	1000	455.47	560.57	431.11	530.60	409.23	503.66	371.51	457.24

续表 4-31

b	a \ h β	400+20		450+20		500+20		600+20	
		0.65	0.80	0.65	0.80	0.65	0.80	0.65	0.80
450	400								
	450								
	500	152.67	187.90						
	550	183.03	225.27	170.14	209.40				
	600	215.00	264.62	200.38	246.62	187.61	230.91		
	650	248.42	305.74	232.07	285.63	217.75	268.00		
	700	283.13	348.46	265.09	326.27	249.22	306.73	222.56	273.92
	800	355.93	438.06	334.61	411.83	315.71	388.57	283.66	349.12
	900	432.57	532.39	408.13	502.31	386.30	475.45	348.98	429.51
	1000	512.40	630.64	485.00	596.92	460.38	566.62	417.95	514.40
	1100	594.91	732.19	564.71	695.02	537.43	661.45	490.08	603.17
500	450								
	500	169.63	208.78						
	550	203.37	250.30	189.05	232.67				
	600	238.89	294.02	222.64	274.02	208.46	256.57		
	650	276.02	339.72	257.86	317.37	241.94	297.78		
	700	314.58	387.18	294.55	362.52	276.91	340.81	247.29	304.36
	800	395.47	486.74	371.79	457.59	350.79	431.74	315.18	387.91
	900	480.63	591.55	453.48	558.13	429.23	528.28	387.76	477.24
	1000	569.33	700.72	538.89	663.24	511.53	629.58	464.39	571.55
	1100	661.01	813.55	627.45	772.25	597.14	734.94	544.53	670.19
	1200	755.20	929.48	718.72	884.58	685.60	843.81	627.74	772.61
600	550	244.04	300.36	226.85	279.21				
	600	286.67	352.83	267.17	328.83	250.15	307.88		
	650	331.22	407.66	309.43	380.84	290.33	357.33		
	700	377.50	464.62	353.46	435.02	332.29	408.97	296.75	365.23
	750	425.33	523.49	399.08	491.17	375.87	462.62	336.72	414.43
	800	474.57	584.09	446.15	549.11	420.95	518.09	378.21	465.49
	900	576.76	709.86	544.17	669.75	515.07	633.94	465.31	572.69
	1000	683.20	840.86	646.66	795.89	613.84	755.49	557.26	685.86
	1100	793.21	976.26	752.94	926.70	716.57	881.93	653.43	804.23
	1200	906.24	1115.38	862.46	1061.49	822.72	1012.58	753.29	927.13
	1300	1021.87	1257.68	974.77	1199.72	931.83	1146.87	856.38	1054.01

牛腿截面尺寸选择表（31）　　**表4-32**

（混凝土强度等级：C45　$F_{hk}/F_{vk}=0.0$）

b	a / h \ β	0+0 0.65	0+0 0.80	0+20 0.65	0+20 0.80	100+20 0.65	100+20 0.80	150+20 0.65	150+20 0.80
300	300	254.51	313.25	220.58	271.48	132.35	162.89	110.29	135.74
	350	303.46	373.49	268.78	330.80	171.04	210.51	144.73	178.13
	400	352.40	433.73	317.16	390.36	211.44	260.24	181.24	223.06
	450	401.35	493.97	365.67	450.06	253.16	311.58	219.40	270.04
	500	450.29	554.21	414.27	509.87	295.91	364.19	258.92	318.67
	550	499.24	614.45	462.93	569.76	339.48	417.82	299.54	368.67
	600	548.18	674.69	511.64	629.71	383.73	472.28	341.09	419.81
	700	646.07	795.17	609.16	749.73	473.79	583.12	426.41	524.81
	800	743.96	915.65	706.77	869.87	565.41	695.89	514.01	632.63
	900	841.85	1036.13	804.44	990.08	658.18	810.06	603.33	742.56
	1000	939.74	1156.61	902.15	1110.34	751.80	925.29	693.96	854.11
400	350	404.61	497.98	358.37	441.07	228.05	280.68	192.97	237.50
	400	469.87	578.30	422.88	520.47	281.92	346.98	241.65	297.41
	450	535.13	658.62	487.56	600.08	337.54	415.44	292.54	360.05
	500	600.39	738.94	552.36	679.83	394.54	485.59	345.23	424.89
	550	665.65	819.26	617.24	759.68	452.64	557.10	399.39	491.56
	600	730.91	899.58	682.18	839.61	511.64	629.71	454.79	559.74
	650	796.17	979.90	747.18	919.60	571.37	703.23	511.23	629.20
	700	861.43	1060.22	812.21	999.64	631.72	777.50	568.55	699.75
	800	991.95	1220.86	942.35	1159.82	753.88	927.86	685.35	843.51
	900	1122.47	1381.50	1072.58	1320.10	877.57	1080.08	804.44	990.08
	1000	1252.99	1542.14	1202.87	1480.46	1002.39	1233.72	925.29	1138.81
450	400	528.61	650.59	475.75	585.53	317.16	390.36	271.85	334.59
	450	602.02	740.95	548.51	675.09	379.74	467.37	329.11	405.05
	500	675.44	831.31	621.41	764.81	443.86	546.29	388.38	478.00
	550	748.86	921.67	694.40	854.64	509.22	626.74	449.32	553.00
	600	822.28	1012.03	767.46	944.56	575.59	708.42	511.64	629.71
	650	895.69	1102.39	840.57	1034.55	642.79	791.13	575.13	707.85
	700	969.11	1192.75	913.73	1124.59	710.68	874.68	639.61	787.22
	800	1115.95	1373.47	1060.15	1304.80	848.12	1043.84	771.02	948.94
	900	1262.78	1554.19	1206.66	1485.12	987.27	1215.10	904.99	1113.84
	1000	1409.62	1734.91	1353.23	1665.52	1127.69	1387.93	1040.95	1281.17
	1100	1556.45	1915.63	1499.85	1845.97	1269.11	1561.98	1178.46	1450.41

续表 4-32

b	h \ a, β	0+0 0.65	0+0 0.80	0+20 0.65	0+20 0.80	100+20 0.65	100+20 0.80	150+20 0.65	150+20 0.80
500	450	668.91	823.28	609.46	750.10	421.93	519.30	365.67	450.06
	500	750.49	923.68	690.45	849.79	493.18	606.99	431.53	531.12
	550	832.06	1024.08	771.55	949.60	565.80	696.37	499.24	614.45
	600	913.64	1124.48	852.73	1049.51	639.55	787.14	568.49	699.68
	650	995.21	1224.88	933.97	1149.50	714.21	879.03	639.03	786.50
	700	1076.79	1325.28	1015.26	1249.55	789.65	971.87	710.68	874.68
	800	1239.94	1526.08	1177.94	1449.78	942.35	1159.82	856.69	1054.38
	900	1403.09	1726.88	1340.73	1650.13	1096.96	1350.11	1005.55	1237.60
	1000	1566.24	1927.68	1503.59	1850.57	1252.99	1542.14	1156.61	1423.52
	1100	1729.39	2128.48	1666.50	2051.08	1410.12	1735.53	1309.40	1611.56
	1200	1892.54	2329.28	1829.46	2251.64	1568.10	1929.97	1463.56	1801.31
600	550	998.48	1228.90	925.86	1139.52	678.97	835.65	599.09	737.34
	600	1096.37	1349.38	1023.28	1259.42	767.46	944.56	682.18	839.61
	650	1194.26	1469.86	1120.77	1379.40	857.06	1054.84	766.84	943.80
	700	1292.15	1590.34	1218.31	1499.46	947.58	1166.25	852.82	1049.62
	750	1390.04	1710.82	1315.90	1619.57	1038.87	1278.61	939.93	1156.84
	800	1487.93	1831.30	1413.53	1739.73	1130.83	1391.79	1028.02	1265.26
	900	1683.71	2072.26	1608.88	1980.16	1316.35	1620.13	1206.66	1485.12
	1000	1879.49	2313.22	1804.31	2220.69	1503.59	1850.57	1387.93	1708.22
	1100	2075.27	2554.18	1999.80	2461.30	1692.14	2082.64	1571.27	1933.88
	1200	2271.05	2795.14	2195.35	2701.96	1881.73	2315.97	1756.28	2161.57
	1300	2466.83	3036.10	2390.93	2942.68	2072.14	2550.32	1942.63	2390.93

b	h \ a, β	200+20 0.65	200+20 0.80	250+20 0.65	250+20 0.80	300+20 0.65	300+20 0.80	350+20 0.65	350+20 0.80
300	300	94.53	116.35						
	350	125.43	154.38	110.67	136.21				
	400	158.58	195.18	140.96	173.49	126.87	156.14		
	450	193.59	238.27	173.21	213.19	156.72	192.88	143.09	176.11
	500	230.15	283.26	207.14	254.94	188.30	231.76	172.61	212.45
	550	268.01	329.86	242.49	298.45	221.40	272.49	203.69	250.69
	600	306.98	377.83	279.08	343.48	255.82	314.85	236.14	290.63
	700	387.64	477.10	355.34	437.34	328.01	403.70	304.58	374.86
	800	471.18	579.91	434.93	535.30	403.87	497.07	376.94	463.93
	900	556.92	685.44	517.14	636.48	482.66	594.05	452.50	556.92
	1000	644.40	793.10	601.44	740.23	563.85	693.96	530.68	653.14

续表 4-32

b	a / h β	200+20		250+20		300+20		350+20	
		0.65	0.80	0.65	0.80	0.65	0.80	0.65	0.80
400	350	167.24	205.83	147.56	181.62				
	400	211.44	260.24	187.95	231.32	169.15	208.19		
	450	258.12	317.69	230.95	284.25	208.96	257.18	190.79	234.81
	500	306.87	377.68	276.18	339.91	251.07	309.01	230.15	283.26
	550	357.35	439.82	323.32	397.93	295.20	363.33	271.59	334.26
	600	409.31	503.77	372.10	457.97	341.09	419.81	314.85	387.51
	650	462.54	569.28	422.32	519.78	388.53	478.19	359.75	442.77
	700	516.86	636.13	473.79	583.12	437.34	538.27	406.10	499.82
	800	628.24	773.21	579.91	713.74	538.49	662.75	502.59	618.57
	900	742.56	913.92	689.52	848.64	643.55	792.06	603.33	742.56
	1000	859.19	1057.47	801.91	986.97	751.80	925.29	707.57	870.86
450	400	237.87	292.77	211.44	260.24	190.30	234.21		
	450	290.39	357.40	259.82	319.78	235.08	289.32	214.63	264.17
	500	345.23	424.89	310.70	382.40	282.46	347.64	258.92	318.67
	550	402.02	494.79	363.73	447.67	332.10	408.74	305.53	376.04
	600	460.47	566.74	418.61	515.22	383.73	472.28	354.21	435.95
	650	520.36	640.44	475.11	584.75	437.10	537.97	404.72	498.12
	700	581.47	715.65	533.01	656.01	492.01	605.55	456.87	562.30
	800	706.77	869.87	652.40	802.95	605.80	745.60	565.41	695.89
	900	835.38	1028.16	775.71	954.72	723.99	891.07	678.74	835.38
	1000	966.59	1189.65	902.15	1110.34	845.77	1040.95	796.02	979.72
	1100	1099.89	1353.71	1031.15	1269.11	970.49	1194.45	916.58	1128.09
500	450	322.65	397.11	288.69	355.31	261.20	321.47	238.48	293.52
	500	383.58	472.10	345.23	424.89	313.84	386.27	287.69	354.08
	550	446.69	549.77	404.15	497.41	369.00	454.16	339.48	417.82
	600	511.64	629.71	465.13	572.46	426.37	524.76	393.57	484.39
	650	578.17	711.60	527.90	649.72	485.66	597.74	449.69	553.46
	700	646.07	795.17	592.23	728.90	546.68	672.83	507.63	624.77
	800	785.30	966.52	724.89	892.17	673.11	828.44	628.24	773.21
	900	928.20	1142.40	861.90	1060.80	804.44	990.08	754.16	928.20
	1000	1073.99	1321.84	1002.39	1233.72	939.74	1156.61	884.46	1088.57
	1100	1222.10	1504.13	1145.72	1410.12	1078.33	1327.17	1018.42	1253.44
	1200	1372.09	1688.73	1291.38	1589.39	1219.64	1501.09	1155.45	1422.09

续表 4-32

b	a / h \ β	200+20 0.65	200+20 0.80	250+20 0.65	250+20 0.80	300+20 0.65	300+20 0.80	350+20 0.65	350+20 0.80
600	550	536.03	659.72	484.98	596.89	442.80	544.99	407.38	501.39
	600	613.97	755.65	558.15	686.96	511.64	629.71	472.28	581.27
	650	693.81	853.92	633.48	779.66	582.80	717.29	539.63	664.16
	700	775.29	954.20	710.68	874.68	656.01	807.40	609.16	749.73
	750	858.20	1056.24	789.54	971.74	731.06	899.76	680.64	837.71
	800	942.35	1159.82	869.87	1070.60	807.73	994.13	753.88	927.86
	900	1113.84	1370.88	1034.28	1272.96	965.33	1188.09	904.99	1113.84
	1000	1288.79	1586.21	1202.87	1480.46	1127.69	1387.93	1061.36	1306.29
	1100	1466.52	1804.95	1374.86	1692.14	1293.99	1592.60	1222.10	1504.13
	1200	1646.51	2026.47	1549.66	1907.27	1463.56	1801.31	1386.53	1706.50
	1300	1828.35	2250.28	1726.78	2125.27	1635.90	2013.41	1554.10	1912.74

b	a / h \ β	400+20 0.65	400+20 0.80	450+20 0.65	450+20 0.80	500+20 0.65	500+20 0.80	600+20 0.65	600+20 0.80
300	300								
	350								
	400								
	450								
	500	159.33	196.10						
	550	188.60	232.12	175.59	216.12				
	600	219.27	269.88	204.66	251.88	191.86	236.14		
	700	284.27	349.87	266.51	328.01	250.83	308.71	224.43	276.22
	800	353.38	434.93	332.60	409.35	314.12	386.61	282.71	347.95
	900	425.88	524.16	402.22	495.04	381.05	468.98	344.76	424.32
	1000	501.20	616.86	474.82	584.39	451.08	555.17	410.07	504.70
400	350								
	400								
	450								
	500	212.45	261.47						
	550	251.47	309.50	234.13	288.15				
	600	292.36	359.83	272.87	335.84	255.82	314.85		
	650	334.94	412.24	313.33	385.64	294.34	362.27		
	700	379.03	466.50	355.34	437.34	334.44	411.62	299.23	368.29
	800	471.18	579.91	443.46	545.80	418.82	515.48	376.94	463.93
	900	567.84	698.88	536.29	660.05	508.07	625.31	459.68	565.76
	1000	668.26	822.48	633.09	779.19	601.44	740.23	546.76	672.94

续表 4-32

b	a / β \ h	400+20		450+20		500+20		600+20	
		0.65	0.80	0.65	0.80	0.65	0.80	0.65	0.80
450	400								
	450								
	500	239.00	294.16						
	550	282.90	348.19	263.39	324.17				
	600	328.91	404.81	306.98	377.83	287.80	354.21		
	650	376.81	463.76	352.50	433.84	331.14	407.55		
	700	426.41	524.81	399.76	492.01	376.24	463.07	336.64	414.32
	800	530.07	652.40	498.89	614.02	471.18	579.91	424.06	521.92
	900	638.82	786.24	603.33	742.56	571.57	703.48	517.14	636.48
	1000	751.80	925.29	712.23	876.59	676.62	832.76	615.11	757.05
	1100	868.34	1068.72	824.92	1015.28	785.64	966.94	717.32	882.86
500	450								
	500	265.56	326.84						
	550	314.34	386.87	292.66	360.19				
	600	365.46	449.79	341.09	419.81	319.77	393.57		
	650	418.68	515.29	391.67	482.05	367.93	452.83		
	700	473.79	583.12	444.18	546.68	418.05	514.52	374.04	460.36
	800	588.97	724.89	554.33	682.25	523.53	644.34	471.18	579.91
	900	709.80	873.60	670.37	825.06	635.08	781.64	574.60	707.20
	1000	835.33	1028.10	791.36	973.99	751.80	925.29	683.45	841.17
	1100	964.82	1187.47	916.58	1128.09	872.93	1074.38	797.02	980.95
	1200	1097.67	1350.98	1045.40	1286.65	997.88	1228.17	914.73	1125.82
600	550	377.20	464.25	351.19	432.23				
	600	438.55	539.75	409.31	503.77	383.73	472.28		
	650	502.41	618.35	470.00	578.46	441.51	543.40		
	700	568.55	699.75	533.01	656.01	501.66	617.42	448.85	552.43
	750	636.73	783.66	598.14	736.17	563.96	694.10	506.12	622.91
	800	706.77	869.87	665.19	818.70	628.24	773.21	565.41	695.89
	900	851.76	1048.32	804.44	990.08	762.10	937.97	689.52	848.64
	1000	1002.39	1233.72	949.64	1168.78	902.15	1110.34	820.14	1009.40
	1100	1157.78	1424.96	1099.89	1353.71	1047.52	1289.25	956.43	1177.14
	1200	1317.21	1621.18	1254.48	1543.98	1197.46	1473.80	1097.67	1350.98
	1300	1480.10	1821.66	1412.82	1738.85	1351.39	1663.25	1243.28	1530.19

牛腿截面尺寸选择表（32） **表 4-33**

（混凝土强度等级：C45 $F_{hk}/F_{vk}=0.1$）

b	a / h β	0+0		0+20		100+20		150+20	
		0.65	0.80	0.65	0.80	0.65	0.80	0.65	0.80
300	300	213.89	263.25	182.20	224.25	104.67	128.82	86.31	106.22
	350	260.39	320.48	227.84	280.42	140.21	172.56	117.59	144.73
	400	306.89	377.70	273.71	336.87	177.67	218.67	151.15	186.03
	450	353.38	434.93	319.73	393.51	216.59	266.57	186.51	229.55
	500	399.88	492.16	365.85	450.27	256.64	315.86	223.31	274.84
	550	446.38	549.39	412.04	507.13	297.59	366.26	261.29	321.59
	600	492.88	606.62	458.29	564.05	339.25	417.54	300.26	369.55
	700	585.87	721.07	550.89	678.02	424.25	522.16	380.51	468.33
	800	678.87	835.53	643.60	792.12	510.90	628.80	463.15	570.03
	900	771.86	949.98	736.37	906.31	598.73	736.90	547.56	673.92
	1000	864.86	1064.44	829.19	1020.55	687.45	846.09	633.32	779.47
400	350	347.18	427.30	303.79	373.89	186.94	230.09	156.79	192.98
	400	409.18	503.61	364.94	449.16	236.89	291.56	201.54	248.04
	450	471.18	579.91	426.30	524.68	288.79	355.43	248.68	306.06
	500	533.17	656.21	487.80	600.37	342.19	421.15	297.75	366.46
	550	595.17	732.52	549.39	676.17	396.78	488.35	348.39	428.79
	600	657.17	808.82	611.05	752.06	452.34	556.72	400.34	492.73
	650	719.17	885.13	672.77	828.02	508.68	626.07	453.39	558.01
	700	781.16	961.43	734.53	904.03	565.67	696.21	507.35	624.43
	800	905.16	1114.04	858.14	1056.17	681.20	838.40	617.54	760.04
	900	1029.15	1266.65	981.83	1208.41	798.31	982.54	730.08	898.56
	1000	1153.14	1419.25	1105.59	1360.73	916.60	1128.13	844.43	1039.30
450	400	460.33	566.56	410.56	505.31	266.51	328.01	226.73	279.05
	450	530.07	652.40	479.59	590.27	324.88	399.86	279.76	344.32
	500	599.82	738.24	548.77	675.41	384.96	473.80	334.96	412.26
	550	669.57	824.08	618.06	760.69	446.38	549.39	391.94	482.39
	600	739.31	909.93	687.43	846.07	508.88	626.31	450.39	554.32
	650	809.06	995.77	756.86	931.52	572.26	704.32	510.06	627.77
	700	878.81	1081.61	826.34	1017.04	636.38	783.23	570.77	702.49
	800	1018.30	1253.29	965.40	1188.19	766.35	943.20	694.73	855.05
	900	1157.79	1424.98	1104.56	1359.46	898.10	1105.36	821.34	1010.88
	1000	1297.29	1596.66	1243.79	1530.82	1031.18	1269.14	949.98	1169.21
	1100	1436.78	1768.35	1383.07	1702.24	1165.26	1434.17	1080.21	1329.49

续表 4-33

b	a / h \ β	0+0 0.65	0+0 0.80	0+20 0.65	0+20 0.80	100+20 0.65	100+20 0.80	150+20 0.65	150+20 0.80
500	450	588.97	724.89	532.88	655.85	360.98	444.29	310.85	382.58
	500	666.47	820.27	609.75	750.46	427.73	526.44	372.18	458.07
	550	743.96	915.65	686.74	845.21	495.98	610.43	435.49	535.99
	600	821.46	1011.03	763.81	940.08	565.42	695.90	500.43	615.91
	650	898.96	1106.41	840.96	1035.03	635.85	782.58	566.73	697.52
	700	976.45	1201.79	918.16	1130.04	707.09	870.26	634.19	780.54
	800	1131.45	1392.55	1072.67	1320.21	851.50	1048.00	771.92	950.06
	900	1286.44	1583.31	1227.29	1510.51	997.89	1228.17	912.60	1123.20
	1000	1441.43	1774.07	1381.99	1700.91	1145.75	1410.16	1055.54	1299.12
	1100	1596.42	1964.83	1536.74	1891.38	1294.74	1593.52	1200.23	1477.21
	1200	1751.42	2155.59	1691.54	2081.89	1444.60	1777.97	1346.33	1657.02
600	550	892.76	1098.78	824.08	1014.26	595.17	732.52	522.59	643.19
	600	985.75	1213.23	916.58	1128.09	678.50	835.08	600.52	739.10
	650	1078.75	1327.69	1009.15	1242.03	763.02	939.10	680.08	837.02
	700	1171.74	1442.15	1101.79	1356.05	848.50	1044.31	761.03	936.65
	750	1264.74	1556.60	1194.48	1470.12	934.81	1150.53	843.16	1037.73
	800	1357.73	1671.06	1287.20	1584.25	1021.80	1257.60	926.30	1140.07
	900	1543.73	1899.97	1472.75	1812.61	1197.47	1473.81	1095.12	1347.84
	1000	1729.72	2128.88	1658.39	2041.09	1374.90	1692.19	1266.64	1558.94
	1100	1915.71	2357.79	1844.09	2269.65	1553.68	1912.23	1440.28	1772.65
	1200	2101.70	2586.71	2029.85	2498.27	1733.52	2133.56	1615.59	1988.42
	1300	2287.69	2815.62	2215.64	2726.94	1914.19	2355.93	1792.27	2205.87

b	a / h \ β	200+20 0.65	200+20 0.80	250+20 0.65	250+20 0.80	300+20 0.65	300+20 0.80	350+20 0.65	350+20 0.80
300	300	73.42	90.37						
	350	101.26	124.63	88.91	109.43				
	400	131.52	161.87	116.40	143.27	104.40	128.50		
	450	163.76	201.55	145.96	179.65	131.65	162.03	119.90	147.57
	500	197.64	243.25	177.27	218.17	160.70	197.78	146.96	180.88
	550	232.89	286.64	210.06	258.54	191.31	235.45	175.62	216.15
	600	269.30	331.45	244.13	300.47	223.27	274.79	205.69	253.16
	700	344.95	424.56	315.47	388.27	290.63	357.70	269.42	331.59
	800	423.57	521.31	390.21	480.26	361.73	445.21	337.12	414.92
	900	504.45	620.86	467.62	575.54	435.81	536.39	408.05	502.22
	1000	587.09	722.58	547.16	673.42	512.30	630.53	481.63	592.77

续表 4-33

b	a	200+20		250+20		300+20		350+20	
	h \ β	0.65	0.80	0.65	0.80	0.65	0.80	0.65	0.80
400	350	135.02	166.17	118.55	145.91				
	400	175.36	215.83	155.21	191.02	139.21	171.33		
	450	218.35	268.74	194.62	239.53	175.54	216.05	159.86	196.76
	500	263.52	324.34	236.36	290.90	214.27	263.71	195.95	241.17
	550	310.52	382.18	280.08	344.71	255.07	313.94	234.17	288.20
	600	359.07	441.93	325.51	400.63	297.69	366.39	274.25	337.54
	650	408.94	503.31	372.42	458.37	341.90	420.80	316.00	388.92
	700	459.94	566.08	420.63	517.69	387.51	476.93	359.22	442.12
	800	564.76	695.08	520.29	640.35	482.31	593.61	449.50	553.23
	900	672.59	827.81	623.50	767.38	581.08	715.18	544.07	669.63
	1000	782.79	963.44	729.54	897.90	683.07	840.70	642.17	790.36
450	400	197.28	242.81	174.61	214.90	156.61	192.75		
	450	245.64	302.33	218.94	269.47	197.48	243.05	179.85	221.35
	500	296.46	364.88	265.90	327.26	241.05	296.68	220.45	271.32
	550	349.34	429.96	315.09	387.80	286.96	353.18	263.44	324.23
	600	403.96	497.18	366.20	450.71	334.90	412.19	308.53	379.73
	650	460.05	566.22	418.98	515.67	384.64	473.40	355.50	437.53
	700	517.43	636.84	473.20	582.40	435.94	536.55	404.12	497.38
	800	635.35	781.97	585.32	720.40	542.60	667.81	505.69	622.38
	900	756.67	931.28	701.44	863.31	653.72	804.58	612.08	753.33
	1000	880.64	1083.86	820.73	1010.13	768.46	945.79	722.44	889.16
	1100	1006.72	1239.04	942.60	1160.12	886.16	1090.66	836.09	1029.04
500	450	272.94	335.92	243.27	299.41	219.42	270.06	199.83	245.94
	500	329.40	405.42	295.44	363.62	267.83	329.64	244.94	301.47
	550	388.16	477.73	350.10	430.89	318.84	392.42	292.71	360.25
	600	448.84	552.42	406.89	500.79	372.11	457.99	342.81	421.93
	650	511.17	629.13	465.53	572.96	427.37	526.00	395.00	486.15
	700	574.92	707.59	525.78	647.12	484.38	596.16	449.03	552.65
	800	705.94	868.85	650.36	800.44	602.89	742.01	561.87	691.54
	900	840.74	1034.76	779.37	959.23	726.36	893.98	680.09	837.04
	1000	978.49	1204.29	911.93	1122.37	853.84	1050.88	802.71	987.95
	1100	1118.58	1376.72	1047.33	1289.03	984.62	1211.84	928.99	1143.37
	1200	1260.57	1551.47	1185.09	1458.57	1118.14	1376.17	1058.34	1302.57

续表 4-33

b	h \ a	200+20		250+20		300+20		350+20	
	β	0.65	0.80	0.65	0.80	0.65	0.80	0.65	0.80
600	550	465.79	573.28	420.12	517.07	382.61	470.90	351.25	432.31
	600	538.61	662.90	488.27	600.95	446.54	549.58	411.38	506.31
	650	613.41	754.96	558.64	687.55	512.85	631.20	474.00	583.38
	700	689.90	849.11	630.94	776.54	581.26	715.40	538.83	663.18
	750	767.88	945.08	704.94	867.61	651.53	801.89	605.65	745.41
	800	847.13	1042.63	780.43	960.53	723.46	890.42	674.25	829.84
	900	1008.89	1241.71	935.25	1151.08	871.63	1072.77	816.11	1004.44
	1000	1174.19	1445.15	1094.31	1346.84	1024.61	1261.06	963.26	1185.54
	1100	1342.30	1652.06	1256.80	1546.83	1181.54	1454.21	1114.79	1372.05
	1200	1512.69	1861.77	1422.11	1750.29	1341.76	1651.40	1270.01	1563.09
	1300	1684.94	2073.78	1589.75	1956.62	1504.74	1851.98	1428.35	1757.97

b	h \ a	400+20		450+20		500+20		600+20	
	β	0.65	0.80	0.65	0.80	0.65	0.80	0.65	0.80
300	300								
	350								
	400								
	450								
	500	135.39	166.64						
	550	162.32	199.78	150.89	185.71				
	600	190.67	234.68	177.70	218.71	166.38	204.78		
	700	251.09	309.03	235.09	289.35	221.02	272.02	197.38	242.93
	800	315.65	388.49	296.75	365.23	279.98	344.60	251.56	309.61
	900	383.62	472.15	361.95	445.47	342.59	421.65	309.49	380.91
	1000	454.42	559.28	430.12	529.37	408.28	502.50	370.65	456.19
400	350								
	400								
	450								
	500	180.52	222.18						
	550	216.43	266.37	201.18	247.61				
	600	254.23	312.90	236.94	291.62	221.85	273.04		
	650	293.74	361.53	274.42	337.75	257.48	316.90		
	700	334.78	412.04	313.46	385.80	294.69	362.70	263.17	323.90
	800	420.87	517.99	395.67	486.97	373.31	459.46	335.41	412.82
	900	511.49	629.53	482.60	593.96	456.79	562.20	412.65	507.88
	1000	605.89	745.71	573.49	705.83	544.38	670.00	494.20	608.25

续表 4-33

b	h \ a / β	400+20 0.65	400+20 0.80	450+20 0.65	450+20 0.80	500+20 0.65	500+20 0.80	600+20 0.65	600+20 0.80
450	400								
	450								
	500	203.09	249.96						
	550	243.48	299.67	226.33	278.56				
	600	286.01	352.01	266.56	328.07	249.58	307.17		
	650	330.46	406.72	308.72	379.96	289.66	356.51		
	700	376.63	463.55	352.64	434.02	331.53	408.03	296.07	364.39
	800	473.48	582.74	445.13	547.85	419.98	516.89	377.34	464.42
	900	575.43	708.22	542.92	668.21	513.89	632.48	464.24	571.37
	1000	681.63	838.92	645.17	794.06	612.42	753.75	555.98	684.28
	1100	791.38	974.01	751.21	924.57	714.92	879.90	651.93	802.38
500	450								
	500	225.65	277.73						
	550	270.53	332.96	251.48	309.51				
	600	317.79	391.13	296.17	364.52	277.31	341.30		
	650	367.18	451.91	343.02	422.18	321.85	396.12		
	700	418.48	515.05	391.82	482.25	368.36	453.37	328.97	404.88
	800	526.09	647.49	494.58	608.72	466.64	574.33	419.27	516.02
	900	639.37	786.91	603.24	742.46	570.99	702.75	515.82	634.85
	1000	757.36	932.14	716.86	882.29	680.47	837.50	617.76	760.31
	1100	879.31	1082.23	834.68	1027.30	794.36	977.67	724.37	891.53
	1200	1004.62	1236.45	956.09	1176.72	912.03	1122.50	835.06	1027.77
600	550	324.64	399.56	301.78	371.42				
	600	381.35	469.35	355.41	437.42	332.77	409.56		
	650	440.62	542.30	411.63	506.62	386.22	475.35		
	700	502.18	618.06	470.19	578.70	442.03	544.04	394.76	485.86
	750	565.80	696.37	530.88	653.39	500.01	615.40	447.93	551.30
	800	631.30	776.99	593.50	730.46	559.97	689.19	503.12	619.22
	900	767.24	944.30	723.89	890.95	685.18	843.30	618.98	761.82
	1000	908.83	1118.56	860.23	1058.75	816.57	1005.01	741.31	912.38
	1100	1055.18	1298.68	1001.61	1232.76	953.23	1173.20	869.24	1069.84
	1200	1205.54	1483.74	1147.30	1412.07	1094.43	1346.99	1002.08	1233.32
	1300	1359.35	1673.05	1296.71	1595.95	1239.58	1525.64	1139.21	1402.11

牛腿截面尺寸选择表（33）　　**表4-34**

（混凝土强度等级：C45　$F_{hk}/F_{vk}=0.2$）

b	a: h \ β	0+0		0+20		100+20		150+20	
		0.65	0.80	0.65	0.80	0.65	0.80	0.65	0.80
300	300	202.63	249.39	172.61	212.45	99.16	122.04	81.76	100.63
	350	246.68	303.61	215.85	265.66	132.83	163.48	111.41	137.11
	400	290.73	357.83	259.30	319.14	168.32	207.16	143.20	176.24
	450	334.78	412.04	302.90	372.80	205.19	252.54	176.69	217.47
	500	378.83	466.26	346.59	426.58	243.13	299.24	211.56	260.38
	550	422.88	520.47	390.36	480.44	281.92	346.98	247.54	304.67
	600	466.94	574.69	434.17	534.36	321.40	395.57	284.45	350.10
	700	555.04	683.12	521.90	642.34	401.92	494.67	360.49	443.68
	800	643.14	791.55	609.73	750.43	484.01	595.71	438.78	540.03
	900	731.24	899.99	697.62	858.61	567.22	698.12	518.74	638.45
	1000	819.34	1008.42	785.55	966.83	651.27	801.56	599.99	738.45
400	350	328.91	404.81	287.80	354.21	177.11	217.98	148.54	182.82
	400	387.64	477.10	345.74	425.52	224.43	276.22	190.93	234.99
	450	446.38	549.39	403.87	497.07	273.59	336.72	235.59	289.96
	500	505.11	621.68	462.12	568.77	324.18	398.99	282.08	347.17
	550	563.85	693.96	520.47	640.58	375.90	462.64	330.06	406.22
	600	622.58	766.25	578.89	712.48	428.53	527.42	379.27	466.80
	650	681.31	838.54	637.36	784.44	481.91	593.11	429.52	528.65
	700	740.05	910.83	695.87	856.45	535.90	659.57	480.65	591.57
	800	857.52	1055.40	812.97	1000.58	645.35	794.27	585.03	720.04
	900	974.98	1199.98	930.16	1144.81	756.30	930.83	691.66	851.27
	1000	1092.45	1344.56	1047.40	1289.11	868.36	1068.75	799.98	984.60
450	400	436.10	536.74	388.95	478.71	252.48	310.74	214.80	264.36
	450	502.18	618.06	454.35	559.20	307.79	378.81	265.04	326.20
	500	568.25	699.39	519.89	639.86	364.70	448.86	317.34	390.57
	550	634.33	780.71	585.53	720.66	422.88	520.47	371.31	457.00
	600	700.40	862.03	651.25	801.54	482.10	593.35	426.68	525.15
	650	766.48	943.36	717.03	882.50	542.14	667.25	483.21	594.73
	700	832.55	1024.68	782.85	963.51	602.88	742.01	540.73	665.52
	800	964.71	1187.33	914.59	1125.65	726.02	893.56	658.16	810.05
	900	1096.86	1349.98	1046.43	1287.91	850.83	1047.18	778.11	957.68
	1000	1229.01	1512.63	1178.33	1450.25	976.90	1202.34	899.98	1107.67
	1100	1361.16	1675.27	1310.28	1612.65	1103.93	1358.69	1023.35	1259.51

续表 4-34

b	a / h β	0+0 0.65	0+0 0.80	0+20 0.65	0+20 0.80	100+20 0.65	100+20 0.80	150+20 0.65	150+20 0.80
500	450	557.97	686.74	504.83	621.33	341.98	420.90	294.49	362.44
	500	631.39	777.10	577.66	710.96	405.22	498.73	352.59	433.96
	550	704.81	867.46	650.59	800.73	469.87	578.30	412.57	507.78
	600	778.23	957.82	723.61	890.60	535.66	659.28	474.09	583.50
	650	851.64	1048.18	796.70	980.55	602.38	741.39	536.91	660.81
	700	925.06	1138.54	869.83	1070.56	669.87	824.46	600.81	739.46
	800	1071.90	1319.26	1016.21	1250.72	806.68	992.84	731.29	900.05
	900	1218.73	1499.98	1162.70	1431.01	945.37	1163.53	864.57	1064.09
	1000	1365.57	1680.70	1309.25	1611.39	1085.45	1335.94	999.98	1230.75
	1100	1512.40	1861.42	1455.86	1791.83	1226.59	1509.65	1137.06	1399.46
	1200	1659.24	2042.14	1602.51	1972.32	1368.57	1684.39	1275.47	1569.81
600	550	845.77	1040.95	780.71	960.87	563.85	693.96	495.08	609.33
	600	933.87	1149.38	868.34	1068.72	642.79	791.13	568.91	700.20
	650	1021.97	1257.81	956.04	1176.66	722.86	889.67	644.29	792.97
	700	1110.07	1366.24	1043.80	1284.68	803.85	989.35	720.97	887.35
	750	1198.17	1474.68	1131.61	1392.75	885.61	1089.98	798.78	983.12
	800	1286.27	1583.11	1219.46	1500.87	968.02	1191.41	877.55	1080.06
	900	1462.48	1799.97	1395.24	1717.21	1134.44	1396.24	1037.48	1276.90
	1000	1638.68	2016.84	1571.10	1933.67	1302.54	1603.13	1199.98	1476.90
	1100	1814.88	2233.70	1747.03	2150.20	1471.91	1811.58	1364.47	1679.35
	1200	1991.08	2450.56	1923.01	2366.78	1642.28	2021.27	1530.56	1883.77
	1300	2167.28	2667.43	2099.02	2583.41	1813.44	2231.93	1697.94	2089.77

b	a / h β	200+20 0.65	200+20 0.80	250+20 0.65	250+20 0.80	300+20 0.65	300+20 0.80	350+20 0.65	350+20 0.80
300	300	69.56	85.61						
	350	95.93	118.07	84.23	103.67				
	400	124.60	153.35	110.28	135.73	98.91	121.73		
	450	155.14	190.95	138.28	170.19	124.72	153.51	113.59	139.80
	500	187.24	230.45	167.94	206.69	152.24	187.37	139.23	171.36
	550	220.64	271.55	199.00	244.93	181.24	223.06	166.38	204.78
	600	255.13	314.01	231.29	284.66	211.52	260.33	194.86	239.83
	700	326.80	402.21	298.87	367.83	275.33	338.87	255.24	314.14
	800	401.27	493.88	369.68	454.99	342.69	421.78	319.38	393.08
	900	477.90	588.18	443.01	545.25	412.88	508.16	386.58	475.79
	1000	556.19	684.55	518.36	637.98	485.34	597.34	456.28	561.57

续表 4-34

b	a	200 +0		250 +20		300 +20		350 +20	
	h \ β	0.65	0.80	0.65	0.80	0.65	0.80	0.65	0.80
400	350	127.91	157.43	112.31	138.23				
	400	166.13	204.47	147.04	180.97	131.88	162.31		
	450	206.86	254.59	184.37	226.92	166.30	204.67	151.45	186.40
	500	249.65	307.27	223.92	275.59	202.99	249.83	185.64	228.48
	550	294.18	362.07	265.34	326.57	241.65	297.41	221.84	273.04
	600	340.17	418.67	308.38	379.55	282.02	347.11	259.82	319.77
	650	387.41	476.82	352.82	434.24	323.90	398.65	299.37	368.45
	700	435.73	536.28	398.49	490.45	367.11	451.83	340.31	418.85
	800	535.03	658.50	492.90	606.65	456.92	562.37	425.84	524.11
	900	637.19	784.24	590.68	727.00	550.50	677.54	515.44	634.38
	1000	741.59	912.73	691.14	850.64	647.12	796.46	608.37	748.77
450	400	186.90	230.03	165.42	203.59	148.36	182.60		
	450	232.72	286.42	207.42	255.29	187.09	230.26	170.38	209.70
	500	280.86	345.67	251.91	310.04	228.36	281.06	208.84	257.04
	550	330.95	407.33	298.51	367.39	271.85	334.59	249.57	307.16
	600	382.69	471.01	346.93	426.99	317.28	390.49	292.29	359.75
	650	435.84	536.42	396.93	488.52	364.39	448.48	336.79	414.51
	700	490.20	603.32	448.30	551.75	413.00	508.31	382.85	471.20
	800	601.91	740.81	554.52	682.48	514.04	632.67	479.07	589.63
	900	716.84	882.27	664.52	817.87	619.31	762.23	579.87	713.68
	1000	834.29	1026.82	777.54	956.97	728.01	896.01	684.42	842.36
	1100	953.74	1173.83	892.99	1099.07	839.52	1033.25	792.09	974.88
500	450	258.57	318.24	230.47	283.65	207.87	255.84	189.31	233.00
	500	312.07	384.08	279.89	344.49	253.74	312.29	232.05	285.60
	550	367.73	452.59	331.67	408.21	302.06	371.77	277.30	341.29
	600	425.22	523.34	385.48	474.43	352.53	433.88	324.77	399.72
	650	484.27	596.02	441.03	542.81	404.88	498.31	374.21	460.56
	700	544.66	670.35	498.11	613.06	458.89	564.79	425.39	523.56
	800	668.79	823.13	616.13	758.31	571.16	702.96	532.30	655.14
	900	796.49	980.30	738.35	908.74	688.13	846.93	644.30	792.98
	1000	926.99	1140.91	863.93	1063.30	808.90	995.57	760.46	935.96
	1100	1059.71	1304.26	992.21	1221.18	932.80	1148.06	880.10	1083.20
	1200	1194.23	1469.82	1122.72	1381.80	1059.29	1303.74	1002.64	1234.02

续表 4-34

b	a: h \ β	200+0 0.65	200+0 0.80	250+20 0.65	250+20 0.80	300+20 0.65	300+20 0.80	350+20 0.65	350+20 0.80
600	550	441.27	543.10	398.01	489.86	362.47	446.12	332.76	409.55
	600	510.26	628.01	462.57	569.32	423.04	520.66	389.73	479.66
	650	581.12	715.23	529.24	651.37	485.86	597.98	449.05	552.67
	700	653.59	804.42	597.73	735.67	550.67	677.74	510.47	628.27
	750	727.46	895.34	667.83	821.95	617.24	759.68	573.77	706.18
	800	802.55	987.75	739.35	909.98	685.39	843.55	638.76	786.17
	900	955.79	1176.36	886.03	1090.49	825.75	1016.31	773.16	951.58
	1000	1112.39	1369.09	1036.71	1275.96	970.68	1194.69	912.56	1123.15
	1100	1271.65	1565.11	1190.65	1465.42	1119.36	1377.67	1056.12	1299.84
	1200	1433.07	1763.78	1347.26	1658.17	1271.14	1564.48	1203.17	1480.82
	1300	1596.26	1964.63	1506.08	1853.64	1425.54	1754.51	1353.18	1665.45

b	a: h \ β	400+20 0.65	400+20 0.80	450+20 0.65	450+20 0.80	500+20 0.65	500+20 0.80	600+20 0.65	600+20 0.80
300	300								
	350								
	400								
	450								
	500	128.27	157.87						
	550	153.78	189.26	142.95	175.93				
	600	180.64	222.33	168.35	207.20	157.63	194.00		
	700	237.87	292.77	222.72	274.12	209.38	257.70	186.99	230.14
	800	299.04	368.05	281.13	346.01	265.25	326.46	238.32	293.32
	900	363.43	447.30	342.90	422.03	324.56	399.46	293.20	360.86
	1000	430.50	529.85	407.48	501.51	386.79	476.06	351.15	432.18
400	350								
	400								
	450								
	500	171.02	210.49						
	550	205.04	252.35	190.60	234.58				
	600	240.85	296.43	224.47	276.27	210.17	258.67		
	650	278.28	342.50	259.98	319.97	243.93	300.22		
	700	317.16	390.36	296.96	365.49	279.18	343.61	249.32	306.86
	800	398.72	490.73	374.84	461.34	353.66	435.28	317.76	391.09
	900	484.57	596.40	457.20	562.70	432.75	532.61	390.94	481.15
	1000	574.00	706.46	543.31	668.68	515.73	634.74	468.19	576.24

续表 4-34

b	h \ a, β	400 +20 0.65	400 +20 0.80	450 +20 0.65	450 +20 0.80	500 +20 0.65	500 +20 0.80	600 +20 0.65	600 +20 0.80
450	400								
	450								
	500	192.40	236.80						
	550	230.66	283.89	214.42	263.90				
	600	270.96	333.49	252.53	310.80	236.44	291.01		
	650	313.07	385.32	292.47	359.97	274.42	337.75		
	700	356.81	439.15	334.08	411.18	314.08	386.56	280.49	345.21
	800	448.56	552.07	421.70	519.01	397.87	489.69	357.48	439.98
	900	545.14	670.95	514.35	633.04	486.84	599.19	439.80	541.30
	1000	645.75	794.77	611.22	752.27	580.19	714.08	526.72	648.27
	1100	749.73	922.74	711.67	875.90	677.29	833.59	617.62	760.15
500	450								
	500	213.78	263.11						
	550	256.29	315.44	238.24	293.22				
	600	301.07	370.54	280.58	345.34	262.71	323.34		
	650	347.85	428.13	324.97	399.96	304.91	375.27		
	700	396.45	487.94	371.20	456.86	348.97	429.51	311.65	383.57
	800	498.40	613.41	468.55	576.68	442.08	544.10	397.20	488.86
	900	605.72	745.50	571.50	703.38	540.93	665.76	488.67	601.44
	1000	717.50	883.08	679.13	835.85	644.66	793.43	585.24	720.30
	1100	833.03	1025.27	790.75	973.23	752.55	926.21	686.24	844.61
	1200	951.74	1171.38	905.77	1114.79	864.03	1063.42	791.11	973.68
600	550	307.55	378.53	285.89	351.87				
	600	361.28	444.65	336.70	414.40	315.26	388.01		
	650	417.42	513.75	389.96	479.95	365.89	450.33		
	700	475.75	585.53	445.44	548.24	418.77	515.41	373.98	460.29
	750	536.03	659.72	502.94	619.00	473.70	583.01	424.35	522.28
	800	598.08	736.09	562.26	692.02	530.50	652.92	476.64	586.63
	900	726.86	894.60	685.79	844.05	649.12	798.92	586.40	721.73
	1000	861.00	1059.69	814.96	1003.03	773.59	952.11	702.29	864.36
	1100	999.64	1230.33	948.90	1167.87	903.06	1111.45	823.49	1013.53
	1200	1142.09	1405.65	1086.92	1337.75	1036.83	1276.10	949.33	1168.41
	1300	1287.81	1584.99	1228.46	1511.95	1174.34	1445.35	1079.26	1328.31

牛腿截面尺寸选择表（34） **表 4-35**

（混凝土强度等级：C45 $F_{hk}/F_{vk}=0.3$）

b	a: h \ β	0+0: 0.65	0+0: 0.80	0+20: 0.65	0+20: 0.80	100+20: 0.65	100+20: 0.80	150+20: 0.65	150+20: 0.80
300	300	191.37	235.54	163.02	200.64	93.65	115.26	77.22	95.04
	350	232.98	286.74	203.86	250.90	125.45	154.40	105.22	129.50
	400	274.58	337.95	244.90	301.41	158.97	195.65	135.24	166.45
	450	316.18	389.15	286.07	352.09	193.79	238.51	166.88	205.38
	500	357.79	440.35	327.34	402.88	229.63	282.62	199.80	245.91
	550	399.39	491.56	368.67	453.75	266.26	327.71	233.79	287.74
	600	440.99	542.76	410.05	504.67	303.54	373.59	268.65	330.65
	700	524.20	645.17	492.91	606.65	379.59	467.19	340.46	419.03
	800	607.41	747.58	575.85	708.74	457.12	562.61	414.40	510.03
	900	690.61	849.99	658.86	810.91	535.71	659.34	489.92	602.98
	1000	773.82	952.39	741.91	913.12	615.09	757.03	566.66	697.42
400	350	310.64	382.32	271.81	334.53	167.27	205.87	140.29	172.66
	400	366.11	450.60	326.53	401.88	211.96	260.87	180.32	221.93
	450	421.58	518.87	381.43	469.45	258.39	318.02	222.50	273.85
	500	477.05	587.14	436.45	537.17	306.17	376.82	266.40	327.88
	550	532.52	655.41	491.56	604.99	355.01	436.94	311.72	383.66
	600	587.99	723.68	546.73	672.90	404.72	498.12	358.20	440.86
	650	643.46	791.96	601.95	740.86	455.13	560.16	405.66	499.28
	700	698.93	860.23	657.21	808.87	506.13	622.92	453.95	558.70
	800	809.88	996.77	767.81	944.99	609.49	750.15	552.53	680.04
	900	920.82	1133.32	878.48	1081.21	714.28	879.11	653.23	803.98
	1000	1031.76	1269.86	989.21	1217.49	820.12	1009.38	755.54	929.90
450	400	411.87	506.92	367.35	452.12	238.45	293.48	202.86	249.68
	450	474.28	583.73	429.11	528.13	290.69	357.77	250.31	308.08
	500	536.68	660.53	491.01	604.32	344.44	423.92	299.71	368.87
	550	599.09	737.34	553.00	680.62	399.39	491.56	350.68	431.61
	600	661.49	814.14	615.07	757.01	455.31	560.38	402.98	495.97
	650	723.90	890.95	677.19	833.47	512.02	630.18	456.37	561.69
	700	786.30	967.76	739.36	909.98	569.39	700.79	510.69	628.54
	800	911.11	1121.37	863.78	1063.11	685.68	843.92	621.60	765.05
	900	1035.92	1274.98	988.29	1216.36	803.56	989.00	734.88	904.47
	1000	1160.73	1428.59	1112.87	1369.68	922.63	1135.55	849.98	1046.13
	1100	1285.54	1582.20	1237.48	1523.06	1042.60	1283.20	966.50	1189.54

续表 4-35

b	a	0+0		0+20		100+20		150+20	
	h \ β	0.65	0.80	0.65	0.80	0.65	0.80	0.65	0.80
500	450	526.97	648.58	476.79	586.81	322.98	397.52	278.13	342.31
	500	596.31	733.92	545.56	671.46	382.71	471.03	333.01	409.85
	550	665.65	819.26	614.45	756.24	443.77	546.18	389.65	479.57
	600	734.99	904.60	683.41	841.12	505.90	622.65	447.75	551.08
	650	804.33	989.94	752.44	926.08	568.92	700.20	507.08	624.10
	700	873.67	1075.28	821.51	1011.09	632.66	778.65	567.43	698.38
	800	1012.35	1245.96	959.76	1181.24	761.87	937.68	690.67	850.05
	900	1151.02	1416.64	1098.10	1351.51	892.85	1098.89	816.54	1004.97
	1000	1289.70	1587.32	1236.52	1521.87	1025.15	1261.72	944.43	1162.37
	1100	1428.38	1758.00	1374.98	1692.28	1158.45	1425.78	1073.89	1321.71
	1200	1567.06	1928.68	1513.48	1862.75	1292.54	1590.81	1204.61	1482.59
600	550	798.78	983.12	737.34	907.49	532.52	655.41	467.58	575.48
	600	881.99	1085.52	820.09	1009.35	607.08	747.18	537.30	661.30
	650	965.20	1187.93	902.92	1111.29	682.70	840.25	608.49	748.91
	700	1048.40	1290.34	985.81	1213.31	759.19	934.38	680.92	838.06
	750	1131.61	1392.75	1068.74	1315.37	836.41	1029.42	754.41	928.50
	800	1214.81	1495.16	1151.71	1417.49	914.24	1125.22	828.80	1020.06
	900	1381.23	1699.97	1317.72	1621.81	1071.42	1318.67	979.85	1205.96
	1000	1547.64	1904.79	1483.82	1826.24	1230.18	1514.06	1133.31	1394.85
	1100	1714.05	2109.60	1649.98	2030.74	1390.14	1710.94	1288.67	1586.05
	1200	1880.47	2314.42	1816.18	2235.30	1551.04	1908.97	1445.53	1779.11
	1300	2046.88	2519.24	1982.41	2439.89	1712.70	2107.93	1603.61	1973.67

b	a	200+20		250+20		300+20		350+20	
	h \ β	0.65	0.80	0.65	0.80	0.65	0.80	0.65	0.80
300	300	65.70	80.86						
	350	90.60	111.51	79.55	97.91				
	400	117.68	144.83	104.15	128.19	93.41	114.97		
	450	146.52	180.34	130.60	160.74	117.79	144.98	107.28	132.03
	500	176.84	217.65	158.61	195.21	143.78	176.96	131.49	161.84
	550	208.38	256.47	187.95	231.32	171.17	210.67	157.14	193.40
	600	240.96	296.56	218.44	268.84	199.77	245.87	184.04	226.51
	700	308.64	379.87	282.26	347.40	260.04	320.05	241.06	296.68
	800	378.98	466.44	349.14	429.71	323.66	398.34	301.64	371.25
	900	451.35	555.50	418.40	514.96	389.94	479.92	365.10	449.36
	1000	525.29	646.52	489.56	602.54	458.38	564.16	430.93	530.38

续表 4-35

b	a→ h β↓	200+20		250+20		300+20		350+20	
		0.65	0.80	0.65	0.80	0.65	0.80	0.65	0.80
400	350	120.80	148.68	106.07	130.55				
	400	156.90	193.11	138.87	170.92	124.55	153.30		
	450	195.37	240.45	174.13	214.31	157.06	193.30	143.04	176.04
	500	235.78	290.20	211.48	260.28	191.71	235.95	175.33	215.79
	550	277.84	341.95	250.60	308.43	228.22	280.89	209.52	257.87
	600	321.27	395.41	291.25	358.46	266.36	327.82	245.38	302.01
	650	365.89	450.33	333.22	410.12	305.91	376.50	282.73	347.98
	700	411.52	506.49	376.35	463.20	346.72	426.73	321.41	395.58
	800	505.31	621.92	465.52	572.95	431.54	531.13	402.18	495.00
	900	601.79	740.67	557.87	686.61	519.92	639.90	486.80	599.14
	1000	700.39	862.02	652.75	803.38	611.17	752.21	574.57	707.17
450	400	176.52	217.25	156.23	192.28	140.12	172.46		
	450	219.79	270.51	195.90	241.10	176.69	217.47	160.92	198.05
	500	265.26	326.47	237.91	292.81	215.68	265.45	197.24	242.76
	550	312.57	384.70	281.92	346.98	256.75	316.00	235.71	290.10
	600	361.43	444.84	327.65	403.27	299.65	368.80	276.06	339.76
	650	411.63	506.62	374.87	461.38	344.15	423.57	318.08	391.48
	700	462.96	569.80	423.39	521.10	390.06	480.07	361.58	445.03
	800	568.47	699.66	523.71	644.57	485.18	597.32	452.46	556.87
	900	677.02	833.25	627.60	772.43	584.91	719.89	547.65	674.03
	1000	787.94	969.77	734.34	903.80	687.57	846.24	646.39	795.56
	1100	900.75	1108.62	843.38	1038.01	792.88	975.85	748.08	920.72
500	450	244.21	300.56	217.66	267.89	196.32	241.63	178.79	220.06
	500	294.73	362.74	264.35	325.35	239.64	294.94	219.16	269.73
	550	347.30	427.44	313.25	385.54	285.28	351.11	261.90	322.33
	600	401.59	494.27	364.06	448.07	332.94	409.78	306.73	377.51
	650	457.36	562.91	416.53	512.65	382.39	470.63	353.42	434.98
	700	514.40	633.11	470.44	579.00	433.39	533.41	401.76	494.47
	800	631.63	777.40	581.90	716.18	539.43	663.91	502.73	618.74
	900	752.24	925.84	697.34	858.26	649.90	799.87	608.50	748.93
	1000	875.49	1077.53	815.93	1004.23	763.96	940.26	718.22	883.96
	1100	1000.84	1231.80	937.09	1153.34	880.98	1084.28	831.20	1023.02
	1200	1127.88	1388.16	1060.34	1305.04	1000.44	1231.31	946.94	1165.46

续表4-35

b	h \ a / β	200+20		250+20		300+20		350+20	
		0.65	0.80	0.65	0.80	0.65	0.80	0.65	0.80
600	550	416.76	512.93	375.90	462.64	342.34	421.34	314.28	386.80
	600	481.91	593.12	436.87	537.69	399.53	491.73	368.07	453.01
	650	548.84	675.49	499.83	615.18	458.86	564.75	424.10	521.97
	700	617.28	759.73	564.52	694.80	520.07	640.09	482.11	593.37
	750	687.05	845.60	630.73	776.29	582.95	717.48	541.90	666.95
	800	757.96	932.88	698.28	859.42	647.31	796.69	603.28	742.49
	900	902.69	1111.01	836.80	1029.91	779.88	959.85	730.20	898.71
	1000	1050.59	1293.03	979.12	1205.07	916.76	1128.31	861.86	1060.75
	1100	1201.00	1478.16	1124.51	1384.01	1057.17	1301.13	997.44	1227.62
	1200	1353.46	1665.79	1272.41	1566.05	1200.52	1477.57	1136.32	1398.55
	1300	1507.58	1855.49	1422.41	1750.66	1346.34	1657.04	1278.00	1572.92

b	h \ a / β	400+20		450+20		500+20		600+20	
		0.65	0.80	0.65	0.80	0.65	0.80	0.65	0.80
300	300								
	350								
	400								
	450								
	500	121.14	149.10						
	550	145.23	178.75	135.01	166.16				
	600	170.60	209.97	159.00	195.69	148.87	183.23		
	700	224.66	276.50	210.35	258.89	197.75	243.39	176.60	217.36
	800	282.43	347.60	265.51	326.79	250.51	308.32	225.08	277.02
	900	343.24	422.45	323.85	398.58	306.53	377.27	276.91	340.82
	1000	406.58	500.41	384.84	473.65	365.31	449.61	331.64	408.17
400	350								
	400								
	450								
	500	161.52	198.80						
	550	193.64	238.33	180.01	221.55				
	600	227.47	279.97	212.00	260.92	198.49	244.30		
	650	262.82	323.47	245.53	302.19	230.38	283.54		
	700	299.54	368.67	280.46	345.19	263.67	324.52	235.47	289.81
	800	376.57	463.47	354.02	435.71	334.02	411.10	300.11	369.36
	900	457.65	563.26	431.80	531.44	408.71	503.02	369.22	454.42
	1000	542.11	667.21	513.12	631.53	487.07	599.48	442.18	544.23

续表 4-35

b	h \ a / β	400+20		450+20		500+20		600+20	
		0.65	0.80	0.65	0.80	0.65	0.80	0.65	0.80
450	400								
	450								
	500	181.71	223.64						
	550	217.85	268.12	202.51	249.24				
	600	255.91	314.96	238.50	293.53	223.31	274.84		
	650	295.68	363.91	276.22	339.97	259.17	318.98		
	700	336.99	414.75	315.52	388.34	296.63	365.08	264.90	326.04
	800	423.64	521.40	398.27	490.18	375.77	462.48	337.62	415.53
	900	514.86	633.67	485.77	597.87	459.79	565.90	415.37	511.22
	1000	609.88	750.62	577.26	710.48	547.96	674.41	497.46	612.25
	1100	708.08	871.48	672.14	827.24	639.67	787.28	583.31	717.92
500	450								
	500	201.90	248.49						
	550	242.06	297.91	225.01	276.93				
	600	284.34	349.96	265.00	326.15	248.12	305.38		
	650	328.53	404.34	306.92	377.74	287.97	354.42		
	700	374.43	460.84	350.58	431.48	329.59	405.65	294.34	362.26
	800	470.71	579.33	442.52	544.64	417.52	513.87	375.13	461.70
	900	572.07	704.08	539.75	664.30	510.88	628.78	461.52	568.03
	1000	677.64	834.02	641.40	789.42	608.84	749.35	552.73	680.28
	1100	786.75	968.31	746.82	919.16	710.74	874.76	648.12	797.68
	1200	898.87	1106.30	855.45	1052.86	816.02	1004.34	747.16	919.58
600	550	290.47	357.50	270.01	332.32				
	600	341.21	419.95	318.00	391.38	297.74	366.45		
	650	394.23	485.21	368.30	453.29	345.56	425.31		
	700	449.32	553.00	420.70	517.78	395.50	486.78	353.20	434.71
	750	506.25	623.07	475.00	584.61	447.38	550.62	400.78	493.27
	800	564.85	695.20	531.03	653.57	501.03	616.65	450.16	554.04
	900	686.48	844.90	647.69	797.16	613.06	754.53	553.83	681.63
	1000	813.17	1000.82	769.68	947.30	730.61	899.22	663.27	816.34
	1100	944.10	1161.97	896.18	1102.99	852.89	1049.71	777.74	957.22
	1200	1078.64	1327.56	1026.54	1263.43	979.23	1205.21	896.59	1103.50
	1300	1216.26	1496.94	1160.21	1427.95	1109.10	1365.05	1019.30	1254.52

牛腿截面尺寸选择表（35） **表4-36**

（混凝土强度等级：C45　$F_{hk}/F_{vk}=0.4$）

b	a / β / h	0+0		0+20		100+20		150+20	
		0.65	0.80	0.65	0.80	0.65	0.80	0.65	0.80
300	300	180.12	221.68	153.43	188.84	88.14	108.48	72.68	89.45
	350	219.27	269.88	191.86	236.14	118.07	145.32	99.03	121.88
	400	258.43	318.07	230.49	283.68	149.62	184.14	127.29	156.66
	450	297.59	366.26	269.24	331.38	182.39	224.48	157.06	193.30
	500	336.74	414.45	308.08	379.18	216.12	265.99	188.05	231.45
	550	375.90	462.64	346.98	427.06	250.60	308.43	220.04	270.82
	600	415.05	510.84	385.93	474.99	285.69	351.61	252.85	311.20
	700	493.37	607.22	463.91	570.97	357.26	439.71	320.43	394.38
	800	571.68	703.60	541.98	667.05	430.23	529.52	390.02	480.03
	900	649.99	799.99	620.10	763.21	504.20	620.55	461.10	567.51
	1000	728.30	896.37	698.27	859.41	578.91	712.50	533.32	656.40
400	350	292.36	359.83	255.82	314.85	157.43	193.76	132.04	162.51
	400	344.57	424.09	307.32	378.24	199.49	245.53	169.71	208.88
	450	396.78	488.35	358.99	441.84	243.19	299.31	209.41	257.74
	500	448.99	552.60	410.78	505.57	288.16	354.65	250.73	308.60
	550	501.20	616.86	462.64	569.41	334.13	411.24	293.38	361.09
	600	553.40	681.11	514.57	633.32	380.91	468.82	337.13	414.93
	650	605.61	745.37	566.54	697.28	428.36	527.21	381.80	469.91
	700	657.82	809.63	618.55	761.29	476.35	586.28	427.24	525.84
	800	762.24	938.14	722.64	889.40	573.64	706.02	520.03	640.04
	900	866.65	1066.65	826.81	1017.61	672.26	827.40	614.80	756.68
	1000	971.07	1195.16	931.02	1145.88	771.88	950.00	711.10	875.20
450	400	387.64	477.10	345.74	425.52	224.43	276.22	190.93	234.99
	450	446.38	549.39	403.87	497.07	273.59	336.72	235.59	289.96
	500	505.11	621.68	462.12	568.77	324.18	398.99	282.08	347.17
	550	563.85	693.96	520.47	640.58	375.90	462.64	330.06	406.22
	600	622.58	766.25	578.89	712.48	428.53	527.42	379.27	466.80
	650	681.31	838.54	637.36	784.44	481.91	593.11	429.52	528.65
	700	740.05	910.83	695.87	856.45	535.90	659.57	480.65	591.57
	800	857.52	1055.40	812.97	1000.58	645.35	794.27	585.03	720.04
	900	974.98	1199.98	930.16	1144.81	756.30	930.83	691.66	851.27
	1000	1092.45	1344.56	1047.40	1289.11	868.36	1068.75	799.98	984.60
	1100	1209.92	1489.13	1164.69	1433.46	981.27	1207.72	909.65	1119.57

续表 4-36

b	a / h \ β	0+0 0.65	0+0 0.80	0+20 0.65	0+20 0.80	100+20 0.65	100+20 0.80	150+20 0.65	150+20 0.80
500	450	495.98	610.43	448.74	552.30	303.99	374.14	261.77	322.17
	500	561.24	690.75	513.47	631.96	360.20	443.32	313.42	385.74
	550	626.50	771.07	578.30	711.76	417.66	514.05	366.73	451.36
	600	691.76	851.39	643.21	791.65	476.14	586.02	421.41	518.66
	650	757.02	931.71	708.18	871.60	535.45	659.02	477.25	587.38
	700	822.28	1012.03	773.18	951.61	595.44	732.85	534.06	657.30
	800	952.80	1172.67	903.30	1111.75	717.05	882.53	650.04	800.05
	900	1083.32	1333.31	1033.51	1272.01	840.33	1034.25	768.51	945.85
	1000	1213.84	1493.95	1163.78	1432.35	964.84	1187.50	888.87	1094.00
	1100	1344.36	1654.59	1294.10	1592.74	1090.30	1341.91	1010.72	1243.96
	1200	1474.88	1815.23	1424.45	1753.17	1216.50	1497.24	1133.75	1395.38
600	550	751.80	925.29	693.96	854.11	501.20	616.86	440.08	541.63
	600	830.11	1021.67	771.85	949.97	571.37	703.23	505.70	622.40
	650	908.42	1118.05	849.81	1045.92	642.54	790.82	572.70	704.86
	700	986.73	1214.44	927.82	1141.93	714.53	879.42	640.87	788.76
	750	1065.04	1310.82	1005.87	1238.00	787.21	968.87	710.03	873.88
	800	1143.36	1407.21	1083.96	1334.10	860.46	1059.03	780.05	960.06
	900	1299.98	1599.97	1240.21	1526.41	1008.40	1241.10	922.21	1135.02
	1000	1456.60	1792.74	1396.54	1718.81	1157.81	1425.00	1066.65	1312.80
	1100	1613.23	1985.51	1552.92	1911.29	1308.37	1610.30	1212.86	1492.76
	1200	1769.85	2178.28	1709.34	2103.81	1459.80	1796.68	1360.50	1674.46
	1300	1926.48	2371.05	1865.80	2296.37	1611.95	1983.94	1509.28	1857.57

b	a / h \ β	200+20 0.65	200+20 0.80	250+20 0.65	250+20 0.80	300+20 0.65	300+20 0.80	350+20 0.65	350+20 0.80
300	300	61.83	76.10						
	350	85.27	104.95	74.87	92.15				
	400	110.76	136.31	98.03	120.65	87.92	108.21		
	450	137.91	169.73	122.92	151.28	110.87	136.45	100.97	124.27
	500	166.44	204.84	149.28	183.73	135.33	166.56	123.76	152.32
	550	196.12	241.38	176.89	217.71	161.10	198.28	147.89	182.02
	600	226.78	279.12	205.59	253.03	188.02	231.40	173.21	213.18
	700	290.49	357.52	265.66	326.96	244.74	301.22	226.88	279.23
	800	356.69	439.00	328.60	404.43	304.62	374.91	283.89	349.41
	900	424.80	522.83	393.79	484.66	367.00	451.69	343.63	422.92
	1000	494.39	608.49	460.76	567.09	431.41	530.97	405.58	499.18

续表 4-36

b	a	200 +20		250 +20		300 +20		350 +20	
	h \ β	0.65	0.80	0.65	0.80	0.65	0.80	0.65	0.80
400	350	113.70	139.94	99.83	122.87				
	400	147.67	181.75	130.70	160.86	117.23	144.28		
	450	183.87	226.31	163.89	201.71	147.82	181.93	134.62	165.69
	500	221.91	273.12	199.04	244.97	180.43	222.07	165.01	203.09
	550	261.49	321.84	235.86	290.29	214.80	264.37	197.19	242.70
	600	302.38	372.15	274.12	337.37	250.69	308.54	230.95	284.24
	650	344.37	423.84	313.62	385.99	287.91	354.36	266.10	327.51
	700	387.32	476.70	354.21	435.95	326.32	401.63	302.50	372.31
	800	475.58	585.33	438.14	539.24	406.16	499.88	378.53	465.88
	900	566.40	697.10	525.05	646.22	489.33	602.26	458.17	563.90
	1000	659.19	811.31	614.35	756.12	575.22	707.96	540.77	665.57
450	400	166.13	204.47	147.04	180.97	131.88	162.31		
	450	206.86	254.59	184.37	226.92	166.30	204.67	151.45	186.40
	500	249.65	307.27	223.92	275.59	202.99	249.83	185.64	228.48
	550	294.18	362.07	265.34	326.57	241.65	297.41	221.84	273.04
	600	340.17	418.67	308.38	379.55	282.02	347.11	259.82	319.77
	650	387.41	476.82	352.82	434.24	323.90	398.65	299.37	368.45
	700	435.73	536.28	398.49	490.45	367.11	451.83	340.31	418.85
	800	535.03	658.50	492.90	606.65	456.92	562.37	425.84	524.11
	900	637.19	784.24	590.68	727.00	550.50	677.54	515.44	634.38
	1000	741.59	912.73	691.14	850.64	647.12	796.46	608.37	748.77
	1100	847.77	1043.41	793.77	976.95	746.24	918.45	704.08	866.56
500	450	229.84	282.88	204.86	252.13	184.78	227.42	168.28	207.11
	500	277.39	341.41	248.80	306.21	225.54	277.59	206.27	253.87
	550	326.87	402.30	294.82	362.86	268.50	330.46	246.49	303.37
	600	377.97	465.19	342.65	421.72	313.36	385.67	288.69	355.31
	650	430.46	529.80	392.03	482.49	359.89	442.95	332.63	409.39
	700	484.14	595.87	442.76	544.94	407.90	502.03	378.13	465.39
	800	594.48	731.67	547.67	674.06	507.69	624.85	473.16	582.35
	900	707.99	871.38	656.32	807.77	611.67	752.82	572.71	704.87
	1000	823.99	1014.14	767.94	945.15	719.02	884.95	675.97	831.96
	1100	941.96	1159.34	881.97	1085.50	829.15	1020.50	782.31	962.84
	1200	1061.53	1306.50	997.97	1228.27	941.59	1158.88	89124	1096.90

续表 4-36

b	a	200+20		250+20		300+20		350+20	
	h \ β	0.65	0.80	0.65	0.80	0.65	0.80	0.65	0.80
600	550	392.24	482.76	353.79	435.43	322.20	396.55	295.79	364.05
	600	453.56	558.23	411.17	506.06	376.03	462.81	346.42	426.37
	650	516.55	635.76	470.43	578.99	431.87	531.53	399.15	491.27
	700	580.97	715.04	531.32	653.93	489.48	602.44	453.75	558.46
	750	646.63	795.86	593.63	730.62	548.66	675.27	510.02	627.72
	800	713.38	878.00	657.20	808.87	609.23	749.83	567.79	698.82
	900	849.59	1045.65	787.58	969.33	734.00	903.39	687.25	845.85
	1000	988.79	1216.97	921.52	1134.18	862.83	1061.94	811.16	998.35
	1100	1130.36	1391.21	1058.36	1302.60	994.98	1224.60	938.77	1155.41
	1200	1273.84	1567.81	1197.56	1473.92	1129.90	1390.65	1069.48	1316.29
	1300	1418.90	1746.34	1338.74	1647.68	1267.15	1559.57	1202.82	1480.40

b	a	400+20		450+20		500+20		600+20	
	h \ β	0.65	0.80	0.65	0.80	0.65	0.80	0.65	0.80
300	300								
	350								
	400								
	450								
	500	114.01	140.33						
	550	136.69	168.23	127.06	156.39				
	600	160.57	197.62	149.63	184.18	140.11	172.45		
	700	211.44	260.24	197.97	243.66	186.12	229.07	166.21	204.57
	800	265.81	327.15	249.89	307.56	235.78	290.19	211.84	260.73
	900	323.05	397.60	304.80	375.14	288.50	355.07	260.62	320.77
	1000	382.67	470.97	362.20	445.79	343.82	423.16	312.13	384.16
400	350								
	400								
	450								
	500	152.02	187.10						
	550	182.25	224.31	169.42	208.52				
	600	214.09	263.50	199.53	245.57	186.82	229.93		
	650	247.36	304.45	231.09	284.42	216.82	266.86		
	700	281.92	346.98	263.97	324.88	248.16	305.43	221.62	272.76
	800	354.42	436.20	333.19	410.08	314.37	386.92	282.45	347.63
	900	430.73	530.13	406.40	500.18	384.66	473.43	347.50	427.69
	1000	510.22	627.97	482.94	594.39	458.42	564.21	416.17	512.21

续表 4-36

b	a / β / h	400+20		450+20		500+20		600+20	
		0.65	0.80	0.65	0.80	0.65	0.80	0.65	0.80
450	400								
	450								
	500	171.02	210.49						
	550	205.04	252.35	190.60	234.58				
	600	240.85	296.43	224.47	276.27	210.17	258.67		
	650	278.28	342.50	259.98	319.97	243.93	300.22		
	700	317.16	390.36	296.96	365.49	279.18	343.61	249.32	306.86
	800	398.72	490.73	374.84	461.34	353.66	435.28	317.76	391.09
	900	484.57	596.40	457.20	562.70	432.75	532.61	390.94	481.15
	1000	574.00	706.46	543.31	668.68	515.73	634.74	468.19	576.24
	1100	666.43	820.22	632.60	778.58	602.04	740.97	548.99	675.69
500	450								
	500	190.02	233.88						
	550	227.82	280.39	211.77	260.64				
	600	267.61	329.37	249.41	306.96	233.52	287.41		
	650	309.20	380.56	288.86	355.52	271.03	333.58		
	700	352.40	433.73	329.96	406.10	310.20	381.78	277.02	340.95
	800	443.02	545.26	416.49	512.61	392.96	483.64	353.07	434.54
	900	538.41	662.66	508.00	625.23	480.83	591.79	434.37	534.61
	1000	637.78	784.96	603.67	742.98	573.03	705.27	520.22	640.27
	1100	740.47	911.35	702.89	865.09	668.93	823.30	609.99	750.76
	1200	845.99	1041.22	805.13	990.92	768.02	945.26	703.21	865.49
600	550	273.38	336.47	254.13	312.77				
	600	321.14	395.24	299.29	368.36	280.23	344.90		
	650	371.04	456.67	346.63	426.63	325.24	400.29		
	700	422.88	520.47	395.95	487.32	372.24	458.14	332.43	409.14
	750	476.47	586.42	447.06	550.22	421.06	518.23	377.20	464.25
	800	531.62	654.31	499.79	615.13	471.55	580.37	423.68	521.45
	900	646.10	795.20	609.59	750.27	577.00	710.15	521.25	641.54
	1000	765.33	941.95	724.41	891.58	687.64	846.32	624.26	768.32
	1100	888.57	1093.62	843.46	1038.11	802.72	987.96	731.99	900.91
	1200	1015.19	1249.47	966.15	1189.11	921.63	1134.31	843.85	1038.59
	1300	1144.72	1408.88	1091.97	1343.96	1043.86	1284.75	959.34	1180.72

牛腿截面尺寸选择表（36）

表 4-37

（混凝土强度等级：C45　$F_{hk}/F_{vk}=0.5$）

b	h ＼ a / β	0+0		0+20		100+20		150+20	
		0.65	0.80	0.65	0.80	0.65	0.80	0.65	0.80
300	300	168.86	207.83	143.84	177.04	82.63	101.70	68.14	83.86
	350	205.57	253.01	179.87	221.38	110.69	136.24	92.84	114.26
	400	242.28	298.19	216.09	265.95	140.27	172.64	119.33	146.87
	450	278.99	343.37	252.42	310.67	170.99	210.45	147.24	181.22
	500	315.70	388.55	288.83	355.48	202.61	249.37	176.30	216.98
	550	352.40	433.73	325.30	400.36	234.94	289.15	206.29	253.89
	600	389.11	478.91	361.81	445.30	267.83	329.64	237.05	291.75
	700	462.53	569.27	434.92	535.28	334.94	412.23	300.41	369.73
	800	535.95	659.63	508.11	625.36	403.34	496.42	365.65	450.03
	900	609.37	749.99	581.35	715.51	472.69	581.77	432.28	532.04
	1000	682.78	840.35	654.63	805.69	542.72	667.97	499.99	615.37
400	350	274.09	337.34	239.83	295.18	147.59	181.65	123.78	152.35
	400	323.04	397.58	288.11	354.60	187.02	230.18	159.11	195.82
	450	371.98	457.82	336.56	414.22	227.99	280.60	196.32	241.63
	500	420.93	518.06	385.10	473.97	270.15	332.49	235.06	289.31
	550	469.87	578.30	433.73	533.82	313.25	385.54	275.05	338.52
	600	518.82	638.54	482.41	593.73	357.11	439.52	316.06	389.00
	650	567.76	698.78	531.13	653.70	401.59	494.26	357.94	440.54
	700	616.71	759.02	579.89	713.71	446.58	549.64	400.54	492.97
	800	714.60	879.50	677.48	833.82	537.79	661.89	487.53	600.04
	900	812.49	999.98	775.13	954.01	630.25	775.69	576.38	709.39
	1000	910.38	1120.46	872.84	1074.26	723.63	890.63	666.65	820.50
450	400	363.42	447.28	324.13	398.93	210.40	258.95	179.00	220.30
	450	418.48	515.05	378.62	466.00	256.49	315.68	220.86	271.83
	500	473.54	582.82	433.24	533.22	303.92	374.05	264.45	325.47
	550	528.61	650.59	487.94	600.55	352.40	433.73	309.43	380.83
	600	583.67	718.36	542.71	667.95	401.75	494.46	355.57	437.62
	650	638.73	786.13	597.52	735.41	451.79	556.04	402.68	495.60
	700	693.80	853.90	652.37	802.92	502.40	618.34	450.61	554.60
	800	803.92	989.44	762.16	938.04	605.01	744.63	548.47	675.04
	900	914.05	1124.98	872.02	1073.26	709.03	872.65	648.43	798.06
	1000	1024.17	1260.52	981.94	1208.54	814.09	1001.95	749.99	923.06
	1100	1134.30	1396.06	1091.90	1343.87	919.94	1132.24	852.80	1049.59

续表 4-37

b	a	0+0		0+20		100+20		150+20	
	h \ β	0.65	0.80	0.65	0.80	0.65	0.80	0.65	0.80
500	450	464.98	572.28	420.69	517.78	284.99	350.75	245.40	302.04
	500	526.16	647.58	481.38	592.47	337.68	415.61	293.83	361.64
	550	587.34	722.88	542.16	667.27	391.56	481.92	343.81	423.15
	600	648.52	798.18	603.01	742.17	446.38	549.40	395.08	486.25
	650	709.70	873.48	663.92	817.13	501.98	617.83	447.42	550.67
	700	770.88	948.78	724.86	892.14	558.23	687.05	500.68	616.22
	800	893.25	1099.38	846.84	1042.27	672.24	827.37	609.41	750.04
	900	1015.61	1249.98	968.91	1192.51	787.81	969.61	720.47	886.74
	1000	1137.97	1400.58	1091.04	1342.82	904.54	1113.28	833.32	1025.62
	1100	1260.33	1551.18	1213.22	1493.19	1022.16	1258.04	947.55	1166.22
	1200	1382.70	1701.78	1335.42	1643.60	1140.47	1403.66	1062.89	1308.17
600	550	704.81	867.46	650.59	800.73	469.87	578.30	412.57	507.78
	600	778.23	957.82	723.61	890.60	535.66	659.28	474.09	583.50
	650	851.64	1048.18	796.70	980.55	602.38	741.39	536.91	660.81
	700	925.06	1138.54	869.83	1070.56	669.87	824.46	600.81	739.46
	750	998.48	1228.90	943.01	1160.62	738.01	908.31	665.65	819.26
	800	1071.90	1319.26	1016.21	1250.72	806.68	992.84	731.29	900.05
	900	1218.73	1499.98	1162.70	1431.01	945.37	1163.53	864.57	1064.09
	1000	1365.57	1680.70	1309.25	1611.39	1085.45	1335.94	999.98	1230.75
	1100	1512.40	1861.42	1455.86	1791.83	1226.59	1509.65	1137.06	1399.46
	1200	1659.24	2042.14	1602.51	1972.32	1368.57	1684.39	1275.47	1569.81
	1300	1806.07	2222.86	1749.19	2152.84	1511.20	1859.94	1414.95	1741.47

b	a	200+20		250+20		300+20		350+20	
	h \ β	0.65	0.80	0.65	0.80	0.65	0.80	0.65	0.80
300	300	57.97	71.34						
	350	79.94	98.39	70.19	86.39				
	400	103.83	127.79	91.90	113.11	82.42	101.45		
	450	129.29	159.12	115.23	141.83	103.94	127.92	94.66	116.50
	500	156.03	192.04	139.95	172.24	126.87	156.15	116.02	142.80
	550	183.86	226.29	165.84	204.11	151.03	185.88	138.65	170.65
	600	212.61	261.67	192.74	237.22	176.26	216.94	162.39	199.86
	700	272.33	335.18	249.05	306.53	229.44	282.39	212.70	261.78
	800	334.39	411.56	308.06	379.16	285.58	351.48	266.15	327.57
	900	398.25	490.15	369.18	454.37	344.06	423.46	322.15	396.49
	1000	463.49	570.46	431.96	531.65	404.45	497.79	380.23	467.98

续表 4-37

b	a / β / h	200+20		250+20		300+20		350+20	
		0.65	0.80	0.65	0.80	0.65	0.80	0.65	0.80
400	350	106.59	131.19	93.59	115.19				
	400	138.44	170.39	122.53	150.81	109.90	135.26		
	450	172.38	212.16	153.64	189.10	138.58	170.56	126.21	155.33
	500	208.04	256.05	186.60	229.66	169.16	208.19	154.70	190.40
	550	245.15	301.72	221.12	272.14	201.37	247.84	184.87	227.53
	600	283.48	348.90	256.98	316.29	235.02	289.25	216.51	266.48
	650	322.85	397.35	294.02	361.87	269.92	332.21	249.47	307.04
	700	363.11	446.90	332.07	408.71	305.93	376.52	283.60	349.04
	800	445.86	548.75	410.75	505.54	380.77	468.64	354.87	436.76
	900	531.00	653.53	492.24	605.83	458.75	564.62	429.53	528.65
	1000	617.99	760.61	575.95	708.86	539.27	663.71	506.98	623.97
450	400	155.75	191.69	137.85	169.66	123.64	152.17		
	450	193.93	238.68	172.85	212.74	155.90	191.88	141.98	174.75
	500	234.05	288.06	209.92	258.36	190.30	234.22	174.04	214.20
	550	275.79	339.44	248.76	306.16	226.55	278.83	207.98	255.97
	600	318.91	392.51	289.11	355.82	264.40	325.41	243.58	299.79
	650	363.20	447.02	330.77	407.10	303.66	373.73	280.66	345.42
	700	408.50	502.76	373.58	459.79	344.17	423.59	319.04	392.67
	800	501.59	617.34	462.10	568.73	428.37	527.22	399.23	491.36
	900	597.37	735.22	553.77	681.56	516.10	635.19	483.22	594.74
	1000	695.24	855.68	647.95	797.47	606.68	746.68	570.35	701.97
	1100	794.78	978.19	744.16	915.89	699.60	861.04	660.07	812.40
500	450	215.48	265.20	192.06	236.38	173.23	213.20	157.76	194.17
	500	260.06	320.07	233.25	287.07	211.45	260.24	193.37	238.00
	550	306.44	377.15	276.40	340.18	251.72	309.81	231.08	284.41
	600	354.35	436.12	321.23	395.36	293.77	361.57	270.64	333.10
	650	403.56	496.68	367.52	452.34	337.40	415.26	311.84	383.80
	700	453.88	558.63	415.09	510.88	382.41	470.65	354.49	436.30
	800	557.32	685.94	513.44	631.93	475.96	585.80	443.58	545.95
	900	663.74	816.92	615.30	757.29	573.44	705.77	536.91	660.82
	1000	772.49	950.76	719.94	886.08	674.08	829.64	633.72	779.96
	1100	883.09	1086.88	826.84	1017.65	777.33	956.72	733.41	902.66
	1200	995.19	1224.85	935.60	1151.50	882.74	1086.45	835.53	1028.35

续表 4-37

b	a	200 + 20		250 + 20		300 + 20		350 + 20	
	h　β	0.65	0.80	0.65	0.80	0.65	0.80	0.65	0.80
600	550	367.73	452.59	331.67	408.21	302.06	371.77	277.30	341.29
	600	425.22	523.34	385.48	474.43	352.53	433.88	324.77	399.72
	650	484.27	596.02	441.03	542.81	404.88	498.31	374.21	460.56
	700	544.66	670.35	498.11	613.06	458.89	564.79	425.39	523.56
	750	606.22	746.12	556.53	684.96	514.37	633.07	478.14	588.49
	800	668.79	823.13	616.13	758.31	571.16	702.96	532.30	655.14
	900	796.49	980.30	738.35	908.74	688.13	846.93	644.30	792.98
	1000	926.99	1140.91	863.93	1063.30	808.90	995.57	760.46	935.96
	1100	1059.71	1304.26	992.21	1221.18	932.80	1148.06	880.10	1083.20
	1200	1194.23	1469.82	1122.72	1381.80	1059.29	1303.74	1002.64	1234.02
	1300	1330.22	1637.19	1255.07	1544.70	1187.95	1462.09	1127.65	1387.87

b	a	400 + 20		450 + 20		500 + 20		600 + 20	
	h　β	0.65	0.80	0.65	0.80	0.65	0.80	0.65	0.80
300	300								
	350								
	400								
	450								
	500	106.89	131.56						
	550	128.15	157.72	119.12	146.61				
	600	150.53	185.27	140.29	172.67	131.36	161.67		
	700	198.23	243.97	185.60	228.43	174.49	214.75	155.83	191.79
	800	249.20	306.71	234.28	288.34	221.04	272.05	198.60	244.43
	900	302.86	372.75	285.75	351.69	270.47	332.88	244.33	300.72
	1000	358.75	441.54	339.57	417.93	322.33	396.71	292.62	360.15
400	350								
	400								
	450								
	500	142.52	175.41						
	550	170.86	210.29	158.83	195.48				
	600	200.71	247.03	187.06	230.22	175.14	215.56		
	650	231.90	285.42	216.65	266.64	203.27	250.18		
	700	264.30	325.30	247.47	304.58	232.65	286.34	207.77	255.71
	800	332.26	408.94	312.37	384.45	294.72	362.73	264.80	325.91
	900	403.81	497.00	381.00	468.92	360.62	443.84	325.78	400.96
	1000	478.33	588.72	452.75	557.24	429.77	528.95	390.16	480.20

续表 4-37

b	h \ a / β	400+20 0.65	400+20 0.80	450+20 0.65	450+20 0.80	500+20 0.65	500+20 0.80	600+20 0.65	600+20 0.80
450	400								
	450								
	500	160.33	197.33						
	550	192.22	236.58	178.68	219.92				
	600	225.80	277.91	210.44	259.00	197.03	242.50		
	650	260.89	321.10	243.73	299.97	228.68	281.45		
	700	297.34	365.96	278.40	342.65	261.73	322.13	233.74	287.68
	800	373.80	460.06	351.41	432.51	331.56	408.07	297.90	366.65
	900	454.29	559.12	428.62	527.53	405.70	499.32	366.50	451.08
	1000	538.13	662.31	509.35	626.89	483.49	595.07	438.93	540.22
	1100	624.78	768.95	593.06	729.92	564.41	694.66	514.68	633.46
500	450								
	500	178.15	219.26						
	550	213.58	262.87	198.54	244.35				
	600	250.89	308.78	233.82	287.78	218.93	269.45		
	650	289.88	356.77	270.81	333.30	254.09	312.73		
	700	330.38	406.62	309.34	380.72	290.81	357.92	259.71	319.64
	800	415.33	511.18	390.46	480.57	368.40	453.42	331.00	407.38
	900	504.76	621.25	476.25	586.15	450.78	554.80	407.22	501.20
	1000	597.92	735.90	565.94	696.55	537.21	661.19	487.70	600.25
	1100	694.19	854.39	658.96	811.02	627.12	771.84	571.87	703.84
	1200	793.12	976.15	754.81	928.99	720.02	886.18	659.26	811.40
600	550	256.29	315.44	238.24	293.22				
	600	301.07	370.54	280.58	345.34	262.71	323.34		
	650	347.85	428.13	324.97	399.96	304.91	375.27		
	700	396.45	487.94	371.20	456.86	348.97	429.51	311.65	383.57
	750	446.69	549.77	419.11	515.83	394.75	485.84	353.63	435.23
	800	498.40	613.41	468.55	576.68	442.08	544.10	397.20	488.86
	900	605.72	745.50	571.50	703.38	540.93	665.76	488.67	601.44
	1000	717.50	883.08	679.13	835.85	644.66	793.43	585.24	720.30
	1100	833.03	1025.27	790.75	973.23	752.55	926.21	686.24	844.61
	1200	951.74	1171.38	905.77	1114.79	864.03	1063.42	791.11	973.68
	1300	1073.17	1320.83	1023.72	1259.96	978.62	1204.46	899.38	1106.93

牛腿截面尺寸选择表（37）

表 4-38

（混凝土强度等级：C50　$F_{hk}/F_{vk}=0.0$）

b	a / h \ β	0+0		0+20		100+20		150+20	
		0.65	0.80	0.65	0.80	0.65	0.80	0.65	0.80
300	300	267.70	329.47	232.00	285.54	139.20	171.33	116.00	142.77
	350	319.18	392.83	282.70	347.94	179.90	221.41	152.22	187.35
	400	370.66	456.19	333.59	410.57	222.39	273.72	190.62	234.61
	450	422.14	519.55	384.61	473.37	266.27	327.72	230.77	284.02
	500	473.62	582.91	435.73	536.28	311.23	383.06	272.33	335.17
	550	525.10	646.27	486.91	599.27	357.07	439.46	315.06	387.76
	600	576.58	709.63	538.14	662.32	403.60	496.74	358.76	441.55
	700	679.54	836.35	640.71	788.56	498.33	613.32	448.49	551.99
	800	782.50	963.07	743.37	914.92	594.70	731.93	540.63	665.40
	900	885.46	1089.79	846.10	1041.36	692.27	852.02	634.58	781.02
	1000	988.42	1216.51	948.88	1167.85	790.73	973.21	729.91	898.35
400	350	425.57	523.78	376.93	463.92	239.87	295.22	202.96	249.80
	400	494.21	608.26	444.79	547.43	296.52	364.95	254.16	312.82
	450	562.85	692.74	512.82	631.16	355.03	436.96	307.69	378.70
	500	631.49	777.22	580.97	715.04	414.98	510.74	363.11	446.90
	550	700.13	861.70	649.21	799.03	476.09	585.95	420.08	517.02
	600	768.77	946.18	717.52	883.10	538.14	662.32	478.34	588.73
	650	837.41	1030.66	785.88	967.23	600.96	739.65	537.70	661.79
	700	906.05	1115.14	854.27	1051.41	664.44	817.77	597.99	735.99
	800	1043.33	1284.10	991.16	1219.89	792.93	975.91	720.84	887.19
	900	1180.61	1453.06	1128.14	1388.48	923.02	1136.03	846.10	1041.36
	1000	1317.89	1622.02	1265.17	1557.14	1054.31	1297.61	973.21	1197.80
450	400	555.98	684.29	500.39	615.86	333.59	410.57	285.93	351.92
	450	633.20	779.33	576.92	710.05	399.41	491.58	346.15	426.03
	500	710.42	874.37	653.59	804.42	466.85	574.58	408.49	502.76
	550	787.64	969.41	730.36	898.91	535.60	659.20	472.59	581.64
	600	864.86	1064.45	807.21	993.48	605.40	745.11	538.14	662.32
	650	942.08	1159.49	884.11	1088.14	676.08	832.10	604.92	744.51
	700	1019.30	1254.53	961.06	1182.84	747.49	919.99	672.74	827.99
	800	1173.74	1444.61	1115.06	1372.38	892.05	1097.90	810.95	998.09
	900	1328.18	1634.69	1269.15	1562.04	1038.40	1278.03	951.87	1171.53
	1000	1482.62	1824.77	1423.32	1751.78	1186.10	1459.81	1094.86	1347.52
	1100	1637.06	2014.85	1577.53	1941.58	1334.84	1642.88	1239.49	1525.53

续表 4-38

b	a / h \ β	0+0 0.65	0+0 0.80	0+20 0.65	0+20 0.80	100+20 0.65	100+20 0.80	150+20 0.65	150+20 0.80
500	450	703.56	865.92	641.02	788.95	443.78	546.20	384.61	473.37
	500	789.36	971.52	726.21	893.80	518.72	638.43	453.88	558.62
	550	875.16	1077.12	811.51	998.78	595.11	732.44	525.10	646.27
	600	960.96	1182.72	896.90	1103.87	672.67	827.90	597.93	735.91
	650	1046.76	1288.32	982.34	1209.04	751.20	924.56	672.13	827.24
	700	1132.56	1393.92	1067.84	1314.27	830.54	1022.21	747.49	919.99
	800	1304.16	1605.12	1238.95	1524.86	991.16	1219.89	901.06	1108.99
	900	1475.76	1816.32	1410.17	1735.59	1153.78	1420.03	1057.63	1301.70
	1000	1647.36	2027.52	1581.47	1946.42	1317.89	1622.02	1216.51	1497.25
	1100	1818.96	2238.72	1752.82	2157.31	1483.15	1825.42	1377.21	1695.03
	1200	1990.56	2449.92	1924.21	2368.26	1649.32	2029.93	1539.37	1894.60
600	550	1050.19	1292.54	973.81	1198.54	714.13	878.93	630.12	775.53
	600	1153.15	1419.26	1076.28	1324.65	807.21	993.48	717.52	883.10
	650	1256.11	1545.98	1178.81	1450.85	901.45	1109.47	806.56	992.68
	700	1359.07	1672.70	1281.41	1577.12	996.65	1226.65	896.99	1103.98
	750	1462.03	1799.42	1384.06	1703.45	1092.68	1344.83	988.61	1216.75
	800	1564.99	1926.14	1486.74	1829.84	1189.39	1463.87	1081.27	1330.79
	900	1770.91	2179.58	1692.20	2082.71	1384.53	1704.04	1269.15	1562.04
	1000	1976.83	2433.02	1897.76	2335.70	1581.47	1946.42	1459.81	1796.69
	1100	2182.75	2686.46	2103.38	2588.77	1779.78	2190.50	1652.66	2034.04
	1200	2388.67	2939.90	2309.05	2841.91	1979.19	2435.92	1817.24	2273.53
	1300	2594.59	3193.34	2514.76	3095.09	2179.46	2682.41	2043.24	2514.76

b	a / h \ β	200+20 0.65	200+20 0.80	250+20 0.65	250+20 0.80	300+20 0.65	300+20 0.80	350+20 0.65	350+20 0.80
300	300	99.43	122.38						
	350	131.93	162.37	116.41	143.27				
	400	166.80	205.29	148.26	182.48	133.44	164.23		
	450	203.62	250.61	182.19	224.23	164.83	202.87	150.50	185.23
	500	242.07	297.93	217.86	268.14	198.06	243.76	181.55	223.45
	550	281.89	346.95	255.05	313.90	232.87	286.61	214.24	263.68
	600	322.88	397.39	293.53	361.27	269.07	331.16	248.37	305.69
	700	407.72	501.81	373.74	459.99	345.00	424.61	320.35	394.28
	800	495.58	609.95	457.46	563.03	424.78	522.81	396.46	487.96
	900	585.76	720.94	543.92	669.44	507.66	624.81	475.93	585.76
	1000	677.77	834.18	632.59	778.57	593.05	729.91	558.16	686.97

续表 4-38

b	a / h β	200+20		250+20		300+20		350+20	
		0.65	0.80	0.65	0.80	0.65	0.80	0.65	0.80
400	350	175.90	216.49	155.21	191.02				
	400	222.39	273.72	197.68	243.30	177.91	218.97		
	450	271.49	334.14	242.91	298.97	219.78	270.50	200.67	246.98
	500	322.76	397.24	290.48	357.52	264.08	325.02	242.07	297.93
	550	375.86	462.59	340.06	418.54	310.49	382.14	285.65	351.57
	600	430.51	529.86	391.37	481.69	358.76	441.55	331.16	407.58
	650	486.49	598.76	444.19	546.70	408.66	502.96	378.38	465.70
	700	543.63	669.08	498.33	613.32	459.99	566.15	427.14	525.71
	800	660.77	813.26	609.95	750.70	566.38	697.08	528.62	650.61
	900	781.02	961.25	725.23	892.59	676.88	833.09	634.58	781.02
	1000	903.69	1112.24	843.45	1038.09	790.73	973.21	744.22	915.96
450	400	250.19	307.93	222.39	273.72	200.15	246.34		
	450	305.43	375.91	273.28	336.34	247.25	304.31	225.75	277.85
	500	363.11	446.90	326.80	402.21	297.09	365.64	272.33	335.17
	550	422.84	520.42	382.57	470.86	349.30	429.91	321.36	395.52
	600	484.32	596.09	440.29	541.90	403.60	496.74	372.56	458.53
	650	547.31	673.61	499.71	615.03	459.74	565.83	425.68	523.92
	700	611.58	752.72	560.62	689.99	517.49	636.91	480.53	591.42
	800	743.37	914.92	686.19	844.54	637.18	784.22	594.70	731.93
	900	878.64	1081.41	815.88	1004.17	761.49	937.22	713.90	878.64
	1000	1016.66	1251.27	948.88	1167.85	889.57	1094.86	837.25	1030.46
	1100	1156.86	1423.83	1084.55	1334.84	1020.76	1256.32	964.05	1186.52
500	450	339.36	417.68	303.64	373.71	274.72	338.12	250.83	308.72
	500	403.45	496.55	363.11	446.90	330.10	406.27	302.59	372.42
	550	469.82	578.24	425.08	523.17	388.11	477.68	357.07	439.46
	600	538.14	662.32	489.22	602.11	448.45	551.94	413.95	509.48
	650	608.12	748.45	555.24	683.37	510.82	628.70	472.98	582.13
	700	679.54	836.35	622.91	766.66	574.99	707.68	533.92	657.13
	800	825.97	1016.58	762.43	938.38	707.97	871.35	660.77	813.26
	900	976.27	1201.57	906.54	1115.74	846.10	1041.36	793.22	976.27
	1000	1129.62	1390.30	1054.31	1297.61	988.42	1216.51	930.27	1144.95
	1100	1285.40	1582.03	1205.06	1483.15	1134.18	1395.91	1071.17	1318.36
	1200	1443.16	1776.19	1358.26	1671.71	1282.81	1578.84	1215.29	1495.74

续表 4-38

b	a	200 + 20		250 + 20		300 + 20		350 + 20	
	h \ β	0.65	0.80	0.65	0.80	0.65	0.80	0.65	0.80
600	550	563.79	693.89	510.09	627.81	465.74	573.22	428.48	527.36
	600	645.77	794.79	587.06	722.53	538.14	662.32	496.74	611.38
	650	729.74	898.14	666.29	820.04	612.98	754.44	567.58	698.56
	700	815.44	1003.62	747.49	919.99	689.99	849.22	640.71	788.56
	750	902.65	1110.95	830.43	1022.07	768.92	946.36	715.89	881.10
	800	991.16	1219.89	914.92	1126.05	849.57	1045.62	792.93	975.91
	900	1171.53	1441.88	1087.85	1338.89	1015.32	1249.63	951.87	1171.53
	1000	1355.54	1668.36	1265.17	1557.14	1186.10	1459.81	1116.33	1373.94
	1100	1542.48	1898.43	1446.07	1779.78	1361.01	1675.09	1285.40	1582.03
	1200	1731.79	2131.43	1629.92	2006.05	1539.37	1894.60	1458.35	1794.89
	1300	1923.05	2366.83	1816.21	2235.34	1720.62	2117.69	1634.59	2011.81

b	a	400 + 20		450 + 20		500 + 20		600 + 20	
	h \ β	0.65	0.80	0.65	0.80	0.65	0.80	0.65	0.80
300	300								
	350								
	400								
	450								
	500	167.59	206.26						
	550	198.37	244.15	184.69	227.31				
	600	230.63	283.85	215.26	264.93	201.80	248.37		
	700	299.00	367.99	280.31	345.00	263.82	324.70	236.05	290.52
	800	371.69	457.46	349.82	430.55	330.39	406.63	297.35	365.97
	900	447.94	551.31	423.05	520.68	400.79	493.27	362.62	446.30
	1000	527.16	648.81	499.41	614.66	474.44	583.93	431.31	530.84
400	350								
	400								
	450								
	500	223.45	275.01						
	550	264.49	325.53	246.25	303.08				
	600	307.51	378.47	287.01	353.24	269.07	331.16		
	650	352.29	433.59	329.56	405.61	309.59	381.03		
	700	398.66	490.66	373.74	459.99	351.76	432.94	314.73	387.36
	800	495.58	609.95	466.43	574.07	440.52	542.17	396.46	487.96
	900	597.25	735.08	564.07	694.24	534.38	657.70	483.49	595.06
	1000	702.87	865.08	665.88	819.54	632.59	778.57	575.08	707.79

续表 4-38

b	h \ a, β	400+20 0.65	400+20 0.80	450+20 0.65	450+20 0.80	500+20 0.65	500+20 0.80	600+20 0.65	600+20 0.80
450	400								
	450								
	500	251.38	309.39						
	550	297.55	366.22	277.03	340.96				
	600	345.95	425.78	322.88	397.39	302.70	372.56		
	650	396.32	487.78	370.76	456.31	348.29	428.66		
	700	448.49	551.99	420.46	517.49	395.73	487.05	354.07	435.78
	800	557.53	686.19	524.73	645.82	495.58	609.95	446.02	548.95
	900	671.90	826.96	634.58	781.02	601.18	739.91	543.92	669.44
	1000	790.73	973.21	749.12	921.99	711.66	875.89	646.96	796.26
	1100	913.31	1124.07	867.64	1067.87	826.33	1017.02	754.47	928.58
500	450								
	500	279.31	343.77						
	550	330.62	406.91	307.81	378.85				
	600	384.38	473.09	358.76	441.55	336.34	413.95		
	650	440.36	541.98	411.95	507.02	386.98	476.29		
	700	498.33	613.32	467.18	574.99	439.70	541.17	393.42	484.20
	800	619.48	762.43	583.04	717.58	550.65	677.72	495.58	609.95
	900	746.56	918.84	705.09	867.80	667.98	822.12	604.36	743.83
	1000	878.59	1081.34	832.35	1024.43	790.73	973.21	718.85	884.74
	1100	1014.79	1248.97	964.05	1186.52	918.14	1130.02	838.30	1031.76
	1200	1154.52	1420.95	1099.55	1353.29	1049.57	1291.78	962.10	1184.13
600	550	396.74	488.29	369.38	454.62				
	600	461.26	567.71	430.51	529.86	403.60	496.74		
	650	528.43	650.38	494.34	608.42	464.38	571.55		
	700	597.99	735.99	560.62	689.99	527.64	649.40	472.10	581.04
	750	669.70	824.25	629.12	774.30	593.17	730.05	532.33	655.17
	800	743.37	914.92	699.64	861.10	660.77	813.26	594.70	731.93
	900	895.87	1102.61	846.10	1041.36	801.57	986.55	725.23	892.59
	1000	1054.31	1297.61	998.82	1229.32	948.88	1167.85	862.62	1061.68
	1100	1217.75	1498.76	1156.86	1423.83	1101.77	1356.02	1005.96	1238.11
	1200	1385.43	1705.14	1319.46	1623.95	1259.48	1550.13	1154.52	1420.95
	1300	1556.76	1916.01	1485.99	1828.92	1421.39	1749.40	1307.67	1609.45

牛腿截面尺寸选择表（38） 表 4-39

（混凝土强度等级：C50 $F_{hk}/F_{vk}=0.1$）

b	a / h \ β	0+0		0+20		100+20		150+20	
		0.65	0.80	0.65	0.80	0.65	0.80	0.65	0.80
300	300	224.97	276.88	191.64	235.86	110.09	135.50	90.78	111.72
	350	273.87	337.08	239.64	294.94	147.47	181.50	123.68	152.23
	400	322.78	397.27	287.88	354.32	186.87	230.00	158.98	195.67
	450	371.69	457.46	336.29	413.89	227.81	280.38	196.17	241.44
	500	420.59	517.65	384.80	473.60	269.93	332.22	234.88	289.08
	550	469.50	577.84	433.38	533.39	313.00	385.23	274.83	338.25
	600	518.40	638.04	482.02	593.26	356.82	439.17	315.81	388.69
	700	616.22	758.42	579.43	713.14	446.23	549.20	400.22	492.58
	800	714.03	878.80	676.94	833.15	537.36	661.37	487.14	599.56
	900	811.84	999.19	774.51	953.25	629.74	775.07	575.92	708.83
	1000	909.65	1119.57	872.14	1073.40	723.06	889.92	666.12	819.84
400	350	365.16	449.43	319.52	393.25	196.63	242.00	164.91	202.97
	400	430.37	529.69	383.85	472.43	249.16	306.66	211.97	260.89
	450	495.58	609.95	448.38	551.86	303.74	373.84	261.56	321.92
	500	560.79	690.20	513.06	631.46	359.91	442.97	313.17	385.44
	550	626.00	770.46	577.84	711.19	417.33	513.64	366.44	451.00
	600	691.20	850.71	642.70	791.01	475.76	585.56	421.08	518.25
	650	756.41	930.97	707.61	870.91	535.02	658.49	476.87	586.92
	700	821.62	1011.23	772.57	950.85	594.97	732.27	533.63	656.78
	800	952.04	1171.74	902.58	1110.87	716.48	881.82	649.52	799.41
	900	1082.45	1332.25	1032.68	1271.00	839.66	1033.43	767.89	945.10
	1000	1212.87	1492.76	1162.85	1431.20	964.08	1186.55	888.16	1093.12
450	400	484.17	595.90	431.83	531.48	280.31	345.00	238.47	293.50
	450	557.53	686.19	504.43	620.84	341.71	420.57	294.25	362.16
	500	630.89	776.48	577.19	710.39	404.90	498.34	352.31	433.62
	550	704.25	866.76	650.07	800.09	469.50	577.84	412.24	507.37
	600	777.61	957.05	723.04	889.89	535.23	658.75	473.71	583.03
	650	850.96	1047.34	796.06	979.77	601.90	740.80	536.48	660.28
	700	924.32	1137.63	869.14	1069.71	669.34	823.80	600.33	738.87
	800	1071.04	1318.20	1015.40	1249.73	806.04	992.05	730.71	899.34
	900	1217.76	1498.78	1161.77	1429.87	944.62	1162.61	863.88	1063.24
	1000	1364.48	1679.36	1308.21	1610.11	1084.58	1334.87	999.18	1229.77
	1100	1511.20	1859.93	1454.70	1790.40	1225.62	1508.45	1136.15	1398.34

续表 4-39

b	a	0+0		0+20		100+20		150+20	
	h ╲ β	0.65	0.80	0.65	0.80	0.65	0.80	0.65	0.80
500	450	619.48	762.43	560.48	689.82	379.68	467.30	326.95	402.39
	500	700.99	862.75	641.33	789.33	449.89	553.71	391.46	481.80
	550	782.50	963.07	722.30	888.99	521.66	642.05	458.05	563.75
	600	864.01	1063.39	803.37	988.77	594.71	731.95	526.35	647.81
	650	945.52	1163.71	884.51	1088.63	668.78	823.11	596.09	733.64
	700	1027.03	1264.03	965.71	1188.57	743.71	915.33	667.04	820.97
	800	1190.05	1464.67	1128.23	1388.59	895.60	1102.28	811.90	999.26
	900	1353.07	1665.31	1290.86	1588.75	1049.57	1291.78	959.87	1181.38
	1000	1516.09	1865.95	1453.57	1789.01	1205.09	1483.19	1110.20	1366.41
	1100	1679.11	2066.59	1616.34	1989.34	1361.79	1676.06	1262.39	1553.72
	1200	1842.13	2267.23	1779.15	2189.72	1519.42	1870.05	1416.06	1742.84
600	550	939.00	1155.69	866.76	1066.79	626.00	770.46	549.66	676.50
	600	1036.81	1276.07	964.05	1186.52	713.65	878.33	631.62	777.38
	650	1134.62	1396.45	1061.42	1306.36	802.54	987.74	715.30	880.37
	700	1232.43	1516.84	1158.85	1426.28	892.45	1098.40	800.45	985.16
	750	1330.24	1637.22	1256.34	1546.27	983.22	1210.12	886.83	1091.48
	800	1428.06	1757.61	1353.87	1666.30	1074.72	1322.73	974.28	1199.11
	900	1623.68	1998.37	1549.03	1906.50	1259.49	1550.14	1151.84	1417.65
	1000	1819.30	2239.14	1744.28	2146.81	1446.11	1779.83	1332.25	1639.69
	1100	2014.93	2479.91	1939.60	2387.20	1634.15	2011.27	1514.87	1864.46
	1200	2210.55	2720.68	2134.98	2627.66	1823.30	2244.06	1699.27	2091.41
	1300	2406.18	2961.45	2330.39	2868.17	2013.33	2477.95	1885.09	2320.11

b	a	200+20		250+20		300+20		350+20	
	h ╲ β	0.65	0.80	0.65	0.80	0.65	0.80	0.65	0.80
300	300	77.23	95.05						
	350	106.51	131.08	93.52	115.10				
	400	138.33	170.26	122.43	150.69	109.81	135.15		
	450	172.24	211.99	153.52	188.95	138.47	170.43	126.11	155.21
	500	207.88	255.85	186.45	229.47	169.02	208.03	154.58	190.25
	550	244.96	301.48	220.94	271.93	201.21	247.65	184.72	227.35
	600	283.25	348.62	256.78	316.04	234.83	289.02	216.34	266.27
	700	362.82	446.55	331.81	408.38	305.68	376.22	283.37	348.76
	800	445.50	548.31	410.43	505.14	380.47	468.27	354.59	436.41
	900	530.57	653.01	491.84	605.35	458.39	564.17	429.19	528.23
	1000	617.50	760.00	575.49	708.30	538.84	663.19	506.57	623.47

续表 4-39

b	a \ h β	200 + 20		250 + 20		300 + 20		350 + 20	
		0.65	0.80	0.65	0.80	0.65	0.80	0.65	0.80
400	350	142.01	174.78	124.69	153.47				
	400	184.45	227.01	163.24	200.92	146.42	180.20		
	450	229.66	282.66	204.70	251.93	184.63	227.23	168.14	206.95
	500	277.17	341.13	248.60	305.97	225.36	277.37	206.10	253.66
	550	326.61	401.98	294.59	362.57	268.28	330.20	246.29	303.13
	600	377.67	464.82	342.37	421.38	313.11	385.37	288.46	355.02
	650	430.12	529.37	391.71	482.11	359.61	442.59	332.36	409.06
	700	483.76	595.39	442.41	544.51	407.58	501.63	377.83	465.02
	800	594.01	731.08	547.23	673.52	507.29	624.36	472.78	581.88
	900	707.43	870.68	655.79	807.13	611.18	752.22	572.25	704.31
	1000	823.33	1013.33	767.33	944.40	718.45	884.25	675.43	831.30
450	400	207.50	255.39	183.65	226.03	164.72	202.73		
	450	258.37	317.99	230.28	283.43	207.71	255.64	189.16	232.81
	500	311.82	383.78	279.67	344.21	253.53	312.04	231.86	285.37
	550	367.43	452.23	331.41	407.89	301.82	371.47	277.08	341.02
	600	424.88	522.93	385.17	474.05	352.25	433.54	324.51	399.40
	650	483.88	595.55	440.68	542.37	404.56	497.92	373.91	460.20
	700	544.23	669.82	497.71	612.57	458.52	564.34	425.05	523.14
	800	668.26	822.47	615.64	757.71	570.70	702.40	531.88	654.62
	900	795.86	979.52	737.77	908.02	687.58	846.25	643.78	792.35
	1000	926.25	1140.00	863.24	1062.45	808.26	994.78	759.86	935.21
	1100	1058.86	1303.22	991.42	1220.21	932.05	1147.14	879.40	1082.33
500	450	287.07	353.32	255.87	314.92	230.79	284.04	210.18	258.68
	500	346.46	426.42	310.75	382.46	281.70	346.71	257.63	317.08
	550	408.26	502.47	368.23	453.21	335.36	412.75	307.87	378.91
	600	472.09	581.03	427.97	526.73	391.39	481.71	360.57	443.78
	650	537.65	661.72	489.64	602.64	449.51	553.24	415.45	511.33
	700	604.70	744.24	553.01	680.63	509.47	627.04	472.28	581.27
	800	742.51	913.86	684.04	841.90	634.11	780.45	590.98	727.35
	900	884.29	1088.35	819.74	1008.91	763.98	940.28	715.32	880.39
	1000	1029.17	1266.67	959.16	1180.50	898.06	1105.31	844.29	1039.12
	1100	1176.52	1448.02	1101.58	1355.79	1035.62	1274.60	977.11	1202.59
	1200	1325.86	1631.83	1246.47	1534.12	1176.05	1447.44	1113.16	1370.04

续表 4-39

b	h \ a	200+20		250+20		300+20		350+20	
	h \ β	0.65	0.80	0.65	0.80	0.65	0.80	0.65	0.80
600	550	489.91	602.97	441.88	543.85	402.43	495.29	369.44	454.70
	600	566.50	697.23	513.56	632.07	469.66	578.05	432.68	532.53
	650	645.18	794.06	587.57	723.16	539.41	663.89	498.54	613.59
	700	725.64	893.09	663.62	816.76	611.36	752.45	566.74	697.52
	750	807.65	994.03	741.45	912.55	685.28	843.42	637.02	784.02
	800	891.01	1096.63	820.85	1010.28	760.93	936.53	709.17	872.83
	900	1061.14	1306.02	983.69	1210.69	916.77	1128.33	858.38	1056.47
	1000	1235.00	1520.00	1150.99	1416.60	1077.68	1326.37	1013.14	1246.95
	1100	1411.82	1737.62	1321.89	1626.95	1242.74	1529.53	1172.53	1443.11
	1200	1591.03	1958.20	1495.76	1840.94	1411.26	1736.93	1335.79	1644.05
	1300	1772.21	2181.19	1672.09	2057.95	1582.67	1947.90	1502.33	1849.03

b	h \ a	400+20		450+20		500+20		600+20	
	h \ β	0.65	0.80	0.65	0.80	0.65	0.80	0.65	0.80
300	300								
	350								
	400								
	450								
	500	142.41	175.27						
	550	170.73	210.12	158.70	195.33				
	600	200.55	246.83	186.91	230.04	175.00	215.39		
	700	264.09	325.04	247.27	304.33	232.46	286.11	207.60	255.51
	800	332.00	408.62	312.12	384.15	294.49	362.44	264.59	325.65
	900	403.49	496.60	380.69	468.55	360.34	443.49	325.52	400.64
	1000	477.95	588.25	452.39	556.79	429.43	528.53	389.85	479.82
400	350								
	400								
	450								
	500	189.87	233.69						
	550	227.64	280.17	211.60	260.44				
	600	267.40	329.11	249.21	306.72	233.34	287.18		
	650	308.96	380.26	288.63	355.24	270.81	333.31		
	700	352.12	433.38	329.69	405.78	309.95	381.48	276.80	340.68
	800	442.67	544.82	416.16	512.20	392.65	483.26	352.79	434.20
	900	537.99	662.14	507.59	624.73	480.45	591.32	434.03	534.19
	1000	637.27	784.33	603.19	742.39	572.57	704.70	519.80	639.76

续表 4-39

b	a / h \ β	400 + 20		450 + 20		500 + 20		600 + 20	
		0.65	0.80	0.65	0.80	0.65	0.80	0.65	0.80
450	400								
	450								
	500	213.61	262.90						
	550	256.09	315.19	238.06	292.99				
	600	300.83	370.25	280.36	345.06	262.50	323.08		
	650	347.58	427.79	324.71	399.64	304.67	374.97		
	700	396.14	487.56	370.91	456.50	348.70	429.17	311.40	383.27
	800	498.00	612.92	468.18	576.22	441.73	543.67	396.88	488.47
	900	605.23	744.90	571.04	702.82	540.50	665.23	488.28	600.96
	1000	716.93	882.37	678.59	835.19	644.14	792.79	584.78	719.72
	1100	832.37	1024.46	790.12	972.45	751.95	925.47	685.70	843.93
500	450								
	500	237.34	292.11						
	550	284.54	350.21	264.51	325.55				
	600	334.25	411.39	311.51	383.40	291.67	358.98		
	650	386.20	475.32	360.79	444.05	338.52	416.64		
	700	440.15	541.73	412.12	507.22	387.44	476.85	346.00	425.85
	800	553.33	681.03	520.20	640.25	490.81	604.07	440.98	542.75
	900	672.48	827.67	634.49	780.91	600.56	739.15	542.53	667.73
	1000	796.59	980.42	753.99	927.99	715.72	880.88	649.75	799.69
	1100	924.86	1138.28	877.91	1080.50	835.50	1028.30	761.89	937.70
	1200	1056.65	1300.49	1005.61	1237.67	959.26	1180.63	878.31	1081.00
600	550	341.45	420.25	317.41	390.65				
	600	401.10	493.66	373.81	460.08	350.00	430.78		
	650	463.44	570.38	432.95	532.86	406.22	499.97		
	700	528.18	650.07	494.54	608.67	464.93	572.22	415.20	511.02
	750	595.11	732.44	558.37	687.23	525.91	647.27	471.13	579.85
	800	664.00	817.23	624.24	768.30	588.97	724.89	529.18	651.30
	900	806.98	993.20	761.39	937.09	720.67	886.98	651.04	801.28
	1000	955.91	1176.50	904.79	1113.58	858.86	1057.06	779.70	959.63
	1100	1109.83	1365.94	1053.49	1296.60	1002.60	1233.97	914.26	1125.25
	1200	1267.98	1560.59	1206.73	1485.20	1151.12	1416.76	1053.98	1297.20
	1300	1429.76	1759.70	1363.87	1678.61	1303.79	1604.66	1198.22	1474.73

牛腿截面尺寸选择表（39）　　表4-40

（混凝土强度等级：C50　$F_{hk}/F_{vk}=0.2$）

b	a	0+0		0+20		100+20		150+20	
	h ＼ β	0.65	0.80	0.65	0.80	0.65	0.80	0.65	0.80
300	300	213.13	262.31	181.55	223.45	104.30	128.36	86.00	105.84
	350	259.46	319.33	227.03	279.42	139.71	171.95	117.18	144.22
	400	305.79	376.36	272.73	335.67	177.04	217.89	150.61	185.37
	450	352.12	433.38	318.59	392.11	215.82	265.62	185.84	228.73
	500	398.46	490.41	364.54	448.67	255.72	314.74	222.51	273.86
	550	444.79	547.43	410.57	505.32	296.52	364.95	260.36	320.45
	600	491.12	604.45	456.65	562.04	338.04	416.05	299.19	368.23
	700	583.78	718.50	548.93	675.61	422.74	520.29	379.16	466.66
	800	676.45	832.55	641.31	789.30	509.08	626.56	461.50	568.00
	900	769.11	946.60	733.75	903.08	596.60	734.28	545.61	671.52
	1000	861.78	1060.65	826.24	1016.91	685.00	843.08	631.06	776.69
400	350	345.95	425.78	302.70	372.56	186.28	229.27	156.23	192.29
	400	407.72	501.81	363.64	447.56	236.05	290.52	200.82	247.16
	450	469.50	577.84	424.78	522.81	287.76	354.16	247.79	304.97
	500	531.27	653.88	486.06	598.23	340.97	419.65	296.69	365.15
	550	593.05	729.91	547.43	673.76	395.37	486.60	347.15	427.26
	600	654.83	805.94	608.87	749.38	450.72	554.74	398.92	490.97
	650	716.60	881.97	670.37	825.07	506.86	623.83	451.77	556.03
	700	778.38	958.00	731.91	900.81	563.65	693.73	505.54	622.21
	800	901.93	1110.07	855.08	1052.40	678.77	835.41	615.34	757.34
	900	1025.48	1262.13	978.33	1204.10	795.47	979.04	727.48	895.36
	1000	1149.03	1414.20	1101.65	1355.88	913.33	1124.10	841.42	1035.59
450	400	458.69	564.54	409.10	503.51	265.56	326.84	225.92	278.06
	450	528.18	650.07	477.88	588.16	323.73	398.43	278.76	343.09
	500	597.68	735.61	546.82	673.00	383.59	472.11	333.77	410.79
	550	667.18	821.15	615.86	757.98	444.79	547.43	390.54	480.67
	600	736.68	906.68	684.98	843.05	507.06	624.08	448.78	552.35
	650	806.18	992.22	754.17	928.20	570.22	701.81	508.24	625.53
	700	875.67	1077.75	823.40	1013.41	634.11	780.44	568.74	699.98
	800	1014.67	1248.83	961.96	1183.95	763.62	939.84	692.25	852.00
	900	1153.67	1419.90	1100.62	1354.61	894.90	1101.42	818.41	1007.28
	1000	1292.66	1590.97	1239.36	1525.36	1027.50	1264.62	946.60	1165.04
	1100	1431.66	1762.04	1378.14	1696.17	1161.11	1429.06	1076.36	1324.75

续表 4-40

b	h \ a / β	0+0 0.65	0+0 0.80	0+20 0.65	0+20 0.80	100+20 0.65	100+20 0.80	150+20 0.65	150+20 0.80
500	450	586.87	722.30	530.98	653.51	359.70	442.70	309.74	381.22
	500	664.09	817.34	607.57	747.78	426.21	524.56	370.86	456.44
	550	741.31	912.38	684.29	842.20	494.21	608.26	433.94	534.08
	600	818.53	1007.42	761.09	936.73	563.41	693.42	498.65	613.72
	650	895.75	1102.46	837.96	1031.34	633.58	779.79	564.71	695.03
	700	972.97	1197.50	914.88	1126.01	704.57	867.16	631.93	777.76
	800	1127.41	1387.58	1068.85	1315.50	848.46	1044.26	769.17	946.67
	900	1281.85	1577.66	1222.92	1505.13	994.33	1223.80	909.35	1119.20
	1000	1436.29	1767.74	1377.06	1694.85	1141.67	1405.13	1051.77	1294.49
	1100	1590.73	1957.82	1531.27	1884.63	1290.12	1587.84	1195.95	1471.94
	1200	1745.17	2147.90	1685.51	2074.47	1439.45	1771.63	1341.53	1651.11
600	550	889.57	1094.86	821.15	1010.64	593.05	729.91	520.73	640.89
	600	982.24	1208.91	913.31	1124.07	676.09	832.11	598.38	736.46
	650	1074.90	1322.96	1005.55	1237.60	760.30	935.75	677.66	834.04
	700	1167.57	1437.00	1097.86	1351.21	845.48	1040.59	758.32	933.31
	750	1260.23	1551.05	1190.22	1464.88	931.47	1146.43	840.15	1034.04
	800	1352.89	1665.10	1282.61	1578.60	1018.16	1253.12	923.00	1136.00
	900	1538.22	1893.20	1467.50	1806.15	1193.20	1468.55	1091.22	1343.04
	1000	1723.55	2121.29	1652.48	2033.82	1370.00	1686.16	1262.13	1553.39
	1100	1908.88	2349.39	1837.52	2261.56	1548.15	1905.41	1435.14	1766.33
	1200	2094.21	2577.48	2022.61	2489.37	1727.34	2125.95	1609.83	1981.33
	1300	2279.53	2805.58	2207.74	2717.22	1907.37	2347.53	1785.88	2198.00

b	h \ a / β	200+20 0.65	200+20 0.80	250+20 0.65	250+20 0.80	300+20 0.65	300+20 0.80	350+20 0.65	350+20 0.80
300	300	73.16	90.05						
	350	100.90	124.19	88.60	109.04				
	400	131.05	161.30	115.99	142.76	104.03	128.04		
	450	163.18	200.84	145.44	179.01	131.18	161.46	119.47	147.04
	500	196.94	242.38	176.63	217.40	160.13	197.08	146.44	180.23
	550	232.06	285.62	209.31	257.61	190.62	234.61	175.00	215.38
	600	268.34	330.27	243.26	299.40	222.47	273.81	204.96	252.25
	700	343.72	423.04	314.34	386.89	289.59	356.42	268.46	330.41
	800	422.06	519.45	388.82	478.55	360.44	443.62	335.92	413.44
	900	502.65	618.64	465.96	573.49	434.26	534.47	406.60	500.43
	1000	585.00	720.00	545.20	671.02	510.48	628.28	479.91	590.66

续表 4-40

b	h \ a, β	200+20 0.65	200+20 0.80	250+20 0.65	250+20 0.80	300+20 0.65	300+20 0.80	350+20 0.65	350+20 0.80
400	350	134.53	165.58	118.13	145.39				
	400	174.74	215.06	154.65	190.34	138.71	170.72		
	450	217.57	267.78	193.92	238.67	174.91	215.27	159.29	196.05
	500	262.58	323.18	235.51	289.86	213.50	262.77	195.25	240.31
	550	309.42	380.82	279.08	343.49	254.16	312.82	233.33	287.18
	600	357.79	440.36	324.35	399.20	296.63	365.08	273.27	336.34
	650	407.48	501.51	371.10	456.74	340.68	419.30	314.87	387.53
	700	458.30	564.06	419.13	515.85	386.12	475.23	357.94	440.54
	800	562.74	692.61	518.43	638.07	480.59	591.50	447.90	551.26
	900	670.20	824.86	621.28	764.65	579.01	712.63	542.13	667.24
	1000	780.00	960.00	726.94	894.69	680.64	837.71	639.88	787.55
450	400	196.58	241.94	173.98	214.13	156.05	192.06		
	450	244.77	301.25	218.16	268.51	196.77	242.18	179.21	220.56
	500	295.41	363.58	264.95	326.10	240.19	295.62	219.66	270.35
	550	348.09	428.42	313.97	386.42	285.93	351.92	262.50	323.07
	600	402.52	495.40	364.90	449.10	333.71	410.72	307.43	378.38
	650	458.41	564.20	417.48	513.83	383.26	471.71	354.23	435.97
	700	515.58	634.57	471.52	580.33	434.39	534.63	402.68	495.61
	800	633.09	779.18	583.24	717.83	540.66	665.43	503.88	620.17
	900	753.97	927.96	698.94	860.23	651.39	801.71	609.90	750.65
	1000	877.50	1080.00	817.81	1006.53	765.72	942.42	719.87	885.99
	1100	1003.14	1234.63	939.24	1155.99	883.00	1086.77	833.11	1025.37
500	450	271.97	334.73	242.40	298.34	218.64	269.09	199.12	245.07
	500	328.23	403.97	294.39	362.33	266.88	328.47	244.07	300.39
	550	386.77	476.03	348.85	429.36	317.71	391.02	291.66	358.97
	600	447.24	550.45	405.44	499.00	370.79	456.35	341.59	420.42
	650	509.35	626.89	463.87	570.92	425.85	524.12	393.59	484.42
	700	572.87	705.07	523.91	644.81	482.66	594.04	447.43	550.68
	800	703.43	865.76	648.04	797.59	600.74	739.37	559.87	689.07
	900	837.75	1031.07	776.60	955.81	723.77	890.79	677.67	834.05
	1000	975.00	1200.00	908.67	1118.37	850.80	1047.14	799.85	984.43
	1100	1114.59	1371.81	1043.60	1284.43	981.11	1207.52	925.68	1139.30
	1200	1256.08	1545.94	1180.86	1453.37	1114.15	1371.26	1054.57	1297.93

续表 4-40

b	a / h \ β	200+20		250+20		300+20		350+20	
		0.65	0.80	0.65	0.80	0.65	0.80	0.65	0.80
600	550	464.13	571.23	418.62	515.23	381.25	469.23	350.00	430.76
	600	536.69	660.54	486.53	598.81	444.95	547.63	409.91	504.51
	650	611.22	752.27	556.65	685.10	511.02	628.95	472.31	581.30
	700	687.45	846.09	628.69	773.77	579.19	712.84	536.91	660.81
	750	765.14	941.71	702.42	864.52	649.21	799.03	603.49	742.76
	800	844.11	1038.91	777.65	957.11	720.89	887.24	671.85	826.89
	900	1005.29	1237.29	931.92	1146.97	868.52	1068.95	813.20	1000.86
	1000	1170.00	1440.00	1090.41	1342.04	1020.96	1256.56	959.82	1181.32
	1100	1337.51	1646.17	1252.32	1541.32	1177.33	1449.02	1110.82	1367.16
	1200	1507.30	1855.13	1417.04	1744.05	1336.98	1645.51	1265.48	1557.52
	1300	1678.94	2066.39	1584.08	1949.64	1499.37	1845.38	1423.26	1751.71

b	a / h \ β	400+20		450+20		500+20		600+20	
		0.65	0.80	0.65	0.80	0.65	0.80	0.65	0.80
300	300								
	350								
	400								
	450								
	500	134.91	166.04						
	550	161.74	199.07	150.35	185.05				
	600	190.00	233.84	177.07	217.93	165.79	204.05		
	700	250.19	307.93	234.26	288.32	220.23	271.05	196.68	242.06
	800	314.53	387.11	295.69	363.93	278.99	343.37	250.66	308.51
	900	382.25	470.47	360.66	443.89	341.37	420.15	308.39	379.55
	1000	452.80	557.29	428.58	527.49	406.83	500.71	369.33	454.56
400	350								
	400								
	450								
	500	179.88	221.39						
	550	215.65	265.42	200.47	246.73				
	600	253.33	311.79	236.09	290.58	221.06	272.07		
	650	292.70	360.24	273.44	336.54	256.56	315.77		
	700	333.59	410.57	312.34	384.42	293.64	361.40	262.23	322.75
	800	419.37	516.15	394.26	485.24	371.98	457.82	334.22	411.34
	900	509.67	627.29	480.88	591.85	455.16	560.20	411.18	506.07
	1000	603.73	743.05	571.44	703.32	542.44	667.62	492.44	606.08

续表 4-40

b	a / h \ β	400 + 20		450 + 20		500 + 20		600 + 20	
		0.65	0.80	0.65	0.80	0.65	0.80	0.65	0.80
450	400								
	450								
	500	202.37	249.06						
	550	242.61	298.60	225.53	277.57				
	600	284.99	350.76	265.61	326.90	248.69	306.08		
	650	329.28	405.27	307.62	378.61	288.63	355.24		
	700	375.29	461.89	351.39	432.47	330.34	406.58	295.01	363.09
	800	471.79	580.66	443.54	545.89	418.48	515.05	375.99	462.76
	900	573.38	705.70	540.98	665.83	512.06	630.22	462.58	569.33
	1000	679.20	835.93	642.88	791.23	610.24	751.07	554.00	681.84
	1100	788.56	970.54	748.53	921.27	712.37	876.76	649.61	799.52
500	450								
	500	224.85	276.74						
	550	269.57	331.78	250.58	308.41				
	600	316.66	389.73	295.12	363.22	276.32	340.09		
	650	365.87	450.30	341.80	420.68	320.70	394.71		
	700	416.99	513.22	390.43	480.53	367.05	451.75	327.79	403.44
	800	524.21	645.18	492.82	606.55	464.98	572.28	417.77	514.18
	900	637.09	784.11	601.09	739.81	568.95	700.25	513.98	632.59
	1000	754.66	928.81	714.31	879.15	678.05	834.52	615.55	757.60
	1100	876.18	1078.37	831.70	1023.63	791.52	974.18	721.79	888.35
	1200	1001.04	1232.05	952.68	1172.53	908.78	1118.49	832.09	1024.11
600	550	323.48	398.13	300.70	370.09				
	600	379.99	467.68	354.14	435.87	331.58	408.10		
	650	439.04	540.36	410.16	504.81	384.84	473.65		
	700	500.39	615.86	468.51	576.63	440.46	542.10	393.35	484.12
	750	563.79	693.89	528.99	651.06	498.23	613.21	446.33	549.33
	800	629.05	774.22	591.38	727.86	557.97	686.74	501.33	617.02
	900	764.51	940.93	721.31	887.77	682.74	840.30	616.78	759.11
	1000	905.59	1114.58	857.17	1054.97	813.66	1001.42	738.66	909.13
	1100	1051.41	1294.05	998.04	1228.36	949.83	1169.02	866.14	1066.02
	1200	1201.25	1478.46	1143.21	1407.03	1090.53	1342.19	998.50	1228.93
	1300	1354.51	1667.08	1292.09	1590.26	1235.17	1520.20	1135.15	1397.11

牛腿截面尺寸选择表（40） 表 4-41

（混凝土强度等级：C50 $F_{hk}/F_{vk}=0.3$）

b	a / h \ β	0+0		0+20		100+20		150+20	
		0.65	0.80	0.65	0.80	0.65	0.80	0.65	0.80
300	300	201.29	247.74	171.47	211.04	98.50	121.23	81.22	99.96
	350	245.04	301.59	214.41	263.89	131.95	162.40	110.67	136.20
	400	288.80	355.45	257.58	317.02	167.20	205.79	142.25	175.07
	450	332.56	409.31	300.89	370.32	203.83	250.86	175.52	216.02
	500	376.32	463.16	344.29	423.74	24152	297.25	210.15	258.65
	550	420.08	517.02	387.76	477.25	280.05	344.68	245.90	302.64
	600	463.83	570.87	431.28	530.81	319.26	392.94	282.57	347.77
	700	551.35	678.59	518.43	638.07	399.25	491.39	358.09	440.73
	800	638.87	786.30	605.68	745.45	480.80	591.75	435.86	536.45
	900	726.38	894.01	692.99	852.91	563.46	693.48	515.30	634.21
	1000	813.90	1001.72	780.34	960.41	646.95	796.24	596.00	733.54
400	350	326.73	402.12	285.89	351.86	175.93	216.53	147.55	181.60
	400	385.07	473.93	343.44	422.70	222.94	274.38	189.66	233.43
	450	443.41	545.74	401.18	493.77	271.77	334.49	234.02	288.03
	500	501.76	617.55	459.06	564.99	322.02	396.34	280.20	344.86
	550	560.10	689.36	517.02	636.33	373.40	459.57	327.86	403.53
	600	618.45	761.16	575.05	707.75	425.68	523.92	376.75	463.70
	650	676.79	832.97	633.13	779.23	478.71	589.18	426.67	525.14
	700	735.13	904.78	691.25	850.76	532.34	655.19	477.46	587.64
	800	851.82	1048.40	807.57	993.93	641.06	789.00	58115	715.26
	900	968.51	1192.01	923.98	1137.21	751.27	924.65	687.06	845.62
	1000	1085.20	1335.63	1040.45	1280.55	862.59	1061.65	794.67	978.06
450	400	433.20	533.17	386.37	475.53	250.80	308.68	213.37	262.61
	450	498.84	613.96	451.33	555.49	305.74	376.30	263.28	324.03
	500	564.48	694.74	516.44	635.62	362.28	445.88	315.23	387.97
	550	630.12	775.53	581.64	715.87	420.08	517.02	368.85	453.97
	600	695.75	856.31	646.93	796.22	478.89	589.41	423.85	521.66
	650	761.39	937.09	712.27	876.64	538.54	662.82	480.01	590.78
	700	827.03	1017.88	777.65	957.11	598.88	737.08	537.14	661.10
	800	958.30	1179.45	908.52	1118.18	721.20	887.62	653.79	804.67
	900	1089.57	1341.01	1039.48	1279.36	845.18	1040.23	772.95	951.32
	1000	1220.85	1502.58	1170.50	1440.62	970.42	1194.36	894.01	1100.32
	1100	1352.12	1664.15	1301.58	1601.94	1096.60	1349.67	1016.56	1251.15

续表 4-41

b	a	0+0		0+20		100+20		150+20	
	h　β	0.65	0.80	0.65	0.80	0.65	0.80	0.65	0.80
500	450	554.27	682.18	501.48	617.21	339.71	418.11	292.53	360.04
	500	627.20	771.94	573.82	706.24	402.53	495.42	350.25	431.08
	550	700.13	861.70	646.27	795.41	466.75	574.46	409.83	504.41
	600	773.06	951.46	718.81	884.69	532.10	654.90	470.94	579.62
	650	845.99	1041.22	791.41	974.04	598.38	736.47	533.34	656.42
	700	918.92	1130.98	864.06	1063.46	665.42	818.98	596.82	734.55
	800	1064.78	1310.50	1009.46	1242.42	801.33	986.25	726.44	894.08
	900	1210.64	1490.02	1154.98	1421.51	939.09	1155.81	858.83	1057.02
	1000	1356.50	1669.54	1300.56	1600.69	1078.24	1327.07	993.34	1222.57
	1100	1502.36	1849.06	1446.20	1779.93	1218.45	1499.63	1129.51	1390.17
	1200	1648.22	2028.58	1591.87	1959.22	1359.48	1673.21	1267.00	1559.38
600	550	840.15	1034.04	775.53	954.49	560.10	689.36	491.80	605.29
	600	927.67	1141.75	862.57	1061.62	638.53	785.88	565.13	695.55
	650	1015.19	1249.46	949.69	1168.85	718.06	883.76	640.01	787.70
	700	1102.70	1357.17	1036.87	1276.15	798.51	982.78	716.19	881.46
	750	1190.22	1464.88	1124.09	1383.50	879.73	1082.74	793.48	976.59
	800	1277.73	1572.60	1211.36	1490.90	961.59	1183.50	871.72	1072.89
	900	1452.77	1788.02	1385.97	1705.81	1126.91	1386.97	1030.59	1268.42
	1000	1627.80	2003.44	1560.67	1920.83	1293.89	1592.48	1192.01	1467.09
	1100	1802.83	2218.87	1735.43	2135.92	1462.14	1799.55	1355.41	1668.20
	1200	1977.86	2434.29	1910.24	2351.07	1631.37	2007.85	1520.40	1871.26
	1300	2152.89	2649.72	2085.09	2566.26	1801.40	2217.11	1686.66	2075.89

b	a	200+20		250+20		300+20		350+20	
	h　β	0.65	0.80	0.65	0.80	0.65	0.80	0.65	0.80
300	300	69.10	85.04						
	350	95.30	117.29	83.67	102.98				
	400	123.77	152.34	109.55	134.83	98.25	120.93		
	450	154.11	189.68	137.36	169.06	123.90	152.49	112.83	138.87
	500	186.00	228.92	166.82	205.32	151.23	186.13	138.31	170.22
	550	219.17	269.75	197.68	243.30	180.03	221.58	165.28	203.42
	600	253.44	311.92	229.75	282.77	210.11	258.60	193.57	238.24
	700	324.63	399.54	296.88	365.39	273.50	336.62	253.54	312.05
	800	398.61	490.60	367.22	451.97	340.42	418.98	317.26	390.47
	900	474.72	584.27	440.07	541.63	410.13	504.78	384.01	472.63
	1000	552.50	680.00	514.92	633.74	482.12	593.38	453.25	557.84

续表 4-41

b	a / h \ β	200+20		250+20		300+20		350+20	
		0.65	0.80	0.65	0.80	0.65	0.80	0.65	0.80
400	350	127.06	156.38	111.57	137.31				
	400	165.03	203.11	146.06	179.77	131.00	161.23		
	450	205.48	252.90	183.15	225.41	165.19	203.32	150.44	185.16
	500	248.00	305.23	222.43	273.76	201.64	248.17	184.41	226.96
	550	292.23	359.66	263.58	324.40	240.04	295.44	220.37	271.22
	600	337.91	415.89	306.33	377.03	280.15	344.80	258.09	317.65
	650	384.84	473.65	350.48	431.36	321.75	396.00	297.38	366.00
	700	432.84	532.72	395.84	487.19	364.67	448.83	338.05	416.07
	800	531.48	654.13	489.63	602.62	453.89	558.63	423.01	520.63
	900	632.96	779.03	586.76	722.17	546.85	673.04	512.02	630.17
	1000	736.67	906.67	686.55	844.99	642.82	791.17	604.33	743.79
450	400	185.66	228.50	164.32	202.24	147.38	181.39		
	450	231.17	284.52	206.04	253.59	185.84	228.73	169.25	208.31
	500	278.99	343.38	250.23	307.98	226.85	279.20	207.46	255.33
	550	328.76	404.62	296.52	364.95	270.05	332.37	247.91	305.13
	600	380.15	467.88	344.62	424.15	315.17	387.90	290.35	357.36
	650	432.95	532.86	394.29	485.28	361.97	445.50	334.55	411.75
	700	486.94	599.31	445.32	548.09	410.26	504.93	380.31	468.08
	800	597.91	735.89	550.83	677.95	510.63	628.46	475.89	585.71
	900	712.08	876.41	660.11	812.44	615.20	757.17	576.02	708.94
	1000	828.75	1020.00	772.37	950.61	723.18	890.06	679.87	836.77
	1100	947.41	1166.04	887.06	1091.77	833.94	1026.39	786.83	968.40
500	450	256.86	316.13	228.94	281.77	206.49	254.14	188.06	231.45
	500	309.99	381.53	278.04	342.20	252.05	310.22	230.51	283.70
	550	365.28	449.58	329.47	405.50	300.05	369.30	275.46	339.03
	600	422.39	519.87	382.92	471.28	350.19	431.00	322.61	397.06
	650	481.05	592.06	438.10	539.20	402.19	495.00	371.72	457.50
	700	541.05	665.90	494.80	608.99	455.84	561.04	422.57	520.08
	800	664.35	817.66	612.04	753.28	567.36	698.29	528.77	650.79
	900	791.20	973.79	733.45	902.71	683.56	841.30	640.02	787.72
	1000	920.83	1133.33	858.19	1056.24	803.53	988.96	755.42	929.74
	1100	1052.67	1295.60	985.62	1213.08	926.60	1140.44	874.25	1076.00
	1200	1186.30	1460.06	1115.26	1372.63	1052.25	1295.08	995.98	1225.82

续表 4-41

b	a	200+20		250+20		300+20		350+20	
	h　β	0.65	0.80	0.65	0.80	0.65	0.80	0.65	0.80
600	550	438.34	539.50	395.37	486.60	360.07	443.16	330.55	406.83
	600	506.87	623.84	459.50	565.54	420.23	517.20	387.14	476.48
	650	577.26	710.48	525.72	647.04	482.63	594.01	446.07	549.00
	700	649.25	799.08	593.76	730.78	547.01	673.24	507.08	624.10
	750	722.63	889.39	663.40	816.49	613.14	754.64	569.96	701.49
	800	797.22	981.19	734.45	903.93	680.84	837.95	634.52	780.95
	900	949.45	1168.55	880.14	1083.25	820.27	1009.56	768.02	945.26
	1000	1105.00	1360.00	1029.83	1267.48	964.24	1186.75	906.50	1115.69
	1100	1263.21	1554.72	1182.75	1455.69	1111.92	1368.52	1049.10	1291.21
	1200	1423.56	1752.07	1338.31	1647.16	1262.70	1554.10	1195.18	1470.99
	1300	1585.66	1951.59	1496.08	1841.33	1416.07	1742.86	1344.19	1654.39

b	a	400+20		450+20		500+20		600+20	
	h　β	0.65	0.80	0.65	0.80	0.65	0.80	0.65	0.80
300	300								
	350								
	400								
	450								
	500	127.42	156.82						
	550	152.76	188.01	142.00	174.77				
	600	179.44	220.85	167.23	205.83	156.58	192.72		
	700	236.29	290.82	221.24	272.30	207.99	255.99	185.75	228.61
	800	297.05	365.60	279.27	343.71	263.49	324.29	236.74	291.37
	900	361.02	444.33	340.62	419.22	322.41	396.81	291.25	358.47
	1000	427.64	526.33	404.77	498.18	384.23	472.89	348.81	429.31
400	350								
	400								
	450								
	500	169.89	209.09						
	550	203.67	250.68	189.33	233.02				
	600	239.25	294.47	222.98	274.43	208.77	256.95		
	650	276.44	340.23	258.25	317.84	242.31	298.22		
	700	315.06	387.76	294.99	363.06	277.33	341.32	247.67	304.82
	800	396.07	487.47	372.35	458.28	351.32	432.39	315.65	388.49
	900	481.36	592.44	454.16	558.97	429.87	529.08	388.34	477.96
	1000	570.19	701.77	539.70	664.24	512.30	630.53	465.09	572.41

续表 4-41

b	h \ a / β	400+20		450+20		500+20		600+20	
		0.65	0.80	0.65	0.80	0.65	0.80	0.65	0.80
450	400								
	450								
	500	191.12	235.23						
	550	229.13	282.01	213.00	262.15				
	600	269.16	331.27	250.85	308.74	234.87	289.07		
	650	310.99	382.76	290.53	357.58	272.60	335.50		
	700	354.44	436.23	331.86	408.45	311.99	383.99	278.62	342.92
	800	445.58	548.41	418.90	515.57	395.23	486.44	355.11	437.05
	900	541.52	666.49	510.93	628.84	483.61	595.21	436.88	537.70
	1000	641.46	789.49	607.16	747.27	576.34	709.34	523.22	643.96
	1100	744.75	916.62	706.95	870.09	672.80	828.06	613.52	755.10
500	450								
	500	212.36	261.36						
	550	254.59	313.34	236.66	291.28				
	600	299.07	368.08	278.72	343.04	260.97	321.19		
	650	345.54	425.29	322.81	397.31	302.88	372.78		
	700	393.82	484.70	368.74	453.83	346.66	426.66	309.58	381.02
	800	495.09	609.34	465.44	572.85	439.15	540.49	394.56	485.62
	900	601.69	740.55	567.70	698.71	537.34	661.34	485.42	597.45
	1000	712.74	877.21	674.62	830.30	640.38	788.16	581.36	715.52
	1100	827.50	1018.46	785.50	966.77	747.55	920.06	681.69	839.00
	1200	945.42	1163.60	899.75	1107.39	858.29	1056.36	785.86	967.21
600	550	305.51	376.01	284.00	349.53				
	600	358.88	441.70	334.47	411.65	313.16	385.43		
	650	414.65	510.34	387.37	476.77	363.46	447.34		
	700	472.59	581.64	442.49	544.60	415.99	511.99	371.50	457.23
	750	532.47	655.34	499.60	614.89	470.55	579.14	421.54	518.81
	800	594.11	731.21	558.53	687.42	526.97	648.58	473.47	582.74
	900	722.03	888.66	681.24	838.45	644.81	793.61	582.51	716.94
	1000	855.28	1052.66	809.55	996.36	768.45	945.79	697.63	858.62
	1100	993.00	1222.16	942.60	1160.12	897.06	1104.07	818.02	1006.80
	1200	1134.51	1396.32	1079.70	1328.86	1029.95	1267.63	943.03	1160.65
	1300	1279.26	1574.47	1220.30	1501.91	1166.55	1435.75	1072.09	1319.49

牛腿截面尺寸选择表（41）　**表 4-42**

（混凝土强度等级：C50　$F_{hk}/F_{vk}=0.4$）

b	a:	0+0		0+20		100+20		150+20	
	h \ β	0.65	0.80	0.65	0.80	0.65	0.80	0.65	0.80
300	300	189.45	233.16	161.38	198.62	92.71	114.10	76.44	94.08
	350	230.63	283.85	201.80	248.37	124.19	152.84	104.16	128.19
	400	271.81	334.54	242.43	298.37	157.37	193.68	133.88	164.77
	450	313.00	385.23	283.19	348.54	191.84	236.11	165.19	203.32
	500	354.18	435.92	324.04	398.82	227.31	279.77	197.79	243.43
	550	395.37	486.60	364.95	449.17	263.58	324.40	231.43	284.84
	600	436.55	537.29	405.92	499.59	300.48	369.82	265.94	327.32
	700	518.92	638.67	487.94	600.54	375.77	462.48	337.03	414.81
	800	601.29	740.04	570.05	701.60	452.51	556.94	410.22	504.89
	900	683.65	841.42	652.22	802.73	530.31	652.69	484.99	596.91
	1000	766.02	942.80	734.43	903.92	608.89	749.40	560.95	690.39
400	350	307.51	378.47	269.07	331.16	165.58	203.79	138.87	170.92
	400	362.42	446.05	323.24	397.83	209.82	258.24	178.50	219.70
	450	417.33	513.64	377.59	464.72	255.78	314.81	220.26	271.09
	500	472.24	581.22	432.05	531.76	303.08	373.02	263.72	324.58
	550	527.16	648.81	486.60	598.90	351.44	432.54	308.58	379.79
	600	582.07	716.39	541.22	666.12	400.64	493.10	354.59	436.42
	650	636.98	783.97	595.88	733.40	450.55	554.52	401.57	494.24
	700	691.89	851.56	650.58	800.72	501.02	616.65	449.37	553.07
	800	801.72	986.73	760.07	935.47	603.35	742.59	546.96	673.19
	900	911.54	1121.89	869.63	1070.31	707.08	870.25	646.65	795.87
	1000	1021.36	1257.06	979.25	1205.22	811.85	999.20	747.93	920.53
450	400	407.72	501.81	363.64	447.56	236.05	290.52	200.82	247.16
	450	469.50	577.84	424.78	522.81	287.76	354.16	247.79	304.97
	500	531.27	653.88	486.06	598.23	340.97	419.65	296.69	365.15
	550	593.05	729.91	547.43	673.76	395.37	486.60	347.15	427.26
	600	654.83	805.94	608.87	749.38	450.72	554.74	398.92	490.97
	650	716.60	881.97	670.37	825.07	506.86	623.83	451.77	556.03
	700	778.38	958.00	731.91	900.81	563.65	693.73	505.54	622.21
	800	901.93	1110.07	855.08	1052.40	678.77	835.41	615.34	757.34
	900	1025.48	1262.13	978.33	1204.10	795.47	979.04	727.48	895.36
	1000	1149.03	1414.20	1101.65	1355.88	913.33	1124.10	841.42	1035.59
	1100	1272.59	1566.26	1225.01	1507.71	1032.10	1270.27	956.76	1177.55

续表 4-42

b	h \ a	0+0		0+20		100+20		150+20	
	β	0.65	0.80	0.65	0.80	0.65	0.80	0.65	0.80
500	450	521.66	642.05	471.98	580.90	319.73	393.51	275.32	338.86
	500	590.30	726.53	540.07	664.70	378.85	466.28	329.65	405.72
	550	658.94	811.01	608.26	748.62	439.30	540.67	385.72	474.74
	600	727.58	895.49	676.53	832.65	500.80	616.37	443.24	545.53
	650	796.22	979.97	744.85	916.74	563.18	693.15	501.97	617.81
	700	864.86	1064.45	813.23	1000.90	626.28	770.81	561.72	691.34
	800	1002.14	1233.41	950.08	1169.33	754.19	928.23	683.71	841.48
	900	1139.42	1402.37	1087.04	1337.89	883.85	1087.82	808.31	994.84
	1000	1276.70	1571.33	1224.06	1506.53	1014.82	1249.00	934.91	1150.66
	1100	1413.98	1740.29	1361.12	1675.23	1146.77	1411.41	1063.07	1308.39
	1200	1551.26	1909.25	1498.23	1843.97	1279.51	1574.78	1192.47	1467.65
600	550	790.73	973.21	729.91	898.35	527.16	648.81	462.87	569.68
	600	873.10	1074.59	811.83	999.18	600.97	739.65	531.89	654.63
	650	955.47	1175.96	893.83	1100.09	675.82	831.78	602.36	741.37
	700	1037.84	1277.34	975.88	1201.08	751.54	924.97	674.06	829.61
	750	1120.20	1378.71	1057.97	1302.12	827.98	1019.05	746.80	919.14
	800	1202.57	1480.09	1140.10	1403.20	905.03	1113.88	820.45	1009.78
	900	1367.31	1682.84	1304.44	1605.47	1060.62	1305.38	969.97	1193.81
	1000	1532.04	1885.59	1468.87	1807.84	1217.78	1498.81	1121.89	1380.79
	1100	1696.78	2088.35	1633.35	2010.28	1376.13	1693.70	1275.68	1570.07
	1200	1861.52	2291.10	1797.88	2212.77	1535.41	1889.74	1430.96	1761.18
	1300	2026.25	2493.85	1962.43	2415.30	1695.44	2086.69	1587.45	1953.78

b	h \ a	200+20		250+20		300+20		350+20	
	β	0.65	0.80	0.65	0.80	0.65	0.80	0.65	0.80
300	300	65.03	80.04						
	350	89.69	110.39	78.75	96.93				
	400	116.49	143.37	103.10	126.89	92.47	113.81		
	450	145.05	178.52	129.28	159.12	116.61	143.52	106.20	130.70
	500	175.06	215.45	157.01	193.24	142.33	175.18	130.17	160.21
	550	206.28	253.88	186.05	228.99	169.44	208.54	155.55	191.45
	600	238.53	293.57	216.24	266.14	197.75	243.39	182.18	224.22
	700	305.53	376.04	279.42	343.90	257.42	316.82	238.63	293.69
	800	375.16	461.74	345.62	425.38	320.39	394.33	298.60	367.51
	900	446.80	549.90	414.18	509.77	386.01	475.09	361.42	444.83
	1000	520.00	640.00	484.63	596.46	453.76	558.47	426.59	525.03

续表 4-42

b	a \ h β	200+20 0.65	200+20 0.80	250+20 0.65	250+20 0.80	300+20 0.65	300+20 0.80	350+20 0.65	350+20 0.80
400	350	119.59	147.18	105.00	129.23				
	400	155.32	191.17	137.47	169.19	123.30	151.75		
	450	193.40	238.03	172.38	212.15	155.48	191.36	141.59	174.27
	500	233.41	287.27	209.34	257.66	189.78	233.58	173.56	213.61
	550	275.04	338.51	248.07	305.32	225.92	278.06	207.41	255.27
	600	318.04	391.43	288.31	354.85	263.67	324.52	242.91	298.97
	650	362.20	445.79	329.86	405.99	302.83	372.71	279.88	344.47
	700	407.38	501.38	372.56	458.53	343.22	422.43	318.17	391.59
	800	500.22	615.65	460.83	567.17	427.19	525.77	398.13	490.01
	900	595.73	733.21	552.25	679.69	514.68	633.45	481.90	593.10
	1000	693.33	853.33	646.17	795.28	605.01	744.63	568.78	700.04
450	400	174.74	215.06	154.65	190.34	138.71	170.72		
	450	217.57	267.78	193.92	238.67	174.91	215.27	159.29	196.05
	500	262.58	323.18	235.51	289.86	213.50	262.77	195.25	240.31
	550	309.42	380.82	279.08	343.49	254.16	312.82	233.33	287.18
	600	357.79	440.36	324.35	399.20	296.63	365.08	273.27	336.34
	650	407.48	501.51	371.10	456.74	340.68	419.30	314.87	387.53
	700	458.30	564.06	419.13	515.85	386.12	475.23	357.94	440.54
	800	562.74	692.61	518.43	638.07	480.59	591.50	447.90	551.26
	900	670.20	824.86	621.28	764.65	579.01	712.63	542.13	667.24
	1000	780.00	960.00	726.94	894.69	680.64	837.71	639.88	787.55
	1100	891.68	1097.45	834.88	1027.55	784.89	966.02	740.54	911.44
500	450	241.75	297.53	215.47	265.19	194.35	239.19	176.99	217.8
	500	291.76	359.09	261.68	322.07	237.22	291.97	216.95	267.01
	550	343.80	423.13	310.09	381.65	282.40	347.57	259.26	319.09
	600	397.55	489.29	360.39	443.56	329.59	405.65	303.64	373.71
	650	452.75	557.24	412.33	507.48	378.53	465.89	349.86	430.59
	700	509.22	626.73	465.70	573.16	429.03	528.03	397.71	489.49
	800	625.27	769.56	576.04	708.97	533.99	657.22	497.66	612.51
	900	744.66	916.51	690.31	849.61	643.35	791.81	602.37	741.38
	1000	866.67	1066.67	807.71	994.11	756.26	930.79	710.98	875.05
	1100	990.75	1219.39	927.65	1141.72	872.10	1073.35	822.83	1012.71
	1200	1116.51	1374.17	1049.66	1291.89	990.35	1218.90	937.39	1153.72

续表 4-42

b	a	200+20		250+20		300+20		350+20	
	h \ β	0.65	0.80	0.65	0.80	0.65	0.80	0.65	0.80
600	550	412.56	507.76	372.11	457.98	338.89	417.09	311.11	382.90
	600	477.06	587.14	432.47	532.27	395.51	486.78	364.36	448.45
	650	543.31	668.68	494.80	608.98	454.24	559.06	419.83	516.71
	700	611.06	752.08	558.84	687.80	514.83	633.64	477.25	587.39
	750	680.12	837.08	624.38	768.46	577.08	710.25	536.44	660.23
	800	750.32	923.47	691.24	850.76	640.79	788.66	597.20	735.01
	900	893.60	1099.81	828.37	1019.53	772.02	950.18	722.84	889.66
	1000	1040.00	1280.00	969.25	1192.93	907.52	1116.94	853.17	1050.06
	1100	1188.90	1463.26	1113.17	1370.06	1046.52	1288.02	987.39	1215.25
	1200	1339.82	1649.01	1259.59	1550.26	1188.43	1462.68	1124.87	1384.46
	1300	1492.39	1836.79	1408.07	1733.01	1332.78	1640.34	1265.12	1557.07

b	a	400+20		450+20		500+20		600+20	
	h \ β	0.65	0.80	0.65	0.80	0.65	0.80	0.65	0.80
300	300								
	350								
	400								
	450								
	500	119.92	147.59						
	550	143.77	176.95	133.64	164.49				
	600	168.88	207.86	157.40	193.72	147.37	181.38		
	700	222.39	273.72	208.23	256.28	195.76	240.93	174.82	215.17
	800	279.58	344.10	262.84	323.49	247.99	305.22	222.81	274.23
	900	339.78	418.19	320.58	394.56	303.44	373.46	274.12	337.38
	1000	402.49	495.37	380.96	468.88	361.62	445.08	328.30	404.06
400	350								
	400								
	450								
	500	159.89	196.79						
	550	191.69	235.93	178.19	219.31				
	600	225.18	277.14	209.86	258.29	196.49	241.84		
	650	260.17	320.21	243.06	299.15	228.05	280.68		
	700	296.52	364.95	277.64	341.71	261.01	321.25	233.10	286.89
	800	372.77	458.80	350.45	431.32	330.65	406.95	297.08	365.64
	900	453.04	557.59	427.44	526.09	404.59	497.95	365.50	449.84
	1000	536.65	660.49	507.95	625.17	482.17	593.44	437.73	538.74

续表 4-42

b	h \ a, β	400+20		450+20		500+20		600+20	
		0.65	0.80	0.65	0.80	0.65	0.80	0.65	0.80
450	400								
	450								
	500	179.88	221.39						
	550	215.65	265.42	200.47	246.73				
	600	253.33	311.79	236.09	290.58	221.06	272.07		
	650	292.70	360.24	273.44	336.54	256.56	315.77		
	700	333.59	410.57	312.34	384.42	293.64	361.40	262.23	322.75
	800	419.37	516.15	394.26	485.24	371.98	457.82	334.22	411.34
	900	509.67	627.29	480.88	591.85	455.16	560.20	411.18	506.07
	1000	603.73	743.05	571.44	703.32	542.44	667.62	492.44	606.08
	1100	700.94	862.70	665.36	818.91	633.22	779.35	577.43	710.68
500	450								
	500	199.87	245.99						
	550	239.62	294.91	222.74	274.14				
	600	281.47	346.43	262.33	322.86	245.62	302.30		
	650	325.22	400.27	303.82	373.94	285.07	350.85		
	700	370.66	456.19	347.05	427.14	326.27	401.56	291.37	358.61
	800	465.97	573.50	438.06	539.15	413.31	508.69	371.35	457.05
	900	566.30	696.99	534.31	657.61	505.73	622.44	456.87	562.30
	1000	670.81	825.61	634.94	781.46	602.71	741.79	547.16	673.43
	1100	778.83	958.55	739.29	909.90	703.58	865.94	641.59	789.65
	1200	889.81	1095.15	846.83	1042.25	807.80	994.22	739.63	910.32
600	550	287.54	353.89	267.29	328.97				
	600	337.77	415.72	314.79	387.44	294.74	362.76		
	650	390.26	480.32	364.59	448.72	342.08	421.02		
	700	444.79	547.43	416.46	512.56	391.52	481.87	349.65	430.33
	750	501.14	616.79	470.21	578.72	442.87	545.07	396.74	488.29
	800	559.16	688.19	525.68	646.99	495.98	610.43	445.62	548.46
	900	679.56	836.38	641.17	789.13	606.88	746.93	548.24	674.76
	1000	804.97	990.74	761.93	937.76	723.25	890.15	656.59	808.11
	1100	934.59	1150.27	887.15	1091.88	844.29	1039.13	769.90	947.58
	1200	1067.77	1314.18	1016.19	1250.70	969.36	1193.06	887.56	1092.38
	1300	1204.01	1481.85	1148.52	1413.56	1097.93	1351.29	1009.02	1241.88

牛腿截面尺寸选择表（42） **表 4-43**

（混凝土强度等级：C50 $F_{hk}/F_{vk}=0.5$）

b	a \ h β	0+0		0+20		100+20		150+20	
		0.65	0.80	0.65	0.80	0.65	0.80	0.65	0.80
300	300	177.61	218.59	151.29	186.21	86.91	106.97	71.67	88.20
	350	216.22	266.11	189.19	232.85	116.42	143.29	97.65	120.18
	400	254.83	313.63	227.28	279.73	147.53	181.58	125.51	154.48
	450	293.44	361.15	265.49	326.76	179.85	221.35	154.87	190.61
	500	332.05	408.67	303.79	373.89	213.10	262.28	185.43	228.22
	550	370.66	456.19	342.14	421.10	247.10	304.13	216.97	267.04
	600	409.27	503.71	380.55	468.36	281.70	346.71	249.32	306.86
	700	486.49	598.75	457.44	563.01	352.28	433.58	315.97	388.88
	800	563.71	693.79	534.42	657.75	424.23	522.13	384.58	473.33
	900	640.93	788.83	611.46	752.56	497.17	611.90	454.67	559.60
	1000	718.15	883.87	688.53	847.42	570.83	702.56	525.89	647.24
400	350	288.29	354.82	252.25	310.46	155.23	191.05	130.19	160.24
	400	339.77	418.18	303.04	372.97	196.71	242.10	167.35	205.97
	450	391.25	481.54	353.99	435.68	239.80	295.13	206.49	254.14
	500	442.73	544.90	405.05	498.52	284.14	349.71	247.24	304.29
	550	494.21	608.26	456.19	561.47	329.47	405.50	289.29	356.05
	600	545.69	671.62	507.39	624.49	375.60	462.28	332.43	409.15
	650	597.17	734.98	558.64	687.56	422.39	519.86	376.48	463.35
	700	648.65	798.34	609.92	750.67	469.71	578.11	421.29	518.51
	800	751.61	925.06	712.56	877.00	565.64	696.18	512.78	631.11
	900	854.57	1051.78	815.28	1003.42	662.89	815.86	606.23	746.13
	1000	957.53	1178.50	918.04	1129.90	761.11	936.75	701.18	862.99
450	400	382.24	470.45	340.92	419.59	221.30	272.36	188.27	231.71
	450	440.15	541.73	398.23	490.13	269.77	332.03	232.30	285.91
	500	498.07	613.01	455.68	560.84	319.66	393.42	278.14	342.33
	550	555.98	684.29	513.22	631.65	370.66	456.19	325.45	400.56
	600	613.90	755.57	570.82	702.55	422.55	520.07	373.98	460.29
	650	671.81	826.85	628.47	773.50	475.19	584.84	423.53	521.27
	700	729.73	898.13	686.16	844.51	528.42	650.37	473.95	583.32
	800	845.56	1040.69	801.63	986.63	636.35	783.20	576.88	710.00
	900	961.39	1183.25	917.19	1128.85	745.75	917.85	682.01	839.40
	1000	1077.22	1325.81	1032.80	1271.14	856.25	1053.85	788.83	970.87
	1100	1193.05	1468.37	1148.45	1413.48	967.59	1190.88	896.96	1103.96

续表 4-43

b	h＼a β	0+0 0.65	0+0 0.80	0+20 0.65	0+20 0.80	100+20 0.65	100+20 0.80	150+20 0.65	150+20 0.80
500	450	489.06	601.92	442.48	544.59	299.75	368.92	258.11	317.68
	500	553.41	681.12	506.31	623.15	355.17	437.14	309.05	380.37
	550	617.76	760.32	570.24	701.83	411.84	506.88	361.62	445.07
	600	682.11	839.52	634.24	780.61	469.50	577.85	415.54	511.43
	650	746.46	918.72	698.30	859.45	527.98	649.83	470.59	579.19
	700	810.81	997.92	762.40	938.34	587.14	722.63	526.61	648.13
	800	939.51	1156.32	890.70	1096.25	707.05	870.22	640.97	788.89
	900	1068.21	1314.72	1019.10	1254.27	828.61	1019.83	757.79	932.66
	1000	1196.91	1473.12	1147.55	1412.37	951.39	1170.94	876.48	1078.74
	1100	1325.61	1631.52	1276.05	1570.53	1075.10	1323.20	996.63	1226.62
	1200	1454.31	1789.92	1404.59	1728.73	1199.54	1476.36	1117.94	1375.92
600	550	741.31	912.38	684.29	842.20	494.21	608.26	433.94	534.08
	600	818.53	1007.42	761.09	936.73	563.41	693.42	498.65	613.72
	650	895.75	1102.46	837.96	1031.34	633.58	779.79	564.71	695.03
	700	972.97	1197.50	914.88	1126.01	704.57	867.16	631.93	777.76
	750	1050.19	1292.54	991.85	1220.74	776.23	955.36	700.13	861.70
	800	1127.41	1387.58	1068.85	1315.50	848.46	1044.26	769.17	946.67
	900	1281.85	1577.66	1222.92	1505.13	994.33	1223.80	909.35	1119.20
	1000	1436.29	1767.74	1377.06	1694.85	1141.67	1405.13	1051.77	1294.49
	1100	1590.73	1957.82	1531.27	1884.63	1290.12	1587.84	1195.95	1471.94
	1200	1745.17	2147.90	1685.51	2074.47	1439.45	1771.63	1341.53	1651.11
	1300	1899.61	2337.98	1839.78	2264.35	1589.47	1956.27	1488.23	1831.67

b	h＼a β	200+20 0.65	200+20 0.80	250+20 0.65	250+20 0.80	300+20 0.65	300+20 0.80	350+20 0.65	350+20 0.80
300	300	60.97	75.04						
	350	84.08	103.49	73.83	90.87				
	400	109.21	134.41	96.66	118.96	86.69	106.70		
	450	135.98	167.36	121.20	149.17	109.32	134.55	99.56	122.53
	500	164.11	201.99	147.20	181.16	133.44	164.23	122.03	150.20
	550	193.39	238.01	174.43	214.68	158.85	195.51	145.83	179.49
	600	223.62	275.22	202.72	249.50	185.39	228.18	170.80	210.21
	700	286.44	352.54	261.95	322.40	241.33	297.02	223.71	275.34
	800	351.71	432.88	324.02	398.79	300.37	369.68	279.94	344.54
	900	418.87	515.54	388.30	477.91	361.88	445.39	338.83	417.03
	1000	487.50	600.00	454.34	559.18	425.40	523.57	399.93	492.22

续表 4-43

b	h \ a/β	200+20 0.65	200+20 0.80	250+20 0.65	250+20 0.80	300+20 0.65	300+20 0.80	350+20 0.65	350+20 0.80
400	350	112.11	137.98	98.44	121.16				
	400	145.61	179.22	128.88	158.62	115.59	142.27		
	450	181.31	223.15	161.60	198.90	145.76	179.40	132.74	163.38
	500	218.82	269.32	196.26	241.55	177.92	218.98	162.71	200.26
	550	257.85	317.35	232.57	286.24	211.80	260.68	194.44	239.31
	600	298.16	366.97	270.29	332.67	247.19	304.24	227.73	280.28
	650	339.57	417.93	309.25	380.61	283.90	349.41	262.39	322.94
	700	381.91	470.05	349.27	429.87	321.77	396.02	298.28	367.12
	800	468.95	577.17	432.03	531.73	400.49	492.91	373.25	459.38
	900	558.50	687.38	517.73	637.21	482.51	593.86	451.78	556.03
	1000	650.00	800.00	605.78	745.58	567.20	698.09	533.23	656.29
450	400	163.82	201.62	144.99	178.45	130.04	160.05		
	450	203.97	251.04	181.80	223.76	163.98	201.82	149.34	183.80
	500	246.17	302.98	220.79	271.75	200.16	246.35	183.05	225.29
	550	290.08	357.02	261.64	322.02	238.28	293.27	218.75	269.23
	600	335.43	412.84	304.08	374.25	278.09	342.27	256.19	315.32
	650	382.01	470.17	347.90	428.19	319.39	393.09	295.19	363.31
	700	429.65	528.80	392.93	483.61	361.99	445.53	335.57	413.01
	800	527.57	649.32	486.03	598.19	450.55	554.53	419.90	516.80
	900	628.31	773.30	582.45	716.86	542.83	668.09	508.25	625.54
	1000	731.25	900.00	681.51	838.78	638.10	785.35	599.89	738.32
	1100	835.95	1028.86	782.70	963.32	735.83	905.64	694.26	854.47
500	450	226.64	278.94	202.00	248.62	182.20	224.24	165.93	204.22
	500	273.52	336.65	245.33	301.94	222.40	273.72	203.39	250.33
	550	322.31	396.69	290.71	357.80	264.75	325.85	243.05	299.14
	600	372.70	458.71	337.87	415.84	308.99	380.30	284.66	350.35
	650	424.46	522.41	386.56	475.77	354.87	436.77	327.99	403.68
	700	477.39	587.56	436.59	537.34	402.21	495.03	372.85	458.90
	800	586.19	721.46	540.03	664.66	500.61	616.14	466.56	574.23
	900	698.12	859.23	647.16	796.51	603.14	742.32	564.72	695.04
	1000	812.50	1000.00	757.23	931.97	709.00	872.61	666.54	820.36
	1100	928.83	1143.17	869.67	1070.36	817.59	1006.27	771.40	949.42
	1200	1046.73	1288.29	984.05	1211.14	928.46	1142.72	878.81	1081.61

续表 4-43

b	h \ a	200+20		250+20		300+20		350+20	
	h \ β	0.65	0.80	0.65	0.80	0.65	0.80	0.65	0.80
600	550	386.77	476.03	348.85	429.36	317.71	391.02	291.66	358.97
	600	447.24	550.45	405.44	499.00	370.79	456.35	341.59	420.42
	650	509.35	626.89	463.87	570.92	425.85	524.12	393.59	484.42
	700	572.87	705.07	523.91	644.81	482.66	594.04	447.43	550.68
	750	637.62	784.76	585.35	720.43	541.01	665.86	502.91	618.96
	800	703.43	865.76	648.04	797.59	600.74	739.37	559.87	689.07
	900	837.75	1031.07	776.60	955.81	723.77	890.79	677.67	834.05
	1000	975.00	1200.00	908.67	1118.37	850.80	1047.14	799.85	984.43
	1100	1114.59	1371.81	1043.60	1284.43	981.11	1207.52	925.68	1139.30
	1200	1256.08	1545.94	1180.86	1453.37	1114.15	1371.26	1054.57	1297.93
	1300	1399.12	1721.99	1320.07	1624.70	1249.48	1537.82	1186.05	1459.76

b	h \ a	400+20		450+20		500+20		600+20	
	h \ β	0.65	0.80	0.65	0.80	0.65	0.80	0.65	0.80
300	300								
	350								
	400								
	450								
	500	112.43	138.37						
	550	134.78	165.89	125.29	154.21				
	600	158.33	194.87	147.56	181.61	138.16	170.04		
	700	208.49	256.61	195.21	240.26	183.52	225.88	163.90	201.72
	800	262.11	322.59	246.41	303.27	232.49	286.14	208.89	257.09
	900	318.54	392.05	300.55	369.90	284.48	350.12	256.99	316.29
	1000	377.33	464.41	357.15	439.57	339.02	417.26	307.78	378.80
400	350								
	400								
	450								
	500	149.90	184.49						
	550	179.71	221.18	167.06	205.61				
	600	211.11	259.82	196.74	242.15	184.21	226.72		
	650	243.91	300.20	227.87	280.45	213.80	263.14		
	700	277.99	342.14	260.29	320.35	244.70	301.17	218.53	268.96
	800	349.47	430.12	328.55	404.37	309.99	381.52	278.51	342.79
	900	424.73	522.74	400.73	493.21	379.30	466.83	342.65	421.73
	1000	503.11	619.21	476.20	586.10	452.03	556.35	410.37	505.07

续表 4-43

b	a	400+20		450+20		500+20		600+20	
	h \ β	0.65	0.80	0.65	0.80	0.65	0.80	0.65	0.80
450	400								
	450								
	500	168.64	207.55						
	550	202.18	248.83	187.94	231.31				
	600	237.49	292.30	221.34	272.42	207.24	255.06		
	650	274.40	337.73	256.35	315.51	240.53	296.03		
	700	312.74	384.91	292.82	360.40	275.29	338.81	245.84	302.58
	800	393.16	483.89	369.62	454.91	348.73	429.21	313.33	385.64
	900	477.82	588.08	450.82	554.86	426.71	525.18	385.48	474.44
	1000	566.00	696.61	535.73	659.36	508.53	625.89	461.67	568.20
	1100	657.13	808.78	623.78	767.73	593.64	730.64	541.34	666.26
500	450								
	500	187.38	230.62						
	550	224.64	276.48	208.82	257.01				
	600	263.88	324.78	245.93	302.68	230.27	283.40		
	650	304.89	375.25	284.83	350.56	267.25	328.92		
	700	347.49	427.68	325.36	400.44	305.87	376.46	273.16	336.20
	800	436.84	537.65	410.68	505.46	387.48	476.90	348.14	428.48
	900	530.91	653.42	500.91	616.51	474.13	583.54	428.32	527.16
	1000	628.88	774.01	595.25	732.62	565.04	695.43	512.96	631.34
	1100	730.15	898.64	693.09	853.03	659.60	811.82	601.49	740.29
	1200	834.20	1026.71	793.90	977.11	757.31	932.08	693.41	853.42
600	550	269.57	331.78	250.58	308.41				
	600	316.66	389.73	295.12	363.22	276.32	340.09		
	650	365.87	450.30	341.80	420.68	320.70	394.71		
	700	416.99	513.22	390.43	480.53	367.05	451.75	327.79	403.44
	750	469.82	578.24	440.82	542.55	415.19	511.01	371.94	457.78
	800	524.21	645.18	492.82	606.55	464.98	572.28	417.77	514.18
	900	637.09	784.11	601.09	739.81	568.95	700.25	513.98	632.59
	1000	754.66	928.81	714.31	879.15	678.05	834.52	615.55	757.60
	1100	876.18	1078.37	831.70	1023.63	791.52	974.18	721.79	888.35
	1200	1001.04	1232.05	952.68	1172.53	908.78	1118.49	832.09	1024.11
	1300	1128.76	1389.24	1076.74	1325.22	1029.31	1266.84	945.96	1164.26

牛腿截面尺寸选择表（43）　　表 4-44

（混凝土强度等级：C55　　$F_{hk}/F_{vk}=0.0$）

b	h \ a, β	0+0		0+20		100+20		150+20	
		0.65	0.80	0.65	0.80	0.65	0.80	0.65	0.80
300	300	277.84	341.95	240.79	296.36	144.47	177.82	120.40	148.18
	350	331.27	407.71	293.41	361.12	186.71	229.80	157.99	194.45
	400	384.70	473.47	346.23	426.12	230.82	284.08	197.84	243.50
	450	438.13	539.23	399.18	491.30	276.36	340.13	239.51	294.78
	500	491.56	604.99	452.23	556.59	323.02	397.57	282.64	347.87
	550	544.99	670.75	505.35	621.97	370.59	456.11	326.99	402.45
	600	598.42	736.51	558.52	687.41	418.89	515.56	372.35	458.27
	700	705.28	868.03	664.97	818.43	517.20	636.56	465.48	572.90
	800	812.14	999.55	771.53	949.57	617.22	759.66	561.11	690.60
	900	919.00	1131.07	878.15	1080.80	718.49	884.29	658.61	810.60
	1000	1025.86	1262.59	984.82	1212.09	820.68	1010.07	757.56	932.38
400	350	441.69	543.62	391.21	481.49	248.95	306.40	210.65	259.26
	400	512.93	631.30	461.64	568.17	307.76	378.78	263.79	324.67
	450	584.17	718.98	532.24	655.07	368.48	453.51	319.35	393.04
	500	655.41	806.66	602.98	742.12	430.70	530.09	376.86	463.83
	550	726.65	894.34	673.80	829.29	494.12	608.15	435.99	536.60
	600	797.89	982.02	744.70	916.55	558.52	687.41	496.46	611.03
	650	869.13	1069.70	815.64	1003.87	623.73	767.66	558.07	686.86
	700	940.37	1157.38	886.63	1091.24	689.60	848.74	620.64	763.87
	800	1082.85	1332.74	1028.71	1266.10	822.96	1012.88	748.15	920.80
	900	1225.33	1508.10	1170.87	1441.07	957.98	1179.06	878.15	1080.80
	1000	1367.81	1683.46	1313.10	1616.12	1094.25	1346.76	1010.07	1243.17
450	400	577.04	710.21	519.34	639.19	346.23	426.12	296.77	365.25
	450	657.19	808.85	598.77	736.95	414.53	510.20	359.26	442.17
	500	737.33	907.49	678.35	834.89	484.53	596.35	423.97	521.81
	550	817.48	1006.13	758.03	932.96	555.89	684.17	490.49	603.68
	600	897.62	1104.77	837.78	1031.12	628.34	773.34	558.52	687.41
	650	977.77	1203.41	917.60	1129.35	701.69	863.62	627.83	772.71
	700	1057.91	1302.05	997.46	1227.65	775.80	954.84	698.22	859.35
	800	1218.20	1499.33	1157.29	1424.36	925.84	1139.49	841.67	1035.90
	900	1378.49	1696.61	1317.23	1621.20	1077.73	1326.44	987.92	1215.90
	1000	1538.78	1893.89	1477.23	1818.13	1231.03	1515.11	1136.33	1398.56
	1100	1699.07	2091.17	1637.29	2015.13	1385.40	1705.11	1286.44	1583.31

续表 4-44

b	a	0 + 0		0 + 20		100 + 20		150 + 20	
	h \ β	0.65	0.80	0.65	0.80	0.65	0.80	0.65	0.80
500	450	730.21	898.72	665.30	818.83	460.59	566.88	399.18	491.30
	500	819.26	1008.32	753.72	927.65	538.37	662.61	471.07	579.78
	550	908.31	1117.92	842.25	1036.62	617.65	760.19	544.99	670.75
	600	997.36	1227.52	930.87	1145.69	698.15	859.26	620.58	763.79
	650	1086.41	1337.12	1019.55	1254.84	779.66	959.58	697.59	858.57
	700	1175.46	1446.72	1108.29	1364.05	862.00	1060.93	775.80	954.84
	800	1353.56	1665.92	1285.88	1582.62	1028.71	1266.10	935.19	1151.00
	900	1531.66	1885.12	1463.59	1801.34	1197.48	1473.82	1097.69	1351.00
	1000	1709.76	2104.32	1641.37	2020.15	1367.81	1683.46	1262.59	1553.96
	1100	1887.86	2323.52	1819.21	2239.03	1539.33	1894.56	1429.38	1759.24
	1200	2065.96	2542.72	1997.09	2457.96	1711.80	2106.83	1597.68	1966.37
600	550	1089.97	1341.50	1010.70	1243.94	741.18	912.22	653.98	804.90
	600	1196.83	1473.02	1117.04	1374.82	837.78	1031.12	744.70	916.55
	650	1303.69	1604.54	1223.46	1505.80	935.59	1151.50	837.11	1030.29
	700	1410.55	1736.06	1329.95	1636.86	1034.40	1273.11	930.96	1145.80
	750	1517.41	1867.58	1436.48	1767.98	1134.07	1395.77	1026.06	1262.84
	800	1624.27	1999.10	1543.06	1899.15	1234.45	1519.32	1122.22	1381.20
	900	1837.99	2262.14	1756.30	2161.60	1436.98	1768.59	1317.23	1621.20
	1000	2051.71	2525.18	1969.64	2424.18	1641.37	2020.15	1515.11	1864.75
	1100	2265.43	2788.22	2183.05	2686.83	1847.20	2273.48	1715.26	2111.08
	1200	2479.15	3051.26	2396.51	2949.56	2054.15	2528.19	1917.21	2359.64
	1300	2692.87	3314.30	2610.01	3212.33	2262.01	2784.02	2120.64	2610.01

b	a	200 + 20		250 + 20		300 + 20		350 + 20	
	h \ β	0.65	0.80	0.65	0.80	0.65	0.80	0.65	0.80
300	300	103.20	127.01						
	350	136.92	168.52	120.81	148.69				
	400	173.11	213.06	153.88	189.39	138.49	170.45		
	450	211.33	260.10	189.09	232.72	171.08	210.56	156.20	192.25
	500	251.24	309.22	226.12	278.30	205.56	253.00	188.43	231.91
	550	292.57	360.09	264.71	325.79	241.69	297.46	222.35	273.67
	600	335.11	412.45	304.65	374.95	279.26	343.71	257.78	317.27
	700	423.17	520.82	387.90	477.42	358.06	440.69	332.49	409.22
	800	514.35	633.05	474.79	584.35	440.87	542.61	411.48	506.44
	900	607.95	748.25	564.53	694.80	526.89	648.48	493.96	607.95
	1000	703.44	865.78	656.55	808.06	615.51	757.56	579.31	712.99

续表 4-44

b	h \ a, β	200+20 0.65	200+20 0.80	250+20 0.65	250+20 0.80	300+20 0.65	300+20 0.80	350+20 0.65	350+20 0.80
400	350	182.56	224.69	161.09	198.26				
	400	230.82	284.08	205.17	252.52	184.65	227.27		
	450	281.78	346.80	252.11	310.29	228.10	280.74	208.27	256.33
	500	334.99	412.29	301.49	371.06	274.08	337.33	251.24	309.22
	550	390.10	480.12	352.94	434.39	322.25	396.62	296.47	364.89
	600	446.82	549.93	406.20	499.94	372.35	458.27	343.71	423.02
	650	504.92	621.44	461.02	567.40	424.13	522.01	392.72	483.34
	700	564.22	694.43	517.20	636.56	477.42	587.59	443.32	545.62
	800	685.80	844.07	633.05	779.14	587.83	723.49	548.64	675.25
	900	810.60	997.66	752.70	926.40	702.52	864.64	658.61	810.60
	1000	937.93	1154.37	875.40	1077.41	820.68	1010.07	772.41	950.66
450	400	259.67	319.59	230.82	284.08	207.74	255.67		
	450	317.00	390.15	283.63	349.08	256.62	315.84	234.30	288.37
	500	376.86	463.83	339.17	417.44	308.34	379.49	282.64	347.87
	550	438.86	540.13	397.06	488.69	362.53	446.20	333.53	410.50
	600	502.67	618.67	456.97	562.43	418.89	515.56	386.67	475.90
	650	568.04	699.12	518.64	638.33	477.15	587.26	441.81	543.76
	700	634.75	781.23	581.85	716.13	537.09	661.04	498.73	613.82
	800	771.53	949.57	712.18	876.53	661.31	813.92	617.22	759.66
	900	911.93	1122.37	846.79	1042.20	790.34	972.72	740.94	911.93
	1000	1055.17	1298.67	984.82	1212.09	923.27	1136.33	868.96	1069.49
	1100	1200.68	1477.76	1125.64	1385.40	1059.42	1303.90	1000.57	1231.47
500	450	352.22	433.50	315.14	387.87	285.13	350.93	260.34	320.41
	500	418.73	515.36	376.86	463.83	342.60	421.66	314.05	386.52
	550	487.62	600.15	441.18	542.99	402.82	495.77	370.59	456.11
	600	558.52	687.41	507.75	624.92	465.43	572.84	429.63	528.78
	650	631.15	776.80	576.27	709.25	530.17	652.51	490.90	604.18
	700	705.28	868.03	646.50	795.70	596.77	734.49	554.15	682.03
	800	857.25	1055.08	791.31	973.92	734.79	904.36	685.80	844.07
	900	1013.25	1247.08	940.88	1158.00	878.15	1080.80	823.27	1013.25
	1000	1172.41	1442.96	1094.25	1346.76	1025.86	1262.59	965.51	1188.32
	1100	1334.09	1641.95	1250.71	1539.33	1177.14	1448.78	1111.74	1368.30
	1200	1497.82	1843.47	1409.71	1735.03	1331.40	1638.64	1261.32	1552.40

续表 4-44

b	a	200+20		250+20		300+20		350+20	
	h \ β	0.65	0.80	0.65	0.80	0.65	0.80	0.65	0.80
600	550	585.14	720.18	529.41	651.59	483.38	594.93	444.71	547.33
	600	670.23	824.89	609.30	749.90	558.52	687.41	515.56	634.53
	650	757.38	932.16	691.52	851.11	636.20	783.02	589.08	725.02
	700	846.33	1041.64	775.80	954.84	716.13	881.39	664.97	818.43
	750	936.84	1153.03	861.89	1060.79	798.05	982.21	743.01	914.47
	800	1028.71	1266.10	949.57	1168.71	881.75	1085.23	822.96	1012.88
	900	1215.90	1496.50	1129.05	1389.60	1053.78	1296.96	987.92	1215.90
	1000	1406.89	1731.55	1313.10	1616.12	1231.03	1515.11	1158.61	1425.99
	1100	1600.91	1970.34	1500.85	1847.20	1412.56	1738.54	1334.09	1641.95
	1200	1797.39	2212.17	1691.66	2082.04	1597.68	1966.37	1513.59	1862.88
	1300	1995.89	2456.48	1885.01	2320.01	1785.80	2197.91	1696.51	2088.01

b	a	400+20		450+20		500+20		600+20	
	h \ β	0.65	0.80	0.65	0.80	0.65	0.80	0.65	0.80
300	300								
	350								
	400								
	450								
	500	173.94	214.07						
	550	205.88	253.40	191.68	235.92				
	600	239.37	294.60	223.41	274.96	209.45	257.78		
	700	310.32	381.93	290.93	358.06	273.81	337.00	244.99	301.53
	800	385.76	474.79	363.07	446.86	342.90	422.03	308.61	379.83
	900	464.90	572.19	439.08	540.40	415.97	511.96	376.35	463.20
	1000	547.12	673.38	518.33	637.94	492.41	606.04	447.65	550.95
400	350								
	400								
	450								
	500	231.91	285.43						
	550	274.51	337.86	255.58	314.56				
	600	319.16	392.81	297.88	366.62	279.26	343.71		
	650	365.63	450.01	342.04	420.98	321.31	395.46		
	700	413.76	509.25	387.90	477.42	365.08	449.33	326.65	402.04
	800	514.35	633.05	484.10	595.81	457.20	562.71	411.48	506.44
	900	619.87	762.92	585.43	720.53	554.62	682.61	501.80	617.60
	1000	729.50	897.84	691.10	850.59	656.55	808.06	596.86	734.60

续表4-44

b	a	400+20		450+20		500+20		600+20	
	h ╲ β	0.65	0.80	0.65	0.80	0.65	0.80	0.65	0.80
450	400								
	450								
	500	260.90	321.11						
	550	308.83	380.09	287.53	353.88				
	600	359.05	441.91	335.11	412.45	314.17	386.67		
	650	411.34	506.26	384.80	473.60	361.48	444.90		
	700	465.48	572.90	436.39	537.09	410.72	505.50	367.49	452.29
	800	578.65	712.18	544.61	670.29	514.35	633.05	462.92	569.74
	900	697.36	858.28	658.61	810.60	623.95	767.94	564.53	694.80
	1000	820.68	1010.07	777.49	956.91	738.62	909.07	671.47	826.42
	1100	947.90	1166.65	900.51	1108.32	857.63	1055.54	783.05	963.76
500	450								
	500	289.89	356.79						
	550	343.14	422.33	319.47	393.20				
	600	398.94	491.01	372.35	458.27	349.08	429.63		
	650	457.04	562.51	427.55	526.22	401.64	494.33		
	700	517.20	636.56	484.88	596.77	456.36	561.67	408.32	502.54
	800	642.94	791.31	605.12	744.76	571.50	703.39	514.35	633.05
	900	774.84	953.65	731.79	900.67	693.28	853.26	627.25	772.00
	1000	911.87	1122.30	863.88	1063.24	820.68	1010.07	746.08	918.25
	1100	1053.23	1296.28	1000.57	1231.47	952.92	1172.82	870.06	1070.84
	1200	1198.26	1474.78	1141.20	1404.55	1089.32	1340.71	998.55	1228.98
600	550	411.77	506.79	383.37	471.84				
	600	478.73	589.21	446.82	549.93	418.89	515.56		
	650	548.45	675.02	513.07	631.47	481.97	593.20		
	700	620.64	763.87	581.85	716.13	547.63	674.00	489.98	603.05
	750	695.07	855.47	652.95	803.63	615.64	757.71	552.49	679.99
	800	771.53	949.57	726.15	893.72	685.80	844.07	617.22	759.66
	900	929.81	1144.38	878.15	1080.80	831.93	1023.92	752.70	926.40
	1000	1094.25	1346.76	1036.65	1275.88	984.82	1212.09	895.29	1101.90
	1100	1263.87	1555.54	1200.68	1477.76	1143.50	1407.39	1044.07	1285.01
	1200	1437.91	1769.73	1369.44	1685.46	1307.19	1608.85	1198.26	1474.78
	1300	1615.72	1988.58	1542.28	1898.19	1475.23	1815.66	1357.21	1670.41

牛腿截面尺寸选择表（44） 表 4-45

（混凝土强度等级：C55 $F_{hk}/F_{vk}=0.1$）

b	h \ a, β	0+0 0.65	0+0 0.80	0+20 0.65	0+20 0.80	100+20 0.65	100+20 0.80	150+20 0.65	150+20 0.80
300	300	233.49	287.37	198.90	244.80	114.26	140.63	94.21	115.96
	350	284.25	349.84	248.72	306.11	153.06	188.38	128.37	157.99
	400	335.01	412.32	298.79	367.74	193.95	238.71	165.00	203.08
	450	385.76	474.79	349.03	429.57	236.44	291.00	203.60	250.58
	500	436.52	537.26	399.37	491.54	280.16	344.81	243.77	300.03
	550	487.28	599.73	449.80	553.60	324.85	399.82	285.24	351.06
	600	538.04	662.20	500.28	615.73	370.34	455.80	327.77	403.41
	700	639.56	787.15	601.37	740.15	463.13	570.00	415.38	511.24
	800	741.07	912.09	702.58	864.71	557.72	686.42	505.59	622.27
	900	842.59	1037.04	803.85	989.36	653.60	804.43	597.74	735.67
	1000	944.11	1161.98	905.18	1114.06	750.44	923.62	691.35	850.90
400	350	379.00	466.46	331.62	408.15	204.08	251.17	171.16	210.66
	400	446.67	549.75	398.39	490.32	258.60	318.28	220.00	270.77
	450	514.35	633.05	465.37	572.76	315.25	388.00	271.46	334.11
	500	582.03	716.35	532.50	655.38	373.54	459.74	325.03	400.04
	550	649.71	799.64	599.73	738.13	433.14	533.09	380.32	468.08
	600	717.39	882.94	667.04	820.98	493.79	607.74	437.03	537.88
	650	785.06	966.23	734.42	903.90	555.29	683.43	494.93	609.15
	700	852.74	1049.53	801.83	986.87	617.50	760.00	553.84	681.65
	800	988.10	1216.12	936.77	1152.95	743.62	915.23	674.12	829.69
	900	1123.45	1382.71	1071.80	1319.14	871.46	1072.57	796.98	980.90
	1000	1258.81	1549.31	1206.90	1485.42	1000.59	1231.50	921.81	1134.53
450	400	502.51	618.47	448.18	551.61	290.93	358.06	247.50	304.62
	450	578.65	712.18	523.54	644.35	354.65	436.50	305.40	375.87
	500	654.78	805.89	599.06	737.30	420.23	517.21	365.66	450.04
	550	730.92	899.60	674.70	830.40	487.28	599.73	427.86	526.59
	600	807.06	993.30	750.42	923.60	555.51	683.70	491.66	605.12
	650	883.20	1087.01	826.22	1016.88	624.70	768.86	556.80	685.29
	700	959.34	1180.72	902.06	1110.23	694.69	855.00	623.07	766.86
	800	1111.61	1368.14	1053.87	1297.06	836.57	1029.63	758.39	933.40
	900	1263.89	1555.55	1205.78	1484.03	980.40	1206.64	896.60	1103.51
	1000	1416.16	1742.97	1357.76	1671.09	1125.67	1385.44	1037.03	1276.35
	1100	1568.44	1930.38	1509.80	1858.22	1272.04	1565.59	1179.19	1451.31

续表 4-45

b	a	0 + 0		0 + 20		100 + 20		150 + 20	
	h　β	0.65	0.80	0.65	0.80	0.65	0.80	0.65	0.80
500	450	642.94	791.31	581.71	715.95	394.06	485.00	339.33	417.64
	500	727.54	895.43	665.62	819.23	466.93	574.68	406.29	500.05
	550	812.14	999.55	749.66	922.66	541.42	666.37	475.40	585.10
	600	896.73	1103.67	833.80	1026.22	617.23	759.67	546.29	672.35
	650	981.33	1207.79	918.02	1129.87	694.11	854.29	618.67	761.43
	700	1065.93	1311.91	1002.29	1233.59	771.88	950.01	692.30	852.07
	800	1235.12	1520.15	1170.96	1441.18	929.53	1144.03	842.65	1037.11
	900	1404.32	1728.39	1339.75	1648.93	1089.33	1340.72	996.23	1226.12
	1000	1573.51	1936.63	1508.63	1856.77	1250.74	1539.37	1152.26	1418.16
	1100	1742.71	2144.87	1677.56	2064.69	1413.38	1739.54	1310.21	1612.57
	1200	1911.90	2353.11	1846.54	2272.66	1576.97	1940.89	1469.69	1808.85
600	550	974.56	1199.46	899.60	1107.20	649.71	799.64	570.48	702.12
	600	1076.08	1324.41	1000.57	1231.47	740.68	911.60	655.54	806.82
	650	1177.60	1449.35	1101.62	1355.84	832.93	1025.15	742.40	913.72
	700	1279.11	1574.29	1202.75	1480.31	926.26	1140.01	830.76	1022.48
	750	1380.63	1699.24	1303.93	1604.84	1020.47	1255.96	920.42	1132.83
	800	1482.15	1824.18	1405.15	1729.42	1115.43	1372.84	1011.19	1244.54
	900	1685.18	2074.07	1607.70	1978.71	1307.20	1608.86	1195.47	1471.35
	1000	1888.22	2323.96	1810.35	2228.13	1500.89	1847.25	1382.71	1701.80
	1100	2091.25	2573.85	2013.07	2477.63	1696.05	2087.45	1572.25	1935.08
	1200	2294.28	2823.73	2215.85	2727.20	1892.37	2329.07	1763.63	2170.63
	1300	2497.32	3073.62	2418.66	2976.82	2089.59	2571.81	1956.50	2408.00

b	a	200 + 20		250 + 20		300 + 20		350 + 20	
	h　β	0.65	0.80	0.65	0.80	0.65	0.80	0.65	0.80
300	300	80.15	98.65						
	350	110.54	136.05	97.06	119.46				
	400	143.57	176.71	127.07	156.40	113.97	140.27		
	450	178.77	220.02	159.34	196.11	143.72	176.88	130.88	161.09
	500	215.75	265.54	193.51	238.17	175.43	215.91	160.43	197.45
	550	254.23	312.90	229.31	282.23	208.83	257.03	191.72	235.96
	600	293.98	361.82	266.51	328.01	243.73	299.97	224.54	276.35
	700	376.56	463.46	344.38	423.85	317.26	390.47	294.10	361.97
	800	462.38	569.08	425.97	524.27	394.88	486.00	368.02	452.94
	900	550.67	677.75	510.47	628.28	475.75	585.54	445.45	548.24
	1000	640.89	788.79	597.29	735.13	559.25	688.31	525.76	647.09

续表 4-45

b	a / h \ β	200+20 0.65	200+20 0.80	250+20 0.65	250+20 0.80	300+20 0.65	300+20 0.80	350+20 0.65	350+20 0.80
400	350	147.39	181.40	129.41	159.28				
	400	191.43	235.61	169.43	208.53	151.96	187.03		
	450	238.36	293.36	212.45	261.48	191.62	235.84	174.51	214.78
	500	287.67	354.06	258.01	317.56	233.90	287.88	213.91	263.27
	550	338.98	417.20	305.75	376.30	278.45	342.70	255.62	314.61
	600	391.97	482.43	355.34	437.34	324.97	399.96	299.38	368.47
	650	446.41	549.43	406.55	500.37	373.23	459.36	344.95	424.56
	700	502.08	617.95	459.17	565.13	423.01	520.63	392.14	482.63
	800	616.51	758.78	567.96	699.03	526.51	648.01	490.69	603.92
	900	734.23	903.66	680.63	837.70	634.33	780.72	593.93	730.99
	1000	854.52	1051.72	796.39	980.17	745.66	917.74	701.01	862.79
450	400	215.36	265.06	190.61	234.59	170.96	210.41		
	450	268.15	330.04	239.01	294.16	215.57	265.32	196.33	241.63
	500	323.63	398.31	290.27	357.25	263.14	323.86	240.65	296.18
	550	381.35	469.35	343.96	423.34	313.25	385.54	287.58	353.94
	600	440.97	542.73	399.76	492.01	365.59	449.96	336.80	414.53
	650	502.21	618.11	457.37	562.92	419.88	516.78	388.07	477.63
	700	564.84	695.19	516.57	635.77	475.89	585.71	441.15	542.96
	800	693.57	853.62	638.96	786.41	592.32	729.01	552.02	679.41
	900	826.00	1016.62	765.71	942.42	713.62	878.31	668.17	822.36
	1000	961.34	1183.18	895.94	1102.69	838.87	1032.46	788.64	970.64
	1100	1098.97	1352.58	1028.97	1266.43	967.36	1190.60	912.71	1123.33
500	450	297.95	366.71	265.56	326.85	239.53	294.80	218.14	268.48
	500	359.59	442.57	322.52	396.94	292.38	359.85	267.39	329.09
	550	423.72	521.51	382.18	470.38	348.06	428.38	319.53	393.27
	600	489.97	603.04	444.18	546.68	406.21	499.95	374.23	460.59
	650	558.01	686.78	508.19	625.46	466.53	574.20	431.19	530.70
	700	627.60	772.43	573.96	706.41	528.77	650.79	490.17	603.29
	800	770.63	948.47	709.95	873.79	658.13	810.01	613.36	754.91
	900	917.78	1129.58	850.79	1047.13	792.91	975.89	742.41	913.74
	1000	1068.15	1314.65	995.49	1225.22	932.08	1147.18	876.27	1078.48
	1100	1221.08	1502.87	1143.31	1407.15	1074.84	1322.89	1014.12	1248.15
	1200	1376.08	1693.64	1293.68	1592.23	1220.59	1502.27	1155.32	1421.93

续表 4-45

b	a	200+20		250+20		300+20		350+20	
	h \ β	0.65	0.80	0.65	0.80	0.65	0.80	0.65	0.80
600	550	508.47	625.81	458.62	564.45	417.67	514.06	383.43	471.92
	600	587.96	723.64	533.01	656.01	487.46	599.94	449.07	552.71
	650	669.61	824.14	609.83	750.56	559.84	689.04	517.43	636.84
	700	753.12	926.92	688.75	847.70	634.52	780.95	588.21	723.95
	750	838.24	1031.68	769.53	947.12	711.23	875.37	661.15	813.72
	800	924.76	1138.17	851.94	1048.55	789.76	972.01	736.03	905.89
	900	1101.34	1355.49	1020.95	1256.55	951.50	1171.07	890.89	1096.48
	1000	1281.78	1577.58	1194.59	1470.26	1118.50	1376.61	1051.52	1294.18
	1100	1465.30	1803.44	1371.97	1688.57	1289.81	1587.46	1216.94	1497.78
	1200	1651.30	2032.37	1552.42	1910.67	1464.71	1802.72	1386.39	1706.32
	1300	1839.34	2263.81	1735.42	2135.91	1642.62	2021.69	1559.24	1919.06

b	a	400+20		450+20		500+20		600+20	
	h \ β	0.65	0.80	0.65	0.80	0.65	0.80	0.65	0.80
300	300								
	350								
	400								
	450								
	500	147.80	181.91						
	550	177.19	218.08	164.71	202.73				
	600	208.15	256.18	193.99	238.75	181.63	223.55		
	700	274.10	337.35	256.64	315.86	241.27	296.95	215.47	265.19
	800	344.58	424.09	323.94	398.70	305.64	376.17	274.61	337.98
	900	418.77	515.41	395.11	486.29	373.98	460.29	337.85	415.82
	1000	496.06	610.53	469.53	577.88	445.70	548.55	404.62	497.99
400	350								
	400								
	450								
	500	197.07	242.54						
	550	236.26	290.78	219.62	270.30				
	600	277.53	341.57	258.65	318.34	242.18	298.06		
	650	320.66	394.66	299.56	368.69	281.07	345.94		
	700	365.46	449.80	342.18	421.15	321.69	395.93	287.29	353.58
	800	459.43	565.46	431.92	531.60	407.52	501.56	366.15	450.64
	900	558.36	687.22	526.82	648.39	498.65	613.72	450.47	554.42
	1000	661.41	814.04	626.04	770.51	594.26	731.40	539.49	663.99

续表 4-45

b	a / h β	400+20		450+20		500+20		600+20	
		0.65	0.80	0.65	0.80	0.65	0.80	0.65	0.80
450	400								
	450								
	500	221.70	272.86						
	550	265.79	327.13	247.07	304.09				
	600	312.22	384.27	290.98	358.13	272.45	335.32		
	650	360.74	443.99	337.01	414.78	316.21	389.18		
	700	411.14	506.02	384.96	473.79	361.91	445.42	323.20	397.78
	800	516.86	636.14	485.91	598.05	458.46	564.26	411.92	506.97
	900	628.16	773.12	592.67	729.44	560.98	690.43	506.78	623.72
	1000	744.09	915.80	704.29	866.82	668.54	822.82	606.93	746.99
	1100	863.90	1063.26	820.05	1009.29	780.43	960.53	711.67	875.90
500	450								
	500	246.33	303.18						
	550	295.32	363.47	274.52	337.88				
	600	346.91	426.97	323.31	397.92	302.72	372.58		
	650	400.83	493.32	374.46	460.87	351.34	432.42		
	700	456.83	562.25	427.73	526.44	402.12	494.91	359.11	441.98
	800	574.29	706.82	539.90	664.50	509.40	626.96	457.69	563.31
	900	697.95	859.02	658.52	810.49	623.31	767.15	563.08	693.03
	1000	826.76	1017.55	782.55	963.14	742.83	914.25	674.36	829.99
	1100	959.89	1181.40	911.16	1121.43	867.14	1067.26	790.74	973.22
	1200	1096.68	1349.75	1043.70	1284.55	995.60	1225.35	911.58	1121.95
600	550	354.39	436.17	329.43	405.45				
	600	416.29	512.36	387.97	477.51	363.26	447.09		
	650	480.99	591.99	449.35	553.04	421.61	518.90		
	700	548.19	674.70	513.28	631.72	482.54	593.90	430.93	530.38
	750	617.65	760.19	579.52	713.26	545.83	671.79	488.97	601.81
	800	689.15	848.19	647.89	797.40	611.28	752.35	549.22	675.97
	900	837.55	1030.83	790.23	972.59	747.97	920.58	675.70	831.63
	1000	992.11	1221.06	939.06	1155.77	891.39	1097.10	809.24	995.98
	1100	1151.86	1417.68	1093.39	1345.72	1040.57	1280.71	948.89	1167.87
	1200	1316.01	1619.71	1252.44	1541.46	1194.72	1470.42	1093.90	1346.34
	1300	1483.91	1826.36	1415.53	1742.19	1353.17	1665.44	1243.60	1530.59

牛腿截面尺寸选择表（45）　表4-46

（混凝土强度等级：C55　$F_{hk}/F_{vk}=0.2$）

b	a:	0+0		0+20		100+20		150+20	
	h \ β	0.65	0.80	0.65	0.80	0.65	0.80	0.65	0.80
300	300	221.20	272.25	188.43	231.91	108.25	133.23	89.26	109.85
	350	269.29	331.43	235.63	290.00	145.00	178.46	121.61	149.68
	400	317.37	390.61	283.06	348.39	183.74	226.15	156.32	192.39
	450	365.46	449.80	330.66	406.96	223.99	275.68	192.88	237.39
	500	413.55	508.98	378.35	465.66	265.41	326.66	230.94	284.24
	550	461.64	568.17	426.12	524.46	307.76	378.78	270.23	332.59
	600	509.72	627.35	473.95	583.33	350.85	431.81	310.52	382.18
	700	605.90	745.72	569.72	701.20	438.75	540.00	393.52	484.33
	800	702.07	864.09	665.60	819.20	528.36	650.29	478.98	589.52
	900	798.24	982.45	761.54	937.28	619.20	762.09	566.28	696.95
	1000	894.42	1100.82	857.53	1055.43	710.95	875.01	654.97	806.11
400	350	359.05	441.91	314.17	386.67	193.33	237.95	162.15	199.57
	400	423.17	520.82	377.42	464.51	244.99	301.53	208.42	256.52
	450	487.28	599.73	440.87	542.61	298.66	367.58	257.18	316.52
	500	551.40	678.64	504.47	620.89	353.88	435.55	307.92	378.98
	550	615.51	757.56	568.17	699.28	410.34	505.04	360.30	443.45
	600	679.63	836.47	631.94	777.77	467.80	575.75	414.03	509.57
	650	743.75	915.38	695.76	856.32	526.06	647.46	468.88	577.09
	700	807.86	994.29	759.63	934.93	585.00	720.00	524.69	645.78
	800	936.09	1152.12	887.47	1092.27	704.48	867.06	638.64	786.02
	900	1064.33	1309.94	1015.39	1249.71	825.60	1016.12	755.03	929.27
	1000	1192.56	1467.76	1143.38	1407.24	947.93	1166.68	873.29	1074.82
450	400	476.06	585.92	424.60	522.58	275.61	339.22	234.48	288.59
	450	548.19	674.70	495.98	610.44	335.99	413.52	289.32	356.09
	500	620.32	763.47	567.53	698.50	398.12	489.99	346.41	426.36
	550	692.45	852.25	639.19	786.69	461.64	568.17	405.34	498.88
	600	764.58	941.03	710.93	874.99	526.27	647.72	465.78	573.27
	650	836.71	1029.80	782.73	963.36	591.82	728.40	527.49	649.22
	700	908.84	1118.58	854.58	1051.80	658.13	810.00	590.28	726.50
	800	1053.11	1296.13	998.40	1228.80	792.54	975.44	718.47	884.28
	900	1197.37	1473.68	1142.31	1405.93	928.80	1143.14	849.41	1045.43
	1000	1341.63	1651.23	1286.30	1583.14	1066.42	1312.52	982.45	1209.17
	1100	1485.89	1828.79	1430.34	1760.42	1205.09	1483.19	1117.13	1374.93

续表 4-46

b	h \ a β	0+0 0.65	0+0 0.80	0+20 0.65	0+20 0.80	100+20 0.65	100+20 0.80	150+20 0.65	150+20 0.80
500	450	609.10	749.66	551.09	678.27	373.32	459.47	321.47	395.66
	500	689.25	848.30	630.59	776.11	442.35	544.43	384.90	473.73
	550	769.39	946.94	710.21	874.10	512.93	631.30	450.38	554.31
	600	849.54	1045.58	789.92	972.21	584.75	719.69	517.53	636.96
	650	929.68	1144.22	869.70	1070.40	657.58	809.33	586.10	721.36
	700	1009.83	1242.86	949.54	1168.66	731.25	900.01	655.87	807.22
	800	1170.12	1440.14	1109.33	1365.33	880.60	1083.82	798.30	982.53
	900	1330.41	1637.42	1269.24	1562.14	1032.00	1270.15	943.79	1161.59
	1000	1490.70	1834.70	1429.22	1759.05	1184.91	1458.35	1091.61	1343.52
	1100	1650.99	2031.98	1589.27	1956.02	1338.99	1647.99	1241.25	1527.70
	1200	1811.28	2229.26	1749.35	2153.05	1493.97	1838.74	1392.34	1713.65
600	550	923.27	1136.33	852.25	1048.92	615.51	757.56	540.45	665.17
	600	1019.44	1254.70	947.90	1166.65	701.70	863.63	621.04	764.36
	650	1115.62	1373.07	1043.64	1284.48	789.10	971.20	703.32	865.63
	700	1211.79	1491.44	1139.45	1402.40	877.50	1080.01	787.04	968.67
	750	1307.97	1609.80	1235.30	1520.37	966.76	1189.86	871.98	1073.20
	800	1404.14	1728.17	1331.20	1638.40	1056.72	1300.58	957.96	1179.03
	900	1596.49	1964.91	1523.09	1874.57	1238.40	1524.18	1132.55	1393.91
	1000	1788.84	2201.64	1715.07	2110.86	1421.90	1750.03	1309.94	1612.23
	1100	1981.18	2438.38	1907.12	2347.23	1606.79	1977.58	1489.50	1833.24
	1200	2173.53	2675.12	2099.22	2583.66	1792.77	2206.48	1670.81	2056.38
	1300	2365.88	2911.85	2291.36	2820.14	1979.61	2436.45	1853.52	2281.26

b	h \ a β	200+20 0.65	200+20 0.80	250+20 0.65	250+20 0.80	300+20 0.65	300+20 0.80	350+20 0.65	350+20 0.80
300	300	75.93	93.46						
	350	104.72	128.89	91.95	113.17				
	400	136.02	167.41	120.38	148.16	107.97	132.89		
	450	169.36	208.44	150.95	185.79	136.15	167.57	124.00	152.61
	500	204.40	251.57	183.33	225.63	166.19	204.54	151.99	187.06
	550	240.85	296.43	217.24	267.37	197.84	243.50	181.63	223.54
	600	278.51	342.78	252.48	310.74	230.90	284.18	212.72	261.81
	700	356.74	439.07	326.25	401.54	300.56	369.92	278.62	342.92
	800	438.04	539.13	403.55	496.68	374.10	460.43	348.65	429.10
	900	521.69	642.08	483.61	595.21	450.71	554.72	422.00	519.39
	1000	607.16	747.27	565.86	696.44	529.81	652.08	498.09	613.03

续表 4-46

b	a	200+20		250+20		300+20		350+20	
	h　β	0.65	0.80	0.65	0.80	0.65	0.80	0.65	0.80
400	350	139.63	171.85	122.60	150.90				
	400	181.36	223.21	160.51	197.55	143.96	177.19		
	450	225.81	277.92	201.27	247.72	181.54	223.43	165.33	203.48
	500	272.53	335.42	244.43	300.84	221.59	272.73	202.65	249.42
	550	321.14	395.25	289.65	356.50	263.79	324.67	242.17	298.05
	600	371.34	457.04	336.64	414.32	307.87	378.91	283.62	349.08
	650	422, 91	520.51	385.15	474.04	353.58	435.18	326.80	402.21
	700	475.66	585.42	435.00	535.39	400.75	493.23	371.50	457.23
	800	584.06	718.84	538.07	662.24	498.79	613.90	464.86	572.14
	900	695.58	856.10	644.81	793.61	600.95	739.63	562.67	692.52
	1000	809.55	996.36	754.48	928.58	706.42	869.44	664.12	817.38
450	400	204.03	251.11	180.57	222.25	161.96	199.33		
	450	254.04	312.66	226.43	278.68	204.23	251.36	185.99	228.92
	500	306.60	377.35	274.99	338.45	249.29	306.82	227.98	280.59
	550	361.28	444.65	325.86	401.06	296.77	365.25	272.44	335.31
	600	417.76	514.17	378.72	466.12	346.35	426.28	319.08	392.71
	650	475.78	585.57	433.30	533.29	397.78	489.58	367.65	452.49
	700	535.11	658.60	489.38	602.31	450.84	554.88	417.94	514.38
	800	657.07	808.70	605.33	745.02	561.14	690.64	522.97	643.66
	900	782.53	963.11	725.41	892.81	676.06	832.08	633.00	779.08
	1000	910.74	1120.91	848.78	1044.66	794.72	978.12	747.13	919.55
	1100	1041.13	1281.39	974.82	1199.78	916.45	1127.93	864.67	1064.21
500	450	282.27	347.41	251.59	309.64	226.92	279.29	206.66	254.35
	500	340.66	419.28	305.54	376.05	276.99	340.91	253.31	311.77
	550	401.42	494.06	362.07	445.62	329.74	405.83	302.71	372.57
	600	464.18	571.30	420.80	517.91	384.83	473.64	354.53	436.35
	650	528.64	650.64	481.44	592.54	441.98	543.98	408.50	502.77
	700	594.57	731.78	543.75	669.23	500.94	616.54	464.37	571.54
	800	730.07	898.55	672.59	827.80	623.49	767.38	581.08	715.17
	900	869.48	1070.13	806.01	992.02	751.18	924.53	703.34	865.64
	1000	1011.93	1245.46	943.09	1160.73	883.02	1086.80	830.15	1021.72
	1100	1156.81	1423.77	1083.13	1333.09	1018.27	1253.26	960.74	1182.45
	1200	1303.66	1604.50	1225.59	1508.42	1156.35	1423.20	1094.51	1347.10

续表 4-46

b	h \ a	200 + 20		250 + 20		300 + 20		350 + 20	
	β	0.65	0.80	0.65	0.80	0.65	0.80	0.65	0.80
600	550	481.71	592.87	434.48	534.74	395.69	487.00	363.25	447.08
	600	557.02	685.56	504.96	621.49	461.80	568.37	425.44	523.62
	650	634.37	780.76	577.73	711.05	530.38	652.77	490.20	603.32
	700	713.49	878.14	652.50	803.08	601.13	739.85	557.25	685.84
	750	794.12	977.38	729.03	897.27	673.80	829.29	626.35	770.89
	800	876.09	1078.26	807.10	993.36	748.19	920.85	697.29	858.21
	900	1043.37	1284.15	967.22	1190.42	901.42	1109.44	844.00	1038.77
	1000	1214.32	1494.55	1131.71	1392.88	1059.63	1304.16	996.18	1226.07
	1100	1388.18	1708.53	1299.76	1599.70	1221.93	1503.91	1152.89	1418.94
	1200	1564.39	1925.40	1470.71	1810.11	1387.62	1707.84	1313.42	1616.51
	1300	1742.53	2144.66	1644.09	2023.49	1556.17	1915.28	1477.17	1818.06
b	**h \ a**	**400 + 20**		**450 + 20**		**500 + 20**		**600 + 20**	
	β	0.65	0.80	0.65	0.80	0.65	0.80	0.65	0.80
300	300								
	350								
	400								
	450								
	500	140.02	172.33						
	550	167.87	206.61	156.05	192.06				
	600	197.19	242.70	183.78	226.19	172.07	211.78		
	700	259.67	319.59	243.13	299.24	228.57	281.32	204.13	251.23
	800	326.44	401.77	306.89	377.71	289.55	356.37	260.16	320.19
	900	396.73	488.29	374.32	460.70	354.30	436.06	320.07	393.93
	1000	469.95	578.40	444.82	547.47	422.24	519.68	383.32	471.78
400	350								
	400								
	450								
	500	186.69	229.78						
	550	223.82	275.47	208.06	256.08				
	600	262.92	323.60	245.04	301.58	229.43	282.37		
	650	303.78	373.89	283.80	349.29	266.28	327.73		
	700	346.23	426.12	324.17	398.98	304.76	375.09	272.17	334.98
	800	435.25	535.70	409.19	503.62	386.07	475.17	346.88	426.93
	900	528.98	651.05	499.09	614.27	472.40	581.42	426.76	525.24
	1000	626.60	771.20	593.09	729.96	562.98	692.90	511.10	629.04

续表 4-46

b	a	400+20		450+20		500+20		600+20	
	h \ β	0.65	0.80	0.65	0.80	0.65	0.80	0.65	0.80
450	400								
	450								
	500	210.03	258.50						
	550	251.80	309.91	234.07	288.08				
	600	295.79	364.05	275.67	339.28	258.11	317.67		
	650	341.76	420.62	319.27	392.95	299.56	368.69		
	700	389.50	479.39	364.70	448.86	342.86	421.98	306.19	376.85
	800	489.66	602.66	460.34	566.57	434.33	534.56	390.24	480.29
	900	595.10	732.43	561.48	691.05	531.45	654.09	480.10	590.90
	1000	704.92	867.60	667.23	821.20	633.36	779.52	574.98	707.67
	1100	818.43	1007.30	776.89	956.17	739.36	909.98	674.21	829.80
500	450								
	500	233.37	287.22						
	550	279.78	344.34	260.08	320.09				
	600	328.65	404.50	306.30	376.98	286.79	352.97		
	650	379.73	467.36	354.75	436.61	332.85	409.66		
	700	432.78	532.66	405.22	498.73	380.95	468.86	340.21	418.72
	800	544.07	669.62	511.49	629.52	482.59	593.96	433.60	533.66
	900	661.22	813.81	623.86	767.83	590.50	726.77	533.45	656.55
	1000	783.25	964.00	741.36	912.45	703.73	866.13	638.87	786.30
	1100	909.37	1119.22	863.21	1062.41	821.51	1011.08	749.13	922.00
	1200	1038.96	1278.71	988.76	1216.94	943.20	1160.86	863.60	1062.90
600	550	335.73	413.21	312.09	384.11				
	600	394.38	485.40	367.55	452.38	344.14	423.56		
	650	455.68	560.83	425.70	523.93	399.42	491.59		
	700	519.34	639.19	486.26	598.47	457.14	562.64	408.25	502.46
	750	585.14	720.18	549.02	675.72	517.10	636.43	463.24	570.14
	800	652.88	803.55	613.79	755.43	579.11	712.75	520.32	640.39
	900	793.46	976.57	748.64	921.40	708.60	872.13	640.14	787.86
	1000	939.90	1156.80	889.64	1094.94	844.48	1039.36	766.64	943.56
	1100	1091.24	1343.07	1035.85	1274.89	985.81	1213.30	898.95	1106.40
	1200	1246.75	1534.46	1186.52	1460.33	1131.84	1393.03	1036.33	1275.48
	1300	1405.81	1730.23	1341.03	1650.50	1281.95	1577.79	1178.15	1450.03

牛腿截面尺寸选择表（46）　表4-47

（混凝土强度等级：C55　$F_{hk}/F_{vk}=0.3$）

b	a / β / h	0+0 0.65	0+0 0.80	0+20 0.65	0+20 0.80	100+20 0.65	100+20 0.80	150+20 0.65	150+20 0.80
300	300	208.91	257.12	177.96	219.03	102.23	125.83	84.30	103.75
	350	254.33	313.02	222.54	273.89	136.95	168.55	114.86	141.36
	400	299.74	368.91	267.34	329.03	173.54	213.58	147.63	181.70
	450	345.16	424.81	312.29	384.35	211.55	260.37	182.17	224.21
	500	390.57	480.71	357.33	439.79	250.67	308.51	218.11	268.45
	550	435.99	536.60	402.45	495.32	290.66	357.73	255.21	314.11
	600	481.40	592.50	447.62	550.92	331.36	407.82	293.27	360.95
	700	572.24	704.29	538.07	662.24	414.38	510.00	371.66	457.43
	800	663.07	816.08	628.62	773.69	499.01	614.16	452.37	556.77
	900	753.90	927.87	719.24	885.21	584.80	719.75	534.82	658.24
	1000	844.73	1039.67	809.89	996.79	671.45	826.40	618.58	761.33
400	350	339.10	417.36	296.71	365.19	182.59	224.73	153.14	188.48
	400	399.66	491.88	356.45	438.71	231.38	284.78	196.85	242.27
	450	460.21	566.41	416.38	512.47	282.06	347.16	242.89	298.94
	500	520.76	640.94	476.44	586.39	334.22	411.35	290.82	357.93
	550	581.32	715.47	536.60	660.43	387.55	476.98	340.28	418.81
	600	641.87	790.00	596.83	734.56	441.81	543.76	391.03	481.26
	650	702.43	864.52	657.11	808.75	496.84	611.49	442.83	545.03
	700	762.98	939.05	717.43	882.99	552.50	680.00	495.54	609.90
	800	884.09	1088.11	838.16	1031.58	665.34	818.89	603.16	742.35
	900	1005.20	1237.16	958.98	1180.28	779.73	959.67	713.09	877.65
	1000	1126.30	1386.22	1079.86	1329.06	895.27	1101.87	824.77	1015.11
450	400	449.61	553.37	401.01	493.55	260.30	320.37	221.45	272.56
	450	517.74	637.21	468.43	576.53	317.32	390.55	273.25	336.31
	500	585.86	721.06	536.00	659.69	376.00	462.77	327.17	402.67
	550	653.98	804.90	603.68	742.99	435.99	536.60	382.82	471.16
	600	722.11	888.75	671.43	826.38	497.03	611.73	439.90	541.42
	650	790.23	972.59	739.25	909.84	558.94	687.93	498.19	613.15
	700	858.35	1056.43	807.11	993.36	621.57	765.00	557.49	686.14
	800	994.60	1224.12	942.93	1160.53	748.51	921.25	678.56	835.15
	900	1130.85	1391.81	1078.85	1327.82	877.20	1079.63	802.22	987.35
	1000	1267.09	1559.50	1214.84	1495.19	1007.18	1239.60	927.87	1141.99
	1100	1403.34	1727.19	1350.88	1662.62	1138.14	1400.79	1055.07	1298.54

续表 4-47

b	a	0+0		0+20		100+20		150+20	
	h \ β	0.65	0.80	0.65	0.80	0.65	0.80	0.65	0.80
500	450	575.26	708.02	520.48	640.59	352.58	433.95	303.61	373.68
	500	650.96	801.18	595.55	732.99	417.78	514.19	363.52	447.41
	550	726.65	894.34	670.75	825.54	484.43	596.22	425.35	523.51
	600	802.34	987.50	746.04	918.20	552.26	679.71	488.78	601.58
	650	878.03	1080.66	821.39	1010.94	621.05	764.37	553.54	681.28
	700	953.73	1173.82	896.79	1103.74	690.63	850.00	619.43	762.38
	800	1105.11	1360.14	1047.70	1289.48	831.68	1023.61	753.95	927.94
	900	1256.50	1546.46	1198.73	1475.35	974.66	1199.59	891.36	1097.06
	1000	1407.88	1732.78	1349.82	1661.32	1119.08	1377.33	1030.97	1268.88
	1100	1559.27	1919.10	1500.98	1847.35	1264.60	1556.43	1172.29	1442.82
	1200	1710.65	2105.42	1652.17	2033.44	1410.97	1736.58	1314.99	1618.45
600	550	871.98	1073.20	804.90	990.65	581.32	715.47	510.43	628.22
	600	962.81	1185.00	895.24	1101.84	662.71	815.65	586.54	721.89
	650	1053.64	1296.79	985.66	1213.12	745.26	917.24	664.25	817.54
	700	1144.47	1408.58	1076.14	1324.48	828.75	1020.01	743.32	914.85
	750	1235.30	1520.37	1166.67	1435.91	913.05	1123.75	823.53	1013.58
	800	1326.13	1632.16	1257.24	1547.38	998.02	1228.33	904, 74	1113.53
	900	1507.79	1855.75	1438.47	1770.43	1169.60	1439.50	1069.63	1316.47
	1000	1689.46	2079.33	1619.79	1993.59	1342.90	1652.80	1237.16	1522.66
	1100	1871.12	2302.92	1801.17	2216.82	1517.52	1867.72	1406.75	1731.39
	1200	2052.78	2526.50	1982.60	2440.12	1693.17	2083.90	1577.99	1942.14
	1300	2234.44	2750.08	2164.07	2663.47	1869.64	2301.09	1750.55	2154.52

b	a	200+20		250+20		300+20		350+20	
	h \ β	0.65	0.80	0.65	0.80	0.65	0.80	0.65	0.80
300	300	71.72	88.27						
	350	98.90	121.73	86.84	106.88				
	400	128.46	158.11	113.70	139.93	101.97	125.51		
	450	159.95	196.86	142.57	175.46	128.59	158.26	117.11	144.13
	500	193.04	237.59	173.14	213.10	156.96	193.18	143.54	176.67
	550	227.47	279.97	205.17	252.52	186.85	229.97	171.54	211.12
	600	263.04	323.74	238.45	293.48	218.07	268.40	200.90	247.26
	700	336.92	414.68	308.13	379.23	283.86	349.37	263.14	323.87
	800	413.71	509.18	381.13	469.09	353.31	434.85	329.28	405.27
	900	492.70	606.41	456.74	562.14	425.67	523.90	398.56	490.53
	1000	573.43	705.76	534.42	657.75	500.38	615.85	470.42	578.98

续表 4-47

b	a / β / h	200+20		250+20		300+20		350+20	
		0.65	0.80	0.65	0.80	0.65	0.80	0.65	0.80
400	350	131.87	162.31	115.79	142.51				
	400	171.28	210.81	151.59	186.58	135.97	167.34		
	450	213.27	262.48	190.09	233.95	171.45	211.02	156.14	192.18
	500	257.39	316.79	230.85	284.13	209.28	257.57	191.39	235.56
	550	303.30	373.29	273.56	336.69	249.14	306.63	228.72	281.50
	600	350.71	431.65	317.94	391.31	290.76	357.86	267.87	329.68
	650	399.42	491.59	363.76	447.70	333.94	411.00	308.64	379.87
	700	449.23	552.90	410.84	505.64	378.49	465.83	350.86	431.83
	800	551.61	678.91	508.18	625.45	471.08	579.80	439.04	540.35
	900	656.94	808.54	608.99	749.52	567.56	698.54	531.41	654.04
	1000	764.57	941.01	712.56	877.00	667.17	821.14	627.22	771.97
450	400	192.69	237.16	170.54	209.90	152.96	188.26		
	450	239.93	295.29	213.85	263.20	192.88	237.39	175.66	216.20
	500	289.56	356.39	259.71	319.64	235.44	289.77	215.32	265.00
	550	341.21	419.95	307.76	378.78	280.28	344.96	257.30	316.68
	600	394.55	485.60	357.68	440.22	327.11	402.59	301.35	370.89
	650	449.35	553.04	409.23	503.66	375.68	462.38	347.22	427.35
	700	505.39	622.01	462.19	568.85	425.80	524.06	394.72	485.81
	800	620.56	763.77	571.70	703.63	529.97	652.27	493.92	607.90
	900	739.06	909.61	685.11	843.21	638.50	785.85	597.84	735.80
	1000	860.14	1058.64	801.63	986.62	750.57	923.78	705.63	868.46
	1100	983.29	1210.21	920.66	1133.12	865.53	1065.27	816.63	1005.09
500	450	266.59	328.10	237.61	292.44	214.31	263.77	195.18	240.22
	500	321.74	395.98	288.57	355.16	261.60	321.97	239.24	294.45
	550	379.12	466.61	341.95	420.86	311.42	383.29	285.89	351.87
	600	438.39	539.56	397.42	489.13	363.45	447.33	334.83	412.10
	650	499.27	614.49	454.70	559.63	417.43	513.75	385.80	474.83
	700	561.54	691.13	513.54	632.05	473.11	582.29	438.57	539.78
	800	689.51	848.63	635.22	781.81	588.85	724.74	548.80	675.44
	900	821.17	1010.68	761.23	936.90	709.45	873.17	664.26	817.55
	1000	955.71	1176.26	890.70	1096.25	833.97	1026.42	784.03	964.96
	1100	1092.55	1344.67	1022.96	1259.02	961.70	1183.63	907.37	1116.76
	1200	1231.23	1515.36	1157.51	1424.62	1092.11	1344.14	1033.71	1272.26

续表 4-47

b	a	200+20		250+20		300+20		350+20	
	h \ β	0.65	0.80	0.65	0.80	0.65	0.80	0.65	0.80
600	550	454.94	559.93	410.34	505.04	373.70	459.94	343.07	422.24
	600	526.07	647.47	476.91	586.96	436.14	536.79	401.80	494.53
	650	599.13	737.39	545.63	671.55	500.91	616.51	462.96	569.80
	700	673.85	829.35	616.25	758.47	567.73	698.74	526.29	647.74
	750	750.00	923.08	688.53	847.42	636.37	783.22	591.55	728.07
	800	827.42	1018.36	762.27	938.17	706.63	869.69	658.56	810.53
	900	985.41	1212.81	913.48	1124.28	851.34	1047.80	797.11	981.06
	1000	1146.86	1411.52	1068.84	1315.50	1000.76	1231.71	940.84	1157.95
	1100	1311.06	1613.61	1227.55	1510.83	1154.04	1420.36	1088.84	1340.11
	1200	1477.48	1818.44	1389.01	1709.55	1310.53	1612.96	1240.45	1526.71
	1300	1645.73	2025.51	1552.75	1911.07	1469.71	1808.88	1395.11	1717.06

b	a	400+20		450+20		500+20		600+20	
	h \ β	0.65	0.80	0.65	0.80	0.65	0.80	0.65	0.80
300	300								
	350								
	400								
	450								
	500	132.24	162.76						
	550	158.54	195.13	147.38	181.39				
	600	186.24	229.21	173.57	213.62	162.51	200.02		
	700	245.24	301.84	229.62	282.61	215.87	265.69	192.79	237.27
	800	308.30	379.45	289.84	356.73	273.47	336.58	245.70	302.41
	900	374.69	461.16	353.52	435.10	334.62	411.84	302.29	372.05
	1000	443.84	546.26	420.11	517.05	398.78	490.81	362.03	445.57
400	350								
	400								
	450								
	500	176.32	217.01						
	550	211.39	260.17	196.50	241.85				
	600	248.32	305.62	231.42	284.83	216.68	266.69		
	650	286.91	353.12	268.03	329.88	251.49	309.52		
	700	326.99	402.45	306.16	376.82	287.83	354.25	257.05	316.37
	800	411.07	505.94	386.46	475.64	364.62	448.77	327.61	403.21
	900	499.59	614.88	471.36	580.14	446.16	549.12	403.05	496.06
	1000	591.79	728.35	560.14	689.40	531.71	654.41	482.70	594.09

续表 4-47

b	a / β / h	400+20		450+20		500+20		600+20	
		0.65	0.80	0.65	0.80	0.65	0.80	0.65	0.80
450	400								
	450								
	500	198.36	244.14						
	550	237.81	292.69	221.06	272.08				
	600	279.36	343.82	260.35	320.43	243.77	300.02		
	650	322.77	397.26	301.54	371.12	282.92	348.21		
	700	367.87	452.76	344.43	423.92	323.81	398.54	289.18	355.91
	800	462.46	569.18	434.77	535.10	410.20	504.86	368.56	453.61
	900	562.04	691.74	530.28	652.66	501.93	617.76	453.43	558.07
	1000	665.76	819.40	630.16	775.58	598.17	736.21	543.04	668.36
	1100	772.96	951.34	733.73	903.05	698.28	859.42	636.76	783.70
500	450								
	500	220.40	271.26						
	550	264.24	325.21	245.63	302.31				
	600	310.39	382.02	289.28	356.04	270.85	333.36		
	650	358.63	441.39	335.04	412.36	314.36	386.90		
	700	408.74	503.06	382.71	471.02	359.79	442.82	321.31	395.46
	800	513.84	632.42	483.07	594.55	455.78	560.96	409.51	504.01
	900	624.49	768.60	589.20	725.17	557.70	686.39	503.81	620.08
	1000	739.73	910.44	700.18	861.75	664.63	818.01	603.38	742.62
	1100	858.85	1057.04	815.25	1003.39	775.87	954.91	707.51	870.78
	1200	981.24	1207.68	933.83	1149.33	890.80	1096.37	815.63	1003.85
600	550	317.08	390.26	294.75	362.77				
	600	372.47	458.43	347.14	427.24	325.02	400.03		
	650	430.36	529.67	402.05	494.83	377.23	464.28		
	700	490.49	603.68	459.25	565.23	431.75	531.38	385.57	474.55
	750	552.63	680.17	518.52	638.18	488.38	601.08	437.50	538.46
	800	616.61	758.90	579.69	713.46	546.94	673.15	491.41	604.81
	900	749.38	922.32	707.04	870.21	669.23	823.67	604.57	744.09
	1000	887.68	1092.53	840.21	1034.11	797.56	981.61	724.05	891.14
	1100	1030.62	1268.45	978.30	1204.06	931.04	1145.90	849.01	1044.94
	1200	1177.48	1449.21	1120.60	1379.20	1068.96	1315.64	978.75	1204.62
	1300	1327.71	1634.11	1266.53	1558.80	1210.73	1490.13	1112.70	1369.47

牛腿截面尺寸选择表（47）　　**表 4-48**

（混凝土强度等级：C55　$F_{hk}/F_{vk}=0.4$）

b	a → h ↓ β →	0+0		0+20		100+20		150+20	
		0.65	0.80	0.65	0.80	0.65	0.80	0.65	0.80
300	300	196.62	242.00	167.49	206.15	96.22	118.42	79.34	97.65
	350	239.37	294.60	209.45	257.78	128.89	158.63	108.10	133.05
	400	282.11	347.21	251.61	309.68	163.33	201.02	138.95	171.02
	450	324.85	399.82	293.92	361.74	199.10	245.05	171.45	211.02
	500	367.60	452.43	336.31	413.92	235.92	290.36	205.28	252.66
	550	410.34	505.04	378.78	466.19	273.56	336.69	240.20	295.63
	600	453.09	557.64	421.29	518.51	311.86	383.83	276.02	339.71
	700	538.57	662.86	506.42	623.29	390.00	480.00	349.80	430.52
	800	624.06	768.08	591.64	728.18	469.66	578.04	425.76	524.02
	900	709.55	873.29	676.93	833.14	550.40	677.41	503.36	619.52
	1000	795.04	978.51	762.25	938.16	631.95	777.79	582.19	716.55
400	350	319.16	392.81	279.26	343.71	171.85	211.51	144.13	177.40
	400	376.15	462.95	335.48	412.90	217.77	268.02	185.27	228.02
	450	433.14	533.09	391.89	482.32	265.47	326.74	228.60	281.36
	500	490.13	603.24	448.42	551.90	314.56	387.15	273.71	336.87
	550	547.12	673.38	505.04	621.58	364.75	448.92	320.27	394.18
	600	604.12	743.53	561.72	691.35	415.82	511.78	368.02	452.95
	650	661.11	813.67	618.46	761.18	467.61	575.52	416.78	512.97
	700	718.10	883.81	675.23	831.05	520.00	640.00	466.39	574.02
	800	832.08	1024.10	788.86	970.90	626.21	770.72	567.68	698.69
	900	946.07	1164.39	902.57	1110.86	733.87	903.22	671.14	826.02
	1000	1060.05	1304.68	1016.34	1250.88	842.60	1037.05	776.26	955.39
450	400	423.17	520.82	377.42	464.51	244.99	301.53	208.42	256.52
	450	487.28	599.73	440.87	542.61	298.66	367.58	257.18	316.52
	500	551.40	678.64	504.47	620.89	353.88	435.55	307.92	378.98
	550	615.51	757.56	568.17	699.28	410.34	505.04	360.30	443.45
	600	679.63	836.47	631.94	777.77	467.80	575.75	414.03	509.57
	650	743.75	915.38	695.76	856.32	526.06	647.46	468.88	577.09
	700	807.86	994.29	759.63	934.93	585.00	720.00	524.69	645.78
	800	936.09	1152.12	887.47	1092.27	704.48	867.06	638.64	786.02
	900	1064.33	1309.94	1015.39	1249.71	825.60	1016.12	755.03	929.27
	1000	1192.56	1467.76	1143.38	1407.24	947.93	1166.68	873.29	1074.82
	1100	1320.79	1625.59	1271.41	1564.82	1071.19	1318.39	993.00	1222.16

续表 4-48

b	a	0+0		0+20		100+20		150+20	
	h \ β	0.65	0.80	0.65	0.80	0.65	0.80	0.65	0.80
500	450	541.42	666.37	489.86	602.90	331.84	408.42	285.75	351.69
	500	612.66	754.05	560.52	689.87	393.20	483.94	342.14	421.09
	550	683.90	841.73	631.30	776.98	455.94	561.15	400.33	492.72
	600	755.14	929.41	702.15	864.19	519.77	639.72	460.03	566.19
	650	826.38	1017.09	773.07	951.47	584.52	719.40	520.98	641.21
	700	897.62	1104.77	844.03	1038.81	650.00	800.00	582.99	717.53
	800	1040.10	1280.13	986.07	1213.63	782.76	963.40	709.60	873.36
	900	1182.58	1455.49	1128.21	1388.57	917.33	1129.02	838.93	1032.53
	1000	1325.06	1630.85	1270.42	1563.60	1053.26	1296.32	970.32	1194.24
	1100	1467.54	1806.21	1412.68	1738.69	1190.21	1464.88	1103.34	1357.95
	1200	1610.02	1981.57	1554.98	1913.82	1327.98	1634.43	1237.64	1523.25
600	550	820.68	1010.07	757.56	932.38	547.12	673.38	480.40	591.26
	600	906.17	1115.29	842.58	1037.02	623.73	767.67	552.04	679.43
	650	991.66	1220.51	927.68	1141.76	701.42	863.28	625.18	769.45
	700	1077.15	1325.72	1012.84	1246.57	780.00	960.01	699.59	861.04
	750	1162.64	1430.94	1098.05	1351.44	859.34	1057.65	775.09	953.96
	800	1248.12	1536.15	1183.29	1456.35	939.31	1156.07	851.52	1048.03
	900	1419.10	1746.59	1353.85	1666.28	1100.80	1354.83	1006.71	1239.03
	1000	1590.08	1957.02	1524.51	1876.32	1263.91	1555.58	1164.39	1433.09
	1100	1761.05	2167.45	1695.22	2086.42	1428.26	1757.85	1324.00	1629.54
	1200	1932.03	2377.88	1865.98	2296.59	1593.57	1961.32	1485.16	1827.90
	1300	2103.00	2588.31	2036.77	2506.79	1759.66	2165.73	1647.58	2027.79

b	a	200+20		250+20		300+20		350+20	
	h \ β	0.65	0.80	0.65	0.80	0.65	0.80	0.65	0.80
300	300	67.50	83.07						
	350	93.09	114.57	81.73	100.60				
	400	120.90	148.81	107.01	131.70	95.98	118.12		
	450	150.54	185.28	134.18	165.14	121.02	148.95	110.22	135.65
	500	181.69	223.61	162.96	200.56	147.73	181.82	135.10	166.28
	550	214.09	263.50	193.10	237.66	175.86	216.44	161.45	198.70
	600	247.56	304.69	224.43	276.22	205.24	252.61	189.08	232.72
	700	317.10	390.28	290.00	356.93	267.17	328.82	247.67	304.82
	800	389.37	479.23	358.71	441.49	332.53	409.27	309.91	381.43
	900	463.72	570.73	429.87	529.08	400.63	493.08	375.11	461.68
	1000	539.70	664.24	502.98	619.06	470.95	579.63	442.75	544.92

续表 4-48

b	a / h \ β	200+20		250+20		300+20		350+20	
		0.65	0.80	0.65	0.80	0.65	0.80	0.65	0.80
400	350	124.12	152.76	108.98	134.13				
	400	161.21	198.41	142.68	175.60	127.97	157.50		
	450	200.72	247.04	178.91	220.19	161.37	198.60	146.96	180.87
	500	242.25	298.15	217.27	267.41	196.97	242.42	180.13	221.70
	550	285.46	351.33	257.47	316.89	234.48	288.59	215.26	264.94
	600	330.08	406.26	299.23	368.29	273.66	336.81	252.11	310.29
	650	375.92	462.68	342.36	421.37	314.30	386.83	290.49	357.52
	700	422.81	520.38	386.67	475.90	356.22	438.43	330.22	406.43
	800	519.16	638.97	478.28	588.66	443.37	545.69	413.21	508.57
	900	618.30	760.98	573.16	705.43	534.17	657.44	500.15	615.57
	1000	719.60	885.66	670.64	825.41	627.93	772.83	590.33	726.56
450	400	181.36	223.21	160.51	197.55	143.96	177.19		
	450	225.81	277.92	201.27	247.72	181.54	223.43	165.33	203.48
	500	272.53	335.42	244.43	300.84	221.59	272.73	202.65	249.42
	550	321.14	395.25	289.65	356.50	263.79	324.67	242.17	298.05
	600	371.34	457.04	336.64	414.32	307.87	378.91	283.62	349.08
	650	422.91	520.51	385.15	474.04	353.58	435.18	326.80	402.21
	700	475.66	585.42	435.00	535.39	400.75	493.23	371.50	457.23
	800	584.06	718.84	538.07	662.24	498.79	613.90	464.86	572.14
	900	695.58	856.10	644.81	793.61	600.95	739.63	562.67	692.52
	1000	809.55	996.36	754.48	928.58	706.42	869.44	664.12	817.38
	1100	925.45	1139.02	866.51	1066.47	814.62	1002.61	768.60	945.96
500	450	250.90	308.80	223.63	275.24	201.71	248.25	183.70	226.09
	500	302.81	372.69	271.59	334.27	246.21	303.03	225.17	277.13
	550	356.82	439.16	321.84	396.11	293.10	360.74	269.08	331.17
	600	412.60	507.82	374.04	460.36	342.07	421.01	315.14	387.86
	650	469.90	578.34	427.95	526.71	392.87	483.53	363.11	446.90
	700	528.51	650.47	483.34	594.88	445.28	548.03	412.78	508.03
	800	648.95	798.71	597.86	735.82	554.22	682.11	516.51	635.71
	900	772.87	951.22	716.46	881.79	667.72	821.81	625.19	769.46
	1000	899.50	1107.07	838.31	1031.76	784.91	966.04	737.91	908.20
	1100	1028.28	1265.57	962.78	1184.96	905.13	1114.01	853.99	1051.07
	1200	1158.81	1426.22	1089.42	1340.82	1027.87	1265.07	972.90	1197.42

续表 4-48

b	a	200+20		250+20		300+20		350+20	
	h \ β	0.65	0.80	0.65	0.80	0.65	0.80	0.65	0.80
600	550	428.18	526.99	386.20	475.33	351.72	432.89	322.89	397.41
	600	495.13	609.39	448.85	552.43	410.49	505.22	378.17	465.44
	650	563.89	694.01	513.54	632.05	471.45	580.24	435.73	536.28
	700	634.21	780.57	580.00	713.85	534.33	657.64	495.33	609.64
	750	705.89	868.78	648.03	797.57	598.93	737.15	556.76	685.24
	800	778.74	958.45	717.43	882.99	665.06	818.53	619.82	762.85
	900	927.44	1141.47	859.75	1058.15	801.26	986.17	750.23	923.35
	1000	1079.40	1328.49	1005.97	1238.11	941.89	1159.25	885.49	1089.84
	1100	1233.93	1518.69	1155.34	1421.96	1086.16	1336.81	1024.79	1261.28
	1200	1390.57	1711.47	1307.30	1608.99	1233.44	1518.08	1167.48	1436.90
	1300	1548.92	1906.36	1461.41	1798.66	1383.26	1702.47	1313.04	1616.05

b	a	400+20		450+20		500+20		600+20	
	h \ β	0.65	0.80	0.65	0.80	0.65	0.80	0.65	0.80
300	300								
	350								
	400								
	450								
	500	124.46	153.18						
	550	149.22	183.65	138.71	170.72				
	600	175.28	215.73	163.36	201.06	152.95	188.25		
	700	230.82	284.08	216.12	265.99	203.17	250.06	181.44	223.32
	800	290.17	357.13	272.79	335.75	257.38	316.78	231.25	284.62
	900	352.65	434.03	332.73	409.51	314.93	387.61	284.51	350.16
	1000	417.73	514.13	395.39	486.64	375.32	461.91	340.73	419.36
400	350								
	400								
	450								
	500	165.95	204.25						
	550	198.95	244.87	184.94	227.62				
	600	233.71	287.64	217.81	268.07	203.94	251.00		
	650	270.03	332.34	252.26	310.48	236.69	291.31		
	700	307.76	378.78	288.15	354.65	270.90	333.42	241.93	297.76
	800	386.89	476.18	363.72	447.66	343.18	422.37	308.34	379.49
	900	470.20	578.71	443.64	546.01	419.91	516.82	379.34	466.88
	1000	556.98	685.51	527.19	648.85	500.43	615.91	454.31	559.15

续表 4-48

b	a	400+20		450+20		500+20		600+20	
	h \ β	0.65	0.80	0.65	0.80	0.65	0.80	0.65	0.80
450	400								
	450								
	500	186.69	229.78						
	550	223.82	275.47	208.06	256.08				
	600	262.92	323.60	245.04	301.58	229.43	282.37		
	650	303.78	373.89	283.80	349.29	266.28	327.73		
	700	346.23	426.12	324.17	398.98	304.76	375.09	272.17	334.98
	800	435.25	535.70	409.19	503.62	386.07	475.17	346.88	426.93
	900	528.98	651.05	499.09	614.27	472.40	581.42	426.76	525.24
	1000	626.60	771.20	593.09	729.96	562.98	692.90	511.10	629.04
	1100	727.49	895.38	690.57	849.93	657.20	808.87	599.30	737.60
500	450								
	500	207.44	255.31						
	550	248.69	306.08	231.18	284.53				
	600	292.14	359.55	272.26	335.09	254.92	313.75		
	650	337.54	415.43	315.33	388.10	295.87	364.14		
	700	384.70	473.47	360.19	443.31	338.62	416.77	302.41	372.19
	800	483.62	595.22	454.66	559.58	428.97	527.96	385.42	474.36
	900	587.75	723.39	554.55	682.52	524.89	646.02	474.18	583.60
	1000	696.22	856.89	658.99	811.06	625.54	769.89	567.88	698.93
	1100	808.33	994.86	767.29	944.36	730.23	898.74	665.89	819.56
	1200	923.52	1136.64	878.90	1081.73	838.40	1031.88	767.65	944.80
600	550	298.43	367.30	277.41	341.43				
	600	350.56	431.46	326.72	402.11	305.91	376.50		
	650	405.04	498.52	378.40	465.72	355.04	436.97		
	700	461.64	568.17	432.23	531.98	406.35	500.12	362.89	446.63
	750	520.13	640.16	488.02	600.64	459.65	565.72	411.77	506.79
	800	580.34	714.26	545.59	671.49	514.76	633.55	462.50	569.23
	900	705.30	868.06	665.45	819.02	629.87	775.22	569.01	700.32
	1000	835.46	1028.26	790.79	973.28	750.65	923.87	681.46	838.72
	1100	969.99	1193.84	920.75	1133.24	876.27	1078.49	799.07	983.47
	1200	1108.22	1363.96	1054.68	1298.07	1006.08	1238.25	921.18	1133.76
	1300	1249.61	1537.98	1192.03	1467.11	1139.51	1402.48	1047.25	1288.92

牛腿截面尺寸选择表（48） **表 4-49**

（混凝土强度等级：C55 $F_{hk}/F_{vk}=0.5$）

b	a / h \ β	0+0		0+20		100+20		150+20	
		0.65	0.80	0.65	0.80	0.65	0.80	0.65	0.80
300	300	184.33	226.87	157.02	193.26	90.21	111.02	74.38	91.54
	350	224.41	276.19	196.36	241.67	120.83	148.72	101.34	124.73
	400	264.48	325.51	235.89	290.32	153.12	188.45	130.27	160.33
	450	304.55	374.83	275.55	339.13	186.66	229.74	160.74	197.83
	500	344.62	424.15	315.29	388.05	221.18	272.22	192.45	236.86
	550	384.70	473.47	355.10	437.05	256.46	315.65	225.19	277.15
	600	424.77	522.79	394.96	486.10	292.37	359.84	258.77	318.48
	700	504.91	621.43	474.77	584.33	365.63	450.00	327.93	403.61
	800	585.06	720.07	554.67	682.67	440.30	541.91	399.15	491.26
	900	665.20	818.71	634.62	781.07	516.00	635.08	471.90	580.80
	1000	745.35	917.35	714.61	879.52	592.46	729.18	545.81	671.76
400	350	299.21	368.26	261.81	322.22	161.11	198.29	135.13	166.31
	400	352.64	434.02	314.51	387.10	204.16	251.27	173.69	213.77
	450	406.07	499.78	367.39	452.18	248.88	306.31	214.31	263.77
	500	459.50	565.54	420.39	517.41	294.90	362.96	256.60	315.82
	550	512.93	631.30	473.47	582.73	341.95	420.86	300.25	369.54
	600	566.36	697.06	526.61	648.14	389.83	479.79	345.02	424.64
	650	619.79	762.82	579.80	713.60	438.39	539.55	390.74	480.91
	700	673.22	828.58	633.03	779.11	487.50	600.00	437.24	538.15
	800	780.08	960.10	739.55	910.22	587.07	722.55	532.20	655.02
	900	886.94	1091.62	846.16	1041.43	688.00	846.77	629.20	774.39
	1000	993.80	1223.14	952.82	1172.70	789.94	972.24	727.74	895.68
450	400	396.72	488.27	353.83	435.48	229.68	282.68	195.40	240.49
	450	456.83	562.25	413.32	508.70	279.99	344.60	241.10	296.74
	500	516.94	636.23	472.94	582.08	331.76	408.33	288.68	355.30
	550	577.04	710.21	532.66	655.58	384.70	473.47	337.78	415.73
	600	637.15	784.19	592.44	729.16	438.56	539.77	388.15	477.72
	650	697.26	858.17	652.28	802.80	493.18	607.00	439.58	541.02
	700	757.37	932.15	712.15	876.50	548.44	675.00	491.90	605.42
	800	877.59	1080.11	832.00	1024.00	660.45	812.86	598.73	736.90
	900	997.81	1228.07	951.93	1171.61	774.00	952.61	707.84	871.19
	1000	1118.02	1376.03	1071.92	1319.28	888.68	1093.77	818.71	1007.64
	1100	1238.24	1523.99	1191.95	1467.02	1004.24	1235.99	930.94	1145.77

续表 4-49

b	a	0+0		0+20		100+20		150+20	
	h \ β	0.65	0.80	0.65	0.80	0.65	0.80	0.65	0.80
500	450	507.58	624.72	459.24	565.22	311.10	382.89	267.89	329.71
	500	574.37	706.92	525.49	646.76	368.63	453.69	320.75	394.77
	550	641.16	789.12	591.84	728.42	427.44	526.08	375.31	461.92
	600	707.95	871.32	658.27	810.17	487.29	599.74	431.28	530.80
	650	774.73	953.52	724.75	892.00	547.98	674.44	488.42	601.13
	700	841.52	1035.72	791.28	973.89	609.38	750.00	546.56	672.68
	800	975.10	1200.12	924.44	1137.78	733.84	903.18	665.25	818.77
	900	1108.67	1364.52	1057.70	1301.78	860.00	1058.46	786.49	967.99
	1000	1242.25	1528.92	1191.02	1465.87	987.43	1215.30	909.68	1119.60
	1100	1375.82	1693.32	1324.39	1630.02	1115.82	1373.32	1034.38	1273.08
	1200	1509.40	1857.72	1457.79	1794.21	1244.98	1532.28	1160.29	1428.04
600	550	769.39	946.94	710.21	874.10	512.93	631.30	450.38	554.31
	600	849.54	1045.58	789.92	972.21	584.75	719.69	517.53	636.96
	650	929.68	1144.22	869.70	1070.40	657.58	809.33	586.10	721.36
	700	1009.83	1242.86	949.54	1168.66	731.25	900.01	655.87	807.22
	750	1089.97	1341.50	1029.42	1266.98	805.63	991.55	726.65	894.34
	800	1170.12	1440.14	1109.33	1365.33	880.60	1083.82	798.30	982.53
	900	1330.41	1637.42	1269.24	1562.14	1032.00	1270.15	943.79	1161.59
	1000	1490.70	1834.70	1429.22	1759.05	1184.91	1458.35	1091.61	1343.52
	1100	1650.99	2031.98	1589.27	1956.02	1338.99	1647.99	1241.25	1527.70
	1200	1811.28	2229.26	1749.35	2153.05	1493.97	1838.74	1392.34	1713.65
	1300	1971.57	2426.54	1909.47	2350.12	1649.68	2030.37	1544.60	1901.05

b	a	200+20		250+20		300+20		350+20	
	h \ β	0.65	0.80	0.65	0.80	0.65	0.80	0.65	0.80
300	300	63.28	77.88						
	350	87.27	107.41	76.63	94.31				
	400	113.35	139.51	100.32	123.47	89.98	110.74		
	450	141.13	173.70	125.79	154.82	113.46	139.64	103.33	127.18
	500	170.33	209.64	152.77	188.03	138.49	170.45	126.66	155.88
	550	200.71	247.03	181.03	222.81	164.87	202.92	151.36	186.28
	600	232.09	285.65	210.40	258.95	192.42	236.82	177.27	218.17
	700	297.29	365.89	271.88	334.62	250.47	308.27	232.19	285.77
	800	365.04	449.28	336.29	413.90	311.75	383.69	290.54	357.59
	900	434.74	535.06	403.01	496.01	375.59	462.27	351.67	432.82
	1000	505.97	622.73	471.55	580.37	441.51	543.40	415.07	510.86

续表 4-49

b	a	200+20		250+20		300+20		350+20	
	h \ β	0.65	0.80	0.65	0.80	0.65	0.80	0.65	0.80
400	350	116.36	143.21	102.17	125.75				
	400	151.13	186.01	133.76	164.63	119.97	147.65		
	450	188.18	231.60	167.72	206.43	151.28	186.19	137.77	169.57
	500	227.11	279.52	203.69	250.70	184.66	227.27	168.88	207.85
	550	267.61	329.37	241.38	297.08	219.83	270.56	201.81	248.38
	600	309.45	380.87	280.53	345.27	256.56	315.76	236.35	290.90
	650	352.43	433.76	320.96	395.03	294.65	362.65	272.33	335.18
	700	396.38	487.85	362.50	446.16	333.96	411.03	309.58	381.02
	800	486.72	599.03	448.39	551.87	415.66	511.58	387.39	476.78
	900	579.65	713.42	537.34	661.34	500.79	616.35	468.89	577.10
	1000	674.62	830.30	628.73	773.82	588.68	724.53	553.43	681.15
450	400	170.02	209.26	150.48	185.21	134.97	166.11		
	450	211.70	260.55	188.69	232.23	170.19	209.46	154.99	190.76
	500	255.50	314.46	229.16	282.04	207.74	255.68	189.98	233.83
	550	301.07	370.54	271.55	334.22	247.30	304.37	227.03	279.43
	600	348.14	428.47	315.60	388.43	288.62	355.23	265.90	327.26
	650	396.48	487.98	361.08	444.41	331.48	407.98	306.37	377.07
	700	445.93	548.83	407.81	501.93	375.70	462.40	348.28	428.65
	800	547.55	673.91	504.44	620.85	467.62	575.53	435.81	536.38
	900	652.11	802.60	604.51	744.01	563.39	693.40	527.50	649.23
	1000	758.95	934.09	707.32	870.55	662.27	815.10	622.61	766.29
	1100	867.61	1067.83	812.35	999.81	763.71	939.94	720.56	886.84
500	450	235.22	289.50	209.65	258.04	189.10	232.74	172.22	211.96
	500	283.89	349.40	254.62	313.38	230.82	284.09	211.09	259.81
	550	334.52	411.71	301.72	371.35	274.78	338.19	252.26	310.47
	600	386.82	476.08	350.67	431.59	320.69	394.70	295.44	363.62
	650	440.54	542.20	401.20	493.79	368.32	453.31	340.41	418.97
	700	495.48	609.82	453.13	557.70	417.45	513.78	386.98	476.28
	800	608.39	748.79	560.49	689.83	519.58	639.48	484.23	595.98
	900	724.57	891.77	671.68	826.68	625.99	770.44	586.11	721.37
	1000	843.28	1037.88	785.91	967.28	735.85	905.67	691.79	851.43
	1100	964.01	1186.48	902.61	1110.90	848.56	1044.38	800.62	985.38
	1200	1086.38	1337.09	1021.33	1257.02	963.63	1186.00	912.10	1122.58

续表 4-49

b	a \ h β	200+20 0.65	200+20 0.80	250+20 0.65	250+20 0.80	300+20 0.65	300+20 0.80	350+20 0.65	350+20 0.80
600	550	401.42	494.06	362.07	445.62	329.74	405.83	302.71	372.57
	600	464.18	571.30	420.80	517.91	384.83	473.64	354.53	436.35
	650	528.64	650.64	481.44	592.54	441.98	543.98	408.50	502.77
	700	594.57	731.78	543.75	669.23	500.94	616.54	464.37	571.54
	750	661.77	814.48	607.53	747.72	561.50	691.08	521.96	642.41
	800	730.07	898.55	672.59	827.80	623.49	767.38	581.08	715.17
	900	869.48	1070.13	806.01	992.02	751.18	924.53	703.34	865.64
	1000	1011.93	1245.46	943.09	1160.73	883.02	1086.80	830.15	1021.72
	1100	1156.81	1423.77	1083.13	1333.09	1018.27	1253.26	960.74	1182.45
	1200	1303.66	1604.50	1225.59	1508.42	1156.35	1423.20	1094.51	1347.10
	1300	1452.11	1787.22	1370.07	1686.24	1296.81	1596.07	1230.98	1515.05

b	a \ h β	400+20 0.65	400+20 0.80	450+20 0.65	450+20 0.80	500+20 0.65	500+20 0.80	600+20 0.65	600+20 0.80
300	300								
	350								
	400								
	450								
	500	116.68	143.61						
	550	139.89	172.17	130.04	160.05				
	600	164.33	202.25	153.15	188.49	143.39	176.48		
	700	216.39	266.33	202.61	249.36	190.48	234.43	170.10	209.36
	800	272.03	334.81	255.74	314.76	241.30	296.98	216.80	266.83
	900	330.61	406.90	311.93	383.92	295.25	363.39	266.72	328.28
	1000	391.62	482.00	370.68	456.22	351.87	433.06	319.44	393.15
400	350								
	400								
	450								
	500	155.58	191.48						
	550	186.52	229.56	173.38	213.40				
	600	219.10	269.66	204.20	251.32	191.19	235.31		
	650	253.15	311.57	236.50	291.07	221.90	273.11		
	700	288.52	355.10	270.14	332.49	253.97	312.58	226.81	279.15
	800	362.71	446.41	340.99	419.68	321.73	395.97	289.06	355.77
	900	440.81	542.54	415.91	511.89	393.67	484.51	355.63	437.70
	1000	522.17	642.66	494.24	608.30	469.15	577.42	425.91	524.20

续表 4-49

b	a	400+20		450+20		500+20		600+20	
	h \ β	0.65	0.80	0.65	0.80	0.65	0.80	0.65	0.80
450	400								
	450								
	500	175.03	215.42						
	550	209.83	258.26	195.06	240.07				
	600	246.49	303.37	229.72	282.73	215.09	264.73		
	650	284.80	350.52	266.06	327.46	249.64	307.25		
	700	324.59	399.49	303.91	374.05	285.71	351.65	255.16	314.04
	800	408.05	502.22	383.62	472.14	361.94	445.47	325.20	400.24
	900	495.92	610.36	467.90	575.87	442.88	545.08	400.09	492.41
	1000	587.44	723.00	556.02	684.33	527.80	649.60	479.15	589.73
	1100	682.03	839.42	647.40	796.81	616.13	758.31	561.84	691.50
500	450								
	500	194.47	239.35						
	550	233.15	286.95	216.73	266.74				
	600	273.88	337.08	255.25	314.15	238.99	294.14		
	650	316.44	389.47	295.62	363.84	277.37	341.38		
	700	360.65	443.88	337.68	415.61	317.46	390.72	283.51	348.93
	800	453.39	558.02	426.24	524.60	402.16	494.96	361.33	444.71
	900	551.02	678.17	519.89	639.86	492.08	605.64	444.54	547.13
	1000	652.71	803.33	617.80	760.37	586.44	721.77	532.39	655.25
	1100	757.81	932.68	719.34	885.34	684.59	842.57	624.27	768.33
	1200	865.80	1065.60	823.97	1014.12	786.00	967.38	719.67	885.75
600	550	279.78	344.34	260.08	320.09				
	600	328.65	404.50	306.30	376.98	286.79	352.97		
	650	379.73	467.36	354.75	436.61	332.85	409.66		
	700	432.78	532.66	405.22	498.73	380.95	468.86	340.21	418.72
	750	487.62	600.15	457.52	563.10	430.92	530.36	386.03	475.12
	800	544.07	669.62	511.49	629.52	482.59	593.96	433.60	533.66
	900	661.22	813.81	623.86	767.83	590.50	726.77	533.45	656.55
	1000	783.25	964.00	741.36	912.45	703.73	866.13	638.87	786.30
	1100	909.37	1119.22	863.21	1062.41	821.51	1011.08	749.13	922.00
	1200	1038.96	1278.71	988.76	1216.94	943.20	1160.86	863.60	1062.90
	1300	1171.51	1441.86	1117.52	1375.41	1068.29	1314.82	981.79	1208.36

牛腿截面尺寸选择表（49） **表4-50**

（混凝土强度等级：C60 $F_{hk}/F_{vk}=0.0$）

b	a: h \ β	0+0		0+20		100+20		150+20	
		0.65	0.80	0.65	0.80	0.65	0.80	0.65	0.80
300	300	288.99	355.68	250.46	308.26	150.27	184.95	125.23	154.13
	350	344.56	424.08	305.19	375.61	194.21	239.03	164.33	202.25
	400	400.14	492.48	360.13	443.23	240.08	295.49	205.79	253.28
	450	455.71	560.88	415.21	511.02	287.45	353.79	249.12	306.61
	500	511.29	629.28	470.39	578.94	335.99	413.53	293.99	361.84
	550	566.86	697.68	525.64	646.94	385.47	474.42	340.12	418.61
	600	622.44	766.08	580.94	715.01	435.71	536.26	387.30	476.67
	700	733.59	902.88	691.67	851.29	537.97	662.11	484.17	595.90
	800	844.74	1039.68	802.50	987.70	642.00	790.16	583.64	718.32
	900	955.89	1176.48	913.41	1124.19	747.33	919.79	685.05	843.14
	1000	1067.04	1313.28	1024.36	1260.75	853.63	1050.62	787.97	969.81
400	350	459.42	565.44	406.91	500.82	258.95	318.70	219.11	269.67
	400	533.52	656.64	480.17	590.98	320.11	393.98	274.38	337.70
	450	607.62	747.84	553.61	681.37	383.27	471.71	332.17	408.82
	500	681.72	839.04	627.18	771.92	447.99	551.37	391.99	482.45
	550	755.82	930.24	700.85	862.59	513.96	632.56	453.49	558.14
	600	829.92	1021.44	774.59	953.34	580.94	715.01	516.39	635.56
	650	904.02	1112.64	848.39	1044.17	648.77	798.48	580.48	714.43
	700	978.12	1203.84	922.23	1135.05	717.29	882.82	645.56	794.53
	800	1126.32	1386.24	1070.00	1316.93	856.00	1053.54	778.18	957.77
	900	1274.52	1568.64	1217.87	1498.92	996.44	1226.39	913.41	1124.19
	1000	1422.72	1751.04	1365.81	1681.00	1138.18	1400.83	1050.62	1293.08
450	400	600.21	738.72	540.19	664.85	360.13	443.23	308.68	379.91
	450	683.57	841.32	622.81	766.54	431.18	530.68	373.69	459.92
	500	766.93	943.92	705.58	868.41	503.99	620.29	440.99	542.75
	550	850.30	1046.52	788.46	970.41	578.20	711.63	510.18	627.91
	600	933.66	1149.12	871.42	1072.51	653.56	804.38	580.94	715.01
	650	1017.02	1251.72	954.44	1174.69	729.86	898.29	653.04	803.74
	700	1100.38	1354.32	1037.51	1276.93	806.95	993.17	726.25	893.85
	800	1267.11	1559.52	1203.75	1481.54	963.00	1185.24	875.46	1077.49
	900	1433.83	1764.72	1370.11	1686.29	1121.00	1379.69	1027.58	1264.72
	1000	1600.56	1969.92	1536.54	1891.12	1280.45	1575.94	1181.95	1454.71
	1100	1767.28	2175.12	1703.02	2096.02	1441.02	1773.56	1338.09	1646.88

续表 4-50

b	h \ a β	0+0 0.65	0+0 0.80	0+20 0.65	0+20 0.80	100+20 0.65	100+20 0.80	150+20 0.65	150+20 0.80
500	450	759.52	934.80	692.01	851.71	479.08	589.64	415.21	511.02
	500	852.15	1048.80	783.98	964.90	559.98	689.21	489.99	603.06
	550	944.77	1162.80	876.06	1078.23	642.45	790.70	566.86	697.68
	600	1037.40	1276.80	968.24	1191.68	726.18	893.76	645.49	794.45
	650	1130.02	1390.80	1060.48	1305.21	810.96	998.10	725.59	893.04
	700	1222.65	1504.80	1152.78	1418.81	896.61	1103.52	806.95	993.17
	800	1407.90	1732.80	1337.50	1646.16	1070.00	1316.93	972.73	1197.21
	900	1593.15	1960.80	1522.34	1873.65	1245.55	1532.99	1141.76	1405.24
	1000	1778.40	2188.80	1707.26	2101.25	1422.72	1751.04	1313.28	1616.34
	1100	1963.65	2416.80	1892.24	2328.92	1601.13	1970.62	1486.76	1829.86
	1200	2148.90	2644.80	2077.27	2556.64	1780.52	2191.41	1661.82	2045.31
600	550	1133.73	1395.36	1051.28	1293.88	770.94	948.84	680.24	837.22
	600	1244.88	1532.16	1161.89	1430.02	871.42	1072.51	774.59	953.34
	650	1356.03	1668.96	1272.58	1566.25	973.15	1197.72	870.71	1071.65
	700	1467.18	1805.76	1383.34	1702.57	1075.93	1324.22	968.34	1191.80
	750	1578.33	1942.56	1494.15	1838.96	1179.59	1451.81	1067.25	1313.54
	800	1689.48	2079.36	1605.01	1975.39	1284.00	1580.31	1167.28	1436.65
	900	1911.78	2352.96	1826.81	2248.38	1494.66	1839.59	1370.11	1686.29
	1000	2134.08	2626.56	2048.72	2521.50	1707.26	2101.25	1575.94	1939.61
	1100	2356.38	2900.16	2270.69	2794.70	1921.36	2364.75	1784.12	2195.84
	1200	2578.68	3173.76	2492.72	3067.97	2136.62	2629.69	1994.18	2454.37
	1300	2800.98	3447.36	2714.80	3341.29	2352.82	2895.78	2205.77	2714.80

b	h \ a β	200+20 0.65	200+20 0.80	250+20 0.65	250+20 0.80	300+20 0.65	300+20 0.80	350+20 0.65	350+20 0.80
300	300	107.34	132.11						
	350	142.42	175.29	125.66	154.66				
	400	180.06	221.62	160.06	196.99	144.05	177.29		
	450	219.82	270.54	196.68	242.06	177.95	219.01	162.47	199.97
	500	261.33	321.63	235.19	289.47	213.81	263.15	195.99	241.22
	550	304.32	374.54	275.33	338.87	251.39	309.41	231.28	284.65
	600	348.57	429.00	316.88	390.00	290.47	357.50	268.13	330.00
	700	440.15	541.73	403.47	496.58	372.44	458.39	345.84	425.64
	800	535.00	658.46	493.85	607.81	458.57	564.40	428.00	526.77
	900	632.36	778.29	587.19	722.69	548.04	674.52	513.79	632.36
	1000	731.68	900.53	682.91	840.50	640.22	787.97	602.56	741.62

续表 4-50

b	a	200+20		250+20		300+20		350+20	
	h \ β	0.65	0.80	0.65	0.80	0.65	0.80	0.65	0.80
400	350	189.89	233.72	167.55	206.22				
	400	240.08	295.49	213.41	262.66	192.07	236.39		
	450	293.09	360.72	262.24	322.75	237.26	292.01	216.63	266.62
	500	348.43	428.84	313.59	385.96	285.08	350.87	261.33	321.63
	550	405.76	499.39	367.11	451.83	335.19	412.54	308.37	379.54
	600	464.76	572.01	422.50	520.01	387.30	476.67	357.50	440.00
	650	525.19	646.39	479.52	590.18	441.16	542.97	408.48	502.75
	700	586.87	722.30	537.97	662.11	496.58	611.18	461.11	567.52
	800	713.34	877.95	658.46	810.42	611.43	752.53	570.67	702.36
	900	843.14	1037.72	782.92	963.59	730.72	899.35	685.05	843.14
	1000	975.58	1200.71	910.54	1120.67	853.63	1050.62	803.42	988.82
450	400	270.09	332.42	240.08	295.49	216.08	265.94		
	450	329.72	405.81	295.02	363.10	266.92	328.52	243.71	299.95
	500	391.99	482.45	352.79	434.20	320.72	394.73	293.99	361.84
	550	456.48	561.82	413.00	508.31	377.09	464.11	346.92	426.98
	600	522.85	643.51	475.32	585.01	435.71	536.26	402.19	495.01
	650	590.84	727.19	539.46	663.96	496.31	610.84	459.54	565.59
	700	660.23	812.59	605.21	744.88	558.66	687.58	518.75	638.47
	800	802.50	987.70	740.77	911.72	687.86	846.60	642.00	790.16
	900	948.54	1167.43	880.78	1084.04	822.07	1011.77	770.69	948.54
	1000	1097.53	1350.80	1024.36	1260.75	960.34	1181.95	903.85	1112.43
	1100	1248.88	1537.08	1170.83	1441.02	1101.95	1356.25	1040.73	1280.90
500	450	366.36	450.90	327.79	403.44	296.58	365.02	270.79	333.28
	500	435.54	536.05	391.99	482.45	356.35	438.59	326.66	402.04
	550	507.19	624.24	458.89	564.79	418.99	515.68	385.47	474.42
	600	580.94	715.01	528.13	650.01	484.12	595.84	446.88	550.01
	650	656.49	807.99	599.40	737.73	551.45	678.71	510.60	628.44
	700	733.59	902.88	672.46	827.64	620.73	763.98	576.39	709.41
	800	891.67	1097.44	823.08	1013.02	764.29	940.66	713.34	877.95
	900	1053.93	1297.14	978.65	1204.49	913.41	1124.19	856.32	1053.93
	1000	1219.47	1500.89	1138.18	1400.83	1067.04	1313.28	1004.27	1236.03
	1100	1387.65	1707.87	1300.92	1601.13	1224.39	1506.95	1156.37	1423.23
	1200	1557.95	1917.48	1466.31	1804.69	1384.85	1704.43	1311.96	1614.72

续表 4-50

b	a (h \ β)	200+20		250+20		300+20		350+20	
	h \ β	0.65	0.80	0.65	0.80	0.65	0.80	0.65	0.80
600	550	608.63	749.09	550.67	677.75	502.78	618.81	462.56	569.31
	600	697.13	858.01	633.76	780.01	580.94	715.01	536.26	660.01
	650	787.79	969.59	719.29	885.27	661.74	814.45	612.72	754.12
	700	880.31	1083.46	806.95	993.17	744.88	916.77	691.67	851.29
	750	974.45	1199.32	896.49	1103.37	830.08	1021.64	772.84	951.18
	800	1070.00	1316.93	987.70	1215.63	917.15	1128.80	856.00	1053.54
	900	1264.72	1556.57	1174.38	1445.39	1096.09	1349.03	1027.58	1264.72
	1000	1463.37	1801.07	1365.81	1681.00	1280.45	1575.94	1205.13	1483.23
	1100	1665.18	2049.45	1561.10	1921.36	1469.27	1808.34	1387.65	1707.87
	1200	1869.54	2300.98	1759.57	2165.62	1661.82	2045.31	1574.35	1937.66
	1300	2076.02	2555.10	1960.69	2413.15	1857.49	2286.14	1764.62	2171.84

b	a (h \ β)	400+20		450+20		500+20		600+20	
	h \ β	0.65	0.80	0.65	0.80	0.65	0.80	0.65	0.80
300	300								
	350								
	400								
	450								
	500	180.92	222.67						
	550	214.15	263.57	199.38	245.39				
	600	248.98	306.43	232.38	286.00	217.85	268.13		
	700	322.78	397.27	302.61	372.44	284.81	350.53	254.83	313.63
	800	401.25	493.85	377.65	464.80	356.67	438.98	321.00	395.08
	900	483.57	595.16	456.70	562.10	432.67	532.51	391.46	481.80
	1000	569.09	700.42	539.14	663.55	512.18	630.37	465.62	573.07
400	350								
	400								
	450								
	500	241.22	296.89						
	550	285.53	351.42	265.84	327.19				
	600	331.97	408.58	309.84	381.34	290.47	357.50		
	650	380.31	468.08	355.78	437.88	334.21	411.34		
	700	430.37	529.69	403.47	496.58	379.74	467.37	339.77	418.18
	800	535.00	658.46	503.53	619.73	475.56	585.30	428.00	526.77
	900	644.76	793.55	608.94	749.46	576.89	710.02	521.95	642.40
	1000	758.78	933.89	718.85	884.74	682.91	840.50	620.82	764.09

续表 4-50

b	a	400 + 20		450 + 20		500 + 20		600 + 20	
	h \ β	0.65	0.80	0.65	0.80	0.65	0.80	0.65	0.80
450	400								
	450								
	500	271.38	334.00						
	550	321.22	395.35	299.07	368.09				
	600	373.46	459.65	348.57	429.00	326.78	402.19		
	650	427.85	526.59	400.25	492.61	375.99	462.76		
	700	484.17	595.90	453.91	558.66	427.21	525.79	382.24	470.45
	800	601.88	740.77	566.47	697.20	535.00	658.46	481.50	592.62
	900	725.35	892.74	685.05	843.14	649.00	798.77	587.19	722.69
	1000	853.63	1050.62	808.70	995.33	768.27	945.56	698.43	859.60
	1100	985.96	1213.49	936.66	1152.81	892.06	1097.92	814.49	1002.45
500	450								
	500	301.53	371.11						
	550	356.91	439.28	332.30	408.98				
	600	414.96	510.72	387.30	476.67	363.09	446.88		
	650	475.39	585.10	444.72	547.35	417.77	514.17		
	700	537.97	662.11	504.34	620.73	474.68	584.22	424.71	522.72
	800	668.75	823.08	629.41	774.66	594.45	731.63	535.00	658.46
	900	805.95	991.93	761.17	936.83	721.11	887.52	652.43	802.99
	1000	948.48	1167.36	898.56	1105.92	853.63	1050.62	776.03	955.11
	1100	1095.51	1348.32	1040.73	1280.90	991.18	1219.91	904.99	1113.83
	1200	1246.36	1533.98	1187.01	1460.94	1133.06	1394.53	1038.63	1278.32
600	550	428.30	527.14	398.76	490.78				
	600	497.95	612.86	464.76	572.01	435.71	536.26		
	650	570.47	702.11	533.66	656.82	501.32	617.01		
	700	645.56	794.53	605.21	744.88	569.61	701.06	509.65	627.26
	750	722.98	889.82	679.16	835.89	640.35	788.12	574.67	707.29
	800	802.50	987.70	755.30	929.60	713.34	877.95	642.00	790.16
	900	967.14	1190.32	913.41	1124.19	865.33	1065.02	782.92	963.59
	1000	1138.18	1400.83	1078.27	1327.10	1024.36	1260.75	931.23	1146.14
	1100	1314.61	1617.98	1248.88	1537.08	1189.41	1463.89	1085.98	1336.60
	1200	1495.63	1840.78	1424.41	1753.12	1359.67	1673.44	1246.36	1533.98
	1300	1680.59	2068.42	1604.20	1974.40	1534.45	1888.55	1411.69	1737.47

牛腿截面尺寸选择表（50） 表 4-51

（混凝土强度等级：C60 $F_{hk}/F_{vk}=0.1$）

b	a / β / h	0+0		0+20		100+20		150+20	
		0.65	0.80	0.65	0.80	0.65	0.80	0.65	0.80
300	300	242.86	298.91	206.88	254.63	118.85	146.27	98.00	120.61
	350	295.66	363.89	258.70	318.40	159.20	195.94	133.52	164.34
	400	348.46	428.87	310.78	382.50	201.74	248.29	171.63	211.23
	450	401.25	493.85	363.04	446.81	245.93	302.68	211.77	260.64
	500	454.05	558.83	415.41	511.27	291.40	358.65	253.56	312.07
	550	506.84	623.81	467.86	575.82	337.90	415.87	296.69	365.16
	600	559.64	688.79	520.37	640.45	385.21	474.10	340.93	419.61
	700	665.23	818.75	625.52	769.87	481.72	592.89	432.06	531.76
	800	770.83	948.71	730.78	899.42	580.11	713.98	525.89	647.25
	900	876.42	1078.67	836.12	1029.07	679.84	836.72	621.73	765.21
	1000	982.01	1208.63	941.51	1158.79	780.57	960.70	719.11	885.06
400	350	394.21	485.18	344.94	424.54	212.27	261.25	178.03	219.12
	400	464.61	571.82	414.38	510.01	268.98	331.06	228.84	281.64
	450	535.00	658.46	484.05	595.75	327.90	403.57	282.36	347.52
	500	605.40	745.10	553.87	681.69	388.54	478.20	338.08	416.10
	550	675.79	831.74	623.81	767.76	450.53	554.50	395.59	486.87
	600	746.19	918.38	693.82	853.94	513.61	632.13	454.57	559.48
	650	816.58	1005.02	763.90	940.18	577.58	710.87	514.80	633.60
	700	886.98	1091.66	834.02	1026.49	642.29	790.52	576.08	709.02
	800	1027.77	1264.94	974.38	1199.23	773.47	951.97	701.19	863.00
	900	1168.56	1438.22	1114.83	1372.10	906.45	1115.63	828.98	1020.28
	1000	1309.35	1611.50	1255.35	1545.05	1040.76	1280.94	958.81	1180.08
450	400	522.68	643.30	466.18	573.76	302.61	372.44	257.44	316.85
	450	601.88	740.77	544.56	670.22	368.89	454.02	317.66	390.96
	500	681.07	838.24	623.11	766.90	437.11	537.98	380.34	468.11
	550	760.27	935.71	701.78	863.73	506.84	623.81	445.03	547.73
	600	839.46	1033.18	780.55	960.68	577.81	711.15	511.40	629.41
	650	918.65	1130.65	859.39	1057.71	649.78	799.73	579.15	712.80
	700	997.85	1228.12	938.28	1154.80	722.58	889.33	648.09	797.65
	800	1156.24	1423.06	1096.17	1349.14	870.16	1070.96	788.84	970.87
	900	1314.63	1618.00	1254.18	1543.61	1019.76	1255.09	932.60	1147.81
	1000	1473.02	1812.94	1412.27	1738.18	1170.86	1441.06	1078.66	1327.59
	1100	1631.40	2007.88	1570.42	1932.82	1323.11	1628.44	1226.53	1509.58

续表 4-51

b	a	0+0		0+20		100+20		150+20	
	h \ β	0.65	0.80	0.65	0.80	0.65	0.80	0.65	0.80
500	450	668.75	823.08	605.06	744.69	409.88	504.47	352.95	434.40
	500	756.75	931.38	692.34	852.11	485.67	597.75	422.60	520.12
	550	844.74	1039.68	779.76	959.70	563.16	693.12	494.48	608.59
	600	932.73	1147.98	867.28	1067.42	642.01	790.17	568.22	699.34
	650	1020.73	1256.28	954.87	1175.23	721.98	888.59	643.50	792.00
	700	1108.72	1364.58	1042.53	1283.11	802.87	988.14	720.10	886.27
	800	1284.71	1581.18	1217.97	1499.04	966.84	1189.96	876.48	1078.75
	900	1460.70	1797.78	1393.54	1715.12	1133.06	1394.54	1036.22	1275.35
	1000	1636.68	2014.38	1569.19	1931.31	1300.95	1601.17	1198.52	1475.10
	1100	1812.67	2230.98	1744.91	2147.58	1470.12	1809.38	1362.81	1677.31
	1200	1988.66	2447.58	1920.67	2363.90	1640.28	2018.81	1528.70	1881.47
600	550	1013.69	1247.62	935.71	1151.65	675.79	831.74	593.38	730.31
	600	1119.28	1377.58	1040.73	1280.90	770.41	948.20	681.86	839.21
	650	1224.87	1507.54	1145.85	1410.28	866.37	1066.31	772.20	950.40
	700	1330.47	1637.50	1251.03	1539.73	963.44	1185.77	864.12	1063.53
	750	1436.06	1767.46	1356.28	1669.26	1061.43	1306.38	957.37	1178.30
	800	1541.65	1897.42	1461.56	1798.85	1160.21	1427.95	1051.78	1294.50
	900	1752.84	2157.34	1672.25	2058.15	1359.68	1673.45	1243.46	1530.42
	1000	1964.02	2417.26	1883.03	2317.58	1561.14	1921.41	1438.22	1770.12
	1100	2175.21	2677.18	2093.89	2577.09	1764.14	2171.25	1635.37	2012.77
	1200	2386.39	2937.10	2304.80	2836.68	1968.34	2422.57	1834.44	2257.77
	1300	2597.58	3197.02	2515.76	3096.32	2173.48	2675.05	2035.04	2504.67

b	a	200+20		250+20		300+20		350+20	
	h \ β	0.65	0.80	0.65	0.80	0.65	0.80	0.65	0.80
300	300	83.37	102.61						
	350	114.98	141.51	100.96	124.25				
	400	149.34	183.80	132.17	162.67	118.55	145.90		
	450	185.95	228.86	165.73	203.98	149.49	183.98	136.14	167.56
	500	224.41	276.20	201.28	247.73	182.47	224.58	166.87	205.38
	550	264.44	325.47	238.51	293.56	217.22	267.35	199.41	245.43
	600	305.78	376.35	277.20	341.18	253.51	312.02	233.55	287.45
	700	391.68	482.07	358.20	440.86	330.00	406.15	305.91	376.50
	800	480.94	591.93	443.07	545.32	410.73	505.52	382.79	471.13
	900	572.78	704.96	530.97	653.50	494.85	609.04	463.33	570.25
	1000	666.62	820.46	621.27	764.64	581.70	715.94	546.87	673.07

续表 4-51

b	a / β / h	200+20		250+20		300+20		350+20	
		0.65	0.80	0.65	0.80	0.65	0.80	0.65	0.80
400	350	153.30	188.68	134.61	165.67				
	400	199.12	245.07	176.23	216.90	158.06	194.54		
	450	247.93	305.14	220.98	271.97	199.31	245.31	181.52	223.41
	500	299.22	368.27	268.37	330.30	243.29	299.43	222.50	273.84
	550	352.59	433.95	318.02	391.41	289.63	356.46	265.89	327.24
	600	407.71	501.80	369.61	454.90	338.02	416.02	311.40	383.26
	650	464.33	571.48	422.87	520.46	388.21	477.80	358.80	441.60
	700	522.24	642.76	477.60	587.82	440.00	541.53	407.88	502.01
	800	641.26	789.24	590.76	727.09	547.64	674.02	510.39	628.17
	900	763.70	939.94	707.96	871.33	659.80	812.06	617.77	760.33
	1000	888.83	1093.94	828.36	1019.52	775.60	954.59	729.16	897.42
450	400	224.01	275.70	198.26	244.01	177.82	218.86		
	450	278.92	343.28	248.60	305.97	224.23	275.97	204.21	251.33
	500	336.62	414.30	301.92	371.59	273.70	336.86	250.31	308.07
	550	396.66	488.20	357.77	440.34	325.83	401.02	299.12	368.15
	600	458.67	564.52	415.81	511.76	380.27	468.02	350.33	431.17
	650	522.37	642.92	475.73	585.52	436.74	537.52	403.65	496.80
	700	587.52	723.10	537.30	661.30	495.00	609.23	458.86	564.76
	800	721.41	887.89	664.61	817.98	616.10	758.27	574.19	706.69
	900	859.17	1057.43	796.45	980.25	742.27	913.57	694.99	855.38
	1000	999.93	1230.68	931.91	1146.96	872.55	1073.91	820.30	1009.60
	1100	1143.09	1406.88	1070.28	1317.27	1006.20	1238.39	949.35	1168.43
500	450	309.91	381.43	276.22	339.97	249.14	306.64	226.90	279.26
	500	374.02	460.34	335.46	412.88	304.11	374.29	278.12	342.30
	550	440.73	542.44	397.52	489.26	362.03	445.58	332.36	409.05
	600	509.64	627.25	462.01	568.63	422.52	520.03	389.25	479.08
	650	580.41	714.36	528.59	650.57	485.26	597.25	448.50	552.00
	700	652.80	803.44	597.00	734.77	550.00	676.92	509.85	627.51
	800	801.57	986.55	738.45	908.87	684.55	842.53	637.98	785.21
	900	954.63	1174.93	884.95	1089.17	824.75	1015.07	772.22	950.42
	1000	1111.03	1367.43	1035.45	1274.40	969.50	1193.23	911.45	1121.78
	1100	1270.10	1563.20	1189.20	1463.64	1117.99	1375.99	1054.83	1298.25
	1200	1431.33	1761.63	1345.62	1656.15	1269.60	1562.58	1201.70	1479.02

续表 4-51

b	a h \ β	200+20 0.65	200+20 0.80	250+20 0.65	250+20 0.80	300+20 0.65	300+20 0.80	350+20 0.65	350+20 0.80
600	550	528.88	650.93	477.03	587.11	434.44	534.69	398.83	490.87
	600	611.57	752.70	554.41	682.35	507.02	624.03	467.10	574.89
	650	696.50	857.23	634.31	780.69	582.32	716.70	538.20	662.40
	700	783.36	964.13	716.40	881.73	659.99	812.30	611.82	753.01
	750	871.89	1073.10	800.43	985.14	739.79	910.51	687.69	846.39
	800	961.88	1183.86	886.15	1090.64	821.46	1011.03	765.58	942.25
	900	1145.55	1409.91	1061.94	1307.00	989.70	1218.09	926.66	1140.50
	1000	1333.24	1640.91	1242.54	1529.28	1163.40	1431.88	1093.74	1346.14
	1100	1524.12	1875.84	1427.05	1756.36	1341.59	1651.19	1265.80	1557.90
	1200	1717.59	2113.96	1614.74	1987.38	1523.51	1875.10	1442.04	1774.82
	1300	1913.18	2354.69	1805.09	2221.66	1708.57	2102.85	1621.84	1996.11

b	a h \ β	400+20 0.65	400+20 0.80	450+20 0.65	450+20 0.80	500+20 0.65	500+20 0.80	600+20 0.65	600+20 0.80
300	300								
	350								
	400								
	450								
	500	153.73	189.21						
	550	184.31	226.84	171.33	210.86				
	600	216.50	266.47	201.78	248.34	188.92	232.52		
	700	285.10	350.89	266.94	328.54	250.96	308.87	224.12	275.83
	800	358.41	441.12	336.95	414.70	317.91	391.28	285.64	351.55
	900	435.58	536.10	410.98	505.82	389.00	478.77	351.41	432.51
	1000	515.97	635.04	488.38	601.08	463.59	570.57	420.86	517.98
400	350								
	400								
	450								
	500	204.98	252.28						
	550	245.74	302.45	228.44	281.15				
	600	288.67	355.29	269.03	331.12	251.90	310.03		
	650	333.53	410.50	311.59	383.50	292.36	359.82		
	700	380.13	467.86	355.92	438.06	334.61	411.83	298.82	367.78
	800	477.88	588.16	449.26	552.94	423.88	521.70	380.85	468.74
	900	580.78	714.81	547.97	674.42	518.66	638.36	468.55	576.68
	1000	687.96	846.72	651.17	801.44	618.12	760.76	561.15	690.64

续表 4-51

b	h \ a, β	400+20		450+20		500+20		600+20	
		0.65	0.80	0.65	0.80	0.65	0.80	0.65	0.80
450	400								
	450								
	500	230.60	283.81						
	550	276.46	340.26	256.99	316.30				
	600	324.75	399.70	302.66	372.51	283.38	348.78		
	650	375.23	461.82	350.54	431.43	328.90	404.80		
	700	427.65	526.34	400.41	492.81	376.43	463.30	336.17	413.75
	800	537.61	661.68	505.42	622.06	476.87	586.91	428.45	527.33
	900	653.38	804.16	616.46	758.72	583.50	718.15	527.12	648.76
	1000	773.96	952.56	732.57	901.62	695.38	855.86	631.29	776.98
	1100	898.58	1105.95	852.97	1049.81	811.76	999.09	740.24	911.07
500	450								
	500	256.22	315.35						
	550	307.18	378.07	285.55	351.44				
	600	360.84	444.11	336.29	413.90	314.87	387.53		
	650	416.92	513.13	389.49	479.37	365.45	449.78		
	700	475.17	584.82	444.90	547.57	418.26	514.78	373.53	459.72
	800	597.35	735.20	561.58	691.17	529.85	652.13	476.06	585.92
	900	725.97	893.51	684.96	843.03	648.33	797.95	585.69	720.85
	1000	859.95	1058.40	813.97	1001.80	772.65	950.95	701.44	863.31
	1100	998.42	1228.83	947.74	1166.45	901.96	1110.10	822.49	1012.29
	1200	1140.70	1403.94	1085.60	1336.12	1035.57	1274.55	948.18	1166.99
600	550	368.61	453.68	342.66	421.73				
	600	433.01	532.93	403.55	496.68	377.85	465.04		
	650	500.30	615.75	467.39	575.24	438.53	539.74		
	700	570.20	701.78	533.88	657.08	501.91	617.74	448.23	551.67
	750	642.45	790.70	602.79	741.90	567.74	698.76	508.60	625.97
	800	716.82	882.24	673.90	829.41	635.82	782.55	571.27	703.10
	900	871.17	1072.21	821.95	1011.63	778.00	957.53	702.83	865.02
	1000	1031.94	1270.08	976.76	1202.16	927.18	1141.14	841.72	1035.97
	1100	1198.11	1474.59	1137.29	1399.74	1082.35	1332.12	986.99	1214.75
	1200	1368.84	1684.73	1302.72	1603.34	1242.68	1529.46	1137.81	1400.39
	1300	1543.49	1899.68	1472.36	1812.13	1407.50	1732.30	1293.53	1592.04

牛腿截面尺寸选择表（51） 表4-52

（混凝土强度等级：C60 $F_{hk}/F_{vk}=0.2$）

b	a / β / h	0+0		0+20		100+20		150+20	
		0.65	0.80	0.65	0.80	0.65	0.80	0.65	0.80
300	300	230.08	283.18	195.99	241.22	112.59	138.58	92.84	114.26
	350	280.10	344.74	245.09	301.64	150.82	185.63	126.50	155.69
	400	330.12	406.30	294.43	362.37	191.12	235.22	162.59	200.12
	450	380.13	467.86	343.93	423.30	232.98	286.75	200.63	246.92
	500	430.15	529.42	393.54	484.36	276.07	339.77	240.21	295.65
	550	480.17	590.98	443.23	545.52	320.11	393.98	281.07	345.94
	600	530.19	652.54	492.98	606.74	364.93	449.15	322.99	397.52
	700	630.22	775.66	592.60	729.35	456.37	561.68	409.32	503.78
	800	730.26	898.78	692.32	852.09	549.57	676.40	498.21	613.18
	900	830.29	1021.90	792.12	974.91	644.06	792.69	589.01	724.93
	1000	930.33	1145.02	891.96	1097.80	739.49	910.14	681.26	838.48
400	350	373.46	459.65	326.78	402.19	201.10	247.50	168.66	207.58
	400	440.15	541.73	392.57	483.16	254.83	313.63	216.79	266.82
	450	506.84	623.81	458.57	564.40	310.65	382.33	267.50	329.23
	500	573.53	705.89	524.72	645.81	368.09	453.03	320.29	394.20
	550	640.22	787.97	590.98	727.36	426.82	525.31	374.77	461.25
	600	706.91	870.05	657.31	808.99	486.58	598.86	430.65	530.03
	650	773.60	952.13	723.69	890.70	547.18	673.46	487.71	600.25
	700	840.29	1034.21	790.13	972.46	608.49	748.91	545.76	671.70
	800	973.67	1198.37	923.09	1136.12	732.76	901.86	664.28	817.58
	900	1107.05	1362.53	1056.15	1299.88	858.74	1056.91	785.35	966.58
	1000	1240.43	1526.69	1189.28	1463.73	985.99	1213.52	908.35	1117.97
450	400	495.17	609.44	441.64	543.56	286.68	352.84	243.89	300.17
	450	570.20	701.78	515.89	634.95	349.48	430.13	300.94	370.39
	500	645.23	794.12	590.31	726.54	414.10	509.66	360.32	443.47
	550	720.25	886.46	664.85	818.27	480.17	590.98	421.61	518.91
	600	795.28	978.80	739.47	910.12	547.40	673.72	484.48	596.28
	650	870.30	1071.14	814.16	1002.04	615.58	757.64	548.67	675.29
	700	945.33	1163.48	888.89	1094.02	684.55	842.52	613.98	755.66
	800	1095.38	1348.16	1038.48	1278.13	824.36	1014.60	747.32	919.78
	900	1245.44	1532.84	1188.17	1462.37	966.09	1189.03	883.51	1087.40
	1000	1395.49	1717.52	1337.94	1646.70	1109.23	1365.21	1021.89	1257.71
	1100	1545.54	1902.20	1487.76	1831.09	1253.47	1542.73	1161.98	1430.12

续表 4-52

b	h \ a, β	0+0 0.65	0+0 0.80	0+20 0.65	0+20 0.80	100+20 0.65	100+20 0.80	150+20 0.65	150+20 0.80
500	450	633.55	779.76	573.22	705.50	388.31	477.92	334.38	411.54
	500	716.92	882.36	655.90	807.27	460.11	566.29	400.36	492.75
	550	800.28	984.96	738.72	909.19	533.52	656.64	468.46	576.56
	600	883.64	1087.56	821.63	1011.24	608.22	748.58	538.31	662.54
	650	967.00	1190.16	904.62	1113.38	683.98	841.82	609.63	750.32
	700	1050.37	1292.76	987.66	1215.58	760.61	936.14	682.20	839.63
	800	1217.09	1497.96	1153.87	1420.14	915.96	1127.33	830.35	1021.97
	900	1383.82	1703.16	1320.19	1624.85	1073.43	1321.14	981.68	1208.22
	1000	1550.54	1908.36	1486.60	1829.66	1232.48	1516.90	1135.44	1397.46
	1100	1717.27	2113.56	1653.07	2034.55	1392.74	1714.15	1291.08	1589.03
	1200	1883.99	2318.76	1819.58	2239.49	1553.95	1912.55	1448.24	1782.45
600	550	960.34	1181.95	886.46	1091.03	640.22	787.97	562.15	691.87
	600	1060.37	1305.07	985.96	1213.49	729.87	898.30	645.97	795.04
	650	1160.41	1428.19	1085.54	1336.05	820.77	1010.18	731.56	900.38
	700	1260.44	1551.31	1185.19	1458.70	912.73	1123.36	818.64	1007.55
	750	1360.48	1674.43	1284.89	1581.41	1005.57	1237.62	906.98	1116.29
	800	1460.51	1797.55	1384.64	1704.17	1099.15	1352.80	996.42	1226.37
	900	1660.58	2043.79	1584.23	1949.82	1288.11	1585.37	1178.02	1449.87
	1000	1860.65	2290.03	1783.92	2195.60	1478.98	1820.28	1362.52	1676.95
	1100	2060.72	2536.27	1983.68	2441.46	1671.29	2056.98	1549.30	1906.83
	1200	2260.79	2782.51	2183.50	2687.38	1864.74	2295.06	1737.89	2138.94
	1300	2460.86	3028.75	2383.35	2933.36	2059.09	2534.26	1927.94	2372.84

b	h \ a, β	200+20 0.65	200+20 0.80	250+20 0.65	250+20 0.80	300+20 0.65	300+20 0.80	350+20 0.65	350+20 0.80
300	300	78.98	97.21						
	350	108.93	134.06	95.64	117.71				
	400	141.48	174.13	125.22	154.11	112.31	138.22		
	450	176.16	216.81	157.01	193.24	141.62	174.30	128.97	158.74
	500	212.60	261.67	190.69	234.69	172.86	212.76	158.09	194.57
	550	250.52	308.34	225.96	278.11	205.79	253.28	188.92	232.52
	600	289.69	356.54	262.62	323.22	240.17	295.59	221.26	272.32
	700	371.06	456.69	339.35	417.66	312.63	384.77	289.81	356.69
	800	455.63	560.77	419.75	516.62	389.11	478.91	362.64	446.33
	900	542.63	667.85	503.02	619.10	468.80	576.99	438.94	540.24
	1000	631.53	777.27	588.57	724.40	551.08	678.26	518.09	637.64

续表 4-52

b	a \ h β	200 + 20		250 + 20		300 + 20		350 + 20	
		0.65	0.80	0.65	0.80	0.65	0.80	0.65	0.80
400	350	145.24	178.75	127.52	156.95				
	400	188.64	232.17	166.95	205.48	149.74	184.30		
	450	234.88	289.08	209.35	257.66	188.82	232.40	171.96	211.65
	500	283.47	348.89	254.25	312.92	230.49	283.67	210.79	259.43
	550	334.03	411.11	301.28	370.81	274.38	337.70	251.89	310.02
	600	386.25	475.39	350.15	430.96	320.23	394.12	295.01	363.09
	650	439.89	541.41	400.62	493.07	367.78	452.65	339.92	418.36
	700	494.75	608.93	452.47	556.88	416.84	513.03	386.41	475.58
	800	607.51	747.70	559.67	688.83	518.82	638.55	483.53	595.11
	900	723.51	890.47	670.70	825.47	625.07	769.32	585.26	720.32
	1000	842.05	1036.36	784.76	965.86	734.78	904.34	690.78	850.19
450	400	212.22	261.19	187.82	231.17	168.46	207.34		
	450	264.24	325.22	235.52	289.87	212.43	261.45	193.46	238.11
	500	318.90	392.50	286.03	352.03	259.30	319.13	237.13	291.86
	550	375.78	462.50	338.94	417.16	308.68	379.91	283.38	348.77
	600	434.53	534.81	393.92	484.83	360.25	443.39	331.89	408.48
	650	494.88	609.08	450.69	554.70	413.75	509.23	382.41	470.65
	700	556.60	685.04	509.02	626.49	468.94	577.16	434.71	535.03
	800	683.44	841.16	629.63	774.93	583.67	718.36	543.97	669.50
	900	813.95	1001.78	754.53	928.66	703.21	865.48	658.42	810.36
	1000	947.30	1165.91	882.86	1086.60	826.63	1017.39	777.13	956.47
	1100	1082.93	1332.84	1013.95	1247.94	953.24	1173.22	899.38	1106.93
500	450	293.60	361.35	261.69	322.07	236.03	290.50	214.96	264.56
	500	354.34	436.11	317.81	391.15	288.11	354.59	263.48	324.29
	550	417.54	513.89	376.60	463.51	342.98	422.13	314.86	387.53
	600	482.81	594.23	437.69	538.70	400.28	492.66	368.76	453.86
	650	549.87	676.76	500.77	616.33	459.72	565.81	424.90	522.95
	700	618.44	761.16	565.58	696.10	521.05	641.29	483.02	594.48
	800	759.38	934.62	699.59	861.03	648.52	798.18	604.41	743.88
	900	904.38	1113.09	838.37	1031.84	781.34	961.65	731.57	900.40
	1000	1052.56	1295.46	980.96	1207.33	918.47	1130.43	863.48	1062.74
	1100	1203.26	1480.93	1126.61	1386.60	1059.15	1303.57	999.31	1229.92
	1200	1355.99	1668.92	1274.80	1568.98	1202.77	1480.34	1138.46	1401.18

续表 4-52

b	a	200+20		250+20		300+20		350+20	
	h \ β	0.65	0.80	0.65	0.80	0.65	0.80	0.65	0.80
600	550	501.04	616.67	451.92	556.21	411.57	506.55	377.84	465.03
	600	579.38	713.08	525.23	646.44	480.34	591.19	442.52	544.64
	650	659.84	812.11	600.92	739.60	551.67	678.98	509.88	627.54
	700	742.13	913.39	678.70	835.32	625.26	769.55	579.62	713.38
	750	826.00	1016.62	758.30	933.29	700.85	862.59	651.50	801.84
	800	911.26	1121.55	839.51	1033.24	778.23	957.82	725.29	892.66
	900	1085.26	1335.71	1006.05	1238.21	937.61	1153.98	877.89	1080.48
	1000	1263.07	1554.55	1177.15	1448.80	1102.17	1356.52	1036.17	1275.29
	1100	1443.91	1777.12	1351.94	1663.92	1270.98	1564.29	1199.18	1475.91
	1200	1627.19	2002.70	1529.76	1882.78	1443.33	1776.41	1366.15	1681.41
	1300	1812.49	2230.76	1710.09	2104.73	1618.64	1992.17	1536.48	1891.05

b	a	400+20		450+20		500+20		600+20	
	h \ β	0.65	0.80	0.65	0.80	0.65	0.80	0.65	0.80
300	300								
	350								
	400								
	450								
	500	145.64	179.25						
	550	174.61	214.90	162.31	199.77				
	600	205.11	252.44	191.16	235.27	178.98	220.28		
	700	270.09	332.42	252.89	311.25	237.75	292.61	212.32	261.32
	800	339.55	417.90	319.21	392.88	301.18	370.68	270.60	333.05
	900	412.66	507.89	389.35	479.19	368.52	453.57	332.92	409.75
	1000	488.82	601.62	462.68	569.45	439.19	540.54	398.71	490.72
400	350								
	400								
	450								
	500	194.19	239.00						
	550	232.81	286.53	216.41	266.36				
	600	273.48	336.59	254.87	313.69	238.64	293.71		
	650	315.98	388.90	295.19	363.31	276.97	340.89		
	700	360.13	443.23	337.19	415.00	317.00	390.15	283.09	348.42
	800	452.73	557.20	425.62	523.84	401.57	494.24	360.80	444.07
	900	550.21	677.18	519.13	638.93	491.37	604.76	443.89	546.33
	1000	651.75	802.16	616.90	759.26	585.59	720.72	531.61	654.29

续表 4-52

b	a / β / h	400+20 0.65	400+20 0.80	450+20 0.65	450+20 0.80	500+20 0.65	500+20 0.80	600+20 0.65	600+20 0.80
450	400								
	450								
	500	218.46	268.88						
	550	261.91	322.35	243.47	299.65				
	600	307.66	378.66	286.73	352.90	268.47	330.42		
	650	355.48	437.51	332.09	408.73	311.59	383.50		
	700	405.14	498.64	379.34	466.88	356.62	438.92	318.48	391.98
	800	509.32	626.85	478.82	589.32	451.77	556.02	405.90	499.57
	900	618.99	761.83	584.02	718.79	552.79	680.35	499.38	614.62
	1000	733.22	902.43	694.01	854.17	658.78	810.81	598.07	736.08
	1100	851.29	1047.74	808.07	994.55	769.04	946.51	701.28	863.11
500	450								
	500	242.74	298.75						
	550	291.01	358.17	270.52	332.94				
	600	341.85	420.73	318.59	392.11	298.30	367.14		
	650	394.97	486.12	368.99	454.14	346.21	426.11		
	700	450.16	554.04	421.49	518.75	396.25	487.69	353.87	435.53
	800	565.91	696.50	532.02	654.80	501.96	617.80	451.00	555.08
	900	687.77	846.48	648.91	798.66	614.21	755.95	554.86	682.91
	1000	814.69	1002.70	771.13	949.08	731.98	900.90	664.52	817.87
	1100	945.87	1164.15	897.86	1105.06	854.49	1051.67	779.20	959.02
	1200	1080.67	1330.05	1028.46	1265.80	981.07	1207.46	898.27	1105.57
600	550	349.21	429.80	324.62	399.53				
	600	410.22	504.88	382.31	470.54	357.96	440.57		
	650	473.97	583.35	442.79	544.97	415.45	511.33		
	700	540.19	664.85	505.78	622.50	475.50	585.23	424.64	522.63
	750	608.63	749.09	571.06	702.85	537.86	661.98	481.84	593.03
	800	679.09	835.80	638.43	785.76	602.36	741.36	541.20	666.10
	900	825.32	1015.78	778.69	958.39	737.05	907.14	665.84	819.49
	1000	977.63	1203.24	925.35	1138.89	878.38	1081.08	797.42	981.44
	1100	1135.05	1396.98	1077.43	1326.07	1025.38	1262.01	935.04	1150.82
	1200	1296.80	1596.06	1234.15	1518.96	1177.28	1448.96	1077.93	1326.68
	1300	1462.25	1799.69	1394.87	1716.76	1333.42	1641.13	1225.45	1508.24

牛腿截面尺寸选择表（52）

表 4-53

（混凝土强度等级：C60　$F_{hk}/F_{vk}=0.3$）

b	a / β / h	0+0		0+20		100+20		150+20	
		0.65	0.80	0.65	0.80	0.65	0.80	0.65	0.80
300	300	217.30	267.44	185.11	227.82	106.34	130.88	87.68	107.92
	350	264.54	325.58	231.47	284.89	142.44	175.31	119.47	147.04
	400	311.78	383.72	278.07	342.24	180.50	222.16	153.56	189.00
	450	359.01	441.86	324.82	399.78	220.04	270.82	189.48	233.21
	500	406.25	500.00	371.68	457.45	260.73	320.90	226.87	279.22
	550	453.49	558.14	418.61	515.21	302.33	372.10	265.46	326.72
	600	500.73	616.28	465.59	573.04	344.66	424.20	305.04	375.44
	700	595.21	732.56	559.67	688.83	431.01	530.48	386.58	475.79
	800	689.69	848.84	653.86	804.75	519.04	638.82	470.53	579.12
	900	784.16	965.12	748.11	920.75	608.28	748.65	556.29	684.66
	1000	878.64	1081.40	842.41	1036.81	698.41	859.58	643.41	791.89
400	350	352.72	434.11	308.63	379.85	189.92	233.75	159.29	196.05
	400	415.70	511.63	370.76	456.32	240.67	296.21	204.75	252.00
	450	478.69	589.15	433.10	533.04	293.39	361.09	252.64	310.94
	500	541.67	666.67	495.57	609.93	347.64	427.86	302.49	372.30
	550	604.66	744.19	558.14	686.95	403.10	496.13	353.94	435.62
	600	667.64	821.71	620.79	764.05	459.55	565.59	406.72	500.58
	650	730.63	899.23	683.49	841.22	516.78	636.04	460.61	566.91
	700	793.61	976.75	746.23	918.44	574.68	707.30	515.44	634.39
	800	919.58	1131.79	871.81	1073.00	692.06	851.76	627.38	772.16
	900	1045.55	1286.83	997.48	1227.67	811.03	998.20	741.72	912.88
	1000	1171.52	1441.87	1123.21	1382.41	931.21	1146.10	857.89	1055.86
450	400	467.66	575.59	417.11	513.36	270.75	333.23	230.34	283.50
	450	538.52	662.80	487.23	599.67	330.06	406.23	284.22	349.81
	500	609.38	750.01	557.52	686.18	391.09	481.35	340.30	418.83
	550	680.24	837.22	627.91	772.81	453.49	558.14	398.19	490.08
	600	751.10	924.43	698.39	859.55	516.99	636.29	457.56	563.16
	650	821.95	1011.64	768.92	946.37	581.38	715.55	518.19	637.77
	700	892.81	1098.85	839.51	1033.24	646.52	795.72	579.87	713.68
	800	1034.53	1273.27	980.79	1207.12	778.56	958.23	705.80	868.68
	900	1176.24	1447.69	1122.16	1381.13	912.41	1122.97	834.43	1026.99
	1000	1317.96	1622.11	1263.61	1555.21	1047.61	1289.37	965.12	1187.84
	1100	1459.68	1796.53	1405.11	1729.37	1183.83	1457.03	1097.42	1350.67

续表 4-53

b	a	0 + 0		0 + 20		100 + 20		150 + 20	
	h \ β	0.65	0.80	0.65	0.80	0.65	0.80	0.65	0.80
500	450	598.36	736.44	541.37	666.30	366.74	451.37	315.80	388.68
	500	677.09	833.34	619.46	762.42	434.55	534.83	378.11	465.37
	550	755.82	930.24	697.68	858.68	503.88	620.16	442.43	544.53
	600	834.55	1027.14	775.99	955.06	574.43	706.99	508.40	625.73
	650	913.28	1124.04	854.36	1051.52	645.98	795.05	575.77	708.63
	700	992.01	1220.94	932.79	1148.05	718.35	884.13	644.30	792.98
	800	1149.48	1414.74	1089.76	1341.25	865.07	1064.70	784.22	965.20
	900	1306.94	1608.54	1246.85	1534.58	1013.79	1247.75	927.14	1141.10
	1000	1464.40	1802.34	1404.01	1728.02	1164.01	1432.63	1072.36	1319.82
	1100	1621.86	1996.14	1561.23	1921.52	1315.37	1618.92	1219.36	1500.75
	1200	1779.33	2189.94	1718.49	2115.07	1467.62	1806.30	1367.78	1683.42
600	550	906.98	1116.29	837.22	1030.42	604.66	744.19	530.92	653.44
	600	1001.46	1232.57	931.18	1146.07	689.32	848.39	610.09	750.87
	650	1095.94	1348.85	1025.23	1261.83	775.18	954.06	690.92	850.36
	700	1190.42	1465.13	1119.35	1377.66	862.03	1060.95	773.16	951.58
	750	1284.89	1581.41	1213.51	1493.55	949.70	1168.87	856.60	1054.27
	800	1379.37	1697.69	1307.72	1609.50	1038.08	1277.64	941.07	1158.24
	900	1568.33	1930.25	1496.22	1841.50	1216.55	1497.30	1112.57	1369.32
	1000	1757.28	2162.81	1684.82	2073.62	1396.81	1719.16	1286.83	1583.79
	1100	1946.24	2395.37	1873.48	2305.82	1578.44	1942.70	1463.23	1800.90
	1200	2135.19	2627.93	2062.19	2538.08	1761.14	2167.56	1641.34	2020.11
	1300	2324.15	2860.49	2250.94	2770.39	1944.69	2393.47	1820.83	2241.02

b	a	200 + 20		250 + 20		300 + 20		350 + 20	
	h \ β	0.65	0.80	0.65	0.80	0.65	0.80	0.65	0.80
300	300	74.59	911.81						
	350	102.88	126.62	90.33	111.18				
	400	133.62	164.45	118.26	145.55	106.07	130.55		
	450	166.37	204.77	148.29	182.51	133.75	164.62	121.81	149.92
	500	200.79	247.13	180.09	221.65	163.26	200.94	149.31	183.76
	550	236.60	291.21	213.41	262.66	194.35	239.20	178.42	219.60
	600	273.60	336.73	248.03	305.26	226.83	279.17	208.97	257.19
	700	350.45	431.32	320.50	394.46	295.26	363.40	273.71	336.87
	800	430.32	529.62	396.43	487.92	367.50	452.30	342.50	421.53
	900	512.48	630.75	475.08	584.71	442.76	544.93	414.56	510.22
	1000	596.45	734.09	555.87	684.15	520.47	640.58	489.30	602.22

续表 4-53

b	a / β / h	200 + 20		250 + 20		300 + 20		350 + 20	
		0.65	0.80	0.65	0.80	0.65	0.80	0.65	0.80
400	350	137.17	168.82	120.44	148.23				
	400	178.16	219.27	157.68	194.07	141.42	174.06		
	450	221.83	273.02	197.72	243.35	178.33	219.49	162.41	199.89
	500	267.72	329.50	240.12	295.54	217.68	267.91	199.08	245.02
	550	315.47	388.27	284.54	350.21	259.14	318.94	237.90	292.80
	600	364.79	448.98	330.70	407.02	302.44	372.23	278.62	342.92
	650	415.45	511.33	378.36	465.67	347.35	427.50	321.03	395.12
	700	467.27	575.10	427.33	525.94	393.68	484.53	364.95	449.16
	800	573.76	706.16	528.58	650.56	490.00	603.07	456.66	562.05
	900	683.31	841.00	633.44	779.61	590.35	726.58	552.74	680.30
	1000	795.27	978.79	741.17	912.20	693.96	854.10	652.40	802.96
450	400	200.43	246.68	177.39	218.33	159.10	195.82		
	450	249.56	307.15	222.43	273.76	200.63	246.92	182.71	224.88
	500	301.19	370.69	270.14	332.48	244.89	301.40	223.96	275.64
	550	354.91	436.81	320.11	393.98	291.53	358.81	267.63	329.40
	600	410.39	505.10	372.04	457.89	340.24	418.76	313.45	385.78
	650	467.39	575.24	425.65	523.88	390.77	480.94	361.16	444.51
	700	525.67	646.98	480.75	591.69	442.89	545.10	410.56	505.31
	800	645.48	794.43	594.65	731.88	551.25	678.46	513.75	632.30
	900	768.73	946.13	712.62	877.07	664.14	817.40	621.84	765.34
	1000	894.67	1101.14	833.81	1026.23	780.70	960.87	733.95	903.33
	1100	1022.77	1258.79	957.62	1178.61	900.28	1108.04	849.42	1045.44
500	450	277.29	341.28	247.15	304.18	222.92	274.36	203.01	249.86
	500	334.65	411.88	300.15	369.42	272.10	334.89	248.84	306.27
	550	394.34	485.34	355.68	437.76	323.92	398.67	297.37	366.00
	600	455.99	561.22	413.38	508.77	378.04	465.29	348.28	428.65
	650	519.32	639.16	472.95	582.09	434.18	534.38	401.29	493.90
	700	584.08	718.87	534.16	657.43	492.10	605.66	456.18	561.45
	800	717.19	882.70	660.72	813.20	612.49	753.84	570.83	702.56
	900	854.14	1051.25	791.79	974.52	737.93	908.22	690.93	850.37
	1000	994.08	1223.49	926.46	1140.26	867.45	1067.63	815.50	1003.70
	1100	1136.41	1398.66	1064.03	1309.57	1000.31	1231.15	943.80	1161.60
	1200	1280.66	1576.20	1203.98	1481.82	1135.95	1398.10	1075.21	1323.33

续表 4-53

b	a / β / h	200+20		250+20		300+20		350+20	
		0.65	0.80	0.65	0.80	0.65	0.80	0.65	0.80
600	550	473.21	582.41	426.82	525.31	388.71	478.41	356.85	439.20
	600	547.19	673.46	496.05	610.52	453.65	558.34	417.93	514.38
	650	623.18	766.99	567.54	698.51	521.02	641.26	481.55	592.68
	700	700.90	862.65	640.99	788.92	590.52	726.80	547.42	673.74
	750	780.11	960.14	716.17	881.44	661.92	814.66	615.30	757.29
	800	860.63	1059.24	792.87	975.84	734.99	904.61	684.99	843.07
	900	1024.97	1261.50	950.15	1169.42	885.52	1089.87	829.12	1020.45
	1000	1192.90	1468.18	1111.75	1368.31	1040.94	1281.15	978.61	1204.44
	1100	1363.69	1678.39	1276.83	1571.48	1200.37	1477.38	1132.56	1393.91
	1200	1536.79	1891.44	1444.77	1778.18	1363.14	1677.72	1290.25	1588.00
	1300	1711.80	2106.83	1615.08	1987.80	1528.72	1881.50	1451.12	1785.99

b	a / β / h	400+20		450+20		500+20		600+20	
		0.65	0.80	0.65	0.80	0.65	0.80	0.65	0.80
300	300								
	350								
	400								
	450								
	500	137.55	169.29						
	550	164.91	202.96	153.29	188.67				
	600	193.71	238.42	180.54	222.20	169.04	208.04		
	700	255.09	313.96	238.84	293.96	224.54	276.36	200.52	246.80
	800	320.68	394.69	301.48	371.05	284.45	350.09	255.57	314.55
	900	389.73	479.67	367.71	452.57	348.05	428.37	314.42	386.98
	1000	461.66	568.20	436.97	537.81	414.79	510.51	376.56	463.46
400	350								
	400								
	450								
	500	183.40	225.72						
	550	219.87	270.62	204.39	251.56				
	600	258.28	317.89	240.71	296.26	225.38	277.39		
	650	298.42	367.29	278.79	343.13	261.58	321.95		
	700	340.12	418.61	318.46	391.95	299.39	368.48	267.37	329.07
	800	427.58	526.25	401.97	494.74	379.26	466.78	340.76	419.39
	900	519.65	639.56	490.29	603.43	464.07	571.16	419.23	515.98
	1000	615.54	757.59	582.63	717.08	553.05	680.68	502.08	617.95

续表 4-53

b	a / β / h	400+20		450+20		500+20		600+20	
		0.65	0.80	0.65	0.80	0.65	0.80	0.65	0.80
450	400								
	450								
	500	206.33	253.94						
	550	247.36	304.44	229.94	283.00				
	600	290.57	357.62	270.80	333.30	253.55	312.07		
	650	335.73	413.20	313.64	386.02	294.28	362.19		
	700	382.63	470.93	358.26	440.94	336.81	414.53	300.79	370.20
	800	481.02	592.03	452.22	556.58	426.67	525.13	383.35	471.82
	900	584.60	719.51	551.57	678.86	522.08	642.56	471.63	580.47
	1000	692.49	852.29	655.46	806.72	622.18	765.77	564.84	695.19
	1100	803.99	989.53	763.18	939.30	726.31	893.92	662.32	815.16
500	450								
	500	229.25	282.15						
	550	274.84	338.27	255.49	314.45				
	600	322.86	397.36	300.89	370.33	281.73	346.74		
	650	373.03	459.11	348.49	428.91	326.98	402.43		
	700	425.15	523.26	398.07	489.93	374.23	460.59	334.21	411.33
	800	534.47	657.81	502.47	618.42	474.08	583.48	425.95	524.24
	900	649.56	799.45	612.86	754.29	580.09	713.95	524.04	644.97
	1000	769.43	946.99	728.29	896.35	691.32	850.85	627.60	772.43
	1100	893.33	1099.48	847.98	1043.67	807.01	993.25	735.91	905.74
	1200	1020.63	1256.16	971.32	1195.47	926.56	1140.38	848.37	1044.15
600	550	329.81	405.92	306.59	377.34				
	600	387.43	476.83	361.07	444.40	338.07	416.09		
	650	447.64	550.94	418.19	514.69	392.37	482.92		
	700	510.18	627.91	477.68	587.92	449.08	552.71	401.05	493.60
	750	574.82	707.47	539.34	663.80	507.98	625.21	455.07	560.08
	800	641.36	789.37	602.96	742.10	568.89	700.18	511.14	629.09
	900	779.47	959.34	735.43	905.14	696.10	856.74	628.85	773.96
	1000	923.32	1136.39	873.94	1075.62	829.58	1021.02	753.12	926.92
	1100	1071.99	1319.37	1017.58	1252.40	968.42	1191.90	883.09	1086.89
	1200	1224.75	1507.39	1165.59	1434.57	1111.87	1368.46	1018.04	1252.98
	1300	1381.01	1699.71	1317.37	1621.38	1259.34	1549.96	1157.37	1424.45

牛腿截面尺寸选择表（53） **表 4-54**

（混凝土强度等级：C60 $F_{hk}/F_{vk}=0.4$）

b	a / β / h	0+0		0+20		100+20		150+20	
		0.65	0.80	0.65	0.80	0.65	0.80	0.65	0.80
300	300	204.52	251.71	174.22	214.42	100.08	123.18	82.52	101.57
	350	248.98	306.43	217.85	268.13	134.06	165.00	112.44	138.39
	400	293.44	361.15	261.71	322.11	169.88	209.09	144.53	177.88
	450	337.90	415.87	305.72	376.27	207.10	254.89	178.33	219.49
	500	382.36	470.59	349.82	430.54	245.39	302.02	213.52	262.80
	550	426.82	525.31	393.98	484.90	284.54	350.21	249.84	307.50
	600	471.28	580.03	438.20	539.33	324.38	399.24	287.10	353.35
	700	560.20	689.47	526.75	648.31	405.66	499.27	363.84	447.80
	800	649.12	798.91	615.40	757.41	488.51	601.24	442.85	545.05
	900	738.04	908.35	704.10	866.59	572.50	704.61	523.56	644.39
	1000	826.96	1017.79	792.85	975.82	657.32	809.01	605.57	745.31
400	350	331.97	408.58	290.47	357.50	178.75	220.00	149.92	184.52
	400	391.25	481.54	348.95	429.48	226.51	278.78	192.70	237.17
	450	450.53	554.50	407.62	501.69	276.13	339.85	237.78	292.65
	500	509.81	627.46	466.42	574.06	327.19	402.70	284.70	350.40
	550	569.09	700.42	525.31	646.54	379.39	466.94	333.12	410.00
	600	628.37	773.38	584.27	719.10	432.51	532.32	382.80	471.14
	650	687.65	846.34	643.28	791.73	486.39	598.63	433.52	533.56
	700	746.93	919.30	702.34	864.41	540.88	665.70	485.12	597.07
	800	865.49	1065.22	820.53	1009.88	651.35	801.66	590.47	726.74
	900	984.05	1211.14	938.80	1155.45	763.33	939.48	698.09	859.18
	1000	1102.61	1357.06	1057.14	1301.09	876.43	1078.69	807.42	993.75
450	400	440.15	541.73	392.57	483.16	254.83	313.63	216.79	266.82
	450	506.84	623.81	458.57	564.40	310.65	382.33	267.50	329.23
	500	573.53	705.89	524.72	645.81	368.09	453.03	320.29	394.20
	550	640.22	787.97	590.98	727.36	426.82	525.31	374.77	461.25
	600	706.91	870.05	657.31	808.99	486.58	598.86	430.65	530.03
	650	773.60	952.13	723.69	890.70	547.18	673.46	487.71	600.25
	700	840.29	1034.21	790.13	972.46	608.49	748.91	545.76	671.70
	800	973.67	1198.37	923.09	1136.12	732.76	901.86	664.28	817.58
	900	1107.05	1362.53	1056.15	1299.88	858.74	1056.91	785.35	966.58
	1000	1240.43	1526.69	1189.28	1463.73	985.99	1213.52	908.35	1117.97
	1100	1373.81	1690.85	1322.46	1627.64	1114.20	1371.32	1032.87	1271.22

续表 4-54

b	h \ a / β	0+0 0.65	0+0 0.80	0+20 0.65	0+20 0.80	100+20 0.65	100+20 0.80	150+20 0.65	150+20 0.80
500	450	563.16	693.12	509.53	627.11	345.16	424.82	297.22	365.81
	500	637.26	784.32	583.03	717.57	408.99	503.37	355.87	438.00
	550	711.36	875.52	656.64	808.17	474.24	583.68	416.41	512.50
	600	785.46	966.72	730.34	898.88	540.64	665.40	478.50	588.92
	650	859.56	1057.92	804.10	989.67	607.98	748.28	541.90	666.95
	700	933.66	1149.12	877.92	1080.52	676.10	832.12	606.40	746.34
	800	1081.86	1331.52	1025.66	1262.35	814.18	1002.07	738.09	908.42
	900	1230.06	1513.92	1173.51	1444.31	954.16	1174.35	872.61	1073.98
	1000	1378.26	1696.32	1321.42	1626.37	1095.54	1348.36	1009.28	1242.19
	1100	1526.46	1878.72	1469.40	1808.49	1237.99	1523.69	1147.63	1412.47
	1200	1674.66	2061.12	1617.41	1990.65	1381.29	1700.05	1287.32	1584.40
600	550	853.63	1050.62	787.97	969.81	569.09	700.42	499.69	615.00
	600	942.55	1160.06	876.41	1078.66	648.77	798.49	574.20	706.71
	650	1031.47	1269.50	964.93	1187.60	729.58	897.94	650.28	800.34
	700	1120.39	1378.94	1053.50	1296.62	811.32	998.55	727.68	895.60
	750	1209.31	1488.38	1142.13	1405.70	893.84	1100.11	806.21	992.26
	800	1298.23	1597.82	1230.79	1514.82	977.02	1202.49	885.71	1090.10
	900	1476.07	1816.70	1408.21	1733.18	1144.99	1409.22	1047.13	1288.77
	1000	1653.91	2035.58	1585.71	1951.64	1314.65	1618.03	1211.13	1490.62
	1100	1831.75	2254.46	1763.28	2170.18	1485.59	1828.42	1377.16	1694.96
	1200	2009.59	2473.34	1940.89	2388.79	1657.55	2040.06	1544.79	1901.28
	1300	2187.43	2692.22	2118.54	2607.43	1830.30	2252.68	1713.72	2109.19

b	h \ a / β	200+20 0.65	200+20 0.80	250+20 0.65	250+20 0.80	300+20 0.65	300+20 0.80	350+20 0.65	350+20 0.80
300	300	70.21	86.41						
	350	96.82	119.17	85.02	104.64				
	400	125.76	154.78	111.30	136.99	99.83	122.87		
	450	156.59	192.72	139.57	171.77	125.88	154.93	114.64	141.10
	500	188.98	232.59	169.50	208.61	153.66	189.12	140.52	172.95
	550	222.69	274.08	200.85	247.21	182.92	225.13	167.93	206.68
	600	257.50	316.92	233.44	287.31	213.48	262.75	196.67	242.06
	700	329.83	405.95	301.64	371.25	277.89	342.02	257.61	317.06
	800	405.00	498.47	373.11	459.22	345.88	425.70	322.35	396.74
	900	482.34	593.65	447.13	550.32	416.71	512.88	390.17	480.21
	1000	561.36	690.91	523.18	643.91	489.85	602.90	460.52	566.79

续表 4-54

b	h \ a, β	200+20		250+20		300+20		350+20	
		0.65	0.80	0.65	0.80	0.65	0.80	0.65	0.80
400	350	129.10	158.89	113.35	139.51				
	400	167.68	206.37	148.40	182.65	133.10	163.82		
	450	208.78	256.96	186.09	229.03	167.84	206.58	152.86	188.13
	500	251.97	310.12	226.00	278.15	204.88	252.16	187.37	230.60
	550	296.92	365.43	267.81	329.61	243.89	300.18	223.90	275.57
	600	343.34	422.57	311.25	383.07	284.65	350.33	262.23	322.75
	650	391.02	481.25	356.10	438.28	326.91	402.36	302.15	371.87
	700	439.78	541.27	402.19	495.01	370.52	456.03	343.48	422.74
	800	540.01	664.62	497.49	612.29	461.17	567.60	429.80	528.98
	900	643.12	791.53	596.18	733.75	555.62	683.84	520.23	640.28
	1000	748.49	921.21	697.57	858.55	653.14	803.86	614.03	755.73
450	400	188.64	232.17	166.95	205.48	149.74	184.30		
	450	234.88	289.08	209.35	257.66	188.82	232.40	171.96	211.65
	500	283.47	348.89	254.25	312.92	230.49	283.67	210.79	259.43
	550	334.03	411.11	301.28	370.81	274.38	337.70	251.89	310.02
	600	386.25	475.39	350.15	430.96	320.23	394.12	295.01	363.09
	650	439.89	541.41	400.62	493.07	367.78	452.65	339.92	418.36
	700	494.75	608.93	452.47	556.88	416.84	513.03	386.41	475.58
	800	607.51	747.70	559.67	688.83	518.82	638.55	483.53	595.11
	900	723.51	890.47	670.70	825.47	625.07	769.32	585.26	720.32
	1000	842.05	1036.36	784.76	965.86	734.78	904.34	690.78	850.19
	1100	962.60	1184.74	901.29	1109.28	847.32	1042.86	799.45	983.94
500	450	260.98	321.20	232.61	286.29	209.80	258.22	191.07	235.17
	500	314.97	387.65	282.50	347.69	256.10	315.19	234.21	288.25
	550	371.14	456.79	334.76	412.01	304.87	375.22	279.88	344.47
	600	429.17	528.21	389.06	478.84	355.81	437.92	327.79	403.43
	650	488.77	601.56	445.13	547.85	408.64	502.95	377.69	464.84
	700	549.73	676.58	502.74	618.76	463.15	570.04	429.35	528.43
	800	675.01	830.78	621.86	765.36	576.47	709.50	537.25	661.23
	900	803.90	989.41	745.22	917.19	694.52	854.80	650.29	800.35
	1000	935.61	1151.52	8711.96	1073.18	816.42	1004.83	767.53	944.66
	1100	1069.56	1316.38	1001.44	1232.54	941.47	1158.73	888.28	1093.27
	1200	1205.33	1483.48	1133.15	1394.65	1069.13	1315.86	1011.96	1245.49

续表 4-54

b	h \ a, β	200+20, 0.65	200+20, 0.80	250+20, 0.65	250+20, 0.80	300+20, 0.65	300+20, 0.80	350+20, 0.65	350+20, 0.80
600	550	445.37	548.15	401.71	494.41	365.84	450.27	335.86	413.36
	600	515.00	633.85	466.87	574.61	426.97	525.50	393.35	484.12
	650	586.52	721.87	534.16	657.42	490.37	603.53	453.22	557.81
	700	659.67	811.90	603.29	742.51	555.78	684.04	515.22	634.11
	750	734.23	903.66	674.04	829.59	622.98	766.74	579.11	712.75
	800	810.01	996.93	746.23	918.43	691.76	851.40	644.70	793.48
	900	964.68	1187.29	894.26	1100.63	833.43	1025.76	780.34	960.42
	1000	1122.73	1381.82	1046.35	1287.82	979.71	1205.79	921.04	1133.59
	1100	1283.47	1579.66	1201.72	1479.04	1129.76	1390.48	1065.93	1311.92
	1200	1446.39	1780.18	1359.78	1673.58	1282.96	1579.03	1214.35	1494.59
	1300	1611.10	1982.90	1520.08	1870.87	1438.79	1770.82	1365.76	1680.93

b	h \ a, β	400+20, 0.65	400+20, 0.80	450+20, 0.65	450+20, 0.80	500+20, 0.65	500+20, 0.80	600+20, 0.65	600+20, 0.80
300	300								
	350								
	400								
	450								
	500	129.46	159.33						
	550	155.21	191.02	144.28	177.57				
	600	182.32	224.39	169.92	209.13	159.09	195.81		
	700	240.08	295.49	224.79	276.67	211.33	260.10	188.73	232.28
	800	301.82	371.47	283.75	349.23	267.71	329.49	240.54	296.04
	900	366.81	451.46	346.08	425.95	327.58	403.17	295.93	364.22
	1000	434.50	534.77	411.27	506.17	390.39	480.48	354.41	436.20
400	350								
	400								
	450								
	500	172.61	212.45						
	550	206.94	254.70	192.37	236.76				
	600	243.09	299.19	226.55	278.84	212.12	261.08		
	650	280.87	345.69	262.39	322.94	246.19	303.01		
	700	320.11	393.98	299.72	368.89	281.78	346.80	251.64	309.71
	800	402.42	495.29	378.33	465.63	356.95	439.33	320.71	394.72
	900	489.08	601.94	461.45	567.93	436.77	537.56	394.57	485.62
	1000	579.34	713.03	548.36	674.90	520.52	640.64	472.55	581.60

续表 4-54

b	a / β / h	400 +20		450 +20		500 +20		600 +20	
		0.65	0.80	0.65	0.80	0.65	0.80	0.65	0.80
450	400								
	450								
	500	194.19	239.00						
	550	232.81	286.53	216.41	266.36				
	600	273.48	336.59	254.87	313.69	238.64	293.71		
	650	315.98	388.90	295.19	363.31	276.97	340.89		
	700	360.13	443.23	337.19	415.00	317.00	390.15	283.09	348.42
	800	452.73	557.20	425.62	523.84	401.57	494.24	360.80	444.07
	900	550.21	677.18	519.13	638.93	491.37	604.76	443.89	546.33
	1000	651.75	802.16	616.90	759.26	585.59	720.72	531.61	654.29
	1100	756.70	931.32	718.29	884.05	683.59	841.34	623.36	767.21
500	450								
	500	215.77	265.56						
	550	258.68	318.37	240.46	295.95				
	600	303.86	373.99	283.19	348.55	265.16	326.34		
	650	351.09	432.11	327.99	403.68	307.74	378.76		
	700	400.14	492.48	374.65	461.11	352.22	433.50	314.55	387.14
	800	503.03	619.11	472.91	582.04	446.19	549.16	400.89	493.41
	900	611.35	752.43	576.81	709.92	545.96	671.95	493.21	607.03
	1000	724.17	891.29	685.44	843.62	650.65	800.80	590.68	726.99
	1100	840.78	1034.80	798.10	982.27	759.54	934.82	692.62	852.46
	1200	960.59	1182.27	914.19	1125.15	872.06	1073.30	798.47	982.73
600	550	310.41	382.05	288.55	355.14				
	600	364.64	448.78	339.83	418.25	318.19	391.61		
	650	421.31	518.53	393.59	484.42	369.29	454.51		
	700	480.17	590.98	449.58	553.33	422.66	520.20	377.46	464.56
	750	541.01	665.86	507.61	624.75	478.10	588.43	428.30	527.14
	800	603.64	742.94	567.49	698.45	535.43	658.99	481.07	592.09
	900	733.62	902.91	692.17	851.90	655.15	806.34	591.85	728.44
	1000	869.00	1069.54	822.53	1012.35	780.78	960.96	708.82	872.39
	1100	1008.93	1241.76	957.72	1178.73	911.45	1121.79	831.15	1022.95
	1200	1152.71	1418.72	1097.02	1350.18	1046.47	1287.96	958.16	1179.27
	1300	1299.78	1599.73	1239.88	1526.01	1185.26	1458.78	1089.29	1340.66

牛腿截面尺寸选择表（54） **表 4-55**

（混凝土强度等级：C60 $F_{hk}/F_{vk}=0.5$）

b	a / β / h	0+0		0+20		100+20		150+20	
		0.65	0.80	0.65	0.80	0.65	0.80	0.65	0.80
300	300	191.73	235.98	163.33	201.02	93.83	115.48	77.37	95.22
	350	233.41	287.28	204.24	251.37	125.68	154.69	105.41	129.74
	400	275.10	338.58	245.36	301.98	159.27	196.02	135.50	166.76
	450	316.78	389.88	286.61	352.75	194.15	238.96	167.19	205.77
	500	358.46	441.18	327.95	403.63	230.06	283.15	200.18	246.37
	550	400.14	492.48	369.36	454.60	266.76	328.32	234.23	288.28
	600	441.82	543.78	410.82	505.62	304.11	374.29	269.16	331.27
	700	525.18	646.38	493.83	607.79	380.31	468.07	341.10	419.81
	800	608.55	748.98	576.93	710.07	457.98	563.67	415.18	510.99
	900	691.91	851.58	660.10	812.43	536.71	660.57	490.84	604.11
	1000	775.27	954.18	743.30	914.83	616.24	758.45	567.72	698.73
400	350	311.22	383.04	272.32	335.16	167.58	206.25	140.55	172.99
	400	366.79	451.44	327.14	402.64	212.35	261.36	180.66	222.35
	450	422.37	519.84	382.14	470.33	258.87	318.61	222.92	274.36
	500	477.94	588.24	437.27	538.18	306.74	377.53	266.90	328.50
	550	533.52	656.64	492.48	606.13	355.68	437.76	312.30	384.37
	600	589.09	725.04	547.75	674.16	405.48	499.05	358.87	441.69
	650	644.67	793.44	603.08	742.25	455.99	561.21	406.42	500.21
	700	700.24	861.84	658.44	810.39	507.07	624.09	454.80	559.75
	800	811.39	998.64	769.24	946.76	610.64	751.55	553.57	681.32
	900	922.54	1135.44	880.13	1083.24	715.62	880.76	654.45	805.48
	1000	1033.69	1272.24	991.07	1219.78	821.65	1011.27	756.96	931.64
450	400	412.64	507.87	368.03	452.97	238.90	294.03	203.24	250.14
	450	475.17	584.82	429.91	529.12	291.23	358.44	250.78	308.65
	500	537.69	661.77	491.93	605.45	345.08	424.72	300.27	369.56
	550	600.21	738.72	554.04	681.90	400.14	492.48	351.34	432.42
	600	662.73	815.67	616.22	758.43	456.17	561.44	403.73	496.90
	650	725.25	892.62	678.46	835.03	512.98	631.37	457.23	562.74
	700	787.78	969.57	740.74	911.69	570.46	702.10	511.65	629.72
	800	912.82	1123.47	865.40	1065.11	686.97	845.50	622.76	766.48
	900	1037.86	1277.37	990.15	1218.64	805.07	990.86	736.26	906.17
	1000	1162.91	1431.27	1114.95	1372.25	924.36	1137.68	851.58	1048.10
	1100	1287.95	1585.17	1239.80	1525.91	1044.56	1285.61	968.31	1191.77

续表 4-55

b	a	0+0		0+20		100+20		150+20	
	h \ β	0.65	0.80	0.65	0.80	0.65	0.80	0.65	0.80
500	450	527.96	649.80	477.68	587.91	323.59	398.26	278.65	342.95
	500	597.43	735.30	546.59	672.72	383.43	471.91	333.63	410.62
	550	666.90	820.80	615.60	757.66	444.60	547.20	390.38	480.47
	600	736.37	906.30	684.69	842.70	506.85	623.82	448.59	552.11
	650	805.84	991.80	753.85	927.81	569.98	701.52	508.03	625.27
	700	875.31	1077.30	823.05	1012.98	633.84	780.11	568.50	699.69
	800	1014.24	1248.30	961.56	1183.45	763.30	939.44	691.96	851.64
	900	1153.18	1419.30	1100.16	1354.04	894.52	1100.95	818.07	1006.85
	1000	1292.12	1590.30	1238.84	1524.72	1027.07	1264.08	946.20	1164.55
	1100	1431.06	1761.30	1377.56	1695.46	1160.62	1428.46	1075.90	1324.19
	1200	1569.99	1932.30	1516.32	1866.24	1294.96	1593.79	1206.87	1485.37
600	550	800.28	984.96	738.72	909.19	533.52	656.64	468.46	576.56
	600	883.64	1087.56	821.63	1011.24	608.22	748.58	538.31	662.54
	650	967.00	1190.16	904.62	1113.38	683.98	841.82	609.63	750.32
	700	1050.37	1292.76	987.66	1215.58	760.61	936.14	682.20	839.63
	750	1133.73	1395.36	1070.74	1317.84	837.97	1031.35	755.82	930.24
	800	1217.09	1497.96	1153.87	1420.14	915.96	1127.33	830.35	1021.97
	900	1383.82	1703.16	1320.19	1624.85	1073.43	1321.14	981.68	1208.22
	1000	1550.54	1908.36	1486.60	1829.66	1232.48	1516.90	1135.44	1397.46
	1100	1717.27	2113.56	1653.07	2034.55	1392.74	1714.15	1291.08	1589.03
	1200	1883.99	2318.76	1819.58	2239.49	1553.95	1912.55	1448.24	1782.45
	1300	2050.72	2523.96	1986.13	2444.47	1715.91	2111.88	1606.61	1977.37

b	a	200+20		250+20		300+20		350+20	
	h \ β	0.65	0.80	0.65	0.80	0.65	0.80	0.65	0.80
300	300	65.82	81.01						
	350	90.77	111.72	79.70	98.10				
	400	117.90	145.11	104.35	128.43	93.59	115.19		
	450	146.80	180.68	130.84	161.04	118.02	145.25	107.48	132.28
	500	177.17	218.05	158.90	195.57	144.05	177.30	131.74	162.14
	550	208.77	256.95	188.30	231.76	171.49	211.06	157.43	193.76
	600	241.41	297.12	218.85	269.35	200.14	246.33	184.38	226.93
	700	309.22	380.58	282.79	348.05	260.52	320.65	241.51	297.24
	800	379.69	467.31	349.79	430.52	324.26	399.09	302.20	371.94
	900	452.19	556.54	419.19	515.92	390.67	480.82	365.79	450.20
	1000	526.28	647.73	490.48	603.66	459.24	565.21	431.74	531.37

续表 4-55

b	a h＼β	200+20		250+20		300+20		350+20	
		0.65	0.80	0.65	0.80	0.65	0.80	0.65	0.80
400	350	121.03	148.96	106.27	130.79				
	400	157.20	193.47	139.13	171.24	124.79	153.58		
	450	195.73	240.90	174.46	214.72	157.35	193.67	143.30	176.37
	500	236.23	290.74	211.87	260.77	192.07	236.40	175.65	216.19
	550	278.36	342.59	251.07	309.01	228.65	281.42	209.91	258.35
	600	321.88	396.16	291.79	359.13	266.85	328.44	245.84	302.58
	650	366.58	451.17	333.85	410.89	306.48	377.21	283.26	348.63
	700	412.29	507.44	377.05	464.07	347.37	427.53	322.01	396.32
	800	506.25	623.08	466.39	574.02	432.35	532.12	402.94	495.92
	900	602.92	742.06	558.91	687.89	520.89	641.10	487.71	600.26
	1000	701.71	863.64	653.97	804.89	612.32	753.62	575.65	708.49
450	400	176.85	217.66	156.52	192.64	140.38	172.78		
	450	220.20	271.01	196.26	241.56	177.02	217.87	161.22	198.42
	500	265.75	327.08	238.36	293.36	216.08	265.94	197.61	243.21
	550	313.15	385.42	282.45	347.63	257.23	316.59	236.15	290.64
	600	362.11	445.68	328.27	404.02	300.21	369.49	276.57	340.40
	650	412.40	507.57	375.58	462.25	344.79	424.36	318.67	392.21
	700	463.83	570.87	424.19	522.08	390.79	480.97	362.26	445.86
	800	569.54	700.97	524.69	645.77	486.39	598.64	453.30	557.91
	900	678.29	834.82	628.78	773.88	586.00	721.24	548.68	675.30
	1000	789.42	971.59	735.72	905.50	688.86	847.82	647.61	797.05
	1100	902.44	1110.70	844.96	1039.95	794.36	977.68	749.49	922.44
500	450	244.67	301.13	218.07	268.40	196.69	242.08	179.13	220.47
	500	295.28	363.42	264.84	325.96	240.09	295.49	219.57	270.24
	550	347.95	428.24	313.84	386.26	285.81	351.77	262.39	322.94
	600	402.35	495.19	364.74	448.91	333.57	410.55	307.30	378.22
	650	458.22	563.96	417.31	513.61	383.10	471.51	354.08	435.79
	700	515.37	634.30	471.32	580.08	434.21	534.41	402.51	495.40
	800	632.82	778.85	582.99	717.53	540.44	665.15	503.67	619.90
	900	753.65	927.57	698.64	859.87	651.12	801.37	609.64	750.33
	1000	877.13	1079.55	817.46	1006.11	765.40	942.02	719.56	885.62
	1100	1002.71	1234.11	938.85	1155.50	882.63	1086.31	832.76	1024.94
	1200	1130.00	1390.76	1062.33	1307.48	1002.31	1233.62	948.71	1167.65

续表 4-55

b	h \ a, β	200+20 0.65	200+20 0.80	250+20 0.65	250+20 0.80	300+20 0.65	300+20 0.80	350+20 0.65	350+20 0.80
600	550	417.54	513.89	376.60	463.51	342.98	422.13	314.86	387.53
	600	482.81	594.23	437.69	538.70	400.28	492.66	368.76	453.86
	650	549.87	676.76	500.77	616.33	459.72	565.81	424.90	522.95
	700	618.44	761.16	565.58	696.10	521.05	641.29	483.02	594.48
	750	688.34	847.18	631.92	777.74	584.04	718.82	542.91	668.20
	800	759.38	934.62	699.59	861.03	648.52	798.18	604.41	743.88
	900	904.38	1113.09	838.37	1031.84	781.34	961.65	731.57	900.40
	1000	1052.56	1295.46	980.96	1207.33	918.47	1130.43	863.48	1062.74
	1100	1203.26	1480.93	1126.61	1386.60	1059.15	1303.57	999.31	1229.92
	1200	1355.99	1668.92	1274.80	1568.98	1202.77	1480.34	1138.46	1401.18
	1300	1510.41	1858.96	1425.07	1753.94	1348.87	1660.14	1280.40	1575.87

b	h \ a, β	400+20 0.65	400+20 0.80	450+20 0.65	450+20 0.80	500+20 0.65	500+20 0.80	600+20 0.65	600+20 0.80
300	300								
	350								
	400								
	450								
	500	121.37	149.38						
	550	145.51	179.08	135.26	166.47				
	600	170.92	210.37	159.30	196.06	149.15	183.57		
	700	225.08	277.02	210.74	259.38	198.12	243.84	176.93	217.76
	800	282.95	348.25	266.01	327.40	250.98	308.90	225.50	277.54
	900	343.88	423.24	324.45	399.33	307.10	377.97	277.43	341.45
	1000	407.35	501.35	385.56	474.54	365.99	450.45	332.26	408.93
400	350								
	400								
	450								
	500	161.82	199.17						
	550	194.01	238.78	180.34	221.96				
	600	227.90	280.49	212.39	261.41	198.87	244.76		
	650	263.32	324.08	245.99	302.76	230.81	284.07		
	700	300.10	369.36	280.99	345.83	264.16	325.13	235.91	290.35
	800	377.27	464.34	354.68	436.53	334.64	411.87	300.67	370.05
	900	458.51	564.32	432.61	532.44	409.47	503.97	369.91	455.27
	1000	543.13	668.47	514.08	632.72	487.99	600.60	443.01	545.25

续表 4-55

b	a \ β \ h	400+20 0.65	400+20 0.80	450+20 0.65	450+20 0.80	500+20 0.65	500+20 0.80	600+20 0.65	600+20 0.80
450	400								
	450								
	500	182.05	224.06						
	550	218.26	268.63	202.89	249.71				
	600	256.39	315.55	238.94	294.09	223.72	275.35		
	650	296.23	364.59	276.74	340.60	259.66	319.58		
	700	337.62	415.53	316.11	389.06	297.18	365.77	265.40	326.65
	800	424.43	522.38	399.02	491.10	376.47	463.35	338.25	416.31
	900	515.82	634.86	486.68	598.99	460.66	566.96	416.15	512.18
	1000	611.02	752.02	578.34	711.81	548.99	675.68	498.39	613.40
	1100	709.41	873.11	673.40	828.79	640.86	788.76	584.40	719.26
500	450								
	500	202.28	248.96						
	550	242.51	298.47	225.43	277.45				
	600	284.87	350.61	265.49	326.76	248.58	305.95		
	650	329.14	405.10	307.49	378.45	288.51	355.09		
	700	375.13	461.70	351.24	432.29	330.21	406.41	294.89	362.94
	800	471.59	580.42	443.35	545.66	418.30	514.84	375.84	462.57
	900	573.14	705.40	540.76	665.55	511.84	629.96	462.39	569.09
	1000	678.91	835.58	642.60	790.90	609.98	750.75	553.77	681.56
	1100	788.23	970.13	748.22	920.88	712.07	876.40	649.33	799.18
	1200	900.55	1108.38	857.05	1054.83	817.55	1006.22	748.56	921.31
600	550	291.01	358.17	270.52	332.94				
	600	341.85	420.73	318.59	392.11	298.30	367.14		
	650	394.97	486.12	368.99	454.14	346.21	426.11		
	700	450.16	554.04	421.49	518.75	396.25	487.69	353.87	435.53
	750	507.19	624.24	475.89	585.71	448.22	551.65	401.53	494.19
	800	565.91	696.50	532.02	654.80	501.96	617.80	451.00	555.08
	900	687.77	846.48	648.91	798.66	614.21	755.95	554.86	682.91
	1000	814.69	1002.70	771.13	949.08	731.98	900.90	664.52	817.87
	1100	945.87	1164.15	897.86	1105.06	854.49	1051.67	779.20	959.02
	1200	1080.67	1330.05	1028.46	1265.80	981.07	1207.46	898.27	1105.57
	1300	1218.54	1499.74	1162.39	1430.63	1111.18	1367.61	1021.21	1256.87

牛腿截面尺寸选择表（55）　　表 4-56

（混凝土强度等级：C65　$F_{hk}/F_{vk}=0.0$）

b	a / β / h	0+0 0.65	0+0 0.80	0+20 0.65	0+20 0.80	100+20 0.65	100+20 0.80	150+20 0.65	150+20 0.80
300	300	297.10	365.66	257.49	316.91	154.49	190.15	128.74	158.45
	350	354.24	435.98	313.75	386.16	199.66	245.74	168.94	207.93
	400	411.37	506.30	370.23	455.67	246.82	303.78	211.56	260.38
	450	468.51	576.62	426.86	525.37	295.52	363.72	256.12	315.22
	500	525.64	646.94	483.59	595.19	345.42	425.13	302.24	371.99
	550	582.78	717.26	540.39	665.10	396.29	487.74	349.67	430.36
	600	639.91	787.58	597.25	735.08	447.94	551.31	398.17	490.05
	700	754.18	928.22	711.09	875.18	553.07	680.70	497.76	612.63
	800	868.45	1068.86	825.03	1015.42	660.02	812.34	600.02	738.49
	900	982.72	1209.50	939.05	1155.75	768.31	945.61	704.28	866.81
	1000	1096.99	1350.14	1053.11	1296.14	877.59	1080.12	810.09	997.03
400	350	472.32	581.31	418.34	514.88	266.21	327.65	225.26	277.24
	400	548.50	675.07	493.65	607.56	329.10	405.04	282.08	347.18
	450	624.68	768.83	569.15	700.49	394.03	484.96	341.49	420.29
	500	700.86	862.59	644.79	793.58	460.56	566.85	402.99	495.99
	550	777.04	956.35	720.52	886.80	528.38	650.32	466.22	573.81
	600	853.22	1050.11	796.33	980.10	597.25	735.08	530.89	653.40
	650	929.40	1143.87	872.20	1073.48	666.98	820.90	596.77	734.49
	700	1005.58	1237.63	948.11	1166.91	737.42	907.60	663.68	816.84
	800	1157.94	1425.15	1100.04	1353.89	880.03	1083.12	800.03	984.65
	900	1310.30	1612.67	1252.06	1541.00	1024.41	1260.82	939.05	1155.75
	1000	1462.66	1800.19	1404.15	1728.18	1170.12	1440.15	1080.12	1329.37
450	400	617.06	759.46	555.35	683.51	370.23	455.67	317.34	390.58
	450	702.76	864.94	640.29	788.05	443.28	545.58	384.18	472.83
	500	788.46	970.42	725.39	892.78	518.13	637.70	453.37	557.99
	550	874.17	1075.90	810.59	997.65	594.43	731.61	524.50	645.54
	600	959.87	1181.38	895.88	1102.62	671.91	826.96	597.25	735.08
	650	1045.57	1286.86	981.23	1207.66	750.35	923.51	671.37	826.30
	700	1131.27	1392.34	1066.63	1312.77	829.60	1021.05	746.64	918.94
	800	1302.68	1603.30	1237.54	1523.13	990.04	1218.51	900.03	1107.73
	900	1474.08	1814.26	1408.57	1733.62	1152.46	1418.42	1056.43	1300.22
	1000	1645.49	2025.22	1579.67	1944.21	1316.39	1620.17	1215.13	1495.54
	1100	1816.89	2236.18	1750.82	2154.86	1481.47	1823.34	1375.65	1693.10

续表 4-56

b	a:	0+0		0+20		100+20		150+20	
	h \ β	0.65	0.80	0.65	0.80	0.65	0.80	0.65	0.80
500	450	780.84	961.04	711.44	875.61	492.53	606.19	426.86	525.37
	500	876.07	1078.24	805.98	991.98	575.70	708.56	503.74	619.99
	550	971.29	1195.44	900.66	1108.50	660.48	812.90	582.78	717.26
	600	1066.52	1312.64	995.42	1225.13	746.56	918.85	663.61	816.75
	650	1161.74	1429.84	1090.25	1341.85	833.72	1026.12	745.96	918.11
	700	1256.97	1547.04	1185.14	1458.64	921.78	1134.50	829.60	1021.05
	800	1447.42	1781.44	1375.05	1692.37	1100.04	1353.89	1000.04	1230.81
	900	1637.87	2015.84	1565.08	1926.25	1280.52	1576.02	1173.81	1444.69
	1000	1828.32	2250.24	1755.19	2160.23	1462.66	1800.19	1350.14	1661.72
	1100	2018.77	2484.64	1945.36	2394.29	1646.07	2025.94	1528.50	1881.23
	1200	2209.22	2719.04	2135.58	2628.41	1830.50	2252.92	1708.46	2102.72
600	550	1165.55	1434.53	1080.79	1330.20	792.58	975.48	699.33	860.72
	600	1279.82	1575.17	1194.50	1470.16	895.88	1102.62	796.33	980.10
	650	1394.09	1715.81	1308.30	1610.22	1000.47	1231.34	895.16	1101.73
	700	1508.36	1856.45	1422.17	1750.37	1106.13	1361.40	995.52	1225.26
	750	1622.63	1997.09	1536.09	1890.58	1212.71	1492.56	1097.21	1350.41
	800	1736.90	2137.73	1650.06	2030.84	1320.05	1624.67	1200.04	1476.98
	900	1965.44	2419.01	1878.09	2311.50	1536.62	1891.22	1408.57	1733.62
	1000	2193.98	2700.29	2106.22	2592.28	1755.19	2160.23	1620.17	1994.06
	1100	2422.52	2981.57	2334.43	2873.15	1975.29	2431.12	1834.20	2257.47
	1200	2651.06	3262.85	2562.70	3154.09	2196.60	2703.50	2050.16	2523.27
	1300	2879.60	3544.13	2791.00	3435.08	2418.87	2977.07	2267.69	2791.00

b	a:	200+20		250+20		300+20		350+20	
	h \ β	0.65	0.80	0.65	0.80	0.65	0.80	0.65	0.80
300	300	110.35	135.82						
	350	146.42	180.21	129.19	159.01				
	400	185.12	227.84	164.55	202.52	148.09	182.27		
	450	225.99	278.14	202.20	248.86	182.94	225.16	167.03	205.58
	500	268.66	330.66	241.80	297.59	219.81	270.54	201.50	248.00
	550	312.86	385.06	283.06	348.39	258.45	318.09	237.77	292.64
	600	358.35	441.05	325.77	400.95	298.63	367.54	275.65	339.27
	700	452.51	556.93	414.80	510.52	382.89	471.25	355.54	437.59
	800	550.02	676.95	507.71	624.87	471.45	580.24	440.02	541.56
	900	650.11	800.13	603.67	742.98	563.43	693.45	528.21	650.11
	1000	752.22	925.81	702.07	864.09	658.20	810.09	619.48	762.43

续表 4-56

b	a / β / h	200+20		250+20		300+20		350+20	
		0.65	0.80	0.65	0.80	0.65	0.80	0.65	0.80
400	350	195.22	240.28	172.26	212.01				
	400	246.82	303.78	219.40	270.03	197.46	243.03		
	450	301.31	370.85	269.60	331.81	243.92	300.21	222.71	274.11
	500	358.22	440.88	322.39	396.79	293.09	360.72	268.66	330.66
	550	417.15	513.41	377.42	464.51	344.60	424.12	317.03	390.19
	600	477.80	588.06	434.36	534.60	398.17	490.05	367.54	452.36
	650	539.93	664.54	492.98	606.75	453.55	558.21	419.95	516.86
	700	603.35	742.58	553.07	680.70	510.52	628.34	474.06	583.46
	800	733.36	902.60	676.95	833.17	628.59	773.65	586.69	722.08
	900	866.81	1066.84	804.90	990.64	751.24	924.60	704.28	866.81
	1000	1002.96	1234.42	936.10	1152.12	877.59	1080.12	825.97	1016.58
450	400	277.68	341.76	246.82	303.78	222.14	273.40		
	450	338.98	417.20	303.30	373.29	274.41	337.74	250.55	308.37
	500	402.99	495.99	362.69	446.39	329.72	405.81	302.24	371.99
	550	469.29	577.59	424.59	522.58	387.67	477.14	356.66	438.97
	600	537.53	661.57	488.66	601.43	447.94	551.31	413.48	508.90
	650	607.43	747.60	554.61	682.59	510.24	627.99	472.44	581.47
	700	678.76	835.40	622.20	765.78	574.34	706.88	533.31	656.39
	800	825.03	1015.42	761.57	937.31	707.17	870.36	660.02	812.34
	900	975.16	1200.20	905.51	1114.47	845.14	1040.17	792.32	975.16
	1000	1128.33	1388.72	1053.11	1296.14	987.29	1215.13	929.22	1143.65
	1100	1283.94	1580.23	1203.69	1481.47	1132.89	1394.32	1069.95	1316.86
500	450	376.64	463.56	337.00	414.76	304.90	375.26	278.39	342.63
	500	447.77	551.10	402.99	495.99	366.36	450.90	335.83	413.33
	550	521.43	641.76	471.77	580.64	430.75	530.15	396.29	487.74
	600	597.25	735.08	542.96	668.25	497.71	612.57	459.42	565.44
	650	674.92	830.67	616.23	758.44	566.93	697.76	524.94	646.08
	700	754.18	928.22	691.33	850.87	638.15	785.42	592.57	729.32
	800	916.70	1128.25	846.18	1041.46	785.74	967.07	733.36	902.60
	900	1083.51	1333.56	1006.12	1238.30	939.05	1155.75	880.36	1083.51
	1000	1253.71	1543.02	1170.12	1440.15	1096.99	1350.14	1032.46	1270.72
	1100	1426.60	1755.81	1337.44	1646.07	1258.76	1549.25	1188.83	1463.18
	1200	1601.68	1971.30	1507.47	1855.34	1423.72	1752.27	1348.79	1660.05

续表 4-56

b	a	200+20		250+20		300+20		350+20	
	h \ β	0.65	0.80	0.65	0.80	0.65	0.80	0.65	0.80
600	550	625.72	770.12	566.13	696.77	516.90	636.18	475.55	585.29
	600	716.70	882.09	651.55	801.90	597.25	735.08	551.31	678.53
	650	809.90	996.80	739.48	910.12	680.32	837.31	629.92	775.29
	700	905.02	1113.87	829.60	1021.05	765.78	942.50	711.09	875.18
	750	1001.80	1232.98	921.66	1134.35	853.39	1050.32	794.53	977.88
	800	1100.04	1353.89	1015.42	1249.75	942.89	1160.48	880.03	1083.12
	900	1300.22	1600.27	1207.34	1485.96	1126.85	1386.90	1056.43	1300.22
	1000	1504.45	1851.63	1404.15	1728.18	1316.39	1620.17	1238.96	1524.87
	1100	1711.92	2106.97	1604.92	1975.29	1510.51	1859.10	1426.60	1755.81
	1200	1922.02	2365.56	1808.96	2226.41	1708.46	2102.72	1618.54	1992.05
	1300	2134.29	2626.82	2015.72	2480.89	1909.63	2350.32	1814.15	2232.80

b	a	400+20		450+20		500+20		600+20	
	h \ β	0.65	0.80	0.65	0.80	0.65	0.80	0.65	0.80
300	300								
	350								
	400								
	450								
	500	186.00	228.92						
	550	220.16	270.97	204.98	252.28				
	600	255.96	315.03	238.90	294.03	223.97	275.65		
	700	331.84	408.42	311.10	382.89	292.80	360.37	261.98	322.44
	800	412.51	507.71	388.25	477.85	366.68	451.30	330.01	406.17
	900	497.14	611.87	469.52	577.87	444.81	547.46	402.45	495.32
	1000	585.06	720.08	554.27	682.18	526.36	648.07	478.69	589.15
400	350								
	400								
	450								
	500	248.00	305.22						
	550	293.55	361.29	273.30	336.37				
	600	341.29	420.04	318.53	392.04	298.63	367.54		
	650	390.99	481.22	365.76	450.17	343.59	422.89		
	700	442.45	544.56	414.80	510.52	390.40	480.49	349.31	429.91
	800	550.02	676.95	517.67	637.13	488.91	601.73	440.02	541.56
	900	662.86	815.82	626.03	770.50	593.08	729.95	536.60	660.43
	1000	780.08	960.10	739.03	909.57	702.07	864.09	638.25	785.54

续表 4-56

b	a	400+20		450+20		500+20		600+20	
	h \ β	0.65	0.80	0.65	0.80	0.65	0.80	0.65	0.80
450	400								
	450								
	500	278.99	343.38						
	550	330.24	406.45	307.47	378.42				
	600	383.95	472.55	358.35	441.05	335.95	413.48		
	650	439.86	541.37	411.48	506.44	386.54	475.75		
	700	497.76	612.63	466.65	574.34	439.20	540.55	392.97	483.65
	800	618.77	761.57	582.37	716.77	550.02	676.95	495.02	609.25
	900	745.71	917.80	704.28	866.81	667.22	821.19	603.67	742.98
	1000	877.59	1080.12	831.40	1023.27	789.83	972.10	718.03	883.73
	1100	1013.64	1247.55	962.95	1185.17	917.10	1128.74	837.35	1030.59
500	450								
	500	309.99	381.53						
	550	366.93	451.61	341.63	420.47				
	600	426.61	525.06	398.17	490.05	373.28	459.42		
	650	488.73	601.52	457.20	562.71	429.49	528.61		
	700	553.07	680.70	518.50	638.15	488.00	600.62	436.63	537.39
	800	687.52	846.18	647.08	796.41	611.13	752.16	550.02	676.95
	900	828.57	1019.78	782.54	963.12	741.35	912.43	670.75	825.53
	1000	975.10	1200.13	923.78	1136.96	877.59	1080.12	797.81	981.92
	1100	1126.26	1386.17	1069.95	1316.86	1019.00	1254.15	930.39	1145.09
	1200	1281.35	1577.04	1220.33	1501.95	1164.86	1433.68	1067.79	1314.20
600	550	440.32	541.93	409.95	504.56				
	600	511.93	630.07	477.80	588.06	447.94	551.31		
	650	586.48	721.82	548.64	675.25	515.39	634.33		
	700	663.68	816.84	622.20	765.78	585.60	720.74	523.96	644.87
	750	743.27	914.80	698.22	859.35	658.33	810.25	590.81	727.14
	800	825.03	1015.42	776.50	955.69	733.36	902.60	660.02	812.34
	900	994.28	1223.73	939.05	1155.75	889.62	1094.92	804.90	990.64
	1000	1170.12	1440.15	1108.54	1364.36	1053.11	1296.14	957.37	1178.31
	1100	1351.51	1663.40	1283.94	1580.23	1222.80	1504.98	1116.47	1374.11
	1200	1537.62	1892.45	1464.40	1802.34	1397.83	1720.41	1281.35	1577.04
	1300	1727.76	2126.48	1649.23	2029.82	1577.52	1941.57	1451.32	1786.24

牛腿截面尺寸选择表（56）　表 4-57

（混凝土强度等级：C65　$F_{hk}/F_{vk}=0.1$）

b	h \ a / β	0+0 0.65	0+0 0.80	0+20 0.65	0+20 0.80	100+20 0.65	100+20 0.80	150+20 0.65	150+20 0.80
300	300	249.68	307.30	212.69	261.77	122.18	150.38	100.75	124.00
	350	303.96	374.10	265.96	327.34	163.67	201.44	137.27	168.95
	400	358.24	440.91	319.51	393.24	207.40	255.26	176.44	217.16
	450	412.51	507.71	373.23	459.36	252.83	311.18	217.72	267.96
	500	466.79	574.51	427.07	525.62	299.58	368.72	260.68	320.83
	550	521.07	641.32	480.99	591.99	347.38	427.55	305.02	375.41
	600	575.35	708.12	534.97	658.43	396.02	487.41	350.50	431.38
	700	683.91	841.73	643.08	791.48	495.24	609.53	444.19	546.69
	800	792.46	975.34	751.30	924.67	596.39	734.02	540.65	665.42
	900	901.02	1108.95	859.59	1057.96	698.92	860.21	639.18	786.69
	1000	1009.58	1242.55	967.94	1191.32	802.48	987.67	739.30	909.90
400	350	405.28	498.80	354.62	436.45	218.23	268.59	183.03	225.27
	400	477.65	587.88	426.01	524.32	276.53	340.35	235.26	289.55
	450	550.02	676.95	497.64	612.48	337.11	414.90	290.29	357.28
	500	622.39	766.02	569.42	700.83	399.44	491.62	347.57	427.78
	550	694.76	855.09	641.32	789.32	463.17	570.06	406.69	500.54
	600	767.13	944.16	713.30	877.91	528.03	649.88	467.33	575.18
	650	839.50	1033.24	785.34	966.57	593.80	730.82	529.25	651.39
	700	911.87	1122.31	857.43	1055.30	660.32	812.71	592.25	728.92
	800	1056.62	1300.45	1001.73	1232.90	795.19	978.69	720.87	887.22
	900	1201.36	1478.60	1146.12	1410.61	931.89	1146.95	852.25	1048.92
	1000	1346.10	1656.74	1290.59	1588.42	1069.98	1316.90	985.73	1213.20
450	400	537.35	661.36	479.26	589.86	311.10	382.89	264.67	325.74
	450	618.77	761.57	559.84	689.04	379.25	466.77	326.57	401.94
	500	700.19	861.77	640.60	788.43	449.38	553.08	391.01	481.25
	550	781.61	961.98	721.48	887.98	521.07	641.32	457.53	563.11
	600	863.02	1062.18	802.46	987.64	594.03	731.11	525.75	647.08
	650	944.44	1162.39	883.51	1087.40	668.02	822.18	595.41	732.81
	700	1025.86	1262.60	964.61	1187.22	742.86	914.29	666.28	820.04
	800	1188.69	1463.01	1126.94	1387.01	894.58	1101.03	810.98	998.13
	900	1351.53	1663.42	1289.39	1586.94	1048.38	1290.32	958.78	1180.03
	1000	1514.36	1863.83	1451.92	1786.97	1203.72	1481.51	1108.94	1364.85
	1100	1677.20	2064.24	1614.50	1987.08	1360.25	1674.15	1260.96	1551.95

续表 4-57

b	a \ β / h	0+0 0.65	0+0 0.80	0+20 0.65	0+20 0.80	100+20 0.65	100+20 0.80	150+20 0.65	150+20 0.80
500	450	687.52	846.18	622.05	765.60	421.39	518.63	362.86	446.60
	500	777.99	957.52	711.78	876.03	499.31	614.53	434.46	534.72
	550	868.45	1068.86	801.65	986.64	578.97	712.58	508.36	625.68
	600	958.92	1180.20	891.62	1097.38	660.03	812.35	584.17	718.97
	650	1049.38	1291.54	981.68	1208.22	742.24	913.53	661.57	814.23
	700	1139.84	1402.88	1071.79	1319.13	825.40	1015.88	740.31	911.15
	800	1320.77	1625.56	1252.16	1541.12	993.98	1223.36	901.09	1109.03
	900	1501.70	1848.24	1432.65	1763.27	1164.87	1433.68	1065.31	1311.15
	1000	1682.63	2070.92	1613.24	1985.53	1337.47	1646.12	1232.16	1516.50
	1100	1863.55	2293.60	1793.89	2207.86	1511.39	1860.17	1401.07	1724.39
	1200	2044.48	2516.28	1974.58	2430.26	1686.32	2075.48	1571.61	1934.29
600	550	1042.14	1282.64	961.98	1183.97	694.76	855.09	610.03	750.81
	600	1150.70	1416.24	1069.95	1316.86	792.04	974.82	701.00	862.77
	650	1259.26	1549.85	1178.01	1449.86	890.69	1096.24	793.88	977.08
	700	1367.81	1683.46	1286.15	1582.96	990.48	1219.06	888.37	1093.38
	750	1476.37	1817.07	1394.35	1716.12	1091.23	1343.05	984.25	1211.38
	800	1584.92	1950.68	1502.59	1849.34	1192.78	1468.04	1081.30	1330.84
	900	1802.04	2217.89	1719.19	2115.92	1397.84	1720.42	1278.37	1573.38
	1000	2019.15	2485.11	1935.89	2382.63	1604.97	1975.34	1478.59	1819.80
	1100	2236.26	2752.32	2152.67	2649.43	1813.66	2232.20	1681.28	2069.27
	1200	2453.38	3019.54	2369.50	2916.31	2023.59	2490.57	1885.93	2321.14
	1300	2670.49	3286.76	2586.38	3183.24	2234.49	2750.14	2092.17	2574.98

b	a \ β / h	200+20 0.65	200+20 0.80	250+20 0.65	250+20 0.80	300+20 0.65	300+20 0.80	350+20 0.65	350+20 0.80
300	300	85.71	105.49						
	350	118.21	145.48	103.79	127.74				
	400	153.53	188.96	135.88	167.24	121.87	150.00		
	450	191.17	235.28	170.39	209.71	153.68	189.15	139.96	172.26
	500	230.71	283.96	206.93	254.68	187.59	230.88	171.56	211.15
	550	271.86	334.60	245.21	301.80	223.32	274.85	205.01	252.32
	600	314.37	386.91	284.99	350.75	260.63	320.77	240.11	295.52
	700	402.67	495.60	368.26	453.24	339.26	417.55	314.50	387.07
	800	494.44	608.54	455.51	560.63	422.26	519.71	393.54	484.35
	900	588.85	724.74	545.87	671.84	508.74	626.14	476.33	586.26
	1000	685.33	843.49	638.71	786.11	598.03	736.04	562.22	691.96

续表 4-57

b	a / β / h	200+20		250+20		300+20		350+20	
		0.65	0.80	0.65	0.80	0.65	0.80	0.65	0.80
400	350	157.61	193.98	138.39	170.32				
	400	204.71	251.95	181.18	222.99	162.50	200.00		
	450	254.89	313.71	227.18	279.61	204.91	252.20	186.61	229.68
	500	307.62	378.61	275.91	339.58	250.12	307.84	228.74	281.53
	550	362.48	446.13	326.95	402.40	297.75	366.47	273.35	336.43
	600	419.15	515.88	379.98	467.67	347.50	427.70	320.14	394.02
	650	477.36	587.53	434.74	535.07	399.11	491.21	368.87	454.00
	700	536.90	660.80	491.01	604.32	452.35	556.74	419.33	516.10
	800	659.26	811.39	607.35	747.50	563.01	692.94	524.71	645.80
	900	785.14	966.33	727.83	895.79	678.32	834.85	635.11	781.68
	1000	913.78	1124.65	851.61	1048.14	797.37	981.38	749.62	922.62
450	400	230.29	283.44	203.82	250.86	182.81	225.00		
	450	286.75	352.92	255.58	314.56	230.52	283.72	209.94	258.39
	500	346.07	425.93	310.39	382.02	281.38	346.32	257.33	316.72
	550	407.79	501.90	367.81	452.70	334.97	412.28	307.52	378.48
	600	471.55	580.37	427.48	526.13	390.94	481.16	360.16	443.27
	650	537.04	660.97	489.09	601.95	449.00	552.61	414.98	510.75
	700	604.01	743.40	552.39	679.86	508.89	626.33	471.75	580.61
	800	741.66	912.82	683.26	840.94	633.39	779.56	590.30	726.53
	900	883.28	1087.12	818.81	1007.77	763.11	939.21	714.50	879.39
	1000	1028.00	1265.23	958.07	1179.16	897.04	1104.05	843.33	1037.94
	1100	1175.18	1446.37	1100.33	1354.25	1034.44	1273.16	976.00	1201.23
500	450	318.61	392.13	283.98	349.51	256.14	315.25	233.27	287.10
	500	384.52	473.26	344.88	424.47	312.65	384.80	285.93	351.91
	550	453.11	557.67	408.68	502.99	372.19	458.08	341.69	420.54
	600	523.94	644.85	474.98	584.59	434.38	534.62	400.18	492.53
	650	596.71	734.41	543.43	668.84	498.89	614.01	461.09	567.50
	700	671.12	826.00	613.76	755.40	565.43	695.92	524.16	645.12
	800	824.07	1014.24	759.18	934.38	703.77	866.18	655.89	807.25
	900	981.42	1207.91	909.79	1119.74	847.90	1043.57	793.89	977.10
	1000	1142.22	1405.81	1064.52	1310.18	996.71	1226.73	937.03	1153.27
	1100	1305.76	1607.08	1222.59	1504.72	1149.38	1414.62	1084.44	1334.70
	1200	1471.51	1811.08	1383.39	1702.64	1305.23	1606.44	1235.43	1520.54

续表 4-57

b	h \ a, β	200+20 0.65	200+20 0.80	250+20 0.65	250+20 0.80	300+20 0.65	300+20 0.80	350+20 0.65	350+20 0.80
600	550	543.73	669.20	490.42	603.59	446.63	549.70	410.02	504.64
	600	628.73	773.82	569.97	701.50	521.26	641.55	480.21	591.03
	650	716.05	881.29	652.11	802.60	598.66	736.82	553.31	681.00
	700	805.35	991.20	736.51	906.48	678.52	835.10	628.99	774.15
	750	896.37	1103.22	822.89	1012.79	760.55	936.07	706.99	870.15
	800	988.88	1217.09	911.02	1121.26	844.52	1039.41	787.07	968.70
	900	1177.71	1449.49	1091.75	1343.69	1017.48	1252.28	952.67	1172.52
	1000	1370.66	1686.97	1277.42	1572.21	1196.06	1472.07	1124.44	1383.92
	1100	1566.91	1928.50	1467.10	1805.67	1379.25	1697.54	1301.33	1601.64
	1200	1765.81	2173.30	1660.07	2043.16	1566.28	1927.73	1482.52	1824.64
	1300	1966.89	2420.79	1855.76	2284.02	1756.53	2161.88	1667.36	2052.14

b	h \ a, β	400+20 0.65	400+20 0.80	450+20 0.65	450+20 0.80	500+20 0.65	500+20 0.80	600+20 0.65	600+20 0.80
300	300								
	350								
	400								
	450								
	500	158.05	194.52						
	550	189.48	233.21	176.14	216.78				
	600	222.58	273.95	207.44	255.31	194.23	239.05		
	700	293.10	360.74	274.43	337.76	258.00	317.54	230.41	283.58
	800	368.47	453.50	346.41	426.35	326.83	402.26	293.65	361.42
	900	447.81	551.15	422.51	520.01	399.92	492.21	361.28	444.65
	1000	530.45	652.87	502.09	617.95	476.60	586.59	432.68	532.52
400	350								
	400								
	450								
	500	210.73	259.36						
	550	252.64	310.94	234.85	289.04				
	600	296.77	365.26	276.59	340.41	258.97	318.73		
	650	342.90	422.03	320.34	394.26	300.56	369.92		
	700	390.80	480.99	365.91	450.35	344.00	423.39	307.21	378.10
	800	491.29	604.67	461.87	568.46	435.78	536.34	391.54	481.89
	900	597.08	734.87	563.35	693.35	533.22	656.27	481.70	592.87
	1000	707.27	870.49	669.45	823.94	635.47	782.12	576.90	710.03

续表 4-57

b	h \ a / β	400+20 0.65	400+20 0.80	450+20 0.65	450+20 0.80	500+20 0.65	500+20 0.80	600+20 0.65	600+20 0.80
450	400								
	450								
	500	237.07	291.78						
	550	284.22	349.81	264.21	325.18				
	600	333.87	410.92	311.16	382.96	291.34	358.57		
	650	385.76	474.78	360.38	443.54	338.13	416.16		
	700	439.65	541.11	411.65	506.65	387.00	476.31	345.61	425.37
	800	552.70	680.25	519.61	639.52	490.25	603.39	440.48	542.13
	900	671.72	826.73	633.77	780.02	599.88	738.31	541.92	666.98
	1000	795.68	979.30	753.13	926.93	714.90	879.88	649.01	798.78
	1100	923.80	1136.99	876.91	1079.27	834.55	1027.14	761.02	936.64
500	450								
	500	263.41	324.20						
	550	315.80	388.68	293.56	361.31				
	600	370.97	456.58	345.73	425.52	323.71	398.41		
	650	428.62	527.53	400.42	492.83	375.70	462.40		
	700	488.50	601.24	457.39	562.94	430.00	529.23	384.01	472.63
	800	614.12	755.84	577.34	710.58	544.72	670.43	489.42	602.37
	900	746.35	918.59	704.19	866.69	666.53	820.34	602.13	741.08
	1000	884.09	1088.11	836.81	1029.92	794.34	977.64	721.13	887.54
	1100	1026.45	1263.32	974.35	1199.19	927.28	1141.26	845.58	1040.71
	1200	1172.72	1443.35	1116.07	1373.62	1061.64	1310.32	974.79	1199.75
600	550	378.96	466.41	352.27	433.57				
	600	445.16	547.89	414.88	510.62	388.45	478.10		
	650	514.34	633.04	480.51	591.39	450.84	554.89		
	700	586.21	721.48	548.87	675.53	516.00	635.08	460.81	567.16
	750	660.48	812.90	619.71	762.72	583.68	718.38	522.88	643.55
	800	736.94	907.00	692.81	852.69	653.67	804.52	587.31	722.84
	900	895.62	1102.31	845.02	1040.03	799.84	984.41	722.56	889.30
	1000	1060.91	1305.74	1004.18	1235.91	953.20	1173.17	865.35	1065.05
	1100	1231.74	1515.99	1169.21	1439.03	1112.73	1369.51	1014.69	1248.85
	1200	1407.27	1732.02	1339.28	1648.35	1277.56	1572.39	1169.75	1439.70
	1300	1586.81	1953.00	1513.69	1863.00	1447.01	1780.93	1329.84	1636.73

牛腿截面尺寸选择表（57） **表 4-58**

（混凝土强度等级：C65 $F_{hk}/F_{vk}=0.2$）

b	h \ a / β	0+0 0.65	0+0 0.80	0+20 0.65	0+20 0.80	100+20 0.65	100+20 0.80	150+20 0.65	150+20 0.80
300	300	236.54	291.12	201.50	248.00	115.75	142.47	95.45	117.47
	350	287.96	354.41	251.97	310.11	155.06	190.84	130.05	160.06
	400	339.38	417.70	302.69	372.54	196.48	241.83	167.16	205.73
	450	390.80	480.99	353.58	435.18	239.52	294.80	206.26	253.86
	500	442.22	544.28	404.59	497.96	283.82	349.31	246.96	303.95
	550	493.65	607.56	455.67	560.83	329.10	405.04	288.96	355.65
	600	545.07	670.85	506.82	623.78	375.18	461.76	332.05	408.68
	700	647.91	797.43	609.23	749.82	469.18	577.45	420.81	517.92
	800	750.75	924.00	711.75	876.00	565.00	695.39	512.20	630.40
	900	853.60	1050.58	814.35	1002.28	662.14	814.94	605.54	745.28
	1000	956.44	1177.16	917.00	1128.61	760.25	935.69	700.39	862.01
400	350	383.95	472.55	335.95	413.48	206.74	254.45	173.40	213.41
	400	452.51	556.93	403.59	496.73	261.98	322.44	222.88	274.31
	450	521.07	641.32	471.45	580.24	319.37	393.07	275.01	338.47
	500	589.63	725.70	539.45	663.94	378.42	465.75	329.28	405.26
	550	658.20	810.09	607.56	747.77	438.80	540.06	385.29	474.20
	600	726.76	894.47	675.76	831.70	500.24	615.67	442.74	544.91
	650	795.32	978.85	744.01	915.70	562.54	692.36	501.40	617.10
	700	863.88	1063.24	812.31	999.76	625.57	769.93	561.08	690.56
	800	1001.01	1232.01	949.00	1168.01	753.33	927.18	682.93	840.53
	900	1138.13	1400.77	1085.80	1336.37	882.85	1086.58	807.39	993.71
	1000	1275.25	1569.54	1222.67	1504.82	1013.66	1247.59	933.85	1149.35
450	400	509.07	626.55	454.04	558.82	294.73	362.74	250.74	308.60
	450	586.21	721.48	530.38	652.77	359.29	442.20	309.39	380.78
	500	663.34	816.42	606.88	746.93	425.72	523.97	370.44	455.92
	550	740.47	911.35	683.51	841.24	493.65	607.56	433.45	533.47
	600	817.60	1006.28	760.23	935.66	562.76	692.63	498.08	613.02
	650	894.73	1101.21	837.01	1030.17	632.86	778.91	564.07	694.24
	700	971.87	1196.14	913.84	1124.73	703.77	866.17	631.21	776.88
	800	1126.13	1386.01	1067.63	1314.01	847.50	1043.08	768.29	945.59
	900	1280.40	1575.87	1221.53	1503.42	993.20	1222.40	908.31	1117.93
	1000	1434.66	1765.74	1375.50	1692.92	1140.37	1403.53	1050.58	1293.02
	1100	1588.92	1955.60	1529.53	1882.49	1288.66	1586.04	1194.59	1470.27

续表 4-58

b	a	0+0		0+20		100+20		150+20	
	h \ β	0.65	0.80	0.65	0.80	0.65	0.80	0.65	0.80
500	450	651.34	801.65	589.31	725.30	399.21	491.33	343.76	423.09
	500	737.04	907.13	674.31	829.93	473.03	582.19	411.59	506.58
	550	822.74	1012.61	759.46	934.72	548.50	675.07	481.61	592.75
	600	908.45	1118.09	844.70	1039.63	625.29	769.59	553.42	681.13
	650	994.15	1223.57	930.01	1144.63	703.18	865.45	626.75	771.38
	700	1079.85	1329.05	1015.38	1249.70	781.96	962.41	701.35	863.20
	800	1251.26	1540.01	1186.26	1460.01	941.67	1158.98	853.66	1050.66
	900	1422.66	1750.97	1357.25	1670.46	1103.56	1358.23	1009.24	1242.14
	1000	1594.07	1961.93	1528.33	1881.02	1267.08	1559.48	1167.31	1436.69
	1100	1765.47	2172.89	1699.47	2091.66	1431.84	1762.26	1327.33	1633.63
	1200	1936.88	2383.85	1870.66	2302.35	1597.57	1966.24	1488.89	1832.48
600	550	987.29	1215.13	911.35	1121.66	658.20	810.09	577.93	711.30
	600	1090.14	1341.71	1013.64	1247.55	750.35	923.51	664.11	817.36
	650	1192.98	1468.28	1116.01	1373.55	843.81	1038.54	752.10	925.66
	700	1295.82	1594.86	1218.46	1499.64	938.35	1154.90	841.62	1035.84
	750	1398.66	1721.43	1320.96	1625.80	1033.80	1272.36	932.44	1147.62
	800	1501.51	1848.01	1423.51	1752.01	1130.00	1390.77	1024.39	1260.79
	900	1707.19	2101.16	1628.70	2004.56	1324.27	1629.87	1211.09	1490.57
	1000	1912.88	2354.31	1834.00	2257.23	1520.49	1871.38	1400.77	1724.03
	1100	2118.57	2607.47	2039.37	2509.99	1718.21	2114.72	1592.79	1960.36
	1200	2324.25	2860.62	2244.79	2762.82	1917.08	2359.49	1786.67	2198.98
	1300	2529.94	3113.77	2450.25	3015.70	2116.89	2605.40	1982.05	2439.45

b	a	200+20		250+20		300+20		350+20	
	h \ β	0.65	0.80	0.65	0.80	0.65	0.80	0.65	0.80
300	300	81.20	99.94						
	350	111.98	137.83	98.33	121.02				
	400	145.45	179.01	128.73	158.44	115.46	142.10		
	450	181.10	222.90	161.42	198.67	145.59	179.19	132.59	163.19
	500	218.57	269.01	196.04	241.28	177.72	218.73	162.53	200.03
	550	257.55	316.99	232.30	285.91	211.56	260.38	194.22	239.04
	600	297.82	366.55	269.99	332.29	246.91	303.89	227.47	279.96
	700	381.48	469.51	348.88	429.38	321.40	395.57	297.94	366.70
	800	468.42	576.52	431.54	531.12	400.04	492.35	372.82	458.86
	900	557.86	686.60	517.14	636.48	481.96	593.19	451.26	555.40
	1000	649.26	799.09	605.09	744.73	566.55	697.30	532.63	655.54

续表4-58

b	h \ a / β	200+20 0.65	200+20 0.80	250+20 0.65	250+20 0.80	300+20 0.65	300+20 0.80	350+20 0.65	350+20 0.80
400	350	149.31	183.77	131.10	161.36				
	400	193.93	238.69	171.64	211.25	153.95	189.47		
	450	241.47	297.20	215.23	264.89	194.12	238.92	176.79	217.59
	500	291.43	358.68	261.38	321.70	236.96	291.64	216.70	266.71
	550	343.41	422.65	309.74	381.22	282.08	347.18	258.96	318.72
	600	397.09	488.73	359.98	443.06	329.21	405.19	303.29	373.28
	650	452.24	556.60	411.86	506.91	378.10	465.36	349.46	430.10
	700	508.64	626.02	465.17	572.51	428.54	527.43	397.26	488.93
	800	624.56	768.69	575.38	708.16	533.38	656.47	497.10	611.81
	900	743.82	915.47	689.52	848.64	642.62	790.91	601.69	740.54
	1000	865.68	1065.46	806.79	992.98	755.40	929.73	710.17	874.06
450	400	218.17	268.52	193.10	237.66	173.19	213.16		
	450	271.66	334.35	242.13	298.00	218.39	268.79	198.89	244.79
	500	327.86	403.52	294.06	361.92	266.57	328.09	243.79	300.05
	550	386.33	475.49	348.46	428.87	317.34	390.58	291.33	358.56
	600	446.73	549.82	404.98	498.44	370.37	455.84	341.20	419.94
	650	508.77	626.18	463.34	570.27	425.37	523.53	393.14	483.87
	700	572.22	704.27	523.31	644.08	482.11	593.36	446.92	550.05
	800	702.63	864.77	647.30	796.68	600.06	738.53	559.24	688.29
	900	836.79	1029.90	775.71	954.72	722.94	889.78	676.90	833.10
	1000	973.89	1198.64	907.64	1117.10	849.83	1045.95	798.94	983.31
	1100	1113.33	1370.25	1042.42	1282.97	980.00	1206.15	924.63	1138.00
500	450	301.84	371.50	269.03	331.12	242.66	298.65	220.99	271.99
	500	364.28	448.35	326.73	402.13	296.19	364.55	270.88	333.39
	550	429.26	528.32	387.17	476.52	352.60	433.97	323.70	398.40
	600	496.37	610.91	449.98	553.82	411.52	506.48	379.12	466.60
	650	565.30	695.75	514.83	633.63	472.63	581.70	436.82	537.63
	700	635.80	782.52	581.46	715.64	535.67	659.29	496.57	611.17
	800	780.70	960.86	719.23	885.20	666.73	820.59	621.37	764.77
	900	929.77	1144.33	861.90	1060.81	803.27	988.64	752.11	925.67
	1000	1082.10	1331.82	1008.49	1241.22	944.26	1162.16	887.71	1092.57
	1100	1237.03	1522.50	1158.24	1425.53	1088.88	1340.16	1027.36	1264.45
	1200	1394.06	1715.76	1310.58	1613.02	1236.54	1521.89	1170.41	1440.51

续表 4-58

b	h \ a	200+20		250+20		300+20		350+20	
	β	0.65	0.80	0.65	0.80	0.65	0.80	0.65	0.80
600	550	515.11	633.98	464.61	571.83	423.13	520.77	388.44	478.08
	600	595.64	733.10	539.97	664.58	493.82	607.78	454.94	559.92
	650	678.36	834.91	617.79	760.36	567.15	698.04	524.19	645.15
	700	762.96	939.03	697.75	858.77	642.81	791.15	595.89	733.40
	750	849.19	1045.16	779.58	959.49	720.52	886.80	669.78	824.35
	800	936.84	1153.03	863.07	1062.24	800.07	984.71	745.65	917.72
	900	1115.73	1373.20	1034.29	1272.97	963.93	1186.37	902.53	1110.81
	1000	1298.52	1598.18	1210.19	1489.46	1133.11	1394.59	1065.26	1311.08
	1100	1484.44	1827.00	1389.89	1710.63	1306.66	1608.20	1232.84	1517.34
	1200	1672.87	2058.92	1572.70	1935.63	1483.84	1826.27	1404.49	1728.61
	1300	1863.37	2293.38	1758.09	2163.81	1664.08	2048.09	1579.61	1944.13

b	h \ a	400+20		450+20		500+20		600+20	
	β	0.65	0.80	0.65	0.80	0.65	0.80	0.65	0.80
300	300								
	350								
	400								
	450								
	500	149.73	184.28						
	550	179.51	220.93	166.87	205.37				
	600	210.87	259.53	196.52	241.87	184.00	226.47		
	700	277.68	341.76	259.99	319.99	244.42	300.83	218.28	268.65
	800	349.08	429.63	328.17	403.91	309.63	381.09	278.20	342.40
	900	424.24	522.14	400.27	492.65	378.87	466.30	342.26	421.25
	1000	502.54	618.51	475.66	585.43	451.52	555.71	409.90	504.50
400	350								
	400								
	450								
	500	199.64	245.71						
	550	239.34	294.58	222.49	273.83				
	600	281.15	346.04	262.03	322.50	245.34	301.95		
	650	324.85	399.81	303.48	373.51	284.74	350.45		
	700	370.23	455.67	346.65	426.65	325.90	401.10	291.04	358.20
	800	465.44	572.84	437.57	538.54	412.84	508.12	370.93	456.53
	900	565.66	696.19	533.70	656.86	505.16	621.73	456.35	561.66
	1000	670.05	824.67	634.22	780.57	602.02	740.95	546.54	672.66

续表 4-58

b	h \ a β	400+20 0.65	400+20 0.80	450+20 0.65	450+20 0.80	500+20 0.65	500+20 0.80	600+20 0.65	600+20 0.80
450	400								
	450								
	500	224.59	276.42						
	550	269.26	331.40	250.30	308.06				
	600	316.30	389.29	294.78	362.81	276.01	339.70		
	650	365.45	449.79	341.41	420.20	320.34	394.26		
	700	416.51	512.63	389.98	479.98	366.63	451.24	327.42	402.98
	800	523.61	644.45	492.26	605.86	464.45	571.63	417.30	513.60
	900	636.36	783.22	600.41	738.97	568.30	699.45	513.40	631.87
	1000	753.80	927.76	713.49	878.15	677.28	833.57	614.85	756.74
	1100	875.18	1077.15	830.76	1022.47	790.62	973.08	720.97	887.34
500	450								
	500	249.55	307.14						
	550	299.18	368.22	278.11	342.29				
	600	351.44	432.55	327.54	403.12	306.67	377.44		
	650	406.06	499.77	379.35	466.89	355.93	438.07		
	700	462.79	569.59	433.32	533.31	407.37	501.38	363.80	447.75
	800	581.79	716.05	546.96	673.18	516.05	635.14	463.66	570.66
	900	707.07	870.24	667.12	821.08	631.45	777.17	570.44	702.08
	1000	837.56	1030.84	792.77	975.72	752.53	926.19	683.17	840.83
	1100	972.43	1196.83	923.06	1136.08	878.47	1081.20	801.07	985.94
	1200	1111.00	1367.38	1057.33	1301.33	1008.60	1241.36	923.49	1136.60
600	550	359.02	441.87	333.73	410.75				
	600	421.73	519.05	393.04	483.74	368.01	452.93		
	650	487.27	599.72	455.22	560.27	427.12	525.68		
	700	555.35	683.51	519.98	639.97	488.84	601.65	436.56	537.30
	750	625.72	770.12	587.09	722.58	552.96	680.57	495.36	609.67
	800	698.15	859.27	656.35	807.81	619.27	762.17	556.40	684.80
	900	848.49	1044.29	800.55	985.29	757.74	932.60	684.53	842.49
	1000	1005.07	1237.01	951.33	1170.86	903.03	1111.43	819.81	1008.99
	1100	1166.91	1436.20	1107.68	1363.29	1054.17	1297.43	961.29	1183.12
	1200	1333.20	1640.86	1268.79	1561.59	1210.32	1489.63	1108.19	1363.92
	1300	1503.30	1850.21	1434.02	1764.95	1370.85	1687.20	1259.85	1550.58

牛腿截面尺寸选择表（58） 表 4-59

（混凝土强度等级：C65 $F_{hk}/F_{vk}=0.3$）

b	h \ a β	0+0 0.65	0+0 0.80	0+20 0.65	0+20 0.80	100+20 0.65	100+20 0.80	150+20 0.65	150+20 0.80
300	300	223.40	274.95	190.30	234.22	109.32	134.55	90.14	110.95
	350	271.96	334.72	237.97	292.88	146.44	180.24	122.82	151.17
	400	320.53	394.50	285.88	351.85	185.57	228.39	157.87	194.30
	450	369.09	454.27	333.94	411.00	226.22	278.42	194.80	239.75
	500	417.66	514.04	382.11	470.29	268.05	329.91	233.24	287.06
	550	466.22	573.81	430.36	529.67	310.81	382.54	272.91	335.89
	600	514.79	633.58	478.66	589.12	354.33	436.10	313.61	385.98
	700	611.92	753.13	575.38	708.16	443.11	545.37	397.43	489.14
	800	709.05	872.67	672.21	827.34	533.61	656.75	483.74	595.37
	900	806.17	992.22	769.11	946.60	625.35	769.66	571.90	703.88
	1000	903.30	1111.76	866.05	1065.91	718.01	883.71	661.47	814.12
400	350	362.62	446.30	317.29	390.51	195.26	240.31	163.76	201.55
	400	427.37	525.99	381.17	469.13	247.42	304.52	210.50	259.07
	450	492.12	605.69	445.25	548.00	301.62	371.23	259.73	319.67
	500	556.88	685.39	509.48	627.05	357.40	439.87	310.98	382.75
	550	621.63	765.08	573.81	706.23	414.42	510.05	363.88	447.85
	600	686.38	844.78	638.21	785.49	472.44	581.47	418.14	514.63
	650	751.13	924.47	702.67	864.83	531.29	653.90	473.54	582.82
	700	815.89	1004.17	767.18	944.22	590.82	727.16	529.91	652.19
	800	945.39	1163.56	896.28	1103.12	711.48	875.67	644.99	793.83
	900	1074.90	1322.95	1025.48	1262.13	833.80	1026.22	762.54	938.51
	1000	1204.41	1482.35	1154.74	1421.22	957.35	1178.27	881.97	1085.50
450	400	480.79	591.74	428.81	527.77	278.35	342.59	236.81	291.46
	450	553.64	681.40	500.91	616.51	339.33	417.63	292.20	359.63
	500	626.49	771.06	573.17	705.44	402.07	494.86	349.86	430.59
	550	699.33	860.72	645.54	794.51	466.22	573.81	409.37	503.83
	600	772.18	950.37	717.99	883.68	531.50	654.15	470.41	578.96
	650	845.03	1040.03	790.51	972.93	597.70	735.63	532.73	655.67
	700	917.87	1129.69	863.08	1062.25	664.67	818.05	596.14	733.72
	800	1063.57	1309.01	1008.32	1241.01	800.42	985.13	725.61	893.06
	900	1209.26	1488.32	1153.66	1419.89	938.03	1154.49	857.85	1055.82
	1000	1354.96	1667.64	1299.08	1598.87	1077.02	1325.56	992.21	1221.18
	1100	1500.65	1846.95	1444.55	1777.91	1217.06	1497.92	1128.23	1388.59

续表 4-59

b	a	0+0		0+20		100+20		150+20	
	h \ β	0.65	0.80	0.65	0.80	0.65	0.80	0.65	0.80
500	450	615.15	757.11	556.57	685.01	377.03	464.04	324.66	399.59
	500	696.09	856.73	636.85	783.82	446.75	549.84	388.73	478.43
	550	777.04	956.35	717.26	882.79	518.02	637.57	454.85	559.82
	600	857.98	1055.97	797.77	981.87	590.56	726.84	522.68	643.29
	650	938.92	1155.59	878.34	1081.04	664.11	817.37	591.93	728.53
	700	1019.86	1255.21	958.97	1180.27	738.52	908.95	662.38	815.24
	800	1181.74	1454.45	1120.35	1378.90	889.35	1094.59	806.24	992.29
	900	1343.62	1653.69	1281.85	1577.66	1042.25	1282.77	953.17	1173.13
	1000	1505.51	1852.93	1443.42	1776.52	1196.69	1472.84	1102.46	1356.87
	1100	1667.39	2052.17	1605.06	1975.46	1352.29	1664.36	1253.58	1542.87
	1200	1829.27	2251.41	1766.73	2174.44	1508.82	1857.00	1406.18	1730.68
600	550	932.44	1147.62	860.72	1059.34	621.63	765.08	545.82	671.78
	600	1029.57	1267.17	957.32	1178.24	708.67	872.21	627.21	771.95
	650	1126.70	1386.71	1054.01	1297.25	796.94	980.84	710.31	874.23
	700	1223.83	1506.25	1150.77	1416.33	886.22	1090.74	794.86	978.29
	750	1320.96	1625.80	1247.57	1535.48	976.36	1201.68	880.64	1083.87
	800	1418.09	1745.34	1344.42	1654.68	1067.22	1313.51	967.48	1190.75
	900	1612.35	1984.43	1538.22	1893.19	1250.70	1539.32	1143.80	1407.76
	1000	1806.61	2223.52	1732.11	2131.83	1436.02	1767.41	1322.95	1628.25
	1100	2000.87	2462.61	1926.07	2370.55	1622.75	1997.23	1504.30	1851.45
	1200	2195.13	2701.69	2120.08	2609.33	1810.58	2228.41	1687.41	2076.81
	1300	2389.39	2940.78	2314.13	2848.16	1999.28	2460.65	1871.94	2303.93

b	a	200+20		250+20		300+20		350+20	
	h \ β	0.65	0.80	0.65	0.80	0.65	0.80	0.65	0.80
300	300	76.69	94.39						
	350	105.76	130.17	92.87	114.30				
	400	137.37	169.07	121.58	149.64	109.05	134.21		
	450	171.04	210.51	152.45	187.63	137.50	169.24	125.23	154.13
	500	206.43	254.07	185.15	227.87	167.84	206.58	153.50	188.92
	550	243.25	299.38	219.40	270.03	199.81	245.92	183.43	225.76
	600	281.28	346.18	254.99	313.83	233.19	287.01	214.83	264.41
	700	360.29	443.43	329.49	405.53	303.55	373.60	281.39	346.33
	800	442.40	544.49	407.56	501.61	377.81	465.00	352.11	433.37
	900	526.87	648.46	488.41	601.12	455.19	560.23	426.19	524.55
	1000	613.19	754.70	571.48	703.36	535.08	658.56	503.04	619.12

续表 4-59

b	a / h β	200 + 20		250 + 20		300 + 20		350 + 20	
		0.65	0.80	0.65	0.80	0.65	0.80	0.65	0.80
400	350	141.02	173.56	123.82	152.39				
	400	183.16	225.43	162.11	199.51	145.39	178.95		
	450	228.06	280.69	203.27	250.18	183.34	225.65	166.97	205.50
	500	275.24	338.75	246.86	303.83	223.79	275.44	204.66	251.89
	550	324.33	399.17	292.53	360.04	266.41	327.89	244.58	301.02
	600	375.03	461.58	339.98	418.44	310.93	382.68	286.44	352.54
	650	427.12	525.68	388.98	478.75	357.10	439.50	330.04	406.21
	700	480.38	591.24	439.32	540.71	404.73	498.13	375.19	461.77
	800	589.86	725.98	543.42	668.82	503.75	620.00	469.48	577.82
	900	702.49	864.61	651.22	801.50	606.92	746.97	568.26	699.40
	1000	817.59	1006.26	761.97	937.81	713.44	878.08	670.72	825.50
450	400	206.05	253.60	182.37	224.45	163.57	201.31		
	450	256.56	315.77	228.68	281.45	206.26	253.86	187.84	231.19
	500	309.64	381.10	277.72	341.81	251.77	309.86	230.25	283.38
	550	364.87	449.07	329.10	405.04	299.71	368.88	275.15	338.64
	600	421.91	519.28	382.48	470.75	349.79	430.51	322.25	396.61
	650	480.51	591.39	437.60	538.59	401.73	494.44	371.30	456.98
	700	540.43	665.15	494.24	608.30	455.32	560.40	422.09	519.49
	800	663.59	816.73	611.34	752.42	566.72	697.50	528.17	650.05
	900	790.31	972.68	732.62	901.68	682.78	840.35	639.29	786.82
	1000	919.79	1132.05	857.22	1055.04	802.62	987.84	754.56	928.69
	1100	1051.48	1294.12	984.50	1211.70	925.55	1139.14	873.26	1074.78
500	450	285.07	350.86	254.09	312.72	229.17	282.06	208.71	256.88
	500	344.05	423.44	308.58	379.79	279.74	344.29	255.83	314.87
	550	405.41	498.97	365.66	450.05	333.02	409.87	305.72	376.27
	600	468.79	576.97	424.98	523.05	388.66	478.35	358.05	440.68
	650	533.89	657.10	486.23	598.43	446.37	549.38	412.56	507.76
	700	600.48	739.05	549.16	675.88	505.91	622.66	468.99	577.21
	800	737.33	907.48	679.27	836.02	629.69	775.00	586.85	722.28
	900	878.12	1080.76	814.02	1001.87	758.65	933.72	710.32	874.24
	1000	1021.99	1257.83	952.46	1172.26	891.80	1097.60	838.40	1031.87
	1100	1168.31	1437.92	1093.89	1346.33	1028.39	1265.71	970.29	1194.20
	1200	1316.61	1620.44	1237.77	1523.41	1167.84	1437.34	1105.39	1360.48

续表 4-59

b	a	200+20		250+20		300+20		350+20	
	h \ β	0.65	0.80	0.65	0.80	0.65	0.80	0.65	0.80
600	550	486.49	598.76	438.80	540.06	399.62	491.84	366.86	451.52
	600	562.55	692.37	509.98	627.66	466.39	574.02	429.66	528.82
	650	640.67	788.52	583.47	718.12	535.65	659.26	495.07	609.31
	700	720.57	886.86	658.99	811.06	607.10	747.20	562.78	692.66
	750	802.01	987.09	736.27	906.18	680.50	837.53	632.57	778.55
	800	884.79	1088.97	815.12	1003.23	755.62	930.00	704.22	866.73
	900	1053.74	1296.91	976.82	1202.25	910.37	1120.46	852.39	1049.09
	1000	1226.38	1509.40	1142.96	1406.72	1070.16	1317.12	1006.08	1238.25
	1100	1401.97	1725.50	1312.67	1615.60	1234.07	1518.85	1164.35	1433.04
	1200	1579.93	1944.53	1485.33	1828.09	1401.41	1724.81	1326.47	1632.57
	1300	1759.85	2165.97	1660.42	2043.59	1571.63	1934.31	1491.85	1836.12
b	a	400+20		450+20		500+20		600+20	
	h \ β	0.65	0.80	0.65	0.80	0.65	0.80	0.65	0.80
300	300								
	350								
	400								
	450								
	500	141.41	174.04						
	550	169.54	208.66	157.60	193.96				
	600	199.15	245.11	185.60	228.43	173.78	213.88		
	700	262.25	322.77	245.55	302.21	230.84	284.11	206.15	253.73
	800	329.68	405.76	309.94	381.47	292.43	359.92	262.74	323.38
	900	400.67	493.14	378.04	465.28	357.82	440.39	323.25	397.84
	1000	474.62	584.14	449.24	552.91	426.43	524.84	387.13	476.47
400	350								
	400								
	450								
	500	188.55	232.06						
	550	226.05	278.21	210.13	258.62				
	600	265.53	326.81	247.47	304.58	231.71	285.18		
	650	306.80	377.60	286.62	352.76	268.92	330.98		
	700	349.67	430.36	327.39	402.95	307.79	378.82	274.87	338.30
	800	439.58	541.02	413.26	508.62	389.91	479.89	350.32	431.17
	900	534.23	657.52	504.05	620.37	477.09	587.19	431.00	530.46
	1000	632.82	778.86	598.98	737.21	568.58	699.79	516.17	635.29

续表 4-59

b	a h β	400+20		450+20		500+20		600+20	
		0.65	0.80	0.65	0.80	0.65	0.80	0.65	0.80
450	400								
	450								
	500	212.12	261.07						
	550	254.30	312.99	236.39	290.95				
	600	298.73	367.66	278.40	342.65	260.67	320.83		
	650	345.15	424.80	322.44	396.85	302.54	372.36		
	700	393.37	484.15	368.32	453.32	346.26	426.17	309.23	380.59
	800	494.53	608.65	464.91	572.20	438.65	539.87	394.11	485.06
	900	601.01	739.71	567.06	697.91	536.73	660.59	484.87	596.77
	1000	711.93	876.22	673.86	829.36	639.65	787.26	580.70	714.70
	1100	826.56	1017.31	784.60	965.67	746.70	919.02	680.91	838.05
500	450								
	500	235.69	290.07						
	550	282.56	347.76	262.66	323.27				
	600	331.92	408.51	309.34	380.72	289.64	356.47		
	650	383.50	472.00	358.27	440.95	336.16	413.73		
	700	437.08	537.95	409.24	503.68	384.74	473.52	343.59	422.88
	800	549.47	676.27	516.57	635.78	487.39	599.86	437.90	538.96
	900	667.79	821.89	630.06	775.46	596.37	733.99	538.75	663.07
	1000	791.03	973.57	748.73	921.51	710.72	874.73	645.22	794.11
	1100	918.40	1130.34	871.78	1072.96	829.67	1021.13	756.57	931.16
	1200	1049.28	1291.42	998.59	1229.03	952.57	1172.39	872.18	1073.46
600	550	339.07	417.32	315.19	387.93				
	600	398.30	490.22	371.21	456.87	347.56	427.77		
	650	460.20	566.40	429.93	529.14	403.39	496.48		
	700	524.50	645.54	491.09	604.42	461.68	568.23	412.31	507.45
	750	590.96	727.33	554.48	682.43	522.24	642.76	467.84	575.80
	800	659.37	811.53	619.88	762.93	584.86	719.83	525.49	646.75
	900	801.35	986.27	756.07	930.55	715.64	880.79	646.50	795.69
	1000	949.24	1168.29	898.47	1105.81	852.87	1049.68	774.26	952.94
	1100	1102.08	1356.41	1046.14	1287.56	995.60	1225.35	907.88	1117.39
	1200	1259.13	1549.70	1198.31	1474.84	1143.08	1406.87	1046.62	1288.15
	1300	1419.78	1747.42	1354.35	1666.90	1294.69	1593.46	1189.86	1464.44

牛腿截面尺寸选择表（59）　　表 4-60

（混凝土强度等级：C65　$F_{hk}/F_{vk}=0.4$）

b	h \ a / β	0+0 0.65	0+0 0.80	0+20 0.65	0+20 0.80	100+20 0.65	100+20 0.80	150+20 0.65	150+20 0.80
300	300	210.26	258.78	179.11	220.44	102.89	126.64	84.84	104.42
	350	255.96	315.03	223.97	275.65	137.83	169.63	115.60	142.27
	400	301.67	371.29	269.06	331.15	174.65	214.96	148.59	182.87
	450	347.38	427.55	314.30	386.83	212.91	262.04	183.34	225.65
	500	393.09	483.80	359.63	442.63	252.28	310.50	219.52	270.17
	550	438.80	540.06	405.04	498.51	292.53	360.04	256.86	316.13
	600	484.50	596.31	450.50	554.47	333.49	410.45	295.16	363.27
	700	575.92	708.83	541.54	666.51	417.05	513.29	374.05	460.37
	800	667.34	821.34	632.67	778.67	502.22	618.12	455.29	560.35
	900	758.75	933.85	723.87	890.91	588.57	724.39	538.26	662.47
	1000	850.17	1046.36	815.11	1003.21	675.78	831.72	622.56	766.23
400	350	341.29	420.04	298.63	367.54	183.77	226.18	154.13	189.70
	400	402.23	495.05	358.75	441.53	232.87	286.61	198.11	243.83
	450	463.17	570.06	419.06	515.77	283.88	349.39	244.45	300.87
	500	524.12	645.07	479.51	590.17	336.37	414.00	292.69	360.23
	550	585.06	720.08	540.06	664.69	390.04	480.05	342.48	421.51
	600	646.01	795.08	600.67	739.29	444.65	547.27	393.54	484.36
	650	706.95	870.09	661.34	813.96	500.04	615.43	445.69	548.54
	700	767.89	945.10	722.05	888.68	556.06	684.38	498.74	613.83
	800	889.78	1095.12	843.56	1038.23	669.63	824.16	607.05	747.14
	900	1011.67	1245.13	965.16	1187.89	784.75	965.85	717.68	883.30
	1000	1133.56	1395.15	1086.81	1337.62	901.03	1108.96	830.09	1021.64
450	400	452.51	556.93	403.59	496.73	261.98	322.44	222.88	274.31
	450	521.07	641.32	471.45	580.24	319.37	393.07	275.01	338.47
	500	589.63	725.70	539.45	663.94	378.42	465.75	329.28	405.26
	550	658.20	810.09	607.56	747.77	438.80	540.06	385.28	474.20
	600	726.76	894.47	675.76	831.70	500.24	615.67	442.74	544.91
	650	795.32	978.85	744.01	915.70	562.54	692.36	501.40	617.10
	700	863.88	1063.24	812.31	999.76	625.57	769.93	561.08	690.56
	800	1001.01	1232.01	949.00	1168.01	753.33	927.18	682.93	840.53
	900	1138.13	1400.77	1085.80	1336.37	882.85	1086.58	807.39	993.71
	1000	1275.25	1569.54	1222.67	1504.82	1013.66	1247.59	933.85	1149.35
	1100	1412.38	1738.31	1359.58	1673.33	1145.47	1409.81	1061.86	1306.90

续表 4-60

b	h \ a, β	0+0 0.65	0+0 0.80	0+20 0.65	0+20 0.80	100+20 0.65	100+20 0.80	150+20 0.65	150+20 0.80
500	450	578.97	712.58	523.83	644.71	354.85	436.74	305.57	376.08
	500	655.15	806.34	599.39	737.71	420.47	517.50	365.86	450.29
	550	731.33	900.10	675.07	830.86	487.55	600.06	428.09	526.89
	600	807.51	993.86	750.84	924.11	555.82	684.08	491.93	605.45
	650	883.69	1087.62	826.68	1017.45	625.05	769.29	557.11	685.67
	700	959.87	1181.38	902.56	1110.85	695.08	855.48	623.42	767.29
	800	1112.23	1368.90	1054.45	1297.78	837.04	1030.20	758.81	933.92
	900	1264.59	1556.42	1206.45	1484.86	980.94	1207.31	897.10	1104.12
	1000	1416.95	1743.94	1358.52	1672.02	1126.29	1386.21	1037.61	1277.06
	1100	1569.31	1931.46	1510.64	1859.25	1272.75	1566.46	1179.84	1452.12
	1200	1721.67	2118.98	1662.81	2046.53	1420.06	1747.77	1323.46	1628.87
600	550	877.59	1080.12	810.09	997.03	585.06	720.08	513.71	632.26
	600	969.01	1192.63	901.01	1108.93	666.98	820.90	590.32	726.54
	650	1060.43	1305.14	992.01	1220.94	750.06	923.15	668.53	822.81
	700	1151.84	1417.65	1083.07	1333.02	834.09	1026.58	748.10	920.74
	750	1243.26	1530.16	1174.19	1445.15	918.93	1130.99	828.84	1020.11
	800	1334.67	1642.68	1265.34	1557.34	1004.45	1236.24	910.57	1120.70
	900	1517.51	1867.70	1447.74	1781.83	1177.13	1448.78	1076.52	1324.95
	1000	1700.34	2092.72	1630.22	2006.43	1351.55	1663.45	1245.13	1532.47
	1100	1883.17	2317.75	1812.77	2231.10	1527.30	1879.75	1415.81	1742.54
	1200	2066.00	2542.77	1995.37	2455.84	1704.07	2097.32	1588.15	1954.65
	1300	2248.83	2767.80	2178.00	2680.62	1881.68	2315.91	1761.83	2168.40

b	h \ a, β	200+20 0.65	200+20 0.80	250+20 0.65	250+20 0.80	300+20 0.65	300+20 0.80	350+20 0.65	350+20 0.80
300	300	72.18	88.83						
	350	99.54	122.51	87.40	107.57				
	400	129.29	159.12	114.43	140.83	102.63	126.32		
	450	160.98	198.13	143.48	176.59	129.42	159.28	117.86	145.06
	500	194.29	239.12	174.26	214.47	157.97	194.42	144.47	177.81
	550	228.94	281.77	206.49	254.14	188.06	231.45	172.64	212.48
	600	264.73	325.82	239.99	295.37	219.48	270.12	202.19	248.86
	700	339.09	417.35	310.11	381.68	285.69	351.62	264.84	325.96
	800	416.37	512.46	383.59	472.11	355.59	437.65	331.40	407.88
	900	495.88	610.31	459.68	565.76	428.41	527.28	401.12	493.69
	1000	577.12	710.30	537.86	661.98	503.60	619.82	473.45	582.70

续表 4-60

b	h \ a, β	200 + 20		250 + 20		300 + 20		350 + 20	
		0.65	0.80	0.65	0.80	0.65	0.80	0.65	0.80
400	350	132.72	163.35	116.54	143.43				
	400	172.38	212.17	152.57	187.78	136.84	168.42		
	450	214.64	264.17	191.31	235.46	172.56	212.38	157.15	193.41
	500	259.05	318.83	232.34	285.96	210.63	259.23	192.62	237.08
	550	305.25	375.69	275.32	338.86	250.74	308.60	230.19	283.31
	600	352.97	434.43	319.98	393.83	292.64	360.17	269.59	331.81
	650	401.99	494.76	366.10	450.58	336.09	413.65	310.63	382.31
	700	452.12	556.46	413.48	508.90	380.92	468.83	353.12	434.61
	800	555.16	683.28	511.45	629.48	474.12	583.53	441.86	543.83
	900	661.17	813.75	612.91	754.35	571.22	703.03	534.83	658.25
	1000	769.50	947.07	717.15	882.65	671.47	826.43	631.26	776.94
450	400	193.93	238.69	171.64	211.25	153.95	189.47		
	450	241.47	297.20	215.23	264.89	194.12	238.92	176.79	217.59
	500	291.43	358.68	261.38	321.70	236.96	291.64	216.70	266.71
	550	343.41	422.65	309.74	381.22	282.08	347.18	258.96	318.72
	600	397.09	488.73	359.98	443.06	329.21	405.19	303.29	373.28
	650	452.24	556.60	411.86	506.91	378.10	465.36	349.46	430.10
	700	508.64	626.02	465.17	572.51	428.54	527.43	397.26	488.93
	800	624.56	768.69	575.38	708.16	533.38	656.47	497.10	611.81
	900	743.82	915.47	689.52	848.64	642.62	790.91	601.69	740.54
	1000	865.68	1065.46	806.79	992.98	755.40	929.73	710.17	874.06
	1100	989.62	1218.00	926.59	1140.42	871.11	1072.13	821.89	1011.56
500	450	268.30	330.22	239.14	294.32	215.69	265.47	196.44	241.77
	500	323.81	398.53	290.43	357.45	263.28	324.04	240.78	296.35
	550	381.56	469.62	344.15	423.57	313.43	385.76	287.74	354.14
	600	441.22	543.03	399.98	492.28	365.79	450.21	336.99	414.76
	650	502.49	618.45	457.62	563.23	420.11	517.06	388.29	477.89
	700	565.16	695.58	516.85	636.13	476.15	586.04	441.40	543.26
	800	693.95	854.10	639.31	786.85	592.65	729.41	552.33	679.79
	900	826.46	1017.19	766.14	942.94	714.02	878.79	668.54	822.82
	1000	961.87	1183.84	896.44	1103.31	839.34	1033.03	789.08	971.17
	1100	1099.58	1353.33	1029.55	1267.13	967.90	1191.26	913.21	1123.95
	1200	1239.16	1525.12	1164.96	1433.80	1099.14	1352.79	1040.37	1280.45

续表 4-60

b	h \ a	200+20		250+20		300+20		350+20	
	β	0.65	0.80	0.65	0.80	0.65	0.80	0.65	0.80
600	550	457.87	563.54	412.99	508.29	376.11	462.91	345.28	424.96
	600	529.46	651.64	479.98	590.74	438.95	540.25	404.39	497.71
	650	602.99	742.14	549.15	675.88	504.14	620.48	465.94	573.47
	700	678.19	834.69	620.22	763.35	571.39	703.24	529.68	651.91
	750	754.83	929.03	692.96	852.88	640.47	788.27	595.36	732.75
	800	832.75	1024.92	767.17	944.21	711.18	875.29	662.80	815.75
	900	991.76	1220.62	919.36	1131.53	856.82	1054.55	802.25	987.38
	1000	1154.24	1420.61	1075.72	1323.97	1007.21	1239.64	946.89	1165.41
	1100	1319.50	1624.00	1235.46	1520.56	1161.48	1429.51	1095.86	1348.75
	1200	1486.99	1830.15	1397.95	1720.56	1318.97	1623.35	1248.44	1536.54
	1300	1656.33	2038.56	1562.75	1923.38	1479.18	1820.53	1404.09	1728.12

b	h \ a	400+20		450+20		500+20		600+20	
	β	0.65	0.80	0.65	0.80	0.65	0.80	0.65	0.80
300	300								
	350								
	400								
	450								
	500	133.09	163.81						
	550	159.56	196.38	148.33	182.55				
	600	187.44	230.69	174.69	215.00	163.56	201.30		
	700	246.82	303.78	231.10	284.43	217.26	267.40	194.03	238.80
	800	310.29	381.90	291.71	359.03	275.23	338.74	247.29	304.35
	900	377.10	464.13	355.80	437.91	336.77	414.49	304.23	374.44
	1000	446.70	549.78	422.81	520.38	401.35	493.97	364.36	448.44
400	350								
	400								
	450								
	500	177.46	218.41						
	550	212.75	261.85	197.77	243.41				
	600	249.91	307.59	232.91	286.66	218.08	268.40		
	650	288.75	355.39	269.76	332.01	253.11	311.51		
	700	329.10	405.04	308.14	379.24	289.68	356.54	258.70	318.40
	800	413.72	509.19	388.95	478.70	366.97	451.66	329.72	405.80
	900	502.81	618.84	474.40	583.88	449.03	552.65	405.65	499.26
	1000	595.60	733.04	563.75	693.84	535.13	658.62	485.81	597.92

续表 4-60

b	h \ a / β	400+20 0.65	400+20 0.80	450+20 0.65	450+20 0.80	500+20 0.65	500+20 0.80	600+20 0.65	600+20 0.80
450	400								
	450								
	500	199.64	245.71						
	550	239.34	294.58	222.49	273.83				
	600	281.15	346.04	262.03	322.50	245.34	301.95		
	650	324.85	399.81	303.48	373.51	284.74	350.45		
	700	370.23	455.67	346.65	426.65	325.90	401.10	291.04	358.20
	800	465.44	572.84	437.57	538.54	412.84	508.12	370.93	456.53
	900	565.66	696.19	533.70	656.86	505.16	621.73	456.35	561.66
	1000	670.05	824.67	634.22	780.57	602.02	740.95	546.54	672.66
	1100	777.94	957.47	738.45	908.86	702.78	864.96	640.86	788.75
500	450								
	500	221.82	273.01						
	550	265.94	327.31	247.21	304.26				
	600	312.39	384.48	291.14	358.33	272.60	335.51		
	650	360.94	444.24	337.20	415.01	316.38	389.39		
	700	411.37	506.30	385.17	474.06	362.11	445.67	323.38	398.00
	800	517.15	636.49	486.18	598.38	458.72	564.57	412.15	507.26
	900	628.51	773.55	593.00	729.84	561.29	690.82	507.06	624.07
	1000	744.50	916.31	704.69	867.31	668.91	823.28	607.26	747.40
	1100	864.38	1063.85	820.50	1009.85	780.86	961.06	712.06	876.39
	1200	987.56	1215.45	939.85	1156.74	896.54	1103.43	820.88	1010.31
600	550	319.12	392.77	296.65	365.11				
	600	374.87	461.38	349.37	429.99	327.12	402.61		
	650	433.13	533.09	404.64	498.01	379.66	467.27		
	700	493.65	607.56	462.20	568.87	434.53	534.80	388.05	477.60
	750	556.19	684.55	521.86	642.29	491.52	604.95	440.32	541.93
	800	620.58	763.79	583.42	718.06	550.46	677.49	494.57	608.71
	900	754.21	928.26	711.60	875.81	673.55	828.98	608.47	748.88
	1000	893.40	1099.57	845.62	1040.77	802.70	987.94	728.72	896.88
	1100	1037.25	1276.62	984.60	1211.82	937.04	1153.28	854.48	1051.67
	1200	1185.07	1458.54	1127.82	1388.08	1075.84	1324.12	985.06	1212.38
	1300	1336.26	1644.63	1274.68	1568.84	1218.53	1499.73	1119.86	1378.29

牛腿截面尺寸选择表（60） 表 4-61

（混凝土强度等级：C65 $F_{hk}/F_{vk}=0.5$）

b	a / h \ β	0+0 0.65	0+0 0.80	0+20 0.65	0+20 0.80	100+20 0.65	100+20 0.80	150+20 0.65	150+20 0.80
300	300	197.12	242.60	167.91	206.66	96.46	118.72	79.54	97.89
	350	239.97	295.34	209.97	258.43	129.21	159.03	108.37	133.38
	400	282.82	348.08	252.24	310.45	163.74	201.52	139.30	171.44
	450	325.67	400.82	294.65	362.65	199.60	245.67	171.88	211.55
	500	368.52	453.56	337.16	414.96	236.51	291.09	205.80	253.29
	550	411.37	506.30	379.73	467.36	274.25	337.54	240.80	296.37
	600	454.22	559.04	422.35	519.81	312.65	384.80	276.71	340.57
	700	539.93	664.52	507.69	624.85	390.98	481.21	350.67	431.60
	800	625.63	770.00	593.13	730.00	470.83	579.49	426.83	525.33
	900	711.33	875.48	678.63	835.23	551.78	679.11	504.62	621.07
	1000	797.03	980.96	764.17	940.51	633.54	779.74	583.65	718.34
400	350	319.96	393.79	279.96	344.57	172.28	212.04	144.50	177.84
	400	377.09	464.11	336.32	413.94	218.32	268.70	185.73	228.59
	450	434.23	534.43	392.87	483.53	266.14	327.56	229.17	282.06
	500	491.36	604.75	449.54	553.28	315.35	388.12	274.40	337.72
	550	548.50	675.07	506.30	623.14	365.66	450.05	321.07	395.16
	600	605.63	745.39	563.13	693.08	416.86	513.06	368.95	454.09
	650	662.77	815.71	620.01	763.09	468.79	576.97	417.83	514.25
	700	719.90	886.03	676.92	833.13	521.31	641.61	467.56	575.46
	800	834.17	1026.67	790.84	973.34	627.78	772.65	569.11	700.44
	900	948.44	1167.31	904.83	1113.64	735.71	905.49	672.83	828.09
	1000	1062.71	1307.95	1018.89	1254.02	844.72	1039.65	778.21	957.79
450	400	424.23	522.13	378.36	465.68	245.61	302.28	208.95	257.17
	450	488.50	601.24	441.98	543.98	299.41	368.50	257.82	317.32
	500	552.78	680.35	505.74	622.44	354.77	436.64	308.70	379.93
	550	617.06	759.46	569.59	701.04	411.37	506.30	361.20	444.56
	600	681.33	838.57	633.52	779.72	468.97	577.19	415.07	510.85
	650	745.61	917.68	697.51	858.47	527.38	649.09	470.06	578.53
	700	809.89	996.79	761.54	937.28	586.47	721.81	526.01	647.40
	800	938.44	1155.01	889.69	1095.01	706.25	869.23	640.25	787.99
	900	1067.00	1313.23	1017.94	1252.85	827.67	1018.67	756.93	931.60
	1000	1195.55	1471.45	1146.25	1410.77	950.31	1169.61	875.48	1077.52
	1100	1324.10	1629.67	1274.60	1568.74	1073.88	1321.70	995.49	1225.22

续表 4-61

b	h \ a / β	0+0 0.65	0+0 0.80	0+20 0.65	0+20 0.80	100+20 0.65	100+20 0.80	150+20 0.65	150+20 0.80
500	450	542.78	668.04	491.09	604.42	332.67	409.44	286.47	352.58
	500	614.20	755.94	561.93	691.60	394.19	485.16	343.00	422.15
	550	685.62	843.84	632.88	778.93	457.08	562.56	401.34	493.96
	600	757.04	931.74	703.91	866.35	521.08	641.33	461.18	567.61
	650	828.46	1019.64	775.01	953.86	585.98	721.21	522.29	642.82
	700	899.88	1107.54	846.15	1041.42	651.63	802.01	584.46	719.33
	800	1042.71	1283.34	988.55	1216.67	784.72	965.81	711.38	875.55
	900	1185.55	1459.14	1131.04	1392.05	919.63	1131.86	841.03	1035.12
	1000	1328.39	1634.94	1273.61	1567.52	1055.90	1299.57	972.76	1197.24
	1100	1471.23	1810.74	1416.23	1743.05	1193.20	1468.55	1106.10	1361.36
	1200	1614.06	1986.54	1558.88	1918.62	1331.31	1638.53	1240.74	1527.07
600	550	822.74	1012.61	759.46	934.72	548.50	675.07	481.61	592.75
	600	908.45	1118.09	844.70	1039.63	625.29	769.59	553.42	681.13
	650	994.15	1223.57	930.01	1144.63	703.18	865.45	626.75	771.38
	700	1079.85	1329.05	1015.38	1249.70	781.96	962.41	701.35	863.20
	750	1165.55	1434.53	1100.80	1354.83	861.50	1060.30	777.04	956.35
	800	1251.26	1540.01	1186.26	1460.01	941.67	1158.98	853.66	1050.66
	900	1422.66	1750.97	1357.25	1670.46	1103.56	1358.23	1009.24	1242.14
	1000	1594.07	1961.93	1528.33	1881.02	1267.08	1559.48	1167.31	1436.69
	1100	1765.47	2172.89	1699.47	2091.66	1431.84	1762.26	1327.33	1633.63
	1200	1936.88	2383.85	1870.66	2302.35	1597.57	1966.24	1488.89	1832.48
	1300	2108.28	2594.81	2041.88	2513.08	1764.07	2171.17	1651.71	2032.88

b	h \ a / β	200+20 0.65	200+20 0.80	250+20 0.65	250+20 0.80	300+20 0.65	300+20 0.80	350+20 0.65	350+20 0.80
300	300	67.67	83.28						
	350	93.32	114.86	81.94	100.85				
	400	121.21	149.18	107.28	132.03	96.22	118.42		
	450	150.92	185.75	134.52	165.56	121.33	149.33	110.50	135.99
	500	182.14	224.18	163.36	201.06	148.10	182.27	135.44	166.69
	550	214.63	264.16	193.59	238.26	176.30	216.99	161.85	199.20
	600	248.18	305.46	224.99	276.91	205.76	253.24	189.56	233.30
	700	317.90	391.26	290.73	357.82	267.84	329.65	248.29	305.58
	800	390.35	480.43	359.61	442.60	333.36	410.29	310.69	382.38
	900	464.89	572.17	430.95	530.40	401.64	494.32	376.05	462.84
	1000	541.05	665.91	504.25	620.61	472.13	581.08	443.86	546.29

续表 4-61

b	h \ a β	200+20 0.65	200+20 0.80	250+20 0.65	250+20 0.80	300+20 0.65	300+20 0.80	350+20 0.65	350+20 0.80
400	350	124.43	153.14	109.25	134.47				
	400	161.61	198.91	143.03	176.04	128.29	157.89		
	450	201.23	247.66	179.35	220.74	161.77	199.10	147.33	181.33
	500	242.86	298.90	217.82	268.09	197.46	243.03	180.59	222.26
	550	286.17	352.21	258.12	317.68	235.07	289.32	215.80	265.60
	600	330.91	407.28	299.99	369.21	274.35	337.66	252.74	311.07
	650	376.87	463.84	343.22	422.42	315.09	387.80	291.22	358.42
	700	423.87	521.68	387.64	477.09	357.12	439.53	331.05	407.45
	800	520.47	640.57	479.48	590.13	444.49	547.06	414.25	509.84
	900	619.85	762.89	574.60	707.20	535.51	659.09	501.41	617.11
	1000	721.40	887.88	672.33	827.48	629.50	774.77	591.81	728.38
450	400	181.81	223.77	160.91	198.05	144.32	177.63		
	450	226.38	278.62	201.77	248.34	181.99	223.99	165.74	203.99
	500	273.21	336.26	245.05	301.60	222.15	273.41	203.16	250.04
	550	321.94	396.24	290.38	357.39	264.45	325.48	242.78	298.80
	600	372.28	458.19	337.48	415.36	308.64	379.86	284.34	349.95
	650	423.98	521.82	386.12	475.23	354.47	436.27	327.62	403.22
	700	476.85	586.89	436.09	536.73	401.76	494.47	372.43	458.38
	800	585.52	720.64	539.42	663.90	500.05	615.44	466.03	573.57
	900	697.33	858.25	646.43	795.60	602.45	741.48	564.08	694.25
	1000	811.58	998.86	756.37	930.91	708.19	871.62	665.79	819.43
	1100	927.77	1141.87	868.68	1069.14	816.66	1005.12	770.52	948.34
500	450	251.53	309.58	224.19	275.93	202.21	248.88	184.16	226.66
	500	303.57	373.63	272.27	335.11	246.83	303.79	225.73	277.82
	550	357.71	440.26	322.64	397.10	293.84	361.65	269.75	332.00
	600	413.64	509.10	374.98	461.52	342.93	422.07	315.93	388.84
	650	471.08	579.80	429.02	528.03	393.86	484.75	364.02	448.02
	700	529.83	652.10	484.55	596.37	446.40	549.41	413.81	509.31
	800	650.58	800.72	599.36	737.67	555.61	683.82	517.81	637.30
	900	774.81	953.61	718.25	884.00	669.39	823.87	626.76	771.39
	1000	901.75	1109.85	840.41	1034.35	786.88	968.47	739.76	910.48
	1100	1030.86	1268.75	965.20	1187.94	907.40	1116.80	856.14	1053.71
	1200	1161.71	1429.80	1092.15	1344.19	1030.45	1268.24	975.34	1200.42

续表 4-61

b	a \ h β	200+20		250+20		300+20		350+20	
		0.65	0.80	0.65	0.80	0.65	0.80	0.65	0.80
600	550	429.26	528.32	387.17	476.52	352.60	433.97	323.70	398.40
	600	496.37	610.91	449.98	553.82	411.52	506.48	379.12	466.60
	650	565.30	695.75	514.83	633.63	472.63	581.70	436.82	537.63
	700	635.80	782.52	581.46	715.64	535.67	659.29	496.57	611.17
	750	707.66	870.96	649.65	799.57	600.44	739.00	558.15	686.96
	800	780.70	960.86	719.23	885.20	666.73	820.59	621.37	764.77
	900	929.77	1144.33	861.90	1060.81	803.27	988.64	752.11	925.67
	1000	1082.10	1331.82	1008.49	1241.22	944.26	1162.16	887.71	1092.57
	1100	1237.03	1522.50	1158.24	1425.53	1088.88	1340.16	1027.36	1264.45
	1200	1394.06	1715.76	1310.58	1613.02	1236.54	1521.89	1170.41	1440.51
	1300	1552.81	1911.15	1465.08	1803.17	1386.73	1706.75	1316.34	1620.11

b	a \ h β	400+20		450+20		500+20		600+20	
		0.65	0.80	0.65	0.80	0.65	0.80	0.65	0.80
300	300								
	350								
	400								
	450								
	500	124.77	153.57						
	550	149.59	184.11	139.06	171.15				
	600	175.72	216.27	163.77	201.56	153.34	188.72		
	700	231.40	284.80	216.66	266.66	203.68	250.69	181.90	223.88
	800	290.90	358.03	273.48	336.59	258.03	317.57	231.83	285.33
	900	353.54	435.12	333.56	410.54	315.72	388.58	285.22	351.04
	1000	418.78	515.42	396.39	487.86	376.26	463.09	341.59	420.41
400	350								
	400								
	450								
	500	166.37	204.76						
	550	199.45	245.48	185.41	228.19				
	600	234.30	288.36	218.36	268.75	204.45	251.63		
	650	270.71	333.18	252.90	311.26	237.29	292.05		
	700	308.53	379.73	288.88	355.54	271.58	334.25	242.53	298.50
	800	387.86	477.37	364.64	448.78	344.04	423.43	309.11	380.44
	900	471.38	580.16	444.75	547.38	420.97	518.11	380.29	468.05
	1000	558.37	687.23	528.51	650.48	501.69	617.46	455.45	560.55

续表 4-61

b	h \ a β	400+20 0.65	400+20 0.80	450+20 0.65	450+20 0.80	500+20 0.65	500+20 0.80	600+20 0.65	600+20 0.80
450	400								
	450								
	500	187.16	230.35						
	550	224.38	276.17	208.58	256.72				
	600	263.58	324.41	245.65	302.34	230.00	283.08		
	650	304.55	374.83	284.51	350.17	266.95	328.55		
	700	347.10	427.19	324.99	399.98	305.53	376.03	272.85	335.82
	800	436.35	537.04	410.22	504.88	387.04	476.36	347.75	428.00
	900	530.30	652.68	500.34	615.81	473.59	582.88	427.83	526.56
	1000	628.17	773.13	594.58	731.79	564.40	694.64	512.38	630.62
	1100	729.32	897.62	692.30	852.06	658.85	810.90	600.80	739.45
500	450								
	500	207.96	255.95						
	550	249.32	306.85	231.76	285.24				
	600	292.87	360.45	272.95	335.93	255.56	314.54		
	650	338.38	416.47	316.12	389.07	296.61	365.06		
	700	385.66	474.66	361.10	444.43	339.47	417.81	303.17	373.13
	800	484.83	596.71	455.80	560.98	430.05	529.29	386.39	475.55
	900	589.23	725.20	555.94	684.23	526.21	647.64	475.37	585.07
	1000	697.97	859.04	660.64	813.10	627.11	771.82	569.31	700.69
	1100	810.35	997.36	769.22	946.73	732.06	901.00	667.56	821.61
	1200	925.83	1139.49	881.11	1084.44	840.50	1034.47	769.57	947.17
600	550	299.18	368.22	278.11	342.29				
	600	351.44	432.55	327.54	403.12	306.67	377.44		
	650	406.06	499.77	379.35	466.89	355.93	438.07		
	700	462.79	569.59	433.32	533.31	407.37	501.38	363.80	447.75
	750	521.43	641.76	489.24	602.15	460.80	567.14	412.80	508.06
	800	581.79	716.05	546.96	673.18	516.05	635.14	463.66	570.66
	900	707.07	870.24	667.12	821.08	631.45	777.17	570.44	702.08
	1000	837.56	1030.84	792.77	975.72	752.53	926.19	683.17	840.83
	1100	972.43	1196.83	923.06	1136.08	878.47	1081.20	801.07	985.94
	1200	1111.00	1367.38	1057.33	1301.33	1008.60	1241.36	923.49	1136.60
	1300	1252.75	1541.84	1195.02	1470.79	1142.37	1406.00	1049.87	1292.15

牛腿截面尺寸选择表（61） 表4-62

（混凝土强度等级：C70 $F_{hk}/F_{vk}=0.0$）

b	a	0+0		0+20		100+20		150+20	
	h \ β	0.65	0.80	0.65	0.80	0.65	0.80	0.65	0.80
300	300	303.19	373.15	262.76	323.40	157.66	194.04	131.38	161.70
	350	361.49	444.91	320.18	394.06	203.75	250.77	172.40	212.19
	400	419.80	516.67	377.82	465.00	251.88	310.00	215.90	265.72
	450	478.10	588.43	435.60	536.13	301.57	371.16	261.36	321.68
	500	536.41	660.19	493.49	607.38	352.50	433.84	308.43	379.61
	550	594.71	731.95	551.46	678.72	404.40	497.73	356.83	439.17
	600	653.02	803.71	609.48	750.13	457.11	562.60	406.32	500.09
	700	769.63	947.23	725.65	893.10	564.39	694.64	507.95	625.17
	800	886.24	1090.75	841.92	1036.21	673.54	828.97	612.31	753.61
	900	1002.85	1234.27	958.28	1179.42	784.04	964.98	718.71	884.56
	1000	1119.46	1377.79	1074.68	1322.68	895.56	1102.23	826.68	1017.45
400	350	481.99	593.22	426.90	525.42	271.67	334.36	229.87	282.92
	400	559.73	688.90	503.76	620.01	335.84	413.34	287.86	354.29
	450	637.47	784.58	580.80	714.84	402.10	494.89	348.48	428.90
	500	715.21	880.26	657.99	809.84	469.99	578.45	411.24	506.15
	550	792.95	975.94	735.28	904.96	539.20	663.64	475.77	585.56
	600	870.69	1071.62	812.64	1000.17	609.48	750.13	541.76	666.78
	650	948.43	1167.30	890.06	1095.46	680.64	837.71	608.99	749.53
	700	1026.17	1262.98	967.53	1190.81	752.52	926.18	677.27	833.56
	800	1181.65	1454.34	1122.57	1381.62	898.05	1105.30	816.41	1004.81
	900	1337.13	1645.70	1277.70	1572.55	1045.39	1286.64	958.28	1179.42
	1000	1492.61	1837.06	1432.90	1763.57	1194.09	1469.64	1102.23	1356.60
450	400	629.69	775.01	566.72	697.51	377.82	465.00	323.84	398.58
	450	717.15	882.65	653.40	804.19	452.36	556.75	392.04	482.51
	500	804.61	990.29	740.24	911.07	528.74	650.76	462.65	569.42
	550	892.07	1097.93	827.19	1018.08	606.61	746.59	535.24	658.76
	600	979.52	1205.57	914.22	1125.20	685.67	843.90	609.48	750.13
	650	1066.98	1313.21	1001.32	1232.40	765.72	942.42	685.11	843.22
	700	1154.44	1420.85	1088.47	1339.66	846.59	1041.96	761.93	937.76
	800	1329.35	1636.13	1262.89	1554.32	1010.31	1243.46	918.46	1130.42
	900	1504.27	1851.41	1437.41	1769.12	1176.06	1447.46	1078.06	1326.84
	1000	1679.18	2066.69	1612.02	1984.02	1343.35	1653.35	1240.01	1526.17
	1100	1854.10	2281.97	1786.68	2198.99	1511.80	1860.68	1403.82	1727.78

续表 4-62

b	h \ a, β	0+0 0.65	0+0 0.80	0+20 0.65	0+20 0.80	100+20 0.65	100+20 0.80	150+20 0.65	150+20 0.80
500	450	796.83	980.72	726.01	893.54	502.62	618.61	435.60	536.13
	500	894.01	1100.32	822.49	1012.29	587.49	723.07	514.06	632.68
	550	991.18	1219.92	919.10	1131.20	674.01	829.55	594.71	731.95
	600	1088.36	1339.52	1015.80	1250.22	761.85	937.66	677.20	833.48
	650	1185.53	1459.12	1112.58	1369.33	850.80	1047.13	761.24	936.91
	700	1282.71	1578.72	1209.41	1488.51	940.65	1157.73	846.59	1041.96
	800	1477.06	1817.92	1403.21	1727.02	1122.57	1381.62	1020.51	1256.02
	900	1671.41	2057.12	1597.13	1965.69	1306.74	1608.29	1197.84	1474.27
	1000	1865.76	2296.32	1791.13	2204.47	1492.61	1837.06	1377.79	1695.74
	1100	2060.11	2535.52	1985.20	2443.32	1679.78	2067.42	1559.80	1919.75
	1200	2254.46	2774.72	2179.31	2682.23	1867.98	2299.05	1743.45	2145.78
600	550	1189.42	1463.90	1102.92	1357.44	808.81	995.45	713.65	878.34
	600	1306.03	1607.42	1218.96	1500.26	914.22	1125.20	812.64	1000.17
	650	1422.64	1750.94	1335.09	1643.19	1020.95	1256.56	913.49	1124.29
	700	1539.25	1894.46	1451.29	1786.21	1128.78	1389.27	1015.91	1250.35
	750	1655.86	2037.98	1567.55	1929.29	1237.54	1523.12	1119.68	1378.07
	800	1772.47	2181.50	1683.85	2072.43	1347.08	1657.94	1224.62	1507.22
	900	2005.69	2468.54	1916.55	2358.83	1568.09	1929.95	1437.41	1769.12
	1000	2238.91	2755.58	2149.36	2645.36	1791.13	2204.47	1653.35	2034.89
	1100	2472.13	3042.62	2382.24	2931.98	2015.74	2480.91	1871.76	2303.70
	1200	2705.35	3329.66	2615.17	3218.68	2241.58	2758.86	2092.14	2574.94
	1300	2938.57	3616.70	2848.15	3505.42	2468.40	3038.03	2314.13	2848.15

b	h \ a, β	200+20 0.65	200+20 0.80	250+20 0.65	250+20 0.80	300+20 0.65	300+20 0.80	350+20 0.65	350+20 0.80
300	300	112.61	138.60						
	350	149.42	183.90	131.84	162.26				
	400	188.91	232.50	167.92	206.67	151.13	186.00		
	450	230.61	283.83	206.34	253.95	186.69	229.77	170.45	209.79
	500	274.16	337.43	246.75	303.69	224.32	276.08	205.62	253.07
	550	319.27	392.94	288.86	355.52	263.74	324.60	242.64	298.64
	600	365.69	450.08	332.44	409.16	304.74	375.07	281.30	346.21
	700	461.78	568.34	423.29	520.98	390.73	480.90	362.82	446.55
	800	561.28	690.81	518.11	637.67	481.10	592.12	449.03	552.65
	900	663.42	816.52	616.03	758.20	574.97	707.65	539.03	663.42
	1000	767.63	944.77	716.45	881.79	671.67	826.68	632.16	778.05

续表4-62

b	a / h \ β	200+20		250+20		300+20		350+20	
		0.65	0.80	0.65	0.80	0.65	0.80	0.65	0.80
400	350	199.22	245.20	175.78	216.35				
	400	251.88	310.00	223.89	275.56	201.50	248.00		
	450	307.48	378.44	275.12	338.61	248.92	306.36	227.27	279.72
	500	365.55	449.91	329.00	404.92	299.09	368.11	274.16	337.43
	550	425.69	523.92	385.15	474.03	351.66	432.81	323.52	398.18
	600	487.59	600.10	443.26	545.55	406.32	500.09	375.07	461.62
	650	550.99	678.14	503.08	619.17	462.83	569.64	428.55	527.44
	700	615.70	757.79	564.39	694.64	520.98	641.20	483.76	595.40
	800	748.38	921.08	690.81	850.23	641.47	789.50	598.70	736.86
	900	884.56	1088.69	821.38	1010.93	766.62	943.53	718.71	884.56
	1000	1023.50	1259.70	955.27	1175.72	895.56	1102.23	842.88	1037.40
450	400	283.36	348.75	251.88	310.00	226.69	279.00		
	450	345.92	425.75	309.51	380.93	280.03	344.65	255.68	314.68
	500	411.24	506.15	370.12	455.53	336.47	414.12	308.43	379.61
	550	478.90	589.41	433.29	533.28	395.61	486.91	363.96	447.95
	600	548.53	675.12	498.67	613.74	457.11	562.60	421.95	519.32
	650	619.87	762.91	565.96	696.57	520.69	640.85	482.12	593.38
	700	692.66	852.51	634.94	781.47	586.10	721.35	544.24	669.83
	800	841.92	1036.21	777.16	956.51	721.65	888.18	673.54	828.97
	900	995.13	1224.78	924.05	1137.29	862.45	1061.47	808.54	995.13
	1000	1151.44	1417.16	1074.68	1322.68	1007.51	1240.01	948.25	1167.07
	1100	1310.23	1612.59	1228.34	1511.80	1156.09	1422.87	1091.86	1343.83
500	450	384.36	473.05	343.90	423.26	311.15	382.95	284.09	349.65
	500	456.94	562.39	411.24	506.15	373.86	460.13	342.70	421.79
	550	532.11	654.90	481.43	592.53	439.57	541.01	404.40	497.73
	600	609.48	750.13	554.07	681.94	507.90	625.11	468.83	577.02
	650	688.74	847.68	628.85	773.97	578.54	712.05	535.69	659.31
	700	769.63	947.23	705.49	868.30	651.22	801.50	604.71	744.25
	800	935.47	1151.35	863.51	1062.78	801.83	986.87	748.38	921.08
	900	1105.70	1360.86	1026.72	1263.66	958.28	1179.42	898.38	1105.70
	1000	1279.38	1574.62	1194.09	1469.64	1119.46	1377.79	1053.61	1296.75
	1100	1455.81	1791.77	1364.82	1679.78	1284.54	1580.97	1213.18	1493.14
	1200	1634.48	2011.67	1538.34	1893.34	1452.87	1788.15	1376.41	1694.04

续表 4-62

b	h \ a / β	200 + 20		250 + 20		300 + 20		350 + 20	
		0.65	0.80	0.65	0.80	0.65	0.80	0.65	0.80
600	550	638.53	785.89	577.72	711.04	527.48	649.21	485.28	597.27
	600	731.38	900.16	664.89	818.32	609.48	750.13	562.60	692.43
	650	826.49	1017.22	754.62	928.76	694.25	854.46	642.82	791.17
	700	923.55	1136.68	846.59	1041.96	781.47	961.80	725.65	893.10
	750	1022.31	1258.23	940.53	1157.57	870.86	1071.83	810.80	997.91
	800	1122.57	1381.62	1036.21	1275.34	962.20	1184.24	898.05	1105.30
	900	1326.84	1633.04	1232.07	1516.39	1149.93	1415.30	1078.06	1326.84
	1000	1535.25	1889.54	1432.90	1763.57	1343.35	1653.35	1264.33	1556.09
	1100	1746.97	2150.12	1637.79	2015.74	1541.45	1897.17	1455.81	1791.77
	1200	1961.38	2414.01	1846.00	2272.01	1743.45	2145.78	1651.69	2032.85
	1300	2178.00	2680.62	2057.00	2531.69	1948.74	2398.45	1851.30	2278.52

b	h \ a / β	400 + 20		450 + 20		500 + 20		600 + 20	
		0.65	0.80	0.65	0.80	0.65	0.80	0.65	0.80
300	300								
	350								
	400								
	450								
	500	189.81	233.61						
	550	224.67	276.52	209.17	257.45				
	600	261.21	321.48	243.79	300.05	228.56	281.30		
	700	338.64	416.78	317.47	390.73	298.80	367.75	267.34	329.04
	800	420.96	518.11	396.20	487.63	374.19	460.54	336.77	414.49
	900	507.32	624.40	479.14	589.71	453.92	558.67	410.69	505.46
	1000	597.04	734.82	565.62	696.15	537.34	661.34	488.49	601.22
400	350								
	400								
	450								
	500	253.07	311.48						
	550	299.56	368.69	278.90	343.26				
	600	348.28	428.65	325.06	400.07	304.74	375.07		
	650	398.99	491.07	373.25	459.39	350.63	431.55		
	700	451.51	555.71	423.29	520.98	398.39	490.33	356.46	438.72
	800	561.28	690.81	528.27	650.17	498.92	614.05	449.03	552.65
	900	676.43	832.53	638.85	786.28	605.23	744.89	547.59	673.95
	1000	796.06	979.76	754.16	928.20	716.45	881.79	651.32	801.62

续表 4-62

b	h \ a / β	400 + 20		450 + 20		500 + 20		600 + 20	
		0.65	0.80	0.65	0.80	0.65	0.80	0.65	0.80
450	400								
	450								
	500	284.71	350.41						
	550	337.00	414.77	313.76	386.17				
	600	391.81	482.23	365.69	450.08	342.83	421.95		
	650	448.87	552.45	419.91	516.81	394.46	485.49		
	700	507.95	625.17	476.21	586.10	448.19	551.62	401.02	493.56
	800	631.44	777.16	594.30	731.45	561.28	690.81	505.15	621.73
	900	760.98	936.59	718.71	884.56	680.88	838.01	616.03	758.20
	1000	895.56	1102.23	848.43	1044.22	806.01	992.01	732.73	901.83
	1100	1034.39	1273.10	982.67	1209.44	935.88	1151.85	854.50	1051.69
500	450								
	500	316.34	389.34						
	550	374.45	460.86	348.62	429.08				
	600	435.34	535.81	406.32	500.09	380.93	468.83		
	650	498.74	613.84	466.57	574.23	438.29	539.43		
	700	564.39	694.64	529.12	651.22	497.99	612.91	445.57	548.40
	800	701.60	863.51	660.33	812.72	623.65	767.57	561.28	690.81
	900	845.54	1040.66	798.56	982.85	756.53	931.12	684.48	842.44
	1000	995.07	1224.70	942.70	1160.25	895.56	1102.23	814.15	1002.03
	1100	1149.32	1414.55	1091.86	1343.83	1039.86	1279.83	949.44	1168.54
	1200	1307.59	1609.34	1245.32	1532.70	1188.72	1463.03	1089.66	1341.11
600	550	449.34	553.03	418.35	514.89				
	600	522.41	642.97	487.59	600.10	457.11	562.60		
	650	598.49	736.60	559.88	689.08	525.95	647.32		
	700	677.27	833.56	634.94	781.47	597.59	735.50	534.69	658.08
	750	758.49	933.53	712.52	876.95	671.81	826.84	602.90	742.04
	800	841.92	1036.21	792.40	975.26	748.38	921.08	673.54	828.97
	900	1014.64	1248.79	958.28	1179.42	907.84	1117.34	821.38	1010.93
	1000	1194.09	1469.64	1131.24	1392.30	1074.68	1322.68	976.98	1202.44
	1100	1379.19	1697.46	1310.23	1612.59	1247.84	1535.80	1139.33	1402.25
	1200	1569.10	1931.21	1494.38	1839.24	1426.46	1755.64	1307.59	1609.34
	1300	1763.14	2170.02	1683.00	2071.39	1609.83	1981.32	1481.04	1822.82

牛腿截面尺寸选择表（62） 表 4-63

（混凝土强度等级：C70 $F_{hk}/F_{vk}=0.1$）

b	a \ h \ β	0+0 0.65	0+0 0.80	0+20 0.65	0+20 0.80	100+20 0.65	100+20 0.80	150+20 0.65	150+20 0.80
300	300	254.79	313.59	217.05	267.13	124.69	153.46	102.81	126.54
	350	310.18	381.76	271.41	334.04	167.02	205.56	140.08	172.41
	400	365.57	449.94	326.05	401.29	211.65	260.49	180.06	221.61
	450	420.96	518.11	380.87	468.76	258.01	317.55	222.17	273.45
	500	476.35	586.28	435.81	536.38	305.72	376.27	266.01	327.40
	550	531.74	654.45	490.84	604.11	354.49	436.30	311.26	383.09
	600	587.13	722.62	545.93	671.91	404.13	497.39	357.68	440.22
	700	697.91	858.97	656.24	807.69	505.38	622.01	453.28	557.89
	800	808.69	995.31	766.68	943.61	608.60	749.05	551.72	679.04
	900	919.47	1131.66	877.20	1079.63	713.23	877.83	652.27	802.80
	1000	1030.25	1268.00	987.76	1215.71	818.92	1007.90	754.43	928.53
400	350	413.58	509.02	361.88	445.39	222.70	274.09	186.78	229.88
	400	487.43	599.91	434.73	535.06	282.20	347.32	240.08	295.48
	450	561.28	690.81	507.83	625.02	344.01	423.40	296.23	364.59
	500	635.14	781.71	581.08	715.18	407.62	501.69	354.69	436.54
	550	708.99	872.60	654.45	805.48	472.66	581.73	415.02	510.79
	600	782.84	963.50	727.91	895.88	538.84	663.19	476.90	586.96
	650	856.69	1054.39	801.42	986.37	605.95	745.79	540.09	664.73
	700	930.55	1145.29	874.99	1076.91	673.84	829.35	604.38	743.85
	800	1078.25	1327.08	1022.24	1258.14	811.47	998.73	735.63	905.39
	900	1225.96	1508.87	1169.59	1439.50	950.98	1170.43	869.70	1070.40
	1000	1373.67	1690.67	1317.02	1620.95	1091.89	1343.86	1005.91	1238.05
450	400	548.36	674.90	489.08	601.94	317.47	390.73	270.09	332.41
	450	631.44	777.16	571.31	703.15	387.01	476.32	333.26	410.17
	500	714.53	879.42	653.72	804.57	458.58	564.40	399.02	491.10
	550	797.61	981.68	736.26	906.16	531.74	654.45	466.90	574.64
	600	880.70	1083.93	818.89	1007.87	606.19	746.09	536.52	660.33
	650	963.78	1186.19	901.60	1109.66	681.70	839.01	607.60	747.82
	700	1046.87	1288.45	984.37	1211.53	758.08	933.02	679.92	836.83
	800	1213.04	1492.97	1150.02	1415.41	912.90	1123.57	827.58	1018.57
	900	1379.20	1697.48	1315.79	1619.44	1069.85	1316.74	978.41	1204.20
	1000	1545.37	1902.00	1481.65	1823.57	1228.37	1511.85	1131.65	1392.80
	1100	1711.54	2106.51	1647.56	2027.77	1388.10	1708.43	1286.78	1583.73

续表 4-63

b	a h＼β	0+0 0.65	0+0 0.80	0+20 0.65	0+20 0.80	100+20 0.65	100+20 0.80	150+20 0.65	150+20 0.80
500	450	701.60	863.51	634.78	781.27	430.02	529.25	370.29	455.74
	500	793.92	977.13	726.35	893.97	509.53	627.11	443.36	545.67
	550	886.24	1090.75	818.06	1006.85	590.82	727.17	518.77	638.49
	600	978.55	1204.37	909.88	1119.85	673.55	828.98	596.13	733.70
	650	1070.87	1317.99	1001.78	1232.96	757.44	932.24	675.11	830.91
	700	1163.18	1431.61	1093.74	1346.14	842.31	1036.68	755.47	929.81
	800	1347.82	1658.85	1277.80	1572.68	1014.34	1248.41	919.54	1131.74
	900	1532.45	1886.09	1461.99	1799.38	1188.72	1463.04	1087.12	1338.00
	1000	1717.08	2113.33	1646.27	2026.18	1364.86	1679.83	1257.39	1547.56
	1100	1901.71	2340.57	1830.62	2253.07	1542.34	1898.26	1429.76	1759.70
	1200	2086.35	2567.81	2015.02	2480.02	1720.86	2117.98	1603.79	1973.90
600	550	1063.48	1308.90	981.68	1208.22	708.99	872.60	622.53	766.19
	600	1174.26	1445.25	1091.86	1343.83	808.26	994.78	715.36	880.44
	650	1285.04	1581.59	1202.14	1479.55	908.93	1118.69	810.14	997.09
	700	1395.82	1717.93	1312.49	1615.37	1010.77	1244.02	906.56	1115.77
	750	1506.60	1854.28	1422.90	1751.26	1113.57	1370.55	1004.40	1236.19
	800	1617.38	1990.62	1533.36	1887.21	1217.20	1498.10	1103.45	1358.09
	900	1838.94	2263.31	1754.39	2159.25	1426.47	1755.65	1304.55	1605.60
	1000	2060.50	2536.00	1975.53	2431.42	1637.83	2015.79	1508.87	1857.07
	1100	2282.06	2808.69	2196.75	2703.69	1850.80	2277.91	1715.71	2111.64
	1200	2503.62	3081.37	2418.02	2976.03	2065.03	2541.57	1924.55	2368.68
	1300	2725.18	3354.06	2639.34	3248.42	2280.25	2806.46	2135.01	2627.71

b	a h＼β	200+20 0.65	200+20 0.80	250+20 0.65	250+20 0.80	300+20 0.65	300+20 0.80	350+20 0.65	350+20 0.80
300	300	87.47	107.65						
	350	120.63	148.46	105.92	130.36				
	400	156.67	192.83	138.67	170.67	124.37	153.07		
	450	195.08	240.10	173.88	214.00	156.83	193.02	142.83	175.79
	500	235.44	289.77	211.17	259.90	191.43	235.61	175.07	215.47
	550	277.43	341.45	250.23	307.98	227.89	280.48	209.21	257.49
	600	320.80	394.84	290.82	357.93	265.97	327.34	245.02	301.57
	700	410.92	505.75	375.80	462.52	346.21	426.10	320.94	395.00
	800	504.57	621.01	464.84	572.11	430.91	530.35	401.59	494.27
	900	600.91	739.59	557.05	685.60	519.16	638.96	486.09	598.26
	1000	699.37	860.76	651.79	802.20	610.28	751.11	573.73	706.13

续表 4-63

b	a / h \ β	200+20		250+20		300+20		350+20	
		0.65	0.80	0.65	0.80	0.65	0.80	0.65	0.80
400	350	160.84	197.95	141.22	173.81				
	400	208.90	257.11	184.89	227.55	165.83	204.09		
	450	260.11	320.13	231.83	285.33	209.11	257.36	190.44	234.38
	500	313.92	386.36	281.56	346.53	255.24	314.14	233.43	287.29
	550	369.91	455.27	333.64	410.64	303.85	373.97	278.95	343.32
	600	427.74	526.45	387.76	477.25	354.62	436.46	326.70	402.09
	650	487.14	599.56	443.65	546.03	407.28	501.27	376.43	463.29
	700	547.89	674.33	501.06	616.69	461.61	568.14	427.92	526.67
	800	672.76	828.01	619.78	762.81	574.54	707.13	535.46	659.03
	900	801.22	986.11	742.73	914.14	692.21	851.95	648.12	797.68
	1000	932.49	1147.68	869.05	1069.60	813.70	1001.48	764.98	941.51
450	400	235.01	289.24	208.00	256.00	186.55	229.61		
	450	292.62	360.15	260.81	321.00	235.24	289.53	214.24	263.68
	500	353.16	434.66	316.75	389.85	287.15	353.41	262.60	323.21
	550	416.15	512.18	375.35	461.97	341.83	420.72	313.81	386.23
	600	481.21	592.25	436.23	536.90	398.95	491.01	367.53	452.35
	650	548.03	674.50	499.10	614.28	458.19	563.93	423.48	521.21
	700	616.38	758.62	563.70	693.78	519.31	639.15	481.41	592.50
	800	756.85	931.51	697.26	858.16	646.36	795.52	602.39	741.41
	900	901.37	1109.38	835.58	1028.40	778.73	958.44	729.13	897.40
	1000	1049.05	1291.14	977.69	1203.31	915.41	1126.66	860.60	1059.20
	1100	1199.24	1475.99	1122.86	1381.98	1055.62	1299.23	995.98	1225.83
500	450	325.13	400.16	289.79	356.67	261.38	321.70	238.04	292.98
	500	392.40	482.95	351.94	433.16	319.05	392.68	291.78	359.12
	550	462.38	569.09	417.05	513.30	379.82	467.47	348.68	429.15
	600	534.67	658.06	484.70	596.56	443.28	545.57	408.37	502.61
	650	608.93	749.45	554.56	682.53	509.10	626.59	470.53	579.12
	700	684.87	842.91	626.33	770.87	577.01	710.17	534.90	658.33
	800	840.95	1035.01	774.73	953.51	718.18	883.91	669.32	823.78
	900	1001.52	1232.64	928.42	1142.67	865.26	1064.94	810.15	997.11
	1000	1165.61	1434.60	1086.32	1337.01	1017.13	1251.85	956.22	1176.89
	1100	1332.49	1639.99	1247.62	1535.53	1172.91	1443.59	1106.65	1362.03
	1200	1501.64	1848.17	1411.72	1737.50	1331.96	1639.34	1260.73	1551.67

续表 4-63

b	a	200+20		250+20		300+20		350+20	
	h \ β	0.65	0.80	0.65	0.80	0.65	0.80	0.65	0.80
600	550	554.86	682.91	500.46	615.95	455.78	560.96	418.42	514.98
	600	641.61	789.67	581.64	715.87	531.93	654.68	490.05	603.13
	650	730.71	899.34	665.47	819.04	610.92	751.90	564.64	694.94
	700	821.84	1011.49	751.60	925.04	692.42	852.20	641.87	790.00
	750	914.72	1125.81	839.74	1033.53	776.13	955.23	721.47	887.96
	800	1009.13	1242.01	929.68	1144.22	861.82	1060.70	803.19	988.54
	900	1201.83	1479.17	1114.10	1371.20	1038.31	1277.92	972.18	1196.53
	1000	1398.73	1721.52	1303.58	1604.41	1220.55	1502.22	1147.46	1412.26
	1100	1598.99	1967.99	1497.15	1842.64	1407.50	1732.30	1327.98	1634.43
	1200	1801.97	2217.80	1694.06	2085.00	1598.35	1967.21	1512.88	1862.01
	1300	2007.17	2470.36	1893.77	2330.79	1792.50	2206.15	1701.51	2094.16

b	a	400+20		450+20		500+20		600+20	
	h \ β	0.65	0.80	0.65	0.80	0.65	0.80	0.65	0.80
300	300								
	350								
	400								
	450								
	500	161.28	198.50						
	550	193.36	237.98	179.74	221.22				
	600	227.14	279.55	211.69	260.54	198.20	243.94		
	700	299.10	368.13	280.05	344.68	263.28	324.04	235.13	289.38
	800	376.02	462.79	353.50	435.08	333.53	410.50	299.67	368.82
	900	456.98	562.44	431.16	530.66	408.11	502.29	368.68	453.76
	1000	541.32	666.24	512.37	630.61	486.36	598.60	441.54	543.43
400	350								
	400								
	450								
	500	215.05	264.67						
	550	257.81	317.31	239.66	294.96				
	600	302.85	372.74	282.25	347.38	264.27	325.26		
	650	349.92	430.67	326.90	402.33	306.72	377.50		
	700	398.81	490.84	373.40	459.57	351.04	432.06	313.50	385.85
	800	501.35	617.05	471.33	580.10	444.70	547.33	399.56	491.76
	900	609.31	749.92	574.89	707.55	544.14	669.71	491.57	605.01
	1000	721.76	888.32	683.16	840.81	648.48	798.13	588.71	724.57

续表 4-63

b	h \ a / β	400+20 0.65	400+20 0.80	450+20 0.65	450+20 0.80	500+20 0.65	500+20 0.80	600+20 0.65	600+20 0.80
450	400								
	450								
	500	241.93	297.76						
	550	290.04	356.97	269.62	331.83				
	600	340.71	419.33	317.53	390.81	297.31	365.91		
	650	393.66	484.50	367.76	452.63	345.06	424.69		
	700	448.66	552.19	420.08	517.02	394.93	486.06	352.69	434.08
	800	564.02	694.18	530.25	652.61	500.29	615.74	449.50	553.23
	900	685.47	843.66	646.75	795.99	612.16	753.43	553.01	680.63
	1000	811.98	999.36	768.55	945.91	729.54	897.90	662.30	815.14
	1100	942.72	1160.27	894.87	1101.38	851.64	1048.17	776.60	955.82
500	450								
	500	268.81	330.84						
	550	322.27	396.64	299.57	368.70				
	600	378.56	465.92	352.81	434.23	330.34	406.57		
	650	437.40	538.33	408.62	502.92	383.40	471.87		
	700	498.51	613.55	466.76	574.47	438.81	540.07	391.88	482.31
	800	626.69	771.31	589.17	725.13	555.88	684.16	499.44	614.70
	900	761.64	937.40	718.61	884.44	680.18	837.14	614.46	756.26
	1000	902.20	1110.39	853.95	1051.02	810.60	997.66	735.89	905.71
	1100	1047.47	1289.19	994.30	1223.75	946.26	1164.63	862.89	1062.02
	1200	1196.74	1472.91	1138.92	1401.75	1086.44	1337.16	994.76	1224.32
600	550	386.72	475.96	359.49	442.45				
	600	454.28	559.11	423.37	521.08	396.41	487.89		
	650	524.88	646.00	490.35	603.50	460.08	566.25		
	700	598.21	736.26	560.11	689.36	526.57	648.08	470.25	578.77
	750	674.01	829.55	632.40	778.34	595.63	733.09	533.59	656.72
	800	752.03	925.58	707.00	870.15	667.06	820.99	599.33	737.64
	900	913.96	1124.88	862.33	1061.33	816.21	1004.57	737.35	907.51
	1000	1082.63	1332.47	1024.74	1261.22	972.72	1197.20	883.07	1086.86
	1100	1256.96	1547.03	1193.16	1468.50	1135.52	1397.56	1035.47	1274.43
	1200	1436.08	1767.49	1366.71	1682.10	1303.73	1604.59	1193.71	1469.18
	1300	1619.31.	1992.99	1544.68	1901.15	1476.64	1817.40	1357.07	1670.24

牛腿截面尺寸选择表（63）　　表4-64

（混凝土强度等级：C70　$F_{hk}/F_{vk}=0.2$）

b	a / h β	0+0		0+20		100+20		150+20	
		0.65	0.80	0.65	0.80	0.65	0.80	0.65	0.80
300	300	241.38	297.09	205.62	253.07	118.12	145.38	97.40	119.88
	350	293.86	361.67	257.13	316.46	158.23	194.75	132.71	163.34
	400	346.33	426.25	308.89	380.17	200.51	246.78	170.58	209.95
	450	398.81	490.84	360.82	444.09	244.43	300.84	210.48	259.05
	500	451.28	555.42	412.87	508.15	289.63	356.47	252.01	310.17
	550	503.76	620.01	465.00	572.31	335.84	413.34	294.88	362.93
	600	556.23	684.59	517.20	636.55	382.86	471.21	338.85	417.05
	700	661.18	813.76	621.71	765.18	478.78	589.27	429.43	528.52
	800	766.13	942.93	726.33	893.94	576.57	709.63	522.69	643.30
	900	871.08	1072.09	831.03	1022.80	675.70	831.62	617.94	760.55
	1000	976.03	1201.26	935.78	1151.73	775.82	954.85	714.73	879.66
400	350	391.81	482.23	342.83	421.95	210.97	259.66	176.95	217.78
	400	461.78	568.34	411.85	506.90	267.34	329.04	227.44	279.93
	450	531.74	654.45	481.105	592.12	325.91	401.12	280.64	345.40
	500	601.71	740.56	550.50	677.54	386.17	475.29	336.02	413.56
	550	671.67	826.68	620.01	763.08	447.78	551.12	393.17	483.91
	600	741.64	912.79	689.59	848.73	510.48	628.28	451.80	556.07
	650	811.61	998.90	759.24	934.45	574.06	706.54	511.66	629.74
	700	881.57	1085.01	828.94	1020.23	638.38	785.70	572.57	704.70
	800	1021.50	1257.24	968.44	1191.92	768.76	946.17	696.91	857.74
	900	1161.44	1429.46	1108.04	1363.74	900.93	1108.83	823.92	1014.06
	1000	1301.37	1601.68	1247.70	1535.63	1034.42	1273.13	952.97	1172.89
450	400	519.50	639.38	463.34	570.26	300.76	370.17	255.87	314.92
	450	598.21	736.26	541.24	666.14	366.64	451.25	315.72	388.58
	500	676.92	833.13	619.31	762.23	434.44	534.70	378.02	465.26
	550	755.63	930.01	697.51	858.47	503.76	620.01	442.32	544.40
	600	834.34	1026.89	775.79	954.82	574.29	706.82	508.28	625.57
	650	913.06	1123.76	854.15	1051.26	645.82	794.86	575.62	708.46
	700	991.77	1220.64	932.56	1147.76	718.18	883.91	644.14	792.79
	800	1149.19	1414.39	1089.49	1340.91	864.86	1064.44	784.03	964.96
	900	1306.61	1608.14	1246.54	1534.20	1013.54	1247.44	926.91	1140.82
	1000	1464.04	1801.89	1403.67	1727.59	1163.72	1432.27	1072.09	1319.50
	1100	1621.46	1995.65	1560.85	1921.04	1315.04	1618.52	1219.06	1500.38

续表 4-64

b	h \ a, β	0+0 0.65	0+0 0.80	0+20 0.65	0+20 0.80	100+20 0.65	100+20 0.80	150+20 0.65	150+20 0.80
500	450	664.68	818.06	601.37	740.15	407.38	501.39	350.80	431.76
	500	752.13	925.70	688.12	846.92	482.71	594.11	420.02	516.95
	550	839.59	1033.34	775.01	953.86	559.73	688.90	491.47	604.88
	600	927.05	1140.98	861.99	1060.91	638.10	785.35	564.75	695.08
	650	1014.51	1248.62	949.05	1168.07	717.58	883.17	639.58	787.18
	700	1101.96	1356.26	1036.18	1275.29	797.97	982.12	715.71	880.87
	800	1276.88	1571.54	1210.55	1489.91	960.95	1182.71	871.14	1072.17
	900	1451.79	1786.82	1385.05	1704.67	1126.16	1386.04	1029.91	1267.58
	1000	1626.71	2002.10	1559.63	1919.54	1293.03	1591.42	1191.21	1466.11
	1100	1801.62	2217.38	1734.27	2134.49	1461.16	1798.35	1354.51	1667.08
	1200	1976.54	2432.66	1908.97	2349.50	1630.28	2006.50	1519.38	1870.01
600	550	1007.51	1240.01	930.01	1144.63	671.67	826.68	589.76	725.86
	600	1112.46	1369.18	1034.39	1273.10	765.72	942.42	677.71	834.10
	650	1217.41	1498.35	1138.87	1401.68	861.09	1059.81	767.50	944.61
	700	1322.36	1627.52	1243.41	1530.35	957.57	1178.55	858.85	1057.05
	750	1427.31	1756.68	1348.01	1659.09	1054.97	1298.42	951.54	1171.12
	800	1532.26	1885.85	1452.66	1787.89	1153.14	1419.25	1045.37	1286.61
	900	1742.15	2144.19	1662.05	2045.61	1351.39	1663.25	1235.89	1521.09
	1000	1952.05	2402.52	1871.55	2303.45	1551.63	1909.70	1429.45	1759.33
	1100	2161.95	2660.86	2081.13	2561.39	1753.39	2158.02	1625.41	2000.50
	1200	2371.85	2919.20	2290.76	2819.40	1956.34	2407.80	1823.26	2244.01
	1300	2581.75	3177.53	2500.43	3077.45	2160.24	2658.75	2022.64	2489.40

b	h \ a, β	200+20 0.65	200+20 0.80	250+20 0.65	250+20 0.80	300+20 0.65	300+20 0.80	350+20 0.65	350+20 0.80
300	300	82.86	101.98						
	350	114.28	140.65	100.34	123.50				
	400	148.43	182.68	131.37	161.68	117.82	145.01		
	450	184.81	227.46	164.72	202.74	148.57	182.86	135.31	166.53
	500	223.05	274.52	200.05	246.22	181.36	223.21	165.86	204.13
	550	262.83	323.48	237.06	291.77	215.90	265.72	198.20	243.94
	600	303.92	374.05	275.52	339.10	251.97	310.11	232.13	285.70
	700	389.29	479.13	356.02	438.18	327.99	403.68	304.05	374.21
	800	478.01	588.32	440.37	542.00	408.23	502.44	380.46	468.26
	900	569.29	700.66	527.73	649.52	491.83	605.33	460.51	566.78
	1000	662.56	815.46	617.49	759.98	578.16	711.58	543.54	668.97

续表 4-64

b	a / β / h	200+20		250+20		300+20		350+20	
		0.65	0.80	0.65	0.80	0.65	0.80	0.65	0.80
400	350	152.37	187.53	133.79	164.66				
	400	197.90	243.57	175.16	215.58	157.10	193.35		
	450	246.42	303.28	219.63	270.32	198.10	243.82	180.41	222.05
	500	297.40	366.03	266.74	328.29	241.81	297.61	221.14	272.17
	550	350.44	431.31	316.08	389.02	287.86	354.29	264.27	325.25
	600	405.23	498.74	367.35	452.13	335.96	413.48	309.50	380.93
	650	461.50	568.00	420.30	517.29	385.85	474.89	356.61	438.91
	700	519.06	638.84	474.69	584.24	437.32	538.23	405.39	498.95
	800	637.35	784.43	587.16	722.66	544.30	669.91	507.28	624.34
	900	759.05	934.21	703.64	866.02	655.78	807.11	614.01	755.70
	1000	883.41	1087.27	823.31	1013.31	770.87	948.77	724.71	891.96
450	400	222.64	274.02	197.05	242.52	176.74	217.52		
	450	277.22	341.19	247.09	304.11	222.86	274.29	202.96	249.80
	500	334.57	411.78	300.08	369.33	272.03	334.81	248.78	306.19
	550	394.24	485.22	355.59	437.65	323.84	398.58	297.30	365.91
	600	455.88	561.08	413.27	508.64	377.95	465.17	348.19	428.54
	650	519.19	639.00	472.83	581.95	434.08	534.25	401.19	493.77
	700	583.94	718.69	534.03	657.27	491.98	605.51	456.07	561.32
	800	717.02	882.48	660.56	813.00	612.34	753.65	570.69	702.38
	900	853.93	1050.99	791.60	974.28	737.75	908.00	690.76	850.16
	1000	993.84	1223.18	926.23	1139.97	867.23	1067.36	815.30	1003.45
	1100	1136.13	1398.31	1063.76	1309.25	1000.06	1230.85	943.56	1161.31
500	450	308.02	379.10	274.54	337.90	247.62	304.77	225.52	277.56
	500	371.74	457.53	333.42	410.36	302.26	372.01	276.43	340.22
	550	438.05	539.14	395.10	486.28	359.83	442.86	330.33	406.56
	600	506.53	623.42	459.19	565.16	419.95	516.86	386.88	476.16
	650	576.88	710.00	525.37	646.61	482.31	593.61	445.77	548.64
	700	648.82	798.55	593.37	730.30	546.64	672.79	506.74	623.68
	800	796.69	980.54	733.95	903.33	680.38	837.39	634.10	780.43
	900	948.81	1167.77	879.55	1082.53	819.72	1008.89	767.51	944.63
	1000	1104.26	1359.09	1029.14	1266.64	963.59	1185.96	905.89	1114.94
	1100	1262.36	1553.68	1181.96	1454.72	1111.18	1367.61	1048.40	1290.34
	1200	1422.60	1750.90	1337.42	1646.05	1261.86	1553.06	1194.38	1470.01

续表 4-64

b	a	200+20		250+20		300+20		350+20	
	h \ β	0.65	0.80	0.65	0.80	0.65	0.80	0.65	0.80
600	550	525.66	646.96	474.12	583.54	431.79	531.43	396.40	487.87
	600	607.84	748.11	551.03	678.19	503.93	620.23	464.25	571.39
	650	692.25	852.00	630.44	775.93	578.77	712.33	534.92	658.37
	700	778.58	958.26	712.04	876.36	655.97	807.35	608.09	748.42
	750	866.58	1066.56	795.55	979.14	735.28	904.96	683.50	841.23
	800	956.02	1176.64	880.75	1083.99	816.46	1004.87	760.92	936.51
	900	1138.57	1401.32	1055.47	1299.03	983.66	1210.66	921.01	1133.55
	1000	1325.12	1630.91	1234.97	1519.96	1156.31	1423.15	1087.07	1337.93
	1100	1514.84	1864.41	1418.35	1745.66	1333.42	1641.13	1258.08	1548.41
	1200	1707.13	2101.08	1604.90	1975.26	1514.23	1863.67	1433.26	1764.01
	1300	1901.53	2340.34	1794.09	2208.12	1698.15	2090.03	1611.95	1983.94

b	a	400+20		450+20		500+20		600+20	
	h \ β	0.65	0.80	0.65	0.80	0.65	0.80	0.65	0.80
300	300								
	350								
	400								
	450								
	500	152.80	188.06						
	550	183.18	225.46	170.28	209.58				
	600	215.18	264.84	200.55	246.83	187.77	231.10		
	700	283.36	348.75	265.31	326.54	249.43	306.99	222.75	274.15
	800	356.22	438.43	334.89	412.18	315.97	388.89	283.90	349.41
	900	432.93	532.84	408.47	502.73	386.63	475.85	349.27	429.87
	1000	512.83	631.17	485.40	597.42	460.76	567.09	418.30	514.83
400	350								
	400								
	450								
	500	203.73	250.74						
	550	244.24	300.61	227.04	279.44				
	600	286.91	353.12	267.39	329.10	250.36	308.14		
	650	331.50	408.00	309.69	381.16	290.57	357.63		
	700	377.82	465.00	353.75	435.39	332.57	409.32	297.00	365.54
	800	474.97	584.57	446.53	549.57	421.30	518.52	378.53	465.88
	900	577.24	710.45	544.63	670.31	515.50	634.47	465.70	573.16
	1000	683.77	841.56	647.20	796.56	614.35	756.12	557.73	686.44

续表 4-64

b	a / h β	400 + 20		450 + 20		500 + 20		600 + 20	
		0.65	0.80	0.65	0.80	0.65	0.80	0.65	0.80
450	400								
	450								
	500	229.19	282.08						
	550	274.78	338.19	255.43	314.37				
	600	322.78	397.26	300.82	370.24	281.66	346.66		
	650	372.94	459.00	348.40	428.80	326.90	402.33		
	700	425.04	523.13	397.97	489.81	374.14	460.48	334.13	411.23
	800	534.34	657.65	502.34	618.27	473.96	583.34	425.84	524.11
	900	649.40	799.26	612.71	754.10	579.94	713.77	523.91	644.81
	1000	769.24	946.76	728.10	896.13	691.15	850.64	627.45	772.24
	1100	893.10	1099.21	847.77	1043.41	806.81	993.00	735.73	905.51
500	450								
	500	254.66	313.43						
	550	305.31	375.76	283.81	349.30				
	600	358.64	441.40	334.24	411.38	312.95	385.17		
	650	414.38	510.00	387.11	476.45	363.22	447.04		
	700	472.27	581.26	442.19	544.23	415.71	511.64	371.25	456.92
	800	593.71	730.72	558.16	686.96	526.62	648.15	473.16	582.35
	900	721.55	888.06	680.78	837.89	644.38	793.08	582.12	716.46
	1000	854.71	1051.95	809.01	995.70	767.94	945.16	697.16	858.04
	1100	992.34	1221.34	941.97	1159.34	896.46	1103.34	817.48	1006.13
	1200	1133.75	1395.39	1078.98	1327.98	1029.26	1266.78	942.40	1159.88
600	550	366.37	450.91	340.57	419.16				
	600	430.37	529.68	401.09	493.65	375.54	462.21		
	650	497.25	612.00	464.54	571.74	435.86	536.45		
	700	566.72	697.51	530.63	653.08	498.85	613.97	445.50	548.31
	750	638.53	785.89	599.12	737.37	564.28	694.50	505.50	622.16
	800	712.45	876.86	669.79	824.35	631.95	777.78	567.79	698.82
	900	865.86	1065.67	816.94	1005.47	773.26	951.70	698.54	859.75
	1000	1025.65	1262.34	970.81	1194.84	921.53	1134.19	836.59	1029.65
	1100	1190.81	1465.61	1130.36	1391.21	1075.75	1324.00	980.97	1207.35
	1200	1360.50	1674.46	1294.78	1593.57	1235.11	1520.13	1130.88	1391.85
	1300	1534.08	1888.10	1463.39	1801.09	1398.92	1721.75	1285.65	1582.33

牛腿截面尺寸选择表（64） 表 4-65

（混凝土强度等级：C70 $F_{hk}/F_{vk}=0.3$）

b	h \ a / β	0+0 0.65	0+0 0.80	0+20 0.65	0+20 0.80	100+20 0.65	100+20 0.80	150+20 0.65	150+20 0.80
300	300	227.97	280.58	194.20	239.01	111.56	137.31	91.99	113.22
	350	277.53	341.58	242.84	298.88	149.44	183.93	125.34	154.26
	400	327.09	402.57	291.73	359.05	189.37	233.07	161.10	198.28
	450	376.65	463.57	340.78	419.42	230.85	284.12	198.79	244.66
	500	426.21	524.57	389.94	479.92	273.54	336.66	238.01	292.94
	550	475.77	585.56	439.17	540.52	317.18	390.37	278.50	342.77
	600	525.33	646.56	488.46	601.19	361.59	445.03	320.03	393.88
	700	624.45	768.55	587.17	722.67	452.19	556.54	405.57	499.16
	800	723.57	890.54	685.98	844.28	544.54	670.20	493.65	607.57
	900	822.68	1012.53	784.86	965.98	638.16	785.42	583.61	718.29
	1000	921.80	1134.53	883.79	1087.74	732.71	901.80	675.02	830.79
400	350	370.04	455.44	323.79	398.51	199.25	245.24	167.12	205.68
	400	436.12	536.76	388.97	478.74	252.49	310.76	214.81	264.38
	450	502.20	618.09	454.37	559.23	307.80	378.83	265.05	326.22
	500	568.28	699.42	519.92	639.90	364.72	448.88	317.35	390.59
	550	634.36	780.75	585.56	720.69	422.91	520.50	371.33	457.02
	600	700.44	862.08	651.28	801.58	482.12	593.38	426.70	525.17
	650	766.52	943.40	717.06	882.54	542.17	667.29	483.24	594.76
	700	832.60	1024.73	782.89	963.55	602.91	742.05	540.76	665.55
	800	964.75	1187.39	914.64	1125.71	726.05	893.60	658.20	810.09
	900	1096.91	1350.04	1046.48	1287.97	850.88	1047.23	778.15	957.72
	1000	1229.07	1512.70	1178.39	1450.32	976.95	1202.40	900.03	1107.73
450	400	490.64	603.86	437.59	538.58	284.05	349.60	241.66	297.42
	450	564.98	695.35	511.17	629.13	346.28	426.18	298.18	366.99
	500	639.31	786.85	584.90	719.88	410.31	504.99	357.02	439.41
	550	713.65	878.34	658.76	810.78	475.77	585.56	417.75	514.15
	600	787.99	969.84	732.69	901.78	542.38	667.55	480.04	590.82
	650	862.33	1061.33	806.70	992.86	609.94	750.70	543.64	669.10
	700	936.67	1152.82	880.75	1084.00	678.28	834.80	608.35	748.74
	800	1085.35	1335.81	1028.97	1266.42	816.81	1005.30	740.47	911.35
	900	1234.03	1518.80	1177.29	1448.97	957.23	1178.13	875.42	1077.44
	1000	1382.70	1701.79	1325.68	1631.61	1099.07	1352.70	1012.53	1246.19
	1100	1531.38	1884.78	1474.13	1814.32	1241.99	1528.60	1151.33	1417.02

续表 4-65

b	h \ a / β	0+0 0.65	0+0 0.80	0+20 0.65	0+20 0.80	100+20 0.65	100+20 0.80	150+20 0.65	150+20 0.80
500	450	627.75	772.62	567.96	699.03	384.75	473.54	331.31	407.77
	500	710.35	874.28	649.89	799.87	455.90	561.10	396.69	488.23
	550	792.95	975.94	731.95	900.86	528.63	650.62	464.16	571.28
	600	875.55	1077.60	814.10	1001.98	602.65	741.72	533.38	656.47
	650	958.15	1179.26	896.33	1103.17	677.71	834.11	604.05	743.44
	700	1040.74	1280.92	978.61	1204.44	753.64	927.56	675.95	831.94
	800	1205.94	1484.24	1143.30	1407.13	907.56	1117.00	822.75	1012.61
	900	1371.14	1687.56	1308.10	1609.97	1063.59	1309.04	972.69	1197.16
	1000	1536.34	1890.88	1472.98	1812.90	1221.19	1503.00	1125.03	1384.66
	1100	1701.53	2094.20	1637.93	2015.91	1379.98	1698.44	1279.26	1574.47
	1200	1866.73	2297.52	1802.91	2218.97	1539.71	1895.03	1434.97	1766.12
600	550	951.54	1171.12	878.34	1081.04	634.36	780.75	557.00	685.54
	600	1050.66	1293.12	976.93	1202.37	723.18	890.07	640.05	787.76
	650	1149.77	1415.11	1075.60	1323.81	813.26	1000.93	724.86	892.13
	700	1248.89	1537.10	1174.33	1445.33	904.37	1113.07	811.14	998.32
	750	1348.01	1659.09	1273.12	1566.92	996.36	1226.28	898.67	1106.06
	800	1447.13	1781.08	1371.95	1688.56	1089.08	1340.40	987.29	1215.13
	900	1645.37	2025.07	1569.72	1931.96	1276.31	1570.85	1167.23	1436.59
	1000	1843.60	2269.05	1767.58	2175.48	1465.43	1803.60	1350.04	1661.59
	1100	2041.84	2513.04	1965.51	2419.09	1655.98	2038.13	1535.11	1889.36
	1200	2240.08	2757.02	2163.49	2662.76	1847.66	2274.04	1721.96	2119.34
	1300	2438.31	3001.00	2361.52	2906.48	2040.22	2511.04	1910.27	2351.10

b	h \ a / β	200+20 0.65	200+20 0.80	250+20 0.65	250+20 0.80	300+20 0.65	300+20 0.80	350+20 0.65	350+20 0.80
300	300	78.26	96.32						
	350	107.93	132.84	94.77	116.64				
	400	140.18	172.53	124.07	152.70	111.28	136.96		
	450	174.55	214.82	155.57	191.47	140.32	172.70	127.79	157.28
	500	210.66	259.27	188.94	232.54	171.28	210.81	156.64	192.79
	550	248.23	305.51	223.89	275.56	203.90	250.95	187.19	230.38
	600	287.03	353.27	260.21	320.26	237.97	292.89	219.23	269.82
	700	367.66	452.51	336.24	413.83	309.76	381.25	287.15	353.42
	800	451.46	555.64	415.91	511.89	385.55	474.52	359.32	442.24
	900	537.66	661.73	498.41	613.43	464.51	571.70	434.92	535.29
	1000	625.75	770.15	583.18	717.76	546.04	672.04	513.34	631.80

续表 4-65

b	h \ a, β	200+20 0.65	200+20 0.80	250+20 0.65	250+20 0.80	300+20 0.65	300+20 0.80	350+20 0.65	350+20 0.80
400	350	143.91	177.11	126.36	155.51				
	400	186.91	230.04	165.43	203.60	148.37	182.61		
	450	232.73	286.43	207.43	255.30	187.09	230.27	170.39	209.71
	500	280.87	345.69	251.92	310.05	228.37	281.08	208.85	257.05
	550	330.97	407.35	298.52	367.41	271.87	334.61	249.58	307.18
	600	382.71	471.03	346.95	427.01	317.29	390.51	292.31	359.76
	650	435.86	536.45	396.95	488.55	364.41	448.50	336.80	414.53
	700	490.22	603.35	448.32	551.78	413.02	508.33	382.87	471.23
	800	601.94	740.85	554.54	682.51	514.07	632.70	479.10	589.66
	900	716.88	882.31	664.55	817.91	619.34	762.27	579.90	713.72
	1000	834.33	1026.87	777.57	957.01	728.05	896.06	684.45	842.40
450	400	210.27	258.80	186.10	229.05	166.92	205.44		
	450	261.82	322.24	233.36	287.21	210.48	259.05	191.69	235.92
	500	315.98	388.90	283.41	348.81	256.92	316.21	234.96	289.18
	550	372.34	458.27	335.84	413.34	305.85	376.43	280.78	345.58
	600	430.55	529.91	390.31	480.39	356.95	439.33	328.85	404.73
	650	490.35	603.50	446.56	549.62	409.96	504.57	378.90	466.34
	700	551.50	678.77	504.36	620.75	464.65	571.87	430.73	530.13
	800	677.18	833.46	623.86	767.83	578.32	711.78	538.98	663.36
	900	806.49	992.60	747.62	920.15	696.76	857.55	652.38	802.93
	1000	938.62	1155.23	874.77	1076.64	819.05	1008.07	770.01	947.70
	1100	1073.01	1320.63	1004.66	1236.51	944.50	1162.47	891.14	1096.79
500	450	290.91	358.04	259.29	319.12	233.87	287.84	212.99	262.14
	500	351.09	432.11	314.90	387.57	285.47	351.34	261.07	321.32
	550	413.71	509.18	373.15	459.26	339.83	418.26	311.98	383.97
	600	478.39	588.79	433.68	533.76	396.62	488.14	365.39	449.71
	650	544.83	670.56	496.18	610.69	455.51	560.63	421.00	518.16
	700	612.77	754.18	560.40	689.72	516.27	635.42	478.59	589.03
	800	752.43	926.06	693.18	853.14	642.58	790.87	598.87	737.07
	900	896.10	1102.89	830.69	1022.39	774.18	952.84	724.87	892.15
	1000	1042.91	1283.59	971.97	1196.27	910.06	1120.07	855.56	1053.00
	1100	1192.23	1467.36	1116.29	1373.90	1049.45	1291.63	990.16	1218.66
	1200	1343.57	1653.63	1263.12	1554.61	1191.76	1466.78	1128.03	1388.34

续表4-65

b	h \ a	200+20		250+20		300+20		350+20	
	β	0.65	0.80	0.65	0.80	0.65	0.80	0.65	0.80
600	550	496.45	611.02	447.78	551.12	407.80	501.91	374.38	460.77
	600	574.07	706.55	520.42	640.52	475.94	585.77	438.46	539.65
	650	653.79	804.67	595.42	732.82	546.61	672.76	505.20	621.79
	700	735.33	905.02	672.48	827.67	619.53	762.50	574.31	706.84
	750	818.44	1007.31	751.35	924.74	694.43	854.68	645.53	794.49
	800	902.91	1111.27	831.81	1023.77	771.10	949.04	718.64	884.48
	900	1075.32	1323.47	996.83	1226.87	929.02	1143.41	869.84	1070.58
	1000	1251.50	1540.30	1166.36	1435.52	1092.07	1344.09	1026.68	1263.60
	1100	1430.68	1760.83	1339.55	1648.68	1259.34	1549.96	1188.19	1462.39
	1200	1612.29	1984.35	1515.74	1865.53	1430.11	1760.13	1353.63	1666.01
	1300	1795.88	2210.32	1694.42	2085.44	1603.81	1973.92	1522.40	1873.72
b	h \ a	400+20		450+20		500+20		600+20	
	β	0.65	0.80	0.65	0.80	0.65	0.80	0.65	0.80
300	300								
	350								
	400								
	450								
	500	144.31	177.61						
	550	173.01	212.93	160.82	197.94				
	600	203.23	250.13	189.40	233.11	177.34	218.26		
	700	267.62	329.38	250.57	308.40	235.57	289.93	210.38	258.92
	800	336.43	414.07	316.29	389.28	298.42	367.29	268.12	330.00
	900	408.88	503.24	385.78	474.80	365.15	449.41	329.87	405.99
	1000	484.34	596.11	458.44	564.23	435.17	535.59	395.06	486.23
400	350								
	400								
	450								
	500	192.41	236.81						
	550	230.68	283.91	214.43	263.92				
	600	270.97	333.50	252.54	310.82	236.45	291.02		
	650	313.08	385.33	292.49	359.98	274.43	337.76		
	700	356.83	439.17	334.10	411.20	314.09	386.58	280.50	345.23
	800	448.58	552.10	421.72	519.04	397.89	489.71	357.50	440.00
	900	545.17	670.98	514.37	633.07	486.86	599.22	439.82	541.32
	1000	645.78	794.81	611.25	752.31	580.22	714.12	526.74	648.30

续表 4-65

b	h \ a / β	400+20 0.65	400+20 0.80	450+20 0.65	450+20 0.80	500+20 0.65	500+20 0.80	600+20 0.65	600+20 0.80
450	400								
	450								
	500	216.46	266.41						
	550	259.51	319.40	241.23	296.90				
	600	304.84	375.19	284.11	349.67	266.01	327.40		
	650	352.22	433.50	329.05	404.98	308.74	379.98		
	700	401.43	494.07	375.86	462.60	353.35	434.90	315.56	388.38
	800	504.65	621.11	474.43	583.92	447.63	550.93	402.18	495.00
	900	613.32	754.85	578.67	712.21	547.72	674.12	494.80	608.99
	1000	726.51	894.16	687.65	846.34	652.75	803.38	592.59	729.34
	1100	843.49	1038.14	800.67	985.44	761.99	937.84	694.86	855.21
500	450								
	500	240.51	296.01						
	550	288.34	354.89	268.04	329.89				
	600	338.72	416.88	315.67	388.52	295.57	363.77		
	650	391.36	481.67	365.61	449.98	343.04	422.20		
	700	446.03	548.96	417.62	514.00	392.62	483.22	350.63	431.54
	800	560.72	690.12	527.15	648.80	497.37	612.14	446.87	550.00
	900	681.46	838.73	642.96	791.34	608.58	749.02	549.78	676.65
	1000	807.23	993.51	764.06	940.38	725.28	892.65	658.43	810.38
	1100	937.21	1153.49	889.63	1094.93	846.66	1042.04	772.06	950.23
	1200	1070.76	1317.86	1019.04	1254.20	972.08	1196.40	890.05	1095.44
600	550	346.01	425.86	321.65	395.87				
	600	406.46	500.26	378.81	466.23	354.68	436.53		
	650	469.63	578.00	438.73	539.98	411.65	506.64		
	700	535.24	658.76	501.15	616.80	471.14	579.86	420.75	517.85
	750	603.06	742.23	565.83	696.41	532.93	655.92	477.42	587.59
	800	672.87	828.15	632.58	778.56	596.84	734.57	536.25	660.00
	900	817.76	1006.47	771.56	949.61	730.30	898.83	659.74	811.98
	1000	968.67	1192.21	916.87	1128.46	870.33	1071.18	790.12	972.45
	1100	1124.65	1384.19	1067.56	1313.92	1015.99	1250.45	926.47	1140.28
	1200	1284.92	1581.44	1222.84	1505.04	1166.49	1435.68	1068.05	1314.53
	1300	1448.85	1783.20	1382.09	1701.03	1321.20	1626.09	1214.22	1494.43

牛腿截面尺寸选择表（65）

表 4-66

（混凝土强度等级：C70　$F_{hk}/F_{vk}=0.4$）

b	a / β / h	0+0		0+20		100+20		150+20	
		0.65	0.80	0.65	0.80	0.65	0.80	0.65	0.80
300	300	214.56	264.08	182.78	224.95	105.00	129.23	86.58	106.56
	350	261.21	321.48	228.56	281.30	140.65	173.11	117.96	145.19
	400	307.85	378.89	274.57	337.93	178.23	219.36	151.63	186.62
	450	354.49	436.30	320.73	394.75	217.27	267.41	187.09	230.27
	500	401.14	493.71	367.00	451.69	257.45	316.86	224.01	275.71
	550	447.78	551.12	413.34	508.72	298.52	367.41	262.12	322.60
	600	494.43	608.52	459.73	565.82	340.32	418.85	301.20	370.71
	700	587.71	723.34	552.63	680.16	425.59	523.80	381.71	469.80
	800	681.00	838.16	645.63	794.62	512.51	630.78	464.61	571.83
	900	774.29	952.97	738.69	909.16	600.62	739.22	549.28	676.04
	1000	867.58	1067.79	831.80	1023.76	689.61	848.76	635.31	781.92
400	350	348.28	428.65	304.74	375.07	187.53	230.81	157.29	193.58
	400	410.47	505.19	366.09	450.58	237.64	292.48	202.17	248.83
	450	472.66	581.73	427.64	526.33	289.69	356.55	249.46	307.03
	500	534.85	658.28	489.33	602.25	343.26	422.48	298.68	367.61
	550	597.04	734.82	551.12	678.30	398.03	489.88	349.49	430.14
	600	659.24	811.37	612.97	754.43	453.76	558.47	401.60	494.28
	650	721.43	887.91	674.88	830.63	510.28	628.03	454.81	559.77
	700	783.62	964.45	736.84	906.88	567.45	698.40	508.95	626.40
	800	908.00	1117.54	860.83	1059.49	683.34	841.04	619.48	762.44
	900	1032.39	1270.63	984.92	1212.21	800.82	985.63	732.38	901.39
	1000	1156.77	1423.72	1109.07	1365.01	919.48	1131.67	847.08	1042.57
450	400	461.78	568.34	411.85	506.90	267.34	329.04	227.44	279.93
	450	531.74	654.45	481.10	592.12	325.91	401.12	280.64	345.40
	500	601.71	740.56	550.50	677.54	386.17	475.29	336.02	413.56
	550	671.67	826.68	620.01	763.08	447.78	551.12	393.17	483.91
	600	741.64	912.79	689.59	848.73	510.48	628.28	451.80	556.07
	650	811.61	998.90	759.24	934.45	574.06	706.54	511.66	629.74
	700	881.57	1085.01	828.94	1020.23	638.38	785.70	572.57	704.70
	800	1021.50	1257.24	968.44	1191.92	768.76	946.17	696.91	857.74
	900	1161.44	1429.46	1108.04	1363.74	900.93	1108.83	823.92	1014.06
	1000	1301.37	1601.68	1247.70	1535.63	1034.42	1273.13	952.97	1172.89
	1100	1441.30	1773.91	1387.42	1707.59	1168.93	1438.68	1083.60	1333.67

续表 4-66

b	a	0+0		0+20		100+20		150+20	
	h \ β	0.65	0.80	0.65	0.80	0.65	0.80	0.65	0.80
500	450	590.82	727.17	534.56	657.91	362.12	445.68	311.82	383.78
	500	668.56	822.85	611.66	752.82	429.08	528.10	373.35	459.51
	550	746.30	918.53	688.90	847.87	497.54	612.35	436.86	537.67
	600	824.04	1014.21	766.22	943.04	567.20	698.09	502.00	617.85
	650	901.78	1109.89	843.60	1038.28	637.85	785.04	568.52	699.71
	700	979.52	1205.57	921.04	1133.59	709.31	873.00	636.19	783.00
	800	1135.00	1396.93	1076.04	1324.36	854.18	1051.30	774.35	953.04
	900	1290.48	1588.29	1231.15	1515.26	1001.03	1232.04	915.47	1126.73
	1000	1445.96	1779.65	1386.34	1706.26	1149.36	1414.59	1058.86	1303.21
	1100	1601.44	1971.01	1541.58	1897.33	1298.81	1598.53	1204.01	1481.85
	1200	1756.92	2162.37	1696.86	2088.44	1449.14	1783.56	1350.56	1662.23
600	550	895.56	1102.23	826.68	1017.45	597.04	734.82	524.23	645.21
	600	988.85	1217.05	919.46	1131.64	680.64	837.71	602.40	741.42
	650	1082.14	1331.87	1012.33	1245.94	765.42	942.05	682.22	839.65
	700	1175.43	1446.68	1105.25	1360.31	851.17	1047.60	763.42	939.60
	750	1268.72	1561.50	1198.23	1474.75	937.75	1154.15	845.81	1041.00
	800	1362.00	1676.31	1291.25	1589.23	1025.01	1261.56	929.22	1143.65
	900	1548.58	1905.95	1477.38	1818.32	1201.24	1478.44	1098.57	1352.08
	1000	1735.16	2135.58	1663.60	2047.51	1379.23	1697.51	1270.63	1563.85
	1100	1921.73	2365.21	1849.89	2276.79	1558.57	1918.24	1444.81	1778.22
	1200	2108.31	2594.84	2036.23	2506.13	1738.97	2140.27	1620.67	1994.67
	1300	2294.88	2824.47	2222.60	2735.51	1920.21	2363.34	1797.90	2212.80

b	a	200+20		250+20		300+20		350+20	
	h \ β	0.65	0.80	0.65	0.80	0.65	0.80	0.65	0.80
300	300	73.66	90.65						
	350	101.58	125.02	89.19	109.78				
	400	131.94	162.38	116.77	143.72	104.73	128.90		
	450	164.28	202.19	146.42	180.21	132.07	162.54	120.27	148.03
	500	198.26	244.02	177.82	218.86	161.21	198.41	147.43	181.45
	550	233.63	287.54	210.72	259.35	191.91	236.19	176.18	216.83
	600	270.15	332.49	244.90	301.42	223.97	275.66	206.34	253.95
	700	346.04	425.89	316.46	389.49	291.54	358.82	270.26	332.63
	800	424.90	522.95	391.44	481.78	362.87	446.61	338.18	416.23
	900	506.03	622.81	469.10	577.35	437.18	538.07	409.34	503.80
	1000	588.94	724.85	548.88	675.54	513.92	632.51	483.14	594.64

续表 4-66

b	h \ a / β	200+20 0.65	200+20 0.80	250+20 0.65	250+20 0.80	300+20 0.65	300+20 0.80	350+20 0.65	350+20 0.80
400	350	135.44	166.70	118.92	146.37				
	400	175.91	216.51	155.69	191.62	139.64	171.87		
	450	219.04	269.58	195.23	240.28	176.09	216.72	160.37	197.37
	500	264.35	325.36	237.10	291.81	214.94	264.54	196.57	241.93
	550	311.50	383.39	280.96	345.80	255.88	314.92	234.90	289.11
	600	360.20	443.32	326.54	401.89	298.63	367.54	275.11	338.60
	650	410.22	504.89	373.60	459.81	342.97	422.12	316.99	390.14
	700	461.38	567.86	421.95	519.32	388.72	478.43	360.35	443.51
	800	566.53	697.27	521.92	642.37	483.83	595.48	450.91	554.97
	900	674.71	830.41	625.46	769.80	582.91	717.43	545.78	671.73
	1000	785.25	966.47	731.83	900.72	685.22	843.35	644.19	792.85
450	400	197.90	243.57	175.16	215.58	157.10	193.35		
	450	246.42	303.28	219.63	270.32	198.10	243.82	180.41	222.05
	500	297.40	366.03	266.74	328.29	241.81	297.61	221.14	272.17
	550	350.44	431.31	316.08	389.02	287.86	354.29	264.27	325.25
	600	405.23	498.74	367.35	452.13	335.96	413.48	309.50	380.93
	650	461.50	568.00	420.30	517.29	385.85	474.89	356.61	438.91
	700	519.06	638.84	474.69	584.24	437.32	538.23	405.39	498.95
	800	637.35	784.43	587.16	722.66	544.30	669.91	507.28	624.34
	900	759.05	934.21	703.64	866.02	655.78	807.11	614.01	755.70
	1000	883.41	1087.27	823.31	1013.31	770.87	948.77	724.71	891.96
	1100	1009.89	1242.94	945.57	1163.77	888.95	1094.09	838.72	1032.27
500	450	273.80	336.98	244.04	300.35	220.11	270.91	200.46	246.72
	500	330.44	406.70	296.37	364.77	268.68	330.68	245.71	302.41
	550	389.38	479.23	351.20	432.25	319.84	393.65	293.63	361.39
	600	450.25	554.15	408.17	502.36	373.28	459.43	343.89	423.25
	650	512.78	631.11	467.00	574.76	428.72	527.65	396.24	487.68
	700	576.73	709.82	527.44	649.15	485.91	598.04	450.44	554.39
	800	708.16	871.59	652.40	802.96	604.78	744.35	563.64	693.71
	900	843.39	1038.02	781.83	962.25	728.64	896.79	682.23	839.67
	1000	981.57	1208.08	914.79	1125.90	856.53	1054.19	805.24	991.06
	1100	1122.10	1381.05	1050.63	1293.08	987.72	1215.65	931.91	1146.97
	1200	1264.54	1556.35	1188.82	1463.16	1121.65	1380.49	1061.67	1306.67

续表 4-66

b	h \ a / β	200+20 0.65	200+20 0.80	250+20 0.65	250+20 0.80	300+20 0.65	300+20 0.80	350+20 0.65	350+20 0.80
600	550	467.25	575.08	421.44	518.70	383.81	472.39	352.35	433.67
	600	540.30	664.99	489.81	602.84	447.94	551.31	412.67	507.90
	650	615.33	757.34	560.39	689.72	514.46	633.18	475.49	585.21
	700	692.07	851.78	632.92	778.98	583.09	717.65	540.53	665.26
	750	770.29	948.05	707.15	870.34	653.58	804.41	607.55	747.76
	800	849.80	1045.91	782.88	963.55	725.74	893.22	676.37	832.46
	900	1012.06	1245.62	938.19	1154.70	874.37	1076.15	818.68	1007.60
	1000	1177.88	1449.70	1097.75	1351.08	1027.83	1265.02	966.28	1189.27
	1100	1346.52	1657.26	1260.75	1551.70	1185.26	1458.78	1118.30	1376.36
	1200	1517.45	1867.62	1426.58	1755.79	1345.98	1656.59	1274.00	1568.01
	1300	1690.24	2080.30	1594.75	1962.77	1509.47	1857.81	1432.85	1763.50

b	h \ a / β	400+20 0.65	400+20 0.80	450+20 0.65	450+20 0.80	500+20 0.65	500+20 0.80	600+20 0.65	600+20 0.80
300	300								
	350								
	400								
	450								
	500	135.82	167.16						
	550	162.83	200.41	151.36	186.29				
	600	191.27	235.41	178.26	219.40	166.91	205.43		
	700	251.88	310.00	235.83	290.26	221.71	272.88	198.00	243.69
	800	316.64	389.72	297.68	366.38	280.87	345.68	252.35	310.59
	900	384.83	473.63	363.09	446.87	343.67	422.98	310.46	382.11
	1000	455.85	561.04	431.47	531.04	409.57	504.08	371.82	457.62
400	350								
	400								
	450								
	500	181.09	222.88						
	550	217.11	267.21	201.82	248.39				
	600	255.03	313.89	237.68	292.53	222.54	273.90		
	650	294.67	362.67	275.28	338.81	258.29	317.89		
	700	335.84	413.34	314.45	387.01	295.62	363.84	264.00	324.92
	800	422.19	519.62	396.91	488.51	374.49	460.91	336.47	414.11
	900	513.10	631.51	484.11	595.83	458.23	563.97	413.95	509.48
	1000	607.80	748.06	575.29	708.05	546.09	672.11	495.76	610.17

续表 4-66

b	h \ a, β	400+20		450+20		500+20		600+20	
		0.65	0.80	0.65	0.80	0.65	0.80	0.65	0.80
450	400								
	450								
	500	203.73	250.74						
	550	244.24	300.61	227.04	279.44				
	600	286.91	353.12	267.39	329.10	250.36	308.14		
	650	331.50	408.00	309.69	381.16	290.57	357.63		
	700	377.82	465.00	353.75	435.39	332.57	409.32	297.00	365.54
	800	474.97	584.57	446.53	549.57	421.30	518.52	378.53	465.88
	900	577.24	710.45	544.63	670.31	515.50	634.47	465.70	573.16
	1000	683.77	841.56	647.20	796.56	614.35	756.12	557.73	686.44
	1100	793.87	977.07	753.57	927.47	717.17	882.67	653.98	804.90
500	450								
	500	226.36	278.60						
	550	271.38	334.01	252.27	310.49				
	600	318.79	392.36	297.10	365.67	278.18	342.38		
	650	368.33	453.33	344.10	423.51	322.86	397.37		
	700	419.80	516.67	393.06	483.76	369.52	454.80	330.00	406.15
	800	527.74	649.53	496.14	610.63	468.11	576.13	420.59	517.64
	900	641.38	789.39	605.14	744.79	572.78	704.96	517.44	636.85
	1000	759.74	935.07	719.12	885.07	682.61	840.14	619.70	762.71
	1100	882.08	1085.64	837.30	1030.53	796.85	980.74	726.65	894.33
	1200	1007.78	1240.34	959.09	1180.42	914.90	1126.03	837.69	1031.00
600	550	325.66	400.81	302.73	372.59				
	600	382.55	470.83	356.53	438.80	333.82	410.85		
	650	442.00	544.00	412.92	508.21	387.43	476.84		
	700	503.76	620.01	471.67	580.52	443.43	545.75	396.00	487.38
	750	567.58	698.56	532.55	655.44	501.59	617.34	449.34	553.03
	800	633.29	779.43	595.37	732.76	561.73	691.36	504.70	621.17
	900	769.65	947.27	726.17	893.75	687.34	845.95	620.93	764.22
	1000	911.69	1122.08	862.94	1062.08	819.13	1008.17	743.64	915.25
	1100	1058.49	1302.76	1004.76	1236.63	956.22	1176.89	871.98	1073.20
	1200	1209.33	1488.41	1150.91	1416.51	1097.88	1351.23	1005.23	1237.20
	1300	1363.63	1678.31	1300.79	1600.97	1243.48	1530.44	1142.80	1406.52

牛腿截面尺寸选择表（66） **表 4-67**

（混凝土强度等级：C70 $F_{hk}/F_{vk}=0.5$）

b	a \ h β	0+0		0+20		100+20		150+20	
		0.65	0.80	0.65	0.80	0.65	0.80	0.65	0.80
300	300	201.15	247.57	171.35	210.89	98.44	121.15	81.17	99.90
	350	244.88	301.39	214.27	263.72	131.86	162.29	110.59	136.11
	400	288.61	355.21	257.41	316.81	167.09	205.65	142.15	174.96
	450	332.34	409.03	300.69	370.08	203.69	250.70	175.40	215.88
	500	376.07	462.85	344.06	423.46	241.36	297.05	210.01	258.48
	550	419.80	516.67	387.50	476.93	279.86	344.45	245.73	302.44
	600	463.52	570.49	431.00	530.46	319.05	392.68	282.38	347.54
	700	550.98	678.13	518.09	637.65	398.99	491.06	357.85	440.44
	800	638.44	785.77	605.27	744.95	480.48	591.35	435.57	536.09
	900	725.90	893.41	692.52	852.34	563.08	693.02	514.95	633.79
	1000	813.35	1001.05	779.81	959.77	646.51	795.71	595.61	733.05
400	350	326.51	401.86	285.69	351.62	175.81	216.38	147.46	181.48
	400	384.81	473.62	343.21	422.41	222.79	274.20	189.53	233.27
	450	443.12	545.38	400.92	493.44	271.59	334.26	233.87	287.84
	500	501.42	617.14	458.75	564.61	321.81	396.07	280.02	344.63
	550	559.73	688.90	516.67	635.90	373.15	459.26	327.65	403.26
	600	618.03	760.66	574.66	707.28	425.40	523.57	376.50	463.39
	650	676.34	832.42	632.70	778.71	478.39	588.78	426.39	524.78
	700	734.64	904.18	690.78	850.20	531.98	654.75	477.14	587.25
	800	851.25	1047.70	807.03	993.27	640.63	788.47	580.76	714.78
	900	967.86	1191.22	923.36	1136.45	750.77	924.03	686.60	845.05
	1000	1084.47	1334.74	1039.75	1279.70	862.02	1060.94	794.14	977.41
450	400	432.91	532.82	386.11	475.22	250.63	308.47	213.23	262.43
	450	498.51	613.55	451.03	555.11	305.54	376.05	263.10	323.82
	500	564.10	694.28	516.09	635.19	362.03	445.58	315.02	387.71
	550	629.69	775.01	581.26	715.39	419.80	516.67	368.60	453.66
	600	695.29	855.74	646.49	795.69	478.57	589.01	423.57	521.31
	650	760.88	936.47	711.79	876.05	538.18	662.38	479.69	590.38
	700	826.47	1017.20	777.13	956.47	598.48	736.59	536.78	660.65
	800	957.66	1178.66	907.91	1117.43	720.71	887.03	653.36	804.13
	900	1088.85	1340.12	1038.78	1278.50	844.62	1039.53	772.43	950.68
	1000	1220.03	1501.58	1169.72	1439.66	969.77	1193.56	893.41	1099.58
	1100	1351.22	1663.04	1300.71	1600.87	1095.87	1348.76	1015.88	1250.31

续表 4-67

b	h \ a / β	0+0 0.65	0+0 0.80	0+20 0.65	0+20 0.80	100+20 0.65	100+20 0.80	150+20 0.65	150+20 0.80
500	450	553.90	681.72	501.15	616.79	339.49	417.83	292.33	359.80
	500	626.78	771.42	573.44	705.77	402.26	495.09	350.02	430.79
	550	699.66	861.12	645.84	794.88	466.44	574.08	409.56	504.07
	600	772.54	950.82	718.33	884.10	531.75	654.46	470.63	579.24
	650	845.42	1040.52	790.88	973.39	597.98	735.98	532.98	655.98
	700	918.30	1130.22	863.48	1062.74	664.98	818.44	596.42	734.06
	800	1064.07	1309.62	1008.79	1241.59	800.79	985.59	725.95	893.48
	900	1209.83	1489.02	1154.20	1420.56	938.47	1155.03	858.25	1056.31
	1000	1355.59	1668.42	1299.69	1599.62	1077.52	1326.18	992.68	1221.76
	1100	1501.35	1847.82	1445.23	1778.74	1217.63	1498.63	1128.76	1389.24
	1200	1647.12	2027.22	1590.80	1957.91	1358.57	1672.09	1266.15	1558.34
600	550	839.59	1033.34	775.01	953.86	559.73	688.90	491.47	604.88
	600	927.05	1140.98	861.99	1060.91	638.10	785.35	564.75	695.08
	650	1014.51	1248.62	949.05	1168.07	717.58	883.17	639.58	787.18
	700	1101.96	1356.26	1036.18	1275.29	797.97	982.12	715.71	880.87
	750	1189.42	1463.90	1123.34	1382.58	879.14	1082.02	792.95	975.94
	800	1276.88	1571.54	1210.55	1489.91	960.95	1182.71	871.14	1072.17
	900	1451.79	1786.82	1385.05	1704.67	1126.16	1386.04	1029.91	1267.58
	1000	1626.71	2002.10	1559.63	1919.54	1293.03	1591.42	1191.21	1466.11
	1100	1801.62	2217.38	1734.27	2134.49	1461.16	1798.35	1354.51	1667.08
	1200	1976.54	2432.66	1908.97	2349.50	1630.28	2006.50	1519.38	1870.01
	1300	2151.45	2647.94	2083.69	2564.54	1800.20	2215.63	1685.53	2074.50

b	h \ a / β	200+20 0.65	200+20 0.80	250+20 0.65	250+20 0.80	300+20 0.65	300+20 0.80	350+20 0.65	350+20 0.80
300	300	69.05	84.99						
	350	95.23	117.21	83.62	102.91				
	400	123.69	152.23	109.47	134.74	98.19	120.85		
	450	154.01	189.55	137.27	168.95	123.81	152.38	112.76	138.78
	500	185.87	228.77	166.71	205.18	151.13	186.01	138.21	170.11
	550	219.02	269.57	197.55	243.14	179.91	221.43	165.17	203.28
	600	253.27	311.71	229.60	282.58	209.97	258.43	193.44	238.08
	700	324.41	399.27	296.68	365.15	273.32	336.40	253.37	311.84
	800	398.34	490.27	366.98	451.66	340.19	418.70	317.05	390.21
	900	474.41	583.88	439.78	541.26	409.86	504.44	383.75	472.31
	1000	552.13	679.55	514.57	633.32	481.80	592.98	452.95	557.47

续表 4-67

b	h \ a / β	200+20		250+20		300+20		350+20	
		0.65	0.80	0.65	0.80	0.65	0.80	0.65	0.80
400	350	126.98	156.28	111.49	137.22				
	400	164.92	202.98	145.96	179.65	130.92	161.13		
	450	205.35	252.74	183.03	225.26	165.08	203.18	150.34	185.04
	500	247.83	305.02	222.28	273.58	201.51	248.01	184.28	226.81
	550	292.03	359.42	263.40	324.19	239.88	295.24	220.22	271.04
	600	337.69	415.62	306.13	376.77	279.96	344.57	257.92	317.44
	650	384.58	473.33	350.25	431.07	321.54	395.74	297.18	365.76
	700	432.55	532.37	395.58	486.86	364.43	448.53	337.83	415.79
	800	531.12	653.69	489.30	602.22	453.59	558.26	422.73	520.28
	900	632.54	778.51	586.37	721.69	546.48	672.59	511.67	629.75
	1000	736.18	906.06	686.10	844.42	642.39	790.64	603.93	743.30
450	400	185.53	228.35	164.21	202.10	147.28	181.27		
	450	231.02	284.33	205.91	253.42	185.72	228.58	169.14	208.17
	500	278.81	343.15	250.07	307.77	226.69	279.01	207.32	255.16
	550	328.54	404.35	296.33	364.71	269.87	332.15	247.75	304.92
	600	379.90	467.57	344.39	423.87	314.96	387.64	290.16	357.12
	650	432.66	532.50	394.03	484.96	361.73	445.21	334.33	411.48
	700	486.62	598.91	445.02	547.72	409.98	504.59	380.06	467.76
	800	597.51	735.40	550.47	677.50	510.29	628.04	475.57	585.32
	900	711.61	875.83	659.67	811.90	614.79	756.67	575.63	708.47
	1000	828.20	1019.32	771.86	949.98	722.69	889.47	679.42	836.21
	1100	946.77	1165.26	886.47	1091.04	833.39	1025.71	786.30	967.76
500	450	256.68	315.92	228.78	281.58	206.35	253.97	187.93	231.30
	500	309.79	381.28	277.85	341.97	251.88	310.01	230.35	283.51
	550	365.04	449.28	329.25	405.23	299.85	369.05	275.28	338.80
	600	422.11	519.52	382.66	470.97	349.95	430.71	322.40	396.80
	650	480.73	591.67	437.81	538.84	401.92	494.67	371.47	457.20
	700	540.68	665.46	494.47	608.58	455.54	560.66	422.29	519.74
	800	663.90	817.11	611.63	752.77	566.98	697.83	528.41	650.36
	900	790.68	973.14	732.96	902.11	683.10	840.74	639.59	787.19
	1000	920.22	1132.58	857.62	1055.53	802.99	988.30	754.91	929.12
	1100	1051.97	1294.73	984.96	1212.26	925.98	1139.67	873.67	1075.29
	1200	1185.50	1459.08	1114.52	1371.71	1051.55	1294.21	995.32	1225.00

续表 4-67

b	h \ a / β	200+20		250+20		300+20		350+20	
		0.65	0.80	0.65	0.80	0.65	0.80	0.65	0.80
600	550	438.05	539.14	395.10	486.28	359.83	442.86	330.33	406.56
	600	506.53	623.42	459.19	565.16	419.95	516.86	386.88	476.16
	650	576.88	710.00	525.37	646.61	482.31	593.61	445.77	548.64
	700	648.82	798.55	593.37	730.30	546.64	672.79	506.74	623.68
	750	722.15	888.80	662.96	815.95	612.73	754.13	569.58	701.02
	800	796.69	980.54	733.95	903.33	680.38	837.39	634.10	780.43
	900	948.81	1167.77	879.55	1082.53	819.72	1008.89	767.51	944.63
	1000	1104.26	1359.09	1029.14	1266.64	963.59	1185.96	905.89	1114.94
	1100	1262.36	1553.68	1181.96	1454.72	1111.18	1367.61	1048.40	1290.34
	1200	1422.60	1750.90	1337.42	1646.05	1261.86	1553.06	1194.38	1470.01
	1300	1584.60	1950.28	1495.08	1840.10	1415.13	1741.70	1343.29	1653.28

b	h \ a / β	400+20		450+20		500+20		600+20	
		0.65	0.80	0.65	0.80	0.65	0.80	0.65	0.80
300	300								
	350								
	400								
	450								
	500	127.33	156.71						
	550	152.65	187.88	141.90	174.65				
	600	179.32	220.70	167.12	205.69	156.48	192.59		
	700	236.14	290.63	221.09	272.12	207.86	255.82	185.63	228.46
	800	296.85	365.36	279.08	343.48	263.31	324.08	236.58	291.17
	900	360.78	444.03	340.39	418.94	322.19	396.54	291.06	358.23
	1000	427.36	525.98	404.50	497.85	383.97	472.58	348.58	429.02
400	350								
	400								
	450								
	500	169.77	208.95						
	550	203.54	250.51	189.20	232.87				
	600	239.09	294.27	222.83	274.25	208.64	256.78		
	650	276.25	340.00	258.08	317.63	242.15	298.03		
	700	314.85	387.50	294.79	362.82	277.14	341.10	247.50	304.62
	800	395.81	487.15	372.10	457.97	351.08	432.10	315.44	388.23
	900	481.03	592.04	453.86	558.59	429.59	528.72	388.08	477.64
	1000	569.81	701.30	539.34	663.80	511.96	630.10	464.77	572.03

续表 4-67

b	a / β / h	400+20		450+20		500+20		600+20	
		0.65	0.80	0.65	0.80	0.65	0.80	0.65	0.80
450	400								
	450								
	500	190.99	235.07						
	550	228.98	281.82	212.85	261.97				
	600	268.98	331.05	250.68	308.53	234.71	288.88		
	650	310.78	382.50	290.34	357.34	272.41	335.28		
	700	354.20	435.94	331.64	408.17	311.78	383.73	278.44	342.69
	800	445.28	548.04	418.62	515.22	394.97	486.11	354.87	436.76
	900	541.16	666.05	510.59	628.42	483.28	594.81	436.59	537.34
	1000	641.03	788.96	606.75	746.77	575.95	708.87	522.87	643.53
	1100	744.25	916.00	706.47	869.51	672.35	827.50	613.11	754.59
500	450								
	500	212.22	261.19						
	550	254.42	313.13	236.50	291.08				
	600	298.87	367.84	278.54	342.81	260.79	320.98		
	650	345.31	425.00	322.60	397.04	302.68	372.53		
	700	393.56	484.38	368.49	453.53	346.43	426.37	309.38	380.77
	800	494.76	608.93	465.13	572.47	438.85	540.13	394.30	485.29
	900	601.29	740.05	567.32	698.24	536.98	660.90	485.10	597.05
	1000	712.26	876.63	674.17	829.75	639.95	787.63	580.97	715.04
	1100	826.95	1017.78	784.97	966.12	747.05	919.45	681.23	838.44
	1200	944.79	1162.82	899.15	1106.65	857.71	1055.65	785.33	966.56
600	550	305.31	375.76	283.81	349.30				
	600	358.64	441.40	334.24	411.38	312.95	385.17		
	650	414.38	510.00	387.11	476.45	363.22	447.04		
	700	472.27	581.26	442.19	544.23	415.71	511.64	371.25	456.92
	750	532.11	654.90	499.26	614.48	470.24	578.75	421.25	518.47
	800	593.71	730.72	558.16	686.96	526.62	648.15	473.16	582.35
	900	721.55	888.06	680.78	837.89	644.38	793.08	582.12	716.46
	1000	854.71	1051.95	809.01	995.70	767.94	945.16	697.16	858.04
	1100	992.34	1221.34	941.97	1159.34	896.46	1103.34	817.48	1006.13
	1200	1133.75	1395.39	1078.98	1327.98	1029.26	1266.78	942.40	1159.88
	1300	1278.40	1573.42	1219.49	1500.91	1165.77	1434.79	1071.37	1318.61

牛腿截面尺寸选择表（67）　　**表 4-68**

（混凝土强度等级：C75　$F_{hk}/F_{vk}=0.0$）

b	h \ a / β	0+0 0.65	0+0 0.80	0+20 0.65	0+20 0.80	100+20 0.65	100+20 0.80	150+20 0.65	150+20 0.80
300	300	309.27	380.64	268.03	329.89	160.82	197.93	134.02	164.94
	350	368.74	453.84	326.60	401.97	207.84	255.80	175.86	216.45
	400	428.22	527.04	385.40	474.34	256.93	316.22	220.23	271.05
	450	487.69	600.24	444.34	546.89	307.62	378.61	266.61	328.13
	500	547.17	673.44	503.40	619.56	359.57	442.55	314.62	387.23
	550	606.64	746.64	562.53	692.34	412.52	507.72	363.99	447.98
	600	666.12	819.84	621.71	765.18	466.28	573.89	414.47	510.12
	700	785.07	966.24	740.21	911.03	575.72	708.58	518.15	637.72
	800	904.02	1112.64	858.82	1057.01	687.06	845.61	624.60	768.73
	900	1022.97	1259.04	977.50	1203.08	799.78	984.34	733.13	902.31
	1000	1141.92	1405.44	1096.24	1349.22	913.54	1124.35	843.26	1037.86
400	350	491.66	605.12	435.47	535.96	277.12	341.07	234.48	288.60
	400	570.96	702.72	513.86	632.45	342.58	421.63	293.64	361.40
	450	650.26	800.32	592.46	729.18	410.16	504.82	355.48	437.51
	500	729.56	897.92	671.20	826.09	479.43	590.06	419.50	516.30
	550	808.86	995.52	750.03	923.12	550.02	676.95	485.32	597.31
	600	888.16	1093.12	828.95	1020.25	621.71	765.18	552.63	680.16
	650	967.46	1190.72	907.92	1117.44	694.29	854.52	621.21	764.57
	700	1046.76	1288.32	986.95	1214.70	767.62	944.77	690.86	850.29
	800	1205.36	1483.52	1145.09	1409.34	916.07	1127.48	832.79	1024.98
	900	1363.96	1678.72	1303.34	1604.11	1066.37	1312.45	977.50	1203.08
	1000	1522.56	1873.92	1461.66	1798.96	1218.05	1499.14	1124.35	1383.82
450	400	642.33	790.56	578.10	71150	385.40	474.34	330.34	406.57
	450	731.54	900.36	666.52	820.33	461.43	567.92	399.91	492.20
	500	820.75	1010.16	755.09	929.35	539.35	663.82	471.93	580.84
	550	909.97	1119.96	843.79	1038.51	618.78	761.57	545.98	671.98
	600	999.18	1229.76	932.57	1147.78	699.43	860.83	621.71	765.18
	650	1088.39	1339.56	1021.41	1257.13	781.08	961.33	698.86	860.14
	700	1177.60	1449.36	1110.31	1366.54	863.58	1062.86	777.22	956.58
	800	1356.03	1668.96	1288.23	1585.51	1030.58	1268.41	936.89	1153.10
	900	1534.45	1888.56	1466.26	1804.62	1199.66	1476.51	1099.69	1353.47
	1000	1712.88	2108.16	1644.36	2023.83	1370.30	1686.53	1264.90	1556.80
	1100	1891.30	2327.76	1822.53	2243.11	1542.14	1898.02	1431.99	1762.45

续表 4-68

b	h \ a / β	0+0 0.65	0+0 0.80	0+20 0.65	0+20 0.80	100+20 0.65	100+20 0.80	150+20 0.65	150+20 0.80
500	450	812.82	1000.40	740.57	911.48	512.70	631.02	444.34	545.89
	500	911.95	1122.40	838.99	1032.61	599.28	737.58	524.37	645.38
	550	1011.07	1244.40	937.54	1153.90	687.53	846.19	606.64	746.64
	600	1110.20	1366.40	1036.19	1275.31	777.14	956.48	690.79	850.20
	650	1209.32	1488.40	1134.90	1396.81	867.87	1068.15	776.51	955.71
	700	1308.45	1610.40	1233.68	1518.38	959.53	1180.96	863.58	1062.86
	800	1506.70	1854.40	1431.36	1761.68	1145.09	1409.34	1040.99	1281.22
	900	1704.95	2098.40	1629.17	2005.14	1332.96	1640.57	1221.88	1503.85
	1000	1903.20	2342.40	1827.07	2248.70	1522.56	1873.92	1405.44	1729.77
	1100	2101.45	2586.40	2025.03	2492.35	1713.49	2108.91	1591.10	1958.27
	1200	2299.70	2830.40	2223.04	2736.05	1905.47	2345.19	1778.43	2188.84
600	550	1213.29	1493.28	1125.05	1384.68	825.04	1015.43	727.97	895.97
	600	1332.24	1639.68	1243.42	1530.37	932.57	1147.78	828.95	1020.25
	650	1451.19	1786.08	1361.89	1676.17	1041.44	1281.78	931.82	1146.85
	700	1570.14	1932.48	1480.42	1822.05	1151.44	1417.15	1036.29	1275.44
	750	1689.09	2078.88	1599.01	1968.01	1262.37	1553.69	1142.15	1405.72
	800	1808.04	2225.28	1717.64	2114.02	1374.11	1691.21	1249.19	1537.47
	900	2045.94	2518.08	1955.01	2406.17	1599.55	1968.68	1466.26	1804.62
	1000	2283.84	2810.88	2192.49	2698.44	1827.07	2248.70	1686.53	2075.73
	1100	2521.74	3103.68	2430.04	2990.82	2056.19	2530.69	1909.32	2349.93
	1200	2759.64	3396.48	2667.65	3283.26	2286.56	2814.23	2134.12	2626.61
	1300	2997.54	3689.28	2905.31	3575.76	2517.93	3099.00	2360.56	2905.31

b	h \ a / β	200+20 0.65	200+20 0.80	250+20 0.65	250+20 0.80	300+20 0.65	300+20 0.80	350+20 0.65	350+20 0.80
300	300	114.87	141.38						
	350	152.41	187.59	134.48	165.52				
	400	192.70	237.17	171.29	210.82	154.16	189.73		
	450	235.24	289.53	210.48	259.05	190.43	234.38	173.87	214.00
	500	279.66	344.20	251.70	309.78	228.82	281.62	209.75	258.15
	550	325.67	400.83	294.66	362.65	269.03	331.12	247.51	304.63
	600	373.03	459.11	339.12	417.37	310.86	382.59	286.94	353.16
	700	471.04	579.74	431.79	531.43	398.57	490.55	370.10	455.51
	800	572.55	704.67	528.50	650.47	490.75	604.00	458.04	563.74
	900	676.73	832.90	628.40	773.41	586.50	721.85	549.85	676.73
	1000	783.03	963.73	730.83	899.48	685.15	843.26	644.85	793.66

续表 4-68

b	h \ a / β	200+20 0.65	200+20 0.80	250+20 0.65	250+20 0.80	300+20 0.65	300+20 0.80	350+20 0.65	350+20 0.80
400	350	203.22	250.12	179.31	220.69				
	400	256.93	316.22	228.38	281.09	205.55	252.98		
	450	313.65	386.04	280.64	345.40	253.91	312.51	231.83	285.33
	500	372.89	458.94	335.60	413.04	305.09	375.49	279.66	344.20
	550	434.23	534.44	392.87	483.54	358.71	441.49	330.01	406.17
	600	497.37	612.15	452.15	556.50	414.47	510.12	382.59	470.88
	650	562.05	691.75	513.17	631.60	472.12	581.07	437.15	538.03
	700	628.06	772.99	575.72	708.58	531.43	654.07	493.47	607.35
	800	763.39	939.56	704.67	867.29	654.34	805.34	610.72	751.65
	900	902.31	1110.54	837.86	1031.21	782.00	962.47	733.13	902.31
	1000	1044.04	1284.97	974.44	1199.31	913.54	1124.35	859.80	1058.21
450	400	289.05	355.75	256.93	316.22	231.24	284.60		
	450	352.86	434.29	315.72	388.58	285.65	351.57	260.81	321.00
	500	419.50	516.30	377.55	464.67	343.22	422.43	314.62	387.23
	550	488.51	601.24	441.98	543.98	403.55	496.68	371.27	456.94
	600	559.54	688.67	508.67	626.06	466.28	573.89	430.42	529.74
	650	632.30	778.22	577.32	710.55	531.14	653.71	491.79	605.28
	700	706.56	869.62	647.68	797.15	597.86	735.83	555.16	683.27
	800	858.82	1057.01	792.76	975.70	736.13	906.01	687.06	845.61
	900	1015.10	1249.36	942.59	1160.12	879.75	1082.77	824.77	1015.10
	1000	1174.55	1445.60	1096.24	1349.22	1027.73	1264.90	967.27	1190.49
	1100	1336.52	1644.95	1252.99	1542.14	1179.28	1451.43	1113.77	1370.79
500	450	392.07	482.55	350.80	431.75	317.39	390.63	289.79	356.66
	500	466.11	573.67	419.50	516.30	381.36	469.37	349.58	430.25
	550	542.79	668.05	491.09	604.42	448.39	551.86	412.52	507.72
	600	621.71	765.18	565.19	695.62	518.09	637.65	478.24	588.60
	650	702.56	864.69	641.47	789.50	590.15	726.34	546.44	672.54
	700	785.07	966.24	719.65	885.72	664.29	817.59	616.84	759.19
	800	954.24	1174.45	880.84	1084.11	817.92	1006.67	763.39	939.56
	900	1127.89	1388.17	1047.33	1289.02	977.50	1203.08	916.41	1127.89
	1000	1305.05	1606.22	1218.05	1499.14	1141.92	1405.44	1074.75	1322.77
	1100	1485.02	1827.72	1392.21	1713.49	1310.32	1612.70	1237.52	1523.10
	1200	1667.28	2052.04	1569.21	1931.33	1482.03	1824.04	1404.03	1728.03

续表 4-68

b	a \ β / h	200+20		250+20		300+20		350+20	
		0.65	0.80	0.65	0.80	0.65	0.80	0.65	0.80
600	550	651.35	801.66	589.31	725.31	538.07	662.24	495.02	609.26
	600	746.05	918.22	678.23	834.75	621.71	765.18	573.89	706.32
	650	843.07	1037.63	769.76	947.40	708.18	871.61	655.72	807.04
	700	942.08	1159.49	863.58	1062.86	797.15	981.11	740.21	911.03
	750	1042.83	1283.48	959.40	1180.80	888.34	1093.34	827.07	1017.93
	800	1145.09	1409.34	1057.01	1300.93	981.51	1208.01	916.07	1127.48
	900	1353.47	1665.81	1256.79	1546.82	1173.01	1443.70	1099.69	1353.47
	1000	1566.06	1927.46	1461.66	1798.96	1370.30	1686.53	1289.70	1587.32
	1100	1782.03	2193.27	1670.65	2056.19	1572.38	1935.24	1485.02	1827.72
	1200	2000.74	2462.45	1883.05	2317.60	1778.43	2188.84	1684.83	2073.64
	1300	2221.71	2734.41	2098.28	2582.50	1987.84	2446.58	1888.45	2324.25

b	a \ β / h	400+20		450+20		500+20		600+20	
		0.65	0.80	0.65	0.80	0.65	0.80	0.65	0.80
300	300								
	350								
	400								
	450								
	500	193.61	238.29						
	550	229.18	282.06	213.37	262.61				
	600	266.45	327.94	248.68	306.07	233.14	286.94		
	700	345.43	425.15	323.84	398.57	304.79	375.13	272.71	335.64
	800	429.41	528.50	404.15	497.42	381.70	469.78	343.53	422.80
	900	517.50	636.93	488.75	601.54	463.03	569.88	418.93	515.61
	1000	609.02	749.57	576.97	710.12	548.12	674.61	498.29	613.28
400	350								
	400								
	450								
	500	258.15	317.73						
	550	305.57	376.09	284.50	350.15				
	600	355.26	437.25	331.58	408.10	310.86	382.59		
	650	407.00	500.92	380.74	468.61	357.67	440.21		
	700	460.57	566.86	431.79	531.43	406.39	500.17	363.61	447.52
	800	572.55	704.67	538.87	663.22	508.93	626.38	458.04	563.74
	900	690.00	849.23	651.67	802.06	617.37	759.84	558.57	687.48
	1000	812.03	999.42	769.29	946.82	730.83	899.48	664.39	817.71

续表4-68

b	h \ a / β	400+20 0.65	400+20 0.80	450+20 0.65	450+20 0.80	500+20 0.65	500+20 0.80	600+20 0.65	600+20 0.80
450	400								
	450								
	500	290.42	357.44						
	550	343.77	423.10	320.06	393.92				
	600	399.67	491.90	373.03	459.11	349.71	430.42		
	650	457.88	563.54	428.34	527.18	402.38	495.23		
	700	518.15	637.72	485.76	597.86	457.19	562.69	409.06	503.46
	800	644.11	792.76	606.23	746.12	572.55	704.67	515.29	634.20
	900	776.25	955.39	733.13	902.31	694.54	854.82	628.40	773.41
	1000	913.54	1124.35	865.46	1065.18	822.18	1011.92	747.44	919.92
	1100	1055.15	1298.65	1002.39	1233.71	954.66	1174.96	871.64	1072.79
500	450								
	500	322.69	397.16						
	550	381.96	470.11	355.62	437.69				
	600	444.08	546.56	414.47	510.12	388.57	478.24		
	650	508.75	626.15	475.93	585.76	447.08	550.26		
	700	575.72	708.58	539.74	664.29	507.99	625.21	454.51	559.40
	800	715.68	880.84	673.58	829.03	636.16	782.97	572.55	704.67
	900	862.50	1061.54	814.59	1002.57	771.71	949.80	698.22	859.34
	1000	1015.04	1249.28	961.62	1183.53	913.54	1124.35	830.49	1022.14
	1100	1172.39	1442.94	1113.77	1370.79	1060.73	1305.52	968.49	1191.99
	1200	1333.83	1641.63	1270.31	1563.46	1212.57	1492.39	1111.52	1368.03
600	550	458.35	564.13	426.74	525.22				
	600	532.90	655.87	497.37	612.15	466.28	573.89		
	650	610.50	751.39	571.11	702.91	536.50	660.31		
	700	690.86	850.29	647.68	797.15	609.58	750.26	545.42	671.28
	750	773.71	952.26	726.82	894.55	685.29	843.43	615.00	756.93
	800	858.82	1057.01	808.30	994.83	763.39	939.56	687.06	845.61
	900	1035.00	1273.85	977.50	1203.08	926.06	1139.76	837.86	1031.21
	1000	1218.05	1499.14	1153.94	1420.23	1096.24	1349.22	996.58	1226.57
	1100	1406.87	1731.53	1336.52	1644.95	1272.88	1566.62	1162.19	1430.39
	1200	1600.59	1969.96	1524.37	1876.15	1455.08	1790.87	1333.83	1641.63
	1300	1798.52	2213.57	1716.77	2112.95	1642.13	2021.08	1510.76	1859.40

牛腿截面尺寸选择表（68） **表 4-69**

（混凝土强度等级：C75 $F_{hk}/F_{vk}=0.1$）

b	h \ a, β	0+0 0.65	0+0 0.80	0+20 0.65	0+20 0.80	100+20 0.65	100+20 0.80	150+20 0.65	150+20 0.80
300	300	259.91	319.88	221.40	272.49	127.19	156.54	104.87	129.08
	350	316.41	389.42	276.86	340.75	170.37	209.69	142.89	175.87
	400	372.91	458.96	332.59	409.35	215.89	265.72	183.67	226.06
	450	429.41	528.50	388.51	478.17	263.19	323.92	226.63	278.93
	500	485.91	598.04	444.56	547.15	311.85	383.82	271.35	333.97
	550	542.41	667.58	500.69	616.23	361.61	445.06	317.51	390.78
	600	598.91	737.12	556.88	685.40	412.24	507.37	364.86	449.05
	700	711.92	876.20	669.41	823.89	515.53	634.49	462.38	569.08
	800	824.92	1015.28	782.07	962.54	620.81	764.08	562.79	692.67
	900	937.92	1154.36	894.80	1101.29	727.55	895.44	665.36	818.91
	1000	1050.92	1293.44	1007.59	1240.11	835.35	1028.12	769.57	947.17
400	350	421.88	519.23	369.14	454.33	227.16	279.59	190.52	234.49
	400	497.21	611.95	443.46	545.80	287.86	354.29	244.89	301.41
	450	572.55	704.67	518.02	637.56	350.92	431.90	302.18	371.91
	500	647.88	797.39	592.74	729.53	415.80	511.76	361.80	445.30
	550	723.22	890.11	667.58	821.64	482.14	593.41	423.35	521.04
	600	798.55	982.83	742.51	913.86	549.65	676.49	486.47	598.74
	650	873.89	1075.55	817.51	1006.16	618.11	760.76	550.93	678.07
	700	949.22	1168.27	892.55	1098.52	687.37	845.99	616.50	758.77
	800	1099.89	1353.71	1042.75	1283.39	827.75	1018.77	750.39	923.56
	900	1250.56	1539.15	1193.06	1468.39	970.06	1193.92	887.15	1091.88
	1000	1401.23	1724.59	1343.45	1653.47	1113.80	1370.83	1026.10	1262.89
450	400	559.36	688.45	498.89	614.02	323.84	398.57	275.51	339.09
	450	644.11	792.76	582.77	717.26	394.78	485.88	339.95	418.40
	500	728.87	897.07	666.83	820.72	467.78	575.73	407.03	500.96
	550	813.62	1001.38	751.03	924.35	542.41	667.58	476.26	586.17
	600	898.37	1105.69	835.33	1028.09	618.36	761.06	547.28	673.58
	650	983.12	1210.00	919.69	1131.93	695.38	855.85	619.79	762.82
	700	1067.87	1314.31	1004.12	1235.84	773.29	951.74	693.57	853.62
	800	1237.38	1522.93	1173.10	1443.81	931.22	1146.12	844.19	1039.01
	900	1406.88	1731.55	1342.20	1651.93	1091.32	1343.16	998.04	1228.36
	1000	1576.38	1940.17	1511.38	1860.16	1253.02	1542.18	1154.36	1420.75
	1100	1745.89	2148.79	1680.62	2068.46	1415.96	1742.72	1312.60	1615.51

续表 4-69

b	h \ a, β	0+0 0.65	0+0 0.80	0+20 0.65	0+20 0.80	100+20 0.65	100+20 0.80	150+20 0.65	150+20 0.80
500	450	715.68	880.84	647.52	796.95	438.64	539.87	377.72	464.89
	500	809.85	996.74	740.93	911.91	519.76	639.70	452.25	556.62
	550	904.02	1112.64	834.48	1027.05	602.68	741.76	529.18	651.30
	600	998.19	1228.54	928.14	1142.33	687.06	845.62	608.09	748.42
	650	1092.36	1344.44	1021.88	1257.70	772.64	950.95	688.66	847.58
	700	1186.53	1460.34	1115.69	1373.16	859.21	1057.49	770.63	948.47
	800	1374.86	1692.14	1303.44	1604.24	1034.69	1273.47	937.99	1154.45
	900	1563.20	1923.94	1491.33	1835.48	1212.58	1492.40	1108.94	1364.85
	1000	1751.54	2155.74	1679.31	2066.84	1392.25	1713.54	1282.62	1578.61
	1100	1939.88	2387.54	1867.36	2298.29	1573.29	1936.35	1458.45	1795.01
	1200	2128.21	2619.34	2055.45	2529.79	1755.39	2160.48	1635.97	2013.51
600	550	1084.82	1335.17	1001.38	1232.46	723.22	890.11	635.02	781.56
	600	1197.83	1474.25	1113.77	1370.79	824.48	1014.74	729.71	898.11
	650	1310.83	1613.33	1226.26	1509.24	927.17	1141.13	826.39	1017.10
	700	1423.83	1752.41	1338.83	1647.79	1031.05	1268.99	924.76	1138.16
	750	1536.83	1891.49	1451.45	1786.41	1135.92	1398.06	1024.56	1260.99
	800	1649.84	2030.57	1564.13	1925.08	1241.63	1528.16	1125.59	1385.34
	900	1875.84	2308.73	1789.60	2202.58	1455.09	1790.88	1330.73	1637.82
	1000	2101.85	2586.89	2015.17	2480.21	1670.70	2056.24	1539.15	1894.34
	1100	2327.85	2865.05	2240.83	2757.94	1887.94	2323.62	1750.14	2154.01
	1200	2553.86	3143.21	2466.54	3035.75	2106.47	2592.57	1963.17	2416.21
	1300	2779.86	3421.37	2692.31	3313.61	2326.01	2862.78	2177.85	2680.43

b	h \ a, β	200+20 0.65	200+20 0.80	250+20 0.65	250+20 0.80	300+20 0.65	300+20 0.80	350+20 0.65	350+20 0.80
300	300	89.22	109.81						
	350	123.05	151.44	108.04	132.97				
	400	159.82	196.70	141.45	174.09	126.87	156.14		
	450	198.99	244.92	177.36	218.30	159.98	196.89	145.69	179.31
	500	240.16	295.58	215.40	265.11	195.27	240.34	178.58	219.79
	550	283.00	348.30	255.25	314.16	232.46	286.11	213.41	262.66
	600	327.24	402.76	296.66	365.12	271.30	333.91	249.94	307.62
	700	419.17	515.90	383.34	471.80	353.16	434.65	327.38	402.93
	800	514.69	633.47	474.17	583.59	439.55	540.99	409.65	504.19
	900	612.97	754.43	568.23	699.36	529.57	651.78	495.84	610.27
	1000	713.40	878.03	664.87	818.30	622.52	766.18	585.24	720.30

续表 4-69

b	a	200+20		250+20		300+20		350+20	
	h \ β	0.65	0.80	0.65	0.80	0.65	0.80	0.65	0.80
400	350	164.06	201.92	144.06	177.30				
	400	213.09	262.27	188.60	232.12	169.15	208.19		
	450	265.33	326.56	236.49	291.06	213.30	262.52	194.26	239.09
	500	320.22	394.11	287.20	353.48	260.36	320.45	238.11	293.06
	550	377.33	464.41	340.34	418.88	309.95	381.48	284.54	350.21
	600	436.32	537.01	395.54	486.82	361.74	445.21	333.25	410.16
	650	496.92	611.59	452.55	556.98	415.45	511.33	383.98	472.59
	700	558.89	687.86	511.12	629.07	470.87	579.54	436.50	537.23
	800	686.26	844.62	632.22	778.12	586.07	721.32	546.20	672.25
	900	817.30	1005.90	757.64	932.48	706.10	869.04	661.12	813.69
	1000	951.20	1170.71	886.49	1091.07	830.03	1021.57	780.33	960.40
450	400	239.73	295.05	212.17	261.13	190.30	234.21		
	450	298.49	367.37	266.05	327.44	239.96	295.34	218.54	268.97
	500	360.24	443.38	323.11	397.67	292.91	360.50	267.87	329.69
	550	424.50	522.46	382.88	471.24	348.69	429.16	320.11	393.98
	600	490.86	604.14	444.99	547.68	406.95	500.87	374.91	461.43
	650	559.03	688.04	509.12	626.61	467.39	575.24	431.98	531.66
	700	628.75	773.84	575.01	707.70	529.73	651.98	491.07	604.39
	800	772.04	950.20	711.25	875.38	659.33	811.49	614.48	756.28
	900	919.46	1131.64	852.34	1049.04	794.36	977.68	743.77	915.40
	1000	1070.10	1317.05	997.30	1227.45	933.78	1149.27	877.87	1080.45
	1100	1223.31	1505.61	1145.39	1409.71	1076.81	1325.30	1015.97	1250.42
500	450	331.66	408.19	295.61	363.83	266.63	328.16	242.82	298.86
	500	400.27	492.64	359.01	441.85	325.45	400.56	297.64	366.32
	550	471.66	580.51	425.42	523.60	387.44	476.85	355.68	437.76
	600	545.40	671.26	494.43	608.53	452.17	556.52	416.57	512.70
	650	621.14	764.49	565.69	696.23	519.32	639.16	479.98	590.74
	700	698.61	859.83	638.90	786.34	588.59	724.42	545.63	671.54
	800	857.82	1055.78	790.28	972.65	732.59	901.65	682.76	840.31
	900	1021.62	1257.38	947.05	1165.60	882.62	1086.31	826.41	1017.11
	1000	1189.00	1463.39	1108.12	1363.84	1037.54	1276.97	975.41	1200.50
	1100	1359.23	1672.90	1272.66	1566.35	1196.45	1472.55	1128.85	1389.36
	1200	1531.77	1885.26	1440.05	1772.37	1358.69	1672.23	1286.03	1582.81

续表 4-69

b	a \ h β	200+20		250+20		300+20		350+20	
		0.65	0.80	0.65	0.80	0.65	0.80	0.65	0.80
600	550	566.00	696.61	510.51	628.31	464.92	572.21	426.82	525.31
	600	654.48	805.52	593.32	730.23	542.61	667.82	499.88	615.24
	650	745.37	917.38	678.82	835.47	623.18	766.99	575.97	708.89
	700	838.33	1031.79	766.68	943.60	706.31	869.30	654.75	805.85
	750	933.08	1148.40	856.60	1054.27	791.70	974.40	735.95	905.78
	800	1029.39	1266.94	948.33	1167.18	879.11	1081.98	819.31	1008.38
	900	1225.94	1508.85	1136.46	1398.72	1059.15	1303.57	991.69	1220.54
	1000	1426.80	1756.06	1329.74	1636.60	1245.04	1532.36	1170.49	1440.60
	1100	1631.08	2007.48	1527.19	1879.62	1435.74	1767.07	1354.63	1667.23
	1200	1838.13	2262.31	1728.06	2126.84	1630.43	2006.68	1543.24	1899.37
	1300	2047.44	2519.93	1931.77	2377.56	1828.46	2250.42	1735.65	2136.18

b	a \ h β	400+20		450+20		500+20		600+20	
		0.65	0.80	0.65	0.80	0.65	0.80	0.65	0.80
300	300								
	350								
	400								
	450								
	500	164.52	202.49						
	550	197.24	242.76	183.35	225.66				
	600	231.70	285.16	215.93	265.77	202.18	248.84		
	700	305.11	375.52	285.67	351.60	268.57	330.54	239.84	295.19
	800	383.56	472.07	360.59	443.81	340.22	418.73	305.68	376.22
	900	466.15	573.73	439.82	541.31	416.30	512.36	376.07	462.86
	1000	552.18	679.61	522.65	643.26	496.12	610.61	450.40	554.33
400	350								
	400								
	450								
	500	219.36	269.98						
	550	262.99	323.68	244.47	300.88				
	600	308.93	380.22	287.91	354.35	269.57	331.78		
	650	356.94	439.31	333.46	410.41	312.87	385.07		
	700	406.81	500.69	380.90	468.80	358.09	440.73	319.79	393.59
	800	511.41	629.43	480.79	591.74	453.63	558.31	407.57	501.63
	900	621.54	764.97	586.42	721.75	555.06	683.15	501.43	617.15
	1000	736.24	906.14	696.87	857.68	661.49	814.15	600.53	739.11

续表 4-69

b	h \ a, β	400+20 0.65	400+20 0.80	450+20 0.65	450+20 0.80	500+20 0.65	500+20 0.80	600+20 0.65	600+20 0.80
450	400								
	450								
	500	246.78	303.73						
	550	295.86	364.14	275.03	338.49				
	600	347.54	427.75	323.90	398.65	303.27	373.26		
	650	401.56	494.22	375.14	461.71	351.98	433.21		
	700	457.66	563.27	428.51	527.40	402.85	495.82	359.76	442.79
	800	575.34	708.11	540.89	665.71	510.33	628.10	458.52	564.33
	900	699.23	860.59	659.72	811.97	624.44	768.55	564.11	694.29
	1000	828.27	1019.41	783.98	964.90	744.18	915.92	675.59	831.50
	1100	961.64	1183.56	912.82	1123.48	868.73	1069.20	792.19	975.00
500	450								
	500	274.20	337.48						
	550	328.73	404.60	305.58	376.10				
	600	386.16	475.27	359.89	442.94	336.97	414.73		
	650	446.17	549.14	416.82	513.01	391.09	481.34		
	700	508.51	625.86	476.12	586.00	447.61	550.91	399.74	491.99
	800	639.27	786.79	600.99	739.68	567.03	697.89	509.47	627.04
	900	776.92	956.21	733.03	902.19	693.83	853.94	626.79	771.43
	1000	920.30	1132.68	871.09	1072.11	826.87	1017.68	750.66	923.89
	1100	1068.49	1315.06	1014.25	1248.31	965.25	1188.00	880.21	1083.33
	1200	1220.75	1502.46	1161.78	1429.88	1108.24	1363.99	1014.72	1248.88
600	550	394.48	485.32	366.70	451.32				
	600	463.39	570.33	431.87	531.53	404.36	497.68		
	650	535.41	658.96	500.18	615.61	469.31	577.61		
	700	610.21	751.03	571.35	703.20	537.13	661.09	479.69	590.38
	750	687.53	846.19	645.09	793.96	607.59	747.80	544.30	669.90
	800	767.12	944.15	721.19	887.61	680.44	837.47	611.36	752.44
	900	932.30	1147.45	879.63	1082.62	832.59	1024.73	752.15	925.72
	1000	1104.36	1359.21	1045.30	1286.53	992.24	1221.22	900.79	1108.67
	1100	1282.19	1578.07	1217.10	1497.97	1158.30	1425.60	1056.25	1300.00
	1200	1464.90	1802.96	1394.13	1715.86	1329.89	1636.79	1217.66	1498.66
	1300	1651.80	2032.99	1575.68	1939.30	1506.27	1853.87	1384.30	1703.76

牛腿截面尺寸选择表（69）　　　　**表 4-70**

（混凝土强度等级：C75　　$F_{hk}/F_{vk}=0.2$）

b	a \ h β	0+0		0+20		100+20		150+20	
		0.65	0.80	0.65	0.80	0.65	0.80	0.65	0.80
300	300	246.23	303.05	209.75	258.15	120.49	148.30	99.35	122.28
	350	299.75	368.93	262.28	322.81	161.41	198.65	135.37	166.61
	400	353.28	434.81	315.09	387.80	204.53	251.73	174.00	214.16
	450	406.81	500.69	368.07	453.00	249.33	306.87	214.70	264.25
	500	460.34	566.57	421.16	518.35	295.44	363.62	257.07	316.40
	550	513.86	632.45	474.34	583.80	342.58	421.63	300.80	370.21
	600	567.39	698.33	527.57	649.32	390.54	480.67	345.65	425.42
	700	674.45	830.09	634.18	780.53	488.39	601.10	438.04	539.13
	800	781.50	961.85	740.90	911.88	588.14	723.86	533.17	656.21
	900	888.56	1093.61	847.70	1043.33	689.25	848.31	630.34	775.81
	1000	995.61	1225.37	954.56	1174.84	791.38	974.01	729.07	897.32
400	350	399.67	491.90	349.71	430.42	215.21	264.87	180.50	222.15
	400	471.04	579.74	420.12	517.07	272.71	335.64	232.01	285.55
	450	542.41	667.58	490.75	604.00	332.45	409.16	286.27	352.34
	500	613.78	755.42	561.55	691.13	393.92	484.82	342.76	421.86
	550	685.15	843.26	632.45	778.40	456.77	562.18	401.06	493.62
	600	756.52	931.10	703.43	865.76	520.72	640.89	460.87	567.22
	650	827.89	1018.94	774.48	953.21	585.58	720.72	521.93	642.38
	700	899.26	1106.78	845.57	1040.71	651.19	801.46	584.06	718.84
	800	1042.00	1282.46	987.87	1215.84	784.19	965.15	710.90	874.95
	900	1184.74	1458.14	1130.27	1391.10	919.01	1131.08	840.46	1034.41
	1000	1327.48	1633.82	1272.74	1566.45	1055.18	1298.68	972.09	1196.42
450	400	529.92	652.21	472.63	581.70	306.80	377.60	261.01	321.24
	450	610.21	751.03	552.10	679.51	374.00	460.31	322.06	396.38
	500	690.50	849.85	631.74	777.52	443.16	545.43	385.61	474.59
	550	770.80	948.67	711.50	875.70	513.86	632.45	451.20	555.32
	600	851.09	1047.49	791.36	973.98	585.81	721.00	518.48	638.13
	650	931.38	1146.31	871.29	1072.36	658.78	810.81	587.17	722.67
	700	1011.67	1245.13	951.27	1170.80	732.59	901.65	657.06	808.69
	800	1172.25	1442.77	1111.36	1367.82	882.21	1085.80	799.76	984.32
	900	1332.83	1640.41	1271.55	1564.99	1033.88	1272.47	945.52	1163.71
	1000	1493.42	1838.05	1431.83	1762.26	1187.08	1461.02	1093.60	1345.98
	1100	1654.00	2035.69	1592.17	1959.59	1341.43	1650.99	1243.52	1530.48

续表 4-70

b	a / β / h	0+0 0.65	0+0 0.80	0+20 0.65	0+20 0.80	100+20 0.65	100+20 0.80	150+20 0.65	150+20 0.80
500	450	678.01	834.48	613.44	755.01	415.56	511.46	357.84	440.42
	500	767.23	944.28	701.93	863.92	492.40	606.03	428.45	527.33
	550	856.44	1054.08	790.56	973.00	570.96	702.72	501.33	617.02
	600	945.65	1163.88	879.29	1082.20	650.90	801.11	576.09	709.03
	650	1034.86	1273.68	968.10	1191.51	731.98	900.90	652.41	802.97
	700	1124.08	1383.48	1056.97	1300.88	813.99	1001.83	730.07	898.55
	800	1302.50	1603.08	1234.84	1519.80	980.23	1206.44	888.62	1093.69
	900	1480.93	1822.68	1412.84	1738.88	1148.76	1413.85	1050.57	1293.01
	1000	1659.35	2042.28	1590.93	1958.06	1318.97	1623.35	1215.12	1495.53
	1100	1837.78	2261.88	1769.08	2177.32	1490.48	1834.44	1381.69	1700.54
	1200	2016.20	2481.48	1947.27	2396.64	1663.00	2046.77	1549.87	1907.53
600	550	1027.73	1264.90	948.67	1167.60	685.15	843.26	601.60	740.43
	600	1134.78	1396.66	1055.15	1298.65	781.08	961.33	691.30	850.84
	650	1241.84	1528.42	1161.72	1429.81	878.37	1081.07	782.90	963.57
	700	1348.89	1660.18	1268.36	1561.06	976.78	1202.20	876.09	1078.26
	750	1455.95	1791.94	1375.06	1692.38	1076.14	1324.47	970.63	1194.62
	800	1563.00	1923.70	1481.81	1823.76	1176.28	1447.73	1066.35	1312.43
	900	1777.11	2187.22	1695.41	2086.65	1378.51	1696.63	1260.69	1551.61
	1000	1991.22	2450.74	1909.11	2349.67	1582.77	1948.02	1458.14	1794.63
	1100	2205.33	2714.26	2122.89	2612.79	1788.58	2201.33	1658.02	2040.65
	1200	2419.44	2977.78	2336.73	2875.97	1995.60	2456.12	1859.84	2289.04
	1300	2633.55	3241.30	2550.61	3139.21	2203.58	2712.10	2063.23	2539.36

b	a / β / h	200+20 0.65	200+20 0.80	250+20 0.65	250+20 0.80	300+20 0.65	300+20 0.80	350+20 0.65	350+20 0.80
300	300	84.53	104.03						
	350	116.57	143.47	102.36	125.98				
	400	151.41	186.35	134.00	164.93	120.19	147.92		
	450	188.52	232.03	168.03	206.81	151.56	186.53	138.02	169.88
	500	227.52	280.03	204.07	251.16	185.00	227.69	169.18	208.23
	550	268.10	329.97	241.82	297.62	220.23	271.05	202.18	248.83
	600	310.02	381.56	281.04	345.90	257.02	316.34	236.79	291.43
	700	397.10	488.74	363.16	446.97	334.57	411.78	310.15	381.72
	800	487.60	600.13	449.21	552.87	416.42	512.52	388.09	477.65
	900	580.71	714.72	538.32	662.55	501.70	617.48	469.75	578.15
	1000	675.85	831.82	629.88	775.23	589.76	725.85	554.44	682.39

续表 4-70

b	a h \ β	200+20		250+20		300+20		350+20	
		0.65	0.80	0.65	0.80	0.65	0.80	0.65	0.80
400	350	155.43	191.30	136.47	167.97				
	400	201.88	248.46	178.67	219.90	160.25	197.23		
	450	251.36	309.37	224.04	275.74	202.08	248.71	184.03	226.50
	500	303.36	373.37	272.09	334.88	246.66	303.58	225.58	277.63
	550	357.47	439.96	322.42	396.83	293.64	361.40	269.57	331.78
	600	413.36	508.75	374.73	461.20	342.70	421.78	315.71	388.57
	650	470.76	579.40	428.73	527.67	393.59	484.42	363.77	447.72
	700	529.47	651.66	484.22	595.96	446.09	549.03	413.53	508.96
	800	650.14	800.17	598.95	737.16	555.23	683.36	517.46	636.87
	900	774.28	952.96	717.76	883.40	668.94	823.31	626.33	770.87
	1000	901.14	1109.09	839.84	1033.64	786.34	967.81	739.26	909.85
450	400	227.11	279.52	201.00	247.39	180.28	221.89		
	450	282.78	348.04	252.04	310.21	227.33	279.80	207.04	254.81
	500	341.28	420.04	306.10	376.74	277.49	341.53	253.78	312.34
	550	402.15	494.96	362.73	446.43	330.34	406.57	303.26	373.25
	600	465.03	572.34	421.57	518.85	385.54	474.50	355.18	437.14
	650	529.61	651.82	482.32	593.63	442.79	544.97	409.24	503.68
	700	595.66	733.12	544.75	670.46	501.85	617.66	465.22	572.58
	800	731.41	900.19	673.81	829.31	624.63	768.78	582.14	716.48
	900	871.07	1072.08	807.48	993.83	752.55	926.22	704.62	867.22
	1000	1013.78	1247.73	944.81	1162.85	884.64	1088.78	831.66	1023.59
	1100	1158.92	1426.37	1085.11	1335.52	1020.13	1255.55	962.50	1184.61
500	450	314.20	386.71	280.05	344.68	252.59	310.88	230.04	283.13
	500	379.20	466.71	340.11	418.60	308.33	379.48	281.97	347.04
	550	446.84	549.95	403.03	496.04	367.05	451.75	336.96	414.72
	600	516.70	635.93	468.41	576.50	428.37	527.23	394.64	485.71
	650	588.45	724.25	535.91	659.58	491.98	605.52	454.71	559.65
	700	661.84	814.57	605.27	744.95	557.61	686.29	516.91	636.20
	800	812.67	1000.21	748.68	921.46	694.03	854.20	646.82	796.09
	900	967.85	1191.20	897.20	1104.25	836.17	1029.13	782.91	963.58
	1000	1126.42	1386.37	1049.79	1292.05	982.93	1209.76	924.07	1137.32
	1100	1287.69	1584.85	1205.68	1483.91	1133.48	1395.05	1069.44	1316.24
	1200	1451.15	1786.03	1364.26	1679.09	1287.18	1584.22	1218.35	1499.50

续表 4-70

b	a	200+20		250+20		300+20		350+20	
	h \ β	0.65	0.80	0.65	0.80	0.65	0.80	0.65	0.80
600	550	536.21	659.95	483.64	595.25	440.45	542.10	404.35	497.66
	600	620.04	763.12	562.09	691.80	514.05	632.67	473.57	582.86
	650	706.14	869.10	643.09	791.50	590.38	726.62	545.66	671.58
	700	794.21	977.49	726.33	893.94	669.14	823.55	620.29	763.44
	750	883.97	1087.96	811.51	998.78	750.03	923.12	697.21	858.11
	800	975.21	1200.25	898.42	1105.75	832.84	1025.04	776.19	955.30
	900	1161.42	1429.44	1076.65	1325.10	1003.40	1234.96	939.49	1156.30
	1000	1351.71	1663.64	1259.75	1550.47	1179.51	1451.71	1108.88	1364.78
	1100	1545.23	1901.83	1446.81	1780.69	1360.18	1674.06	1283.33	1579.48
	1200	1741.38	2143.24	1637.11	2014.90	1544.62	1901.07	1462.02	1799.40
	1300	1939.68	2387.30	1830.10	2252.43	1732.23	2131.98	1644.30	2023.75

b	a	400+20		450+20		500+20		600+20	
	h \ β	0.65	0.80	0.65	0.80	0.65	0.80	0.65	0.80
300	300								
	350								
	400								
	450								
	500	155.86	191.83						
	550	186.86	229.98	173.70	213.79				
	600	219.50	270.16	204.57	251.78	191.54	235.74		
	700	289.05	355.75	270.64	333.09	254.43	313.15	227.22	279.66
	800	363.37	447.23	341.61	420.45	322.31	396.69	289.59	356.42
	900	441.62	543.53	416.67	512.82	394.39	485.40	356.28	438.50
	1000	523.12	643.84	495.14	609.41	470.01	578.47	426.69	525.16
400	350								
	400								
	450								
	500	207.82	255.77						
	550	249.15	306.64	231.60	285.05				
	600	292.67	360.21	272.76	335.70	255.39	314.32		
	650	338.15	416.19	315.91	388.81	296.41	364.81		
	700	385.40	474.34	360.85	444.12	339.24	417.53	302.96	372.87
	800	484.50	596.30	455.49	560.60	429.75	528.93	386.12	475.23
	900	588.82	724.71	555.56	683.76	525.85	647.20	475.04	584.67
	1000	697.49	858.45	660.19	812.54	626.68	771.30	568.92	700.21

续表 4-70

b	h \ a / β	400+20 0.65	400+20 0.80	450+20 0.65	450+20 0.80	500+20 0.65	500+20 0.80	600+20 0.65	600+20 0.80
450	400								
	450								
	500	233.79	287.75						
	550	280.29	344.97	260.55	320.68				
	600	329.25	405.23	306.85	377.67	287.31	353.61		
	650	380.42	468.21	355.39	437.41	333.46	410.41		
	700	433.57	533.63	405.96	499.64	381.65	469.72	340.83	419.48
	800	545.06	670.84	512.42	630.67	483.47	595.04	434.39	534.63
	900	662.43	815.29	625.00	769.23	591.58	728.10	534.42	657.75
	1000	784.68	965.76	742.72	914.11	705.01	867.71	640.04	787.74
	1100	911.03	1121.26	864.78	1064.35	823.00	1012.93	750.49	923.68
500	450								
	500	259.77	319.72						
	550	311.43	383.30	289.50	356.31				
	600	365.84	450.26	340.95	419.63	319.23	392.90		
	650	422.69	520.24	394.88	486.01	370.51	456.01		
	700	481.75	592.92	451.06	555.15	424.05	521.91	378.70	466.09
	800	605.62	745.38	569.36	700.75	537.19	661.16	482.65	594.03
	900	736.03	905.88	694.45	854.70	657.31	809.00	593.80	730.83
	1000	871.86	1073.06	825.24	1015.68	783.35	964.12	711.15	875.26
	1100	1012.25	1245.85	960.87	1182.61	914.45	1125.48	833.88	1026.32
	1200	1156.50	1423.39	1100.63	1354.62	1049.91	1292.20	961.31	1183.15
600	550	373.72	459.96	347.40	427.57				
	600	439.00	540.31	409.14	503.56	383.08	471.48		
	650	507.23	624.28	473.86	583.21	444.61	547.21		
	700	578.10	711.50	541.28	666.19	508.86	626.29	454.44	559.31
	750	651.35	801.66	611.14	752.17	575.61	708.44	515.65	634.64
	800	726.75	894.46	683.23	840.90	644.63	793.39	579.18	712.84
	900	883.24	1087.06	833.34	1025.64	788.77	970.80	712.56	877.00
	1000	1046.24	1287.67	990.29	1218.82	940.02	1156.95	853.38	1050.32
	1100	1214.70	1495.02	1153.04	1419.13	1097.34	1350.57	1000.66	1231.58
	1200	1387.80	1708.06	1320.76	1625.55	1259.89	1550.64	1153.57	1419.78
	1300	1564.86	1925.99	1492.75	1837.23	1426.99	1756.30	1311.45	1614.09

牛腿截面尺寸选择表（70） 表 4-71

（混凝土强度等级：C75 $F_{hk}/F_{vk}=0.3$）

b	h \ a, β	0+0 0.65	0+0 0.80	0+20 0.65	0+20 0.80	100+20 0.65	100+20 0.80	150+20 0.65	150+20 0.80
300	300	232.55	286.21	198.10	243.81	113.80	140.06	93.83	115.49
	350	283.10	348.43	247.71	304.88	152.44	187.62	127.85	157.36
	400	333.65	410.65	297.58	366.26	193.17	237.75	164.34	202.26
	450	384.21	472.87	347.62	427.84	235.48	289.82	202.78	249.57
	500	434.76	535.09	397.76	489.55	279.03	343.42	242.79	298.82
	550	485.32	597.31	447.98	551.36	323.54	398.21	284.09	349.65
	600	535.87	659.53	498.26	613.25	368.85	453.96	326.45	401.78
	700	636.98	783.97	598.95	737.17	461.26	567.70	413.71	509.18
	800	738.08	908.41	699.74	861.22	555.47	683.65	503.55	619.76
	900	839.19	1032.85	800.61	985.36	650.96	801.18	595.32	732.71
	1000	940.30	1157.29	901.52	1109.57	747.42	919.90	688.57	847.47
400	350	377.47	464.58	330.28	406.50	203.25	250.16	170.47	209.81
	400	444.87	547.54	396.78	488.34	257.56	316.99	219.12	269.68
	450	512.28	630.50	463.49	570.45	313.98	386.43	270.37	332.76
	500	579.68	713.46	530.35	652.74	372.04	457.89	323.72	398.42
	550	647.09	796.42	597.31	735.15	431.39	530.94	378.78	466.19
	600	714.49	879.38	664.35	817.67	491.79	605.28	435.27	535.71
	650	781.90	962.34	731.45	900.25	553.05	680.68	492.94	606.69
	700	849.30	1045.30	798.60	982.89	615.01	756.94	551.61	678.90
	800	984.11	1211.22	932.99	1148.30	740.62	911.53	671.40	826.34
	900	1118.92	1377.14	1067.48	1313.82	867.95	1068.25	793.77	976.94
	1000	1253.73	1543.06	1202.03	1479.42	996.56	1226.53	918.09	1129.95
450	400	500.48	615.98	446.38	549.39	289.75	356.62	246.51	303.39
	450	576.31	709.31	521.43	641.75	353.22	434.74	304.17	374.36
	500	652.14	802.64	596.64	734.33	418.54	515.13	364.18	448.23
	550	727.97	895.97	671.98	827.05	485.32	597.31	426.13	524.47
	600	803.80	989.30	747.40	919.87	553.27	680.95	489.67	602.68
	650	879.64	1082.63	822.88	1012.78	622.18	765.76	554.55	682.53
	700	955.47	1175.96	898.42	1105.75	691.89	851.56	620.56	763.77
	800	1107.13	1362.62	1049.61	1291.83	833.20	1025.48	755.33	929.64
	900	1258.79	1549.28	1200.91	1478.05	976.44	1201.78	892.99	1099.06
	1000	1410.45	1735.94	1352.29	1664.35	1121.13	1379.85	1032.85	1271.20
	1100	1562.11	1922.60	1503.71	1850.73	1266.91	1559.27	1174.43	1445.46

续表 4-71

b	h \ a	0+0		0+20		100+20		150+20	
	β	0.65	0.80	0.65	0.80	0.65	0.80	0.65	0.80
500	450	640.35	788.12	579.36	713.06	392.47	483.04	337.96	415.95
	500	724.60	891.82	662.94	815.92	465.04	572.36	404.65	498.03
	550	808.86	995.52	746.64	918.94	539.24	663.68	473.48	582.74
	600	893.12	1099.22	830.44	1022.08	614.74	756.61	544.08	669.64
	650	977.37	1202.92	914.32	1125.31	691.31	850.85	616.17	758.36
	700	1061.63	1306.62	998.25	1228.61	768.77	946.17	689.51	848.63
	800	1230.14	1514.02	1166.24	1435.37	925.78	1139.42	839.26	1032.93
	900	1398.65	1721.42	1334.35	1642.27	1084.94	1335.31	992.21	1221.18
	1000	1567.17	1928.82	1502.54	1849.28	1245.70	1533.16	1147.61	1412.44
	1100	1735.68	2136.22	1670.79	2056.36	1407.68	1732.52	1304.93	1606.06
	1200	1904.19	2343.62	1839.09	2263.50	1570.61	1933.06	1463.77	1801.56
600	550	970.63	1194.62	895.97	1102.73	647.09	796.42	568.17	699.29
	600	1071.74	1319.06	996.53	1226.50	737.69	907.93	652.90	803.57
	650	1172.85	1443.50	1097.18	1350.37	829.57	1021.02	739.40	910.04
	700	1273.95	1567.94	1197.90	1474.34	922.52	1135.41	827.41	1018.36
	750	1375.06	1692.38	1298.67	1598.36	1016.35	1250.89	916.71	1128.26
	800	1476.17	1816.82	1399.49	1722.44	1110.93	1367.30	1007.11	1239.52
	900	1678.38	2065.70	1601.22	1970.73	1301.92	1602.37	1190.65	1465.41
	1000	1880.60	2314.58	1803.05	2219.14	1494.84	1839.80	1377.13	1694.93
	1100	2082.81	2563.46	2004.95	2467.63	1689.21	2079.03	1565.91	1927.28
	1200	2285.03	2812.34	2206.91	2716.20	1884.73	2319.67	1756.52	2161.87
	1300	2487.24	3061.22	2408.91	2964.81	2081.16	2561.43	1948.61	2398.28

b	h \ a	200+20		250+20		300+20		350+20	
	β	0.65	0.80	0.65	0.80	0.65	0.80	0.65	0.80
300	300	79.83	98.25						
	350	110.09	135.50	96.67	118.98				
	400	142.99	175.99	126.56	155.76	113.51	139.71		
	450	178.05	219.14	158.69	195.32	143.14	176.17	130.36	160.44
	500	214.88	264.47	192.73	237.21	174.72	215.04	159.78	196.66
	550	253.21	311.64	228.38	281.09	207.99	255.99	190.94	235.01
	600	292.79	360.36	265.43	326.68	242.74	298.76	223.63	275.24
	700	375.04	461.59	342.99	422.14	315.98	388.90	292.92	360.51
	800	460.51	566.79	424.25	522.16	393.29	484.04	366.53	451.12
	900	548.45	675.01	508.42	625.74	473.83	583.17	443.65	546.03
	1000	638.31	785.61	594.88	732.16	556.99	685.53	523.64	644.48

续表 4-71

b	a / h β	200+20		250+20		300+20		350+20	
		0.65	0.80	0.65	0.80	0.65	0.80	0.65	0.80
400	350	146.79	180.67	128.89	158.64				
	400	190.66	234.66	168.74	207.69	151.35	186.28		
	450	237.40	292.18	211.59	260.42	190.85	234.89	173.81	213.92
	500	286.51	352.63	256.97	316.27	232.96	286.72	213.05	262.21
	550	337.61	415.52	304.51	374.78	277.32	341.32	254.59	313.34
	600	390.39	480.48	353.91	435.58	323.66	398.35	298.17	366.98
	650	444.61	547.21	404.91	498.35	371.72	457.50	343.56	422.84
	700	500.06	615.45	457.32	562.85	421.31	518.53	390.56	480.68
	800	614.02	755.72	565.67	696.21	524.38	645.39	488.71	601.49
	900	731.26	900.02	677.89	834.32	631.77	777.57	591.53	728.04
	1000	851.07	1047.48	793.18	976.22	742.66	914.04	698.19	859.31
450	400	214.49	263.99	189.84	233.65	170.27	209.56		
	450	267.07	328.70	238.04	292.98	214.70	264.25	195.53	240.66
	500	322.32	396.71	289.09	355.81	262.08	322.56	239.68	294.99
	550	379.81	467.46	342.58	421.63	311.99	383.99	286.42	352.51
	600	439.19	540.54	398.15	490.03	364.12	448.14	335.45	412.86
	650	500.18	615.61	455.53	560.65	418.19	514.69	386.51	475.70
	700	562.56	692.39	514.48	633.21	473.97	583.35	439.37	540.77
	800	690.77	850.18	636.38	783.24	589.93	726.07	549.80	676.67
	900	822.67	1012.52	762.62	938.61	710.74	874.76	665.47	819.05
	1000	957.46	1178.41	892.33	1098.25	835.49	1028.29	785.46	966.72
	1100	1094.54	1347.13	1024.82	1261.32	963.46	1185.79	909.02	1118.80
500	450	296.75	365.23	264.49	325.53	238.56	293.61	217.26	267.40
	500	358.14	440.78	321.22	395.34	291.20	358.39	266.31	327.76
	550	422.01	519.40	380.64	468.48	346.65	426.65	318.24	391.68
	600	487.99	600.60	442.38	544.47	404.57	497.94	372.72	458.73
	650	555.76	684.01	506.14	622.94	464.65	571.88	429.45	528.56
	700	625.07	769.32	571.65	703.56	526.63	648.17	488.19	600.85
	800	767.52	944.64	707.09	870.26	655.48	806.74	610.89	751.86
	900	914.08	1125.02	847.36	1042.90	789.72	971.96	739.42	910.05
	1000	1063.84	1309.34	991.47	1220.27	928.32	1142.55	872.73	1074.13
	1100	1216.16	1496.81	1138.69	1401.47	1070.51	1317.55	1010.03	1243.11
	1200	1370.53	1686.81	1288.46	1585.80	1215.67	1496.21	1150.66	1416.20

续表 4-71

b	h \ a / β	200+20 0.65	200+20 0.80	250+20 0.65	250+20 0.80	300+20 0.65	300+20 0.80	350+20 0.65	350+20 0.80
600	550	506.42	623.28	456.77	562.18	415.99	511.98	381.89	470.02
	600	585.59	720.73	530.86	653.37	485.49	597.52	447.26	550.48
	650	666.91	820.82	607.37	747.53	557.58	686.26	515.34	634.27
	700	750.09	923.18	685.98	844.28	631.96	777.80	585.83	721.03
	750	834.86	1027.52	766.43	943.30	708.37	871.83	658.48	810.44
	800	921.03	1133.57	848.51	1044.32	786.57	968.09	733.06	902.23
	900	1096.90	1350.03	1016.83	1251.48	947.66	1166.35	887.30	1092.06
	1000	1276.61	1571.21	1189.77	1464.33	1113.99	1371.06	1047.28	1288.96
	1100	1459.39	1796.17	1366.43	1681.76	1284.61	1581.06	1212.03	1491.73
	1200	1644.64	2024.17	1546.16	1902.96	1458.80	1795.45	1380.79	1699.44
	1300	1831.92	2254.67	1728.42	2127.29	1635.99	2013.53	1552.95	1911.32

b	h \ a / β	400+20 0.65	400+20 0.80	450+20 0.65	450+20 0.80	500+20 0.65	500+20 0.80	600+20 0.65	600+20 0.80
300	300								
	350								
	400								
	450								
	500	147.20	181.17						
	550	176.48	217.20	164.05	201.91				
	600	207.31	255.15	193.20	237.79	180.90	222.64		
	700	272.99	335.99	255.60	314.59	240.30	295.75	214.60	264.12
	800	343.19	422.38	322.64	397.09	304.41	374.66	273.50	336.62
	900	417.08	513.33	393.52	484.33	372.48	458.43	336.49	414.14
	1000	494.06	608.07	467.64	575.55	443.90	546.34	402.99	495.98
400	350								
	400								
	450								
	500	196.27	241.56						
	550	235.30	289.61	218.73	269.21				
	600	276.41	340.20	257.61	317.05	241.20	296.86		
	650	319.37	393.07	298.36	367.21	279.94	344.54		
	700	363.99	447.98	340.80	419.45	320.40	394.33	286.13	352.16
	800	457.58	563.18	430.18	529.45	405.88	499.54	364.67	448.83
	900	556.11	684.44	524.69	645.78	496.63	611.24	448.65	552.18
	1000	658.74	810.76	623.51	767.40	591.86	728.45	537.31	661.31

续表 4-71

b	a	400+20		450+20		500+20		600+20	
	h \ β	0.65	0.80	0.65	0.80	0.65	0.80	0.65	0.80
450	400								
	450								
	500	220.80	271.76						
	550	264.72	325.81	246.08	302.86				
	600	310.96	382.72	289.81	356.69	271.35	333.97		
	650	359.29	442.20	335.65	413.11	314.93	387.61		
	700	409.49	503.98	383.40	471.88	360.45	443.62	321.89	396.18
	800	514.78	633.57	483.95	595.64	456.61	561.98	410.26	504.93
	900	625.63	770.00	590.28	726.50	558.71	687.65	504.73	621.21
	1000	741.08	912.10	701.45	863.33	665.85	819.50	604.48	743.97
	1100	860.41	1058.97	816.74	1005.22	777.28	956.66	708.80	872.37
500	450								
	500	245.34	301.95						
	550	294.13	362.01	273.42	336.51				
	600	345.51	425.25	322.01	396.32	301.50	371.07		
	650	399.21	491.33	372.94	459.01	349.92	430.68		
	700	454.98	559.98	426.00	524.31	400.49	492.92	357.66	440.20
	800	571.98	703.97	537.73	661.82	507.35	624.43	455.84	561.03
	900	695.14	855.56	655.87	807.22	620.79	764.05	560.81	690.23
	1000	823.43	1013.45	779.39	959.25	739.83	910.56	671.64	826.64
	1100	956.02	1176.63	907.49	1116.91	863.65	1062.95	787.55	969.30
	1200	1092.25	1344.31	1039.49	1279.37	991.58	1220.41	907.91	1117.42
600	550	352.96	434.41	328.10	403.82				
	600	414.61	510.29	386.41	475.58	361.80	445.29		
	650	479.05	589.60	447.53	550.81	419.91	516.81		
	700	545.98	671.98	511.20	629.17	480.59	591.50	429.19	528.24
	750	615.16	757.12	577.19	710.38	543.63	669.08	487.00	599.39
	800	686.37	844.77	645.27	794.18	608.82	749.31	547.01	673.24
	900	834.17	1026.67	787.04	968.66	744.95	916.86	672.98	828.28
	1000	988.11	1216.14	935.27	1151.10	887.80	1092.67	805.97	991.96
	1100	1147.22	1411.96	1088.98	1340.29	1036.38	1275.54	945.07	1163.16
	1200	1310.70	1613.17	1247.38	1535.24	1189.90	1464.49	1089.49	1340.91
	1300	1477.93	1818.99	1409.82	1735.16	1347.71	1658.72	1238.59	1524.42

牛腿截面尺寸选择表（71）　　**表4-72**

（混凝土强度等级：C75　$F_{hk}/F_{vk}=0.4$）

b	h ＼ a / β	0+0 0.65	0+0 0.80	0+20 0.65	0+20 0.80	100+20 0.65	100+20 0.80	150+20 0.65	150+20 0.80
300	300	218.87	269.38	186.44	229.47	107.11	131.82	88.32	108.70
	350	266.45	327.94	233.14	286.94	143.47	176.58	120.33	148.10
	400	314.03	386.50	280.08	344.71	181.81	223.76	154.67	190.36
	450	361.61	445.06	327.17	402.67	221.63	272.78	190.85	234.89
	500	409.19	503.62	374.36	460.76	262.61	323.22	228.51	281.24
	550	456.77	562.18	421.63	518.93	304.51	374.78	267.38	329.08
	600	504.35	620.74	468.96	577.18	347.15	427.26	307.25	378.15
	700	599.51	737.86	563.72	693.80	434.13	534.31	389.37	479.23
	800	694.67	854.98	658.58	810.56	522.79	643.44	473.93	583.30
	900	789.83	972.10	753.51	927.40	612.67	754.06	560.31	689.61
	1000	884.99	1089.22	848.49	1044.30	703.45	865.79	648.06	797.61
400	350	355.26	437.25	310.86	382.59	191.30	235.44	160.44	197.47
	400	418.70	515.33	373.44	459.62	242.41	298.35	206.23	253.82
	450	482.14	593.41	436.23	536.89	295.51	363.70	254.46	313.19
	500	545.58	671.49	499.15	614.34	350.15	430.95	304.68	374.99
	550	609.02	749.57	562.18	691.91	406.02	499.71	356.50	438.77
	600	672.46	827.65	625.27	769.57	462.86	569.68	409.66	504.20
	650	735.90	905.73	688.43	847.29	520.52	640.64	463.94	571.00
	700	799.34	983.81	751.62	925.07	578.84	712.41	519.16	638.97
	800	926.22	1139.97	878.11	1080.75	697.06	857.91	631.91	777.74
	900	1053.10	1296.13	1004.69	1236.54	816.89	1005.41	747.07	919.48
	1000	1179.98	1452.29	1131.32	1392.40	937.94	1154.38	864.08	1063.49
450	400	471.04	579.74	420.12	517.07	272.71	335.64	232.01	285.55
	450	542.41	667.58	490.75	604.00	332.45	409.16	286.27	352.34
	500	613.78	755.42	561.55	691.13	393.92	484.82	342.76	421.86
	550	685.15	843.26	632.45	778.40	456.77	562.18	401.06	493.62
	600	756.52	931.10	703.43	865.76	520.72	640.89	460.87	567.22
	650	827.89	1018.94	774.48	953.21	585.58	720.72	521.93	642.38
	700	899.26	1106.78	845.57	1040.71	651.19	801.46	584.06	718.84
	800	1042.00	1282.46	987.87	1215.84	784.19	965.15	710.90	874.95
	900	1184.74	1458.14	1130.27	1391.10	919.01	1131.08	840.46	1034.41
	1000	1327.48	1633.82	1272.74	1566.45	1055.18	1298.68	972.09	1196.42
	1100	1470.22	1809.50	1415.26	1741.86	1192.38	1467.55	1105.35	1360.43

续表 4-72

b	h \ β (a)	0+0 0.65	0+0 0.80	0+20 0.65	0+20 0.80	100+20 0.65	100+20 0.80	150+20 0.65	150+20 0.80
500	450	602.68	741.76	545.28	671.12	369.38	454.63	318.08	391.48
	500	681.98	839.36	623.94	767.93	437.69	538.69	380.85	468.73
	550	761.28	936.96	702.72	864.89	507.52	624.64	445.63	548.46
	600	840.58	1034.56	781.59	961.96	578.58	712.10	512.08	630.25
	650	919.88	1132.16	860.53	1059.12	650.65	800.80	579.92	713.75
	700	999.18	1229.76	939.53	1156.34	723.54	890.52	648.95	798.71
	800	1157.78	1424.96	1097.64	1350.94	871.32	1072.39	789.89	972.17
	900	1316.38	1620.16	1255.86	1545.67	1021.12	1256.76	933.84	1149.34
	1000	1474.98	1815.36	1414.16	1740.50	1172.42	1442.98	1080.10	1329.36
	1100	1633.58	2010.56	1572.51	1935.40	1324.87	1630.61	1228.17	1511.59
	1200	1792.18	2205.76	1730.91	2130.35	1478.22	1819.35	1377.66	1695.58
600	550	913.54	1124.35	843.26	1037.86	609.02	749.57	534.75	658.16
	600	1008.70	1241.47	937.91	1154.35	694.30	854.52	614.49	756.30
	650	1103.86	1358.59	1032.64	1270.94	780.78	960.96	695.91	856.50
	700	1199.02	1475.71	1127.43	1387.61	868.25	1068.62	778.74	958.45
	750	1294.18	1592.83	1222.28	1504.34	956.56	1177.31	862.78	1061.89
	800	1389.34	1709.95	1317.16	1621.12	1045.58	1286.87	947.86	1166.60
	900	1579.66	1944.19	1507.03	1854.80	1225.34	1508.11	1120.61	1379.21
	1000	1769.98	2178.43	1696.99	2088.60	1406.90	1731.57	1296.12	1595.23
	1100	1960.30	2412.67	1887.01	2322.48	1589.85	1956.73	1473.80	1813.91
	1200	2150.62	2646.91	2077.09	2556.42	1773.87	2183.22	1653.19	2034.70
	1300	2340.94	2881.15	2267.21	2790.41	1958.74	2410.76	1833.98	2257.21

b	h \ β (a)	200+20 0.65	200+20 0.80	250+20 0.65	250+20 0.80	300+20 0.65	300+20 0.80	350+20 0.65	350+20 0.80
300	300	75.13	92.47						
	350	103.62	127.53	90.98	111.98				
	400	134.58	165.64	119.11	146.60	106.83	131.49		
	450	167.57	206.25	149.36	183.83	134.72	165.81	122.69	151.00
	500	202.24	248.91	181.39	223.25	164.44	202.39	150.39	185.09
	550	238.31	293.31	214.95	264.55	195.76	240.93	179.71	221.18
	600	275.57	339.17	249.82	307.47	228.47	281.19	210.48	259.05
	700	352.98	434.44	322.81	397.31	297.39	366.02	275.69	339.31
	800	433.43	533.45	399.30	491.44	370.15	455.57	344.97	424.58
	900	516.19	635.31	478.51	588.93	445.96	548.87	417.55	513.91
	1000	600.76	739.39	559.89	689.10	524.23	645.20	492.84	606.57

续表 4-72

b	a / h＼β	200 + 20		250 + 20		300 + 20		350 + 20	
		0.65	0.80	0.65	0.80	0.65	0.80	0.65	0.80
400	350	138.16	170.04	121.31	149.30				
	400	179.44	220.85	158.82	195.47	142.45	175.32		
	450	223.43	274.99	199.15	245.10	179.62	221.07	163.58	201.33
	500	269.66	331.88	241.86	297.67	219.25	269.85	200.51	246.79
	550	317.75	391.08	286.60	352.74	261.01	321.24	239.62	294.91
	600	367.43	452.22	333.09	409.96	304.62	374.92	280.63	345.40
	650	418.46	515.02	381.09	469.04	349.86	430.59	323.35	397.97
	700	470.64	579.25	430.42	529.74	396.52	488.03	367.58	452.41
	800	577.90	711.26	532.40	655.26	493.54	607.43	459.96	566.11
	900	688.25	847.08	638.01	785.25	594.61	731.83	556.74	685.21
	1000	801.01	985.86	746.52	918.79	698.97	860.27	657.12	808.76
450	400	201.88	248.46	178.67	219.90	160.25	197.23		
	450	251.36	309.37	224.04	275.74	202.08	248.71	184.03	226.50
	500	303.36	373.37	272.09	334.88	246.66	303.58	225.58	277.63
	550	357.47	439.96	322.42	396.83	293.64	361.40	269.57	331.78
	600	413.36	508.75	374.73	461.20	342.70	421.78	315.71	388.57
	650	470.76	579.40	428.73	527.67	393.59	484.42	363.77	447.72
	700	529.47	651.66	484.22	595.96	446.09	549.03	413.53	508.96
	800	650.14	800.17	598.95	737.16	555.23	683.36	517.46	636.87
	900	774.28	952.96	717.76	883.40	668.94	823.31	626.33	770.87
	1000	901.14	1109.09	839.84	1033.64	786.34	967.81	739.26	909.85
	1100	1030.16	1267.88	964.54	1187.13	906.78	1116.04	855.55	1052.99
500	450	279.29	343.74	248.93	306.38	224.53	276.34	204.48	251.67
	500	337.07	414.86	302.32	372.09	274.07	337.31	250.64	308.48
	550	397.19	488.85	358.25	440.92	326.26	401.55	299.52	368.64
	600	459.29	565.28	416.36	512.45	380.78	468.65	350.79	431.75
	650	523.07	643.78	476.37	586.30	437.32	538.24	404.19	497.46
	700	588.30	724.06	538.02	662.18	495.66	610.04	459.48	565.51
	800	722.38	889.08	665.50	819.07	616.92	759.29	574.95	707.63
	900	860.31	1058.84	797.51	981.56	743.26	914.78	695.92	856.52
	1000	1001.26	1232.32	933.15	1148.49	873.71	1075.34	821.40	1010.95
	1100	1144.62	1408.76	1071.71	1319.03	1007.54	1240.05	950.61	1169.99
	1200	1289.91	1587.59	1212.67	1492.52	1144.16	1408.20	1082.97	1332.89

续表 4-72

b	h \ a: β	200+20: 0.65	200+20: 0.80	250+20: 0.65	250+20: 0.80	300+20: 0.65	300+20: 0.80	350+20: 0.65	350+20: 0.80
600	550	476.63	586.62	429.90	529.11	391.52	481.87	359.42	442.37
	600	551.14	678.33	499.63	614.93	456.93	562.38	420.95	518.09
	650	627.68	772.53	571.64	703.56	524.78	645.89	485.03	596.96
	700	705.96	868.88	645.62	794.61	594.79	732.05	551.37	678.61
	750	785.75	967.08	721.34	887.81	666.70	820.55	619.75	762.76
	800	866.85	1066.89	798.59	982.89	740.30	911.14	689.94	849.16
	900	1032.37	1270.61	957.02	1177.87	891.91	1097.74	835.10	1027.82
	1000	1201.52	1478.79	1119.78	1378.19	1048.46	1290.41	985.68	1213.14
	1100	1373.54	1690.51	1286.05	1582.84	1209.04	1488.06	1140.74	1403.98
	1200	1547.90	1905.10	1455.21	1791.02	1372.99	1689.84	1299.57	1599.47
	1300	1724.16	2122.05	1626.75	2002.16	1539.76	1895.09	1461.60	1798.89

b	h \ a: β	400+20: 0.65	400+20: 0.80	450+20: 0.65	450+20: 0.80	500+20: 0.65	500+20: 0.80	600+20: 0.65	600+20: 0.80
300	300								
	350								
	400								
	450								
	500	138.54	170.52						
	550	166.10	204.43	154.40	190.03				
	600	195.11	240.14	181.84	223.80	170.26	209.55		
	700	256.93	316.22	240.57	296.08	226.16	278.35	201.97	248.58
	800	323.00	397.54	303.66	373.73	286.50	352.62	257.42	316.82
	900	392.55	483.14	370.37	455.84	350.57	431.47	316.69	389.78
	1000	464.99	572.30	440.13	541.70	417.79	514.20	379.28	466.81
400	350								
	400								
	450								
	500	184.73	227.35						
	550	221.46	272.57	205.87	253.38				
	600	260.15	320.18	242.45	298.40	227.01	279.40		
	650	300.58	369.95	280.81	345.61	263.47	324.27		
	700	342.58	421.63	320.76	394.78	301.55	371.14	269.30	331.44
	800	430.66	530.05	404.88	498.31	382.00	470.16	343.22	422.42
	900	523.40	644.18	493.83	607.79	467.42	575.29	422.26	519.70
	1000	619.99	763.07	586.84	722.26	557.05	685.60	505.71	622.41

续表 4-72

b	h \ a, β	400+20 0.65	400+20 0.80	450+20 0.65	450+20 0.80	500+20 0.65	500+20 0.80	600+20 0.65	600+20 0.80
450	400								
	450								
	500	207.82	255.77						
	550	249.15	306.64	231.60	285.05				
	600	292.67	360.21	272.76	335.70	255.39	314.32		
	650	338.15	416.19	315.91	388.81	296.41	364.81		
	700	385.40	474.34	360.85	444.12	339.24	417.53	302.96	372.87
	800	484.50	596.30	455.49	560.60	429.75	528.93	386.12	475.23
	900	588.82	724.71	555.56	683.76	525.85	647.20	475.04	584.67
	1000	697.49	858.45	660.19	812.54	626.68	771.30	568.92	700.21
	1100	809.80	996.68	768.69	946.09	731.56	900.38	667.11	821.05
500	450								
	500	230.91	284.19						
	550	276.83	340.71	257.33	316.72				
	600	325.19	400.23	303.07	373.00	283.76	349.25		
	650	375.73	462.43	351.01	432.01	329.34	405.34		
	700	428.22	527.04	400.94	493.47	376.94	463.92	336.62	414.30
	800	538.33	662.56	506.10	622.89	477.50	587.70	429.03	528.03
	900	654.25	805.23	617.29	759.74	584.28	719.11	527.82	649.63
	1000	774.99	953.83	733.55	902.83	696.31	857.00	632.13	778.01
	1100	899.78	1107.42	854.11	1051.21	812.84	1000.42	741.23	912.28
	1200	1028.00	1265.23	978.34	1204.11	933.25	1148.62	854.50	1051.69
600	550	332.19	408.86	308.80	380.06				
	600	390.23	480.28	363.68	447.61	340.52	419.10		
	650	450.87	554.92	421.21	518.41	395.21	486.41		
	700	513.86	632.45	481.13	592.16	452.32	556.71	403.95	497.17
	750	578.97	712.58	543.23	668.60	511.65	629.72	458.35	564.13
	800	646.00	795.07	607.31	747.46	573.00	705.23	514.83	633.64
	900	785.10	966.28	740.74	911.68	701.13	862.93	633.39	779.56
	1000	929.99	1144.60	880.26	1083.39	835.57	1028.40	758.56	933.61
	1100	1079.74	1328.90	1024.93	1261.45	975.41	1200.51	889.47	1094.74
	1200	1233.60	1518.28	1174.01	1444.93	1119.91	1378.35	1025.40	1262.03
	1300	1390.99	1711.99	1326.89	1633.10	1268.44	1561.15	1165.73	1434.74

牛腿截面尺寸选择表（72） 表 4-73

（混凝土强度等级：C75 $F_{hk}/F_{vk}=0.5$）

b	h \ a / β	0+0		0+20		100+20		150+20	
		0.65	0.80	0.65	0.80	0.65	0.80	0.65	0.80
300	300	205.19	252.54	174.79	215.13	100.41	123.58	82.80	101.90
	350	249.79	307.44	218.57	269.01	134.50	165.54	112.81	138.84
	400	294.40	362.34	262.57	323.17	170.44	209.78	145.00	178.47
	450	339.01	417.24	306.72	377.50	207.78	255.73	178.92	220.21
	500	383.61	472.14	350.97	431.96	246.20	303.02	214.23	263.66
	550	428.22	527.04	395.28	486.50	1285.48	351.36	250.67	308.51
	600	472.83	581.94	439.65	541.10	325.45	400.56	288.04	354.52
	700	562.04	691.74	528.48	650.44	406.99	500.92	365.04	449.27
	800	651.25	801.54	617.42	759.90	490.12	603.22	444.31	546.85
	900	740.46	911.34	706.42	869.44	574.38	706.93	525.29	646.51
	1000	829.68	1021.14	795.46	979.03	659.49	811.68	607.56	747.76
400	350	333.06	409.92	291.43	358.68	179.34	220.73	150.41	185.13
	400	392.53	483.12	350.10	430.89	227.26	279.70	193.34	237.95
	450	452.01	556.32	408.96	503.34	277.04	340.97	238.56	293.61
	500	511.48	629.52	467.95	575.94	328.27	404.02	285.63	351.55
	550	570.96	702.72	527.04	648.66	380.64	468.48	334.22	411.35
	600	630.43	775.92	586.19	721.47	433.94	534.07	384.06	472.69
	650	689.91	849.12	645.40	794.34	487.99	600.60	434.94	535.31
	700	749.38	922.32	704.65	867.26	542.66	667.89	486.71	599.03
	800	868.33	1068.72	823.23	1013.20	653.49	804.29	592.42	729.13
	900	987.28	1215.12	941.89	1159.25	765.84	942.57	700.38	862.01
	1000	1106.23	1361.52	1060.62	1305.37	879.31	1082.23	810.08	997.02
450	400	441.60	543.51	393.86	484.75	255.66	314.66	217.51	267.70
	450	508.51	625.86	460.08	566.25	311.67	383.59	268.38	330.32
	500	575.42	708.21	526.45	647.94	369.30	454.52	321.34	395.49
	550	642.33	790.56	592.92	729.75	428.22	527.04	376.00	462.77
	600	709.24	872.91	659.47	811.65	488.18	600.83	432.07	531.77
	650	776.15	955.26	726.07	893.63	548.98	675.67	489.31	602.23
	700	843.06	1037.61	792.73	975.66	610.49	751.37	547.55	673.91
	800	976.88	1202.31	926.13	1139.85	735.18	904.83	666.47	820.27
	900	1110.70	1367.01	1059.63	1304.16	861.57	1060.39	787.93	969.76
	1000	1244.51	1531.71	1193.19	1468.55	989.23	1217.51	911.34	1121.65
	1100	1378.33	1696.41	1326.81	1632.99	1117.86	1375.83	1036.27	1275.40

续表 4-73

b	a	0 + 0		0 + 20		100 + 20		150 + 20	
	h \ β	0.65	0.80	0.65	0.80	0.65	0.80	0.65	0.80
500	450	565.01	695.40	511.20	629.17	346.30	426.21	298.20	367.02
	500	639.36	786.90	584.94	719.93	410.33	505.03	357.04	439.44
	550	713.70	878.40	658.80	810.83	475.80	585.60	417.78	514.19
	600	788.04	969.90	732.74	901.84	542.42	667.59	480.07	590.86
	650	862.39	1061.40	806.75	992.92	609.98	750.75	543.68	669.14
	700	936.73	1152.90	880.81	1084.07	678.32	834.86	608.39	748.79
	800	1085.42	1335.90	1029.03	1266.50	816.86	1005.37	740.52	911.41
	900	1234.11	1518.90	1177.37	1449.07	957.30	1178.21	875.48	1077.51
	1000	1382.79	1701.90	1325.77	1631.72	1099.14	1352.79	1012.60	1246.27
	1100	1531.48	1884.90	1474.23	1814.44	1242.07	1528.70	1151.41	1417.11
	1200	1680.17	2067.90	1622.73	1997.20	1385.83	1705.64	1291.56	1589.61
600	550	856.44	1054.08	790.56	973.00	570.96	702.72	501.33	617.02
	600	945.65	1163.88	879.29	1082.20	650.90	801.11	576.09	709.03
	650	1034.86	1273.68	968.10	1191.51	731.98	900.90	652.41	802.97
	700	1124.08	1383.48	1056.97	1300.88	813.99	1001.83	730.07	898.55
	750	1213.29	1493.28	1145.88	1410.32	896.78	1103.73	808.86	995.52
	800	1302.50	1603.08	1234.84	1519.80	980.23	1206.44	888.62	1093.69
	900	1480.93	1822.68	1412.84	1738.88	1148.76	1413.85	1050.57	1293.01
	1000	1659.35	2042.28	1590.93	1958.06	1318.97	1623.35	1215.12	1495.53
	1100	1837.78	2261.88	1769.08	2177.32	1490.48	1834.44	1381.69	1700.54
	1200	2016.20	2481.48	1947.27	2396.64	1663.00	2046.77	1549.87	1907.53
	1300	2194.63	2701.08	2125.51	2616.01	1836.32	2260.09	1719.36	2116.13

b	a	200 + 20		250 + 20		300 + 20		350 + 20	
	h \ β	0.65	0.80	0.65	0.80	0.65	0.80	0.65	0.80
300	300	70.44	86.69						
	350	97.14	119.56	85.30	104.98				
	400	126.17	155.29	111.67	137.44	100.16	123.27		
	450	157.10	193.36	140.02	172.34	126.30	155.44	115.02	141.56
	500	189.60	233.36	170.06	209.30	154.16	189.74	140.99	173.52
	550	223.42	274.98	201.52	248.02	183.52	225.87	168.48	207.36
	600	258.35	317.97	234.20	288.25	214.19	263.61	197.32	242.86
	700	330.921	407.29	302.64	372.48	278.81	343.15	258.46	318.10
	800	406.34	500.11	374.34	460.73	347.02	427.10	323.41	398.04
	900	483.93	595.60	448.60	552.13	418.08	514.57	391.46	481.79
	1000	563.21	693.18	524.90	646.03	491.46	604.88	462.04	568.66

续表 4-73

b	a	200+20		250+20		300+20		350+20	
	h \ β	0.65	0.80	0.65	0.80	0.65	0.80	0.65	0.80
400	350	129.52	159.41	113.73	139.97				
	400	168.23	207.05	148.89	183.25	133.54	164.36		
	450	209.47	257.81	186.70	229.78	168.40	207.26	153.36	188.75
	500	252.80	311.14	226.74	279.07	205.55	252.98	187.98	231.36
	550	297.89	366.64	268.69	330.69	244.70	301.17	224.64	276.48
	600	344.46	423.96	312.27	384.33	285.58	351.49	263.09	323.81
	650	392.30	482.83	357.27	439.72	327.99	403.68	303.14	373.10
	700	441.23	543.05	403.51	496.63	371.74	457.53	344.61	424.13
	800	541.78	666.81	499.12	614.30	462.69	569.46	431.21	530.72
	900	645.23	794.13	598.14	736.17	557.45	686.09	521.94	642.39
	1000	750.95	924.24	699.86	861.37	655.29	806.51	616.05	758.21
450	400	189.26	232.93	167.50	206.16	150.24	184.91		
	450	235.65	290.03	210.04	258.51	189.45	233.16	172.53	212.35
	500	284.40	350.03	255.08	313.95	231.24	284.61	211.48	260.28
	550	335.13	412.47	302.27	372.03	275.28	338.81	252.72	311.04
	600	387.52	476.95	351.31	432.38	321.28	395.42	295.98	364.29
	650	441.34	543.19	401.93	494.69	368.99	454.14	341.04	419.74
	700	496.38	610.93	453.95	558.71	418.21	514.72	387.68	477.15
	800	609.50	750.16	561.51	691.09	520.53	640.65	485.12	597.07
	900	725.89	893.40	672.90	828.19	627.13	771.85	587.18	722.69
	1000	844.82	1039.77	787.35	969.04	737.20	907.32	693.05	852.99
	1100	965.77	1188.64	904.26	1112.93	850.11	1046.29	802.08	987.18
500	450	261.84	322.26	233.37	287.23	210.49	259.07	191.70	235.94
	500	316.00	388.93	283.43	348.83	256.94	316.23	234.98	289.20
	550	372.37	458.30	335.86	413.36	305.87	376.46	280.80	345.60
	600	430.58	529.95	390.34	480.42	356.98	439.36	328.87	404.76
	650	490.38	603.54	446.59	549.65	409.99	504.60	378.93	466.37
	700	551.53	678.81	504.39	620.79	464.68	571.91	430.76	530.17
	800	677.23	833.51	623.90	767.88	578.36	711.83	539.02	663.41
	900	806.54	992.67	747.67	920.21	696.81	857.61	652.43	802.99
	1000	938.68	1155.30	874.83	1076.71	819.11	1008.13	770.06	947.76
	1100	1073.08	1320.71	1004.73	1236.59	944.57	1162.54	891.20	1096.86
	1200	1209.29	1488.36	1136.88	1399.24	1072.65	1320.18	1015.29	1249.59

续表 4-73

b	h \ a	200 + 20		250 + 20		300 + 20		350 + 20	
	β	0.65	0.80	0.65	0.80	0.65	0.80	0.65	0.80
600	550	446.84	549.95	403.03	496.04	367.05	451.75	336.96	414.72
	600	516.70	635.93	468.41	576.50	428.37	527.23	394.64	485.71
	650	588.45	724.25	535.91	659.58	491.98	605.52	454.71	559.65
	700	661.84	814.57	605.27	744.95	557.61	686.29	516.91	636.20
	750	736.64	906.63	676.26	832.32	625.03	769.27	581.01	715.09
	800	812.67	1000.21	748.68	921.46	694.03	854.20	646.82	796.09
	900	967.85	1191.20	897.20	1104.25	836.17	1029.13	782.91	963.58
	1000	1126.42	1386.37	1049.79	1292.05	982.93	1209.76	924.07	1137.32
	1100	1287.69	1584.85	1205.68	1483.91	1133.48	1395.05	1069.44	1316.24
	1200	1451.15	1786.03	1364.26	1679.09	1287.18	1584.22	1218.35	1499.50
	1300	1616.40	1989.42	1525.08	1877.02	1443.53	1776.65	1370.25	1686.46

b	h \ a	400 + 20		450 + 20		500 + 20		600 + 20	
	β	0.65	0.80	0.65	0.80	0.65	0.80	0.65	0.80
300	300								
	350								
	400								
	450								
	500	129.88	159.86						
	550	155.72	191.65	144.75	178.15				
	600	182.92	225.13	170.47	209.82	159.62	196.45		
	700	240.87	296.46	225.53	277.58	212.03	260.96	189.35	233.05
	800	302.81	372.69	284.68	350.37	268.60	330.58	241.33	297.02
	900	368.01	452.94	347.22	427.35	328.66	404.50	296.90	365.42
	1000	435.93	536.53	412.62	507.84	391.67	482.06	355.58	437.63
400	350								
	400								
	450								
	500	173.18	213.14						
	550	207.62	255.53	193.00	237.54				
	600	243.89	300.17	227.30	279.75	212.82	261.93		
	650	281.79	346.82	263.26	324.01	247.00	304.01		
	700	321.16	395.28	300.71	370.10	282.70	347.94	252.47	310.73
	800	403.75	496.92	379.57	467.17	358.13	440.77	321.77	396.02
	900	490.69	603.92	462.96	569.80	438.21	539.33	395.87	487.22
	1000	581.24	715.37	550.16	677.12	522.23	642.75	474.10	583.51

续表 4-73

b	a / β \ h	400+20		450+20		500+20		600+20	
		0.65	0.80	0.65	0.80	0.65	0.80	0.65	0.80
450	400								
	450								
	500	194.83	239.79						
	550	233.57	287.48	217.13	267.23				
	600	274.38	337.70	255.71	314.72	239.42	294.68		
	650	317.02	390.18	296.16	364.51	277.88	342.01		
	700	361.31	444.69	338.30	416.37	318.04	391.43	284.02	349.57
	800	454.22	559.04	427.02	525.56	402.89	495.87	361.99	445.53
	900	552.02	679.41	520.83	641.03	492.98	606.75	445.35	548.12
	1000	653.90	804.80	618.93	761.76	587.51	723.09	533.36	656.45
	1100	759.19	934.39	720.65	886.96	685.84	844.11	625.41	769.74
500	450								
	500	216.47	266.43						
	550	259.53	319.42	241.25	296.92				
	600	304.86	375.22	284.12	349.69	266.03	327.42		
	650	352.24	433.53	329.07	405.01	308.76	380.01		
	700	401.46	494.10	375.89	462.63	353.38	434.93	315.58	388.41
	800	504.69	621.15	474.46	583.96	417.66	550.96	402.21	495.03
	900	613.36	754.90	578.71	712.25	547.76	674.16	494.83	609.03
	1000	726.55	894.22	687.70	846.40	652.79	803.43	592.63	729.39
	1100	843.54	1038.21	800.72	985.51	762.04	937.90	694.90	855.26
	1200	963.75	1186.16	917.19	1128.85	874.93	1076.83	801.09	985.96
600	550	311.43	383.30	289.50	356.31				
	600	365.84	450.26	340.95	419.63	319.23	392.90		
	650	422.69	520.24	394.88	486.01	370.51	456.01		
	700	481.75	592.92	451.06	555.15	424.05	521.91	378.70	466.09
	750	542.79	668.05	509.28	626.81	479.67	590.37	429.71	528.87
	800	605.62	745.38	569.36	700.75	537.19	661.16	482.65	594.03
	900	736.03	905.88	694.45	854.70	657.31	809.00	593.80	730.83
	1000	871.86	1073.06	825.24	1015.68	783.35	964.12	711.15	875.26
	1100	1012.25	1245.85	960.87	1182.61	914.45	1125.48	833.88	1026.32
	1200	1156.50	1423.39	1100.63	1354.62	1049.91	1292.20	961.31	1183.15
	1300	1304.05	1604.99	1243.96	1531.03	1189.16	1463.58	1092.87	1345.07

牛腿截面尺寸选择表（73） 　　**表4-74**

（混凝土强度等级：C80　$F_{hk}/F_{vk}=0.0$）

b	a: h \ β	0+0 0.65	0+0 0.80	0+20 0.65	0+20 0.80	100+20 0.65	100+20 0.80	150+20 0.65	150+20 0.80
300	300	315.35	388.13	273.31	336.38	163.98	201.83	136.65	168.19
	350	376.00	462.77	333.03	409.88	211.93	260.83	179.32	220.70
	400	436.64	537.41	392.98	483.67	261.99	322.44	224.56	276.38
	450	497.29	612.05	453.09	557.64	313.67	386.06	271.85	334.59
	500	557.93	686.69	513.30	631.75	366.64	451.25	320.81	394.85
	550	618.58	761.33	573.59	705.96	420.63	517.70	371.15	456.80
	600	679.22	835.97	633.94	780.24	475.46	585.18	422.63	520.16
	700	800.51	985.25	754.77	928.95	587.04	722.52	528.34	650.26
	800	921.80	1134.53	875.71	1077.80	700.57	862.24	636.88	783.86
	900	1043.09	1283.81	996.73	1226.75	815.51	1003.70	747.55	920.06
	1000	1164.38	1433.09	1117.81	1375.76	931.51	1146.47	859.85	1058.28
400	350	501.33	617.02	444.04	546.51	282.57	347.78	239.10	294.27
	400	582.19	716.54	523.97	644.89	349.32	429.93	299.41	368.51
	450	663.05	816.06	604.11	743.52	418.23	514.75	362.47	446.11
	500	743.91	915.58	684.40	842.34	488.86	601.67	427.75	526.46
	550	824.77	1015.10	764.79	941.28	560.84	690.27	494.86	609.06
	600	905.63	1114.62	845.26	1040.32	633.94	780.24	563.50	693.54
	650	986.49	1214.14	925.78	1139.43	707.95	871.33	633.43	779.61
	700	1067.35	1313.66	1006.36	1238.60	782.72	963.35	704.45	867.02
	800	1229.07	1512.70	1167.62	1437.07	934.09	1149.66	849.18	1045.14
	900	1390.79	1711.74	1328.98	1635.67	1087.35	1338.27	996.73	1226.75
	1000	1552.51	1910.78	1490.41	1834.35	1242.01	1528.63	1146.47	1411.04
450	400	654.97	806.11	589.47	725.50	392.98	483.67	336.84	414.57
	450	745.93	918.07	679.63	836.47	470.51	579.09	407.78	501.88
	500	836.90	1030.03	769.95	947.63	549.96	676.88	481.22	592.27
	550	927.87	1141.99	860.39	1058.94	630.95	776.55	556.72	685.20
	600	1018.84	1253.95	950.91	1170.36	713.19	877.77	633.94	780.24
	650	1109.80	1365.91	1041.51	1281.86	796.45	980.24	712.61	877.06
	700	1200.77	1477.87	1132.16	1393.42	880.57	1083.77	792.51	975.40
	800	1382.71	1701.79	1313.57	1616.70	1050.86	1293.36	955.32	1175.78
	900	1564.64	1925.71	1495.10	1840.12	1223.26	1505.56	1121.33	1380.09
	1000	1746.58	2149.63	1676.71	2063.65	1397.26	1719.71	1289.78	1587.42
	1100	1928.51	2373.55	1858.38	2287.24	1572.48	1935.36	1460.16	1797.12

续表 4-74

b	h \ a	0+0		0+20		100+20		150+20	
	β	0.65	0.80	0.65	0.80	0.65	0.80	0.65	0.80
500	450	828.81	1020.08	755.14	929.41	522.79	643.44	453.09	557.64
	500	929.89	1144.48	855.50	1052.92	611.07	752.09	534.69	658.08
	550	1030.96	1268.88	955.99	1176.60	701.06	862.84	618.58	761.33
	600	1132.04	1393.28	1056.57	1300.39	792.43	975.30	704.38	866.93
	650	1233.11	1517.68	1157.23	1424.28	884.94	1089.16	791.79	974.51
	700	1334.19	1642.08	1257.95	1548.25	978.41	1204.19	880.57	1083.77
	800	1536.34	1890.88	1459.52	1796.34	1167.62	1437.07	1061.47	1306.43
	900	1738.49	2139.68	1661.22	2044.58	1359.18	1672.84	1245.92	1533.44
	1000	1940.64	2388.48	1863.01	2292.94	1552.51	1910.78	1433.09	1763.80
	1100	2142.79	2637.28	2064.87	2541.38	1747.20	2150.40	1622.40	1996.80
	1200	2344.94	2886.08	2266.78	2789.88	1942.95	2391.32	1813.42	2231.90
600	550	1237.16	1522.66	1147.18	1411.92	841.27	1035.41	742.29	913.59
	600	1358.45	1671.94	1267.88	1560.47	950.91	1170.36	845.26	1040.32
	650	1479.74	1821.22	1388.68	1709.14	1061.93	1306.99	950.15	1169.41
	700	1601.03	1970.50	1509.54	1857.90	1174.09	1445.03	1056.68	1300.53
	750	1722.32	2119.78	1630.46	2006.72	1287.21	1584.25	1164.61	1433.37
	800	1843.61	2269.06	1751.43	2155.60	1401.14	1724.48	1273.77	1567.71
	900	2086.19	2567.62	1993.47	2453.50	1631.02	2007.41	1495.10	1840.12
	1000	2328.77	2866.18	2235.62	2751.53	1863.01	2292.94	1719.71	2116.56
	1100	2571.35	3164.74	2477.84	3049.65	2096.64	2580.48	1946.88	2396.16
	1200	2813.93	3463.30	2720.13	3347.85	2331.54	2869.59	2176.10	2678.28
	1300	3056.51	3761.86	2962.46	3646.11	2567.47	3159.96	2407.00	2962.46

b	h \ a	200+20		250+20		300+20		350+20	
	β	0.65	0.80	0.65	0.80	0.65	0.80	0.65	0.80
300	300	117.13	144.16						
	350	155.41	191.28	137.13	168.77				
	400	196.49	241.83	174.66	214.96	157.19	193.47		
	450	239.87	295.22	214.62	264.15	194.18	238.99	177.29	218.21
	500	285.17	350.97	256.65	315.88	233.32	287.16	213.87	263.23
	550	332.08	408.71	300.45	369.79	274.33	337.63	252.38	310.62
	600	380.37	468.14	345.79	425.58	316.97	390.12	292.59	360.11
	700	480.31	591.15	440.28	541.89	406.41	500.20	377.39	464.47
	800	583.81	718.53	538.90	663.26	500.41	615.89	467.05	574.83
	900	690.05	849.29	640.76	788.62	598.04	736.05	560.66	690.05
	1000	798.43	982.69	745.21	917.18	698.63	859.85	657.53	809.27

续表 4-74

b	h \ a / β	200+20		250+20		300+20		350+20	
		0.65	0.80	0.65	0.80	0.65	0.80	0.65	0.80
400	350	207.22	255.04	182.84	225.03				
	400	261.99	322.44	232.88	286.62	209.59	257.96		
	450	319.83	393.63	286.16	352.20	258.91	318.65	236.39	290.94
	500	380.22	467.97	342.20	421.17	311.09	382.88	285.17	350.97
	550	442.77	544.95	400.60	493.05	365.77	450.18	336.51	414.16
	600	507.15	624.19	461.05	567.44	422.63	520.16	390.12	480.15
	650	573.10	705.36	523.27	644.02	481.41	592.50	445.75	548.61
	700	640.41	788.20	587.04	722.52	541.89	666.94	503.18	619.30
	800	778.41	958.05	718.53	884.35	667.21	821.18	622.73	766.44
	900	920.06	1132.38	854.34	1051.50	797.39	981.40	747.55	920.06
	1000	1064.58	1310.25	993.61	1222.90	931.51	1146.47	876.71	1079.03
450	400	294.73	362.75	261.99	322.44	235.79	290.20		
	450	359.80	442.83	321.93	396.22	291.27	358.49	265.94	327.31
	500	427.75	526.46	384.97	473.81	349.98	430.74	320.81	394.85
	550	498.12	613.07	450.68	554.68	411.49	506.45	378.57	465.93
	600	570.55	702.21	518.68	638.38	475.46	585.18	438.88	540.16
	650	644.74	793.53	588.68	724.53	541.58	666.57	501.47	617.19
	700	720.46	886.72	660.42	812.83	609.62	750.30	566.08	696.71
	800	875.71	1077.80	808.35	994.89	750.61	923.83	700.57	862.24
	900	1035.07	1273.93	961.14	1182.94	897.06	1104.07	840.99	1035.07
	1000	1197.65	1474.03	1117.81	1375.76	1047.95	1289.78	986.30	1213.91
	1100	1362.81	1677.31	1277.64	1572.48	1202.48	1479.98	1135.68	1397.76
500	450	399.78	492.04	357.70	440.25	323.63	398.32	295.49	363.68
	500	475.28	584.96	427.75	526.46	388.86	478.60	356.46	438.72
	550	553.47	681.19	500.75	616.31	457.21	562.72	420.63	517.70
	600	633.94	780.24	576.31	709.31	528.29	650.20	487.65	600.18
	650	716.38	881.70	654.09	805.03	601.76	740.63	557.19	685.77
	700	800.51	985.25	733.80	903.14	677.36	833.67	628.98	774.12
	800	973.02	1197.56	898.17	1105.44	834.01	1026.48	778.41	958.05
	900	1150.08	1415.48	1067.93	1314.37	996.73	1226.75	934.44	1150.08
	1000	1330.72	1637.81	1242.01	1528.63	1164.38	1433.09	1095.89	1348.79
	1100	1514.24	1863.68	1419.60	1747.20	1336.09	1644.42	1261.87	1553.06
	1200	1700.08	2092.41	1600.08	1969.33	1511.18	1859.92	1431.65	1762.03

续表 4-74

b	h \ a / β	200+20 0.65	200+20 0.80	250+20 0.65	250+20 0.80	300+20 0.65	300+20 0.80	350+20 0.65	350+20 0.80
600	550	664.16	817.43	600.91	739.58	548.65	675.26	504.76	621.24
	600	760.73	936.28	691.57	851.17	633.94	780.24	585.18	720.22
	650	859.66	1058.04	784.90	966.04	722.11	888.75	668.62	822.92
	700	960.62	1182.30	880.57	1083.77	812.83	1000.41	754.77	928.95
	750	1063.34	1308.73	978.28	1204.03	905.81	1114.85	843.34	1037.96
	800	1167.62	1437.07	1077.80	1326.53	1000.82	1231.77	934.09	1149.66
	900	1380.09	1698.58	1281.52	1577.25	1196.08	1472.10	1121.33	1380.09
	1000	1596.87	1965.38	1490.41	1834.35	1397.26	1719.71	1315.07	1618.55
	1100	1817.09	2236.41	1703.52	2096.64	1603.31	1973.31	1514.24	1863.68
	1200	2040.10	2510.89	1920.09	2363.19	1813.42	2231.90	1717.98	2114.43
	1300	2265.41	2788.20	2139.56	2633.30	2026.95	2494.70	1925.60	2369.97

b	h \ a / β	400+20 0.65	400+20 0.80	450+20 0.65	450+20 0.80	500+20 0.65	500+20 0.80	600+20 0.65	600+20 0.80
300	300								
	350								
	400								
	450								
	500	197.42	242.98						
	550	233.69	287.61	217.57	267.78				
	600	271.69	334.39	253.58	312.09	237.73	292.59		
	700	352.23	433.51	330.21	406.41	310.79	382.51	278.07	342.24
	800	437.86	538.90	412.10	507.20	389.21	479.02	350.29	431.12
	900	527.68	649.46	498.37	613.37	472.14	581.09	427.17	525.75
	1000	621.00	764.31	588.32	724.09	558.90	687.88	508.09	625.35
400	350								
	400								
	450								
	500	263.23	323.98						
	550	311.58	383.48	290.09	357.04				
	600	362.25	445.85	338.10	416.13	316.97	390.12		
	650	415.01	510.78	388.23	477.82	364.70	448.87		
	700	469.63	578.01	440.28	541.89	414.38	510.01	370.76	456.33
	800	583.81	718.53	549.47	676.27	518.94	638.70	467.05	574.83
	900	703.58	865.94	664.49	817.83	629.52	774.79	569.56	701.00
	1000	828.01	1019.08	784.43	965.45	745.21	917.18	677.46	833.80

续表 4-74

b	h \ a / β	400+20 0.65	400+20 0.80	450+20 0.65	450+20 0.80	500+20 0.65	500+20 0.80	600+20 0.65	600+20 0.80
450	400								
	450								
	500	296.13	364.47						
	550	350.53	431.42	326.35	401.67				
	600	407.53	501.58	380.37	468.14	356.59	438.88		
	650	466.88	574.63	436.76	537.55	410.29	504.97		
	700	528.34	650.26	495.32	609.62	466.18	573.76	417.11	513.37
	800	656.79	808.35	618.15	760.80	583.81	718.53	525.43	646.68
	900	791.52	974.18	747.55	920.06	708.21	871.64	640.76	788.62
	1000	931.51	1146.47	882.48	1086.13	838.36	1031.82	762.14	938.02
	1100	1075.91	1324.19	1022.11	1257.98	973.44	1198.08	888.79	1093.90
500	450								
	500	329.04	404.97						
	550	389.48	479.35	362.62	446.30				
	600	452.82	557.31	422.63	520.16	396.21	487.65		
	650	518.76	638.47	485.29	597.28	455.88	561.08		
	700	587.04	722.52	550.35	677.36	517.98	637.51	463.46	570.41
	800	729.76	898.17	686.83	845.33	648.68	798.37	583.81	718.53
	900	879.47	1082.43	830.61	1022.29	786.90	968.49	711.95	876.25
	1000	1035.01	1273.86	980.53	1206.81	931.51	1146.47	846.82	1042.25
	1100	1195.45	1471.32	1135.68	1397.76	1081.60	1331.20	987.55	1215.44
	1200	1360.07	1673.93	1295.30	1594.22	1236.42	1521.75	1133.39	1394.94
600	550	467.37	575.23	435.14	535.55				
	600	543.38	668.77	507.15	624.19	475.46	585.18		
	650	622.51	766.17	582.35	716.74	547.05	673.30		
	700	704.45	867.02	660.42	812.83	621.58	765.02	556.15	684.49
	750	788.93	970.99	741.12	912.15	698.77	860.02	627.10	771.82
	800	875.71	1077.80	824.20	1014.40	778.41	958.05	700.57	862.24
	900	1055.37	1298.91	996.73	1226.75	944.27	1162.18	854.34	1051.50
	1000	1242.01	1528.63	1176.64	1448.17	1117.81	1375.76	1016.19	1250.69
	1100	1434.54	1765.59	1362.81	1677.31	1297.92	1597.44	1185.06	1458.53
	1200	1632.08	2008.71	1554.36	1913.06	1483.71	1826.10	1360.07	1673.93
	1300	1833.90	2257.11	1750.55	2154.52	1674.43	2060.84	1540.48	1895.98

牛腿截面尺寸选择表（74） **表 4-75**

（混凝土强度等级：C80 $F_{hk}/F_{vk}=0.1$）

b	h \ a, β	0+0 0.65	0+0 0.80	0+20 0.65	0+20 0.80	100+20 0.65	100+20 0.80	150+20 0.65	150+20 0.80
300	300	265.02	326.18	225.76	277.85	129.69	159.62	106.94	131.62
	350	322.63	397.08	282.30	347.45	173.72	213.81	145.70	179.33
	400	380.24	467.99	339.14	417.40	220.14	270.94	187.28	230.50
	450	437.86	538.90	396.16	487.58	268.36	330.29	231.09	284.42
	500	495.47	609.81	453.30	557.91	317.99	391.37	276.69	340.54
	550	553.08	680.72	510.54	628.35	368.72	453.81	323.76	398.47
	600	610.70	751.62	567.84	698.88	420.35	517.35	372.03	457.89
	700	725.92	893.44	682.58	840.10	525.67	646.97	471.47	580.28
	800	841.15	1035.26	797.45	981.48	633.03	779.11	573.87	706.30
	900	956.37	1177.07	912.40	1122.95	741.86	913.06	678.45	835.02
	1000	1071.60	1318.89	1027.41	1264.50	851.78	1048.35	784.71	965.80
400	350	430.18	529.45	376.40	463.27	231.63	285.09	194.27	239.10
	400	506.99	623.99	452.18	556.53	293.52	361.26	249.71	307.34
	450	583.81	718.53	528.21	650.10	357.82	440.39	308.12	379.23
	500	660.63	813.08	604.40	743.88	423.98	521.83	368.92	454.06
	550	737.44	907.62	680.72	837.81	491.63	605.08	431.67	531.29
	600	814.26	1002.17	757.12	931.84	560.46	689.80	496.04	610.52
	650	891.08	1096.71	833.59	1025.95	630.27	775.72	561.77	691.40
	700	967.89	1191.25	910.11	1120.13	700.89	862.63	628.63	773.70
	800	1121.53	1380.34	1063.27	1308.64	844.04	1038.81	765.15	941.73
	900	1275.16	1569.43	1216.53	1497.27	989.14	1217.41	904.60	1113.36
	1000	1428.80	1758.52	1369.88	1686.00	1135.71	1397.80	1046.28	1287.73
450	400	570.37	701.99	508.70	626.10	330.21	406.41	280.93	345.76
	450	656.79	808.35	594.23	731.37	402.55	495.44	346.64	426.63
	500	743.20	914.71	679.95	836.87	476.98	587.05	415.04	510.81
	550	829.62	1021.08	765.81	942.53	553.08	680.72	485.63	597.70
	600	916.04	1127.44	851.76	1048.32	630.52	776.03	558.05	686.83
	650	1002.46	1233.80	937.79	1154.20	709.06	872.69	631.99	777.83
	700	1088.88	1340.16	1023.87	1260.15	788.50	970.46	707.21	870.41
	800	1261.72	1552.89	1196.18	1472.22	949.54	1168.67	860.80	1059.45
	900	1434.56	1765.61	1368.60	1684.43	1112.79	1369.58	1017.68	1252.53
	1000	1607.40	1978.33	1541.11	1896.75	1277.67	1572.52	1177.07	1448.70
	1100	1780.23	2191.06	1713.68	2109.15	1443.81	1777.00	1338.42	1647.29

续表 4-75

b	a	0+0		0+20		100+20		150+20	
	h \ β	0.65	0.80	0.65	0.80	0.65	0.80	0.65	0.80
500	450	729.76	898.17	660.26	812.63	447.27	550.49	385.15	474.03
	500	825.78	1016.35	755.50	929.85	529.98	652.28	461.15	567.57
	550	921.80	1134.53	850.90	1047.26	614.54	756.35	539.59	664.11
	600	1017.83	1252.71	946.40	1164.80	700.58	862.25	620.05	763.14
	650	1113.85	1370.89	1041.99	1282.44	787.84	969.65	702.21	864.26
	700	1209.87	1489.07	1137.64	1400.17	876.11	1078.29	785.79	967.13
	800	1401.91	1725.43	1329.08	1635.80	1055.05	1298.52	956.44	1177.16
	900	1593.95	1961.79	1520.67	1871.56	1236.43	1521.76	1130.75	1391.70
	1000	1786.00	2198.15	1712.35	2107.50	1419.64	1747.25	1307.85	1609.67
	1100	1978.04	2434.51	1904.09	2343.50	1604.24	1974.44	1487.14	1830.32
	1200	2170.08	2670.87	2095.89	2579.56	1789.92	2202.98	1668.16	2053.12
600	550	1106.16	1361.43	1021.08	1256.71	737.44	907.62	647.51	796.94
	600	1221.39	1503.25	1135.68	1397.76	840.70	1034.70	744.07	915.77
	650	1336.62	1645.07	1250.38	1538.93	945.41	1163.58	842.65	1037.11
	700	1451.84	1786.88	1365.16	1680.20	1051.33	1293.95	942.95	1160.55
	750	1567.07	1928.70	1480.01	1821.55	1158.27	1425.56	1044.71	1285.80
	800	1682.29	2070.51	1594.90	1962.95	1266.05	1558.22	1147.73	1412.59
	900	1912.74	2354.15	1824.80	2245.91	1483.72	1826.11	1356.90	1670.03
	1000	2143.19	2637.78	2054.81	2529.00	1703.56	2096.70	1569.43	1931.60
	1100	2373.65	2921.41	2284.91	2812.20	1925.08	2369.33	1784.57	2196.39
	1200	2604.10	3205.04	2515.07	3095.47	2147.90	2643.57	2001.79	2463.74
	1300	2834.55	3488.67	2745.27	3378.79	2371.76	2919.09	2220.70	2733.16

b	a	200+20		250+20		300+20		350+20	
	h \ β	0.65	0.80	0.65	0.80	0.65	0.80	0.65	0.80
300	300	90.98	111.97						
	350	125.47	154.42	110.17	135.59				
	400	162.96	200.57	144.23	177.51	129.36	159.21		
	450	202.91	249.73	180.85	222.59	163.12	200.77	148.56	182.84
	500	244.89	301.40	219.64	270.33	199.11	245.06	182.10	224.12
	550	288.56	355.16	260.27	320.34	237.04	291.74	217.61	267.82
	600	333.68	410.68	302.49	372.30	276.64	340.48	254.86	313.67
	700	427.41	526.04	390.88	481.08	360.10	443.20	333.82	410.85
	800	524.82	645.93	483.49	595.07	448.20	551.63	417.71	514.11
	900	625.03	769.27	579.41	713.12	539.99	664.61	505.60	622.27
	1000	727.43	895.30	677.95	834.40	634.77	781.25	596.76	734.47

续表 4-75

b	a \ h β	200+20 0.65	200+20 0.80	250+20 0.65	250+20 0.80	300+20 0.65	300+20 0.80	350+20 0.65	350+20 0.80
400	350	167.29	205.90	146.89	180.79				
	400	217.28	267.42	192.31	236.69	172.48	212.29		
	450	270.55	332.98	241.14	296.79	217.50	267.69	198.08	243.79
	500	326.52	401.87	292.85	360.44	265.49	326.75	242.79	298.82
	550	384.75	473.54	347.03	427.12	316.05	388.98	290.14	357.10
	600	444.91	547.58	403.33	496.40	368.85	453.97	339.81	418.23
	650	506.69	623.62	461.45	567.94	423.63	521.39	391.53	481.89
	700	569.88	701.39	521.17	641.44	480.14	590.94	445.09	547.80
	800	699.76	861.24	644.66	793.43	597.60	735.51	556.95	685.48
	900	833.37	1025.69	772.54	950.82	719.99	886.14	674.13	829.70
	1000	969.91	1193.74	903.93	1112.53	846.36	1041.67	795.68	979.29
450	400	244.44	300.85	216.35	266.27	194.04	238.82		
	450	304.36	374.60	271.28	333.88	244.68	301.15	222.84	274.26
	500	367.33	452.10	329.46	405.49	298.67	367.60	273.14	336.18
	550	432.85	532.73	390.41	480.51	355.55	437.60	326.41	401.73
	600	500.52	616.02	453.74	558.45	414.96	510.72	382.29	470.51
	650	570.03	701.57	519.13	638.93	476.58	586.56	440.48	542.12
	700	641.12	789.07	586.32	721.63	540.15	664.80	500.73	616.28
	800	787.23	968.89	725.24	892.60	672.30	827.45	626.57	771.16
	900	937.55	1153.90	869.11	1069.68	809.99	996.91	758.40	933.41
	1000	1091.15	1342.96	1016.92	1251.60	952.15	1171.88	895.14	1101.71
	1100	1247.37	1535.23	1167.92	1437.45	1097.99	1351.37	1035.96	1275.02
500	450	338.18	416.22	301.42	370.98	271.87	334.61	247.60	304.74
	500	408.15	502.33	366.07	450.55	331.86	408.44	303.49	373.53
	550	480.94	591.93	433.79	533.90	395.06	486.23	362.68	446.37
	600	556.13	684.47	504.16	620.50	461.07	567.47	424.76	522.78
	650	633.36	779.52	576.81	709.92	529.53	651.73	489.42	602.36
	700	712.35	876.74	651.47	801.81	600.17	738.67	556.36	684.75
	800	874.70	1076.55	805.82	991.78	747.00	919.39	696.19	856.85
	900	1041.72	1282.11	965.68	1188.53	899.99	1107.68	842.66	1037.12
	1000	1212.39	1492.17	1129.92	1390.67	1057.95	1302.09	994.60	1224.12
	1100	1385.97	1705.81	1297.69	1597.16	1219.99	1501.52	1151.06	1416.69
	1200	1561.90	1922.34	1468.38	1807.23	1385.42	1705.13	1311.33	1613.95

续表 4-75

b	h \ a	200+20		250+20		300+20		350+20	
	β	0.65	0.80	0.65	0.80	0.65	0.80	0.65	0.80
600	550	577.13	710.31	520.55	640.67	474.07	583.47	435.21	535.65
	600	667.36	821.36	604.99	744.60	553.28	680.96	509.71	627.34
	650	760.04	935.43	692.18	851.91	635.44	782.08	587.30	722.83
	700	854.82	1052.09	781.76	962.17	720.20	886.41	667.64	821.70
	750	951.43	1170.99	873.45	1075.01	807.28	993.57	750.43	923.60
	800	1049.64	1291.86	966.99	1190.14	896.40	1103.27	835.42	1028.21
	900	1250.06	1538.54	1158.82	1426.23	1079.98	1329.21	1011.20	1244.55
	1000	1454.87	1790.61	1355.90	1668.80	1269.54	1562.51	1193.52	1468.94
	1100	1663.17	2046.97	1557.23	1916.59	1463.98	1801.83	1381.27	1700.03
	1200	1874.29	2306.81	1762.05	2168.68	1662.50	2046.16	1573.60	1936.74
	1300	2087.72	2569.50	1969.77	2424.33	1864.43	2294.69	1769.79	2178.21

b	h \ a	400+20		450+20		500+20		600+20	
	β	0.65	0.80	0.65	0.80	0.65	0.80	0.65	0.80
300	300								
	350								
	400								
	450								
	500	167.76	206.47						
	550	201.12	247.53	186.96	230.10				
	600	236.25	290.77	220.18	270.99	206.16	253.73		
	700	311.11	382.90	291.29	358.51	273.85	337.05	244.56	301.00
	800	391.11	481.36	367.69	452.54	346.91	426.97	311.69	383.62
	900	475.32	585.01	448.47	551.96	424.49	522.44	383.47	471.97
	1000	563.04	692.98	532.93	655.92	505.88	622.62	459.26	565.24
400	350								
	400								
	450								
	500	223.68	275.29						
	550	268.16	330.04	249.28	306.80				
	600	315.01	387.70	293.58	361.33	274.88	338.31		
	650	363.96	447.95	340.02	418.48	319.03	392.65		
	700	414.81	510.54	388.39	478.02	365.13	449.40	326.08	401.33
	800	521.47	641.82	490.25	603.38	462.55	569.29	415.59	511.50
	900	633.76	780.02	597.96	735.95	565.98	696.59	511.30	629.29
	1000	750.72	923.97	710.58	874.56	674.51	830.16	612.34	753.65

续表 4-75

b	h \ a / β	400+20 0.65	400+20 0.80	450+20 0.65	450+20 0.80	500+20 0.65	500+20 0.80	600+20 0.65	600+20 0.80
450	400								
	450								
	500	251.64	309.71						
	550	301.68	371.30	280.44	345.151				
	600	354.38	436.16	330.27	406.49	309.24	380.60		
	650	409.46	503.95	382.52	470.79	358.91	441.73		
	700	466.66	574.35	436.94	537.77	410.78	505.57	366.84	451.50
	800	586.66	722.04	551.53	678.81	520.37	640.46	467.54	575.43
	900	712.98	877.52	672.70	827.94	636.73	783.67	575.21	707.95
	1000	844.56	1039.46	799.40	983.88	758.82	933.93	688.88	847.86
	1100	980.56	1206.84	930.78	1145.58	885.82	1090.24	807.77	994.18
500	450								
	500	279.60	344.12						
	550	335.20	412.56	311.60	383.50				
	600	393.76	484.62	366.97	451.66	343.60	422.89		
	650	454.95	559.94	425.02	523.10	398.78	490.81		
	700	518.51	638.17	485.49	597.52	456.42	561.74	407.60	501.66
	800	651.84	802.27	612.81	754.23	578.19	711.62	519.49	639.37
	900	792.20	975.02	747.45	919.93	707.48	870.74	639.12	786.61
	1000	938.40	1154.96	888.22	1093.20	843.13	1037.70	765.43	942.06
	1100	1089.51	1340.93	1034.20	1272.86	984.24	1211.37	897.52	1104.64
	1200	1244.77	1532.02	1184.63	1458.01	1130.04	1390.82	1034.68	1273.45
600	550	402.24	495.07	373.91	460.20				
	600	472.51	581.55	440.37	541.99	412.32	507.47		
	650	545.94	671.93	510.02	627.72	478.54	588.97		
	700	622.22	765.81	582.59	717.03	547.70	674.09	489.12	602.00
	750	701.06	862.84	657.78	809.58	619.54	762.51	555.00	683.08
	800	782.21	962.72	735.37	905.07	693.83	853.94	623.39	767.25
	900	950.64	1170.02	896.94	1103.92	848.97	1044.89	766.95	943.93
	1000	1126.09	1385.95	1065.87	1311.84	1011.76	1245.25	918.51	1130.48
	1100	1307.41	1609.12	1241.04	1527.44	1181.09	1453.65	1077.03	1325.57
	1200	1493.72	1838.42	1421.56	1749.61	1356.05	1668.98	1241.62	1528.14
	1300	1684.30	2072.98	1606.68	1977.45	1535.90	1890.34	1411.54	1737.27

牛腿截面尺寸选择表（75） 表4-76

（混凝土强度等级：C80 $F_{hk}/F_{vk}=0.2$）

b	a	0+0		0+20		100+20		150+20	
	h \ β	0.65	0.80	0.65	0.80	0.65	0.80	0.65	0.80
300	300	251.07	309.01	213.87	263.23	122.86	151.22	101.31	124.69
	350	305.65	376.19	267.44	329.16	164.58	202.56	138.04	169.89
	400	360.23	443.36	321.29	395.43	208.55	256.68	177.43	218.37
	450	414.81	510.54	375.31	461.91	254.24	312.91	218.93	269.45
	500	469.39	577.71	429.44	528.55	301.25	370.77	262.13	322.62
	550	523.97	644.89	483.67	595.28	349.32	429.93	306.72	377.50
	600	578.55	712.07	537.95	662.10	398.22	490.12	352.45	433.79
	700	687.71	846.42	646.66	795.89	498.00	612.92	446.66	549.74
	800	796.88	980.77	755.48	929.82	599.71	738.10	543.66	669.12
	900	906.04	1115.12	864.38	1063.85	702.81	865.00	642.74	791.07
	1000	1015.20	1249.47	973.33	1197.95	806.95	993.17	743.41	914.97
400	350	407.53	501.58	356.59	438.88	219.44	270.08	184.05	226.52
	400	480.31	591.15	428.38	527.24	278.07	342.24	236.57	291.16
	450	553.08	680.72	500.41	615.89	338.99	417.21	291.90	359.27
	500	625.86	770.28	572.59	704.73	401.67	494.36	349.50	430.16
	550	698.63	859.85	644.89	793.71	465.75	573.24	408.95	503.33
	600	771.40	949.42	717.27	882.79	530.97	653.50	469.94	578.38
	650	844.18	1038.99	789.72	971.96	597.10	734.89	532.20	655.01
	700	916.95	1128.56	862.21	1061.18	664.00	817.23	595.55	732.98
	800	1062.50	1307.69	1007.31	1239.76	799.61	984.14	724.88	892.16
	900	1208.05	1486.83	1152.51	1418.47	937.08	1153.33	856.99	1054.76
	1000	1353.60	1665.96	1297.78	1597.27	1075.94	1324.23	991.22	1219.96
450	400	540.35	665.04	481.93	593.15	312.83	385.02	266.14	327.56
	450	622.22	765.81	562.96	692.87	381.36	469.37	328.39	404.18
	500	704.09	866.57	644.17	792.82	451.88	556.16	393.19	483.93
	550	785.96	967.33	725.50	892.92	523.97	644.89	460.07	566.24
	600	867.83	1068.10	806.93	993.14	597.34	735.18	528.68	650.68
	650	949.70	1168.86	888.43	1093.45	671.74	826.76	598.72	736.89
	700	1031.57	1269.63	969.99	1193.83	747.00	919.38	669.99	824.60
	800	1195.31	1471.15	1133.22	1394.73	899.57	1107.16	815.49	1003.68
	900	1359.05	1672.68	1296.57	1595.78	1054.22	1297.50	964.12	1186.60
	1000	1522.80	1874.21	1460.00	1796.92	1210.43	1489.76	1115.12	1372.45
	1100	1686.54	2075.74	1623.49	1998.14.	1367.82	1683.47	1267.98	1560.59

续表 4-76

b	h \ a	0+0		0+20		100+20		150+20	
	β	0.65	0.80	0.65	0.80	0.65	0.80	0.65	0.80
500	450	691.35	850.90	625.51	769.86	423.73	521.52	364.88	449.08
	500	782.32	962.86	715.74	880.91	502.09	617.95	436.88	537.70
	550	873.29	1074.82	806.11	992.14	582.19	716.54	511.19	629.16
	600	964.26	1186.78	896.59	1103.49	663.71	816.87	587.42	722.98
	650	1055.22	1298.74	987.14	1214.95	746.38	918.62	665.25	818.77
	700	1146.19	1410.70	1077.76	1326.48	830.00	1021.54	744.43	916.23
	800	1328.13	1634.62	1259.13	1549.70	999.52	1230.17	906.10	1115.21
	900	1510.06	1858.54	1440.63	1773.09	1171.36	1441.67	1071.24	1318.45
	1000	1692.00	2082.46	1622.22	1996.58	1344.92	1655.29	1239.02	1524.95
	1100	1873.93	2306.38	1803.88	2220.16	1519.80	1870.53	1408.87	1733.99
	1200	2055.87	2530.30	1985.58	2443.79	1695.71	2087.03	1580.36	1945.06
600	550	1047.95	1289.78	967.33	1190.57	698.63	859.85	613.43	754.99
	600	1157.11	1424.13	1075.91	1324.19	796.45	980.25	704.90	867.57
	650	1266.27	1558.48	1184.57	1457.94	895.65	1102.34	798.30	982.52
	700	1375.43	1692.84	1293.31	1591.77	996.00	1225.85	893.32	1099.47
	750	1484.59	1827.19	1402.11	1725.68	1097.31	1350.53	989.73	1218.12
	800	1593.75	1961.54	1510.96	1859.64	1199.42	1476.21	1087.33	1338.25
	900	1812.07	2230.24	1728.76	2127.70	1405.63	1730.00	1285.49	1582.14
	1000	2030.39	2498.95	1946.67	2395.90	1613.90	1986.34	1486.82	1829.94
	1100	2248.72	2767.65	2164.65	2664.19	1823.76	2244.63	1690.64	2080.79
	1200	2467.04	3036.36	2382.70	2932.55	2034.86	2504.44	1896.43	2334.07
	1300	2685.36	3305.06	2600.78	3200.96	2246.93	2765.46	2103.82	2589.31

b	h \ a	200+20		250+20		300+20		350+20	
	β	0.65	0.80	0.65	0.80	0.65	0.80	0.65	0.80
300	300	86.19	106.08						
	350	118.86	146.29	104.37	128.45				
	400	154.38	190.01	136.64	168.17	122.55	150.83		
	450	192.23	236.59	171.34	210.87	154.54	190.20	140.74	173.22
	500	232.00	285.54	208.08	256.10	188.63	232.17	172.51	212.32
	550	273.38	336.46	246.58	303.48	224.56	276.38	206.15	253.73
	600	316.12	389.07	286.57	352.71	262.08	322.56	241.44	297.16
	700	404.92	498.36	370.31	455.76	341.15	419.88	316.25	389.23
	800	497.20	611.93	458.05	563.75	424.61	522.60	395.73	487.05
	900	592.13	728.78	548.91	675.58	511.57	629.63	478.99	589.52
	1000	689.15	848.18	642.27	790.48	601.36	740.13	565.35	695.81

续表 4-76

b	h \ a / β	200+20 0.65	200+20 0.80	250+20 0.65	250+20 0.80	300+20 0.65	300+20 0.80	350+20 0.65	350+20 0.80
400	350	158.49	195.06	139.16	171.27				
	400	205.85	253.35	182.19	224.23	163.40	201.11		
	450	256.31	315.45	228.45	281.17	206.05	253.60	187.65	230.96
	500	309.33	380.72	277.44	341.47	251.51	309.55	230.02	283.10
	550	364.50	448.62	328.77	404.64	299.41	368.51	274.87	338.30
	600	421.49	518.76	382.10	470.27	349.44	430.08	321.92	396.21
	650	480.02	590.80	437.16	538.05	401.33	493.95	370.93	456.53
	700	539.89	664.48	493.74	607.68	454.87	559.84	421.66	518.97
	800	662.93	815.91	610.73	751.67	566.15	696.80	527.64	649.40
	900	789.51	971.71	731.88	900.78	682.10	839.50	638.65	786.03
	1000	918.86	1130.91	856.36	1053.98	801.81	986.85	753.80	927.75
450	400	231.58	285.02	204.96	252.26	183.83	226.251		
	450	288.34	354.89	257.00	316.31	231.81	285.30	211.11	259.83
	500	348.00	428.30	312.12	384.15	282.95	348.25	258.77	318.48
	550	410.07	504.70	369.86	455.22	336.84	414.57	309.23	380.59
	600	474.18	583.60	429.86	529.06	393.12	483.84	362.17	445.74
	650	540.03	664.65	491.81	605.30	451.50	555.69	417.29	513.59
	700	607.37	747.54	555.46	683.64	511.72	629.81	474.37	583.84
	800	745.79	917.90	687.07	845.62	636.92	783.90	593.59	730.57
	900	888.20	1093.17	823.37	1013.38	767.36	944.44	718.48	884.28
	1000	1033.72	1272.27	963.40	1185.72	902.04	1110.20	848.02	1043.72
	1100	1181.72	1454.43	1106.45	1361.79	1040.20	1280.25	981.43	1207.92
500	450	320.38	394.32	285.56	351.46	257.56	317.00	234.57	288.70
	500	386.66	475.89	346.80	426.83	314.39	386.94	287.52	353.87
	550	455.63	560.77	410.96	505.80	374.27	460.64	343.59	422.88
	600	526.86	648.44	477.62	587.84	436.80	537.60	402.41	495.27
	650	600.03	738.50	546.45	672.56	501.66	617.43	463.66	570.66
	700	674.86	830.60	617.18	759.61	568.58	699.79	527.08	648.71
	800	828.66	1019.89	763.41	939.58	707.69	871.00	659.55	811.75
	900	986.89	1214.63	914.85	1125.97	852.62	1049.38	798.31	982.54
	1000	1148.58	1413.64	1070.45	1317.47	1002.26	1233.56	942.25	1159.69
	1100	1313.03	1616.03	1229.39	1513.10	1155.78	1422.50	1090.48	1342.13
	1200	1479.70	1821.17	1391.09	1712.12	1312.50	1615.39	1242.31	1529.00

续表 4-76

b	a / h β	200+20 0.65	200+20 0.80	250+20 0.65	250+20 0.80	300+20 0.65	300+20 0.80	350+20 0.65	350+20 0.80
600	550	546.75	672.93	493.15	606.95	449.12	552.76	412.31	507.45
	600	632.23	778.13	573.15	705.41	524.16	645.12	482.89	594.32
	650	720.03	886.20	655.75	807.07	602.00	740.92	556.39	684.79
	700	809.83	996.72	740.62	911.53	682.30	839.75	632.50	778.46
	750	901.36	1109.36	827.48	1018.43	764.79	941.28	710.93	874.99
	800	994.39	1223.87	916.09	1127.50	849.22	1045.20	791.45	974.10
	900	1184.27	1457.56	1097.82	1351.17	1023.14	1259.25	957.97	1179.05
	1000	1378.30	1696.37	1284.54	1580.97	1202.72	1480.27	1130.70	1391.63
	1100	1575.63	1939.24	1475.27	1815.72	1386.93	1706.99	1308.58	1610.55
	1200	1775.64	2185.40	1669.31	2054.54	1575.00	1938.46	1490.78	1834.80
	1300	1977.84	2434.27	1866.10	2296.74	1766.31	2173.92	1676.65	2063.56

b	a / h β	400+20 0.65	400+20 0.80	450+20 0.65	450+20 0.80	500+20 0.65	500+20 0.80	600+20 0.65	600+20 0.80
300	300								
	350								
	400								
	450								
	500	158.93	195.60						
	550	190.54	234.51	177.12	217.99				
	600	223.82	275.47	208.59	256.73	195.31	240.38		
	700	294.73	362.75	275.96	339.65	259.44	319.31	231.69	285.16
	800	370.52	456.03	348.33	428.72	328.65	404.50	295.29	363.43
	900	450.31	554.22	424.86	522.91	402.14	494.95	363.29	447.13
	1000	533.41	656.50	504.88	621.40	479.26	589.85	435.08	535.49
400	350								
	400								
	450								
	500	211.90	260.81						
	550	254.05	312.67	236.16	290.65				
	600	298.43	367.29	278.13	342.31	260.41	320.51		
	650	344.81	424.38	322.12	396.46	302.24	371.98		
	700	392.98	483.67	367.95	452.86	345.92	425.74	308.92	380.21
	800	494.03	608.04	464.45	571.63	438.21	539.33	393.72	484.58
	900	600.41	738.96	566.49	697.21	536.19	659.93	484.39	596.17
	1000	711.21	875.34	673.18	828.53	639.01	786.47	580.11	713.98

续表 4-76

b	a	400 + 20		450 + 20		500 + 20		600 + 20	
	h \ β	0.65	0.80	0.65	0.80	0.65	0.80	0.65	0.80
450	400								
	450								
	500	238.39	293.41						
	550	285.80	351.76	265.68	326.99				
	600	335.73	413.21	312.89	385.10	292.96	360.57		
	650	387.91	477.42	362.39	446.01	340.02	418.48		
	700	442.10	544.13	413.94	509.47	389.16	478.96	347.53	427.74
	800	555.78	684.04	522.50	643.08	492.98	606.75	442.93	545.15
	900	675.46	831.33	637.30	784.37	603.22	742.42	544.93	670.69
	1000	800.11	984.75	757.33	932.09	718.88	884.78	652.63	803.23
	1100	928.95	1143.32	881.79	1085.28	839.19	1032.86	765.26	941.85
500	450								
	500	264.88	326.01						
	550	317.56	390.84	295.20	363.32				
	600	373.03	459.12	347.66	427.89	325.51	400.63		
	650	431.01	530.47	402.65	495.57	377.80	464.98		
	700	491.22	604.58	459.94	566.08	432.40	532.18	386.15	475.26
	800	617.54	760.04	580.56	714.53	547.76	674.16	492.15	605.72
	900	750.51	923.70	708.11	871.52	670.24	824.91	605.48	745.21
	1000	889.01	1094.17	841.47	1035.66	798.76	983.09	725.14	892.48
	1100	1032.16	1270.36	979.77	1205.87	932.44	1147.62	850.29	1046.51
	1200	1179.25	1451.39	1122.28	1381.27	1070.57	1317.62	980.22	1206.43
600	550	381.07	469.01	354.24	435.98				
	600	447.64	550.94	417.19	513.46	390.62	480.76		
	650	517.21	636.56	483.18	594.68	453.36	557.98		
	700	589.47	725.50	551.92	679.29	518.87	638.61	463.38	570.31
	750	664.16	817.43	623.16	766.97	586.93	722.38	525.79	647.13
	800	741.04	912.05	696.67	857.44	657.31	809.00	590.58	726.86
	900	900.61	1108.44	849.73	1045.82	804.29	989.89	726.58	894.25
	1000	1066.82	1313.01	1009.77	1242.79	958.51	1179.71	870.17	1070.98
	1100	1238.60	1524.43	1175.72	1447.05	1118.93	1377.14	1020.34	1255.81
	1200	1415.10	1741.67	1346.74	1657.53	1284.68	1581.14	1176.27	1447.71
	1300	1595.65	1963.88	1522.12	1873.37	1455.06	1790.85	1337.24	1645.84

牛腿截面尺寸选择表 (76) **表 4-77**

(混凝土强度等级：C80 $F_{hk}/F_{vk}=0.3$)

b	a / h \ β	0+0 0.65	0+0 0.80	0+20 0.65	0+20 0.80	100+20 0.65	100+20 0.80	150+20 0.65	150+20 0.80
300	300	237.12	291.84	201.99	248.61	116.04	142.82	95.68	117.76
	350	288.67	355.29	252.59	310.88	155.44	191.31	130.37	160.45
	400	340.22	418.73	303.44	373.46	196.97	242.42	167.57	206.24
	450	391.77	482.17	354.46	436.25	240.12	295.53	206.77	254.48
	500	443.31	545.62	405.59	499.18	284.52	350.17	247.57	304.70
	550	494.86	609.06	456.80	562.21	329.91	406.04	289.68	356.52
	600	546.41	672.51	508.07	625.31	376.10	462.89	332.87	409.69
	700	649.51	799.39	610.73	751.67	470.33	578.87	421.85	519.19
	800	752.60	926.28	713.51	878.16	566.39	697.10	513.46	631.95
	900	855.70	1053.17	816.36	1004.75	663.77	816.95	607.04	747.12
	1000	958.80	1180.06	919.26	1131.40	762.12	938.00	702.11	864.14
400	350	384.89	473.72	336.78	414.50	207.25	255.08	173.82	213.94
	400	453.62	558.31	404.58	497.95	262.62	323.23	223.43	274.99
	450	522.36	642.90	472.61	581.67	320.15	394.03	275.69	339.31
	500	591.09	727.49	540.78	665.58	379.35	466.90	330.09	406.26
	550	659.82	812.08	609.06	749.62	439.88	541.39	386.23	475.37
	600	728.55	896.68	677.42	833.75	501.47	617.19	443.83	546.25
	650	797.28	981.27	745.84	917.96	563.93	694.07	502.63	618.62
	700	866.01	1065.86	814.31	1002.23	627.11	771.83	562.46	692.26
	800	1003.47	1235.04	951.34	1170.89	755.19	929.47	684.61	842.60
	900	1140.93	1404.23	1088.48	1339.67	885.02	1089.26	809.38	996.16
	1000	1278.40	1573.41	1225.68	1508.53	1016.16	1250.66	936.15	1152.18
450	400	510.33	628.10	455.16	560.19	295.45	363.63	251.36	309.36
	450	587.65	723.26	531.68	654.38	360.17	443.29	310.15	381.72
	500	664.97	818.43	608.38	748.77	426.77	525.26	371.35	457.04
	550	742.29	913.59	685.20	843.32	494.86	609.06	434.51	534.79
	600	819.62	1008.76	762.10	937.97	564.15	694.34	499.31	614.53
	650	896.94	1103.93	839.07	1032.70	634.42	780.83	565.46	695.95
	700	974.26	1199.09	916.10	1127.50	705.50	868.31	632.77	778.79
	800	1128.91	1389.42	1070.26	1317.25	849.59	1045.65	770.19	947.92
	900	1283.55	1579.76	1224.54	1507.12	995.65	1225.42	910.55	1120.68
	1000	1438.20	1770.09	1378.89	1697.09	1143.18	1406.99	1053.17	1296.21
	1100	1592.84	1960.42	1533.30	1887.13	1291.83	1589.95	1197.54	1473.89

续表 4-77

b	a	0+0		0+20		100+20		150+20	
	h \ β	0.65	0.80	0.65	0.80	0.65	0.80	0.65	0.80
500	450	652.94	803.62	590.76	727.09	400.19	492.54	344.61	424.13
	500	738.86	909.36	675.98	831.97	474.19	583.62	412.61	507.83
	550	824.77	1015.10	761.33	937.02	549.85	676.74	482.79	594.21
	600	910.69	1120.84	846.78	1042.19	626.84	771.49	554.79	682.81
	650	996.60	1226.58	932.30	1147.45	704.91	867.58	628.29	773.28
	700	1082.51	1332.32	1017.89	1252.78	783.89	964.79	703.08	865.32
	800	1254.34	1543.80	1189.18	1463.61	943.99	1161.83	855.77	1053.25
	900	1426.17	1755.28	1360.60	1674.58	1106.28	1361.58	1011.73	1245.20
	1000	1598.00	1966.76	1532.10	1885.66	1270.20	1563.33	1170.19	1440.23
	1100	1769.82	2178.24	1703.66	2096.81	1435.37	1766.61	1330.60	1637.66
	1200	1941.65	2389.72	1875.27	2308.02	1601.51	1971.09	1492.56	1837.00
600	550	989.73	1218.12	913.59	1124.42	659.82	812.08	579.35	713.05
	600	1092.82	1345.01	1016.13	1250.63	752.20	925.79	665.74	819.38
	650	1195.92	1471.90	1118.76	1376.94	845.89	1041.10	753.95	927.94
	700	1299.02	1598.79	1221.46	1503.34	940.67	1157.74	843.69	1038.39
	750	1402.11	1725.68	1324.22	1629.81	1036.34	1275.50	934.74	1150.45
	800	1505.21	1852.56	1427.02	1756.33	1132.79	1394.20	1026.92	1263.90
	900	1711.40	2106.34	1632.72	2009.50	1327.54	1633.89	1214.07	1494.24
	1000	1917.59	2360.12	1838.52	2262.79	1524.24	1875.99	1404.22	1728.27
	1100	2123.79	2613.89	2044.39	2516.18	1722.44	2119.93	1596.72	1965.19
	1200	2329.98	2867.67	2250.32	2769.63	1921.81	2365.30	1791.07	2204.40
	1300	2536.17	3121.44	2456.29	3023.13	2122.10	2611.82	1986.94	2445.46

b	a	200+20		250+20		300+20		350+20	
	h \ β	0.65	0.80	0.65	0.80	0.65	0.80	0.65	0.80
300	300	81.40	100.18						
	350	112.26	138.17	98.57	121.32				
	400	145.81	179.46	129.05	158.83	115.74	142.45		
	450	181.55	223.45	161.82	199.16	145.95	179.63	132.92	163.59
	500	219.11	269.67	196.52	241.87	178.15	219.27	162.93	200.53
	550	258.19	317.77	232.88	286.62	212.08	261.03	194.70	239.63
	600	298.55	367.45	270.65	333.11	247.52	304.64	228.03	280.65
	700	382.42	470.67	349.74	430.44	322.20	396.55	298.68	367.60
	800	469.57	577.94	432.60	532.43	401.02	493.57	373.74	459.99
	900	559.24	688.29	518.42	638.05	483.15	594.65	452.38	556.77
	1000	650.86	801.06	606.59	746.57	567.95	699.02	533.94	657.16

续表 4-77

b	a / h β	200+20		250+20		300+20		350+20	
		0.65	0.80	0.65	0.80	0.65	0.80	0.65	0.80
400	350	149.68	184.22	131.43	161.76				
	400	194.41	239.27	172.06	211.77	154.33	189.94		
	450	242.07	297.93	215.76	265.55	194.60	239.51	177.23	218.13
	500	292.15	359.56	262.03	322.50	237.54	292.36	217.24	267.37
	550	344.25	423.70	310.50	382.16	282.78	348.04	259.60	319.51
	600	398.07	489.94	360.87	444.15	330.03	406.19	304.04	374.20
	650	453.36	557.98	412.88	508.16	379.03	466.50	350.32	431.16
	700	509.89	627.56	466.31	573.92	429.60	528.73	398.24	490.14
	800	626.10	770.58	576.80	709.91	534.70	658.09	498.32	613.32
	900	745.65	917.72	691.22	850.74	644.20	792.86	603.17	742.36
	1000	867.82	1068.08	808.78	995.42	757.27	932.02	711.92	876.21
450	400	218.71	269.18	193.57	238.24	173.62	213.68		
	450	272.33	335.17	242.73	298.74	218.93	269.45	199.38	245.39
	500	328.66	404.51	294.78	362.81	267.23	328.90	244.39	300.79
	550	387.28	476.66	349.32	429.93	318.13	391.54	292.05	359.45
	600	447.83	551.18	405.98	499.67	371.28	456.96	342.04	420.98
	650	510.02	627.72	464.49	571.68	426.41	524.82	394.11	485.06
	700	573.63	706.01	524.60	645.66	483.30	594.82	448.02	551.41
	800	704.36	866.91	648.90	798.65	601.53	740.35	560.61	689.99
	900	838.86	1032.44	777.63	957.08	724.73	891.97	678.57	835.16
	1000	976.29	1201.59	909.88	1119.85	851.93	1048.52	800.91	985.74
	1100	1116.07	1373.63	1044.98	1286.14	982.41	1209.12	926.91	1140.81
500	450	302.58	372.41	269.69	331.93	243.25	299.39	221.53	272.66
	500	365.18	449.46	327.54	403.12	296.92	365.45	271.55	334.21
	550	430.32	529.62	388.13	477.70	353.47	435.04	324.50	399.39
	600	497.59	612.42	451.09	555.18	412.53	507.73	380.05	467.75
	650	566.69	697.47	516.10	635.20	473.79	583.13	437.90	538.95
	700	637.37	784.45	582.89	717.41	536.99	660.92	497.80	612.67
	800	782.62	963.23	721.00	887.38	668.37	822.61	622.90	766.65
	900	932.06	1147.15	864.03	1063.42	805.25	991.08	753.96	927.95
	1000	1084.77	1335.10	1010.98	1244.28	946.58	1165.03	889.90	1095.26
	1100	1240.08	1526.25	1161.09	1429.04	1091.57	1343.47	1029.90	1267.57
	1200	1397.49	1719.99	1313.81	1617.00	1239.58	1525.64	1173.30	1444.06

续表 4-77

b	h \ a / β	200+20 0.65	200+20 0.80	250+20 0.65	250+20 0.80	300+20 0.65	300+20 0.80	350+20 0.65	350+20 0.80
600	550	516.38	635.54	465.75	573.24	424.17	522.05	389.40	479.26
	600	597.11	734.90	541.30	666.22	495.04	609.28	456.06	561.30
	650	680.03	836.96	619.32	762.23	568.55	699.76	525.48	646.74
	700	764.84	941.34	699.47	860.89	644.39	793.10	597.36	735.21
	750	851.28	1047.73	781.51	961.85	722.30	888.98	671.43	826.38
	800	939.15	1155.87	865.20	1064.86	802.05	987.13	747.48	919.98
	900	1118.48	1376.58	1036.83	1276.10	966.30	1189.29	904.75	1113.54
	1000	1301.72	1602.12	1213.17	1493.14	1135.90	1398.03	1067.88	1314.32
	1100	1488.10	1831.50	1393.31	1714.85	1309.88	1612.16	1235.88	1521.08
	1200	1676.99	2063.99	1576.57	1940.40	1487.50	1830.77	1407.96	1732.87
	1300	1867.96	2299.03	1762.43	2169.14	1668.18	2053.14	1583.50	1948.92

b	h \ a / β	400+20 0.65	400+20 0.80	450+20 0.65	450+20 0.80	500+20 0.65	500+20 0.80	600+20 0.65	600+20 0.80
300	300								
	350								
	400								
	450								
	500	150.10	184.74						
	550	179.95	221.48	167.28	205.88				
	600	211.39	260.17	197.01	242.47	184.46	227.02		
	700	278.36	342.60	260.63	320.78	245.02	301.57	218.82	269.31
	800	349.94	430.69	328.98	404.90	310.40	382.03	278.88	343.24
	900	425.29	523.43	401.26	493.86	379.80	467.45	343.11	422.29
	1000	503.77	620.03	476.84	586.87	452.63	557.08	410.91	505.74
400	350								
	400								
	450								
	500	200.13	246.32						
	550	239.93	295.30	223.04	274.51				
	600	281.85	346.89	262.67	323.29	245.94	302.70		
	650	325.65	400.80	304.23	374.43	285.45	351.32		
	700	371.15	456.80	347.51	427.70	326.70	402.09	291.76	359.09
	800	466.58	574.26	438.64	539.87	413.86	509.37	371.85	457.66
	900	567.05	697.91	535.01	658.48	506.40	623.27	457.48	563.05
	1000	671.70	826.71	635.78	782.50	603.51	742.78	547.88	674.32

续表 4-77

b	a \ β / h	400+20		450+20		500+20		600+20	
		0.65	0.80	0.65	0.80	0.65	0.80	0.65	0.80
450	400								
	450								
	500	225.15	277.11						
	550	269.93	332.22	250.92	308.82				
	600	317.08	390.25	295.51	363.70	276.69	340.54		
	650	366.36	450.90	342.25	421.23	321.13	395.23		
	700	417.54	513.90	390.95	481.16	367.54	452.35	328.23	403.97
	800	524.91	646.04	493.47	607.35	465.59	573.04	418.33	514.86
	900	637.93	785.15	601.89	740.79	569.70	701.17	514.66	633.43
	1000	755.66	930.05	715.25	880.31	678.95	835.63	616.37	758.61
	1100	877.34	1079.80	832.81	1024.99	792.57	975.47	722.74	889.53
500	450								
	500	250.16	307.89						
	550	299.92	369.13	278.80	343.13				
	600	352.31	433.61	328.34	404.11	307.43	378.37		
	650	407.06	501.00	380.28	468.04	356.81	439.15		
	700	463.93	571.00	434.38	534.63	408.37	502.61	364.70	448.86
	800	583.23	717.82	548.30	674.84	517.33	636.71	464.81	572.07
	900	708.81	872.39	668.77	823.10	633.01	779.08	571.85	703.81
	1000	839.62	1033.38	794.73	978.12	754.38	928.47	684.86	842.90
	1100	974.82	1199.78	925.34	1138.88	880.64	1083.86	803.05	988.37
	1200	1113.74	1370.76	1059.93	1304.54	1011.09	1244.42	925.77	1139.40
600	550	359.90	442.95	334.56	411.76				
	600	422.77	520.33	394.01	484.94	368.91	454.05		
	650	488.47	601.20	456.34	561.65	428.17	526.98		
	700	556.72	685.20	521.26	641.55	490.05	603.14	437.64	538.63
	750	627.26	772.01	588.54	724.36	554.32	682.24	496.58	611.18
	800	699.87	861.38	657.97	809.80	620.79	764.05	557.77	686.48
	900	850.58	1046.86	802.52	987.72	759.61	934.90	686.21	844.57
	1000	1007.55	1240.06	953.67	1173.75	905.26	1114.17	821.83	1011.48
	1100	1169.79	1439.74	1110.41	1366.65	1056.76	1300.63	963.66	1186.04
	1200	1336.49	1644.91	1271.92	1565.44	1213.31	1493.30	1110.92	1367.29
	1300	1507.00	1854.77	1437.55	1769.30	1374.23	1691.36	1262.95	1554.40

牛腿截面尺寸选择表（77）　**表 4-78**

（混凝土强度等级：C80　$F_{hk}/F_{vk}=0.4$）

b	a / β / h	0+0 0.65	0+0 0.80	0+20 0.65	0+20 0.80	100+20 0.65	100+20 0.80	150+20 0.65	150+20 0.80
300	300	223.17	274.68	190.11	233.98	109.21	134.42	90.05	110.83
	350	271.69	334.39	237.73	292.59	146.29	180.05	122.70	151.01
	400	320.21	394.10	285.59	351.49	185.38	228.16	157.71	194.11
	450	368.72	453.81	333.61	410.59	225.99	278.14	194.60	239.51
	500	417.24	513.52	381.73	469.82	267.78	329.57	233.00	286.77
	550	465.75	573.24	429.93	529.14	310.50	382.16	272.64	335.55
	600	514.27	632.95	478.18	588.53	353.98	435.66	313.29	385.59
	700	611.30	752.37	574.81	707.45	442.67	544.82	397.03	488.65
	800	708.33	871.80	671.54	826.51	533.08	656.09	483.26	594.78
	900	805.37	991.22	768.34	945.65	624.72	768.89	571.33	703.17
	1000	902.40	1110.64	865.19	1064.84	717.29	882.82	660.81	813.31
400	350	362.25	445.85	316.97	390.12	195.06	240.07	163.60	201.35
	400	426.94	525.47	380.79	468.66	247.18	304.22	210.28	258.81
	450	491.63	605.08	444.81	547.45	301.32	370.86	259.47	319.35
	500	556.32	684.70	508.97	626.43	357.04	439.43	310.67	382.36
	550	621.00	764.31	573.24	705.52	414.00	509.54	363.51	447.40
	600	685.69	843.93	637.57	784.71	471.97	580.89	417.72	514.12
	650	750.38	923.55	701.97	863.96	530.76	653.24	473.07	582.24
	700	815.07	1003.16	766.41	943.27	590.22	726.43	529.37	651.54
	800	944.44	1162.39	895.38	1102.01	710.77	874.79	644.34	793.03
	900	1073.82	1321.63	1024.45	1260.86	832.96	1025.19	761.77	937.56
	1000	1203.20	1480.86	1153.58	1419.79	956.39	1177.09	881.08	1084.41
450	400	480.31	591.15	428.38	527.24	278.07	342.24	236.57	291.16
	450	553.08	680.72	500.41	615.89	338.99	417.21	291.90	359.27
	500	625.86	770.28	572.59	704.73	401.67	494.36	349.50	430.16
	550	698.63	859.85	644.89	793.71	465.75	573.24	408.95	503.33
	600	771.40	949.42	717.27	882.79	530.97	653.50	469.94	578.38
	650	844.18	1038.99	789.72	971.96	597.10	734.89	532.20	655.01
	700	916.95	1128.56	862.21	1061.18	664.00	817.23	595.55	732.98
	800	1062.50	1307.69	1007.31	1239.76	799.61	984.14	724.88	892.16
	900	1208.05	1486.83	1152.51	1418.47	937.08	1153.33	856.99	1054.76
	1000	1353.60	1665.96	1297.78	1597.27	1075.94	1324.23	991.22	1219.96
	1100	1499.14	1845.10	1443.10	1776.13	1215.84	1496.42	1127.09	1387.19

续表 4-78

b	a	0+0		0+20		100+20		150+20	
	h \ β	0.65	0.80	0.65	0.80	0.65	0.80	0.65	0.80
500	450	614.54	756.35	556.01	684.32	376.65	463.57	324.34	399.19
	500	695.40	855.87	636.21	783.03	446.30	549.29	388.34	477.95
	550	776.26	955.39	716.54	881.90	517.50	636.93	454.39	559.25
	600	857.12	1054.91	796.97	980.88	589.96	726.11	522.15	642.65
	650	937.98	1154.43	877.46	1079.95	663.45	816.55	591.33	727.79
	700	1018.84	1253.95	958.01	1179.09	737.78	908.03	661.72	814.42
	800	1180.56	1452.99	1119.23	1377.51	888.46	1093.49	805.43	991.29
	900	1342.28	1652.03	1280.56	1576.08	1041.20	1281.48	952.21	1171.95
	1000	1504.00	1851.07	1441.98	1774.74	1195.48	1471.36	1101.35	1355.51
	1100	1665.72	2050.11	1603.45	1973.47	1350.93	1662.69	1252.33	1541.33
	1200	1827.44	2249.15	1764.96	2172.26	1507.30	1855.14	1404.76	1728.94
600	550	931.51	1146.47	859.85	1058.28	621.00	764.31	545.27	671.10
	600	1028.54	1265.89	956.36	1177.06	707.96	871.33	626.58	771.18
	650	1125.57	1385.32	1052.95	1295.94	796.14	979.86	709.60	873.35
	700	1222.60	1504.74	1149.61	1414.91	885.33	1089.64	794.06	977.31
	750	1319.64	1624.17	1246.32	1533.93	975.38	1200.47	879.76	1082.78
	800	1416.67	1743.59	1343.07	1653.01	1066.15	1312.19	966.51	1189.55
	900	1610.73	1982.44	1536.67	1891.29	1249.45	1537.78	1142.66	1406.35
	1000	1804.80	2221.29	1730.37	2129.69	1434.58	1765.64	1321.62	1626.61
	1100	1998.86	2460.13	1924.14	2368.17	1621.12	1995.23	1502.79	1849.59
	1200	2192.92	2698.98	2117.95	2606.71	1808.76	2226.17	1685.72	2074.73
	1300	2386.99	2937.83	2311.81	2845.30	1997.27	2458.18	1870.06	2301.61

b	a	200+20		250+20		300+20		350+20	
	h \ β	0.65	0.80	0.65	0.80	0.65	0.80	0.65	0.80
300	300	76.61	94.29						
	350	105.66	130.04	92.77	114.18				
	400	137.23	168.90	121.46	149.49	108.94	134.07		
	450	170.87	210.30	152.30	187.44	137.37	169.07	125.10	153.97
	500	206.22	253.81	184.96	227.64	167.67	206.37	153.34	188.73
	550	243.00	299.08	219.18	269.76	199.61	245.67	183.25	225.54
	600	280.99	345.84	254.73	313.52	232.96	286.72	214.62	264.14
	700	359.93	442.98	329.16	405.12	303.24	373.22	281.11	345.98
	800	441.95	543.94	407.15	501.11	377.43	464.53	351.76	432.93
	900	526.34	647.80	487.92	600.52	454.73	559.67	425.77	524.02
	1000	612.58	753.94	570.90	702.65	534.54	657.90	502.53	618.50

续表 4-78

b	a / β / h	200+20		250+20		300+20		350+20	
		0.65	0.80	0.65	0.80	0.65	0.80	0.65	0.80
400	350	140.88	173.39	123.70	152.24				
	400	182.97	225.20	161.94	199.31	145.25	178.77		
	450	227.83	280.40	203.06	249.93	183.16	225.42	166.80	205.30
	500	274.96	338.41	246.61	303.53	223.57	275.16	204.46	251.64
	550	324.00	398.77	292.24	359.68	266.14	327.56	244.33	300.71
	600	374.66	461.12	339.64	418.02	310.61	382.29	286.16	352.19
	650	426.69	525.15	388.59	478.26	356.74	439.06	329.71	405.80
	700	479.90	590.65	438.88	540.16	404.33	497.63	374.81	461.31
	800	589.27	725.25	542.87	668.15	503.24	619.38	469.01	577.24
	900	701.79	863.74	650.56	800.69	606.31	746.22	567.69	698.69
	1000	816.77	1005.25	761.21	936.87	712.72	877.20	670.04	824.67
450	400	205.85	253.35	182.19	224.23	163.40	201.11		
	450	256.31	315.45	228.45	281.17	206.05	253.60	187.65	230.96
	500	309.33	380.72	277.44	341.47	251.51	309.55	230.02	283.10
	550	364.50	448.62	328.77	404.64	299.41	368.51	274.87	338.30
	600	421.49	518.76	382.10	470.27	349.44	430.08	321.92	396.21
	650	480.02	590.80	437.16	538.05	401.33	493.95	370.93	456.53
	700	539.89	664.48	493.74	607.68	454.87	559.84	421.66	518.97
	800	662.93	815.91	610.73	751.67	566.15	696.80	527.64	649.40
	900	789.51	971.71	731.88	900.78	682.10	839.50	638.65	786.03
	1000	918.86	1130.91	856.36	1053.98	801.81	986.85	753.80	927.75
	1100	1050.42	1292.83	983.52	1210.48	924.62	1138.00	872.38	1073.70
500	450	284.78	350.50	253.83	312.41	228.94	281.78	208.50	256.62
	500	343.70	423.02	308.27	379.41	279.46	343.95	255.57	314.55
	550	405.00	498.47	365.30	449.60	332.68	409.45	305.41	375.89
	600	468.32	576.40	424.55	522.53	388.27	477.87	357.69	440.24
	650	533.36	656.44	485.74	597.83	445.92	548.83	412.14	507.25
	700	599.88	738.31	548.60	675.20	505.41	622.04	468.52	576.63
	800	736.59	906.57	678.59	835.18	629.06	774.22	586.26	721.55
	900	877.24	1079.67	813.20	1000.87	757.88	932.78	709.61	873.37
	1000	1020.96	1256.57	951.51	1171.09	890.90	1096.49	837.55	1030.84
	1100	1167.13	1436.47	1092.79	1344.98	1027.36	1264.44	969.31	1193.00
	1200	1315.29	1618.82	1236.53	1521.88	1166.67	1435.90	1104.28	1359.11

续表 4-78

b	a	200+20		250+20		300+20		350+20	
	h \ β	0.65	0.80	0.65	0.80	0.65	0.80	0.65	0.80
600	550	486.00	598.16	438.36	539.52	399.22	491.34	366.49	451.07
	600	561.99	691.67	509.46	627.03	465.92	573.44	429.23	528.29
	650	640.03	787.73	582.89	717.40	535.11	658.59	494.57	608.70
	700	719.85	885.97	658.32	810.25	606.49	746.45	562.22	691.96
	750	801.21	986.10	735.53	905.27	679.81	836.69	631.94	777.77
	800	883.90	1087.88	814.30	1002.22	754.87	929.07	703.51	865.86
	900	1052.68	1295.61	975.84	1201.04	909.46	1119.34	851.53	1048.04
	1000	1225.15	1507.88	1141.81	1405.30	1069.08	1315.79	1005.07	1237.00
	1100	1400.56	1723.77	1311.35	1613.97	1232.83	1517.33	1163.18	1431.60
	1200	1578.35	1942.58	1483.83	1826.26	1400.00	1723.08	1325.14	1630.94
	1300	1758.08	2163.79	1658.75	2041.54	1570.05	1932.37	1490.35	1834.28

b	a	400+20		450+20		500+20		600+20	
	h \ β	0.65	0.80	0.65	0.80	0.65	0.80	0.65	0.80
300	300								
	350								
	400								
	450								
	500	141.27	173.87						
	550	169.36	208.45	157.44	193.77				
	600	198.95	244.86	185.42	228.21	173.61	213.67		
	700	261.99	322.44	245.30	301.91	230.61	283.83	205.95	253.47
	800	329.35	405.36	309.63	381.08	292.14	359.55	262.48	323.05
	900	400.27	492.64	377.66	464.81	357.46	439.95	322.92	397.45
	1000	474.14	583.56	448.79	552.35	426.00	524.31	386.74	475.99
400	350								
	400								
	450								
	500	188.36	231.83						
	550	225.82	277.93	209.92	258.36				
	600	265.27	326.48	247.22	304.27	231.48	284.89		
	650	306.49	377.22	286.33	352.41	268.65	330.65		
	700	349.32	429.93	327.07	402.54	307.48	378.44	274.60	337.96
	800	439.14	540.48	412.84	508.11	389.52	479.41	349.97	430.73
	900	533.70	656.86	503.54	619.75	476.62	586.60	430.57	529.93
	1000	632.19	778.08	598.38	736.47	568.01	699.09	515.66	634.65

续表 4-78

b	a / β / h	400+20		450+20		500+20		600+20	
		0.65	0.80	0.65	0.80	0.65	0.80	0.65	0.80
450	400								
	450								
	500	211.90	260.81						
	550	254.05	312.67	236.16	290.65				
	600	298.43	367.29	278.13	342.31	260.41	320.51		
	650	344.81	424.38	322.12	396.46	302.24	371.98		
	700	392.98	483.67	367.95	452.86	345.92	425.74	308.92	380.21
	800	494.03	608.04	464.45	571.63	438.21	539.33	393.72	484.58
	900	600.41	738.96	566.49	697.21	536.19	659.93	484.39	596.17
	1000	711.21	875.34	673.18	828.53	639.01	786.47	580.11	713.98
	1100	825.73	1016.29	783.82	964.70	745.95	918.09	680.23	837.20
500	450								
	500	235.45	289.78						
	550	282.27	347.42	262.40	322.95				
	600	331.58	408.10	309.03	380.34	289.34	356.12		
	650	383.12	471.53	357.91	440.51	335.82	413.32		
	700	436.64	537.41	408.83	503.18	384.35	473.05	343.24	422.45
	800	548.92	675.59	516.05	635.14	486.90	599.26	437.46	538.42
	900	667.12	821.07	629.43	774.68	595.77	733.25	538.21	662.41
	1000	790.24	972.60	747.98	920.59	710.01	873.86	644.57	793.32
	1100	917.48	1129.21	870.91	1071.89	828.83	1020.10	755.81	930.23
	1200	1048.22	1290.12	997.59	1227.80	951.61	1171.22	871.31	1072.38
600	550	338.73	416.90	314.88	387.54				
	600	397.90	489.73	370.83	456.41	347.21	427.34		
	650	459.74	565.83	429.49	528.61	402.98	495.98		
	700	523.97	644.89	490.60	603.81	461.22	567.66	411.89	506.95
	750	590.36	726.60	553.92	681.75	521.72	642.11	467.37	575.23
	800	658.71	810.71	619.26	762.17	584.28	719.11	524.96	646.10
	900	800.54	985.28	755.31	929.62	714.92	879.91	645.85	794.89
	1000	948.28	1167.12	897.57	1104.70	852.01	1048.63	773.48	951.98
	1100	1100.98	1355.05	1045.09	1286.26	994.60	1224.12	906.97	1116.27
	1200	1257.87	1548.15	1197.10	1473.36	1141.94	1405.46	1045.57	1286.86
	1300	1418.35	1745.67	1352.99	1665.22	1293.39	1591.86	1188.66	1462.97

牛腿截面尺寸选择表（78） 表 4-79

（混凝土强度等级：C80 $F_{hk}/F_{vk}=0.5$）

b	h \ a / β	0+0 0.65	0+0 0.80	0+20 0.65	0+20 0.80	100+20 0.65	100+20 0.80	150+20 0.65	150+20 0.80
300	300	209.23	257.51	178.23	219.36	102.39	126.01	84.42	103.91
	350	254.71	313.49	222.87	274.30	137.15	168.80	115.03	141.58
	400	300.19	369.47	267.74	329.53	173.80	213.90	147.86	181.98
	450	345.68	425.45	312.75	384.93	211.87	260.76	182.44	224.54
	500	391.16	481.43	357.87	440.46	251.04	308.98	218.44	268.85
	550	436.64	537.41	403.06	496.07	291.10	358.27	255.60	314.58
	600	482.13	593.39	448.29	551.75	331.85	408.44	293.71	361.49
	700	573.10	705.35	538.88	663.24	415.00	510.77	372.22	458.11
	800	664.06	817.31	629.57	774.85	499.76	615.09	453.05	557.60
	900	755.03	929.27	720.32	886.54	585.68	720.83	535.62	659.22
	1000	846.00	1041.23	811.11	998.29	672.46	827.64	619.51	762.47
400	350	339.61	417.98	297.16	365.74	182.87	225.07	153.37	188.77
	400	400.26	492.62	356.99	439.37	231.73	285.20	197.14	242.64
	450	460.90	567.26	417.01	513.24	282.49	347.68	243.25	299.39
	500	521.55	641.90	477.16	587.27	334.72	411.97	291.25	358.47
	550	582.19	716.54	537.41	661.43	388.13	477.70	340.80	419.44
	600	642.84	791.18	597.73	735.66	442.47	544.58	391.61	481.99
	650	703.48	865.82	658.10	809.96	497.58	612.41	443.50	545.85
	700	764.13	940.46	718.51	884.32	553.33	681.03	496.29	610.82
	800	885.42	1089.74	839.42	1033.13	666.34	820.12	604.07	743.47
	900	1006.71	1239.02	960.42	1182.06	780.90	961.11	714.16	878.97
	1000	1128.00	1388.30	1081.48	1331.05	896.61	1103.52	826.01	1016.63
450	400	450.29	554.20	401.61	494.29	260.69	320.85	221.78	272.97
	450	518.51	638.17	469.13	577.39	317.80	391.14	273.66	336.81
	500	586.74	722.14	536.80	660.68	376.56	463.46	327.66	403.27
	550	654.97	806.11	604.58	744.10	436.64	537.41	383.39	471.87
	600	723.19	890.08	672.44	827.62	497.78	612.65	440.56	542.23
	650	791.42	974.05	740.36	911.21	559.78	688.96	498.94	614.08
	700	859.64	1058.02	808.32	994.86	622.50	766.15	558.32	687.17
	800	996.09	1225.96	944.35	1162.28	749.64	922.63	679.58	836.40
	900	1132.55	1393.90	1080.47	1329.81	878.52	1081.25	803.43	988.84
	1000	1269.00	1561.84	1216.67	1497.44	1008.69	1241.46	929.27	1143.71
	1100	1405.45	1729.78	1352.91	1665.12	1139.85	1402.89	1056.65	1300.49

续表 4-79

b	a: h \ β	0+0 0.65	0+0 0.80	0+20 0.65	0+20 0.80	100+20 0.65	100+20 0.80	150+20 0.65	150+20 0.80
500	450	576.13	709.08	521.26	641.55	353.11	434.60	304.07	374.24
	500	651.93	802.38	596.45	734.09	418.41	514.96	364.07	448.08
	550	727.74	895.68	671.76	826.78	485.16	597.12	425.99	524.30
	600	803.55	988.98	747.16	919.58	553.09	680.73	489.52	602.48
	650	879.35	1082.28	822.62	1012.46	621.98	765.52	554.37	682.31
	700	955.16	1175.58	898.13	1105.40	691.67	851.28	620.36	763.52
	800	1106.77	1362.18	1049.28	1291.42	832.93	1025.15	755.09	929.34
	900	1258.38	1548.78	1200.53	1477.57	976.13	1201.39	892.70	1098.71
	1000	1410.00	1735.38	1351.85	1663.82	1120.77	1379.40	1032.52	1270.79
	1100	1561.61	1921.98	1503.23	1850.13	1266.50	1558.77	1174.06	1444.99
	1200	1713.22	2108.58	1654.65	2036.49	1413.09	1739.19	1316.97	1620.88
600	550	873.29	1074.82	806.11	992.14	582.19	716.54	511.19	629.16
	600	964.26	1186.78	896.59	1103.49	663.71	816.87	587.42	722.98
	650	1055.22	1298.74	987.14	1214.95	746.38	918.62	665.25	818.77
	700	1146.19	1410.70	1077.76	1326.48	830.00	1021.54	744.43	916.23
	750	1237.16	1522.66	1168.43	1438.06	914.42	1125.44	824.77	1015.10
	800	1328.13	1634.62	1259.13	1549.70	999.52	1230.17	906.10	1115.21
	900	1510.06	1858.54	1440.63	1773.09	1171.36	1441.67	1071.24	1318.45
	1000	1692.00	2082.46	1622.22	1996.58	1344.92	1655.29	1239.02	1524.95
	1100	1873.93	2306.38	1803.88	2220.16	1519.80	1870.53	1408.87	1733.99
	1200	2055.87	2530.30	1985.58	2443.79	1695.71	2087.03	1580.36	1945.06
	1300	2237.80	2754.22	2167.32	2667.47	1872.45	2304.55	1753.18	2157.76

b	a: h \ β	200+20 0.65	200+20 0.80	250+20 0.65	250+20 0.80	300+20 0.65	300+20 0.80	350+20 0.65	350+20 0.80
300	300	71.82	88.40						
	350	99.05	121.91	86.97	107.04				
	400	128.65	158.34	113.87	140.14	102.13	125.70		
	450	160.19	197.16	142.78	175.73	128.78	158.50	117.28	144.35
	500	193.33	237.95	173.40	213.42	157.20	193.47	143.76	176.94
	550	227.81	280.39	205.48	252.90	187.13	230.32	171.79	211.44
	600	263.43	324.22	238.81	293.92	218.40	268.80	201.20	247.63
	700	337.43	415.30	308.59	379.80	284.29	349.90	263.54	324.36
	800	414.33	509.94	381.71	469.79	353.84	435.50	329.77	405.87
	900	493.44	607.32	457.43	562.99	426.31	524.69	399.16	491.27
	1000	574.29	706.82	535.22	658.74	501.13	616.78	471.12	579.85

续表 4-79

b	h \ a / β	200+20 0.65	200+20 0.80	250+20 0.65	250+20 0.80	300+20 0.65	300+20 0.80	350+20 0.65	350+20 0.80
400	350	132.07	162.55	115.97	142.73				
	400	171.54	211.12	151.82	186.86	136.17	167.59		
	450	213.59	262.88	190.37	234.30	171.71	211.33	156.38	192.46
	500	257.78	317.26	231.20	284.56	209.59	257.96	191.68	235.91
	550	303.75	373.85	273.97	337.20	249.51	307.09	229.06	281.92
	600	351.24	432.30	318.41	391.89	291.20	358.40	268.27	330.18
	650	400.02	492.33	364.30	448.37	334.44	411.62	309.11	380.44
	700	449.91	553.73	411.45	506.40	379.06	466.53	351.39	432.48
	800	552.44	679.93	508.94	626.39	471.79	580.67	439.70	541.17
	900	657.93	809.76	609.90	750.65	568.41	699.58	532.21	655.03
	1000	765.72	942.43	713.63	878.31	668.18	822.37	628.17	773.13
450	400	192.98	237.52	170.80	210.21	153.19	188.54		
	450	240.29	295.74	214.17	263.59	193.17	237.75	175.92	216.52
	500	290.00	356.92	260.10	320.12	235.79	290.21	215.64	265.40
	550	341.72	420.58	308.22	379.35	280.70	345.48	257.69	317.16
	600	395.15	486.33	358.22	440.88	327.60	403.20	301.80	371.45
	650	450.02	553.87	409.84	504.42	376.25	463.07	347.74	427.99
	700	506.14	622.95	462.88	569.70	426.44	524.85	395.31	486.54
	800	621.49	764.92	572.56	704.69	530.77	653.25	494.66	608.81
	900	740.17	910.98	686.14	844.48	639.46	787.03	598.73	736.90
	1000	861.44	1060.23	802.83	988.10	751.70	925.17	706.69	869.77
	1100	984.77	1212.02	922.05	1134.83	866.83	1066.87	817.86	1006.60
500	450	266.99	328.60	237.97	292.88	214.64	264.17	195.47	240.58
	500	322.22	396.58	289.00	355.69	261.99	322.45	239.60	294.89
	550	379.69	467.31	342.47	421.50	311.89	383.86	286.32	352.40
	600	439.05	540.37	398.02	489.87	364.00	448.00	335.34	412.72
	650	500.02	615.41	455.38	560.47	418.05	514.53	386.38	475.55
	700	562.38	692.16	514.32	633.00	473.82	583.16	439.23	540.60
	800	690.55	849.91	636.18	782.99	589.74	725.83	549.62	676.46
	900	822.41	1012.19	762.38	938.31	710.52	874.48	665.26	818.78
	1000	957.15	1178.03	892.04	1097.89	835.22	1027.96	785.21	966.41
	1100	1094.19	1346.69	1024.49	1260.92	963.15	1185.41	908.73	1118.44
	1200	1233.08	1517.64	1159.25	1426.76	1093.75	1346.16	1035.26	1274.17

续表 4-79

b	h \ β (a)	200+20 0.65	200+20 0.80	250+20 0.65	250+20 0.80	300+20 0.65	300+20 0.80	350+20 0.65	350+20 0.80
600	550	455.63	560.77	410.96	505.80	374.27	460.64	343.59	422.88
	600	526.86	648.44	477.62	587.84	436.80	537.60	402.41	495.27
	650	600.03	738.50	546.45	672.56	501.66	617.43	463.66	570.66
	700	674.86	830.60	617.18	759.61	568.58	699.79	527.08	648.71
	750	751.13	924.47	689.56	848.69	637.32	784.40	592.44	729.16
	800	828.66	1019.89	763.41	939.58	707.69	871.00	659.55	811.75
	900	986.89	1214.63	914.85	1125.97	852.62	1049.38	798.31	982.54
	1000	1148.58	1413.64	1070.45	1317.47	1002.26	1233.56	942.25	1159.69
	1100	1313.03	1616.03	1229.39	1513.10	1155.78	1422.50	1090.48	1342.13
	1200	1479.70	1821.17	1391.09	1712.12	1312.50	1615.39	1242.31	1529.00
	1300	1648.20	2028.55	1555.08	1913.95	1471.92	1811.60	1397.21	1719.64

b	h \ β (a)	400+20 0.65	400+20 0.80	450+20 0.65	450+20 0.80	500+20 0.65	500+20 0.80	600+20 0.65	600+20 0.80
300	300								
	350								
	400								
	450								
	500	132.44	163.00						
	550	158.78	195.42	147.60	181.66				
	600	186.52	229.56	173.83	213.94	162.76	200.32		
	700	245.61	302.29	229.97	283.04	216.20	266.09	193.07	237.63
	800	308.77	380.02	290.28	357.27	273.88	337.08	246.07	302.86
	900	375.25	461.85	354.05	435.76	335.12	412.46	302.74	372.61
	1000	444.51	547.09	420.74	517.83	399.38	491.54	362.57	446.24
400	350								
	400								
	450								
	500	176.59	217.34						
	550	211.71	260.56	196.80	242.21				
	600	248.69	306.08	231.77	285.26	217.01	267.09		
	650	287.34	353.65	268.43	330.38	251.86	309.99		
	700	327.48	403.06	306.62	377.38	288.26	354.79	257.43	316.84
	800	411.69	506.70	387.04	476.36	365.17	449.44	328.10	403.81
	900	500.34	615.80	472.07	581.01	446.83	549.94	403.66	496.81
	1000	592.68	729.45	560.98	690.44	532.51	655.39	483.43	594.99

续表 4-79

b	a	400+20		450+20		500+20		600+20	
	h \ β	0.65	0.80	0.65	0.80	0.65	0.80	0.65	0.80
450	400								
	450								
	500	198.66	244.50						
	550	238.17	293.13	221.40	272.49				
	600	279.77	344.34	260.74	320.91	244.13	300.47		
	650	323.25	397.85	301.99	371.68	283.35	348.73		
	700	368.42	453.44	344.95	424.56	324.30	399.13	289.61	356.45
	800	463.15	570.03	435.42	535.90	410.82	505.62	369.11	454.29
	900	562.88	692.78	531.08	653.64	502.68	618.68	454.11	558.91
	1000	666.76	820.63	631.11	776.74	599.07	737.32	543.86	669.36
	1100	774.12	952.77	734.83	904.40	699.33	860.71	637.71	784.88
500	450								
	500	220.73	271.67						
	550	264.63	325.70	246.00	302.77				
	600	310.86	382.60	289.71	356.57	271.26	333.86		
	650	359.17	442.06	335.54	412.98	314.83	387.48		
	700	409.35	503.82	383.28	471.73	360.33	443.48	321.79	396.05
	800	514.61	633.37	483.80	595.44	456.46	561.80	410.12	504.77
	900	625.42	769.75	590.09	726.26	558.53	687.43	504.57	621.01
	1000	740.85	911.81	701.23	863.05	665.63	819.24	604.28	743.73
	1100	860.14	1058.63	816.48	1004.89	777.03	956.35	708.57	872.09
	1200	982.71	1209.49	935.24	1151.06	892.14	1098.02	816.85	1005.36
600	550	317.56	390.84	295.20	363.32				
	600	373.03	459.12	347.66	427.89	325.51	400.63		
	650	431.01	530.47	402.65	495.57	377.80	464.98		
	700	491.22	604.58	459.94	566.08	432.40	532.18	386.15	475.26
	750	553.47	681.19	519.30	639.14	489.11	601.98	438.16	539.27
	800	617.54	760.04	580.56	714.53	547.76	674.16	492.15	605.72
	900	750.51	923.70	708.11	871.52	670.24	824.91	605.48	745.21
	1000	889.01	1094.17	841.47	1035.66	798.76	983.09	725.14	892.48
	1100	1032.16	1270.36	979.77	1205.87	932.44	1147.62	850.29	1046.51
	1200	1179.25	1451.39	1122.28	1381.27	1070.57	1317.62	980.22	1206.43
	1300	1329.71	1636.56	1268.43	1561.15	1212.55	1492.37	1114.37	1371.53

4.2　竖向力作用下牛腿承载力计算用表

4.2.1　制表公式

根据公式（2-7）导得竖向力作用下牛腿承载力 F_v 的制表计算公式为

$$F_v = \frac{0.85 f_y A_s}{\dfrac{a}{h_0}} \tag{4-2}$$

式（4-2）中公式符号意义与要求同前。

此处，当 $\frac{a}{h_0} < 0.3$ 时，取 $\frac{a}{h_0} = 0.3$。

4.2.2　计算用表与适用范围

竖向力作用下牛腿承载力计算用表与适用范围如表4-80所示。

竖向力作用下牛腿承载力计算用表与适用范围　　表4-80

序号	计算用表编号	适用范围
1	表4-81	竖向力作用下牛腿承载力 F_v 值，$f_y=300\text{N/mm}^2$
2	表4-82	竖向力作用下牛腿承载力 F_v 值，$f_y=360\text{N/mm}^2$
3	表4-83	竖向力作用下牛腿的最大、最小纵向受力钢筋的截面面积（$a_s=40$mm）
4	表4-84	竖向力作用下牛腿的最大、最小纵向受力钢筋的截面面积（$a_s=70$mm）
5	表4-85	牛腿箍筋的配筋面积

注：1. 在表4-81、表4-82中：

当 $\frac{a}{h_0}<0.3$ 时，承载力 F_v 和取 $\frac{a}{h_0}=0.3$ 的承载力相同。

当 $\frac{a}{h_0}<0.3$ 时，不配置弯起钢筋。当 $\frac{a}{h_0}\geqslant 0.3$ 时，宜配置弯起钢筋，弯起钢筋数量及直径不宜低于表中所列数值。

2. 表4-83与表4-84系根据表3-3制作。

3. A_{sh} 值为在牛腿高度范围内所配置水平箍筋的总截面面积，其相应的直径和间距可从表4-85中查得。

竖向力作用下牛腿承载力 F_v 值(kN)　f_y = 300N/mm²　表 4-81

纵向钢筋	A_s (mm²)	弯起钢筋	A_{sb} (mm²)	a/h_0 A_{sh} (mm²)	0.30	0.35	0.40	0.45	0.50	0.55	0.60	0.65	0.70	0.75	0.80	0.85	0.90	0.95	1.00
4Φ12	452	2Φ12	226	339	384.5	329.6	288.4	256.4	230.7	209.7	192.3	177.5	164.8	153.8	144.2	135.7	128.2	121.4	115.4
2Φ12+2Φ14	534	2Φ14	308	401	454.0	389.1	340.5	302.6	272.4	247.6	227.0	209.5	194.6	181.6	170.2	160.2	151.3	143.4	136.2
4Φ14	616	2Φ14	308	462	523.4	448.6	392.5	348.9	314.0	285.5	261.7	241.6	224.3	209.4	196.3	184.7	174.5	165.3	157.0
2Φ14+2Φ16	710	2Φ16	402	533	603.5	517.3	452.6	402.3	362.1	329.2	301.7	278.5	258.6	241.4	226.3	213.0	201.2	190.6	181.0
4Φ16	804	2Φ16	402	603	683.6	586.0	512.7	455.7	410.2	372.9	341.8	315.5	293.0	273.4	256.4	241.3	227.9	215.9	205.1
2Φ16+2Φ18	911	2Φ18	509	683	774.4	663.8	580.8	516.3	464.6	422.4	387.2	357.4	331.9	309.8	290.4	273.3	258.1	244.5	232.3
4Φ18	1018	2Φ18	509	764	865.2	741.6	648.9	576.8	519.1	471.9	432.6	399.3	370.8	346.1	324.4	305.4	288.4	273.2	259.6
2Φ18+2Φ20	1137	2Φ20	628	853	966.7	828.6	725.0	644.4	580.0	527.3	483.3	446.2	414.3	386.7	362.5	341.2	322.2	305.3	290.0
4Φ20	1257	2Φ20	628	943	1068.1	915.5	801.1	712.1	640.9	582.6	534.1	493.0	457.8	427.3	400.6	377.0	356.0	337.3	320.4
2Φ20+2Φ22	1389	2Φ22	760	1042	1180.3	1011.7	885.2	786.9	708.2	643.8	590.1	544.8	505.8	472.1	442.6	414.6	393.4	372.7	354.1
4Φ22	1521	2Φ22	760	1141	1292.5	1107.8	969.3	861.6	775.5	705.0	646.2	596.5	553.9	517.0	484.7	456.2	430.8	408.1	387.7
2Φ22+2Φ25	1742	2Φ25	982	1307	1480.7	1269.2	1110.5	987.1	888.4	807.7	740.4	683.4	634.6	592.3	555.3	522.6	493.6	467.6	444.2
4Φ25	1963	2Φ25	982	1472	1669.0	1430.5	1251.7	1112.6	1001.4	910.3	834.5	770.3	715.3	667.6	625.9	589.0	556.3	527.0	500.7
3Φ22+2Φ25	2122	3Φ22	1140	1592	1803.8	1546.1	1352.9	1202.5	1082.3	983.9	901.9	832.5	773.1	721.5	676.4	636.6	601.3	569.6	541.1
2Φ22+3Φ25	2233	3Φ25	1473	1675	1898.0	1626.8	1423.5	1265.3	1138.8	1035.2	949.0	876.0	813.4	759.2	711.7	669.9	632.7	599.4	569.4
5Φ25	2454	3Φ25	1473	1841	2086.2	1788.2	1564.7	1390.8	1251.7	1137.9	1043.1	962.9	894.1	834.5	782.3	736.3	695.4	658.8	625.9
3Φ22+3Φ25	2613	3Φ25	1473	1960	2221.1	1903.8	1655.8	1480.7	1332.6	1211.5	1110.5	1025.1	951.9	888.4	832.9	783.9	740.4	701.4	666.3
2Φ22+4Φ25	2724	3Φ25	1473	2043	2315.2	1984.5	1736.4	1543.5	1389.1	1262.8	1157.6	1068.6	992.2	926.1	868.2	817.1	771.7	731.1	694.6
6Φ25	2945	3Φ25	1473	2209	2503.5	2145.8	1877.6	1669.0	1502.1	1365.5	1251.7	1155.4	1072.9	1001.4	938.8	883.6	834.5	790.6	751.0
3Φ22+4Φ25	3104	4Φ25	1963	2328	2638.3	2261.4	1978.7	1758.9	1583.0	1439.1	1319.2	1217.7	1130.7	1055.3	989.4	931.2	879.4	833.2	791.5

竖向力作用下牛腿承载力 F_v 值(kN)　　$f_y=360N/mm^2$　　表4-82

纵向钢筋	A_s (mm^2)	弯起钢筋	A_{sb} (mm^2)	a/h_0 / A_{sh} (mm^2)	0.30	0.35	0.40	0.45	0.50	0.55	0.60	0.65	0.70	0.75	0.80	0.85	0.90	0.95	1.00
4Φ12	452	2Φ12	226	339	461.4	395.5	346.1	307.6	276.9	251.7	230.7	213.0	197.8	184.6	173.0	162.9	153.8	145.7	138.4
2Φ12+2Φ14	534	2Φ14	308	401	544.8	466.9	408.6	363.2	326.9	297.1	272.4	251.4	233.5	217.9	204.3	192.3	181.6	172.0	163.4
4Φ14	616	2Φ14	308	462	628.1	538.3	471.1	418.7	376.8	342.6	314.0	289.9	269.2	251.2	235.5	221.7	209.4	198.3	188.4
2Φ14+2Φ16	710	2Φ16	402	533	724.2	620.7	543.1	482.8	434.5	395.0	362.1	334.2	310.4	289.7	271.6	255.6	241.4	228.7	217.3
4Φ16	804	2Φ16	402	603	820.3	703.1	615.5	546.9	492.2	447.5	410.2	378.6	351.6	328.1	307.6	289.5	273.4	259.1	246.1
2Φ16+2Φ18	911	2Φ18	509	683	929.3	796.5	697.0	619.5	557.6	506.9	464.6	428.9	398.3	371.7	348.5	328.0	309.8	293.5	278.8
4Φ18	1018	2Φ18	509	764	1038.2	889.9	778.7	692.2	622.9	566.3	519.1	479.2	445.0	415.3	389.3	366.4	346.1	327.9	311.5
2Φ18+2Φ20	1137	2Φ20	628	853	1160.0	994.3	870.0	773.3	696.0	632.7	580.0	535.4	497.1	464.0	435.0	409.4	386.7	366.3	348.0
4Φ20	1257	2Φ20	628	943	1281.8	1098.7	961.3	854.5	769.1	699.1	640.9	591.6	549.3	512.7	480.7	452.4	427.3	404.8	384.5
2Φ20+2Φ22	1389	2Φ22	760	1042	1416.4	1214.0	1062.3	944.2	849.8	772.6	708.2	653.7	607.0	566.5	531.1	499.9	472.1	447.3	424.9
4Φ22	1521	2Φ22	760	1141	1550.9	1329.4	1163.2	1034.0	930.6	846.0	775.8	715.8	664.7	620.4	581.6	547.4	517.0	489.8	465.3
2Φ22+2Φ25	1742	2Φ25	982	1307	1776.9	1523.0	1332.6	1184.6	1066.1	969.2	888.4	820.1	761.5	710.7	666.3	627.1	592.3	561.1	533.1
4Φ25	1963	2Φ25	982	1472	2002.8	1716.7	1502.1	1335.2	1201.7	1092.4	1001.4	924.4	858.3	801.1	751.0	706.9	667.6	632.5	600.8
3Φ22+2Φ25	2122	3Φ22	1140	1592	2164.6	1855.4	1623.4	1443.1	1298.8	1180.7	1082.3	999.0	927.7	865.8	911.7	764.0	721.5	683.6	649.4
2Φ22+3Φ25	2233	3Φ25	1473	1675	2277.5	1952.2	1708.2	1518.4	1366.5	1242.3	1138.8	1051.2	976.1	911.0	854.1	803.8	759.2	719.2	683.3
5Φ25	2454	3Φ25	1473	1841	2503.5	2145.8	1877.6	1669.0	1502.1	1365.5	1251.7	1155.4	1072.9	1001.4	938.8	883.6	834.5	790.6	751.0
3Φ22+3Φ25	2613	3Φ25	1473	1960	2665.3	2284.5	1999.0	1776.9	1599.2	1453.8	1332.6	1230.1	1142.3	1066.1	999.5	940.7	888.4	841.7	799.6
2Φ22+4Φ25	2724	3Φ25	1473	2043	2778.2	2381.3	2083.7	1852.2	1666.9	1515.4	1389.1	1282.3	1190.7	1111.3	1041.8	980.6	926.1	877.3	833.5
6Φ25	2945	3Φ25	1473	2209	3004.1	2275.0	2253.1	2002.8	1802.5	1638.6	1502.1	1386.5	1287.5	1201.7	1126.6	1060.3	1001.4	948.7	901.2
3Φ22+4Φ25	3104	4Φ25	1963	2328	3166.0	2713.7	2374.5	2110.6	1899.6	1726.9	1583.0	1461.2	1356.8	1266.4	1187.2	1117.4	1055.3	999.8	949.8

柱牛腿承受竖向力所需的最大、最小纵向受力钢筋的截面面积（mm^2）　表 4-83

$f_y = 300N/mm^2$　($f_y = 360N/mm^2$)　$a_s = 40mm$

混凝土强度等级	柱牛腿高 h (mm)	300		350		400		450		500		600	
		$A_{s,max}$	$A_{s,min}$	$A_{s,max}$	$A_{s,min}$	$A_{s,max}$	$A_{s,min}$	$A_{s,max}$	$A_{s,min}$	$A_{s,max}$	$A_{s,min}$	$A_{s,max}$	$A_{s,min}$
C20	400	648	452	756	452	864	452	972	452	1080	452	1296	452
		(648)	(452)	(756)	(452)	(864)	(452)	(972)	(452)	(1080)	(452)	(1296)	(452)
	500	828	452	966	452	1104	452	1242	452	1380	460	1656	552
		(828)	(452)	(966)	(452)	(1104)	(452)	(1242)	(452)	(1380)	(460)	(1656)	(552)
	600	1008	452	1176	452	1344	452	1512	504	1680	560	2016	672
		(1008)	(452)	(1176)	(452)	(1344)	(452)	(1512)	(504)	(1680)	(560)	(2016)	(672)
	700	1188	452	1386	462	1584	528	1782	594	1980	660	2376	792
		(1188)	(452)	(1386)	(462)	(1584)	(528)	(1782)	(594)	(1980)	(660)	(2376)	(792)
	800	1368	456	1596	532	1824	608	2052	684	2280	760	2736	912
		(1368)	(456)	(1596)	(532)	(1824)	(608)	(2052)	(684)	(2280)	(760)	(2736)	(912)
	900	1548	516	1806	602	2064	688	2322	774	2580	860	3096	1032
		(1548)	(516)	(1806)	(602)	(2064)	(688)	(2322)	(774)	(2580)	(860)	(3096)	(1032)
	1000	1728	576	2016	672	2304	768	2592	864	2880	960	3456	1152
		(1728)	(576)	(2016)	(672)	(2304)	(768)	(2592)	(864)	(2880)	(960)	(3456)	(1152)
	1100	1908	636	2226	742	2544	848	2862	954	3180	1060	3816	1272
		(1908)	(636)	(2226)	(742)	(2544)	(848)	(2862)	(954)	(3180)	(1060)	(3816)	(1272)
	1200	2088	696	2436	812	2784	928	3132	1044	3480	1160	4176	1392
		(2088)	(696)	(2436)	(812)	(2784)	(928)	(3132)	(1044)	(3480)	(1160)	(4176)	(1392)
	1300	2268	756	2646	882	3024	1008	3402	1134	3780	1260	4536	1512
		(2268)	(756)	(2646)	(882)	(3024)	(1008)	(3402)	(1134)	(3780)	(1260)	(4536)	(1512)
	1400	2448	816	2856	952	3264	1088	3672	1224	4080	1360	4896	1632
		(2448)	(816)	(2856)	(952)	(3264)	(1088)	(3672)	(1244)	(4080)	(1360)	(4896)	(1632)
	1500	2628	876	3066	1022	3504	1168	3942	1314	4380	1460	5256	1752
		(2628)	(876)	(3066)	(1022)	(3504)	(1168)	(3942)	(1314)	(4380)	(1460)	(5256)	(1752)
C25	400	648	452	756	452	864	452	972	452	1080	452	1296	452
		(648)	(452)	(756)	(452)	(864)	(452)	(972)	(452)	(1080)	(452)	(1296)	(452)
	500	828	452	966	452	1104	452	1242	452	1380	460	1656	552
		(828)	(452)	(966)	(452)	(1104)	(452)	(1242)	(452)	(1380)	(460)	(1656)	(552)

续表 4-83

混凝土强度等级	柱牛腿高 h（mm）	柱牛腿宽 b（mm）											
		300		350		400		450		500		600	
		$A_{s,max}$	$A_{s,min}$	$A_{s,max}$	$A_{s,min}$	$A_{s,max}$	$A_{s,min}$	$A_{s,max}$	$A_{s,min}$	$A_{s,max}$	$A_{s,min}$	$A_{s,max}$	$A_{s,min}$
C25	600	1008	452	1176	452	1344	452	1512	504	1680	560	2016	672
		(1008)	(452)	(1176)	(452)	(1344)	(452)	(1512)	(504)	(1680)	(560)	(2016)	(672)
	700	1188	452	1386	462	1584	528	1782	594	1980	660	2376	792
		(1188)	(452)	(1386)	(462)	(1584)	(528)	(1782)	(594)	(1980)	(660)	(2376)	(792)
	800	1368	456	1596	532	1824	608	2052	684	2280	760	2736	912
		(1368)	(456)	(1596)	(532)	(1824)	(608)	(2052)	(684)	(2280)	(760)	(2736)	(912)
	900	1548	516	1806	602	2064	688	2322	774	2580	860	3096	1032
		(1548)	(516)	(1806)	(602)	(2064)	(688)	(2322)	(774)	(2580)	(860)	(3096)	(1032)
	1000	1728	576	2016	672	2304	768	2592	864	2880	960	3456	1152
		(1728)	(576)	(2016)	(672)	(2304)	(768)	(2592)	(864)	(2880)	(960)	(3456)	(1152)
	1100	1908	636	2226	742	2544	848	2862	954	3180	1060	3816	1272
		(1908)	(636)	(2226)	(742)	(2544)	(848)	(2862)	(954)	(3180)	(1060)	(3816)	(1272)
	1200	2088	696	2436	812	2784	928	3132	1044	3480	1160	4176	1392
		(2088)	(696)	(2436)	(812)	(2784)	(928)	(3132)	(1044)	(3480)	(1160)	(4176)	(1392)
	1300	2268	756	2646	882	3024	1008	3402	1134	3780	1260	4536	1512
		(2268)	(756)	(2646)	(882)	(3024)	(1008)	(3402)	(1134)	(3780)	(1260)	(4536)	(1512)
	1400	2448	816	2856	952	3264	1088	3672	1224	4080	1360	4896	1632
		(2448)	(816)	(2856)	(952)	(3264)	(1088)	(3672)	(1224)	(4080)	(1360)	(4896)	(1632)
	1500	2628	876	3066	1022	3504	1168	3942	1314	4380	1460	5256	1752
		(2628)	(876)	(3066)	(1022)	(3504)	(1168)	(3942)	(1314)	(4380)	(1460)	(5256)	(1752)
C30	400	648	452	756	452	864	452	972	452	1080	452	1296	462
		(648)	(452)	(756)	(452)	(864)	(452)	(972)	(452)	(1080)	(452)	(1296)	(452)
	500	828	452	966	452	1104	452	1242	452	1380	492	1656	591
		(828)	(452)	(966)	(452)	(1104)	(452)	(1242)	(452)	(1380)	(460)	(1656)	(552)
	600	1008	452	1176	452	1344	479	1512	539	1680	599	2016	719
		(1008)	(452)	(1176)	(452)	(1344)	(448)	(1512)	(504)	(1680)	(560)	(2016)	(672)
	700	1188	452	1386	494	1584	565	1782	636	1980	706	2376	847
		(1188)	(452)	(1386)	(462)	(1584)	(528)	(1782)	(594)	(1980)	(660)	(2376)	(792)

续表 4-83

混凝土强度等级	柱牛腿高 h (mm)	柱牛腿宽 b（mm） 300		350		400		450		500		600	
		$A_{s,max}$	$A_{s,min}$	$A_{s,max}$	$A_{s,min}$	$A_{s,max}$	$A_{s,min}$	$A_{s,max}$	$A_{s,min}$	$A_{s,max}$	$A_{s,min}$	$A_{s,max}$	$A_{s,min}$
C30	800	1368	488	1596	569	1824	651	2052	732	2280	813	2736	976
		(1368)	(456)	(1596)	(532)	(1824)	(608)	(2052)	(684)	(2280)	(760)	(2736)	(912)
	900	1548	552	1806	644	2064	736	2322	838	2580	920	3096	1104
		(1548)	(516)	(1806)	(602)	(2064)	(688)	(2322)	(774)	(2580)	(860)	(3096)	(1032)
	1000	1728	616	2016	719	2304	822	2592	924	2880	1027	3456	1233
		(1728)	(576)	(2016)	(672)	(2304)	(768)	(2592)	(864)	(2880)	(960)	(3456)	(1152)
	1100	1908	681	2226	794	2544	907	2862	1021	3180	1134	3816	1361
		(1908)	(636)	(2226)	(742)	(2544)	(848)	(2862)	(954)	(3180)	(1060)	(3816)	(1272)
	1200	2088	745	2436	869	2784	993	3132	1117	3480	1241	4176	1489
		(2088)	(696)	(2436)	(812)	(2784)	(928)	(3132)	(1044)	(3480)	(1160)	(4176)	(1392)
	1300	2268	809	2646	944	3024	1079	3402	1213	3780	1348	4536	1618
		(2268)	(756)	(2646)	(882)	(3024)	(1008)	(3402)	(1134)	(3780)	(1260)	(4536)	(1512)
	1400	2448	873	2856	1019	3264	1164	3672	1310	4080	1455	4896	1746
		(2448)	(816)	(2856)	(952)	(3264)	(1088)	(3672)	(1224)	(4080)	(1360)	(4896)	(1632)
	1500	2628	937	3066	1094	3504	1250	3942	1406	4380	1562	5256	1875
		(2628)	(876)	(3066)	(1022)	(3504)	(1168)	(3942)	(1314)	(4380)	(1460)	(5256)	(1752)
C35	400	648	452	756	452	864	452	972	452	1080	452	1296	510
		(648)	(452)	(756)	(452)	(864)	(452)	(972)	(452)	(1080)	(452)	(1296)	(452)
	500	828	452	966	452	1104	452	1242	489	1380	543	1656	651
		(828)	(452)	(966)	(452)	(1104)	(452)	(1242)	(452)	(1380)	(460)	(1656)	(552)
	600	1008	452	1176	463	1344	529	1512	595	1680	661	2016	793
		(1008)	(452)	(1176)	(452)	(1344)	(452)	(1512)	(504)	(1680)	(560)	(2016)	(672)
	700	1188	467	1386	545	1584	623	1782	701	1980	779	2376	935
		(1188)	(452)	(1386)	(462)	(1584)	(528)	(1782)	(594)	(1980)	(660)	(2376)	(792)
	800	1368	538	1596	628	1824	717	2052	807	2280	897	2736	1076
		(1368)	(456)	(1596)	(532)	(1824)	(608)	(2052)	(684)	(2280)	(760)	(2736)	(912)
	900	1548	609	1806	710	2064	812	2322	913	2580	1015	3096	1218
		(1548)	(516)	(1806)	(602)	(2064)	(688)	(2322)	(774)	(2580)	(860)	(3096)	(1032)

续表 4-83

混凝土强度等级	柱牛腿高 h (mm)	柱牛腿宽 b (mm) 300		350		400		450		500		600	
		$A_{s,max}$	$A_{s,min}$	$A_{s,max}$	$A_{s,min}$	$A_{s,max}$	$A_{s,min}$	$A_{s,max}$	$A_{s,min}$	$A_{s,max}$	$A_{s,min}$	$A_{s,max}$	$A_{s,min}$
C35	1000	1728	680	2016	793	2304	906	2592	1020	2880	1133	3456	1359
		(1728)	(576)	(2016)	(672)	(2304)	(768)	(2592)	(864)	(2880)	(960)	(3456)	(1152)
	1100	1908	750	2226	876	2544	1001	2862	1126	3180	1251	3816	1501
		(1908)	(636)	(2226)	(742)	(2544)	(848)	(2862)	(954)	(3180)	(1060)	(3816)	(1272)
	1200	2088	821	2436	958	2784	1095	3132	1232	3480	1369	4176	1643
		(2088)	(696)	(2436)	(812)	(2784)	(928)	(3132)	(1044)	(3480)	(1160)	(4176)	(1392)
	1300	2268	892	2646	1041	3024	1189	3402	1338	3780	1487	4536	1784
		(2268)	(756)	(2646)	(882)	(3024)	(1008)	(3402)	(1134)	(3780)	(1260)	(4536)	(1512)
	1400	2448	963	2856	1123	3264	1284	3672	1444	4080	1605	4896	1926
		(2448)	(816)	(2856)	(952)	(3264)	(1088)	(3672)	(1224)	(4080)	(1360)	(4896)	(1632)
	1500	2628	1034	3066	1206	3504	1378	3942	1551	4380	1723	5256	2067
		(2628)	(876)	(3066)	(1022)	(3504)	(1168)	(3942)	(1314)	(4380)	(1460)	(5256)	(1752)
C40	400	648	452	756	452	864	452	972	452	1080	461	1296	553
		(648)	(452)	(756)	(452)	(864)	(452)	(972)	(452)	(1080)	(452)	(1296)	(462)
	500	828	452	966	452	1104	471	1242	530	1380	589	1656	707
		(828)	(452)	(966)	(452)	(1104)	(452)	(1242)	(452)	(1380)	(492)	(1656)	(591)
	600	1008	452	1176	502	1344	573	1512	645	1680	717	2016	860
		(1008)	(452)	(1176)	(452)	(1344)	(479)	(1512)	(539)	(1680)	(599)	(2016)	(719)
	700	1188	507	1386	591	1584	676	1782	760	1980	845	2376	1014
		(1188)	(452)	(1386)	(494)	(1584)	(565)	(1782)	(636)	(1980)	(706)	(2376)	(847)
	800	1368	584	1596	681	1824	778	2052	876	2280	973	2736	1167
		(1368)	(488)	(1596)	(569)	(1824)	(651)	(2052)	(732)	(2280)	(813)	(2736)	(976)
	900	1548	660	1806	771	2064	881	2322	991	2580	1101	3096	1321
		(1548)	(552)	(1806)	(644)	(2064)	(736)	(2322)	(828)	(2580)	(920)	(3096)	(1104)
	1000	1728	737	2016	860	2304	983	2592	1106	2880	1229	3456	1475
		(1728)	(616)	(2016)	(719)	(2304)	(822)	(2592)	(924)	(2880)	(1027)	(3456)	(1233)
	1100	1908	814	2226	950	2544	1085	2862	1221	3180	1357	3816	1628
		(1908)	(681)	(2226)	(794)	(2544)	(907)	(2862)	(1021)	(3180)	(1134)	(3816)	(1361)

续表 4-83

混凝土强度等级	柱牛腿高 h（mm）	柱牛腿宽 b（mm）											
		300		350		400		450		500		600	
		$A_{s,max}$	$A_{s,min}$	$A_{s,max}$	$A_{s,min}$	$A_{s,max}$	$A_{s,min}$	$A_{s,max}$	$A_{s,min}$	$A_{s,max}$	$A_{s,min}$	$A_{s,max}$	$A_{s,min}$
C40	1200	2088	891	2436	1039	2784	1188	3132	1336	3480	1485	4176	1782
		(2088)	(745)	(2436)	(869)	(2784)	(993)	(3132)	(1117)	(3480)	(1241)	(4176)	(1489)
	1300	2268	968	2646	1129	3024	1290	3402	1452	3780	1613	4536	1935
		(2268)	(809)	(2646)	(944)	(3024)	(1079)	(3402)	(1213)	(3780)	(1248)	(4536)	(1618)
	1400	2448	1044	2856	1219	3264	1393	3672	1567	4080	1741	4896	2089
		(2448)	(873)	(2856)	(1019)	(3264)	(1164)	(3672)	(1310)	(4080)	(1455)	(4896)	(1746)
	1500	2628	1121	3066	1308	3504	1495	3942	1682	4380	1869	5256	2243
		(2628)	(937)	(3066)	(1094)	(3504)	(1250)	(3942)	(1406)	(4380)	(1562)	(5256)	(1875)
C45	400	648	452	756	452	864	452	972	452	1080	486	1296	583
		(648)	(452)	(756)	(452)	(864)	(452)	(972)	(452)	(1080)	(452)	(1296)	(486)
	500	828	452	966	452	1104	497	1242	559	1380	621	1656	745
		(828)	(452)	(966)	(452)	(1104)	(452)	(1242)	(466)	(1380)	(518)	(1656)	(621)
	600	1008	454	1176	529	1344	605	1512	680	1680	756	2016	907
		(1008)	(452)	(1176)	(452)	(1344)	(504)	(1512)	(567)	(1680)	(630)	(2016)	(756)
	700	1188	535	1386	624	1584	713	1782	802	1980	891	2376	1069
		(1188)	(452)	(1386)	(520)	(1584)	(594)	(1782)	(668)	(1980)	(742)	(2376)	(891)
	800	1368	616	1596	718	1824	821	2052	923	2280	1026	2736	1231
		(1368)	(513)	(1596)	(599)	(1824)	(684)	(2052)	(770)	(2280)	(855)	(2736)	(1026)
	900	1548	697	1806	813	2064	929	2322	1045	2580	1161	3096	1393
		(1548)	(580)	(1806)	(677)	(2064)	(774)	(2322)	(871)	(2580)	(968)	(3096)	(1161)
	1000	1728	778	2016	907	2304	1037	2592	1166	2880	1296	3456	1555
		(1728)	(648)	(2016)	(756)	(2304)	(864)	(2592)	(972)	(2880)	(1080)	(3456)	(1296)
	1100	1908	859	2226	1002	2544	1145	2862	1288	3180	1431	3816	1717
		(1908)	(716)	(2226)	(835)	(2544)	(954)	(2862)	(1073)	(3180)	(1192)	(3816)	(1431)
	1200	2088	940	2436	1096	2784	1253	3132	1409	3480	1566	4176	1879
		(2088)	(783)	(2436)	(914)	(2784)	(1044)	(3132)	(1174)	(3480)	(1305)	(4176)	(1566)
	1300	2268	1021	2646	1191	3024	1361	3402	1531	3780	1701	4536	2041
		(2268)	(850)	(2646)	(992)	(3024)	(1134)	(3402)	(1276)	(3780)	(1418)	(4536)	(1701)

续表 4-83

混凝土强度等级	柱牛腿高 h (mm)	柱牛腿宽 b (mm)											
		300		350		400		450		500		600	
		$A_{s,max}$	$A_{s,min}$	$A_{s,max}$	$A_{s,min}$	$A_{s,max}$	$A_{s,min}$	$A_{s,max}$	$A_{s,min}$	$A_{s,max}$	$A_{s,min}$	$A_{s,max}$	$A_{s,min}$
C45	1400	2448	1102	2856	1285	3264	1469	3672	1652	4080	1836	4896	2203
		(2448)	(918)	(2856)	(1071)	(3264)	(1224)	(3672)	(1377)	(4080)	(1530)	(4896)	(1836)
	1500	2628	1183	3066	1380	3504	1577	3942	1774	4380	1971	5256	2365
		(2628)	(986)	(3066)	(1150)	(3504)	(1314)	(3942)	(1478)	(4380)	(1642)	(5256)	(1971)
C50	400	648	452	756	452	864	452	972	460	1080	511	1296	613
		(648)	(452)	(756)	(452)	(864)	(452)	(972)	(452)	(1080)	(452)	(1296)	(510)
	500	828	452	966	457	1104	523	1242	588	1380	653	1656	784
		(828)	(452)	(966)	(452)	(1104)	(452)	(1242)	(489)	(1380)	(543)	(1656)	(651)
	600	1008	477	1176	557	1344	636	1512	716	1680	795	2016	954
		(1008)	(452)	(1176)	(463)	(1344)	(529)	(1512)	(595)	(1680)	(661)	(2016)	(793)
	700	1188	562	1386	656	1584	750	1782	843	1980	937	2376	1125
		(1188)	(467)	(1386)	(545)	(1584)	(623)	(1782)	(701)	(1980)	(779)	(2376)	(935)
	800	1368	648	1596	755	1824	863	2052	971	2280	1079	2736	1295
		(1368)	(538)	(1596)	(628)	(1824)	(717)	(2052)	(807)	(2280)	(897)	(2736)	(1076)
	900	1548	733	1806	855	2064	977	2322	1099	2580	1221	3096	1465
		(1548)	(609)	(1806)	(710)	(2064)	(812)	(2322)	(913)	(2580)	(1015)	(3096)	(1218)
	1000	1728	818	2016	954	2304	1091	2592	1227	2880	1363	2456	1636
		(1728)	(680)	(2016)	(793)	(2304)	(906)	(2592)	(1020)	(2880)	(1133)	(2456)	(1359)
	1100	1908	903	2226	1054	2544	1204	2862	1355	3180	1505	3816	1803
		(1908)	(750)	(2226)	(876)	(2544)	(1001)	(2862)	(1126)	(3180)	(1251)	(3816)	(1501)
	1200	2088	988	2436	1153	2784	1318	3132	1482	3480	1647	4176	1977
		(2088)	(821)	(2436)	(958)	(2784)	(1095)	(3132)	(1232)	(3480)	(1369)	(4176)	(1634)
	1300	2268	1074	2646	1252	3024	1431	3402	1610	3780	1789	4536	2147
		(2268)	(892)	(2646)	(1041)	(3024)	(1189)	(3402)	(1338)	(3780)	(1487)	(4536)	(1784)
	1400	2448	1159	2856	1352	3264	1545	3672	1738	4080	1931	4896	2317
		(2448)	(963)	(2856)	(1123)	(3264)	(1284)	(3672)	(1444)	(4080)	(1605)	(4896)	(1926)
	1500	2628	1244	3066	1451	3504	1659	3942	1866	4380	2073	5256	2488
		(2628)	(1034)	(3066)	(1206)	(3504)	(1378)	(3942)	(1551)	(4380)	(1723)	(5256)	(2067)

续表 4-83

混凝土强度等级	柱牛腿高 h (mm)	柱牛腿宽 b (mm)											
		300		350		400		450		500		600	
		$A_{s,max}$	$A_{s,min}$	$A_{s,max}$	$A_{s,min}$	$A_{s,max}$	$A_{s,min}$	$A_{s,max}$	$A_{s,min}$	$A_{s,max}$	$A_{s,min}$	$A_{s,max}$	$A_{s,min}$
C55	400	648	452	756	452	864	452	972	476	1080	529	1296	635
		(648)	(452)	(756)	(452)	(864)	(452)	(972)	(452)	(1080)	(452)	(1296)	(529)
	500	828	452	966	473	1104	541	1242	609	1380	676	1656	881
		(828)	(452)	(966)	(452)	(1104)	(452)	(1242)	(507)	(1380)	(564)	(1656)	(676)
	600	1008	494	1176	576	1344	659	1512	741	1680	823	2016	988
		(1008)	(452)	(1176)	(480)	(1344)	(549)	(1512)	(617)	(1680)	(686)	(2016)	(823)
	700	1188	582	1386	679	1584	776	1782	873	1980	970	2376	1164
		(1188)	(485)	(1386)	(566)	(1584)	(647)	(1782)	(728)	(1980)	(808)	(2376)	(970)
	800	1368	670	1596	782	1824	894	2052	1005	2280	1117	2736	1341
		(1368)	(559)	(1596)	(652)	(1824)	(745)	(2052)	(838)	(2280)	(931)	(2736)	(1117)
	900	1548	759	1806	885	2064	1011	2322	1138	2580	1264	3096	1517
		(1548)	(632)	(1806)	(737)	(2064)	(843)	(2322)	(948)	(2580)	(1054)	(3096)	(1264)
	1000	1728	847	2016	988	2304	1129	2592	1270	2880	1411	3456	1693
		(1728)	(706)	(2016)	(823)	(2304)	(941)	(2592)	(1058)	(2880)	(1176)	(3456)	(1411)
	1100	1908	935	2226	1091	2544	1247	2862	1402	3180	1558	3816	1870
		(1908)	(779)	(2226)	(109)	(2544)	(1039)	(2862)	(1169)	(3180)	(1298)	(3816)	(1558)
	1200	2088	1023	2436	1194	2784	1364	3132	1535	3480	1705	4176	2046
		(2088)	(853)	(2436)	(995)	(2784)	(1137)	(3132)	(1279)	(3480)	(1421)	(4176)	(1705)
	1300	2268	1111	2646	1297	3024	1482	3402	1667	3780	1852	4536	2223
		(2268)	(926)	(2646)	(1080)	(3024)	(1235)	(3402)	(1389)	(3780)	(1544)	(4536)	(1852)
	1400	2448	1200	2856	1399	3264	1599	3672	1799	4080	1999	4896	2399
		(2448)	(1000)	(2856)	(1166)	(3264)	(1333)	(3672)	(1499)	(4080)	(1666)	(4896)	(1999)
	1500	2628	1288	3066	1502	3504	1717	3942	1932	4380	2146	5256	2575
		(2628)	(1073)	(3066)	(1252)	(3504)	(1431)	(3942)	(1610)	(4380)	(1788)	(5256)	(2146)
C60	400	648	452	756	452	864	452	972	496	1080	551	1296	661
		(648)	(452)	(756)	(452)	(864)	(452)	(972)	(452)	(1080)	(459)	(1296)	(551)
	500	828	452	966	493	1104	563	1242	633	1380	704	1656	845
		(828)	(452)	(966)	(452)	(1104)	(469)	(1242)	(528)	(1380)	(586)	(1656)	(704)

续表 4-83

混凝土强度等级	柱牛腿高 h (mm)	柱牛腿宽 b (mm) 300		350		400		450		500		600	
		$A_{s,max}$	$A_{s,min}$	$A_{s,max}$	$A_{s,min}$	$A_{s,max}$	$A_{s,min}$	$A_{s,max}$	$A_{s,min}$	$A_{s,max}$	$A_{s,min}$	$A_{s,max}$	$A_{s,min}$
C60	600	1008	514	1176	600	1344	685	1512	771	1680	857	2016	1028
		(1008)	(452)	(1176)	(500)	(1344)	(571)	(1512)	(643)	(1680)	(714)	(2016)	(857)
	700	1188	606	1386	707	1584	808	1782	909	1980	1010	2376	1212
		(1188)	(505)	(1386)	(589)	(1584)	(673)	(1782)	(757)	(1980)	(842)	(2376)	(1010)
	800	1368	698	1596	814	1824	930	2052	1047	2280	1163	2736	1395
		(1368)	(581)	(1596)	(678)	(1824)	(775)	(2052)	(872)	(2280)	(969)	(2736)	(1163)
	900	1548	789	1806	921	2064	1053	2322	1184	2580	1316	3096	1579
		(1548)	(658)	(1806)	(768)	(2064)	(877)	(2322)	(987)	(2580)	(1096)	(3096)	(1316)
	1000	1728	881	2016	1028	2304	1175	2592	1322	2880	1469	3456	1763
		(1728)	(734)	(2016)	(857)	(2304)	(979)	(2592)	(1102)	(2880)	(1224)	(3456)	(1469)
	1100	1908	973	2226	1135	2544	1297	2862	1460	3180	1622	3816	1946
		(1908)	(811)	(2226)	(946)	(2544)	(1081)	(2862)	(1216)	(3180)	(1352)	(3816)	(1622)
	1200	2088	1065	2436	1242	2784	1420	3132	1597	3480	1775	4176	2130
		(2088)	(887)	(2436)	(1035)	(2784)	(1183)	(3132)	(1331)	(3480)	(1479)	(4176)	(1775)
	1300	2268	1157	2646	1349	3024	1542	3402	1735	3780	1928	4536	2313
		(2268)	(964)	(2646)	(1125)	(3024)	(1285)	(3402)	(1446)	(3780)	(1606)	(4536)	(1928)
	1400	2448	1248	2856	1547	3264	1665	3672	1873	4080	2081	4896	2497
		(2448)	(1040)	(2856)	(1214)	(3264)	(1387)	(3672)	(1561)	(4080)	(1734)	(4896)	(2081)
	1500	2628	1340	3066	1564	3504	1787	3942	2010	4380	2234	5256	2681
		(2628)	(1117)	(3066)	(1303)	(3504)	(1489)	(3942)	(1675)	(4380)	(1862)	(5256)	(2234)
C65	400	648	452	756	452	864	452	972	509	1080	565	1296	678
		(648)	(452)	(756)	(452)	(864)	(452)	(972)	(452)	(1080)	(470)	(1296)	(564)
	500	828	452	966	506	1104	578	1242	650	1380	722	1656	867
		(828)	(452)	(966)	(452)	(1104)	(480)	(1242)	(540)	(1380)	(600)	(1656)	(720)
	600	1008	528	1176	615	1344	703	1512	791	1680	879	2016	1055
		(1008)	(452)	(1176)	(512)	(1344)	(585)	(1512)	(658)	(1680)	(731)	(2016)	(877)
	700	1188	622	1386	725	1584	829	1782	933	1980	1036	2376	1243
		(1188)	(517)	(1386)	(603)	(1584)	(689)	(1782)	(775)	(1980)	(861)	(2376)	(1034)

续表 4-83

混凝土强度等级	柱牛腿高 h (mm)	柱牛腿宽 b (mm) 300		350		400		450		500		600	
		$A_{s,max}$	$A_{s,min}$	$A_{s,max}$	$A_{s,min}$	$A_{s,max}$	$A_{s,min}$	$A_{s,max}$	$A_{s,min}$	$A_{s,max}$	$A_{s,min}$	$A_{s,max}$	$A_{s,min}$
C65	800	1368	716	1596	835	1824	955	2052	1074	2280	1193	2736	1432
		(1368)	(595)	(1596)	(694)	(1824)	(793)	(2052)	(893)	(2280)	(992)	(2736)	(1190)
	900	1548	810	1806	945	2064	1080	2322	1215	2580	1350	3096	1620
		(1548)	(673)	(1806)	(786)	(2064)	(898)	(2322)	(1010)	(2580)	(1122)	(3096)	(1347)
	1000	1728	904	2016	1055	2304	1206	2592	1356	2880	1507	3456	1809
		(1728)	(752)	(2016)	(877)	(2304)	(1002)	(2592)	(1128)	(2880)	(1253)	(3456)	(1503)
	1100	1908	999	2226	1165	2544	1331	2862	1498	3180	1664	3816	1997
		(1908)	(830)	(2226)	(968)	(2544)	(1107)	(2862)	(1245)	(3180)	(1383)	(3816)	(1660)
	1200	2088	1093	2436	1275	2784	1457	3132	1639	3480	1821	4176	2185
		(2088)	(908)	(2436)	(1060)	(2784)	(1211)	(3132)	(1362)	(3480)	(1514)	(4176)	(1817)
	1300	2268	1187	2646	1385	3024	1583	3402	1780	3780	1978	4536	2374
		(2268)	(987)	(2646)	(1151)	(3024)	(1315)	(3402)	(1480)	(3780)	(1644)	(4536)	(1973)
	1400	2448	1281	2856	1495	3264	1708	3672	1922	4080	2135	4896	2562
		(2448)	(1065)	(2856)	(1242)	(3264)	(1420)	(3672)	(1597)	(4080)	(1775)	(4896)	(2130)
	1500	2628	1375	3066	1605	3504	1834	3942	2063	4380	2292	5256	2751
		(2628)	(1143)	(3066)	(1334)	(3504)	(1524)	(3942)	(1715)	(4380)	(1905)	(5256)	(2286)
C70	400	648	452	756	452	864	462	972	520	1080	578	1296	693
		(648)	(452)	(756)	(452)	(864)	(452)	(972)	(452)	(1080)	(482)	(1296)	(579)
	500	828	452	966	517	1104	591	1242	664	1380	738	1656	886
		(828)	(452)	(966)	(452)	(1104)	(493)	(1242)	(555)	(1380)	(616)	(1656)	(740)
	600	1008	539	1176	629	1344	719	1512	809	1680	899	2016	1079
		(1008)	(452)	(1176)	(525)	(1344)	(600)	(1512)	(675)	(1680)	(750)	(2016)	(900)
	700	1188	636	1386	742	1584	847	1782	953	1980	1059	2376	1271
		(1188)	(531)	(1386)	(619)	(1584)	(708)	(1782)	(796)	(1980)	(884)	(2376)	(1061)
	800	1368	732	1596	854	1824	976	2052	1098	2280	1220	2736	1464
		(1368)	(611)	(1596)	(713)	(1824)	(815)	(2052)	(917)	(2280)	(1018)	(2736)	(1222)
	900	1548	828	1806	966	2064	1104	2322	1242	2580	1380	3096	1656
		(1548)	(691)	(1806)	(807)	(2064)	(922)	(2322)	(1037)	(2580)	(1152)	(3096)	(1383)
	1000	1728	924	2016	1079	2304	1233	2592	1387	2880	1541	3456	1849
		(1728)	(772)	(2016)	(900)	(2304)	(1029)	(2592)	(1158)	(2880)	(1286)	(3456)	(1544)

续表 4-83

混凝土强度等级	柱牛腿高 h (mm)	柱牛腿宽 b (mm)											
		300		350		400		450		500		600	
		$A_{s,max}$	$A_{s,min}$	$A_{s,max}$	$A_{s,min}$	$A_{s,max}$	$A_{s,min}$	$A_{s,max}$	$A_{s,min}$	$A_{s,max}$	$A_{s,min}$	$A_{s,max}$	$A_{s,min}$
C70	1100	1908	1021	2226	1191	2544	1361	2862	1531	3180	1701	3816	2042
		(1908)	(852)	(2226)	(994)	(2544)	(1136)	(2862)	(1278)	(3180)	(1420)	(3816)	(1704)
	1200	2088	1117	2436	1303	2784	1489	3132	1676	3480	1862	4176	2234
		(2088)	(933)	(2436)	(1088)	(2784)	(1244)	(3132)	(1399)	(3480)	(1554)	(4176)	(1865)
	1300	2268	1213	2646	1416	3024	1618	3402	1820	3780	2022	4536	2427
		(2268)	(1013)	(2646)	(1182)	(3024)	(1351)	(3402)	(1520)	(3780)	(1688)	(4536)	(2026)
	1400	2448	1310	2856	1528	3264	1716	3672	1965	4080	2183	4896	2619
		(2448)	(1093)	(2856)	(1276)	(3264)	(1458)	(3672)	(1640)	(4080)	(1822)	(4896)	(2187)
	1500	2628	1406	3066	1640	3504	1875	3942	2109	4380	2348	5256	2812
		(2628)	(1174)	(3066)	(1369)	(3504)	(1565)	(3942)	(1761)	(4380)	(1956)	(5256)	(2348)
C75	400	648	452	756	452	864	471	972	530	1080	589	1296	706
		(648)	(452)	(756)	(452)	(864)	(452)	(972)	(452)	(1080)	(490)	(1296)	(588)
	500	828	452	966	526	1104	602	1242	677	1380	752	1656	903
		(828)	(452)	(966)	(452)	(1104)	(500)	(1242)	(563)	(1380)	(626)	(1656)	(751)
	600	1008	549	1176	641	1344	732	1512	824	1680	916	2016	1099
		(1008)	(457)	(1176)	(533)	(1344)	(609)	(1512)	(685)	(1680)	(762)	(2016)	(914)
	700	1188	647	1386	755	1584	863	1782	971	1980	1079	2376	1295
		(1188)	(539)	(1386)	(628)	(1584)	(718)	(1782)	(808)	(1980)	(898)	(2376)	(1077)
	800	1368	746	1596	870	1824	994	2052	1118	2280	1243	2736	1491
		(1368)	(620)	(1596)	(724)	(1824)	(827)	(2052)	(930)	(2280)	(1034)	(2736)	(1240)
	900	1548	844	1806	984	2064	1125	2322	1265	2580	1406	3096	1687
		(1548)	(702)	(1806)	(819)	(2064)	(936)	(2322)	(1053)	(2580)	(1170)	(3096)	(1404)
	1000	1728	942	2016	1099	2304	1256	2592	1413	2880	1570	3456	1884
		(1728)	(783)	(2016)	(914)	(2304)	(1044)	(2592)	(1175)	(2880)	(1306)	(3456)	(1567)
	1100	1908	1040	2226	1213	2544	1386	2862	1560	3180	1733	3816	2080
		(1908)	(865)	(2226)	(1009)	(2544)	(1153)	(2862)	(1297)	(3180)	(1442)	(3816)	(1730)
	1200	2088	1138	2436	1328	2784	1517	3132	1707	3480	1897	4176	2276
		(2088)	(947)	(2436)	(1104)	(2784)	(1262)	(3132)	(1420)	(3480)	(1578)	(4176)	(1893)
	1300	2268	1236	2646	1442	3024	1648	3402	1854	3780	2060	4536	2472
		(2268)	(1028)	(2646)	(1200)	(3024)	(1371)	(3402)	(1542)	(3780)	(1714)	(4536)	(2056)

续表 4-83

混凝土强度等级	柱牛腿高 h (mm)	柱牛腿宽 b (mm)											
		300		350		400		450		500		600	
		$A_{s,max}$	$A_{s,min}$	$A_{s,max}$	$A_{s,min}$	$A_{s,max}$	$A_{s,min}$	$A_{s,max}$	$A_{s,min}$	$A_{s,max}$	$A_{s,min}$	$A_{s,max}$	$A_{s,min}$
C75	1400	2448	1334	2856	1557	3264	1779	3672	2001	4080	2224	4896	2668
		(2448)	(1110)	(2856)	(1295)	(3264)	(1480)	(3672)	(1665)	(4080)	(1850)	(4896)	(2220)
	1500	2628	1432	3066	1671	3504	1910	3942	2148	4380	2387	5256	2865
		(2628)	(1191)	(3066)	(1390)	(3504)	(1588)	(3942)	(1787)	(4380)	(1986)	(5256)	(2383)
C80	400	648	452	756	452	864	480	972	539	1080	599	1296	719
		(648)	(452)	(756)	(452)	(864)	(452)	(972)	(452)	(1080)	(500)	(1296)	(600)
	500	828	460	966	536	1104	613	1242	689	1380	766	1656	919
		(828)	(452)	(966)	(452)	(1104)	(512)	(1242)	(575)	(1380)	(639)	(1656)	(767)
	600	1008	559	1176	653	1344	746	1512	839	1680	932	2016	1119
		(1008)	(467)	(1176)	(545)	(1344)	(623)	(1512)	(701)	(1680)	(778)	(2016)	(934)
	700	1188	659	1386	769	1584	879	1782	989	1980	1099	2376	1319
		(1188)	(550)	(1386)	(642)	(1584)	(734)	(1782)	(826)	(1980)	(917)	(2376)	(1101)
	800	1368	759	1596	886	1824	1012	2052	1139	2280	1265	2736	1518
		(1368)	(634)	(1596)	(739)	(1824)	(845)	(2052)	(951)	(2280)	(1056)	(2736)	(1268)
	900	1548	859	1806	1002	2064	1146	2322	1289	2580	1432	3096	1718
		(1548)	(717)	(1806)	(837)	(2064)	(956)	(2322)	(1076)	(2580)	(1195)	(3096)	(1434)
	1000	1728	959	2016	1119	2304	1279	2592	1439	2880	1598	3456	1918
		(1728)	(801)	(2016)	(934)	(2304)	(1068)	(2592)	(1201)	(2880)	(1334)	(3456)	(1601)
	1100	1908	1059	2226	1235	2544	1412	2862	1588	3180	1765	3816	2118
		(1908)	(884)	(2226)	(1031)	(2544)	(1179)	(2862)	(1326)	(3180)	(1473)	(3816)	(1768)
	1200	2088	1159	2436	1352	2784	1545	3132	1738	3480	1931	4176	2318
		(2088)	(967)	(2436)	(1129)	(2784)	(1290)	(3132)	(1451)	(3480)	(1612)	(4176)	(1935)
	1300	2268	1259	2646	1469	3024	1678	3402	1888	3780	2098	4536	2517
		(2268)	(1051)	(2646)	(1226)	(3024)	(1401)	(3402)	(1576)	(3780)	(1751)	(4536)	(2102)
	1400	2448	1359	2856	1585	3264	1812	3672	2038	4080	2264	4896	2717
		(2448)	(1134)	(2856)	(1323)	(3264)	(1512)	(3672)	(1701)	(4080)	(1890)	(4896)	(2268)
	1500	2628	1459	3066	1702	3504	1945	3942	2188	4380	2431	5256	2917
		(2628)	(1218)	(3066)	(1421)	(3504)	(1624)	(3942)	(1826)	(4380)	(2029)	(5256)	(2435)

注：1. 表中采用 HRB335 级钢筋，$f_y=300N/mm^2$（表中不带括号数据）和 HRB400 级钢筋 $f_y=360N/mm^2$（表中带括号数据）计算的；

2. 表中 b 为牛腿宽度，h 为牛腿高度，牛腿的有效截面面积取 bh_0，$h_0=h-a_s$，这里取 $a_s=40mm$。

3. 表中 $A_{s,max}$ 为牛腿承受竖向力的纵向受力钢筋的最大截面面积；$A_{s,min}$ 为牛腿承受竖向力的纵向受力钢筋的最小截面面积。

柱牛腿承受竖向力所需的最大、最小纵向受力钢筋的截面面积（mm^2） **表 4-84**

$f_y = 300N/mm^2$（$f_y = 360N/mm^2$） $a_s = 70mm$

混凝土强度等级	柱牛腿高 h（mm）	柱牛腿宽 b（mm） 300		350		400		450		500		600	
		$A_{s,max}$	$A_{s,min}$	$A_{s,max}$	$A_{s,min}$	$A_{s,max}$	$A_{s,min}$	$A_{s,max}$	$A_{s,min}$	$A_{s,max}$	$A_{s,min}$	$A_{s,max}$	$A_{s,min}$
C20	400	594	452	693	452	792	452	891	452	990	452	1188	452
		(594)	(452)	(693)	(452)	(792)	(452)	(891)	(452)	(990)	(452)	(1188)	(452)
	500	774	452	903	452	1032	452	1161	452	1290	452	1548	516
		(774)	(452)	(903)	(452)	(1032)	(452)	(1161)	(452)	(1290)	(452)	(1548)	(516)
	600	954	452	1113	452	1272	452	1431	477	1590	530	1908	636
		(954)	(452)	(1113)	(452)	(1272)	(452)	(1431)	(477)	(1590)	(530)	(1908)	(636)
	700	1134	452	1323	452	1512	504	1701	567	1890	630	2268	756
		(1134)	(452)	(1323)	(452)	(1512)	(504)	(1701)	(567)	(1890)	(630)	(2268)	(756)
	800	1314	452	1533	511	1752	584	1971	657	2190	730	2628	876
		(1314)	(452)	(1533)	(511)	(1752)	(584)	(1971)	(657)	(2190)	(730)	(2628)	(876)
	900	1494	498	1743	581	1992	664	2241	747	2490	830	2988	996
		(1494)	(498)	(1743)	(581)	(1992)	(664)	(2241)	(747)	(2490)	(830)	(2988)	(996)
	1000	1674	558	1953	651	2232	744	2511	837	2790	930	3348	1116
		(1674)	(558)	(1953)	(651)	(2232)	(744)	(2511)	(837)	(2790)	(930)	(3348)	(1116)
	1100	1854	618	2163	721	2472	824	2781	927	3090	1030	3708	1236
		(1854)	(618)	(2163)	(721)	(2472)	(824)	(2781)	(927)	(3090)	(1030)	(3708)	(1236)
	1200	2034	678	2373	791	2712	904	3051	1017	3390	1130	4068	1356
		(2034)	(678)	(2373)	(791)	(2712)	(904)	(3051)	(1017)	(3390)	(1130)	(4068)	(1356)
	1300	2214	738	2583	861	2952	984	3321	1107	3690	1230	4428	1476
		(2214)	(738)	(2583)	(861)	(2952)	(984)	(3321)	(1107)	(3690)	(1230)	(4428)	(1476)
	1400	2394	798	2793	931	3192	1064	3591	1197	3990	1330	4788	1596
		(2394)	(798)	(2793)	(931)	(3192)	(1064)	(3591)	(1197)	(3990)	(1330)	(4788)	(1596)
	1500	2574	858	3003	1001	3432	1144	3861	1287	4290	1430	5148	1716
		(2574)	(858)	(3003)	(1001)	(3432)	(1144)	(3861)	(1287)	(4290)	(1430)	(5148)	(1716)
C25	400	594	452	693	452	792	452	891	452	990	452	1188	452
		(594)	(452)	(693)	(452)	(792)	(452)	(891)	(452)	(990)	(452)	(1188)	(452)
	500	774	452	903	452	1032	452	1161	452	1290	452	1548	516
		(774)	(452)	(903)	(452)	(1032)	(452)	(1161)	(452)	(1290)	(452)	(1548)	(516)

续表 4-84

混凝土强度等级	柱牛腿高 h (mm)	柱牛腿宽 b (mm)											
		300		350		400		450		500		600	
		$A_{s,max}$	$A_{s,min}$	$A_{s,max}$	$A_{s,min}$	$A_{s,max}$	$A_{s,min}$	$A_{s,max}$	$A_{s,min}$	$A_{s,max}$	$A_{s,min}$	$A_{s,max}$	$A_{s,min}$
C25	600	954	452	1113	452	1272	452	1431	477	1590	530	1908	636
		(954)	(452)	(1113)	(452)	(1272)	(452)	(1431)	(477)	(1590)	(530)	(1908)	(636)
	700	1134	452	1323	452	1512	504	1701	567	1890	630	2268	756
		(1134)	(452)	(1323)	(452)	(1512)	(504)	(1701)	(567)	(1890)	(630)	(2268)	(756)
	800	1314	452	1533	511	1752	584	1971	657	2190	730	2628	876
		(1314)	(452)	(1533)	(511)	(1752)	(584)	(1971)	(657)	(2190)	(730)	(2628)	(876)
	900	1494	498	1743	581	1992	664	2241	747	2490	830	2988	996
		(1494)	(498)	(1743)	(581)	(1992)	(664)	(2241)	(747)	(2490)	(830)	(2988)	(996)
	1000	1674	558	1953	651	2232	744	2511	837	2790	930	3348	1116
		(1674)	(558)	(1953)	(651)	(2232)	(744)	(2511)	(837)	(2790)	(930)	(3348)	(1116)
	1100	1854	618	2163	721	2472	824	2781	927	3090	1030	3708	1236
		(1854)	(618)	(2163)	(721)	(2472)	(824)	(2781)	(927)	(3090)	(1030)	(3708)	(1236)
	1200	2034	678	2373	791	2712	904	3051	1017	3390	1130	4068	1356
		(2034)	(678)	(2373)	(791)	(2712)	(904)	(3051)	(1017)	(3390)	(1130)	(4068)	(1356)
	1300	2214	738	2583	861	2952	984	3321	1107	3690	1230	4428	1476
		(2214)	(738)	(2583)	(861)	(2952)	(984)	(3321)	(1107)	(3690)	(1230)	(4428)	(1476)
	1400	2394	798	2793	931	3192	1064	3591	1197	3990	1330	4788	1596
		(2394)	(798)	(2793)	(931)	(3192)	(1064)	(3591)	(1197)	(3990)	(1330)	(4788)	(1596)
	1500	2574	858	3003	1001	3432	1144	3861	1287	4290	1430	5148	1716
		(2574)	(858)	(3003)	(1001)	(3432)	(1144)	(3861)	(1287)	(4290)	(1430)	(5148)	(1716)
C30	400	594	452	693	452	792	452	891	452	990	452	1188	452
		(594)	(452)	(693)	(452)	(792)	(452)	(891)	(452)	(990)	(452)	(1188)	(452)
	500	774	452	903	452	1032	452	1161	452	1290	460	1548	552
		(774)	(452)	(903)	(452)	(1032)	(452)	(1161)	(452)	(1290)	(452)	(1548)	(516)
	600	954	452	1113	452	1272	454	1431	510	1590	567	1908	681
		(954)	(452)	(1113)	(452)	(1272)	(452)	(1431)	(477)	(1590)	(530)	(1908)	(636)
	700	1134	452	1323	472	1512	539	1701	607	1890	674	2268	809
		(1134)	(452)	(1323)	(452)	(1512)	(504)	(1701)	(567)	(1890)	(630)	(2268)	(756)
	800	1314	469	1533	547	1752	625	1971	703	2190	781	2628	937
		(1314)	(452)	(1533)	(511)	(1752)	(584)	(1971)	(657)	(2190)	(730)	(2628)	(876)

续表 4-84

混凝土强度等级	柱牛腿高 h (mm)	柱牛腿宽 b (mm)											
		300		350		400		450		500		600	
		$A_{s,max}$	$A_{s,min}$	$A_{s,max}$	$A_{s,min}$	$A_{s,max}$	$A_{s,min}$	$A_{s,max}$	$A_{s,min}$	$A_{s,max}$	$A_{s,min}$	$A_{s,max}$	$A_{s,min}$
C30	900	1494	533	1743	622	1992	710	2241	799	2490	888	2988	1066
		(1494)	(498)	(1743)	(581)	(1992)	(664)	(2241)	(747)	(2490)	(830)	(2988)	(996)
	1000	1674	597	1953	697	2232	796	2511	896	2790	995	3348	1194
		(1674)	(558)	(1953)	(651)	(2232)	(744)	(2511)	(837)	(2790)	(930)	(3348)	(1116)
	1100	1854	661	2163	771	2472	882	2781	992	3090	1102	3708	1323
		(1854)	(618)	(2163)	(721)	(2472)	(824)	(2781)	(927)	(3090)	(1030)	(3708)	(1236)
	1200	2034	725	2373	846	2712	967	3051	1088	3390	1209	4068	1451
		(2034)	(678)	(2373)	(791)	(2712)	(904)	(3051)	(1017)	(3390)	(1130)	(4068)	(1356)
	1300	2214	790	2583	921	2952	1053	3321	1184	3690	1316	4428	1579
		(2214)	(738)	(2583)	(861)	(2952)	(984)	(3321)	(1107)	(3690)	(1230)	(4428)	(1476)
	1400	2394	854	2793	996	3192	1138	3591	1281	3990	1423	4788	1708
		(2394)	(798)	(2793)	(931)	(3192)	(1064)	(3591)	(1197)	(3990)	(1330)	(4788)	(1596)
	1500	2574	918	3003	1071	3432	1224	3861	1377	4290	1530	5148	1836
		(2574)	(858)	(3003)	(1001)	(3432)	(1144)	(3861)	(1287)	(4290)	(1430)	(5148)	(1716)
C35	400	594	452	693	452	792	452	891	452	990	452	1188	467
		(594)	(452)	(693)	(452)	(792)	(452)	(891)	(452)	(990)	(452)	(1188)	(452)
	500	774	452	903	452	1032	452	1161	457	1290	507	1548	609
		(774)	(452)	(903)	(452)	(1032)	(452)	(1161)	(452)	(1290)	(452)	(1548)	(516)
	600	954	452	1113	452	1272	500	1431	563	1590	625	1908	750
		(954)	(452)	(1113)	(452)	(1272)	(452)	(1431)	(477)	(1590)	(530)	(1908)	(636)
	700	1134	452	1323	520	1512	595	1701	669	1890	743	2268	892
		(1134)	(452)	(1323)	(452)	(1512)	(504)	(1701)	(567)	(1890)	(630)	(2268)	(756)
	800	1314	517	1533	603	1752	689	1971	775	2190	861	2628	1034
		(1314)	(452)	(1533)	(511)	(1752)	(584)	(1971)	(657)	(2190)	(730)	(2628)	(876)
	900	1494	588	1743	686	1992	784	2241	881	2490	979	2988	1175
		(1494)	(498)	(1743)	(581)	(1992)	(664)	(2241)	(747)	(2490)	(830)	(2988)	(996)
	1000	1674	658	1953	768	2232	878	2511	988	2790	1097	3348	1317
		(1674)	(558)	(1953)	(651)	(2232)	(744)	(2511)	(837)	(2790)	(930)	(3348)	(1116)

续表 4-84

混凝土强度等级	柱牛腿高 h (mm)	柱牛腿宽 b (mm) 300		350		400		450		500		600	
		$A_{s,max}$	$A_{s,min}$	$A_{s,max}$	$A_{s,min}$	$A_{s,max}$	$A_{s,min}$	$A_{s,max}$	$A_{s,min}$	$A_{s,max}$	$A_{s,min}$	$A_{s,max}$	$A_{s,min}$
C35	1100	1854	729	2163	851	2472	972	2781	1094	3090	1215	3708	1458
		(1854)	(618)	(2163)	(721)	(2472)	(824)	(2781)	(927)	(3090)	(1030)	(3708)	(1236)
	1200	2034	800	2373	933	2712	1067	3051	1200	3390	1333	4068	1600
		(2034)	(678)	(2373)	(791)	(2712)	(904)	(3051)	(1017)	(3390)	(1130)	(4068)	(1356)
	1300	2214	871	2583	1016	2952	1161	3321	1306	3690	1451	4428	1742
		(2214)	(738)	(2583)	(861)	(2952)	(984)	(3321)	(1107)	(3690)	(1230)	(4428)	(1476)
	1400	2394	942	2793	1099	3192	1256	3591	1412	3990	1569	4788	1883
		(2394)	(798)	(2793)	(931)	(3191)	(1064)	(3591)	(1197)	(3990)	(1330)	(4788)	(1596)
	1500	2574	1012	3003	1181	3432	1350	3681	1519	4290	1687	5148	2025
		(2574)	(858)	(3003)	(1001)	(3432)	(1144)	(3681)	(1287)	(4290)	(1430)	(5148)	(1716)
C40	400	594	452	693	452	792	452	891	452	990	452	1188	507
		(594)	(452)	(693)	(452)	(792)	(452)	(891)	(452)	(990)	(452)	(1188)	(452)
	500	774	452	903	452	1032	452	1161	495	1290	550	1548	660
		(774)	(452)	(903)	(452)	(1032)	(452)	(1161)	(452)	(1290)	(460)	(1548)	(552)
	600	954	452	1113	475	1272	543	1431	611	1590	678	1908	814
		(954)	(452)	(1113)	(452)	(1272)	(454)	(1431)	(510)	(1590)	(567)	(1908)	(681)
	700	1134	484	1323	564	1512	645	1701	726	1890	806	2268	968
		(1134)	(452)	(1323)	(472)	(1512)	(539)	(1701)	(607)	(1890)	(674)	(2268)	(809)
	800	1314	561	1533	654	1752	748	1971	841	2190	934	2628	1121
		(1314)	(469)	(1533)	(547)	(1752)	(625)	(1971)	(703)	(2190)	(781)	(2628)	(937)
	900	1494	637	1743	744	1992	850	2241	956	2490	1062	2988	1275
		(1494)	(533)	(1743)	(622)	(1992)	(710)	(2241)	(799)	(2490)	(888)	(2988)	(1066)
	1000	1674	714	1953	833	2232	952	2511	1071	2790	1190	3348	1428
		(1674)	(597)	(1953)	(697)	(2232)	(796)	(2511)	(896)	(2790)	(995)	(3348)	(1194)
	1100	1854	791	2163	923	2472	1055	2781	1187	3090	1318	3708	1582
		(1854)	(661)	(2163)	(771)	(2472)	(882)	(2781)	(992)	(3090)	(1102)	(3708)	(1323)
	1200	2034	868	2373	1012	2712	1157	3051	1302	3390	1446	4068	1736
		(2034)	(725)	(2373)	(846)	(2712)	(967)	(3051)	(1088)	(3390)	(1209)	(4068)	(1451)

续表 4-84

混凝土强度等级	柱牛腿高 h (mm)	柱牛腿宽 b (mm)											
		300		350		400		450		500		600	
		$A_{s,max}$	$A_{s,min}$	$A_{s,max}$	$A_{s,min}$	$A_{s,max}$	$A_{s,min}$	$A_{s,max}$	$A_{s,min}$	$A_{s,max}$	$A_{s,min}$	$A_{s,max}$	$A_{s,min}$
C40	1300	2214	945	2583	1102	2952	1260	3321	1417	3690	1574	4428	1889
		(2214)	(790)	(2583)	(921)	(2952)	(1053)	(3321)	(1184)	(3690)	(1316)	(4428)	(1579)
	1400	2394	1021	2793	1192	3192	1362	3591	1532	3990	1702	4788	2043
		(2394)	(854)	(2793)	(996)	(3192)	(1138)	(3591)	(1281)	(3990)	(1426)	(4788)	(1708)
	1500	2574	1098	3003	1281	3432	1464	3861	1647	4290	1830	5148	2196
		(2574)	(918)	(3003)	(1071)	(3432)	(1224)	(3861)	(1377)	(4290)	(1530)	(5148)	(1836)
C45	400	594	452	693	452	792	452	891	452	990	452	1188	535
		(594)	(452)	(693)	(452)	(792)	(452)	(891)	(452)	(990)	(452)	(1188)	(452)
	500	774	452	903	452	1032	464	1161	522	1290	580	1548	697
		(774)	(452)	(903)	(452)	(1032)	(452)	(1161)	(452)	(1290)	(484)	(1548)	(580)
	600	954	452	1113	501	1272	572	1431	644	1590	716	1908	859
		(954)	(452)	(1113)	(452)	(1272)	(477)	(1431)	(537)	(1590)	(596)	(1908)	(716)
	700	1134	510	1323	595	1515	680	1701	765	1890	850	2268	1021
		(1134)	(452)	(1323)	(496)	(1512)	(567)	(1701)	(638)	(1890)	(709)	(2268)	(850)
	800	1314	591	1533	690	1752	788	1971	887	2190	986	2628	1183
		(1314)	(493)	(1533)	(575)	(1752)	(657)	(1971)	(739)	(2190)	(821)	(2628)	(986)
	900	1494	672	1743	784	1992	896	2241	1008	2490	1120	2988	1345
		(1494)	(560)	(1743)	(654)	(1992)	(747)	(2241)	(840)	(2490)	(934)	(2988)	(1120)
	1000	1674	753	1953	879	2232	1004	2511	1130	2790	1256	3348	1507
		(1674)	(628)	(1953)	(732)	(2232)	(837)	(2511)	(942)	(2790)	(1046)	(3348)	(1256)
	1100	1854	834	2163	973	2472	1112	2781	1251	3090	1390	3708	1669
		(1854)	(695)	(2163)	(811)	(2472)	(927)	(2781)	(1043)	(3090)	(1159)	(3708)	(1390)
	1200	2034	915	2373	1068	2712	1220	3051	1373	3390	1526	4068	1831
		(2034)	(763)	(2373)	(890)	(2712)	(1017)	(3051)	(1144)	(3390)	(1271)	(4068)	(1526)
	1300	2214	996	2583	1162	2952	1328	3321	1494	3690	1660	4428	1993
		(2214)	(830)	(2583)	(969)	(2952)	(1107)	(3321)	(1245)	(3690)	(1384)	(4428)	(1660)
	1400	2394	1077	2793	1257	3192	1436	3591	1616	3990	1796	4788	2155
		(2394)	(898)	(2793)	(1047)	(3192)	(1197)	(3591)	(1347)	(3990)	(1496)	(4788)	(1796)
	1500	2574	1158	3003	1351	3432	1544	3861	1737	4290	1930	5148	2317
		(2574)	(965)	(3003)	(1126)	(3432)	(1287)	(3861)	(1445)	(4290)	(1609)	(5148)	(1930)

续表 4-84

混凝土强度等级	柱牛腿高 h (mm)	柱牛腿宽 b (mm)											
		300		350		400		450		500		600	
		$A_{s,max}$	$A_{s,min}$	$A_{s,max}$	$A_{s,min}$	$A_{s,max}$	$A_{s,min}$	$A_{s,max}$	$A_{s,min}$	$A_{s,max}$	$A_{s,min}$	$A_{s,max}$	$A_{s,min}$
C50	400	594	452	693	452	792	452	891	452	990	469	1188	562
		(594)	(452)	(693)	(452)	(792)	(452)	(891)	(452)	(990)	(452)	(1188)	(467)
	500	774	452	903	452	1032	488	1161	550	1290	611	1548	733
		(774)	(452)	(903)	(452)	(1032)	(452)	(1161)	(457)	(1290)	(507)	(1548)	(609)
	600	954	452	1113	527	1272	602	1431	677	1590	753	1908	903
		(954)	(452)	(1113)	(452)	(1272)	(500)	(1431)	(563)	(1590)	(625)	(1908)	(750)
	700	1134	537	1323	626	1512	716	1701	805	1890	895	2268	1074
		(1134)	(452)	(1323)	(520)	(1512)	(595)	(1701)	(669)	(1890)	(743)	(2268)	(892)
	800	1314	622	1533	726	1752	829	1971	933	2190	1037	2628	1244
		(1314)	(517)	(1533)	(603)	(1752)	(689)	(1971)	(775)	(2190)	(861)	(2628)	(1034)
	900	1494	707	1743	825	1992	943	2241	1061	2490	1179	2988	1414
		(1494)	(588)	(1743)	(626)	(1992)	(784)	(2241)	(881)	(2490)	(979)	(2988)	(1175)
	1000	1674	792	1953	924	2232	1056	2511	1189	2790	1321	3348	1585
		(1674)	(658)	(1953)	(768)	(2232)	(878)	(2511)	(988)	(2790)	(1097)	(3348)	(1317)
	1100	1854	878	2163	1024	2472	1170	2781	1316	3090	1463	3708	1755
		(1854)	(729)	(2163)	(851)	(2472)	(972)	(2781)	(1094)	(3090)	(1215)	(3708)	(1458)
	1200	2034	963	2373	1123	2712	1284	3051	1444	3390	1605	4068	1926
		(2034)	(800)	(2373)	(933)	(2712)	(1067)	(3051)	(1200)	(3390)	(1333)	(4068)	(1600)
	1300	2214	1048	2583	1223	2952	1397	3321	1572	3690	1747	4428	2096
		(2214)	(871)	(2583)	(1016)	(2952)	(1161)	(3321)	(1306)	(3690)	(1451)	(4428)	(1742)
	1400	2394	1133	2793	1322	3192	1511	3591	1700	3990	1889	4788	2266
		(2394)	(942)	(2793)	(1099)	(3192)	(1256)	(3591)	(1412)	(3990)	(1569)	(4788)	(1883)
	1500	2574	1218	3003	1421	3432	1624	3861	1828	4290	2031	5148	2437
		(2574)	(1012)	(3003)	(1181)	(3432)	(1350)	(3861)	(1519)	(4290)	(1687)	(5148)	(2025)
C55	400	594	452	693	452	792	452	891	452	990	485	1188	582
		(594)	(452)	(693)	(452)	(792)	(452)	(891)	(452)	(990)	(452)	(1188)	(485)
	500	774	452	903	452	1032	506	1161	569	1290	632	1548	759
		(774)	(452)	(903)	(452)	(1032)	(452)	(1161)	(474)	(1290)	(527)	(1548)	(632)

续表 4-84

混凝土强度等级	柱牛腿高 h (mm)	柱牛腿宽 b (mm)											
		300		350		400		450		500		600	
		$A_{s,max}$	$A_{s,min}$	$A_{s,max}$	$A_{s,min}$	$A_{s,max}$	$A_{s,min}$	$A_{s,max}$	$A_{s,min}$	$A_{s,max}$	$A_{s,min}$	$A_{s,max}$	$A_{s,min}$
C55	600	954	467	1113	545	1272	623	1431	701	1590	779	1908	935
		(954)	(452)	(1113)	(454)	(1272)	(519)	(1431)	(584)	(1590)	(649)	(1908)	(779)
	700	1134	556	1323	648	1512	741	1701	833	1890	926	2268	1111
		(1134)	(463)	(1323)	(540)	(1512)	(617)	(1701)	(695)	(1890)	(772)	(2268)	(926)
	800	1314	644	1533	751	1752	858	1971	966	2190	1093	2628	1288
		(1314)	(537)	(1533)	(626)	(1752)	(715)	(1971)	(805)	(2190)	(894)	(2628)	(1093)
	900	1494	732	1743	854	1992	976	2241	1098	2490	1220	2988	1464
		(1494)	(610)	(1743)	(712)	(1992)	(813)	(2241)	(915)	(2490)	(1017)	(2988)	(1220)
	1000	1674	820	1953	957	2232	1094	2511	1230	2790	1367	3348	1641
		(1674)	(684)	(1953)	(797)	(2232)	(911)	(2511)	(1025)	(2790)	(1139)	(3348)	(1367)
	1100	1854	908	2163	1060	2472	1211	2781	1363	3090	1514	3708	1817
		(1854)	(757)	(2163)	(883)	(2472)	(1009)	(2781)	(1136)	(3090)	(1262)	(3708)	(1514)
	1200	2034	997	2373	1163	2712	1329	3051	1495	3390	1661	4068	1993
		(2034)	(931)	(2373)	(969)	(2712)	(1107)	(3051)	(1246)	(3390)	(1384)	(4068)	(1661)
	1300	2214	1085	2583	1266	2952	1446	3321	1627	3690	1808	4428	2170
		(2214)	(904)	(2583)	(1055)	(2952)	(1205)	(3321)	(1356)	(3690)	(1507)	(4428)	(1808)
	1400	2394	1173	2793	1369	3192	1564	3591	1760	3990	1955	4788	2346
		(2394)	(978)	(2793)	(1140)	(3192)	(1303)	(3591)	(1466)	(3990)	(1629)	(4788)	(1955)
	1500	2574	1261	3003	1471	3432	1682	3861	1892	4290	2102	5148	2523
		(2574)	(1051)	(3003)	(1226)	(3432)	(1401)	(3861)	(1577)	(4290)	(1752)	(5148)	(2102)
C60	400	594	452	693	452	792	452	891	454	990	505	1188	606
		(594)	(452)	(693)	(452)	(792)	(452)	(891)	(452)	(990)	(452)	(1188)	(505)
	500	774	452	903	461	1032	526	1161	592	1290	658	1548	789
		(774)	(452)	(903)	(452)	(1032)	(452)	(1161)	(493)	(1290)	(548)	(1548)	(658)
	600	954	487	1113	568	1272	649	1431	730	1590	811	1908	973
		(954)	(452)	(1113)	(473)	(1272)	(541)	(1431)	(608)	(1590)	(676)	(1908)	(811)
	700	1134	578	1323	675	1512	771	1701	868	1890	964	2268	1157
		(1134)	(482)	(1323)	(562)	(1512)	(643)	(1701)	(723)	(1890)	(803)	(2268)	(964)

续表 4-84

混凝土强度等级	柱牛腿高 h (mm)	柱牛腿宽 b (mm)											
		300		350		400		450		500		600	
		$A_{s,max}$	$A_{s,min}$	$A_{s,max}$	$A_{s,min}$	$A_{s,max}$	$A_{s,min}$	$A_{s,max}$	$A_{s,min}$	$A_{s,max}$	$A_{s,min}$	$A_{s,max}$	$A_{s,min}$
C60	800	1314	670	1533	782	1752	894	1971	1005	2190	1117	2628	1340
		(1314)	(558)	(1533)	(652)	(1752)	(745)	(1971)	(838)	(2190)	(931)	(2628)	(1117)
	900	1494	762	1743	889	1992	1016	2241	1143	2490	1270	2988	1524
		(1494)	(635)	(1743)	(741)	(1992)	(847)	(2241)	(952)	(2490)	(1058)	(2988)	(1270)
	1000	1674	854	1953	996	2232	1138	2511	1281	2790	1423	3348	1707
		(1674)	(711)	(1953)	(830)	(2232)	(949)	(2511)	(1067)	(2790)	(1186)	(3348)	(1423)
	1100	1854	946	2163	1103	2472	1261	2781	1418	3090	1576	3708	1891
		(1854)	(788)	(2163)	(919)	(2472)	(1051)	(2781)	(1182)	(3090)	(1313)	(3708)	(1576)
	1200	2034	1037	2373	1210	2712	1383	3051	1556	3390	1729	4068	2075
		(2034)	(864)	(2373)	(1009)	(2712)	(1153)	(3051)	(1297)	(3390)	(1441)	(4068)	(1729)
	1300	2214	1129	2583	1317	2952	1506	3321	1694	3690	1882	4428	2258
		(2214)	(941)	(2583)	(1098)	(2952)	(1255)	(3321)	(1411)	(3690)	(1568)	(4428)	(1882)
	1400	2394	1221	2793	1424	3192	1628	3591	1831	3990	2035	4788	2442
		(2394)	(1017)	(2793)	(1187)	(3192)	(1357)	(3591)	(1526)	(3990)	(1696)	(4788)	(2035)
	1500	2574	1313	3003	1532	3432	1750	3861	1969	4290	2188	5148	2625
		(2574)	(1094)	(3003)	(1276)	(3432)	(1459)	(3861)	(1641)	(4290)	(1823)	(5148)	(2188)
C65	400	594	452	693	452	792	452	891	466	990	518	1188	622
		(594)	(452)	(693)	(452)	(792)	(452)	(891)	(452)	(990)	(452)	(1188)	(517)
	500	774	452	903	473	1032	540	1161	608	1290	675	1548	810
		(774)	(452)	(903)	(452)	(1032)	(452)	(1161)	(505)	(1290)	(561)	(1548)	(673)
	600	954	499	1113	582	1272	666	1431	749	1590	832	1908	999
		(954)	(452)	(1113)	(484)	(1272)	(553)	(1431)	(622)	(1590)	(692)	(1908)	(830)
	700	1134	593	1323	692	1512	791	1701	890	1890	989	2268	1187
		(1134)	(493)	(1323)	(576)	(1512)	(658)	(1701)	(740)	(1890)	(822)	(2268)	(987)
	800	1314	688	1533	802	1752	917	1971	1031	2190	1146	2628	1375
		(1314)	(572)	(1533)	(667)	(1752)	(762)	(1971)	(857)	(2190)	(953)	(2628)	(1143)
	900	1494	782	1743	912	1992	1042	2241	1173	2490	1303	2988	1564
		(1494)	(650)	(1743)	(758)	(1992)	(867)	(2241)	(975)	(2490)	(1083)	(2988)	(1300)

续表 4-84

混凝土强度等级	柱牛腿高 h (mm)	柱牛腿宽 b (mm)											
		300		350		400		450		500		600	
		$A_{s,max}$	$A_{s,min}$	$A_{s,max}$	$A_{s,min}$	$A_{s,max}$	$A_{s,min}$	$A_{s,max}$	$A_{s,min}$	$A_{s,max}$	$A_{s,min}$	$A_{s,max}$	$A_{s,min}$
C65	1000	1674	876	1953	1022	2232	1168	2511	1314	2790	1460	3348	1752
		(1674)	(728)	(1953)	(850)	(2232)	(971)	(2511)	(1092)	(2790)	(1214)	(3348)	(1456)
	1100	1854	970	2163	1132	2472	1294	2781	1455	3090	1617	3708	1941
		(1854)	(806)	(2163)	(941)	(2472)	(1075)	(2781)	(1210)	(3090)	(1344)	(3708)	(1613)
	1200	2034	1064	2373	1242	2712	1419	3051	1597	3390	1774	4068	2129
		(2034)	(885)	(2373)	(1032)	(2712)	(1180)	(3051)	(1327)	(3390)	(1475)	(4068)	(1770)
	1300	2214	1159	2583	1352	2952	1545	3321	1738	3690	1931	4428	2317
		(2214)	(963)	(2583)	(1124)	(2952)	(1284)	(3321)	(1445)	(3690)	(1605)	(4428)	(1926)
	1400	2394	1253	2793	1462	3192	1670	3591	1879	3990	2088	4788	2506
		(2394)	(1041)	(2793)	(1215)	(3192)	(1389)	(3591)	(1562)	(3990)	(1736)	(4788)	(2083)
	1500	2574	1347	3003	1572	3432	1796	3861	2021	4290	2245	5148	2694
		(2574)	(1120)	(3003)	(1306)	(3432)	(1493)	(3861)	(1680)	(4290)	(1866)	(5148)	(2239)
C70	400	594	452	693	452	792	452	891	477	990	530	1188	636
		(594)	(452)	(693)	(452)	(792)	(452)	(891)	(452)	(990)	(452)	(1188)	(531)
	500	774	452	903	483	1032	552	1161	621	1290	690	1548	828
		(774)	(452)	(903)	(452)	(1032)	(461)	(1161)	(519)	(1290)	(576)	(1548)	(691)
	600	954	510	1113	595	1272	681	1431	766	1590	851	1908	1021
		(954)	(452)	(1113)	(497)	(1272)	(568)	(1431)	(639)	(1590)	(710)	(1908)	(852)
	700	1134	607	1323	708	1512	809	1701	910	1890	1011	2268	1213
		(1134)	(507)	(1323)	(591)	(1512)	(675)	(1701)	(760)	(1890)	(844)	(2268)	(1013)
	800	1314	703	1533	820	1752	937	1971	1054	2190	1172	2628	1406
		(1314)	(587)	(1533)	(685)	(1752)	(783)	(1971)	(880)	(2190)	(978)	(2628)	(1174)
	900	1494	799	1743	933	1992	1066	2241	1199	2490	1332	2988	1599
		(1494)	(667)	(1743)	(779)	(1992)	(890)	(2241)	(1001)	(2490)	(1112)	(2988)	(1335)
	1000	1674	896	1953	1045	2232	1194	2511	1343	2790	1493	3348	1791
		(1674)	(748)	(1953)	(872)	(2232)	(997)	(2511)	(1122)	(2790)	(1246)	(3348)	(1495)
	1100	1854	992	2163	1157	2472	1323	2781	1488	3090	1653	3708	1984
		(1854)	(828)	(2163)	(966)	(2472)	(1104)	(2781)	(1242)	(3090)	(1380)	(3708)	(1656)

续表 4-84

混凝土强度等级	柱牛腿高 h (mm)	柱牛腿宽 b (mm)											
		300		350		400		450		500		600	
		$A_{s,max}$	$A_{s,min}$	$A_{s,max}$	$A_{s,min}$	$A_{s,max}$	$A_{s,min}$	$A_{s,max}$	$A_{s,min}$	$A_{s,max}$	$A_{s,min}$	$A_{s,max}$	$A_{s,min}$
C70	1200	2034	1088	2373	1270	2712	1451	3051	1632	3390	1814	4068	2176
		(2034)	(909)	(2373)	(1060)	(2712)	(1211)	(3051)	(1363)	(3390)	(1514)	(4068)	(1817)
	1300	2214	1184	2583	1382	2952	1579	3321	1777	3690	1974	4428	2369
		(2214)	(989)	(2583)	(1154)	(2952)	(1319)	(3321)	(1483)	(3690)	(1648)	(4428)	(1978)
	1400	2394	1281	2793	1494	3192	1708	3591	1921	3990	2135	4788	2562
		(2394)	(1069)	(2793)	(1248)	(3192)	(1426)	(3591)	(1604)	(3990)	(1782)	(4788)	(2139)
	1500	2574	1377	3003	1607	3432	1836	3861	2066	4290	2295	5148	2754
		(2574)	(1150)	(3003)	(1341)	(3432)	(1533)	(3861)	(1725)	(4290)	(1916)	(5148)	(2299)
C75	400	594	452	693	452	792	452	891	486	990	540	1188	647
		(594)	(452)	(693)	(452)	(792)	(452)	(891)	(452)	(990)	(452)	(1188)	(539)
	500	774	452	903	492	1032	562	1161	633	1290	703	1548	844
		(774)	(452)	(903)	(452)	(1032)	(468)	(1161)	(526)	(1290)	(585)	(1548)	(702)
	600	954	520	1113	607	1272	693	1431	780	1590	867	1908	1040
		(954)	(452)	(1113)	(505)	(1272)	(577)	(1431)	(649)	(1590)	(721)	(1908)	(865)
	700	1134	618	1323	721	1512	824	1701	927	1890	1030	2268	1236
		(1134)	(514)	(1323)	(600)	(1512)	(685)	(1701)	(771)	(1890)	(857)	(2268)	(1028)
	800	1314	716	1533	835	1752	955	1971	1074	2190	1194	2628	1432
		(1314)	(596)	(1533)	(695)	(1752)	(794)	(1971)	(894)	(2190)	(993)	(2628)	(1191)
	900	1494	814	1743	950	1992	1086	2241	1221	2490	1357	2988	1628
		(1494)	(677)	(1743)	(790)	(1992)	(903)	(2241)	(1016)	(2490)	(1129)	(2988)	(1355)
	1000	1674	912	1953	1064	2232	1216	2511	1368	2790	1521	3348	1825
		(1674)	(759)	(1953)	(885)	(2232)	(1012)	(2511)	(1138)	(2790)	(1265)	(3348)	(1518)
	1100	1854	1010	2163	1179	2472	1347	2781	1516	3090	1684	3708	2021
		(1854)	(840)	(2163)	(981)	(2472)	(1121)	(2781)	(1261)	(3090)	(1401)	(3708)	(1681)
	1200	2034	1109	2373	1293	2712	1478	3051	1663	3390	1848	4068	2217
		(2034)	(922)	(2373)	(1076)	(2712)	(1229)	(3051)	(1383)	(3390)	(1537)	(4068)	(1844)
	1300	2214	1207	2583	1408	2952	1609	3321	1810	3690	2011	4428	2413
		(2214)	(1004)	(2583)	(1171)	(2952)	(1338)	(3321)	(1506)	(3690)	(1673)	(4428)	(2007)

续表 4-84

混凝土强度等级	柱牛腿高 h (mm)	柱牛腿宽 b (mm)											
		300		350		400		450		500		600	
		$A_{s,max}$	$A_{s,min}$	$A_{s,max}$	$A_{s,min}$	$A_{s,max}$	$A_{s,min}$	$A_{s,max}$	$A_{s,min}$	$A_{s,max}$	$A_{s,min}$	$A_{s,max}$	$A_{s,min}$
C75	1400	2394	1305	2793	1522	3192	1740	3591	1957	3990	2175	4788	2609
		(2394)	(1085)	(2793)	(1266)	(3192)	(1447)	(3591)	(1628)	(3990)	(1809)	(4788)	(2171)
	1500	2574	1403	3003	1637	3432	1870	3861	2104	4290	2338	5148	2806
		(2574)	(1167)	(3003)	(1361)	(3432)	(1556)	(3861)	(1750)	(4290)	(1945)	(5148)	(2334)
C80	400	594	452	693	452	792	452	891	495	990	549	1188	659
		(594)	(452)	(693)	(452)	(792)	(452)	(891)	(452)	(990)	(459)	(1188)	(550)
	500	774	452	903	501	1032	573	1161	644	1290	716	1548	859
		(774)	(452)	(903)	(452)	(1032)	(475)	(1161)	(535)	(1290)	(598)	(1548)	(717)
	600	954	529	1113	618	1272	706	1431	794	1590	882	1908	1059
		(954)	(452)	(1113)	(516)	(1272)	(589)	(1431)	(663)	(1590)	(737)	(1908)	(884)
	700	1134	629	1323	734	1512	839	1701	944	1890	1049	2268	1259
		(1134)	(525)	(1323)	(613)	(1512)	(701)	(1701)	(788)	(1890)	(876)	(2268)	(1051)
	800	1314	729	1533	851	1752	972	1971	1094	2190	1215	2628	1459
		(1314)	(609)	(1533)	(710)	(1752)	(812)	(1971)	(913)	(2190)	(1015)	(2628)	(1218)
	900	1494	829	1743	967	1992	1106	2241	1244	2490	1382	2988	1658
		(1494)	(692)	(1743)	(808)	(1992)	(923)	(2241)	(1038)	(2490)	(1154)	(2988)	(1384)
	1000	1674	929	1953	1084	2232	1239	2511	1394	2790	1548	3348	1858
		(1674)	(776)	(1953)	(905)	(2232)	(1034)	(2511)	(1163)	(2790)	(1293)	(3348)	(1551)
	1100	1854	1029	2163	1200	2472	1372	2781	1543	3090	1715	3708	2058
		(1854)	(859)	(2163)	(1002)	(2472)	(1145)	(2781)	(1289)	(3090)	(1432)	(3708)	(1718)
	1200	2034	1129	2373	1317	2712	1505	3051	1693	3390	1881	4068	2258
		(2034)	(942)	(2373)	(1099)	(2712)	(1257)	(3051)	(1414)	(3390)	(1571)	(4068)	(1885)
	1300	2214	1229	2583	1434	2952	1638	3321	1843	3690	2048	4428	2458
		(2214)	(1026)	(2583)	(1197)	(2952)	(1368)	(3321)	(1539)	(3690)	(1710)	(4428)	(2052)
	1400	2394	1329	2793	1550	3192	1772	3591	1993	3990	2214	4788	2657
		(2394)	(1109)	(2793)	(1294)	(3192)	(1479)	(3591)	(1664)	(3990)	(1849)	(4788)	(2218)
	1500	2574	1429	3003	1667	3432	1905	3861	2143	4290	2381	5148	2857
		(2574)	(1193)	(3003)	(1391)	(3432)	(1590)	(3861)	(1789)	(4290)	(1988)	(5148)	(2385)

注：1. 表中数据采用 HRB335 级钢筋，$f_y=300\text{N/mm}^2$（表中不带括号数据）和 HRB400 级钢筋，$f_y=360\text{N/mm}^2$（表中带括号数据）计算。

2. b 为牛腿宽度，h 为牛腿高度，牛腿的有效截面面积取 bh_0，$h_0=h-a_s$，这里取 $a_s=70\text{mm}$。

3. $A_{s,max}$ 为牛腿承受竖向力的纵向受力钢筋的最大截面面积；$A_{s,min}$ 为牛腿承受竖向力的纵向受力钢筋的最小截面面积。

牛腿全截面高度范围内水平箍筋的总截面面积 A_{sh}（mm^2）　表 4-85

钢筋直径（mm）	6			8			10			12		
间距 s（mm）／ h（mm）	100	125	150	100	125	150	100	125	150	100	125	150
300	170	136	113	302	241	201	471	377	314	679	543	452
350	198	158	132	352	281	235	550	440	367	792	633	528
400	226	181	151	402	322	268	628	503	419	905	724	603
450	254	204	170	452	362	302	707	565	471	1018	814	679
500	287	226	188	503	402	335	785	628	524	1131	905	754
550	311	249	207	553	442	369	864	691	576	1244	995	829
600	339	271	226	603	483	402	942	754	628	1357	1086	905
650	368	294	245	653	523	436	1021	817	681	1470	1176	980
700	396	317	264	704	563	469	1100	880	733	1583	1267	1056
750	424	339	283	754	603	503	1178	942	785	1696	1357	1131
800	452	362	302	804	643	536	1257	1005	838	1810	1448	1206
850	481	385	320	855	684	570	1335	1068	890	1923	1538	1282
900	509	407	339	905	724	603	1414	1131	942	2036	1629	1357
950	537	430	358	955	764	637	1492	1194	995	2149	1719	1433
1000	565	452	377	1005	804	670	1571	1257	1047	2262	1810	1508
1050	594	475	396	1056	844	704	1649	1319	1100	2375	1900	1583
1100	622	498	415	1106	885	737	1728	1382	1152	2488	1991	1659
1150	650	520	434	1156	925	771	1806	1445	1204	2601	2081	1734
1200	679	543	452	1206	965	804	1885	1508	1257	2714	2171	1810
1250	707	565	471	1257	1005	838	1963	1571	1309	2827	2262	1885
1300	735	588	490	1307	1046	871	2042	1634	1361	2941	2352	1960
1350	763	611	509	1357	1086	905	2121	1696	1414	3054	2443	2036
1400	792	633	528	1407	1126	938	2199	1759	1466	3167	2533	2111
1450	820	656	547	1458	1166	972	2278	1822	1518	3280	2624	2187
1500	848	679	565	1508	1206	1005	2356	1885	1571	3393	2714	2262

注：表中箍筋采用双肢箍。本表只作选用水平箍筋截面面积参考。

4.3　水平拉力作用下牛腿锚筋承载力计算用表

4.3.1　制表公式

根据公式（2-7）导得水平拉力作用下牛腿锚筋承载力 F_h 的制表计算公式为

$$F_h = \frac{A_s f_y}{1.2}$$

式中　A_s——水平拉力作用下牛腿锚筋截面面积，单位 mm^2；

f_y——牛腿锚筋抗拉强度设计值，可按表1-6f_y 取值。

4.3.2　计算用表

水平拉力作用下牛腿锚筋承载力 F_h 计算用表如表4-86所示。

水平拉力作用下牛腿锚筋承载力 F_h 值　　表4-86

序号	钢筋级别	锚筋直径（mm）	2根		3根		4根	
			A_s（mm^2）	F_h（kN）	A_s（mm^2）	F_h（kN）	A_s（mm^2）	F_h（kN）
1	HRB335级钢筋 f_y=300（N/mm^2）	12	226	56.55	339	84.82	452	113.10
		14	308	76.97	462	115.45	616	153.94
		16	402	100.53	603	150.80	804	201.06
		18	509	127.23	763	190.85	1018	254.47
		20	628	157.08	942	235.62	1257	314.16
		22	760	190.07	1140	285.10	1521	380.13
		25	982	245.44	1473	368.16	1963	490.87
2	HRB400级钢筋 f_y=360（N/mm^2）	12	226	67.86	339	101.79	452	135.72
		14	308	92.36	462	138.54	616	184.73
		16	402	120.64	603	180.96	804	241.27
		18	509	152.68	763	229.02	1018	305.36
		20	628	188.50	942	282.74	1257	376.99
		22	760	228.08	1140	342.12	1521	456.16
		25	982	294.52	1473	441.79	1963	589.05

第5章　钢筋混凝土柱牛腿计算例题

5.1　仅有竖向力作用下的牛腿计算例题

［例题5-1］ 如图5-1所示，一支承钢筋混凝土吊车梁的柱牛腿。牛腿宽度 $b=400\text{mm}$（与柱同宽）。吊车梁肋宽为 $b_1=250\text{mm}$。作用于牛腿顶部按荷载效应标准组合计算的竖向力值 $F_{vk}=702.7\text{kN}$，作用在牛腿顶部的竖向力设计值 $F_v=966\text{kN}$；作用于牛腿顶部按荷载效应标准组合计算的水平拉力值 $F_{hk}=0$，作用在牛腿顶部的水平拉力设计值 $F_h=0$。竖向力（F_{vk}，F_v）的作用点至下柱边缘的水平距离 $a=120\text{mm}$（包括已考虑安装偏差20mm在内），牛腿底面倾斜角采用 $\alpha\leqslant45°$。牛腿混凝土强度等级采用C30，承受竖向力所需的纵向受拉钢筋采用HRB335级钢筋，水平箍筋采用HPB235级钢筋。牛腿的外边缘高度采用 $h_1=h/2$（h 为牛腿高度）。

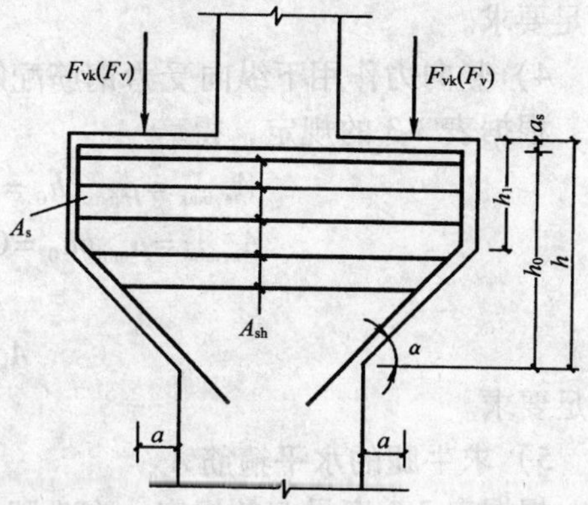

图5-1　牛腿截面之一

试求：该牛腿的高度 h 和配筋。

［解］

（1）已知条件

牛腿混凝土强度等级C30，$f_{tk}=2.01\text{N/mm}^2$，$f_c=14.3\text{N/mm}^2$；HRB335级钢筋，$f_y=300\text{N/mm}^2$；HPB235级钢筋，$f_y=210\text{N/mm}^2$；$F_{vk}=702.7\text{kN}$，$F_v=966\text{kN}$；$F_{hk}=0$，$F_h=0$，$\beta=0.65$，$b=400\text{mm}$，$a_s=40\text{mm}$，$b_1=250\text{mm}$，$a=120\text{mm}$，$h_1=h/2$。

（2）用公式计算

1）计算牛腿高度 h

因该牛腿仅有 F_{vk}、F_v 作用，而 $F_{hk}=0$，$F_h=0$，应用公式（2-2）计算，得

$$h_0=\frac{0.5F_{vk}+\sqrt{(0.5F_{vk})^2+4\beta abF_{vk}f_{tk}}}{2\beta bf_{tk}}$$

$$=\frac{0.5\times702700+\sqrt{(0.5\times702700)^2+4\times0.65\times120\times400\times702700\times2.01}}{2\times0.65\times400\times2.01}$$

$$=860\text{mm}$$

取　$a_s=40\text{mm}$

则　$h=h_0+a_s=860+40=900\text{mm}$

　　$h_1=h/2=900/2=450\text{mm}$

满足要求。

2）牛腿局部受压承载力计算

应用公式（2-8），得

$$\sigma=\frac{F_{vk}}{A}=\frac{702700}{250\times400}=7.027\mathrm{N/mm^2}<0.75f_c=0.75\times14.3=10.725\mathrm{N/mm^2}$$

满足要求。

3）求承受竖向力所需的纵向受拉钢筋截面面积 A_s

因 $\frac{a}{h_0}=\frac{120}{860}=0.14<0.3$，取$\frac{a}{h_0}=0.3$。

应用公式（2-7），得

$$A_s=\frac{F_v a}{0.85f_y h_0}=\frac{966000\times0.3}{0.85\times300}=1136\mathrm{mm^2}$$

选用纵向受拉钢筋为2Φ20+2Φ18，则 $A_s=628+509=1137\mathrm{mm^2}>1136\mathrm{mm^2}$。满足要求。

4）竖向力作用下纵向受力钢筋配筋验算

根据表3-3的规定，得

$$A_{s,max}=\rho_{max}bh_0=0.006\times400\times860=2064\mathrm{mm^2}$$

$$A_{s,min}=\rho_{min}bh_0=0.00214\times400\times860=736\mathrm{mm^2}$$

而
$$A_s=1137\mathrm{mm^2}$$

则
$$A_{s,max}>A_s>A_{s,min}$$

满足要求。

5）求牛腿的水平箍筋 A_{sh}

根据表3-1序号5的规定，在牛腿上部 $2h_0/3$ 范围内的水平箍筋总截面面积不宜小于承受竖向力的受拉钢筋截面面积的二分之一。即在$\frac{2h_0}{3}=\frac{2\times860}{3}=573\mathrm{mm}$范围内水平箍筋总截面面积不宜小于$\frac{A_s}{2}=\frac{1137}{2}=569\mathrm{mm^2}$。

水平箍筋选用直径 $\phi8$，间距 $s=100\mathrm{mm}$，双肢箍，在$\frac{2h_0}{3}=573\mathrm{mm}$范围内有6层水平箍筋，则得：

$$A_{sh}=2\times50.3\times6=604\mathrm{mm^2}>569\mathrm{mm^2}$$

满足要求。

在牛腿高度（$h=900\mathrm{mm}$）范围内，总的水平箍筋截面面积为 $905\mathrm{mm^2}$（箍筋直径 $\phi8$，间距 $s=100\mathrm{mm}$，双肢箍）。

6）求弯起钢筋 A_{sb}

因 $\frac{a}{h_0}=\frac{120}{860}=0.14<0.3$，可不设置弯起钢筋，即 $A_{sb}=0$。

（3）应用计算表计算

1）计算牛腿高度 h

根据题给条件：牛腿混凝土强度等级C30，$\frac{F_{hk}}{F_{vk}}=0$，$b=400\mathrm{mm}$，$a=120\mathrm{mm}$，$\beta=$

0.65，$a_s=40\text{mm}$；$F_{vk}=702.7\text{kN}$，可查表4-14进行计算。

查表4-14，得牛腿高度 $h=900\text{mm}$（查 $F_{vk}=702.75\text{kN}>702.7\text{kN}$，满足要求）。

则
$$h_1=\frac{h}{2}=\frac{900}{2}=450\text{mm}$$

满足要求。

2）牛腿局部受压承载力计算

根据公式（2-8）及表2-1计算，得

$$\sigma=\frac{F_{vk}}{A}$$
$$=\frac{702700}{250\times400}=7.027\text{N/mm}^2<10.725\text{N/mm}^2$$

满足要求。

3）求承受竖向力所需的纵向受拉钢筋截面面积 A_s

根据题给条件：$\frac{a}{h_0}=\frac{120}{860}=0.14<0.3$，取$\frac{a}{h_0}=0.3$。

由 $f_y=300\text{N/mm}^2$，$F_v=966\text{kN}$，可查表4-81进行计算。

查表4-81 $F_v=966.7\text{kN}>966\text{kN}$（满足要求），得

$$2\,\text{Φ}20+2\,\text{Φ}18\text{，即}A_s=628+509=1137\text{mm}^2$$

4）竖向力作用下纵向受力钢筋配筋验算

已知牛腿混凝土强度等级C30，$f_y=300\text{N/mm}^2$，$a_s=40\text{mm}$，牛腿高度 $h=900\text{mm}$，牛腿宽度 $b=400\text{mm}$，查表4-83，得

$$A_{s,\max}=2064\text{mm}^2\text{，}A_{s,\min}=736\text{mm}^2$$

而
$$A_s=1137\text{mm}^2$$

则
$$A_{s,\max}>A_s>A_{s,\min}$$

满足要求。

5）求牛腿的水平箍筋 A_{sh}

由题给条件：牛腿高度 $h=900\text{mm}$，箍筋直径 $\phi8$，间距 $s=100\text{mm}$，查表4-85，得牛腿全截面高度范围内水平箍筋的总截面面积为905mm²。

6）求弯起钢筋 A_{sb}

因$\frac{a}{h_0}=\frac{120}{860}=0.14<0.3$，可不设置弯起钢筋，即 $A_{sb}=0$。

从以上计算可以看出，应用公式计算与采用查表方法计算结果完全一致。

[例题5-2] 如图5-1所示，一支承钢筋混凝土梁的柱牛腿。牛腿宽度 $b=400\text{mm}$（与柱同宽）。梁的宽度 $b_1=300\text{mm}$。作用于牛腿顶部按荷载效应标准组合计算的竖向力值 $F_{vk}=942.7\text{kN}$，作用在牛腿顶部的竖向力设计值 $F_v=1159\text{kN}$；作用于牛腿顶部按荷载效应标准组合计算的水平拉力值 $F_{hk}=0$，作用在牛腿顶部的水平拉力设计值 $F_h=0$。竖向力（F_{vk}，F_v）的作用点至下柱边缘的水平距离 $a=170\text{mm}$（包括已考虑安装偏差20mm在内），牛腿底面倾斜角采用 $\alpha\leqslant45°$。牛腿混凝土强度等级采用C40，承受竖向力所需的纵向受拉钢筋采用HRB400级钢筋，水平箍筋采用HRB335级钢筋。牛腿的外边缘高度 $h_1=$

$h/2$（h 为牛腿高度）。

试求：该牛腿的高度 h 和配筋。

［解］

（1）已知条件

牛腿混凝土强度等级 C40，$f_{tk}=2.39\text{N/mm}^2$，$f_c=19.1\text{N/mm}^2$；HRB400 级钢筋，$f_y=360\text{ N/mm}^2$；HRB335 级钢筋，$f_y=300\text{N/mm}^2$；$F_{vk}=942.7\text{kN}$，$F_v=1159\text{kN}$；$F_{hk}=0$，$F_h=0$；$\beta=0.80$，$b=400\text{mm}$，$b_1=300\text{mm}$，$a=170\text{mm}$，$h_1=h/2$。

（2）用公式计算

1）计算牛腿高度 h

因该牛腿仅有 F_{vk}、F_v 作用，而 $F_{hk}=0$、$F_h=0$，应用公式（2-2）计算，得

$$h_0=\frac{0.5F_{vk}+\sqrt{(0.5F_{vk})^2+4\beta abF_{vk}f_{tk}}}{2\beta bf_{tk}}$$

$$=\frac{0.5\times942700+\sqrt{(0.5\times942700)^2+4\times0.8\times170\times400\times942700\times2.39}}{2\times0.8\times400\times2.39}$$

$$=860\text{mm}$$

取　$a_s=40\text{mm}$

则　$h=h_0+a_s=860+40=900\text{mm}$

$h_1=h/2=900/2=450\text{mm}$

满足要求。

2）牛腿局部受压承载力计算

应用公式（2-8），得

$$\sigma=\frac{F_{vk}}{A}=\frac{942700}{300\times400}=7.86\text{N/mm}^2<0.75f_c=0.75\times19.1=14.325\text{N/mm}^2$$

满足要求。

3）求承受竖向力所需的纵向受拉钢筋截面面积 A_s

因为$\frac{a}{h_0}=\frac{170}{860}=0.2<0.3$，取$\frac{a}{h_0}=0.3$。

应用公式（2-7），得

$$A_s=\frac{F_va}{0.85f_yh_0}$$

$$=\frac{1159000\times0.3}{0.85\times360}=1136\text{mm}^2$$

选用纵向受拉钢筋为 2 ⌀20 + 2 ⌀18，则 $A_s=628+509=1137\text{mm}^2>1136\text{mm}^2$。满足要求。

4）竖向力作用下纵向受力钢筋配筋验算

根据表 3-3 的规定，得

$$A_{s,max}=\rho_{max}bh_0=0.006\times400\times860=2064\text{mm}^2$$

$$A_{s,min}=\rho_{min}bh_0=0.00214\times400\times860=736\text{mm}^2$$

而　$A_s=1137\text{mm}^2$

则 $$A_{s,max} > A_s > A_{s,min}$$

满足要求。

5）求牛腿的水平箍筋 A_{sh}

根据表 3-1 序号 5 的规定，在牛腿上部 $2h_0/3$ 范围内的水平箍筋总截面面积不宜小于承受竖向力的受拉钢筋截面面积的二分之一。即在$\frac{2h_0}{3}=\frac{2\times860}{3}=573\text{mm}$范围内水平箍筋总截面面积不宜小于$\frac{A_s}{2}=\frac{1137}{2}=569\text{mm}^2$。

水平箍筋选用直径Φ8，间距 $s=100\text{mm}$，双肢箍，在$\frac{2h_0}{3}=573\text{mm}$范围内有 6 层水平箍筋，则得：

$$A_{sh}=2\times50.3\times6=604\text{mm}^2>569\text{mm}^2$$

满足要求。

在牛腿高度（$h=900\text{mm}$）范围内，总的水平箍筋截面面积为 905mm^2（箍筋直径Φ8，间距$s=100\text{mm}$，双肢箍）。

6）求弯起钢筋 A_{sb}

因$\frac{a}{h_0}=\frac{170}{860}=0.2<0.3$，可不设置弯起钢筋，即 $A_{sb}=0$。

（3）应用计算表计算

1）计算牛腿高度 h

根据题给条件：牛腿混凝土强度等级 C40，$\frac{F_{hk}}{F_{vk}}=0$，$b=400\text{mm}$，$a=170\text{mm}$，$\beta=0.8$，$a_s=40\text{mm}$；$F_{vk}=942.7\text{kN}$，可查表 4-26 进行计算。

查表 4-26 得牛腿高度 $h=900\text{mm}$（查 $F_{vk}=942.7\text{kN}=942.7\text{kN}$，满足要求）。

则 $$h_1=\frac{h}{2}=\frac{900}{2}=450\text{mm}$$

满足要求。

2）牛腿局部受压承载力计算

根据公式（2-8）及表 2-1，得

$$\sigma=\frac{F_{vk}}{A}=\frac{942700}{300\times400}=7.86\text{N/mm}^2<14.325\text{N/mm}^2$$

满足要求。

3）求承受竖向力所需的纵向受拉钢筋截面面积 A_s

根据题给条件：$\frac{a}{h_0}=\frac{170}{860}=0.2<0.3$，取$\frac{a}{h_0}=0.3$。

由 $f_y=360\text{N/mm}^2$，$F_v=1159\text{kN}$，可查表 4-82 进行计算。

查表 4-82$F_v=1160\text{kN}>1159\text{kN}$（满足要求），得

$$2Φ20+2Φ18\text{，即 }A_s=628+509=1137\text{mm}^2$$

满足要求。

4）竖向力作用下纵向受力钢筋配筋验算

已知牛腿混凝土强度等级C40，$f_y=360\text{N/mm}^2$，$a_s=40\text{mm}$，牛腿高度$h=900\text{mm}$，牛腿宽度$b=400\text{mm}$，查表4-83，得

$$A_{s,\max}=2064\text{mm}^2,\ A_{s,\min}=736\text{mm}^2$$

而 $$A_s=1137\text{mm}^2$$

则 $$A_{s,\max}>A_s>A_{s,\min}$$

满足要求。

5）求牛腿的水平箍筋A_{sh}

由题给条件：牛腿高度$h=900\text{mm}$，箍筋直径Φ8，间距$s=100\text{mm}$，查表4-85，得牛腿全截面高度范围内水平箍筋的总截面面积为905mm^2。

6）求弯起钢筋A_{sb}

因$\frac{a}{h_0}=\frac{170}{860}=0.2<0.3$，可不设置弯起钢筋，即$A_{sb}=0$。

从以上计算可以看出，用公式计算与查表结果完全一致。

[**例题5-3**] 如图5-1所示，一支承钢筋混凝土吊车梁的柱牛腿。牛腿宽度$b=350\text{mm}$（与柱同宽）。吊车梁的宽度$b_1=250\text{mm}$。作用于牛腿顶部按荷载效应标准组合计算的竖向力值$F_{vk}=563.67\text{kN}$，作用在牛腿顶部的竖向力设计值$F_v=683\text{kN}$；作用于牛腿顶部按荷载效应标准组合计算的水平拉力值$F_{hk}=0$，作用在牛腿顶部的水平拉力设计值$F_h=0$。竖向力（F_{vk}，F_v）的作用点至下柱边缘的水平距离$a=170\text{mm}$（包括已考虑安装偏差20mm在内），牛腿底面倾斜角采用$\alpha\leqslant45°$。牛腿混凝土强度等级采用C30，承受竖向力所需的纵向受拉钢筋采用HRB335级钢筋，水平箍筋采用HPB235级钢筋。牛腿的外边缘高度$h_1=h/2$（h为牛腿高度）。

试求：该牛腿的高度h和配筋。

[**解**]

（1）已知条件

牛腿混凝土强度等级C30，$f_{tk}=2.01\text{N/mm}^2$，$f_c=14.3\text{N/mm}^2$；HRB335级钢筋，$f_y=300\text{N/mm}^2$；HPB235级钢筋，$f_y=210\text{N/mm}^2$；$F_{vk}=563.67\text{kN}$，$F_v=683\text{kN}$；$F_{hk}=0$，$F_h=0$，$\beta=0.65$，$b=350\text{mm}$，$b_1=250\text{mm}$，$a=170\text{mm}$，$h_1=h/2$。

（2）用公式计算

1）计算牛腿高度h

因该牛腿仅有F_{vk}、F_v作用，而$F_{hk}=0$、$F_h=0$，应用公式（2-2），得

$$\begin{aligned}h_0&=\frac{0.5F_{vk}+\sqrt{(0.5F_{vk})^2+4\beta abF_{vk}f_{tk}}}{2\beta bf_{tk}}\\&=\frac{0.5\times563670+\sqrt{(0.5\times563670)^2+4\times0.65\times170\times350\times563670\times2.01}}{2\times0.65\times350\times2.01}\\&=860\text{mm}\end{aligned}$$

取 $a_s=40\text{mm}$

则 $h=h_0+a_s=860+40=900\text{mm}$，$h_1=h/2=900/2=450\text{mm}$

满足要求。

2）牛腿局部受压承载力计算

应用公式（2-8），得

$$\sigma = \frac{F_{vk}}{A} = \frac{563670}{250 \times 350} = 6.44\mathrm{N/mm^2} < 0.75 f_c = 0.75 \times 14.3 = 10.725\mathrm{N/mm^2}$$

满足要求。

3）求承受竖向力所需的纵向受拉钢筋截面面积 A_s

因 $\frac{a}{h_0} = \frac{170}{860} = 0.2 < 0.3$，取 $\frac{a}{h_0} = 0.3$。

应用公式（2-7），得

$$A_s = \frac{F_v a}{0.85 f_y h_0} = \frac{683000 \times 0.3}{0.85 \times 300} = 804\mathrm{mm^2}$$

选用纵向受拉钢筋 4 ⌀16，$A_s = 804\mathrm{mm^2}$。

满足要求。

4）竖向力作用下纵向受拉钢筋配筋验算

根据表 3-3 的规定，得

$$A_{s,max} = \rho_{max} b h_0 = 0.006 \times 350 \times 860 = 1806\mathrm{mm^2}$$

$$A_{s,min} = \rho_{min} b h_0 = 0.00214 \times 350 \times 860 = 644\mathrm{mm^2}$$

而

$$A_s = 804\mathrm{mm^2}$$

则

$$A_{s,max} > A_s > A_{s,min}$$

满足要求。

5）求牛腿的水平箍筋 A_{sh}

根据表 3-1 序号 5 的规定，在牛腿上部 $2h_0/3$ 范围内的水平箍筋总截面面积不宜小于承受竖向力的受拉钢筋截面面积的二分之一。即在 $\frac{2h_0}{3} = \frac{2 \times 860}{3} = 573\mathrm{mm}$ 范围内水平箍筋总截面面积不宜小于 $\frac{A_s}{2} = \frac{804}{2} = 402\mathrm{mm^2}$。

水平箍筋选用直径 $\phi 8$，间距 $s = 100\mathrm{mm}$，双肢箍，在 $\frac{2h_0}{3} = 573\mathrm{mm}$ 范围内有 6 层水平箍筋，得，

$$A_{sh} = 2 \times 50.3 \times 6 = 604\mathrm{mm^2} > 402\mathrm{mm^2}$$

满足要求。

在牛腿高度（$h = 900\mathrm{mm}$）范围内，总的水平箍筋截面面积为 $905\mathrm{mm^2}$（箍筋直径 $\phi 8$，间距 $s = 100\mathrm{mm}$，双肢箍）。

6）求弯起钢筋 A_{sb}

因 $\frac{a}{h_0} = \frac{170}{860} = 0.2 < 0.3$，可不设置弯起钢筋，即 $A_{sb} = 0$。

（3）用计算表计算

1）计算牛腿高度 h

根据题给条件：牛腿混凝土强度等级 C30，$\frac{F_{hk}}{F_{vk}} = 0$，$b = 350\mathrm{mm}$，$a = 170\mathrm{mm}$，$\beta =$

0.65，$a_s = 40\text{mm}$；$F_{vk} = 563.67\text{kN}$，可查表4-14进行计算。

因表4-14中没有牛腿宽度 $b = 350\text{mm}$，可按表4-1注6的方法进行查表。查表方法如下：

①以查表4-14中 $b = 300\text{mm}$ 为例进行计算

$$F_{vk} = \frac{(F_{vk})}{(b)} \times b = \frac{563670}{350} \times 300 = 483.14\text{kN}$$

查得牛腿高度 $h = 900\text{mm}$（查 $F_{vk} = 483.14\text{kN} = 483.14\text{kN}$，满足要求）。

②以查表4-14中 $b = 400\text{mm}$ 为例进行计算

$$F_{vk} = \frac{(F_{vk})}{(b)} \times b = \frac{563670}{350} \times 400 = 644.19\text{kN}$$

查得牛腿高度 $h = 900\text{mm}$（查 $F_{vk} = 644.19\text{kN} = 644.19\text{kN}$，满足要求）。

③以查表4-14中 $b = 600\text{mm}$ 为例进行计算

$$F_{vk} = \frac{(F_{vk})}{(b)} \times b = \frac{563670}{350} \times 600 = 966.29\text{kN}$$

查得牛腿高度 $h = 900\text{mm}$（查 $F_{vk} = 966.29\text{kN} = 966.29\text{kN}$，满足要求）。

以上根据表4-1注6按三种不同牛腿宽度方法进行计算，均得该牛腿高度 $h = 900\text{mm}$。

则
$$h_1 = \frac{h}{2} = \frac{900}{2} = 450\text{mm}$$

满足要求。

2）牛腿局部受压承载力计算

根据公式（2-8）及表2-1，得

$$\sigma = \frac{F_{vk}}{A} = \frac{563670}{250 \times 350} = 6.44\text{N/mm}^2 < 10.725\text{N/mm}^2$$

满足要求。

3）求承受竖向力所需的纵向受拉钢筋截面面积 A_s

根据题给条件：$\frac{a}{h_0} = \frac{170}{860} = 0.2 < 0.3$，取 $\frac{a}{h_0} = 0.3$ 计算。

由 $f_y = 300\text{N/mm}^2$，$F_v = 683\text{kN}$，可查表4-81进行计算。

查表4-81之 $F_v = 683.6\text{kN} > 683\text{kN}$（满足要求），得

4⌀16，即 $A_s = 804\text{mm}^2$

满足要求。

4）竖向力作用下纵向受力钢筋配筋验算

已知牛腿混凝土强度等级C30，$f_y = 300\text{N/mm}^2$，$a_s = 40\text{mm}$，牛腿高度 $h = 900\text{mm}$，牛腿宽度 $b = 350\text{mm}$，查表4-83，得

$$A_{s,\max} = 1806\text{mm}^2,\ A_{s,\min} = 644\text{mm}^2$$

而
$$A_s = 804\text{mm}^2$$

则
$$A_{s,\max} > A_s > A_{s,\min}$$

满足要求。

5）求牛腿的水平箍筋 A_{sh}

由题给条件：牛腿高度 $h=900$mm，箍筋直径 $\phi8$，间距 $s=100$mm，查表4-85，得牛腿全截面高度范围内水平箍筋的总截面面积为 905mm^2。

6）求弯起钢筋 A_{sb}

因 $\dfrac{a}{h_0}=\dfrac{170}{860}=0.2<0.3$，可不设置弯起钢筋，即 $A_{sb}=0$。

从以上计算可以看出，用公式法计算与查表结果完全一致。

［**例题5-4**］如图5-2所示，一支承钢筋混凝土大梁的柱牛腿。牛腿宽度 $b=400$mm（与柱同宽）。大梁的梁宽 $b_1=300$mm。作用于牛腿顶部按荷载效应标准组合计算的竖向力值 $F_{vk}=252.54$kN，作用在牛腿顶部的竖向力设计值 $F_v=329.43$kN；作用于牛腿顶部按荷载效应标准组合计算的水平拉力值 $F_{hk}=0$，作用在牛腿顶部的水平拉力设计值 $F_h=0$。竖向力（F_{vk}，F_v）的作用点至下柱边缘的水平距离 $a=520$mm（包括已考虑安装偏差20mm在内），牛腿底面倾斜角采用 $\alpha\leqslant45°$。牛腿混凝土强度等级采用C20，承受竖向力所需的纵向受拉钢筋采用HRB335级钢筋，水平箍筋采用HPB235级钢筋。牛腿的外边缘高度 $h_1=300$mm。

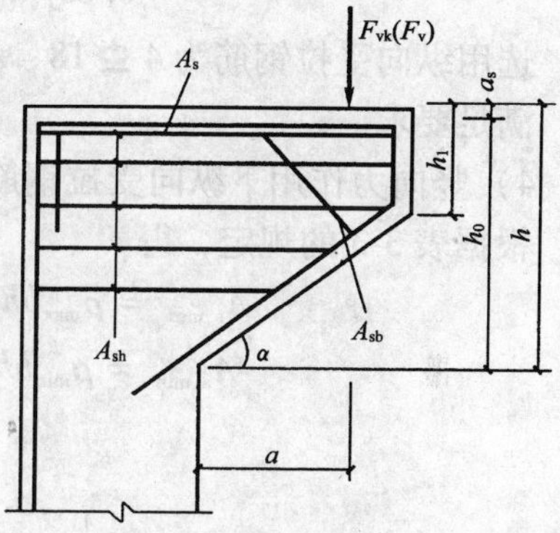

图5-2 牛腿截面之二

试求：该牛腿的高度 h 和配筋。

［**解**］

（1）已知条件

牛腿混凝土强度等级C20，$f_{tk}=1.54\text{N/mm}^2$；$f_c=9.6\text{N/mm}^2$；HRB335级钢筋，$f_y=300\text{ N/mm}^2$；HPB235级钢筋，$f_y=210\text{N/mm}^2$；$F_{vk}=252.54$kN，$F_v=329.43$kN；$F_{hk}=0$，$F_h=0$；$\beta=0.80$，$b=400$mm，$b_1=300$mm，$a=520$mm，$h_1=300$mm。

（2）用公式计算

1）计算牛腿高度 h

因该牛腿仅有 F_{vk}、F_v 作用，而 $F_{hk}=0$、$F_h=0$，应用公式（2-2），得

$$h_0=\frac{0.5F_{vk}+\sqrt{(0.5F_{vk})^2+4\beta abF_{vk}f_{tk}}}{2\beta bf_{tk}}$$

$$=\frac{0.5\times252540+\sqrt{(0.5\times252540)^2+4\times0.80\times520\times400\times252540\times1.54}}{2\times0.80\times400\times1.54}$$

$$=660\text{mm}$$

取 $a_s=40$mm

则 $h=h_0+a_s=660+40=700$mm

$h_1=300$mm

满足要求。

2）牛腿局部受压承载力计算

应用公式（2-8），得

$$\sigma = \frac{F_{vk}}{A} = \frac{252540}{300 \times 400} = 2.105\text{N/mm}^2 < 0.75 f_c = 0.75 \times 9.6 = 7.2\text{N/mm}^2$$

满足要求。

3）求承受竖向力所需的纵向受拉钢筋截面面积 A_s

因$\frac{a}{h_0} = \frac{520}{660} = 0.788 > 0.3$，按实际采用。

应用公式（2-7），得

$$A_s = \frac{F_v a}{0.85 f_y h_0} = \frac{329430 \times 520}{0.85 \times 300 \times 660} = 1018\text{mm}^2$$

选用纵向受拉钢筋为4 Φ18，$A_s = 1018\text{mm}^2 = 1018\text{mm}^2$。

满足要求。

4）竖向力作用下纵向受拉钢筋配筋验算

根据表3-3的规定，得

$$A_{s,max} = \rho_{max} b h_0 = 0.006 \times 400 \times 660 = 1584\text{mm}^2$$

$$A_{s,min} = \rho_{min} b h_0 = 0.002 \times 400 \times 660 = 528\text{mm}^2$$

而 $$A_s = 1018\text{mm}^2$$

则 $$A_{s,max} > A_s > A_{s,min}$$

满足要求。

5）求牛腿的水平箍筋 A_{sh}

根据表3-1序号5的规定，在牛腿上部 $2h_0/3$ 范围内的水平箍筋总截面面积不宜小于承受竖向力的受拉钢筋截面面积的二分之一。即在$\frac{2h_0}{3} = \frac{2 \times 660}{3} = 440\text{mm}$范围内水平箍筋总截面面积不宜小于$\frac{A_s}{2} = \frac{1018}{2} = 509\text{mm}^2$。

水平箍筋选用直径 $\phi 10$，间距 $s = 125\text{mm}$，双肢箍，在$\frac{2h_0}{3} = 440\text{mm}$范围内有4层水平箍筋，得：

$$A_{sh} = 2 \times 78.5 \times 4 = 628\text{mm}^2 > 509\text{mm}^2$$

满足要求。

在牛腿高度（$h = 700\text{mm}$）范围内，总的水平箍筋截面面积为 880mm^2（箍筋直径 $\phi 10$，间距 $s = 125\text{mm}$，双肢箍）。

6）求弯起钢筋 A_{sb}

因$\frac{a}{h_0} = \frac{520}{660} = 0.788 > 0.3$，宜设置弯起钢筋。

根据表3-1序号6的规定，宜使其与集中荷载作用点到牛腿斜边下端点连线的交点位于牛腿上部 $l/6$ 至 $l/2$ 之间的范围内，l 为该连线的长度（图2-1），其截面面积不宜小于承受竖向力的受拉钢筋截面面积的二分之一。

即 $$A_{sb} = \frac{A_s}{2} = \frac{1018}{2} = 509\text{mm}^2$$

选用2 Φ18，$A_{sb}=509\text{mm}^2$

满足要求。

（3）用计算表计算

1）计算牛腿高度 h

根据题给条件：牛腿混凝土强度等级 C20，$\frac{F_{hk}}{F_{vk}}=0$，$b=400\text{mm}$，$\beta=0.80$，$a=520\text{mm}$，$a_s=40\text{mm}$，$F_{vk}=252.54\text{kN}$，可查表4-2进行计算。

查表4-2，得牛腿高度 $h=700\text{mm}$（查 $F_{vk}=252.55\text{kN}>252.54\text{kN}$，满足要求）。

则 $h_1=300\text{mm}$。

满足要求。

2）牛腿局部受压承载力计算

根据公式（2-8）及表2-1，得

$$\sigma=\frac{F_{vk}}{A}=\frac{252540}{300\times 400}=2.105\text{N/mm}^2<7.2\text{N/mm}^2$$

满足要求。

3）求承受竖向力所需的纵向受拉钢筋截面面积 A_s

根据题给条件：$\frac{a}{h_0}=\frac{520}{660}=0.788$，$f_y=300\text{N/mm}^2$，$F_v=329.43\text{kN}$，查表4-81并用插入法计算如下：

$\frac{a}{h_0}$	0.75	0.788	0.80
F_v	346.1	x	324.4

则
$$\frac{0.788-0.75}{x-346.1}=\frac{0.8-0.788}{324.4-x}$$

解得 $x=F_v=329.61\text{kN}>329.43\text{kN}$，以 $F_v=329.61\text{kN}$，查表4-81，得 $A_s=1018\text{mm}^2$，配置钢筋4 Φ18。

满足要求。

4）竖向力作用下纵向受力钢筋配筋验算

已知牛腿混凝土强度等级 C20，$f_y=300\text{N/mm}^2$，$a_s=40\text{mm}$，牛腿高度 $h=700\text{mm}$，牛腿宽度 $b=400\text{mm}$，查表4-83，得

$$A_{s,\max}=1584\text{mm}^2, A_{s,\min}=528\text{mm}^2$$

而
$$A_s=1018\text{mm}^2$$

则
$$A_{s,\max}>A_s>A_{s,\min}$$

满足要求。

5）求牛腿的水平箍筋 A_{sh}

由题给条件：牛腿度高 $h=700\text{mm}$，箍筋直径 $\phi 10$，间距 $s=125\text{mm}$，查表4-85，得牛腿全截面高度范围内水平箍筋的总截面面积为 880mm^2。

6）求弯起钢筋 A_{sb}

根据 $f_y=300\text{N/mm}^2$，$\frac{a}{h_0}=0.788$，$F_v=329.61\text{kN}$，可直接由表4-81查得 $A_{sb}=$

$509mm^2$，选用2Φ18弯起钢筋。

此2Φ18的钢筋配置在荷载作用点到牛腿斜边下端点连线的交点位于牛腿上部$l/6$至$l/2$之间范围内，l为该线的长度（图2-1）

从以上计算可以看出，用公式法计算与用查表计算结果完全一致。

[例题5-5] 如图5-2所示，一支承钢筋混凝土大梁的柱牛腿。牛腿宽度$b=400mm$（与柱同宽）。大梁的梁宽$b_1=250mm$。作用于牛腿顶部按荷载效应标准组合计算的竖向力值$F_{vk}=679.50kN$，作用在牛腿顶部的竖向力设计值$F_v=992.20kN$；作用于牛腿顶部按荷载效应标准组合计算的水平拉力值$F_{hk}=0$，作用在牛腿顶部的水平拉力设计值$F_h=0$。竖向力（F_{vk}，F_v）的作用点至下柱边缘的水平距离$a=270mm$（已考虑安装偏差20mm在内），牛腿底面倾斜角采用$\alpha\leqslant45°$。牛腿混凝土强度等级采用C30，承受竖向力所需的纵向受拉钢筋采用HRB400级钢筋，水平箍筋采用HRB335级钢筋。牛腿的外边缘高度$h_1=h/2$（h为牛腿高度）。

试求：该牛腿的高度h和配筋。

[解]

（1）已知条件

牛腿混凝土强度等级C30，$f_{tk}=2.01N/mm^2$，$f_c=14.3N/mm^2$；HRB400级钢筋，$f_y=360N/mm^2$；HRB335级钢筋，$f_y=300N/mm^2$；$F_{vk}=679.50kN$，$F_v=992.20kN$；$F_{hk}=0$，$F_h=0$；$\beta=0.80$，$b=400mm$，$b_1=250mm$，$a=270mm$，$h_1=h/2$。

（2）用公式计算

1）计算牛腿高度h

因该牛腿仅有F_{vk}、F_v作用，而$F_{hk}=0$，$F_h=0$，应用公式（2-2），得

$$h_0=\frac{0.5F_{vk}+\sqrt{(0.5F_{vk})^2+4\beta abF_{vk}f_{tk}}}{2\beta bf_{tk}}$$

$$=\frac{0.5\times679500+\sqrt{(0.5\times679500)^2+4\times0.80\times270\times400\times679500\times2.01}}{2\times0.80\times400\times2.01}$$

$$=860mm$$

取 $a_s=40mm$

则 $h=h_0+a_s=860+40=900mm$

$$h_1=\frac{h}{2}=\frac{900}{2}=450mm$$

满足要求。

2）牛腿局部受压承载力计算

应用公式（2-8），得

$$\sigma=\frac{F_{vk}}{A}=\frac{679500}{250\times400}=6.795N/mm^2<0.75f_c=0.75\times14.3=10.725N/mm^2$$

满足要求。

3）求承受竖向力所需的纵向受拉钢筋截面面积A_s

因$\frac{a}{h_0}=\frac{270}{860}=0.314>0.3$，按实际采用。

应用公式（2-7），得

$$A_s = \frac{F_v a}{0.85 f_y h_0} = \frac{992200 \times 270}{0.85 \times 360 \times 860} = 1018\text{mm}^2$$

选用纵向受拉钢筋为 4 ⌀ 18，$A_s = 1018\text{mm}^2 = 1018\text{mm}^2$。

满足要求。

4）竖向力作用下纵向受拉钢筋配筋验算

根据表 3-3 的规定，得

$$A_{s,\max} = \rho_{\max} b h_0 = 0.006 \times 400 \times 860 = 2064\text{mm}^2$$

$$A_{s,\min} = \rho_{\min} b h_0 = 0.002 \times 400 \times 860 = 688\text{mm}^2$$

而 $$A_s = 1018\text{mm}^2$$

则 $$A_{s,\max} > A_s > A_{s,\min}$$

满足要求。

5）求牛腿的水平箍筋 A_{sh}

根据表 3-1 序号 5 的规定，在牛腿上部 $2h_0/3$ 范围内的水平箍筋总截面面积不宜小于承受竖向力的受拉钢筋截面面积的二分之一。即在$\frac{2h_0}{3} = \frac{2 \times 860}{3} = 574\text{mm}$ 范围内水平箍筋总截面面积不宜小于$\frac{A_s}{2} = \frac{1018}{2} = 509\text{mm}^2$。

水平箍筋选用直径⌀8，间距 $s = 100\text{mm}$，双肢箍，在$\frac{2h_0}{3} = 574\text{mm}$ 范围内有 6 层水平箍筋，得

$$A_{sh} = 2 \times 50.3 \times 6 = 604\text{mm}^2 > 509\text{mm}^2$$

满足要求。

在牛腿高度（$h = 900\text{mm}$）范围内，总的水平箍筋截面面积为 905mm^2（箍筋直径⌀8，间距 $s = 100\text{mm}$，双肢箍）。

6）求弯起钢筋 A_{sb}

因$\frac{a}{h_0} = \frac{270}{860} = 0.314 > 0.3$，宜设置弯起钢筋。

根据表 3-1 序号 6 的规定，宜使其与集中荷载作用点到牛腿斜边下端点连线的交点位于牛腿上部 $l/6$ 至 $l/2$ 之间的范围内，l 为该连线的长度（图 2-1），其截面面积不宜小于承受竖向力的受拉钢筋截面面积的二分之一。

即 $$A_{sb} = \frac{A_s}{2} = \frac{1018}{2} = 509\text{mm}^2$$

选用弯起钢筋 2 ⌀ 18，$A_{sb} = 509\text{mm}^2$

满足要求。

（3）用计算用表计算

1）计算牛腿高度 h

根据题给条件：牛腿混凝土强度等级 C30，$\frac{F_{hk}}{F_{vk}} = 0$，$b = 400\text{mm}$，$\beta = 0.80$，$a =$

270mm，$a_s=40\text{mm}$，$F_{vk}=679.50\text{kN}$，可查表 4-14 计算。

查表 4-14，得牛腿高度 $h=900\text{mm}$（查 $F_{vk}=679.59\text{kN}>679.50\text{kN}$，满足要求）。

则 $h_1=\dfrac{h}{2}=\dfrac{900}{2}=450\text{mm}$。

满足要求。

2）牛腿局部受压承载力计算

根据公式（2-8）及表 2-1，得

$$\sigma=\frac{F_{vk}}{A}=\frac{679500}{250\times 400}=6.795\text{N/mm}^2<10.725\text{N/mm}^2$$

满足要求。

3）求承受竖向力所需的纵向受拉钢筋截面面积 A_s

根据题给条件：$\dfrac{a}{h_0}=\dfrac{270}{860}=0.314$，$f_y=360\text{N/mm}^2$，$F_v=992.2\text{kN}$，查表 4-82，用插入法计算如下：

$\dfrac{a}{h_0}$	0.30	0.314	0.35
F_v	1038.2	x	889.9

则
$$\frac{0.314-0.30}{x-1038.2}=\frac{0.35-0.314}{889.9-x}$$

解得 $x=F_v=996.676\text{kN}>992.20\text{kN}$，以 $F_v=996.676\text{kN}$，查表 4-82，得 $A_s=1018\text{mm}^2$，配置钢筋 4 Φ 18。

满足要求。

4）竖向力作用下纵向受力钢筋配筋验算

已知牛腿混凝土强度等级 C30，$f_y=360\text{N/mm}^2$，$a_s=40\text{mm}$，牛腿高度 $h=900\text{mm}$，牛腿宽度 $b=400\text{mm}$，查表 4-83，得

$$A_{s,\max}=2064\text{mm}^2, A_{s,\min}=688\text{mm}^2$$

而
$$A_s=1018\text{mm}^2$$

则
$$A_{s,\max}>A_s>A_{s,\min}$$

满足要求。

5）求牛腿的水平箍筋 A_{sh}

由题给条件：牛腿高度 $h=900\text{mm}$，水平箍筋直径 Φ 8，间距 $s=100\text{mm}$，查表 4-85，得牛腿全截面高度范围内水平箍筋的总截面面积为 905mm^2。

6）求弯起钢筋 A_{sb}

根据 $f_y=360\text{N/mm}^2$，$\dfrac{a}{h_0}=0.314$，$F_v=996.676\text{kN}$，可直接由表 4-82 查得 $A_{sb}=509\text{mm}^2$，选用 2 Φ 18 弯起钢筋。

此 2 Φ 18 弯起钢筋配置在荷载作用点到牛腿斜边下端点连线的交点位于牛腿上部 $l/6$ 至 $l/2$ 之间的范围内，l 为该连线的长度（参见图 2-1）。

从以上计算可以看出，应用公式计算与查表结果完全一致。

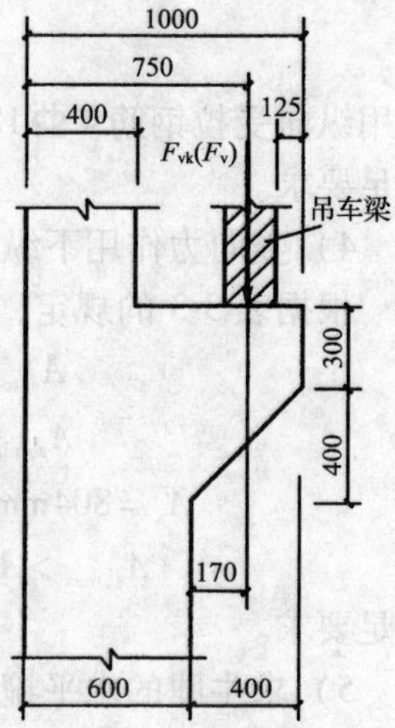

图 5-3 牛腿截面之三

［**例题 5-6**］如图 5-3 所示，一支承钢筋混凝土吊车梁的柱牛腿。牛腿宽度 $b=400\text{mm}$（与柱同宽）。吊车梁的肋宽 $b_1=250\text{mm}$。吊车梁中心线到厂房轴线（即柱外边缘）的距离为 750mm。作用于牛腿顶部按荷载效应标准组合计算的竖向力值 $F_{vk}=541\text{kN}$，作用在牛腿顶部的竖向力设计值 $F_v=820\text{kN}$；作用于牛腿顶部按荷载效应标准组合计算的水平拉力值 $F_{hk}=0$，作用在牛腿顶部的水平拉力设计值 $F_h=0$。竖向力（F_{vk}、F_v）的作用点至下柱边缘的水平距离 $a=170\text{mm}$（已考虑安装偏差 20mm 在内），牛腿底面倾斜角采用 $\alpha \leqslant 45°$。牛腿的混凝土强度等级采用 C40，承受竖向力所需的纵向受拉钢筋采用 HRB400 级钢筋，水平箍筋采用 HRB335 级钢筋。牛腿的各部位尺寸如图 5-3 所示。

试计算该牛腿所示的截面尺寸是否满足裂缝控制要求和配筋。

［解］

（1）已知条件

牛腿混凝土强度等级 C40，$f_{tk}=2.39\text{N/mm}^2$，$f_c=19.1\text{N/mm}^2$；HRB400 级钢筋，$f_y=360\text{N/mm}^2$；HRB335 级钢筋，$f_y=300\text{N/mm}^2$；$F_{vk}=541\text{kN}$，$F_v=820\text{kN}$；$F_{hk}=0$，$F_h=0$；$\beta=0.65$，$h=700\text{mm}$，$b=400\text{mm}$，$b_1=250\text{mm}$，$a_s=40\text{mm}$，$h_0=h-a_s=700-40=660\text{mm}$，$c=400\text{mm}$。

（2）用公式计算

1）计算图 5-3 所示牛腿的截面尺寸是否满足裂缝控制要求

因 $F_{hk}=0$，应用公式（2-1），得

$$F_{vk}=\frac{\beta f_{tk}bh_0}{0.5+\dfrac{a}{h_0}}$$

$$=\frac{0.65\times2.39\times400\times660}{0.5+\dfrac{170}{660}}=541.36\text{kN}>F_{vk}=541\text{kN}$$

该牛腿的截面尺寸满足裂缝控制要求。

2）牛腿局部受压承载力计算

应用公式（2-8），得

$$\sigma=\frac{F_{vk}}{A}=\frac{541000}{250\times400}=5.41\text{N/mm}^2<0.75f_c=0.75\times19.1=14.325\text{N/mm}^2$$

满足要求。

3）求承受竖向力所需的纵向受拉钢筋截面面积 A_s

因 $\dfrac{a}{h_0}=\dfrac{170}{660}=0.258<0.3$，取 $\dfrac{a}{h_0}=0.3$ 计算。

应用公式（2-7），得

$$A_s = \frac{F_v a}{0.85 f_y h_0} = \frac{820000 \times 0.3}{0.85 \times 360} = 804\text{mm}^2$$

选用纵向受拉钢筋4⌀18，$A_s = 804\text{mm}^2 = 804\text{mm}^2$。

满足要求。

4）竖向力作用下纵向受拉钢筋配筋验算

根据表3-3的规定，得

$$A_{s,max} = \rho_{max} b h_0 = 0.006 \times 400 \times 660 = 1584\text{mm}^2$$

$$A_{s,min} = \rho_{min} b h_0 = 0.00214 \times 400 \times 660 = 565\text{mm}^2$$

而 $A_s = 804\text{mm}^2$

则 $A_{s,max} > A_s > A_{s,min}$

满足要求。

5）求牛腿的水平箍筋 A_{sh}

根据表3-1序号5的规定，在牛腿上部 $2h_0/3$ 范围内的水平箍筋总截面面积不宜小于承受竖向力的受拉钢筋截面面积的二分之一。即在$\frac{2h_0}{3} = \frac{2 \times 660}{3} = 440\text{mm}$范围内水平箍筋总截面面积不宜小于$\frac{A_s}{2} = \frac{804}{2} = 402\text{mm}^2$。

水平箍筋选用直径⌀8，间距 $s = 100\text{mm}$，双肢箍，在$\frac{2h_0}{3} = 440\text{mm}$范围内有5层水平箍筋，得

$$A_{sh} = 2 \times 50.3 \times 5 = 503\text{mm}^2 > 402\text{mm}^2$$

满足要求。

在牛腿高度（$h = 700\text{mm}$）范围内，总的水平箍筋截面面积为704mm^2（箍筋直径⌀8，间距$s = 100\text{mm}$，双肢箍）。

6）求弯起钢筋 A_{sb}

因$\frac{a}{h_0} = \frac{170}{660} = 0.258 < 0.3$，可不配置弯起钢筋，即 $A_{sb} = 0$。

（3）应用计算表计算

1）牛腿高度裂缝控制计算

根据题给条件：牛腿混凝土强度等级C40，$\frac{F_{hk}}{F_{vk}} = 0$，$b = 400\text{mm}$，$\beta = 0.65$，$a = 170\text{mm}$，$a_s = 40\text{mm}$，$F_{vk} = 541\text{kN}$，$h = 700\text{mm}$，可查表4-26计算。

查表4-26，得 $F_{vk} = 541.36\text{kN} > 541\text{kN}$。

该牛腿截面尺寸和混凝土强度等级选用满足裂缝控制要求。

2）牛腿局部受压承载力计算

根据公式（2-8）及表2-1，得

$$\sigma = \frac{F_{vk}}{A} = \frac{541000}{250 \times 400} = 5.41\text{N/mm}^2 < 14.325\text{N/mm}^2$$

满足要求。

3）求承受竖向力所需的纵向受拉钢筋截面面积 A_s

根据题给条件：$\frac{a}{h_0}=\frac{170}{660}=0.258<0.3$，取$\frac{a}{h_0}=0.3$ 计算。

由 $f_y=360\text{N/mm}^2$，$F_v=820\text{kN}$，可查表 4-82 计算

查表 4-82，$F_v=820.3\text{kN}>820\text{kN}$（满足要求），得 4 Φ^R 16，$A_s=804\text{mm}^2$。

4）竖向力作用下纵向受力钢筋配筋验算

已知牛腿混凝土强度等级 C40，$f_y=360\text{N/mm}^2$，$a_s=40\text{mm}$，牛腿高度 $h=700\text{mm}$，牛腿宽度 $b=400\text{mm}$，则查表 4-83，得

$$A_{s,max}=1584\text{mm}^2, A_{s,min}=565\text{mm}^2$$

而

$$A_s=804\text{mm}^2$$

则

$$A_{s,max}>A_s>A_{s,min}$$

满足要求。

5）求牛腿的水平箍筋 A_{sh}

由题给条件：牛腿高度 $h=700\text{mm}$，箍筋直径 Φ 8，间距 $s=100\text{mm}$，查表 4-85，得牛腿全截面高度范围内水平箍筋的总截面面积为 704mm^2。

6）求弯起钢筋 A_{sb}

因$\frac{a}{h_0}=\frac{170}{660}=0.258<0.3$，可不配置弯起钢筋。

从以上计算可以看出，用公式计算与查表结果完全一致。

5.2 有竖向力和水平拉力共同作用下的牛腿计算例题

[**例题 5-7**] 如图 5-4 所示，一支承钢筋混凝土屋面梁的柱牛腿。牛腿宽度 $b=400\text{mm}$（与柱同宽）。屋面梁的梁宽 $b_1=300\text{mm}$。作用于牛腿顶部按荷载效应标准组合计算的竖向力值 $F_{vk}=512.429\text{kN}$，作用在牛腿顶部的竖向力设计值$F_v=831.388\text{kN}$；同时，作用于牛腿顶部按荷载效应标准组合计算的水平拉力值$F_{hk}=153.729\text{kN}$，作用在牛腿顶部的水平拉力设计值 $F_h=157\text{kN}$。竖向力（F_{vk}、F_v）的作用点至下柱边缘的水平距离 $a=320\text{mm}$（包括已考虑安装偏差 20mm 在内），牛腿底面倾斜角采用 $\alpha\leqslant45°$。牛腿混凝土强度等级采用 C30，纵向受力钢筋采用 HRB335 级钢筋，牛腿的水平箍筋采用 HPB235 级钢筋。牛腿的外边缘高度 $h_1=h/3$（h 为牛腿的高度）。

试求：该牛腿的高度 h 和配筋。

[**解**]

（1）已知条件

牛腿混凝土强度等级 C30，$f_{tk}=2.01\text{N/mm}^2$，$f_c=14.3\text{N/mm}^2$；HRB335 级钢筋，$f_y=300\text{N/mm}^2$；HPB235 级钢筋，$f_y=210\text{N/mm}^2$；$F_{vk}=512.429\text{kN}$，$F_v=831.388\text{kN}$；$F_{hk}=153.729\text{kN}$，$F_h=157\text{kN}$；$\beta=0.8$，$b=400\text{mm}$，$b_1=300\text{mm}$，$a=320\text{mm}$，$h_1=h/3$。

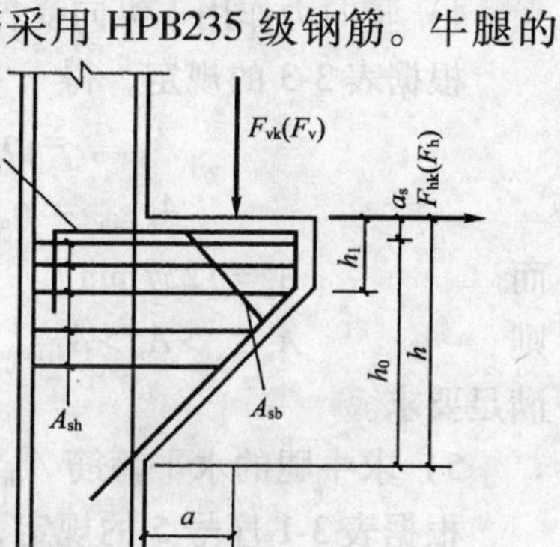

图 5-4 牛腿截面之四

（2）用公式计算

1）因该牛腿有 F_{vk}、F_{hk} 同时作用，应用公式（2-5），得

$$h_0 = \frac{0.5F_{vk} + \sqrt{(0.5F_{vk})^2 + 4\beta abF_{vk}f_{tk}(1 - 0.5F_{hk}/F_{vk})}}{2\beta bf_{tk}(1 - 0.5F_{hk}/F_{vk})}$$

$$= \frac{0.5 \times 512429 + \sqrt{(0.5 \times 512429)^2 + 4 \times 0.80 \times 320 \times 400 \times 512429 \times 2.01 \times (1 - 0.5 \times 153729/512429)}}{2 \times 0.80 \times 400 \times 2.01 \times (1 - 0.5 \times 153729/512429)}$$

$$= 830\text{mm}$$

取　$a_s = 70\text{mm}$

则　$h = h_0 + a_s = 830 + 70 = 900\text{mm}$

$$h_1 = \frac{h}{3} = \frac{900}{3} = 300\text{mm}$$

满足要求。

2）牛腿局部受压承载力计算

根据公式（2-8），得

$$\sigma = \frac{F_{vk}}{A} = \frac{512429}{300 \times 400} = 4.27\text{N/mm}^2 < 0.75f_c = 0.75 \times 14.3 = 10.725\text{N/mm}^2$$

满足要求。

3）求牛腿的纵向受力钢筋截面面积 A_s

因 $\frac{a}{h_0} = \frac{320}{830} = 0.386 > 0.3$，按实际采用。

应用公式（2-7），得

$$A_s = \frac{F_v a}{0.85f_y h_0} + \frac{1.2F_h}{f_y}$$

$$= \frac{831388 \times 320}{0.85 \times 300 \times 830} + \frac{1.2 \times 157000}{300} = 1257 + 628 = 1885\text{mm}^2$$

选用纵向受拉钢筋为 4 ⌀20 + 2 ⌀20，$A_s = 1257 + 628 = 1885\text{mm}^2$，其中 2 ⌀20 焊在预埋件上（参见图 3-1）。

4）竖向力作用下纵向受拉钢筋配筋验算

根据表 3-3 的规定，得

$$A_{s,\max} = \rho_{\max} bh_0 = 0.006 \times 400 \times 830 = 1992\text{mm}^2$$

$$A_{s,\min} = \rho_{\min} bh_0 = 0.00214 \times 400 \times 830 = 710\text{mm}^2$$

而　　$A_s = 1257\text{mm}^2$

则　　$A_{s,\max} > A_s > A_{s,\min}$

满足要求。

5）求牛腿的水平箍筋 A_{sh}

根据表 3-1 序号 5 的规定，在牛腿上部 $2h_0/3$ 范围内的水平箍筋总截面面积不宜小于承受竖向力的受拉钢筋截面面积的二分之一。即在 $\frac{2h_0}{3} = \frac{2 \times 830}{3} = 553\text{mm}$ 范围内水平箍筋

总截面面积不宜小于$\frac{A_s}{2}=\frac{1257}{2}=628\text{mm}^2$。

水平箍筋选用直径$\phi 10$，间距$s=100\text{mm}$，双肢箍，在$\frac{2h_0}{3}=553\text{mm}$范围内有6层水平箍筋，得

$$A_{sh}=2\times 78.5\times 6=942\text{mm}^2>628\text{mm}^2$$

满足要求。

在牛腿高度（$h=900\text{mm}$）范围内，总的水平箍筋截面面积为1414mm^2（箍筋直径$\phi 10$，间距$s=100\text{mm}$，双肢箍）。

6）求弯起钢筋A_{sb}

因$\frac{a}{h_0}=\frac{320}{830}=0.386>0.3$，宜设置弯起钢筋。

根据表3-1序号6的规定，宜使其与集中荷载作用点到牛腿斜边下端点连线的交点位于牛腿上部$l/6$至$l/2$之间的范围内，l为该连线的长度（图2-1），其截面面积不宜小于承受竖向力的受拉钢筋截面面积的二分之一。

即
$$A_{sb}=\frac{A_s}{2}=\frac{1257}{2}=628\text{mm}^2$$

选用钢筋2Φ20，$A_{sb}=628\text{mm}^2$

满足要求。

（3）用计算表计算

1）计算牛腿高度h

根据题给条件：牛腿混凝土强度等级C30，$\frac{F_{hk}}{F_{vk}}=\frac{153729}{512429}=0.3$，$b=400\text{mm}$，$a=320\text{mm}$，$\beta=0.8$，$a_s=70\text{mm}$，可查表4-17计算。

查表4-17，得牛腿高度$h=900\text{mm}$（查$F_{vk}=512.43\text{kN}>512.429\text{kN}$，满足要求）。

题给　$h_1=\frac{h}{3}=\frac{900}{3}=300\text{mm}$。

满足要求。

2）牛腿局部受压承载力计算

根据公式（2-8）及表2-1，得

$$\sigma=\frac{F_{vk}}{A}=\frac{512429}{300\times 400}=4.27\text{N/mm}^2<10.725\text{N/mm}^2$$

满足要求。

3）求牛腿承受竖向力所需的纵向受拉钢筋截面面积A_{s1}和承受水平拉力所需的锚筋截面面积A_{s2}

①求牛腿承受竖向力所需的纵向受拉钢筋截面面积A_{s1}

根据题给条件：$\frac{a}{h_0}=\frac{320}{830}=0.386$，$f_y=300\text{N/mm}^2$，$F_v=831.388\text{kN}$，查表4-81，用插入法计算如下：

$\frac{a}{h_0}$	0.35	0.386	0.40
F_v	915.5	x	801.1

则 $$\frac{0.386-0.35}{x-915.5}=\frac{0.40-0.386}{801.1-x}$$

解得 $x=F_v=833.132\text{kN}>831.388\text{kN}$，以 $F_v=833.132\text{kN}$ 查表4-81得 $A_{s1}=1257\text{mm}^2$，配置钢筋4 ⏀20。

②求牛腿承受水平拉力所需的锚筋截面面积 A_{s2}

根据题给条件：HRB335级钢筋，$f_y=300\text{N/mm}^2$，$F_h=157\text{kN}$，锚筋数量为2根，查表4-86得水平拉力作用下的牛腿锚筋截面为 $A_{s2}=628\text{mm}^2$，选用锚筋2 ⏀20（查 $F_h=157.08\text{kN}>157\text{kN}$，满足要求），并将其焊在预埋件上（参见图3-1）。

4）竖向力作用下纵向受力钢筋配筋验算

已知牛腿混凝土强度等级C30，$f_y=300\text{N/mm}^2$，$a_s=70\text{mm}$，牛腿高度 $h=900\text{mm}$，牛腿宽度 $b=400\text{mm}$，查表4-84，得

$$A_{s,\max}=1992\text{mm}^2, A_{s,\min}=710\text{mm}^2$$

而 $$A_s=1257\text{mm}^2$$

则 $$A_{s,\max}>A_s>A_{s,\min}$$

满足要求。

5）求牛腿的水平箍筋 A_{sh}

由题给条件：牛腿高度 $h=900\text{mm}$，水平箍筋直径 $\phi10$，间距 $s=100\text{mm}$，查表4-85，得牛腿全截面高度范围内水平箍筋的总截面面积为 1414mm^2。

6）求弯起钢筋 A_{sb}

根据 $f_y=300\text{N/mm}^2$，$\frac{a}{h_0}=\frac{320}{830}=0.386$，$F_v=833.132\text{kN}$，可直接由表4-81查得 $A_{sb}=628\text{mm}^2$，即配置2 ⏀20弯起钢筋。

此2 ⏀20弯起钢筋配置在荷载作用点到牛腿斜边下端点连线的交点位于腿上部 $l/6$ 至 $l/2$ 之间的范围内，l 为该连线的长度（图2-1）。

从以上计算可以看出，用公式计算与查表结果完全一致。

［**例题5-8**］如图5-5所示，一支承钢筋混凝土吊车梁的柱牛腿。牛腿宽度 $b=400\text{mm}$（与柱同宽）。吊车梁的肋宽 $b_1=250\text{mm}$。吊车梁中心线距上柱内边缘线的距离为350mm。作用于牛腿顶部按荷载效应标准组合计算的竖向力值 $F_{vk}=512\text{kN}$，作用在牛腿顶部的竖向力设计值 $F_v=854.4\text{kN}$；作用于牛腿顶部按荷载效应标准组合计算的水平拉力值 $F_{hk}=153.6\text{kN}$，作用在牛腿顶部的水平拉力设计值 $F_h=188\text{kN}$。竖向力（F_{vk}、F_v）的作用点至下柱边缘的水平距离 $a=370\text{mm}$（包括已考虑安装偏差20mm

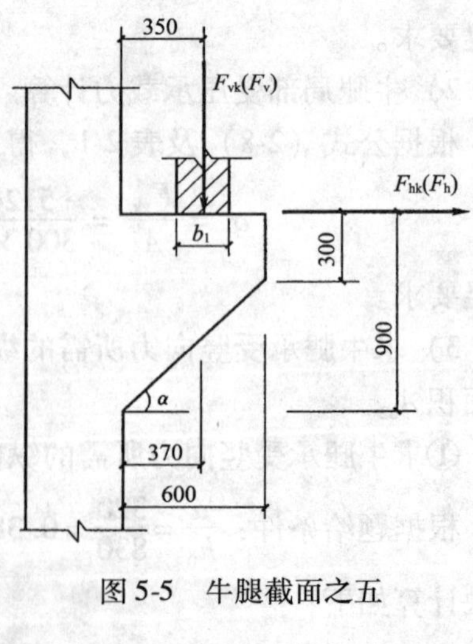

图5-5 牛腿截面之五

在内），牛腿底面倾斜角采用 $\alpha=45°$。牛腿的混凝土强度等级采用 C50，牛腿的纵向受力钢筋采用 HRB400 级钢筋，牛腿的水平箍筋采用 HRB335 级钢筋。

试计算该牛腿所示的截面尺寸是否满足裂缝控制要求和配筋。

[解]

(1) 已知条件

牛腿混凝土强度等级 C50，$f_{tk}=2.64\text{N/mm}^2$，$f_c=23.1\text{N/mm}^2$；HRB400 级钢筋，$f_y=360\text{N/mm}^2$；HRB335 级钢筋，$F_y=300\text{N/mm}^2$；$F_{vk}=512\text{kN}$，$F_v=854.4\text{kN}$；$F_{hk}=153.6\text{kN}$，$F_h=188\text{kN}$；$a=370\text{mm}$，$\beta=0.65$，$b=400\text{mm}$，$h=900\text{mm}$，$b_1=250\text{mm}$，$a_s=70\text{mm}$，$h_0=h-a_s=900-70=830\text{mm}$，$h_1=300\text{mm}$，$c=600\text{mm}$。

(2) 用公式计算

1) 因该牛腿有 F_{vk}、F_{hk} 同时作用，应用公式 (2-4)，得

$$\beta\left[1-0.5\frac{F_{hk}}{F_{vk}}\right]\frac{f_{tk}bh_0}{0.5+\dfrac{a}{h_0}}$$

$$=0.65\times\left(1-\frac{0.5\times153600}{512000}\right)\times\frac{2.64\times400\times830}{0.5+\dfrac{370}{830}}$$

$$=512.02\text{kN}>512\text{kN}$$

该牛腿所示的截面尺寸和混凝土强度等级的选用满足裂缝控制要求。

2) 牛腿局部受压承载力计算

根据公式 (2-8)，得

$$\sigma=\frac{F_{vk}}{A}=\frac{512000}{250\times400}=5.12\text{N/mm}^2<0.75f_c=0.75\times23.1=17.325\text{ N/mm}^2$$

满足要求。

3) 求牛腿的纵向受力钢筋截面面积 A_s

因为 $\dfrac{a}{h_0}=\dfrac{370}{830}=0.45>0.3$，按实际采用。

应用公式 (2-7)，得

$$A_s=\frac{F_va}{0.85f_yh_0}+\frac{1.2F_h}{f_y}$$

$$=\frac{854400\times370}{0.85\times360\times830}+\frac{1.2\times188000}{360}=1245+627=1872\text{mm}^2$$

纵向受力钢筋为选用 4 Φ20 + 2 Φ20，$A_s=1257+628=1885\text{mm}^2>1872\text{mm}^2$，满足要求，其中 2 Φ20 焊在预埋件上（参见图 3-1）。

4) 竖向力作用下纵向受拉钢筋配筋验算

根据表 3-3 的规定，得

$$A_{s,\max}=\rho_{\max}bh_0=0.006\times400\times830=1992\text{mm}^2$$

$$A_{s,\min}=\rho_{\min}bh_0=0.00236\times400\times830=784\text{mm}^2$$

而 $$A_s=1257\text{mm}^2$$

则 $$A_{s,max} > A_s > A_{s,min}$$

满足要求。

5）求牛腿的水平箍筋 A_{sh}

根据表3-1序号5的规定，在牛腿上部 $2h_0/3$ 范围内的水平箍筋总截面面积不宜小于承受竖向力的受拉钢筋截面面积的二分之一。即在 $\frac{2h_0}{3}=\frac{2\times830}{3}=553\text{mm}$ 范围内水平箍筋总截面面积不宜小于 $\frac{A_s}{2}=\frac{1257}{2}=628\text{mm}^2$。

水平箍筋选用直径Φ10，间距 $s=100\text{mm}$，双肢箍，在 $\frac{2h_0}{3}=553\text{mm}$ 范围内有6层水平箍筋，得

$$A_{sh}=2\times78.5\times6=942\text{mm}^2>628\text{mm}^2$$

满足要求。

在牛腿高度（$h=900\text{mm}$）范围内，总的水平箍筋截面面积为 1414mm^2（箍筋直径Φ10，间距 $s=100\text{mm}$，双肢箍）。

6）求弯起钢筋 A_{sb}

因 $\frac{a}{h_0}=\frac{370}{830}=0.45>0.3$，宜设置弯起钢筋。

根据表3-1序号6的规定，宜使其与集中荷载作用点到牛腿斜边下端点连线的交点位于牛腿上部 $l/6$ 至 $l/2$ 之间的范围内，l 为该连线的长度（图2-1），其截面面积不宜小于承受竖向力的受拉钢筋截面面积的二分之一。

即 $$A_{sb}=\frac{A_s}{2}=\frac{1257}{2}=628\text{mm}^2$$

则选用钢筋4Φ16，$A_{sb}=804\text{mm}^2>628\text{mm}^2$

满足要求。

因 $c=600\text{mm}>h_1=300\text{mm}$，可将4Φ16钢筋分为两层弯起，每层弯起2Φ16（参见图3-4b）

（3）用计算表计算

1）牛腿高度裂缝控制计算

根据题给条件：牛腿混凝土强度等级C50，$\frac{F_{hk}}{F_{vk}}=\frac{153.6}{512}=0.3$，$a=370\text{mm}$，$\beta=0.65$，$a_s=70\text{mm}$，$h=900\text{mm}$，$b=400\text{mm}$，可查表4-41计算。

查表4-41得 $F_{vk}=512.02\text{kN}>512\text{kN}$。

该牛腿截面尺寸和混凝土强度等级选用满足裂缝控制要求。

2）牛腿局部受压承载力计算

根据公式（2-8）及表2-1，得

$$\sigma=\frac{F_{vk}}{A}=\frac{512000}{250\times400}=5.12\text{N/mm}^2<17.325\text{N/mm}^2$$

满足要求。

3）求牛腿承受竖向力所需的受拉钢筋截面面积A_{s1}和承受水平拉力所需的锚筋截面面积A_{s2}

① 求牛腿承受竖向力所需的受拉钢筋截面面积A_{s1}

根据题给条件：$\frac{a}{h_0}=\frac{370}{830}=0.45$，$f_y=360\text{N/mm}^2$，$F_v=854.4\text{kN}$，查表4-82计算。

查表4-82的$F_v=854.5\text{kN}>854.4\text{kN}$（满足要求），得4 ⌀20，$A_{s1}=1257\text{mm}^2$。

② 求牛腿承受水平拉力所需的锚筋截面面积A_{s2}

根据题给条件：HRB400级钢筋，$f_y=360\text{N/mm}^2$，$F_h=188\text{kN}$，锚筋数量为2根，查表4-86，得水平拉力作用下的牛腿锚筋截面面积为$A_{s2}=628\text{mm}^2$，选用2 ⌀20（查$F_h=188.50\text{kN}>188\text{kN}$，满足要求），并将其焊在预埋件上（参见图3-1）。

4）竖向力作用下纵向受力钢筋配筋验算

已知牛腿混凝土强度等级C50，$f_y=360\text{N/mm}^2$，$a_s=70\text{mm}$，牛腿高度$h=900\text{mm}$，牛腿宽度$b=400\text{mm}$，查表4-84，得

$$A_{s,max}=1992\text{mm}^2，A_{s,min}=784\text{mm}^2$$

而

$$A_s=1257\text{mm}^2$$

则

$$A_{s,max}>A_s>A_{s,min}$$

满足要求。

5）求牛腿的水平箍筋A_{sh}

由题给条件：牛腿高度$h=900\text{mm}$，水平箍筋直径⌀10，间距$s=100\text{mm}$，双肢箍，查表4-85，得牛腿全截面高度范围内水平箍筋的总截面面积为1414mm^2。

6）求弯起钢筋A_{sb}

由题给条件：$f_y=360\text{N/mm}^2$，$\frac{a}{h_0}=\frac{370}{830}=0.45$，$F_v=854.4\text{kN}$，可查表4-82计算。

查表4-82得$A_{sb}=628\text{mm}^2$（查$F_v=854.5\text{kN}>854.4\text{kN}$，满足要求）。

选4 ⌀16，$A_{sb}=804\text{mm}^2>628\text{mm}^2$，满足要求。

在图5-5中，因$c=600\text{mm}>h_1=300\text{mm}$，将4 ⌀16钢筋分两层弯起，每层弯起2 ⌀16（参见图3-4*b*）。

此弯起钢筋4 ⌀16配置在荷载作用点到牛腿斜边下端点连线的交点位于牛腿上部$l/6$至$l/2$之间的范围内，l为该连线的长度（图2-1）。

从以上计算可以看出，用公式计算与查表结果完全一致。

［例题5-9］ 如图2-1所示，一支承钢筋混凝土梁的柱牛腿。牛腿宽度$b=400\text{mm}$（与柱同宽）。钢筋混凝土梁宽$b_1=300\text{mm}$。混凝土梁作用于牛腿顶部按荷载效应标准组合计算的竖向力值$F_{vk}=704.5\text{kN}$，作用在牛腿顶部的竖向力设计值$F_v=1038\text{kN}$；同时，作用于牛腿顶部按荷载效应标准组合计算的水平拉力值$F_{hk}=211.32\text{kN}$，作用在牛腿顶部的水平拉力设计值$F_h=282\text{kN}$。钢筋混凝土梁竖向力（F_{vk}、F_v）的作用点至下柱边缘的水平距离$a=170\text{mm}$（已考虑安装偏差20mm在内），牛腿底面倾斜角采用$\alpha\leqslant45°$。牛腿的混凝土强度等级采用C35，牛腿的纵向受力钢筋采用HRB400级钢筋，牛腿的水平箍筋采用HRB335级钢筋，牛腿的外边缘高度采用$h_1=\frac{h}{2}$（h为牛腿的高度）。

试求：该牛腿的高度 h 和配筋。

［解］

（1）已知条件

牛腿混凝土强度等级 C35，$f_{tk}=2.2\text{N/mm}^2$，$f_c=16.7\text{N/mm}^2$；HRB400 级钢筋，$f_y=360\ \text{N/mm}^2$；HRB335 级钢筋，$f_y=300\text{N/mm}^2$；$F_{vk}=704.5\text{kN}$，$F_v=1038\text{kN}$；$F_{hk}=211.32\text{kN}$，$F_h=282\text{kN}$；$\beta=0.8$，$b=400\text{mm}$，$b_1=300\text{mm}$，$a=170\text{mm}$，$h_1=h/2$。

（2）用公式计算

1）计算牛腿高度 h

因该牛腿有 F_{vk}、F_{hk} 同时作用，则应用公式（2-5），得

$$h_0=\frac{0.5F_{vk}+\sqrt{(0.5F_{vk})^2+4\beta abF_{vk}f_{tk}(1-0.5F_{hk}/F_{vk})}}{2\beta bf_{tk}(1-0.5F_{hk}/F_{vk})}$$

$$=\frac{0.5\times704500+\sqrt{(0.5\times704500)^2+4\times0.80\times170\times400\times704500\times2.2\times(1-0.5\times211320/704500)}}{2\times0.80\times400\times2.2\times(1-0.5\times211320/704500)}$$

$$=830\text{mm}$$

取 $a_s=70\text{mm}$

则 $h=h_0+a_s=830+70=900\text{mm}$

$$h_1=\frac{h}{2}=\frac{900}{2}=450\text{mm}$$

满足要求。

2）牛腿局部受压承载力计算

根据公式（2-8），得

$$\sigma=\frac{F_{vk}}{A}=\frac{704500}{300\times400}=5.87\text{N/mm}^2<0.75f_c=0.75\times16.7=12.525\text{N/mm}^2$$

满足要求。

3）求牛腿的纵向受力钢筋截面面积 A_s

因 $\frac{a}{h_0}=\frac{170}{830}=0.205<0.3$，取 $\frac{a}{h_0}=0.3$。

应用公式（2-7），得

$$A_s=\frac{F_va}{0.85f_yh_0}+\frac{1.2F_h}{f_y}$$

$$=\frac{1038000\times0.3}{0.85\times360}+\frac{1.2\times282000}{360}$$

$$=1018+940=1958\text{mm}^2$$

纵向受力钢筋选用 4 ⌀18 + 3 ⌀20，$A_s=1018+942=1960\text{mm}^2>1958\text{mm}^2$（满足要求），其中 3 ⌀20 焊在预埋件上（参见图 3-1）。

4）竖向力作用下纵向受拉钢筋配筋验算

根据表 3-3 的规定，得

$$A_{s,max}=\rho_{max}bh_0=0.006\times400\times830=1992\text{mm}^2$$

$$A_{s,min}=\rho_{min}bh_0=0.002\times400\times830=664\text{mm}^2$$

而 $$A_s=1018\text{mm}^2$$

则 $$A_{s,max}>A_s>A_{s,min}$$

满足要求。

5）求牛腿的水平箍筋 A_{sh}

根据表3-1序号5的规定，在牛腿上部 $2h_0/3$ 范围内的水平箍筋总截面面积不宜小于承受竖向力的受拉钢筋截面面积的二分之一。即在 $\frac{2h_0}{3}=\frac{2\times830}{3}=553\text{mm}$ 范围内水平箍筋总截面面积不宜小于 $\frac{A_s}{2}=\frac{1018}{2}=509\text{mm}^2$。

水平箍筋选用直径Φ10，间距 $s=100\text{mm}$，双肢箍，在 $\frac{2h_0}{3}=553\text{mm}$ 范围内有6层水平箍筋，得

$$A_{sh}=2\times78.5\times6=942\text{mm}^2>509\text{mm}^2$$

满足要求。

则在牛腿高度（$h=900\text{mm}$）范围内，总的水平箍筋截面面积为 1414mm^2（箍筋直径Φ10，间距 $s=100\text{mm}$，双肢箍）。

6）求弯起钢筋 A_{sb}

因 $\frac{a}{h_0}=\frac{170}{830}=0.205<0.3$，可不配置弯起钢筋，即 $A_{sb}=0$。

（3）用计算表计算

1）计算牛腿高度 h

根据题给条件：牛腿混凝土强度等级C35，$\frac{F_{hk}}{F_{vk}}=\frac{211.32}{704.50}=0.3$，$a=170\text{mm}$，$\beta=0.8$，$b=400\text{mm}$，$a_s=70\text{mm}$，可查表4-23计算。

查表4-23得牛腿高度 $h=900\text{mm}$（查 $F_{vk}=704.68\text{kN}>704.50\text{kN}$，满足要求）。

题给 $h_1=\frac{h}{2}=\frac{900}{2}=450\text{mm}$。

满足要求。

2）牛腿局部受压承载力计算

根据公式（2-8）及表2-1，得

$$\sigma=\frac{F_{vk}}{A}=\frac{704500}{300\times400}=5.87\text{N/mm}^2<12.525\text{N/mm}^2$$

满足要求。

3）求牛腿承受竖向力所需的纵向受拉钢筋截面面积 A_{s1} 和承受水平拉力所需的锚筋截面面积 A_{s2}

① 求牛腿承受竖向力所需的纵向受拉钢筋截面面积 A_{s1}

根据题给条件：$F_v=1038\text{kN}$，$f_y=360\text{N/mm}^2$，$\frac{a}{h_0}=\frac{170}{830}=0.205<0.3$，按 $\frac{a}{h_0}=0.3$ 采用，可查表4-82计算。

查表4-82的 $F_v=1038.2kN>1038kN$（满足要求），得

$$4\text{Φ}18, A_{s1} = 1018mm^2。$$

② 求牛腿承受水平拉力所需的锚筋截面面积 A_{s2}

根据题给条件：HRB400级钢筋，$f_y=360N/mm^2$，锚筋数量采用3根，$F_h=282kN$，可查表4-86进行计算。

查表4-86的 $F_h=282.74kN>282kN$（满足要求），得

$$3\text{Φ}20, A_{s2} = 942mm^2，$$

并将其3Φ20焊在预埋件上（参见图3-1）。

4）竖向力作用下纵向受力钢筋配筋验算

由题给条件：牛腿混凝土强度等级C35，$f_y=360N/mm^2$，牛腿高度 $h=900mm$，牛腿宽度 $b=400mm$，$a_s=70mm$，查表4-84得

$$A_{s,max} = 1992mm^2, A_{s,min} = 664mm^2$$

而

$$A_s = 1018mm^2$$

则

$$A_{s,max} > A_s > A_{s,min}$$

满足要求。

5）求牛腿的水平箍筋 A_{sh}

由题给条件：牛腿高度 $h=900mm$，水平箍筋直径Φ10，间距 $s=100mm$，双肢箍，查表4-85得牛腿全截面高度范围内水平箍筋的总截面面积为 $1414mm^2$。

6）求弯起钢筋 A_{sb}

根据 $\frac{a}{h_0}=\frac{170}{830}=0.205<0.3$，可不配置弯起钢筋，即 $A_{sb}=0$

从以上计算可以看出，用公式计算与查表结果完全一致。

[**例题5-10**] 如图2-1所示，一支承钢筋混凝土梁的柱牛腿。牛腿宽度 $b=400mm$（与柱同宽）。钢筋混凝土梁宽 $b_1=300mm$。钢筋混凝土梁作用于牛腿顶部按荷载效应标准组合计算的竖向力值 $F_{vk}=686.5kN$，作用在牛腿顶部的竖向力设计值 $F_v=1141.4kN$；同时，作用于牛腿顶部按荷载效应标准组合计算的水平拉力值 $F_{hk}=205.8kN$，作用在牛腿顶部的水平拉力设计值 $F_h=228kN$。钢筋混凝土梁竖向力（F_{vk}、F_v）的作用点至下柱边缘的水平距离 $a=270mm$（包括已考虑安装偏差20mm在内），牛腿底面倾斜角采用 $\alpha\leqslant45°$。牛腿的混凝土强度等级采用C45，牛腿的纵向受力钢筋采用HRB400级钢筋，牛腿的水平箍筋采用HRB335级钢筋，牛腿的外边缘高度采用 $h_1=350mm$（h 为牛腿的高度）。

试求：该牛腿的高度 h 和配筋。

[**解**]

（1）已知条件

牛腿混凝土强度等级C45，$f_{tk}=2.51N/mm^2$，$f_c=21.1N/mm^2$；HRB400级钢筋，$f_y=360N/mm^2$；HRB335级钢筋，$f_y=300N/mm^2$；$F_{vk}=686.5kN$，$F_v=1141.4kN$；$F_{hk}=205.8kN$，$F_h=228kN$；$\beta=0.80$，$b=400mm$，$b_1=300mm$，$a=270mm$，$h_1=350mm$。

（2）用公式计算

1）计算牛腿高度 h

因该牛腿有 F_{vk}、F_{hk} 同时作用，则应用公式（2-5），得

$$h_0=\frac{0.5F_{vk}+\sqrt{(0.5F_{vk})^2+4\beta abF_{vk}f_{tk}(1-0.5F_{hk}/F_{vk})}}{2\beta bf_{tk}(1-0.5F_{hk}/F_{vk})}$$

$$=\frac{0.5\times686500+\sqrt{(0.5\times686500)^2+4\times0.80\times270\times400\times686500\times2.51\times(1-0.5\times205800/686500)}}{2\times0.80\times400\times2.51\times(1-0.5\times205800/686500)}$$

$$=830\text{mm}$$

取　$a_s=70\text{mm}$

则　$h=h_0+a_s=830+70=900\text{mm}$

$h_1=350\text{mm}$

满足要求。

2）牛腿局部受压承载力计算

根据公式（2-8），得

$$\sigma=\frac{F_{vk}}{A}=\frac{686500}{300\times400}=5.72\text{N/mm}^2<0.75f_c=0.75\times21.1=15.825\text{N/mm}^2$$

满足要求。

3）求牛腿的纵向受力钢筋截面面积 A_s

因$\frac{a}{h_0}=\frac{270}{830}=0.325>0.3$，按实际取用。

应用公式（2-7），得

$$A_s=\frac{F_v a}{0.85f_y h_0}+\frac{1.2F_h}{f_y}=\frac{1141400\times270}{0.85\times360\times830}+\frac{1.2\times228000}{360}=1213+760=1973\text{mm}^2$$

纵向受力钢筋选用 4 Φ20 + 3 Φ18，$A_s=1256+763=2019\text{mm}^2>1973\text{mm}^2$（满足要求），其中 3 Φ18 焊在预埋件上（参见图 3-1）。

4）竖向力作用下纵向受拉钢筋配筋验算

根据表 3-3 的规定，得

$$A_{s,max}=\rho_{max}bh_0=0.006\times400\times830=1992\text{mm}^2$$

$$A_{s,min}=\rho_{min}bh_0=0.00225\times400\times830=747\text{mm}^2$$

而　$A_s=1256\text{mm}^2$

则　$A_{s,max}>A_s>A_{s,min}$

满足要求。

5）求牛腿的水平箍筋 A_{sh}

根据表 3-1 序号 5 的规定，在牛腿上部 $2h_0/3$ 范围内的水平箍筋总截面面积不宜小于承受竖向力的受拉钢筋截面面积的二分之一。即在$\frac{2h_0}{3}=\frac{2\times830}{3}=553\text{mm}$ 范围内水平箍筋总截面面积不宜小于$\frac{A_s}{2}=\frac{1256}{2}=628\text{mm}^2$。

水平箍筋选用直径Φ10，间距 $s=100\text{mm}$，在$\frac{2h_0}{3}=553\text{mm}$ 范围内有 6 层水平箍筋，得

$$A_{sh} = 2 \times 78.5 \times 6 = 942\text{mm}^2 > 628\text{mm}^2$$

满足要求。

在牛腿高度（$h = 900\text{mm}$）范围内，总的水平箍筋截面面积为 1414mm^2（箍筋直径Φ10，间距 $s = 100\text{mm}$，双肢箍）。

6）求弯起钢筋 A_{sb}

因为$\dfrac{a}{h_0} = \dfrac{270}{830} = 0.325 > 0.3$，宜设置弯起钢筋。

根据表3-1序号6的规定，宜使其与集中荷载作用点到牛腿斜边下端点连线的交点位于牛腿上部 $l/6$ 至 $l/2$ 之间的范围内，l 为该连线的长度（图2-1），其截面面积不宜小于承受竖向力的受拉钢筋截面面积的二分之一。

即
$$A_{sb} = \frac{A_s}{2} = \frac{1256}{2} = 628\text{mm}^2$$

选用
$$2Φ20,\ A_{sb} = 628\text{mm}^2$$

满足要求。

（3）用计算用表计算

1）计算牛腿高度 h

根据题给条件：牛腿混凝土强度等级C45，$\dfrac{F_{hk}}{F_{vk}} = \dfrac{205.8}{686.5} = 0.3$，$a = 270\text{mm}$，$\beta = 0.80$，$b = 400\text{mm}$，$a_s = 70\text{mm}$，可查表4-35计算。

查表4-35得牛腿高度 $h = 900\text{mm}$（查 $F_{vk} = 686.6\text{kN} > 686.5\text{kN}$，满足要求）。

取　$h_1 = 350\text{mm}$

满足要求。

2）牛腿局部受压承载力计算

根据公式（2-8）及表2-1，得

$$\sigma = \frac{F_{vk}}{A} = \frac{686500}{300 \times 400} = 5.72\text{N/mm}^2 < 15.825\text{N/mm}^2$$

满足要求。

3）求牛腿承受竖向力所需的纵向受拉钢筋截面面积 A_{s1} 和承受水平拉力所需的锚筋截面面积 A_{s2}

① 求牛腿承受竖向力所需的纵向受拉钢筋截面面积 A_{s1}

根据题给条件：$F_v = 1141.4\text{kN}$，$f_y = 360\text{N/mm}^2$，$\dfrac{a}{h_0} = \dfrac{270}{830} = 0.325$，可查表4-82，用插入法计算如下：

$\dfrac{a}{h_0}$	0.30	0.325	0.35
F_v	1281.8	x	1098.7

则
$$\frac{0.325 - 0.30}{x - 1281.8} = \frac{0.35 - 0.325}{1098.7 - x}$$

解得　$x = F_v = 1190.25\text{kN} > 1141.4\text{kN}$（满足要求）。

以 $F_v = 1190.25\text{kN}$ 查表4-82得 $A_s = 1257\text{mm}^2$，配置4Φ20。

② 求牛腿承受水平拉力所需的锚筋截面面积 A_{s2}

根据题给条件：HRB400 级钢筋，$f_y=360N/mm^2$，$F_h=228kN$，锚筋数量采用 3 根，可查表 4-86 计算。

查表 4-86 的 $F_h=229.02kN>228kN$（满足要求），得

$$3\,\text{Ф}\,18, A_{s2} = 763mm^2,$$

并将其 3 Ф 18 焊在预埋件上（参见图 3-1）。

4）竖向力作用下纵向受力钢筋配筋验算

由题给条件：牛腿混凝土强度等级 C45，$f_y=360N/mm^2$，牛腿高度 $h=900mm$，牛腿宽度 $b=400mm$，$a_s=70mm$，查表 4-84 得

$$A_{s,max} = 1992mm^2, A_{s,min} = 747mm^2$$

而

$$A_s=1256mm^2$$

则

$$A_{s,max}>A_s>A_{s,min}$$

满足要求。

5）求牛腿的水平箍筋 A_{sh}

由题给条件：牛腿高度 $h=900mm$，水平箍筋直径 Ф 10，间距 $s=100mm$，双肢箍，查表4-85 得牛腿全截面高度范围内水平箍筋的总截面面积为 $1414mm^2$。

6）求弯起钢筋 A_{sb}

根据计算题给条件：$f_y=360N/mm^2$，$F_v=1190.25kN$，$\frac{a}{h_0}=\frac{270}{830}=0.325$，可查表 4-82 计算。

查表 4-82 得 $A_{sb}=628mm^2$，选用 2 Ф 20 弯起钢筋。

此弯起钢筋 2 Ф 20 配置在荷载作用点到牛腿斜边下端点连线的交点位于牛腿上部 $l/6$ 至 $l/2$ 之间的范围内，l 为该连线的长度（图 2-1）。

从以上计算可以看出，用公式计算与查表结果完全一致。

[例题 5-11] 如图 2-1 所示，一支承钢筋混凝土吊车梁柱牛腿。牛腿宽度 $b=400mm$（与柱同宽）。吊车梁肋宽 $b_1=250mm$。吊车梁作用于牛腿顶部按荷载效应标准组合计算的竖向力值 $F_{vk}=449.2kN$，作用在牛腿顶部的竖向力设计值 $F_v=703kN$；同时，作用于牛腿顶部按荷载效应标准组合计算的水平拉力值 $F_{hk}=134.7kN$，作用在牛腿顶部的水平拉力设计值 $F_h=152.6kN$。吊车梁竖向力（F_{vk}、F_v）的作用点至下柱边缘的水平距离 $a=220mm$（已考虑安装偏差 20mm 在内），牛腿底面倾斜角采用 $\alpha\leqslant45°$。牛腿的混凝土强度等级采用 C55，牛腿的纵向受力钢筋采用 HRB400 级钢筋，牛腿的水平箍筋采用 HRB335 级钢筋，牛腿的外边缘高度采用 $h_1=300mm$（h 为牛腿的高度）。

试求：该牛腿的高度 h 和配筋。

[解]

（1）已知条件

牛腿混凝土强度等级 C55，$f_{tk}=2.74N/mm^2$，$f_c=25.3N/mm^2$；HRB400 级钢筋，$f_y=360N/mm^2$；HRB335 级钢筋，$f_y=300N/mm^2$；$F_{vk}=449.2kN$，$F_v=703kN$；$F_{hk}=134.7kN$，$F_h=152.6kN$；$\beta=0.65$，$b=400mm$，$b_1=250mm$，$a=220mm$，$h_1=300mm$。

（2）用公式计算

1）计算牛腿高度 h

因该牛腿有 F_{vk}、F_{hk} 同时作用，则应用公式（2-5），得

$$h_0=\frac{0.5F_{vk}+\sqrt{(0.5F_{vk})^2+4\beta abF_{vk}f_{tk}(1-0.5F_{hk}/F_{vk})}}{2\beta bf_{tk}(1-0.5F_{hk}/F_{vk})}$$

$$=\frac{0.5\times449200+\sqrt{\begin{array}{l}(0.5\times449200)^2+4\times0.65\times220\times400\times449200\\ \times2.74\times(1-0.5\times134700/449200)\end{array}}}{2\times0.65\times400\times2.74\times(1-0.5\times134700/449200)}$$

$$=630\text{mm}$$

取　$a_s=70\text{mm}$

则　$h=h_0+a_s=630+70=700\text{mm}$

$h_1=300\text{mm}$

满足要求。

2）牛腿局部受压承载力计算

根据公式（2-8），得

$$\sigma=\frac{F_{vk}}{A}$$
$$=\frac{449200}{250\times400}=4.492\text{N/mm}^2<0.75f_c$$
$$=0.75\times25.3$$
$$=18.795\text{N/mm}^2$$

满足要求。

3）求牛腿的纵向受力钢筋截面面积 A_s

因 $\frac{a}{h_0}=\frac{220}{630}=0.35>0.3$，按实际取用。

应用公式（2-7），得

$$A_s=\frac{F_va}{0.85f_yh_0}+\frac{1.2F_h}{f_y}=\frac{703000\times220}{0.85\times360\times630}+\frac{1.2\times152600}{360}=802+509=1311\text{mm}^2$$

纵向受力钢筋选用 4 ⌀ 16 + 2 ⌀ 18，$A_s=804+509=1313\text{mm}^2>1311\text{mm}^2$（满足要求），其中 2 ⌀ 18 焊在预埋件上（参见图 3-1）。

4）竖向力作用下纵向受拉钢筋配筋验算

根据表 3-3 的规定，得

$$A_{s,\max}=\rho_{\max}bh_0=0.006\times400\times630=1512\text{mm}^2$$
$$A_{s,\min}=\rho_{\min}bh_0=0.00245\times400\times630=617\text{mm}^2$$

而　$A_s=804\text{mm}^2$

则　$A_{s,\max}>A_s>A_{s,\min}$

满足要求。

5）求牛腿的水平箍筋 A_{sh}

根据表 3-1 序号 5 的规定，在牛腿上部 $2h_0/3$ 范围内的水平箍筋总截面面积不宜小于

承受竖向力的受拉钢筋截面面积的二分之一。即在$\frac{2h_0}{3}=\frac{2\times630}{3}=420\text{mm}$范围内水平箍筋总截面面积不宜小于$\frac{A_s}{2}=\frac{804}{2}=402\text{mm}^2$。

水平箍筋选用直径Φ8，间距$s=100\text{mm}$，在$\frac{2h_0}{3}=420\text{mm}$范围内有5层水平箍筋，得

$$A_{sh}=2\times50.3\times5=503\text{mm}^2>402\text{mm}^2$$

满足要求。

在牛腿高度（$h=700\text{mm}$）范围内，总的水平箍筋截面面积为704mm^2（箍筋直径Φ8，间距$s=100\text{mm}$，双肢箍）。

6）求弯起钢筋A_{sb}

因$\frac{a}{h_0}=\frac{220}{630}=0.35>0.3$，宜设置弯起钢筋。

根据表3-1序号6的规定，宜使其与集中荷载作用点到牛腿斜边下端点连线的交点位于牛腿上部$l/6$至$l/2$之间的范围内，l为该连线的长度（图2-1），其截面面积不宜小于承受竖向力的受拉钢筋截面面积的二分之一。

即

$$A_{sb}=\frac{A_s}{2}=\frac{804}{2}=402\text{mm}^2$$

选用 2Φ16，$A_{sb}=402\text{mm}^2$

满足要求。

（3）用计算表计算

1）计算牛腿高度h

根据题给条件：牛腿混凝土强度等级C55，$\frac{F_{hk}}{F_{vk}}=\frac{134.7}{449.2}=0.3$，$a=220\text{mm}$，$\beta=0.65$，$b=400\text{mm}$，$a_s=70\text{mm}$，可查表4-47计算。

查表4-47得牛腿高度$h=700\text{mm}$（查$F_{vk}=449.23\text{kN}>449.2\text{kN}$，满足要求）。

取$h_1=300\text{mm}$

满足要求。

2）牛腿局部受压承载力计算

根据公式（2-8）及表2-1，得

$$\sigma=\frac{F_{vk}}{A}=\frac{449200}{250\times400}=4.492\text{N/mm}^2<18.795\text{N/mm}^2$$

满足要求。

3）求牛腿承受竖向力所需的纵向受拉钢筋截面面积A_{s1}和承受水平拉力所需的锚筋截面面积A_{s2}

① 求牛腿承受竖向力所需的纵向受拉钢筋截面面积A_{s1}

根据题给条件：$F_v=703\text{kN}$，$f_y=360\text{N/mm}^2$，$\frac{a}{h_0}=\frac{220}{630}=0.35$，可查表4-82计算。

查表4-82，得$A_s=804\text{mm}^2$，选用4Φ16（查$F_v=703.1\text{kN}>703\text{kN}$，满足要求）。

② 求牛腿承受水平拉力所需的锚筋截面面积 A_{s2}

根据题给条件：HRB400级钢筋，$f_y=360\text{N/mm}^2$，$F_h=152.6\text{kN}$，锚筋数量采用2根，可查表4-86计算。

查表4-86的 $F_h=152.68\text{kN}>152.6\text{kN}$（满足要求），得

$$2\Phi18, A_{s2}=509\text{mm}^2$$

并将其2Φ18焊在预埋件上（参见图3-1）

4）竖向力作用下纵向受力钢筋配筋验算

由题给条件：牛腿混凝土强度等级C55，$f_y=360\text{N/mm}^2$，牛腿高度 $h=700\text{mm}$，牛腿宽度 $b=400\text{mm}$，$a_s=70\text{mm}$，则查表4-84，得

$$A_{s,\max}=1512\text{mm}^2,\quad A_{s,\min}=617\text{mm}^2$$

而

$$A_s=804\text{mm}^2$$

则

$$A_{s,\max}>A_s>A_{s,\min}$$

满足要求。

5）求牛腿的水平箍筋 A_{sh}

由题给条件：牛腿高度 $h=700\text{mm}$，水平箍筋直径Φ8，间距 $s=100\text{mm}$，双肢箍，查表4-85，得牛腿全截面高度范围内水平箍筋的总截面面积为 704mm^2。

6）求弯起钢筋 A_{sb}

根据计算题给条件：$f_y=360\text{N/mm}^2$，$F_v=703\text{kN}$，$\dfrac{a}{h_0}=\dfrac{220}{630}=0.35$，可查表4-82计算。

查表4-82，得 $A_{sb}=402\text{mm}^2$（查 $F_v=703.1\text{kN}>703\text{kN}$，满足要求）。选用2$\Phi$16弯起钢筋。

此2Φ16弯起钢筋配置在荷载作用点到牛腿斜边下端点连线的交点位于牛腿上部 $l/6$ 至 $l/2$ 之间的范围内，l 为该连线的长度（图2-1）。

从以上计算可以看出，用公式计算与查表结果完全一致。

[例题5-12] 如图2-1所示，一支承钢筋混凝土吊车梁柱牛腿。牛腿宽度 $b=400\text{mm}$（与柱同宽）。吊车梁肋宽 $b_1=250\text{mm}$。吊车梁作用于牛腿顶部按荷载效应标准组合计算的竖向力值 $F_{vk}=480.3\text{kN}$，作用在牛腿顶部的竖向力设计值 $F_v=703\text{kN}$；同时，作用于牛腿顶部按荷载效应标准组合计算的水平拉力值 $F_{hk}=144\text{kN}$，作用在牛腿顶部的水平拉力设计值 $F_h=188.4\text{kN}$。吊车梁竖向力（F_{vk}、F_v）的作用点至下柱边缘的水平距离 $a=220\text{mm}$（包括已考虑安装偏差20mm在内），牛腿底面倾斜角采用 $\alpha\leqslant45°$。牛腿的混凝土强度等级采用C65，牛腿的纵向受力钢筋采用HRB400级钢筋，牛腿的水平箍筋采用HRB335级钢筋，牛腿的外边缘高度采用 $h_1=300\text{mm}$（h 为牛腿的高度）。

试求：该牛腿的高度 h 和配筋。

[解]

（1）已知条件

牛腿混凝土强度等级C65，$f_{tk}=2.93\text{N/mm}^2$，$f_c=29.7\text{N/mm}^2$；HRB400级钢筋，$f_y=360\text{N/mm}^2$；HRB335级钢筋，$f_y=300\text{N/mm}^2$；$F_{vk}=480.3\text{kN}$，$F_v=703\text{kN}$；$F_{hk}=144\text{kN}$，$F_h=188.4\text{kN}$；$\beta=0.65$，$b=400\text{mm}$，$b_1=250\text{mm}$，$a=220\text{mm}$，$h_1=300\text{mm}$。

(2) 应用公式计算

1) 计算牛腿高度 h

因该牛腿有 F_{vk}、F_{hk}同时作用，则应用公式（2-5），得

$$h_0=\frac{0.5F_{vk}\sqrt{(0.5F_{vk})^2+4\beta abF_{vk}f_{tk}(1-0.5F_{hk}/F_{vk})}}{2\beta bf_{tk}(1-0.5F_{hk}/F_{vk})}$$

$$=\frac{0.5\times480300+\sqrt{(0.5\times480300)^2+4\times0.65\times220\times400\times480300\times2.93\times(1-0.5\times144000/480300)}}{2\times0.65\times400\times2.93\times(1-0.5\times144000/480300)}$$

$$=630\text{mm}$$

取 $a_s=70\text{mm}$

则 $h=h_0+a_s=630+70=700\text{mm}$

$h_1=300\text{mm}$

满足要求。

2) 牛腿局部受压承载力计算

根据公式（2-8），得

$$\sigma=\frac{F_{vk}}{A}=\frac{480300}{250\times400}=4.803\text{N/mm}^2<0.75f_c=0.75\times29.7=22.275\text{N/mm}^2$$

满足要求。

3) 求牛腿的纵向受力钢筋截面面积 A_s

因$\frac{a}{h_0}=\frac{220}{630}=0.35>0.3$，按实际取用。

应用公式（2-7），得

$$A_s=\frac{F_va}{0.85f_yh_0}+\frac{1.2F_h}{f_y}=\frac{703000\times220}{0.85\times360\times630}+\frac{1.2\times188400}{360}=802+628=1430\text{mm}^2$$

纵向受力钢筋选用 4 ⌀16 + 2 ⌀20，$A_s=804+628=1432\text{mm}^2>1430\text{mm}^2$（满足要求），其中2 ⌀20焊在预埋件上（参见图3-1）。

4) 竖向力作用下纵向受拉钢筋配筋验算

根据表3-3 的规定，得

$$A_{s,max}=\rho_{max}bh_0=0.006\times400\times630=1512\text{mm}^2$$

$$A_{s,min}=\rho_{min}bh_0=0.00261\times400\times630=658\text{mm}^2$$

而 $A_s=804\text{mm}^2$

则 $A_{s,max}>A_s>A_{s,min}$

满足要求。

5) 求牛腿的水平箍筋 A_{sh}

根据表3-1 序号 5 的规定，在牛腿上部 $2h_0/3$ 范围内的水平箍筋总截面面积不宜小于承受竖向力的受拉钢筋截面面积的二分之一。即在$\frac{2h_0}{3}=\frac{2\times630}{3}=420\text{mm}$ 范围内水平箍筋总截面面积不宜小于$\frac{A_s}{2}=\frac{804}{2}=402\text{mm}^2$。

水平箍筋选用直径⏀8，间距 $s=100\text{mm}$，在 $\frac{2h_0}{3}=420\text{mm}$ 范围内有5层水平箍筋，得

$$A_{sh}=2\times50.3\times5=503\text{mm}^2>402\text{mm}^2$$

满足要求。

则在牛腿高度（$h=700\text{mm}$）范围内，总的水平箍筋截面面积为 704mm^2（箍筋直径⏀8，间距 $s=100\text{mm}$，双肢箍）。

6）求弯起钢筋 A_{sb}

因 $\frac{a}{h_0}=\frac{220}{630}=0.35>0.3$，宜设置弯起钢筋。

根据表3-1序号6的规定，宜使其与集中荷载作用点到牛腿斜边下端点连线的交点位于牛腿上部 $l/6$ 至 $l/2$ 之间的范围内，l 为该连线的长度（图2-1），其截面面积不宜小于承受竖向力的受拉钢筋截面面积的二分之一。

即
$$A_{sb}=\frac{A_s}{2}=\frac{804}{2}=402\text{mm}^2$$

选用
$$2⏀16, A_{sb}=402\text{mm}^2$$

满足要求。

（3）用计算表计算

1）计算牛腿高度 h

根据题给条件：牛腿混凝土强度等级C65，$\frac{F_{hk}}{F_{vk}}=\frac{144000}{480300}=0.3$，$a=220\text{mm}$，$\beta=0.65$，$b=400\text{mm}$，$a_s=70\text{mm}$，可查表4-59计算。

查表4-59，得牛腿高度 $h=700\text{mm}$（查 $F_{vk}=480.38\text{kN}>480.3\text{kN}$，满足要求）。

取　$h_1=300\text{mm}$

满足要求。

2）牛腿局部受压承载力计算

根据公式（2-8）及表2-1，得

$$\sigma=\frac{F_{vk}}{A}=\frac{480300}{250\times400}=4.803\text{N/mm}^2<22.275\text{N/mm}^2$$

满足要求。

3）求牛腿承受竖向力所需的纵向受拉钢筋截面面积 A_{s1} 和承受水平拉力所需的锚筋截面面积 A_{s2}

① 求牛腿承受竖向力所需的纵向受拉钢筋截面面积 A_{s1}

根据题给条件：$F_v=730\text{kN}$，$f_y=360\text{N/mm}^2$，$\frac{a}{h_0}=\frac{220}{630}=0.35$，可查表4-82计算。

查表4-82，得 $A_s=804\text{mm}^2$，选用4⏀16（查 $F_v=703.1\text{kN}>703\text{kN}$，满足要求）。

② 求牛腿承受水平拉力所需的锚筋截面面积 A_{s2}

根据题给条件：HRB400级钢筋，$f_y=360\text{N/mm}^2$，$F_h=188.4\text{kN}$，锚筋数量采用2根钢筋，可查表4-86计算。

查表4-86之 $F_h=188.5\text{kN}>188.4\text{kN}$（满足要求），得

$$2Φ20，A_{s2}=628\text{mm}^2$$

并将其2Φ20焊在预埋件上（参见图3-1）

4）竖向力作用下纵向受力钢筋配筋验算

由题给条件：牛腿混凝土强度等级C65，$f_y=360\text{N/mm}^2$，牛腿高度$h=700\text{mm}$，牛腿宽度$b=400\text{mm}$，$a_s=70\text{mm}$，则查表4-84，得

$$A_{s,max}=1512\text{mm}^2，A_{s,min}=658\text{mm}^2$$

而 $$A_s=804\text{mm}^2$$

则 $$A_{s,max}>A_s>A_{s,min}$$

满足要求。

5）求牛腿的水平箍筋A_{sh}

由题给条件：牛腿高度$h=700\text{mm}$，水平箍筋直径Φ8，间距$s=100\text{mm}$，双肢箍，查表4-85，得牛腿全截面高度范围内水平箍筋的总截面面积为704mm^2。

6）求弯起钢筋A_{sb}

根据计算题给条件：$f_y=360\text{N/mm}^2$，$F_v=703\text{kN}$，$\frac{a}{h_0}=\frac{220}{630}=0.35$，可查表4-82计算。

查表4-82得$A_{sb}=402\text{mm}^2$（查$F_v=703.1\text{kN}>703\text{kN}$，满足要求）。选用2Φ16弯起钢筋。

此2Φ16弯起钢筋配置在荷载作用点到牛腿斜边下端点连线的交点位于牛腿上部$l/6$至$l/2$之间的范围内，l为该连线的长度（图2-1）。

从以上计算可以看出，用公式计算与查表结果完全一致。